AF892416

DELIUS KLASING

MIX
Papier aus verantwortungsvollen Quellen
Paper from responsible sources
FSC® C105338

Dr. Etzold
Diplom-Ingenieur für Fahrzeugtechnik

So wird's gemacht

pflegen - warten - reparieren

Band 102

BMW 5er Reihe, Typ E39
Limousine/Touring

Benziner
2,0 l/110 kW (150 PS) 3/96 – 8/00
2,2 l/125 kW (170 PS) 9/00 – 6/03
2,5 l/125 kW (170 PS) 12/95 – 8/00
2,5 l/141 kW (192 PS) 9/00 – 6/03
2,8 l/142 kW (193 PS) 12/95 – 8/00
3,0 l/170 kW (231 PS) 9/00 – 6/03

Diesel
2,0 l/100 kW (136 PS) 4/00 – 6/03
2,5 l/105 kW (143 PS) 3/96 – 3/00
2,5 l/120 kW (163 PS) 4/00 – 6/03
3,0 l/135 kW (184 PS) 9/97 – 8/00
3,0 l/142 kW (193 PS) 9/00 – 6/03

Delius Klasing Verlag

Redaktion: Günter Skrobanek (Text)
Christine Etzold (Bild)

Bibliografische Information der Deutschen Nationalbibliothek
Die Deutsche Nationalbibliothek verzeichnet diese Publikation
in der Deutschen Nationalbibliografie; detaillierte bibliografische
Daten sind im Internet über http://dnb.dnb.de abrufbar.

13. Auflage
ISBN 978-3-667-12934-5
© Delius Klasing Verlag GmbH, Bielefeld

© Abbildungen: Redaktion Dr. Etzold; BMW AG
Alle Angaben ohne Gewähr
Druck: BoD Books on Demand, Nordersteht
Printed in Germany 2024

Alle in diesem Buch enthaltenen Angaben und Daten wurden von dem Autor
nach bestem Wissen erstellt und von ihm sowie vom Verlag mit der gebotenen Sorgfalt
überprüft. Gleichwohl können wir keinerlei Gewähr oder Haftung für die Richtigkeit,
Vollständigkeit und Aktualität der bereitgestellten Informationen übernehmen.

Alle Rechte vorbehalten! Ohne ausdrückliche Erlaubnis
des Verlages darf das Werk weder komplett noch teilweise
reproduziert, übertragen oder kopiert werden, wie z. B. manuell
oder mit Hilfe elektronischer und mechanischer Systeme
einschließlich Fotokopieren, Bandaufzeichnung und
Datenspeicherung.

Delius Klasing Verlag GmbH, Siekerwall 21, D-33602 Bielefeld
Tel: 0521/559-0, Fax: 0521/559-115
E-Mail: info@delius-klasing.de
www.delius-klasing.de
http://sowirdsgemacht.com

Lieber Leser,

in letzter Zeit werde ich von Autofahrern öfters angesprochen und gefragt, ob man bei den modernen Fahrzeugen überhaupt noch etwas selbst reparieren kann. Das vorliegende Buch ist meine Antwort. Seite für Seite sind Arbeiten beschrieben, die von einem fachlich interessierten Autofahrer selbst durchgeführt werden können.

Selbstverständlich hat es in den vergangenen Jahren im Automobilbau erhebliche Fortschritte gegeben, so daß erfreulicherweise viele Einstell- und Kontrollarbeiten nicht mehr erforderlich sind. Weggefallen sind beispielsweise das Einstellen der Zündung und, je nach Motor, das Einstellen des Leerlaufs und des Ventilspiels. Und durch den vermehrten Einbau von langzeitstabilen Bauteilen, zu denen beispielsweise die elektronische Zündanlage oder die elektronischgesteuerte Einspritzanlage zählen, entfällt der Austausch von Verschleißteilen. Andere Arbeiten wiederum, wie das Überprüfen elektronischer Bauteile, sind nur noch mit teuren Prüfgeräten möglich, die speziell auf den betreffenden Fahrzeugtyp abgestimmt sind und deren Anschaffung sich in der Regel für den Hobbymonteur nicht lohnt.

Obwohl also das Fahrzeug technisch immer aufwendiger und komplizierter wird, greifen dennoch von Jahr zu Jahr immer mehr Heimwerker zum »So wird's gemacht«-Handbuch. Die Erklärung dafür ist einfach: Weil die Technik des Automobils komplizierter geworden ist, kommt man bei Arbeiten am Fahrzeug ohne eine spezielle Anleitung nicht mehr aus. Das gilt auch für den Fachmann. Außerdem gibt es nach wie vor am Auto eine Reihe von Verschleißteilen, die in regelmäßigen Abständen kontrolliert und gegebenenfalls ausgewechselt werden müssen. Dazu zählen vor allem Bremsbeläge, Stoßdämpfer sowie Teile der Abgasanlage.

Grundsätzlich muß sich der Heimwerker natürlich darüber im klaren sein, daß man mit Hilfe eines Handbuches nicht automatisch zum Kfz-Handwerker wird. Man sollte also nur Arbeiten durchführen, die man sich selbst zutraut. Das gilt insbesondere natürlich bei Arbeiten, die die Verkehrssicherheit des Fahrzeugs beeinträchtigen können. Gerade in diesem Punkt sorgt das »So wird's gemacht«-Handbuch für praktizierte Verkehrssicherheit. Durch die exakte Beschreibung der erforderlichen Arbeitsschritte und den nötigen Warnhinweisen wird der Heimwerker bei der Arbeit entsprechend sensibilisiert und fachlich richtig informiert. Auch wird darauf hingewiesen, im Zweifelsfall die Arbeit lieber einem Fachmann zu überlassen.

In der Öffentlichkeit wird hin und wieder von interessierten Kreisen der Vorwurf erhoben, Heimwerker würden durch ihre Eigenarbeiten am Fahrzeug die Verkehrssicherheit negativ beeinflussen. Aus den Kontakten, die ich zu Hobbymonteuren habe, kann ich nur vom Gegenteil berichten. Derjenige Fahrzeugbesitzer, der sein Fahrzeug selbst pflegt und wartet, hat ein großes Interesse an einem verkehrssicheren, gepflegten Auto.

Vor jedem Arbeitsgang empfiehlt sich ein Blick in das vorliegende Buch. Dadurch wird schnell der Umfang und auch der Schwierigkeitsgrad der Reparatur deutlich. Außerdem erfährt man, welche Ersatz- oder Verschleißteile eingekauft werden müssen und ob unter Umständen die Arbeit nur mit Hilfe von Spezialwerkzeug durchgeführt werden kann.

Für die meisten Schraubverbindungen ist das Anzugsmoment angegeben. Bei Schraubverbindungen, die in jedem Fall mit einem Drehmomentschlüssel angezogen werden müssen (Zylinderkopf, Achsverbindungen usw.), ist der Wert **fett** gedruckt. Nach Möglichkeit sollte man jede Schraubverbindung mit einem Drehmomentschlüssel anziehen. Übrigens: Für viele Schraubverbindungen sind die neuen Innen- und Außen-Torxschlüssel erforderlich.

Auch der fachkundige Hobbymonteur, der sein Fahrzeug selbst wartet und repariert, sollte bedenken, daß der Fachmann viel Erfahrung hat und durch die Weiterschulung und den ständigen Erfahrungsaustausch über den neuesten Technik-Stand verfügt. Mithin kann es für die Überwachung und Erhaltung der Betriebs- und Verkehrssicherheit des eigenen Fahrzeugs sinnvoll sein, in regelmäßigen Abständen eine BMW-Werkstatt aufzusuchen.

Natürlich kann das vorliegende Buch nicht auf jede aktuelle, technische Frage eingehen. Dennoch hoffe ich, daß die getroffene Auswahl an Reparatur-, Wartungs- und Pflegehinweisen in den meisten Fällen die eventuell auftretenden Probleme zufriedenstellend löst.

Rüdiger Etzold

Inhaltsverzeichnis

Motor

Der 5er BMW ist mit Motoren unterschiedlicher Konzeption erhältlich: Als 4-Zylinder-Diesel-Direkteinspritzer, 6-Zylinder-Diesel und 6-Zylinder-Benziner sowie als V8-Benziner. Die Triebwerke sind längs zur Fahrtrichtung eingebaut und können nur mit einem geeigneten Kran nach oben herausgehoben werden. Die 8-Zylinder-Motoren mit 3,5- und 4,4 l Hubraum werden nur im Kapitel »Wartung« berücksichtigt.

Der 6-Zylinder-Benzinmotor trägt bei BMW die Bezeichnung **M52**, ab 9/00: **M54**. Zylinderkopf und Motorblock sind aus einer Aluminiumlegierung. Dieses Metall weist eine bessere Wärmeleitfähigkeit und ein geringeres Gewicht gegenüber dem herkömmlichen Grauguß auf. Damit werden Kühlung und Kraftstoffverbrauch verringert. Der 4-Ventil-Zylinderkopf hat eine verstellbare Einlaß-Nockenwelle. Die BMW-Bezeichnung dafür ist »**VANOS**« = **va**riable **No**ckenwellen**s**teuerung. Seit 9/97 kommt Doppel-VANOS zum Einsatz. Hierbei werden beide Nockenwellen je nach Motordrehzahl und Motorlast durch eine Stelleinheit gegenüber dem jeweiligen Kettenrad verdreht, so daß sich optimale Ventil-Steuerzeiten ergeben. Angesteuert wird die Verstelleinheit durch das Motor-Steuergerät.

Im Modell 525tds ist der 6-Zylinder-Turbodieselmotor **M51** mit 2,5 l Hubraum eingebaut. Der Motorblock ist aus Grauguß, der Zylinderkopf aus Leichtmetall.

In den 2,0-, 2,5- und 3,0-l-Dieselmotoren (520d, 525d, 530d) betätigen zwei obenliegende, kettengetriebene Nockenwellen die Ventile über Rollenschlepphebel. Eine zweite Steuerkette treibt die Diesel-Einspritz- beziehungsweise Hochdruckpumpe an. Turboaufladung mit variabler Turbinen-Geometrie (VTG) und Ladeluftkühlung sowie Common-Rail-Diesel-Direkteinspritzung sorgen für hohe Leistung.

Für die Motorschmierung sorgt eine Ölpumpe, die bei den 6-Zylinder-Benzinmotoren vorn in der Ölwanne sitzt und über eine Kette von der Kurbelwelle angetrieben wird. Beim Dieselmotor sitzt die Ölpumpe im Steuergehäusedeckel am Kurbelwellenende und ist mit dieser verzahnt. Das im Ölsumpf angesaugte Öl gelangt über Bohrungen und Leitungen zu den Lagern der Kurbel- und Nockenwelle sowie in die Zylinderlaufbahnen.

Die Kühlmittelpumpe sitzt vorn am Motorblock, deren Welle bei entsprechender Temperatur den Kühlerlüfter über eine Visco-Kupplung mitdreht. Der Antrieb der Pumpe erfolgt über den Keilrippenriemen, der auch den Generator antreibt. Zu beachten ist, daß der Kühlmittelkreislauf ganzjährig mit einer Mischung aus Kühlerfrost- und Korrosionsschutzmittel sowie kalkarmem Wasser befüllt sein muß.

Für die Aufbereitung eines zündfähigen Benzin-Luftgemisches sorgt eine elektronische Zünd- und Einspritzanlage, wodurch langzeitstabile Abgasemissionswerte garantiert werden. Das »ruhende Zündsystem« mit Einzelzündspulen hat keine beweglichen Bauteile, so daß es verschleißfrei arbeitet. Beim Dieselmotor wird die Kraftstoffzuteilung durch die DDE (Digitale Diesel-Elektronik) ebenfalls elektronisch geregelt.

Motor M52 (520i, 523i, 528i)

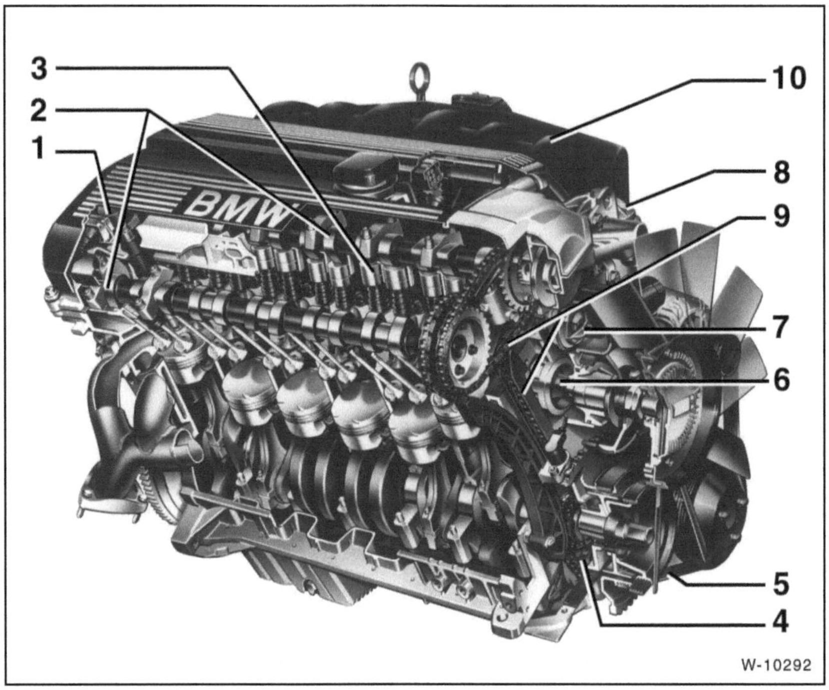

1 – Zündspulen (6 Stück)
2 – Nockenwellen
3 – Hydrostößel
4 – Ölpumpe
5 – Keilrippenriemen
6 – Kühlmittelpumpe
7 – Kühlmittelregler (Thermostat)
8 – Ölfilter
9 – Steuerketten
10 – Ansaugkrümmer

Motor M51 (525tds)

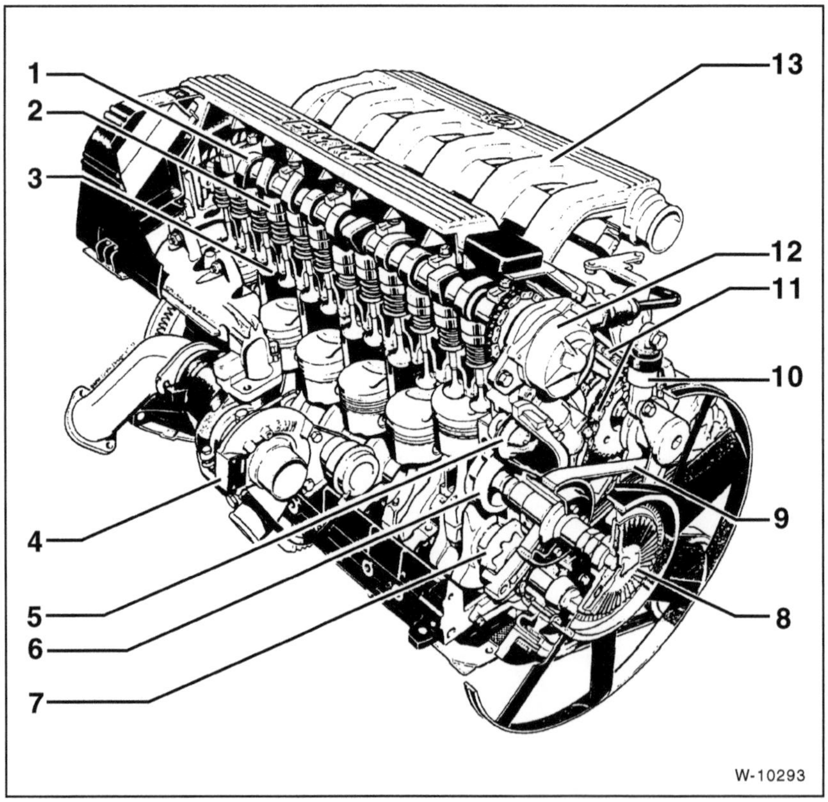

1 – Nockenwelle
2 – Hydrostößel
3 – Ventil
4 – Abgasturbolader
5 – Kühlmittelregler (Thermostat)
6 – Kühlmittelpumpe
7 – Ölpumpe
8 – Viscokupplung
9 – Keilrippenriemen
10 – Keilrippenriemenspanner
11 – Steuerketten
12 – Vakuumpumpe
13 – Ansaugkrümmer

Die wichtigsten Motordaten

Motor/Modell	520i	520i	520i	523i	523i	525i	528i
Motorbezeichnung	M52	M52TU	M54TU	M52	M52TU	M54	M52
Fertigung von – bis	3/96 – 8/97	9/97 – 8/00	9/00 – 6/03	12/95 – 8/97	9/97 – 8/00	9/00 – 6/03	12/95 – 8/97
Hubraum cm^3	1991	1991	2171	2494	2494	2494	2793
Leistung kW bei 1/min PS bei 1/min	110/5900 150/5900	110/5900 150/5900	125/6250 170/6250	125/5500 170/5500	125/5500 170/5500	141/6000 192/6000	142/5300 193/5300
Drehmoment Nm bei 1/min	190/4200	190/3500	210/3500	245/3950	245/3500	245/3500	280/3950
Bohrung ∅ mm	80,0	80,0	80,0	84,0	84,0	84,0	84,0
Hub mm	66,0	66,0	72,0	75,0	75,0	75,0	84,0
Verdichtung	11,0	11,0	10,7	10,5	10,5	10,5	10,2
Motormanagement	MS41	MS42	MS 43	MS41	MS42	MS 43	MS41
Kraftstoff bleifrei ROZ	Super 95	S Plus 98	S Plus 98	Super 95	S Plus 98	S Plus 98	Super 95

Motor/Modell	528i	530i	535i	535i	540i	540i
Motorbezeichnung	M52TU	M54	M62	M62	M62	M62
Fertigung von – bis	9/97 – 8/00	9/00 – 6/03	6/96 – 8/98	9/98 – 6/03	4/96 – 8/98	9/98 – 6/03
Hubraum cm^3	2793	2979	3498	3498	4398	4398
Leistung kW bei 1/min PS bei 1/min	142/5500 193/5500	170/5900 231/5900	173/5700 235/5700	180/5800 245/5800	210/5700 286/5700	210/5400 286/5400
Drehmoment Nm bei 1/min	280/3500	300/3500	320/3300	345/3800	420/3900	440/3600
Bohrung ∅ mm	84,0	84,0	84,0	84,0	92,0	92,0
Hub mm	84,0	89,6	78,9	78,9	82,7	82,7
Verdichtung	10,2	10,2	10,0	10,0	10,0	10,0
Motormanagement	MS42	MS 43	M5.2	M7.2	M5.2	M7.2
Kraftstoff bleifrei ROZ	S Plus 98	S Plus 98	Super 95	S Plus 98	Super 95	S Plus 98

Motor/Modell	520d	525tds	525tds	525d	530d	530d
Motorbezeichnung	M47	M51	M51	M57	M57	M57
Fertigung von – bis	4/00 – 6/03	3/96 – 8/98	9/98 – 3/00	4/00 – 6/03	9/97 – 8/00	9/00 – 6/03
Hubraum cm^3	1951	2498	2498	2498	2926	2926
Leistung kW bei 1/min PS bei 1/min	100/4000 136/4000	105/4800 143/4800	105/4600 143/4600	120/4000 163/4000	135/4000 184/4000	142/4000 193/4000
Drehmoment Nm bei 1/min	280/1750	280/2200	280/2200	350/2000	390/1750	410/1750
Bohrung ∅ mm	84,0	80,0	80,0	80,0	84,0	84,0
Hub mm	88,0	82,8	82,8	82,8	88,0	88,0
Verdichtung	19,0	22,0	22,0	17,5	18,0	18,0
Motormanagement	DDE 3.0	DDE 2.1	DDE 2.2	DDE 4.0	DDE 4.0	DDE 4.0
Kraftstoff	Diesel	Diesel	Diesel	Diesel	Diesel	Diesel

MS = Motorsteuerung, M = Motronic, DDE = Digitale Diesel-Elektronik.

Von den V8-Modellen 535i und 540i werden in diesem Band nur Füllmengen und Wartungsdaten angegeben.
Motoren ab 9/97 können auch mit Super 95 oder Normalbenzin gefahren werden, allerdings treten dann Leistungseinbußen auf.

Motorraum-Unterschutz aus- und einbauen

Ausbau

- Fahrzeug aufbocken.

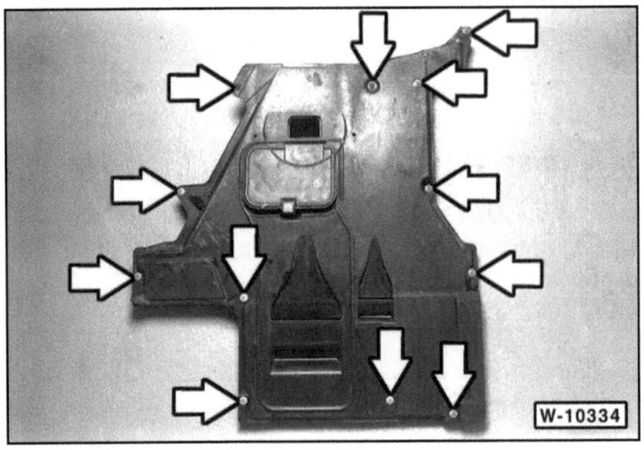
W-10334

- Clips –Pfeile– für Unterschutz-Hinterteil (unter Motorölwanne) mit Kreuzschlitzschraubendreher um ¼ Umdrehung drehen und Unterschutz abnehmen.

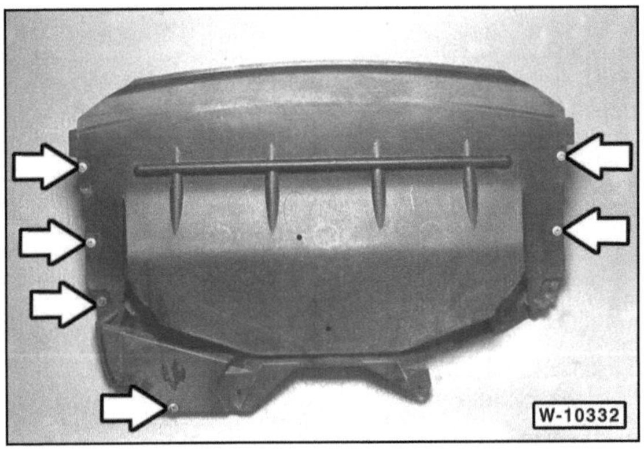
W-10332

- Unterschutz-Vorderteil (hinter Stoßfänger) abschrauben –Pfeile–, am Stoßfänger abziehen und abnehmen.

Einbau

- Zuerst Unterschutzvorderteil, dann Hinterteil einsetzen und anschrauben.
- Fahrzeug ablassen.

Ansaugrohr aus- und einbauen

6-Zylinder-Benzinmotor und 520d

Das Ansaugrohr muß beispielsweise vor Ausbau des Zylinderkopfes oder des Motors demontiert werden.

Spezielle Hinweise für das Modell 520d stehen am Ende des Kapitels.

Ausbau

- Windlaufabdeckung ausbauen, siehe Seite 260.
- Unterdruckschlauch für Bremskraftverstärker am Ansaugrohr, **nicht** am Bremskraftverstärker, abziehen. Zum Abziehen ist einige Kraft notwendig.

W-10201

- Kappe vom Öl-Einfüllstutzen abnehmen. Kleine Abdeckungen –Pfeile– mit einem Schraubendreher abhebeln und die darunterliegenden Schrauben lösen. 2 Kunststoffverkleidungen abnehmen.

W-10297

- Steckverbindungen für Lambda-Sonden ausclipsen. Stecker vom VANOS-Magnetventil abziehen.
- Steckerleiste für Einspritzventile abheben und zur Seite legen.

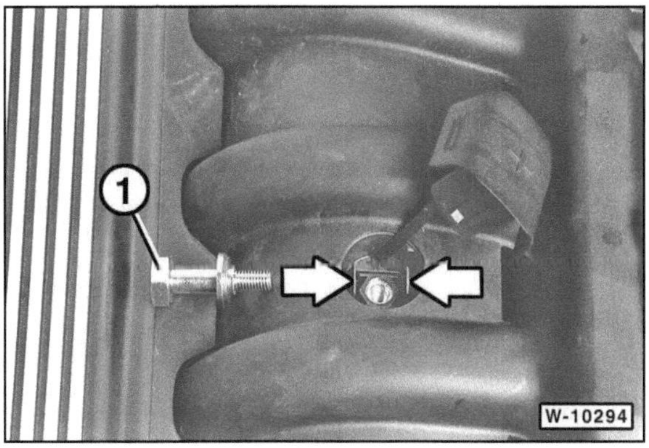

- Am Ansaugrohr die Abdeckung abziehen. Batterie-Plusstützpunkt –1– abschrauben und 2 Clipse zusammendrücken –Pfeile–. Sockel nach unten ausclipsen.

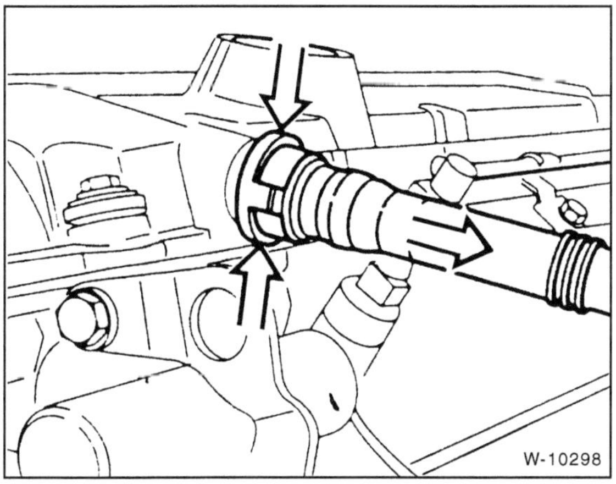

- Anschluß für Kurbelgehäuse-Entlüftung ausclipsen.

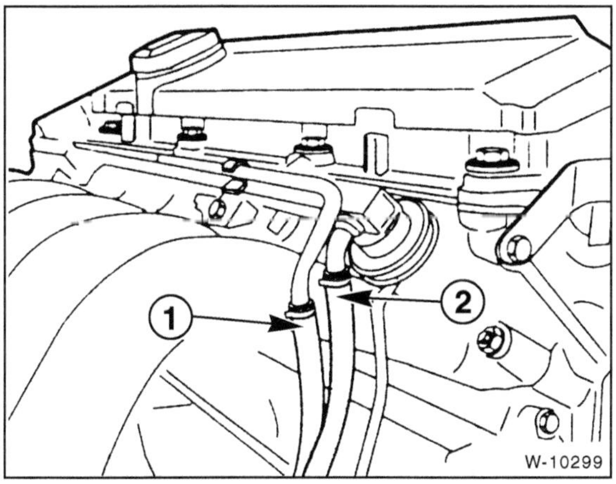

- **Achtung:** Feuergefahr, nicht rauchen. Austretenden Kraftstoff mit einem Lappen auffangen. Zuerst Kraftstoffzulauf –1– (vom Filter), dann Kraftstoffrücklauf –2– am Verteilerrohr abziehen, dazu Schlauchschellen lösen. Schlauchschellen müssen nach dem Lösen immer erneuert werden.

Hinweis: Bei einigen Modellen ist die Vorlaufleitung auch direkt am Verteilerrohr angeschraubt, hier muß der O-Dichtring beim Einbau immer erneuert und mit Vaseline bestrichen werden. Eine weitere Ausführung ist die Befestigung der Kraftstoffschläuche mit Rastklammern; in diesem Fall ist zum Lösen der Klammern das BMW-Spezialwerkzeug 16 1 050 erforderlich. O-Dichtring vor Einbau kontrollieren, bei Beschädigung erneuern, siehe Seite 83.

- Drosselklappenstutzen abschrauben, siehe Seite 79.

Achtung: Gaszug und Kühlmittelschläuche für Drosselklappenvorwärmung bleiben angeschlossen.

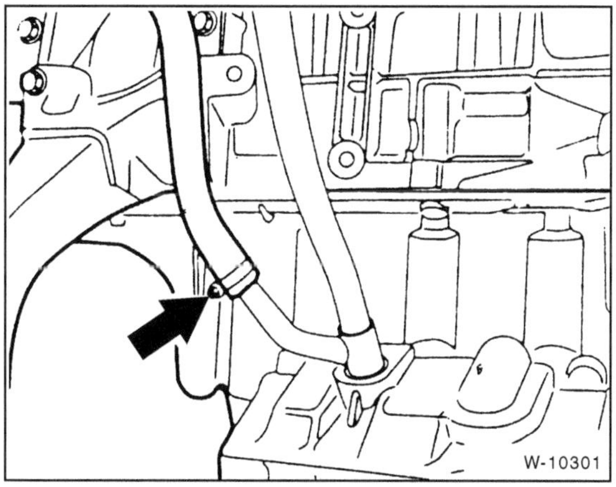

- Ölrücklaufschlauch am Ölmeßstab-Führungsrohr abziehen, vorher Schlauchschelle abschrauben.
- Ölstab-Führungsrohr am Ansaugrohr abschrauben.

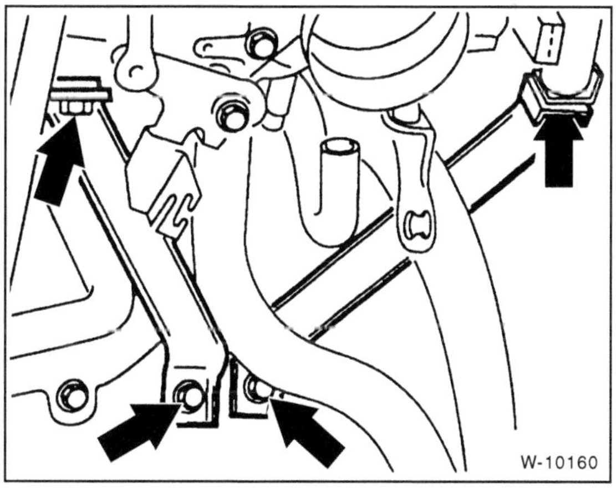

- Ansaugrohr-Stütze sowie Haltewinkel der Kühlmittelleitung am Ansaugrohr abschrauben.

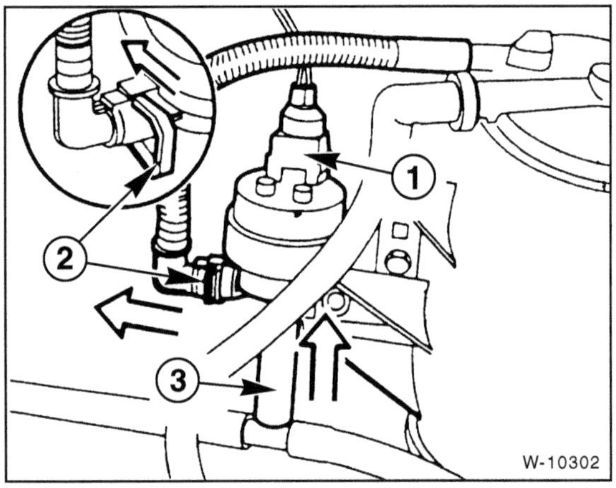

- Stecker –1– am Tankentlüftungsventil trennen. Ventil nach oben aus der Halterung ziehen. Bügel –2– drücken und Schlauch abziehen. Stecker für Ansaugluft-Temperaturfühler und Leerlaufregelventil am Saugrohr abziehen.

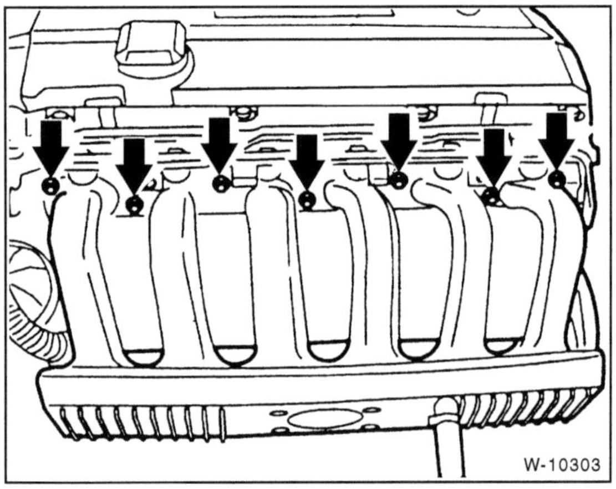

- Ansaugrohr vom Zylinderkopf abschrauben. **Achtung:** Darauf achten, daß keine Teile in die Ansaugwege fallen. Nicht entfernte Teile führen zu schweren Motorschäden.

Einbau

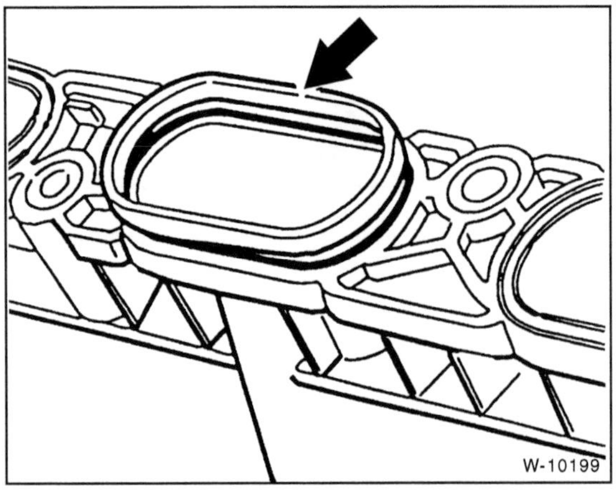

- Ansaugrohr am Zylinderkopf einsetzen und gleichmäßig über Kreuz anschrauben. Vor dem Einbau sämtliche Dichtringe –Pfeil– prüfen und bei Beschädigung erneuern.
- Stütze für Ansaugrohr anschrauben.
- Stecker für Ansaugluft-Temperaturfühler und Leerlaufregelventil aufstecken.
- Tankentlüftungsventil einsetzen und Schlauch einrasten.
- Plusstützpunkt-Sockel am Ansaugrohr einclipsen und Sechskant aufschrauben. Abdeckung aufdrücken.
- Ölstab-Führungsrohr am Ansaugrohr anschrauben.
- Ölrücklaufschlauch am Ölstab-Führungsrohr aufstecken, mit Schlauchschelle befestigen.
- Drosselklappenstutzen einbauen, siehe Seite 79.
- Kraftstoffzulauf und Kraftstoffrücklauf am Verteilerrohr aufstecken, mit **neuen** Schlauchschellen beziehungsweise O-Ringen befestigen, siehe unter »Ausbau«.
- Anschluß für Kurbelgehäuse-Entlüftung einclipsen.
- Steckverbindungen für Lambda-Sonden und VANOS-Magnetventil zusammenfügen.
- Steckerleiste für Einspritzventile aufstecken.
- Unterdruckschlauch vom Bremskraftverstärker am Ansaugrohr einrasten.
- 2 Motorabdeckungen anschrauben, Abdeckkappen für Schrauben einclipsen.
- Kappe auf Öl-Einfüllstutzen aufschrauben.
- Windlaufabdeckung einbauen, siehe Seite 260.

Speziell 520d

Ausbau

- Windlaufabdeckung ausbauen, siehe Seite 260.

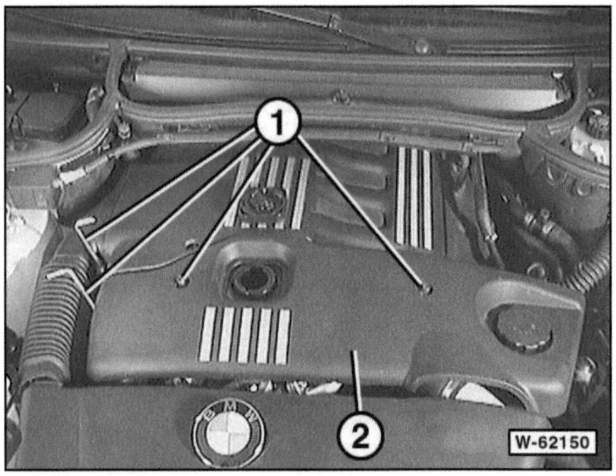

- Schrauben –1– abschrauben und Motorverkleidung –2– abnehmen.

- Ansaugleitung am AGR-Ventil (AGR = Abgasrückführung) abziehen, dazu Schraubschelle –Pfeil– lösen.

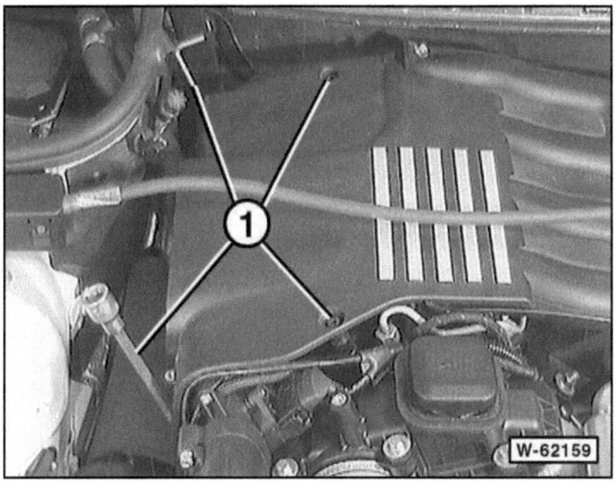

- Schrauben –1– abschrauben und Motorabdeckung abnehmen.
- Schläuche im Bereich des Ölmeßstabs aus den Haltern ausclipsen.

- Leitungen aus der Seitenverkleidung am Wasserkasten ausclipsen. Dazu Gummileiste –1– nach oben abziehen. Drehclips –2– der Seitenverkleidung um ¼ Umdrehung drehen und lösen. Seitenverkleidung nach oben herausziehen.

- Schrauben –Pfeile– abschrauben und Abdeckung links am Motor abnehmen.

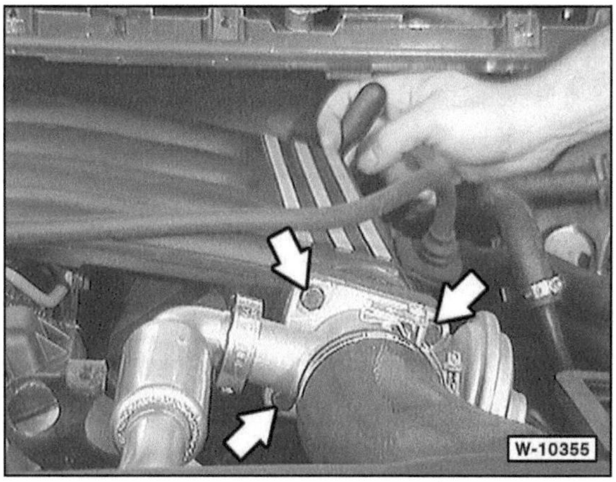

- AGR-Ventil (AGR = Abgasrückführung) mit 4 Schrauben am Ansaugrohr abschrauben –Pfeile–. **Hinweis:** Die vierte Schraube ist in der Abbildung nicht sichtbar.
- Hintere Schraube am Ansaugrohr abschrauben. In Abbildung W-10355 ist ein Steckschlüssel mit Knarre an der hinteren Schraube angesetzt.
- Abdeckungen zwischen den Kanälen des Ansaugrohrs herausziehen.

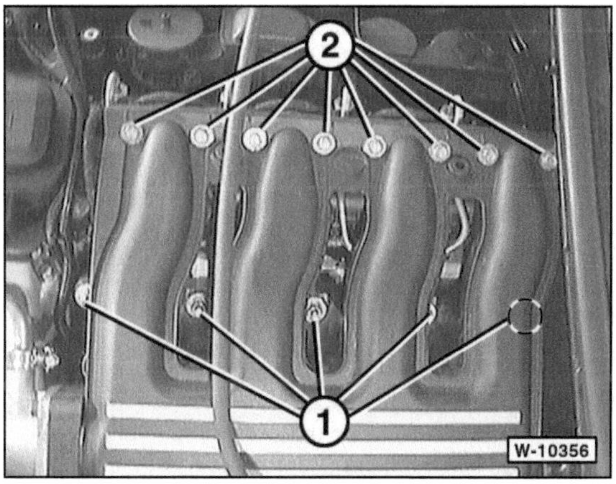

- Schrauben und Muttern –1– und –2– am Ansaugrohr abschrauben. Ansaugrohr herausnehmen.

Einbau

- Sämtliche O-Dichtringe **erneuern**.
- Ansaugrohr gleichmäßig über Kreuz am Zylinderkopf anschrauben.
- Der weitere Einbau erfolgt in umgekehrter Reihenfolge, wie unter »Ausbau« beschrieben.
- Windlaufabdeckung einbauen, siehe Seite 260.

Zylinderkopf aus- und einbauen/ Zylinderkopfdichtung ersetzen

6-Zylinder-Benzinmotor

Hinweis: Es wird der Aus- und Einbau am Motor M52 bis 8/97 beschrieben. Hinweise für den M52TU-Motor ab 9/97 stehen am Ende des Kapitels.

Eine defekte Zylinderkopfdichtung ist an folgenden Merkmalen erkennbar:

- Leistungsverlust.
- Kühlflüssigkeitsverlust. Weiße Abgaswolken bei warmem Motor.
- Ölverlust.
- Kühlflüssigkeit im Motoröl, Ölstand nimmt nicht ab, sondern zu. Graue Farbe des Motoröls, Schaumbläschen am Peilstab, Öl dünnflüssig.
- Motoröl in der Kühlflüssigkeit. **Achtung:** In diesem Fall muß nach erfolgter Reparatur der Kühler ausgebaut werden und mit einem speziellen Reinigungsmittel von BMW durchgespült werden, um die Ölreste aus dem Kühler zu entfernen.
- Kühlflüssigkeit sprudelt stark.
- Keine Kompression auf 2 benachbarten Zylindern.

Ausbau

Zylinderkopf nur bei abgekühltem Motor ausbauen. Abgas- und Ansaugrohr bleiben angeschlossen.

Achtung: Einige Arbeiten sind im Kapitel »Motor aus- und einbauen« näher beschrieben, deshalb empfiehlt es sich, dieses Kapitel ebenfalls durchzulesen.

- Batterie-Massekabel (–) abklemmen. Die Batterie befindet sich im Kofferraum hinter der rechten Seitenverkleidung. **Achtung:** Dadurch werden elektronische Speicher gelöscht, wie zum Beispiel der Motor-Fehlerspeicher. Hinweise im Kapitel »Batterie aus- und einbauen« beachten.
- Fahrzeug aufbocken.
- Vorderes Abgasrohr vom Krümmer abschrauben, siehe Seite 98.
- Kühlmittel ablassen, siehe Kapitel »Wartung«.
- Kühlmittel aus dem Motor ablassen, dazu Ablaßschraube seitlich am Motorblock unter dem Abgaskrümmer herausdrehen. Nach dem Ablassen Schraube sofort wieder anschrauben und festziehen.
- Kühlmittelschläuche am Thermostat abziehen, vorher Schlauchschellen öffnen.
- Zündkerzen ausbauen, siehe Kapitel »Wartung«.
- Ansaugrohr ausbauen, siehe Seite 14.

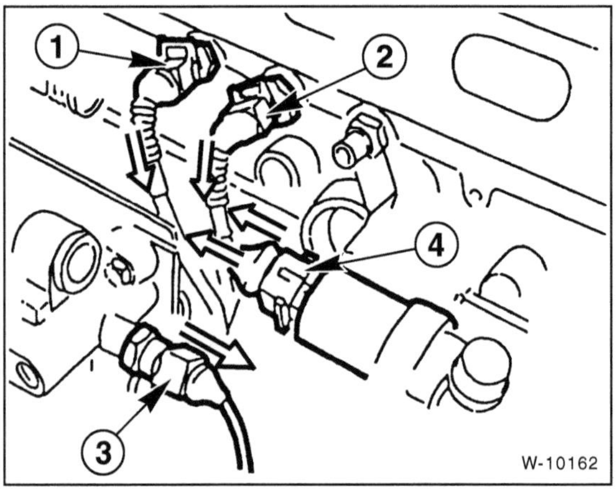

- Stecker abziehen, dabei Drahtsicherungen eindrücken. 1 – Temperaturfühler, 2 – Fernthermometer, 3 – Öldruckschalter, 4 – Leerlaufregelventil.

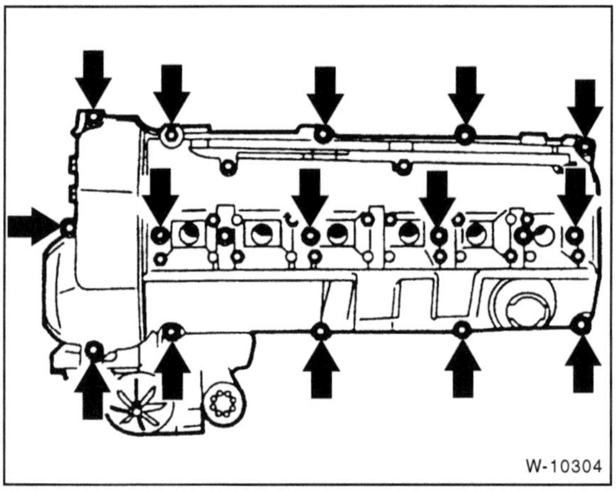

- Zylinderkopfhaube abschrauben. Dabei Anordnung der Schrauben-Gummiunterlagen für späteren Wiedereinbau beachten.

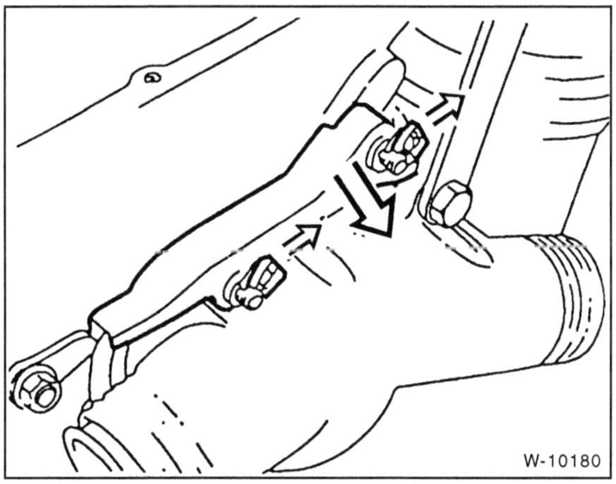

- Kabelschacht vorn am Thermostatgehäuse abbauen, dazu Clips seitlich abziehen.

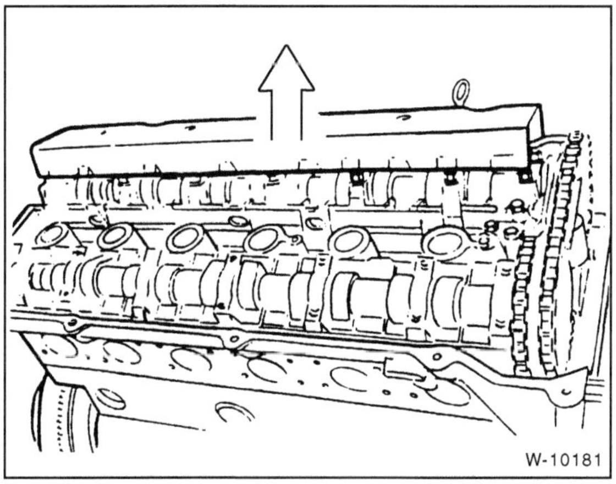

- Abdeckhaube für Einlaßnockenwelle abziehen.

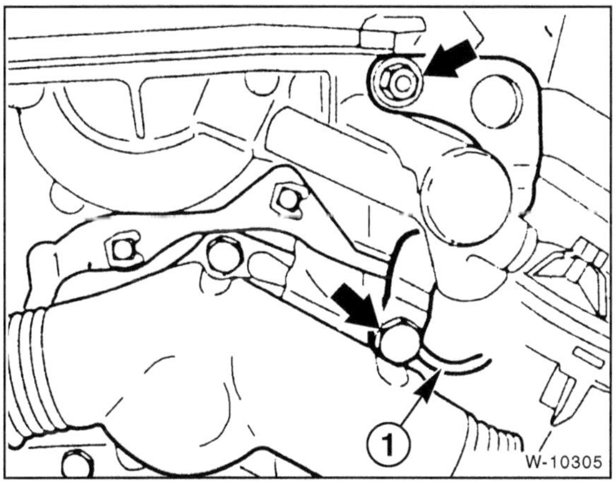

- Motor-Aufhängeöse abschrauben –Pfeile–. 1 – Massekabel.

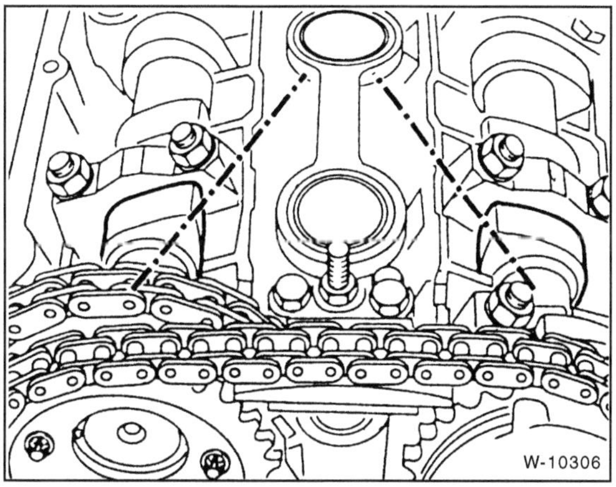

- Motor auf OT Zylinder 1 stellen, die Nockenspitzen der Ein- und Auslaßventile von Zylinder 1 (Steuerkettenseite) müssen gleichmäßig nach oben zeigen. Zum Verdrehen des Motors gibt es verschiedene Möglichkeiten:
  - ◆ 5. Gang einlegen und Fahrzeug auf ebener Fläche vorwärts schieben oder
  - ◆ Kurbelwellenriemenscheibe mit Stecknuß an der Zentralschraube in Drehrichtung durchdrehen (Getriebe in Leerlaufstellung).

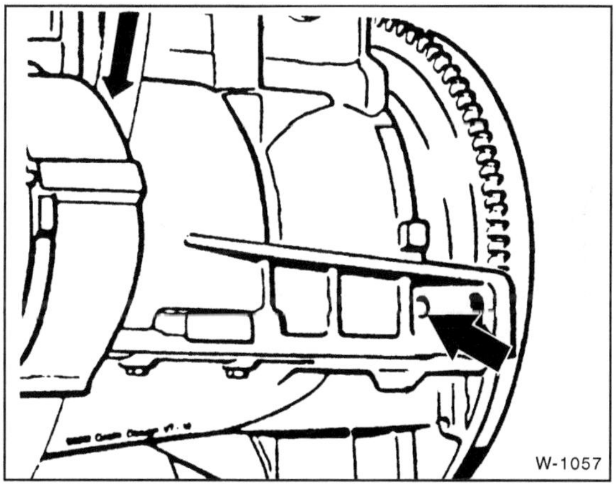

- Kurbelwelle in OT-Stellung mit BMW-Werkzeug 11 2 300 oder anderem geeigneten Dorn arretieren. Dazu Dorn durch die Bohrung im Motorblock in die Bohrung des Schwungrades einsetzen, vorher Stopfen herausziehen.

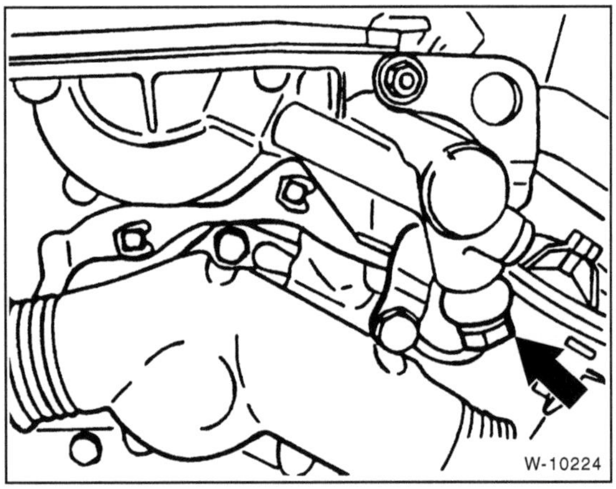

- Ölleitung an der VANOS-Stelleinheit abschrauben und mit sauberem Stopfen verschließen.
- Elektrischen Anschlußstecker am Magnetventil der VANOS-Stelleinheit abziehen.

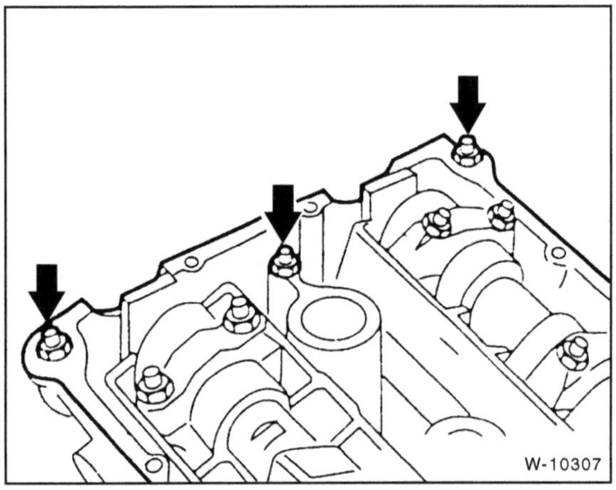

- Stehbolzen herausschrauben.

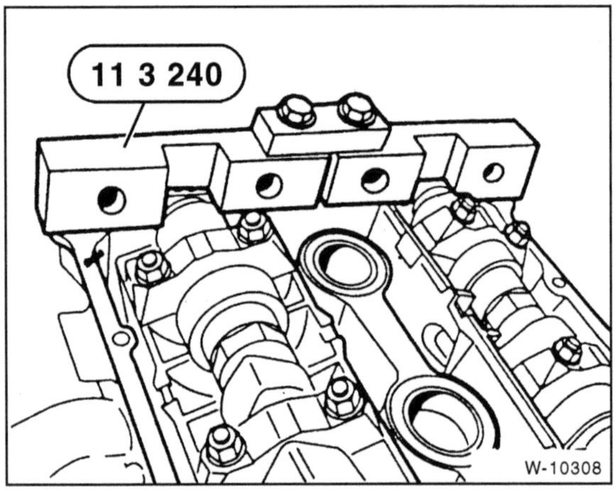

- Nockenwellen mit dem abgebildeten BMW-Werkzeug in der Stellung für Zünd-OT Zylinder 1 fixieren. Falls nötig, Nockenwellen an dem Sechskant SW 24 verdrehen.

Achtung: Dabei Nockenwellengehäuse nicht beschädigen. Gegebenenfalls Gabelschlüssel außen abschleifen, damit er schmäler wird.

Muß die Nockenwelle dabei soweit verdreht werden, daß sich Ventile des 1. und 6. Zylinders bewegen, Kurbelwelle ca. 30° von der OT-Stellung in Motordrehrichtung verdrehen und erst nach dem Drehen der Nockenwelle zurückdrehen. Dadurch wird eine Berührung der Ventile mit den Kolben vermieden.

- Verschlußschrauben aus der Stelleinheit herausdrehen.

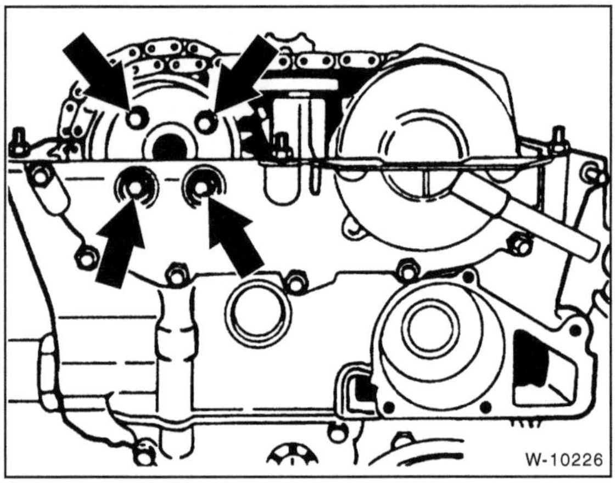

- Schrauben am Kettenrad der Auslaßnockenwelle lösen.

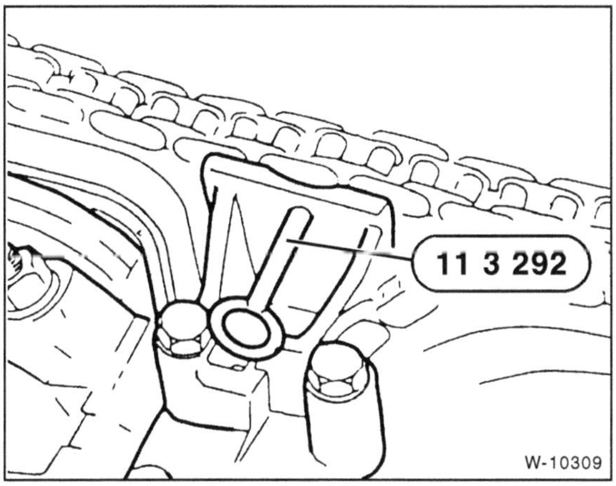

- Oberen Kettenspanner niederdrücken und durch Einstecken des BMW-Spezialwerkzeuges in dieser Stellung arretieren.

- Muttern abschrauben und Abdeckung abnehmen.

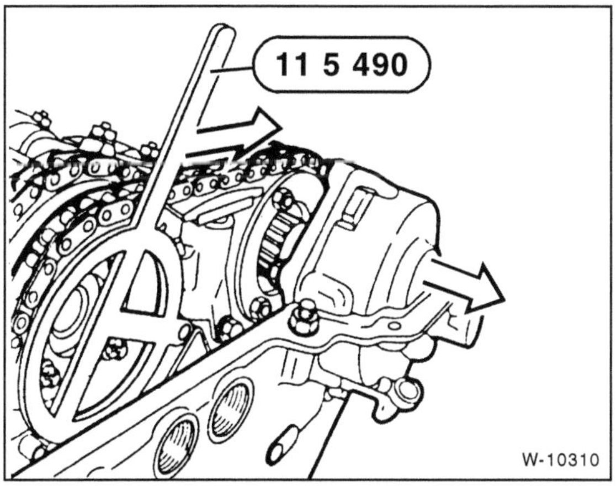

- VANOS-Stelleinheit abnehmen und dabei Kettenräder bis zum Anschlag nach rechts drehen. Lassen sich die Kettenräder nicht von Hand drehen, ist eine Tellerfeder eingebaut, es wird dann zum kräftigen Verdrehen ein BMW-Sonderwerkzeug am Kettenrad eingesetzt, siehe Abbildung.

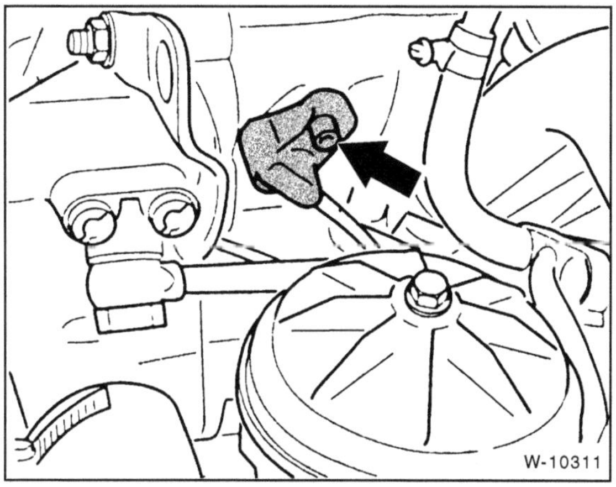

- Geber für Zylindererkennung abschrauben. Steckverbindung für Geber trennen.

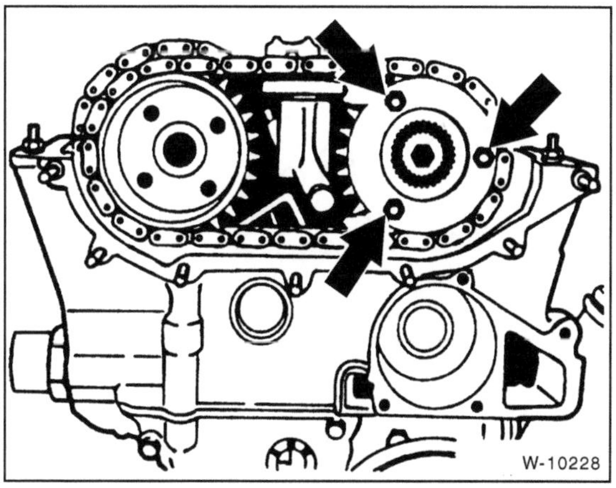

- Schrauben am Kettenrad der Einlaßnockenwelle abschrauben. Anlaufscheibe vom Kettenrad abnehmen.
- Beide Kettenräder mit Kette von den Nockenwellen abnehmen.

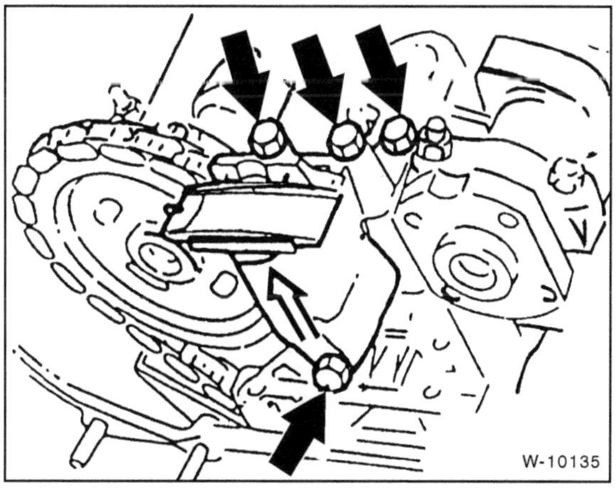

- Lagerbock für Kettenspanner oben abschrauben.

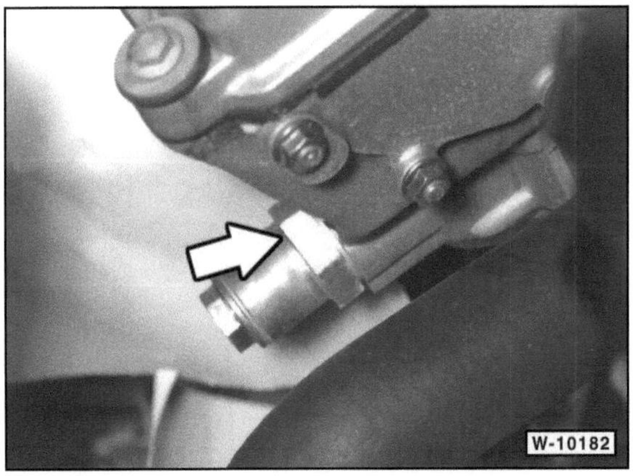

- Kettenspanner am Zylinderkopf herausschrauben. **Achtung:** Kettenspanner festhalten, er steht unter Federdruck.

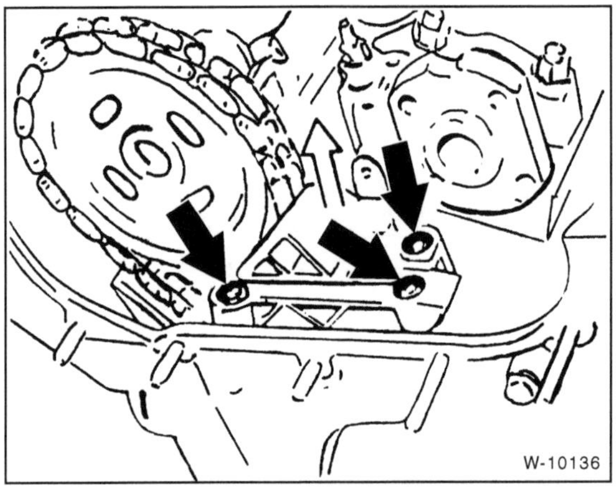

- Kettenführung abbauen, anschließend Kettenrad von der Auslaßnockenwelle abziehen. **Achtung:** Kette mit Drahthaken gegen nach unten rutschen sichern.

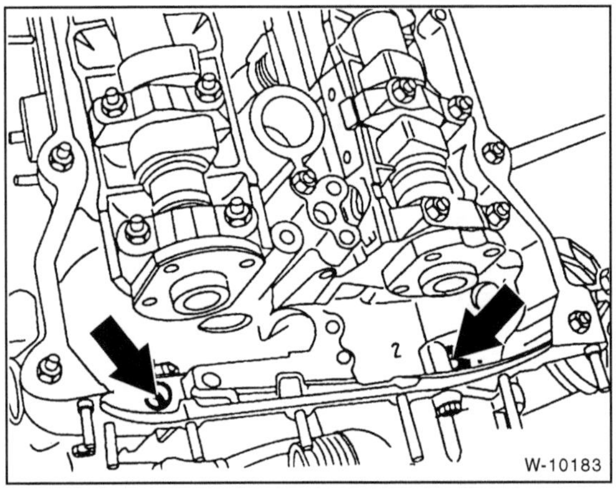

- 2 Schrauben –Pfeile– lösen.
- Zylinderkopfschrauben von außen nach innen in mehreren Durchgängen lösen. Zum Lösen der Schrauben wird ein Torxschlüssel benötigt, zum Beispiel HAZET 2925 oder BMW 11 2 250.

Achtung: Zylinderkopf nach dem Ausbau nicht auf der Dichtfläche absetzen, dabei könnten voll geöffnete Ventile beschädigt werden. Deshalb Zylinderkopf auf 2 Holzleisten legen.

Einbau

- Dichtungsreste mit handelsüblichem Dichtungslösemittel und einem Hartholzschaber entfernen. **Darauf achten, daß keine Dichtungsreste in die Bohrungen fallen. Bohrungen mit Lappen verschließen.**
- Bohrungen der Zylinderkopfschrauben durch Preßluft oder einen Lappen, der um einen dünnen Schraubendreher gewickelt ist, sorgfältig von Öl und anderen Rückständen reinigen. **Achtung:** In den Sacklöchern darf sich kein Öl befinden, da sonst die Anzugswerte der Schrauben verfälscht werden. Außerdem kann der Motorblock reißen.

- Paßhülsen –Pfeile– auf Beschädigung und richtigen Sitz prüfen. Sie dienen zur Zentrierung des Zylinderkopfs.
- Zylinderkopf auf Risse, Zylinderlauffläche auf Riefen überprüfen.
- Zylinderkopf und Motorblock mit Stahllineal in Längs- und Querrichtung auf Planheit prüfen, gegebenenfalls nacharbeiten (Werkstattarbeit). Die maximale Planabweichung darf 0,03 mm betragen.

Motor	Zylinderkopfhöhe	
	Normalmaß	Bearbeitungsgrenze
M52	140 mm	139,7 mm

Achtung: Bei nachgeplantem Zylinderkopf kann, je nachdem welche Höhe der Zylinderkopf nach der Bearbeitung aufweist, eine Zylinderkopfdichtung in Originalstärke oder eine um 0,3 mm stärkere Dichtung eingebaut werden. Durch die dickere Dichtung wird eine Verkleinerung des Brennraumes vermieden.

- Übergänge zum Räderkastendeckel mit dauerelastischer Dichtmasse »Drei Bond 1209« von BMW bestreichen.
- Zylinderkopfdichtung grundsätzlich ersetzen. Neue Dichtung ohne Dichtmittel so auflegen, daß keine Bohrungen verdeckt werden.

- Nockenwellen müssen mit BMW-Werkzeug in der richtigen Stellung fixiert sein, siehe Abbildung W-10308 unter »Ausbau«.
- Zylinderkopf mit Helfer aufsetzen, dabei nicht verkanten, sonst wird die neue Dichtung beschädigt.

Achtung: Immer **neue** Zylinderkopfschrauben verwenden, geölt einsetzen. Die Unterlegscheiben sind bei Serien-Zylinderköpfen unverlierbar, da sie eingeklemmt sind (»verstemmt«). Bei Einbau eines neuen Zylinderkopfes neue Unterlegscheiben einlegen, ohne sie zu verstemmen.

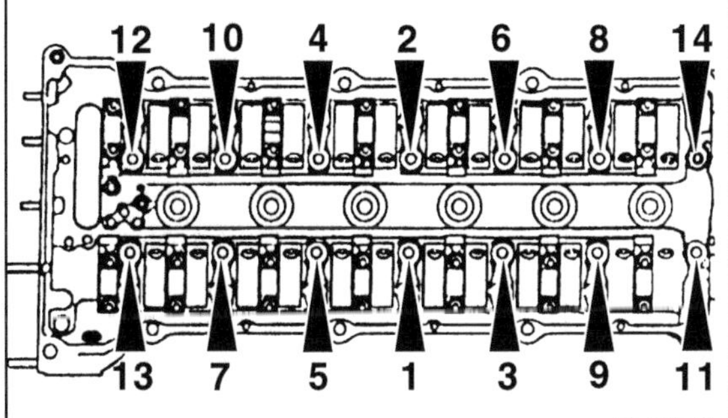

W-10140

- Die Zylinderkopfschrauben werden in 3 Stufen angezogen. In jeder Stufe Schrauben jeweils in der Reihenfolge von 1 bis 14 anziehen.

1. Stufe: mit Drehmomentschlüssel **40 Nm** anziehen
2. Stufe: mit starrem Schlüssel **90°** weiterdrehen
3. Stufe: mit starrem Schlüssel **90°** weiterdrehen

Achtung: Das Anziehen der Zylinderkopfschrauben ist mit größter Sorgfalt durchzuführen. Vor dem Anziehen der Schrauben sollte der Drehmomentschlüssel auf seine Genauigkeit überprüft werden. Außerdem wird zum Anziehen der Zylinderkopfschrauben eine Winkelscheibe, zum Beispiel HAZET 6690, benötigt. Steht die Winkelscheibe nicht zur Verfügung, Schlüssel ansetzen, Winkelmesser-Lineal am Schlüsselarm anlegen und mit Kreide den entsprechenden Winkel anzeichnen. Anschließend Schlüsselarm in einem Zug bis zur angezeichneten Markierung drehen.

W-10312

- Schrauben zum Räderkastendeckel festziehen.

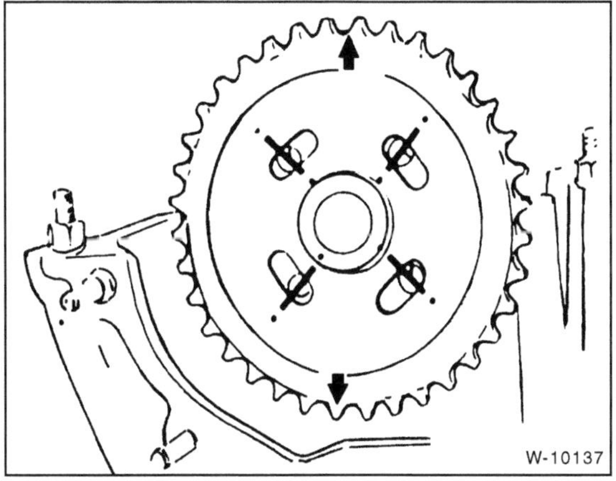
W-10137

- Kettenrad an Nockenwellenflansch aufsetzen. Der Pfeil auf dem Kettenrad muß nach oben zeigen. Die Gewindebohrungen sollen auf der linken Seite der Langlöcher liegen, da beim Einsetzen des Kettenspanners das Kettenrad nach links gedreht wird.
- Kettenführung sowie oberen Kettenspanner einbauen.

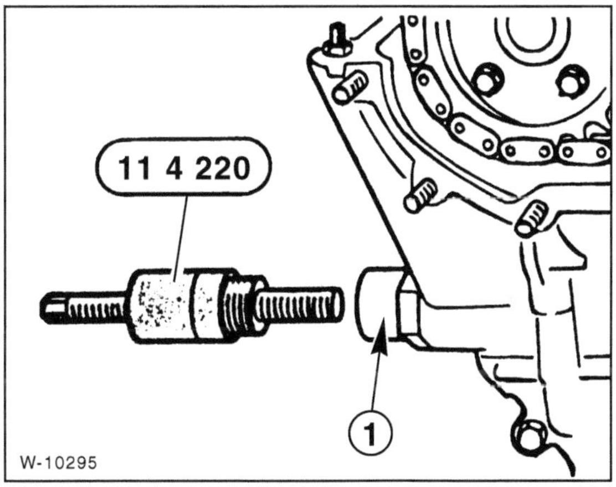

W-10295

- In das Gewinde des Kettenspanners –1– das BMW-Sonderwerkzeug 11 4 220 einschrauben.

Dieses Werkzeug drückt gegen die Steuerkette und spannt sie etwas vor, damit die Nockenwellenräder in der Mitte der Langlöcher stehen. Mit etwas Geschick kann ein ähnliches Werkzeug auch selbst angefertigt werden. Ohne das Werkzeug ist eine korrekte Montage der Steuerkette nicht möglich.

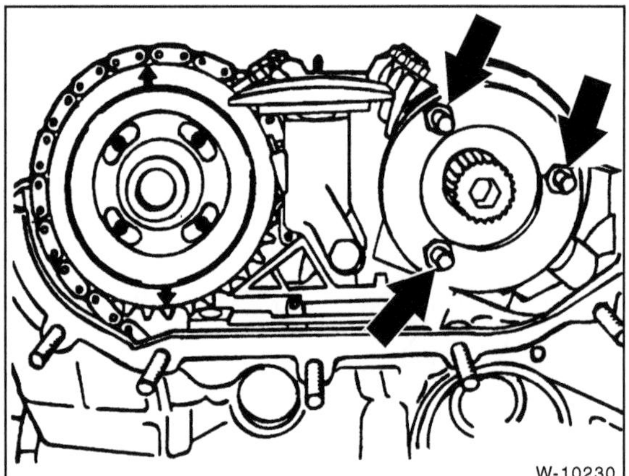
W-10230

- Anlaufscheibe auf die Einlaßnockenwelle aufsetzen und festschrauben; Anzugsdrehmoment bei **M6**-Gewinde: **10 Nm,** bei **M7**-Gewinde: zuerst mit **5 Nm**, dann mit **20 Nm.**

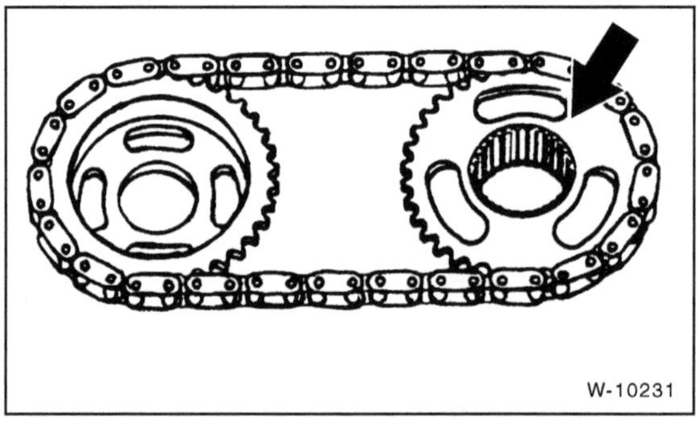
W-10231

- Obere Steuerkette mit Kettenrädern aufsetzen, dabei Einbaulage beachten: Die flache Seite des Einlaßnockenwellen-Kettenrades zeigt nach außen, der Bund zur Nockenwelle.

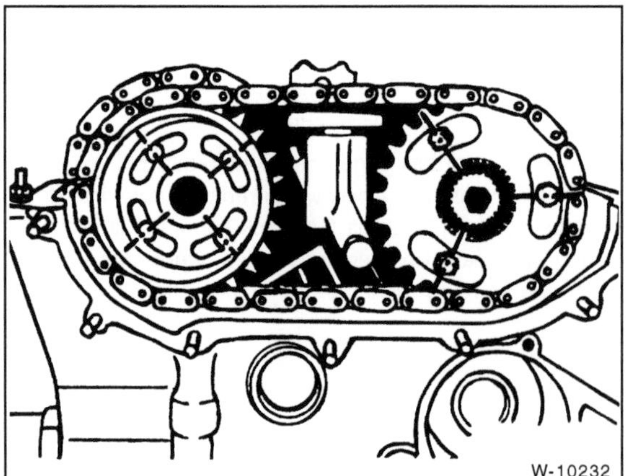
W-10232

- Der Pfeil auf dem Auslaßnockenwellen-Kettenrad zeigt nach oben. Die Schrauben müssen mittig in den Langlöchern stehen.

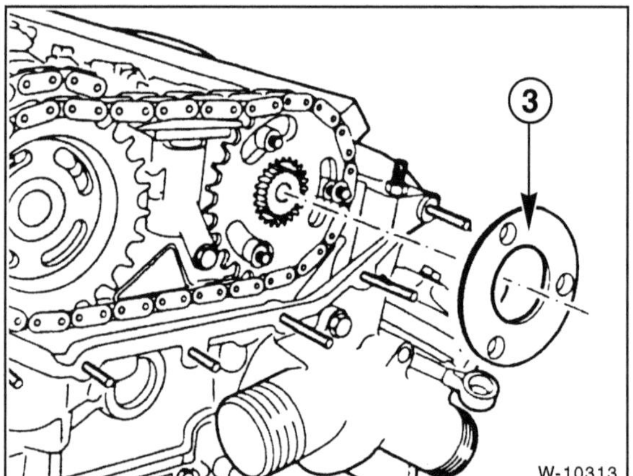

W-10313

- Ausführung ohne Tellerfeder: Anlaufscheibe –3– auf das Einlaßnockenwellenrad aufsetzen und festschrauben; Anzugsdrehmoment bei **M6**-Gewinde: **10 Nm,** bei **M7**-Gewinde: zuerst mit **5 Nm**, dann mit **20 Nm.**

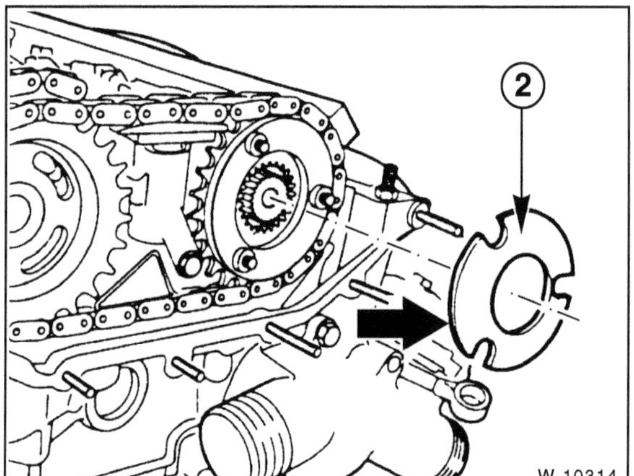

W-10314

- Ausführung mit Tellerfeder: Anlaufscheibe (ca. 2mm stark) auf die Einlaßnockenwelle aufsetzen, anschließend Tellerfeder –2– aufsetzen.

Achtung: Einbaurichtung der Tellerfeder beachten: Der große Auflagedurchmesser muß in Richtung Nockenwelle zeigen. Anschließend Anlaufscheibe (ca. 4mm stark) aufsetzen. 3 Muttern mit Schraubensicherungsmittel Loctite 270 einsetzen und festschrauben; Anzugsdrehmoment bei **M6**-Gewinde: **10 Nm,** bei **M7**-Gewinde: zuerst mit **5 Nm**, dann mit **20 Nm.**

- Kettenrad der Auslaßnockenwelle anschrauben, Schrauben noch nicht festziehen.

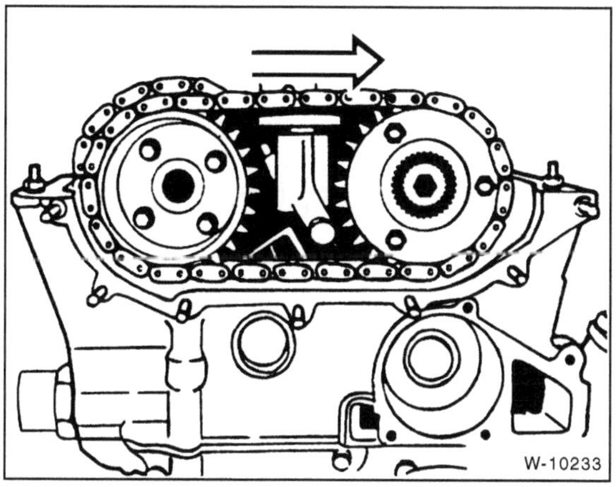

- Vor der Montage der VANOS-Verstelleinheit die beiden Kettenräder bis zum Anschlag in den Befestigungs-Langlöchern nach rechts drehen.

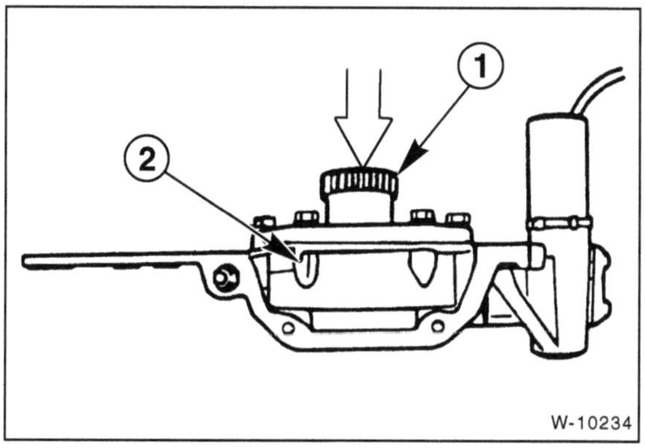

- Vor dem Aufsetzen die VANOS-Zahnwelle –1– bis zum Anschlag in Richtung Gehäuse –2– zurückdrücken.

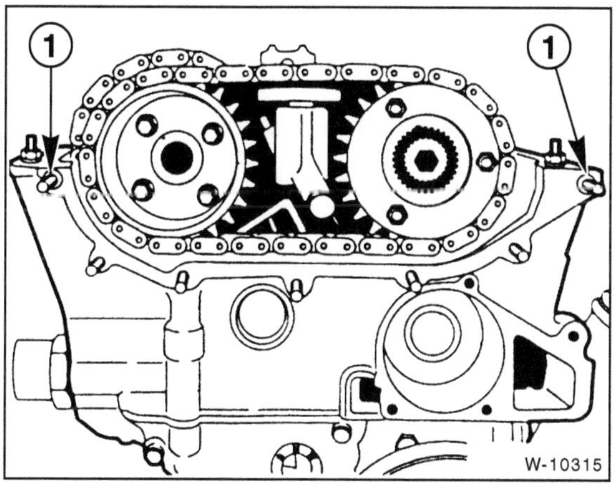

- Paßhülsen –1– beachten. Die Stoßecken der Dichtfläche zwischen Zylinderkopf und VANOS-Einheit mit Flüssigdichtung »Drei Bond 1209« abdichten.

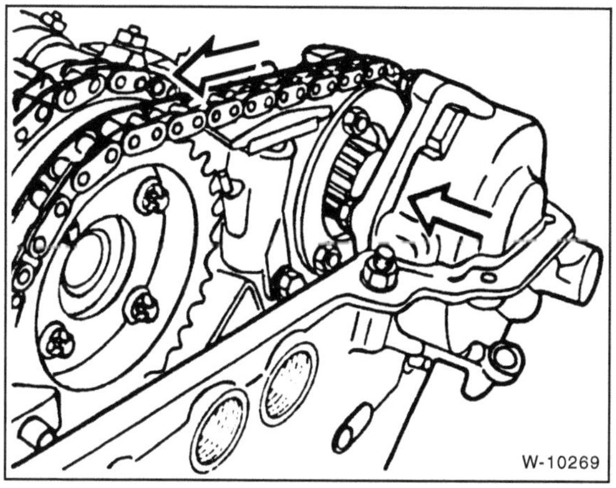

- VANOS-Verstelleinheit aufsetzen, dabei rastet die Zahnwelle in das Kettenrad ein. Dabei Kettenrad von Hand oder bei Ausführung mit Tellerfeder mit Hilfswerkzeug etwas entgegen dem Uhrzeigersinn verdrehen, damit die Zahnwelle einrastet. **Achtung:** Es muß der erste passende Zahn einrasten, sonst sind die Steuerzeiten verstellt.
- VANOS-Einheit in Richtung Zylinderkopf schieben, dabei verdreht sich das Kettenrad durch die Schrägverzahnung linksherum. Diese Bewegung durch Verdrehen des Kettenrades von Hand unterstützen.

- VANOS-Verstelleinheit anschrauben.
- Oberen Kettenspanner durch Entfernen des Sonderwerkzeuges 11 3 292 entlasten, siehe unter »Ausbau«.

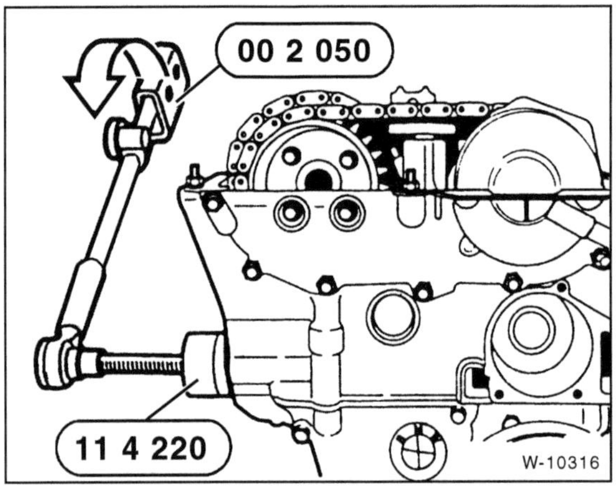

- Steuerkettenspanner durch Verdrehen der Spannschraube des Sonderwerkzeugs mit 1,3 Nm vorspannen.
- In dieser Stellung das Kettenrad der Auslaßnockenwelle mit **20 Nm** in zwei Durchgängen gleichmäßig über Kreuz anschrauben.
- Sonderwerkzeuge zur Arretierung der Nockenwelle und Steuerkettenvorspannung entfernen.

Achtung: Die BMW-Werkstatt prüft anschließend die VANOS-Funktion mit Hilfe von Spezialwerkzeugen. Treten nach dem Einbau keine Mängel im Fahrverhalten auf, kann auf diese Prüfung verzichtet werden, sonst BMW-Werkstatt aufsuchen.

- Öldruckleitung an die VANOS-Verstelleinheit mit neuen Dichtungen anschrauben. Elektrischen Anschlußstecker anschließen.

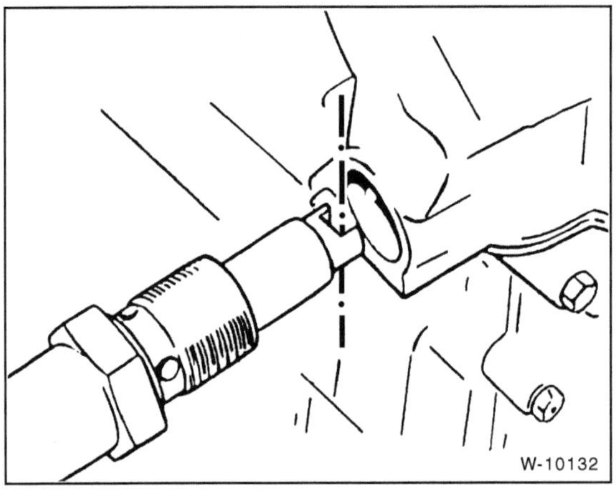

- Unteren Kettenspanner mit neuem Dichtring mit **35 Nm** einschrauben. Dabei Einbaulage beachten. Die Nut am Kolben muß senkrecht zur Spannschiene stehen. Beim Einsetzen oberen Kettenspanner entlasten.
- Räderkastendeckel mit neuer Dichtung einbauen. Dabei **Schrauben M6 mit 10 Nm und Schrauben M8 mit 22 Nm** festziehen. Paßhülsen an den beiden äußeren Schrauben nicht vergessen.
- 3 Bolzen für Zylinderkopfdeckel einschrauben.

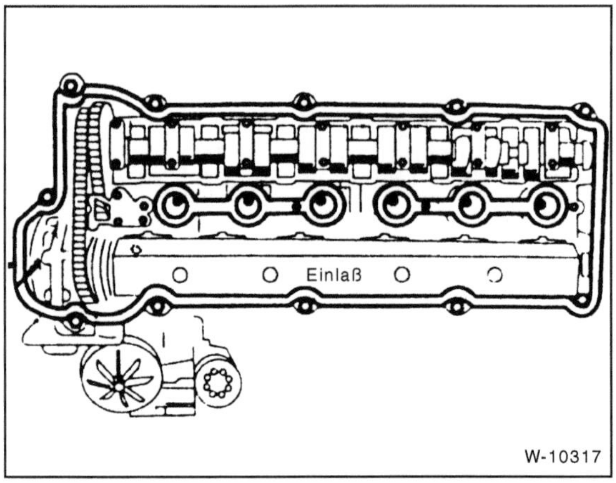

- Zylinderkopfdeckel einbauen. Beschädigte Dichtungen ersetzen, siehe Abbildung. Beim Auflegen der äußeren Zylinderkopfdeckel-Dichtung besonders auf richtige Lage in den Aussparungen der Zylinderkopf-Stirnseite achten. Zylinderkopfdeckel gleichmäßig mit **10 Nm** anziehen.
- Geber für Zylindererkennung einsetzen und anschrauben. O-Ring bei Beschädigung erneuern.
- Zündkerzen einbauen, siehe Kapitel »Wartung«.
- Ansaugrohr einbauen, siehe Seite 14.
- Elektrische Leitungen anklemmen, siehe unter »Ausbau«.
- Vorderes Abgasrohr am Abgaskrümmer anschrauben, siehe Seite 98

Achtung: Absteckdorn für OT-Einstellung vor Inbetriebnahme des Motors am Schwungrad herausziehen.

- Kühlmittel auffüllen, siehe Seite 278.
- Ölstand im Motor prüfen, gegebenenfalls Öl nachfüllen. Wurde der Zylinderkopf aufgrund einer defekten Zylinderkopfdichtung abgebaut, empfiehlt sich ein vorgezogener Ölwechsel einschließlich eines Ölfilterwechsels, da sich im Motoröl Kühlflüssigkeit befinden kann.

Speziell Motor M52TU ab 9/97

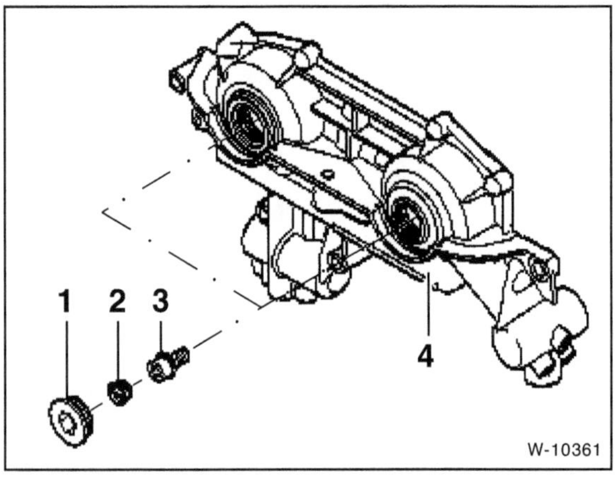

- Druckluftleitung an der Doppel-VANOS-Einheit –4– abbauen.

Achtung: Nach dem Öffnen der Verschlußschrauben läuft Öl aus. Putzlappen und Gefäß bereit halten. Öl auf Gummiteilen oder Keilrippenriemen sofort abwischen.

- Verschlußschrauben –1– in Längsachse der Ein- und Auslaßnockenwelle ausschrauben, auslaufendes Öl auffangen.
- Unter den Verschlußschrauben liegende Verschlußkappen –2– mit kurzer Flachzange fassen und herausziehen.
- Unter den Verschlußkappen liegende Paßschrauben –3– ausschrauben. **Achtung: Linksgewinde**, zum Lösen also rechtsherum drehen.

Übersicht VANOS-Kettenräder:

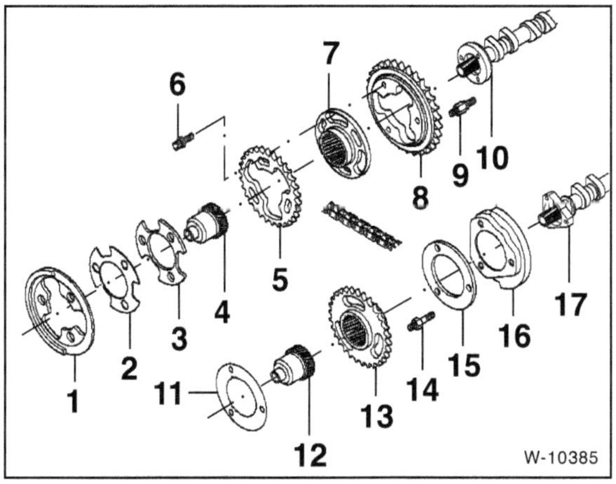

1 – Impulsgeberrad
2 – Tellerfeder
3 – Anlaufscheibe 3,5 mm
4 – Zahnwelle
5 – Kettenrad
6 – Torxschraube
7 – Zahnhülse
8 – Kettenrad
9 – Stiftschraube
10 – Auslaßnockenwelle
11 – Wellscheibe
12 – Zahnwelle
13 – Kettenrad
14 – Stiftschraube
15 – Anlaufscheibe
16 – Impulsgeberrad
17 – Einlaßnockenwelle

- Dichtfläche zur VANOS-Einheit sauber und ölfrei reinigen.

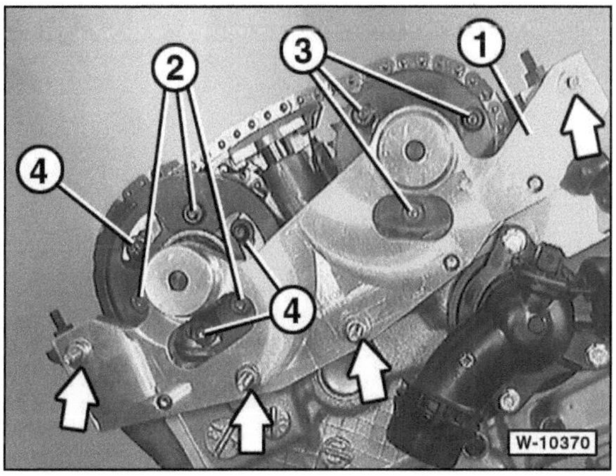

- BMW-Sonderwerkzeug 11 6 150 –1– anschrauben –Pfeile–. Mit diesem Sonderwerkzeug werden die Zahnhülsen beim Anziehen der Kettenräder arretiert.
- Je 3 Muttern –2– und –3– an beiden Kettenrädern zuerst mit 5 Nm zur Anlage bringen, nicht festziehen.
- Schrauben –4– in den Aussparungen mit **22 Nm** festziehen.
- Muttern –2– und –3– mit **22 Nm** festziehen.
- BMW-Sonderwerkzeug 11 6 150 abschrauben.
- Die Stoßecken der Dichtfläche zwischen Zylinderkopf und Doppel-VANOS-Einheit mit Dichtmasse »Drei Bond 1209« oder »Loctite Ultra Black« abdichten.

- Flachdichtung für Doppel-VANOS-Einheit erneuern. Doppel-VANOS-Einheit anschrauben –Pfeile–. **Muttern M6** mit **10 Nm** und **Muttern M8** mit **22 Nm** festziehen.
- Kabelstecker an der Doppel-VANOS-Einheit aufstecken.
- Paßschrauben an der Ein- und Auslaßnockenwelle einschrauben und mit **10 Nm** festziehen. **Achtung: Linksgewinde**, also linksherum einschrauben.
- Unter den Verschlußschrauben liegende Verschlußkappen erneuern, und mit Flachzange einsetzen.
- Verschlußschrauben mit **neuen** Dichtringen an der Ein- und Auslaßnockenwelle anschrauben, mit **50 Nm** festziehen.
- Motor-Aufhängeöse vorn anschrauben.
- Sonderwerkzeuge zur Arretierung der Nockenwelle und der Kurbelwelle entfernen, siehe Abbildungen W-1057 und W-10308 unter »Ausbau«.
- Druckluftleitung mit passendem Adapter an die Doppel-VANOS-Einheit anschließen und Druckluft mit 2 bis 8 bar Druck einblasen, siehe Abbildung W-10224 unter »Ausbau«.
- Bei druckbeaufschlagter Doppel-VANOS-Einheit die Kurbelwelle mindestens 2 Umdrehungen im Uhrzeigersinn drehen.

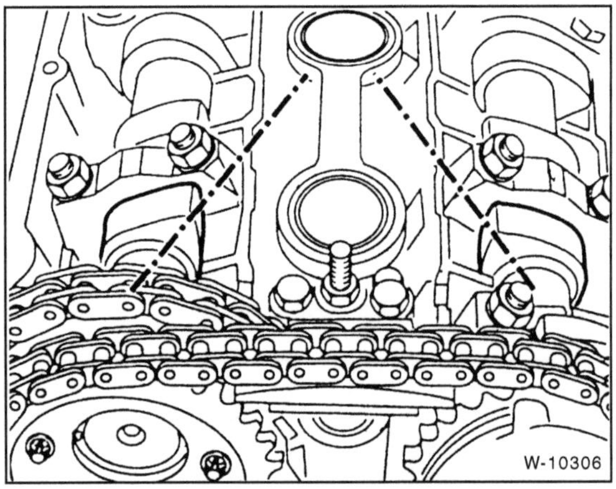

- Motor auf OT Zylinder 1 stellen, die Nockenspitzen der Ein- und Auslaßventile von Zylinder 1 (Steuerkettenseite) –Pfeile– müssen gleichmäßig nach oben zeigen.
- Dorn zur Arretierung der Kurbelwelle wieder einsetzen, siehe Abbildung W-1057 unter »Ausbau«.
- Lineal zur Arretierung der Nockenwellen wieder einsetzen, siehe Abbildung W-10308 unter »Ausbau«.

Achtung: Das Lineal zur Arretierung der Nockenwellen darf bis zu 1 mm zur Einlaßnockenwelle hin hochstehen. Steht das Lineal zur Auslaßseite hoch, müssen die Steuerzeiten des Motors durch Verdrehen der Nockenwellen-Kettenräder eingestellt werden. Dazu Kettenräder an den Nockenwellen lösen, verdrehen und anschließend wieder mit **22 Nm** festziehen.

- Lineal zur Arretierung der Nockenwellen abnehmen.
- Druckluftanschluß an der Doppel-VANOS-Einheit entfernen. Öldruckleitung an die Doppel-VANOS-Einheit mit neuen Dichtungen und **30 Nm** anschrauben. Elektrischen Anschlußstecker anschließen.
- BMW-Sonderwerkzeug 11 4 220 am Kettenspanner ausschrauben, siehe Abbildung W-10295.
- Kettenspannerkolben mit neuem Dichtring mit **70 Nm** am Zylinderkopf einschrauben, siehe Abbildung W-10182.
- Bolzen für Zylinderkopfdeckel einschrauben, siehe Abbildung W-10307 unter »Ausbau«.
- Abdeckhaube für Einlaßnockenwelle aufstecken.
- Stoßflächen zwischen Doppel-VANOS-Einheit und Zylinderkopf mit Dichtmasse besteichen, zum Beispiel mit »Drei Bond 1209« oder »Loctite Ultra Black«.
- Übergänge zu den Halbkreisen der Dichtfläche zum Zylinderkopfdeckel ebenfalls mit diesem Dichtmittel bestreichen.

Zylinderkopf aus- und einbauen

Modell 525tds

Hinweis: Es wird der Aus- und Einbau am Motor M51S (Modell 525tds) beschrieben. Hinweise für den M47-Motor im Modell 520d stehen am Ende des Kapitels.

Eine defekte Zylinderkopfdichtung ist an verschiedenen Merkmalen erkennbar, siehe Seite 18.

Ausbau

- Batterie-Massekabel (–) abklemmen. Die Batterie befindet sich im Kofferraum hinter der rechten Seitenverkleidung. **Achtung:** Dadurch werden elektronische Speicher gelöscht, wie zum Beispiel der Motor-Fehlerspeicher. Hinweise im Kapitel »Batterie aus- und einbauen« beachten.
- Kühlmittel ablassen und entsorgen, siehe Seite 278.
- Kühlerschlauch am Thermostatgehäuse abziehen, vorher Schlauchschelle lösen.
- Kühlmittel aus dem Motor ablassen, dazu Ablaßschraube seitlich am Motorblock unter dem Abgaskrümmer herausdrehen. Nach dem Ablassen Schraube sofort wieder anschrauben und festziehen.
- Lüfterrad mit Viscokupplung abschrauben (Linksgewinde), siehe Seite 57.

- Motor-Abdeckungen am Ansaugrohr ausbauen.

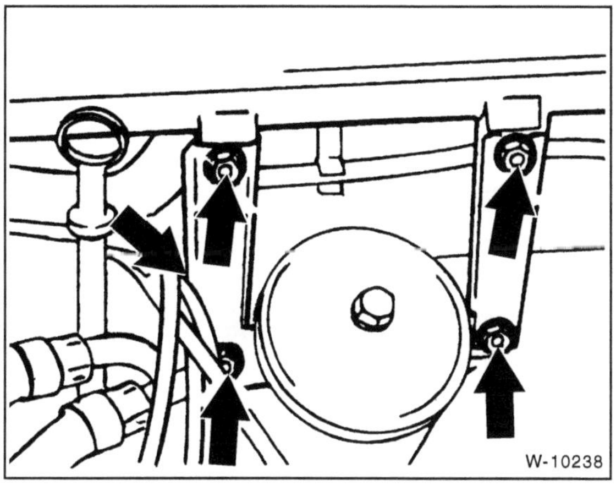

- Ansaugrohr-Halterungen abschrauben und ausclipsen.

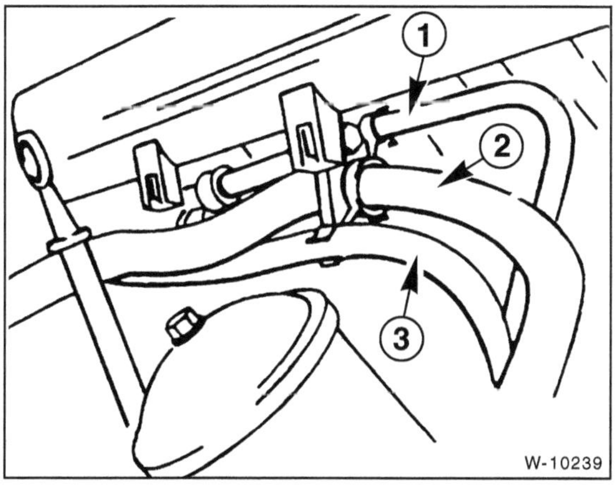

- Folgende Schläuche aus der Zylinderkopf-Halterung ausclipsen: 1 – Unterdruckleitung für Bremskraftverstärker, 2 – Kühlmittelschlauch für Heizung, 3 – Kraftstoffleitung zur Einspritzpumpe.
- Unterdruckschlauch am Ansaugkanal (am Abgasrückführungsventil) abziehen.
- Stecker für Temperaturfühler am Ansaugrohr abziehen, dabei Drahtsicherung niederdrücken.

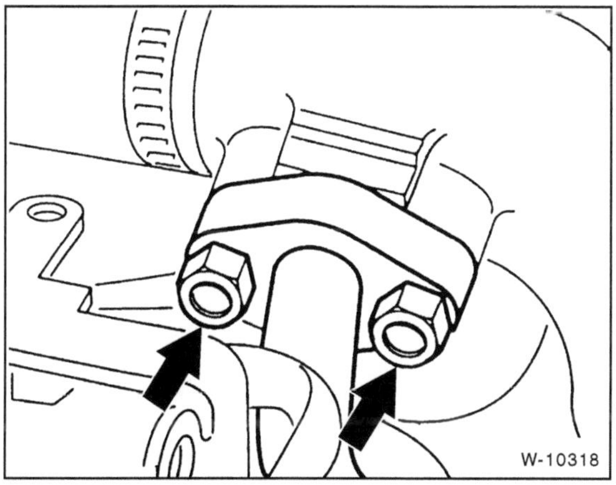

- Leitung für Abgasrückführung am Ansaugrohr abschrauben.

- Schelle lösen und Luftschlauch am Ansaugrohr abziehen.

- Ansaugrohr abschrauben.

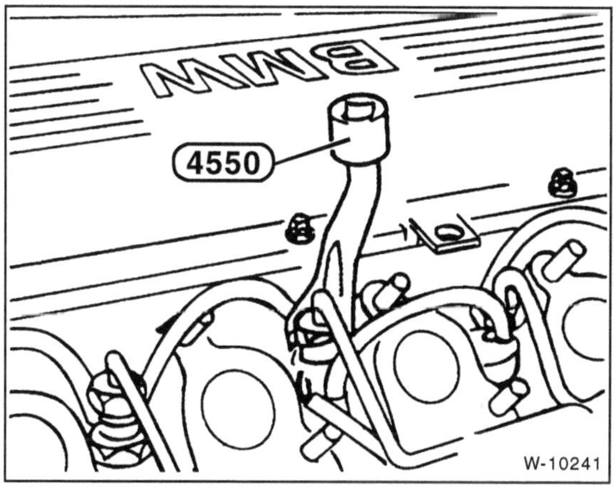

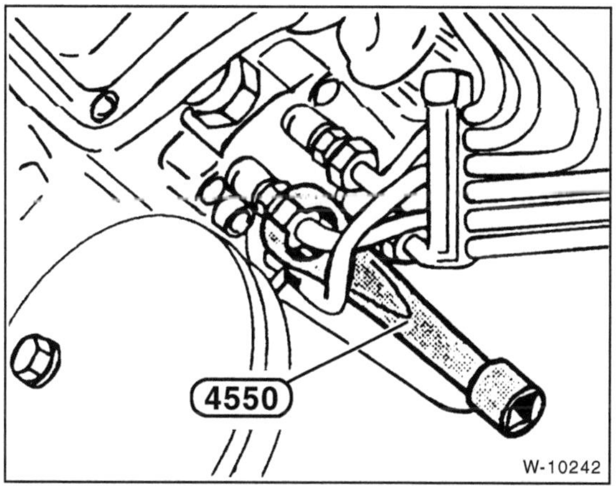

- Überwurfmuttern für Einspritzleitungen von Einspritzdüsen und Einspritzpumpe abschrauben. Dafür wird der Spezialschlüssel von BMW oder von HAZET, Nr. 4550, benötigt. Öffnungen mit Schutzkappen verschließen.

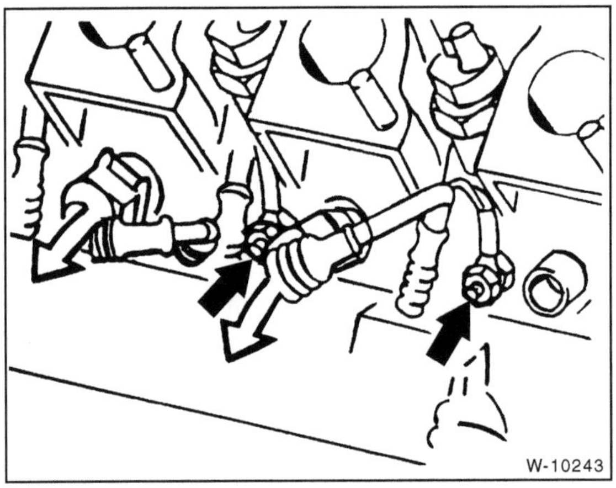

- Steckkontakte und Anschlüsse für die Glühkerzen lösen.
- Steckverbindung von Spritzbeginn-Geber an Einspritzdüse trennen.

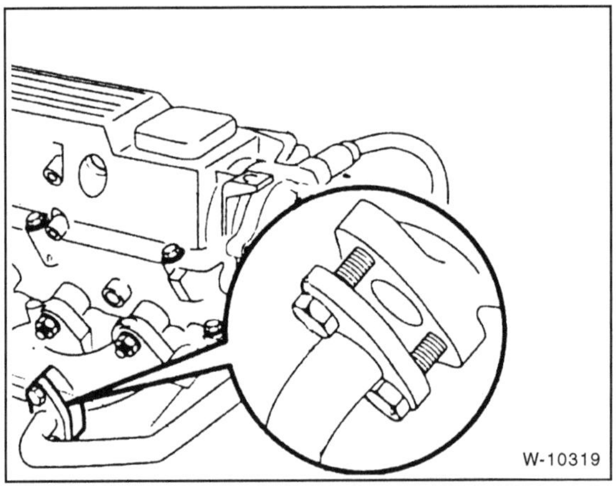

- Leitung für Abgasrückführung am Abgaskrümmer und an der Halterung abschrauben und abnehmen.
- Keilrippenriemen ausbauen, siehe Seite 44.

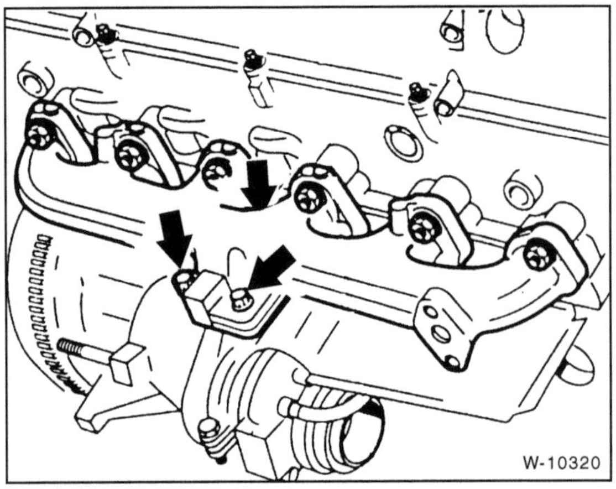

- Turbolader vom vorderen Abgasrohr abschrauben.

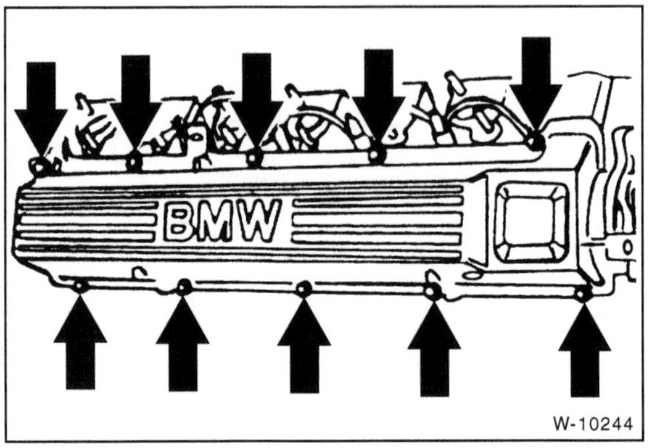

- Alle Zylinderkopfdeckelschrauben gleichmäßig zuerst ½ Umdrehung, dann ganz lösen. Deckel abnehmen.

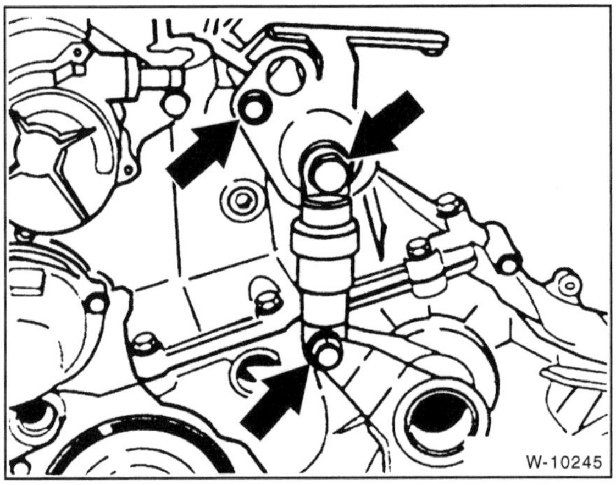

- Hydraulischen Keilrippenriemenspanner abschrauben und Dämpfer aushängen. **Achtung:** Ausgebauten Spanner nur in Einbaulage, also stehend, lagern. Sonst können später Funktionsstörungen auftreten.

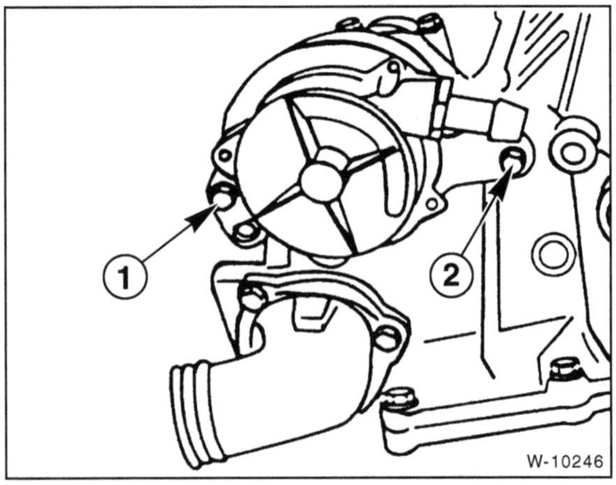

- 2 Schrauben –1/2– herausdrehen und Unterdruckpumpe abnehmen. Schraube –2– dient gleichzeitig als Halter für die Kettenführung. Da das Schraubengewinde abdichten muß, ist das Gewinde von neuen Schrauben beschichtet. Nach jedem Lösen muß die Schraube entweder erneuert werden, oder vor dem Einschrauben mit handelsüblicher, flüssiger Dichtmasse bestrichen werden.

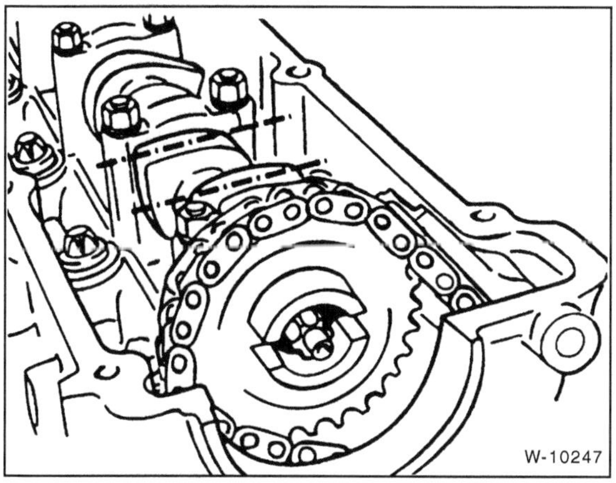
W-10247

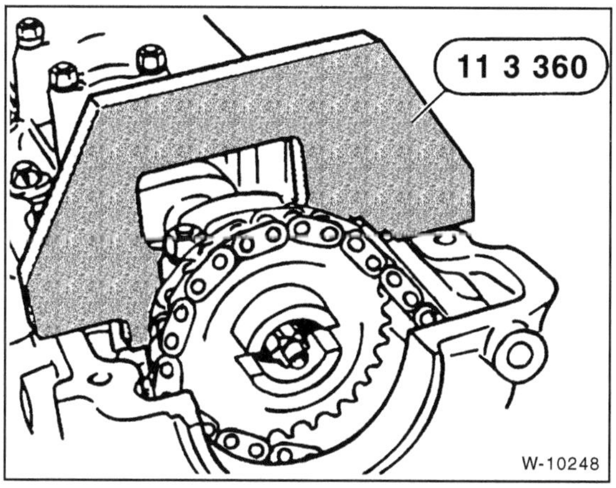

W-10248

- Motor auf OT Zylinder 1 stellen. Dazu muß die Kurbelwelle des Motors bis zur OT-Stellung gedreht werden. Zum Drehen der Kurbelwelle gibt es verschiedene Möglichkeiten:
  - 5. Gang einlegen und Fahrzeug auf ebener Fläche vorwärts schieben oder
  - Kurbelwellenriemenscheibe mit einer Stecknuß an der Zentralschraube in Motor-Drehrichtung durchdrehen (Getriebe in Leerlaufstellung).
- Bei OT-Stellung von Zylinder 1 müssen die Nockenspitzen der Ein- und Auslaßventile des 1. Zylinders (Steuerkettenseite) gleichmäßig nach links und rechts oben zeigen –gestrichelte Linie–. Gleichzeitig müssen die Ventile von Zylinder 6 auf Überschneidung stehen. Das heißt, die Nockenspitzen von Zylinder 6 zeigen gleichzeitig nach links und rechts unten. Hinweis: Die Zylinder werden der Reihe nach von 1 bis 6 gezählt. Zylinder 1 befindet sich an der Steuerkettenseite.

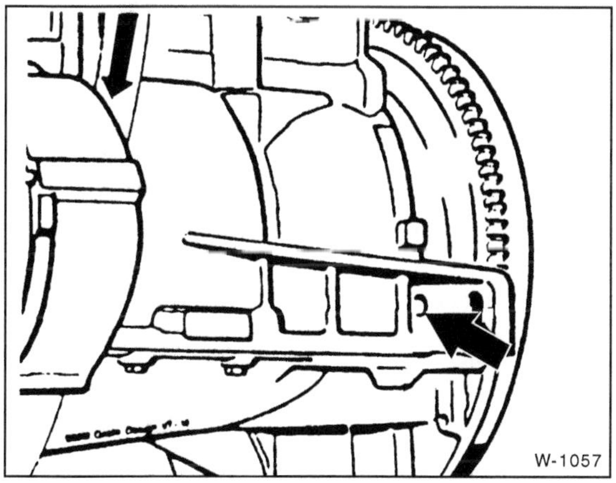
W-1057

- Kurbelwelle in OT-Stellung mit BMW-Werkzeug 11 2 300 oder anderem geeigneten Dorn arretieren. Dazu Dorn durch die Bohrung im Motorblock in die Bohrung des Schwungrades einsetzen. Falls vorhanden, vorher Gummistopfen an der Bohrung herausziehen.

Achtung: Kurbelwelle und Nockenwelle dürfen nach Ausbau des Zylinderkopfes nicht mehr verdreht werden.

- Nockenwelle mit dem BMW-Werkzeug arretieren. Das Werkzeug ist nicht unbedingt erforderlich, allerdings muß beim Lösen des Kettenrads die Nockenwelle am Sechskant SW 27 gegengehalten werden.

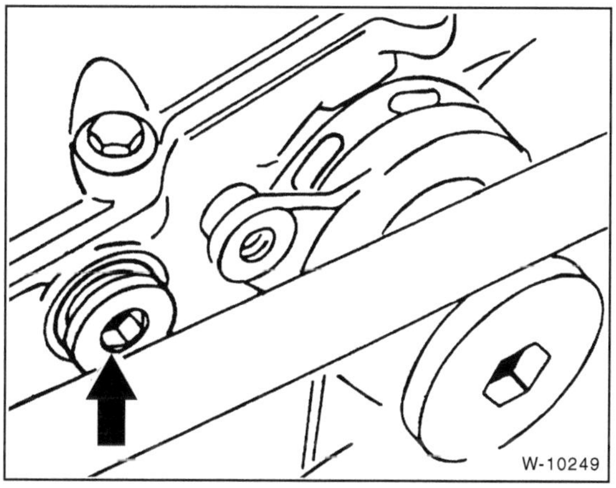
W-10249

- Verschlußschraube für Kettenspanner herausschrauben.

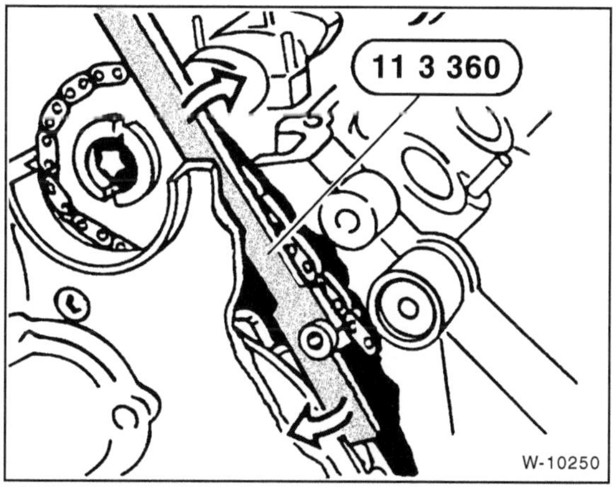

W-10250

- Geeigneten Spannhebel an der Kettenspannschiene ansetzen und den Kettenspanner eindrücken und halten.
- Kettenspanner in eingedrückter Stellung durch die Bohrung der Verschlußschraube mit einem passenden Dorn arretieren.

- Nockenwellen-Kettenrad abschrauben und abnehmen, dabei Nockenwelle am Sechskant SW 27 gegenhalten. Kette mit Drahthaken gegen nach unten rutschen sichern.

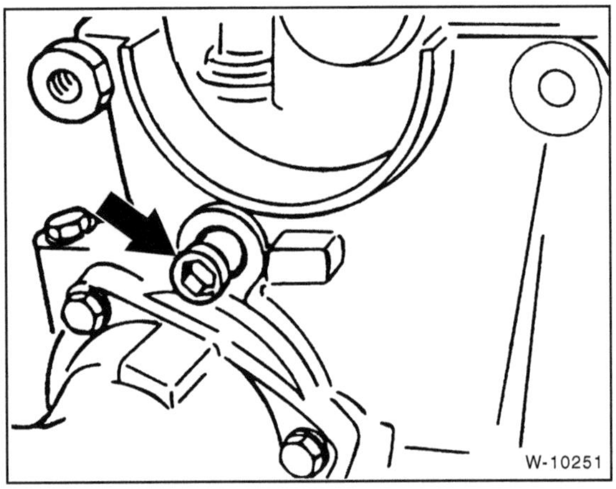

- Haltestift für Spannschiene am Zylinderkopf abschrauben und mit O-Ring abnehmen.

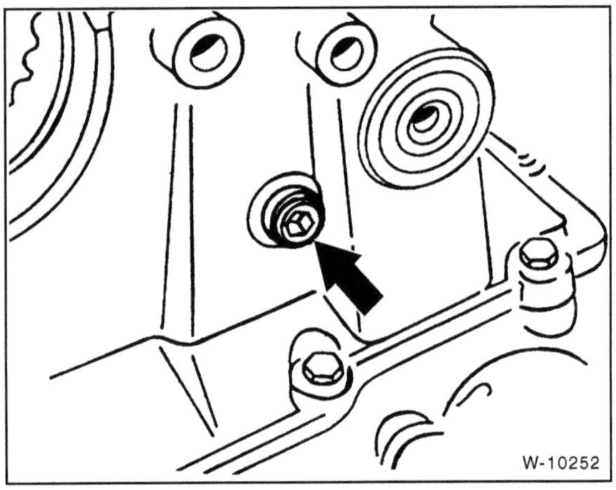

- Haltestift für Kettenführung abschrauben und mit O-Ring abnehmen.

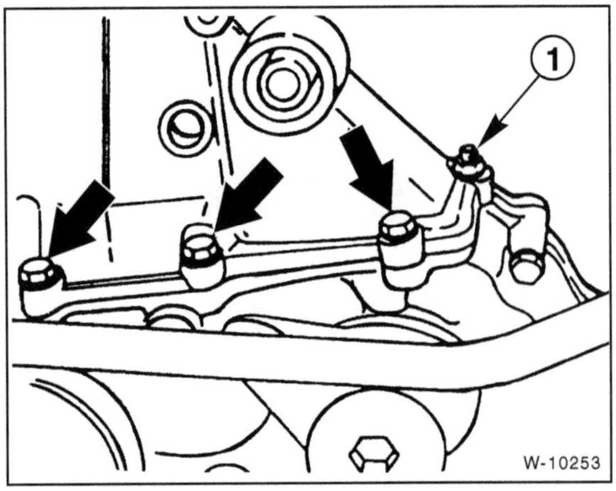

- Räderkastendeckelverschraubung lösen. Verschraubung –1– ist als Stehbolzen mit Mutter ausgeführt.

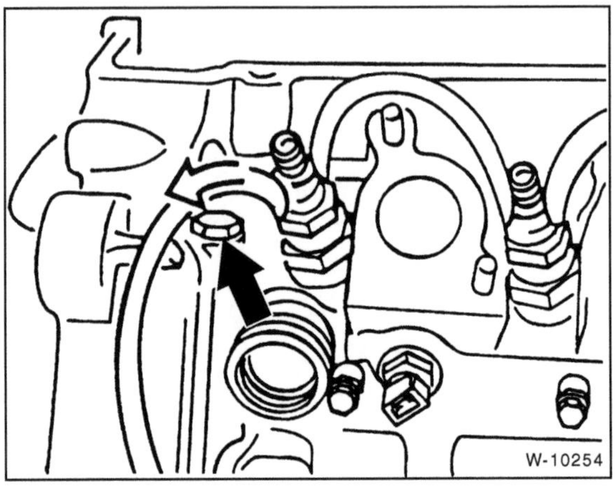

- Schraube –Pfeil– abschrauben sowie Leckölschlauch von der Einspritzdüse abziehen.

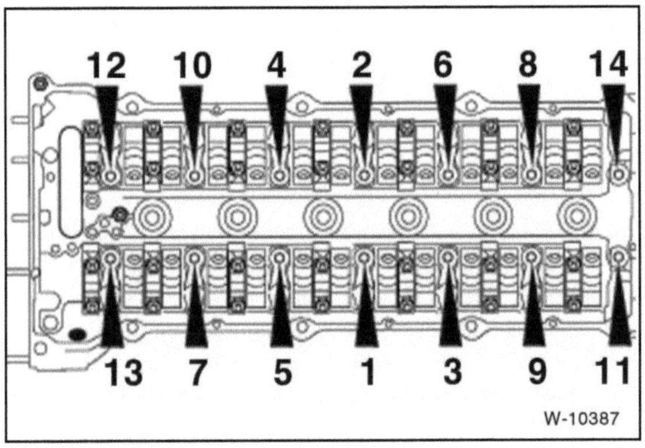

- Zylinderkopfschrauben entgegen der Reihenfolge von 14 nach 1 um 1/2 Umdrehung lösen. Anschließend in gleicher Reihenfolge herausdrehen. Zum Herausdrehen der Zylinderkopfschrauben wird eine Stecknuß für Außentorxschrauben der Größe E12 benötigt.
- Zylinderkopf abheben.

Achtung: Zylinderkopf nach dem Ausbau nicht auf der Dichtfläche absetzen, dabei könnten voll geöffnete Ventile beschädigt werden. Deshalb Zylinderkopf auf 2 Holzleisten legen.

Achtung: Nockenwelle und Kurbelwelle durften nach dem Ausbau nicht verdreht worden sein, sonst können beim Einbau geöffnete Ventile auf den Kolben aufsetzen.

Einbau

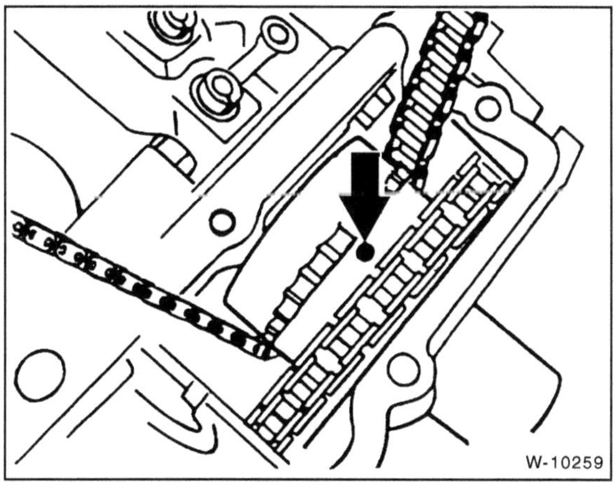

Achtung: Die Markierung am Kettenrad der Einspritzpumpe muß nach oben zeigen. Sonst Kurbelwelle eine volle Umdrehung weiterdrehen. Übersetzung von »Kurbelwelle : Einspritzpumpe« = »2 : 1«. **Hinweis:** Die Markierung ist nur vor Anbau des Zylinderkopfes sichtbar.

Achtung: Muß die Kurbelwelle bei angebautem Zylinderkopf eine Umdrehung gedreht werden, vorher Nockenwelle ausbauen.

- Vor dem Einbau Zylinderkopf und Zylinderblock mit geeignetem Schaber von Dichtungsresten freimachen. **Darauf achten, daß keine Dichtungsreste in die Bohrungen fallen, Bohrungen mit Lappen verschließen.**
- Zylinderkopf und Motorblock mit Stahllineal in Längs- und Querrichtung auf Planheit prüfen. **Achtung:** Der Zylinderkopf darf nicht nachgearbeitet werden. Bei Beanstandungen ersetzen.
- Bohrungen der Zylinderkopfschrauben sorgfältig von Öl und anderen Rückständen reinigen. Steht keine Preßluft zur Verfügung, Lappen um Schraubendreher wickeln und Flüssigkeit in den Bohrungen auswischen. **Achtung:** In den Sacklöchern darf sich kein Öl befinden, da sonst die Schraubenanzugswerte verfälscht werden. Außerdem kann der Motorblock reißen.

- Paßhülsen –Pfeile– auf richtigen Sitz überprüfen. Sie dienen zur Zentrierung der Dichtung und des Zylinderkopfs.

Achtung: Zylinderkopfdichtung und Zylinderkopfschrauben immer erneuern.

- Ist unklar, welche Dichtung eingebaut werden muß, zum Beispiel nach Reparaturen am Motorblock, Kolbenüberstand mit einer Meßuhr messen. Die Zylinderkopfdichtung wird entsprechend dem höchsten Kolbenüberstand aller 6 Kolben ausgewählt. Zum Messen die Meßuhr am Punkt –A– aufsetzen und durch leichtes Hin- und Herdrehen der Kurbelwelle den höchsten Stand ermitteln. Anschließend die Messung am Punkt –B– wiederholen. Der Mittelwert aus Maß A+B ergibt den »Kolbenüberstand« eines Kolbens. Diese Messungen an allen 6 Kolben durchführen.
- Aus den ermittelten Werten wird der Mittelwert errechnet. Also alle Kolbenüberstände zusammenzählen und durch 6 teilen. Ergibt sich ein Wert **unter 0,76 mm**, so ist eine Dichtung mit **2 Löchern** zu verwenden. Ab 0,76 mm ist eine Dichtung mit 3 Löchern zu verwenden. **Achtung:** Falls jedoch einer oder mehrere Zylinder einen Kolbenüberstand von mehr als 0,81 mm haben, ist auf jeden Fall eine Dichtung mit 3-Loch-Kennzeichnung zu verwenden.

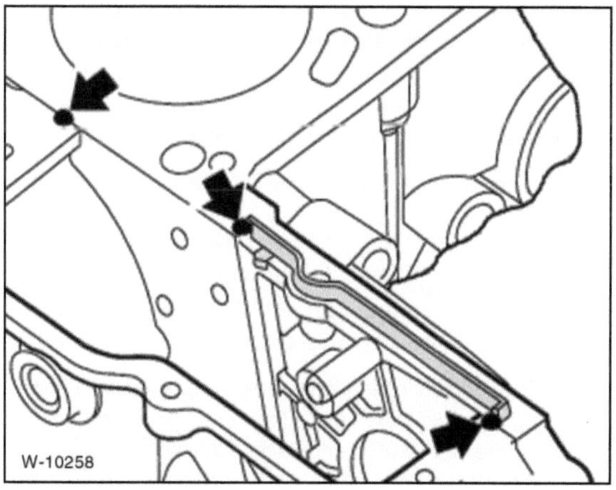

- Nur bei Ausführung mit Lagerbock für Einspritzpumpe: Gummiprofildichtung erneuern. Nut für Dichtung säubern. An den Nutenden Dichtmasse »Drei Bond 1209« auftragen.

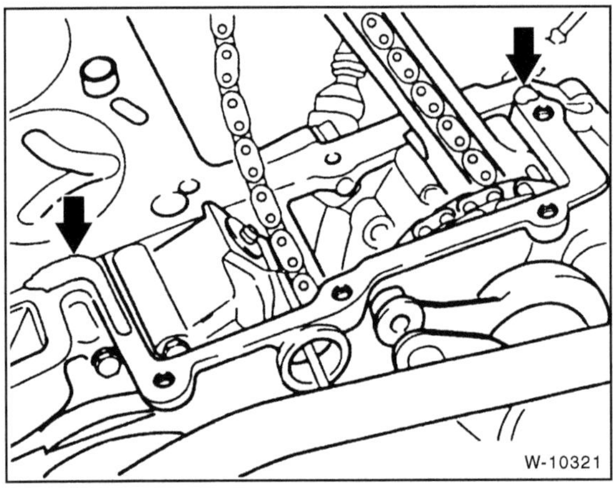

W-10321

- Trennfugen vom Räderkastendeckel zum Zylinderkopf mit Dichtmasse »Drei Bond 1209« abdichten.

Achtung: Nochmals prüfen, ob die Gewindebohrungen im Motorblock schmutz- und ölfrei sind (Rißgefahr, verfälschte Anziehwerte).

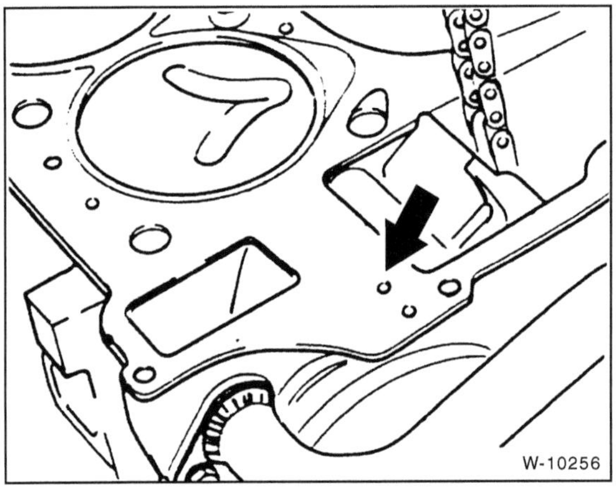

W-10256

- Neue Dichtung ohne zusätzliches Dichtmittel so auflegen, daß keine Bohrungen verdeckt werden. Die Dichtung ist je nach Dicke mit Löchern verschiedener Anzahl markiert. Die neue Dichtung muß die gleiche Stärke (Lochzahl) wie die ausgebaute Dichtung besitzen.

Achtung: Motor in die 30° vor OT-Stellung verdrehen. Dazu Kurbelwelle an der Zentralschraube gegen die Motor-Drehrichtung auf ca. 30° vor OT drehen. Dadurch wird eine Berührung der Ventile mit dem Kolben vermieden.

- Zylinderkopf mit Helfer aufsetzen, dabei nicht verkanten, sonst wird die Dichtung beschädigt.

Achtung: Das Anziehen der Zylinderkopfschrauben ist mit größter Sorgfalt durchzuführen. Vor dem Anziehen der Schrauben sollte der Drehmomentschlüssel auf seine Genauigkeit überprüft werden. Außerdem wird zum Anziehen der Zylinderkopfschrauben eine Winkelscheibe, zum Beispiel HAZET 6690, benötigt. Oder man setzt den Drehmomentschlüssel längs zum Motorblock auf die Schraube auf, mißt mit einem Winkelmesser den erforderlichen Winkel und markiert ihn mit Kreide auf dem Zylinderkopf.

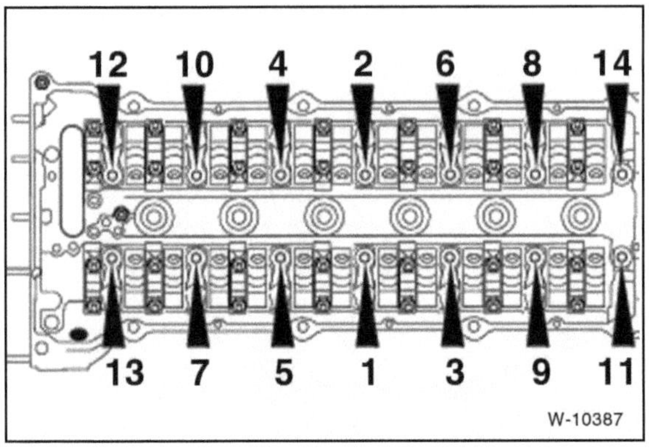

W-10387

- Zylinderkopfschrauben leicht geölt einsetzen und in 6 Stufen anziehen. In jeder Stufe Schrauben jeweils in der Reihenfolge von 1 bis 14 anziehen.

1. **Stufe:** mit Drehmomentschlüssel und **80 Nm**
2. **Stufe:** mit starrem Schlüssel **180°** (1/2 Umdrehung) **lösen**
3. **Stufe:** mit Drehmomentschlüssel und **50 Nm**
4. **Stufe:** mit starrem Schlüssel **90°** (1/4 Umdrehung)
5. **Stufe:** mit starrem Schlüssel **90°** (1/4 Umdrehung)

Nach **25 Minuten Warmlauf** (nach Abschluß der Zylinderkopf-Montagearbeiten):

6. **Stufe:** mit starrem Schlüssel **90°**

- Räderkastendeckel aufsetzen, Schrauben mit **10 Nm** anziehen.
- Verschraubung neben dem Einspritzventil anziehen sowie Leckölschlauch am Einspritzventil aufschieben, siehe Abbildung W-10254 unter »Ausbau«.
- 2 Haltestifte für Spannschiene und Kettenführung mit neuen O-Ringen einschrauben.
- Kettenrad mit aufgelegter Kette an der Nockenwelle anschrauben, Schraube noch nicht festziehen. **Achtung:** Die Auflageflächen müssen fettfrei und sauber sein.
- Absteckdorn aus dem Kettenspanner entfernen, so daß die Kette gespannt wird. Blindstopfen für Absteckdorn-Öffnung in den Zylinderkopf einschrauben.

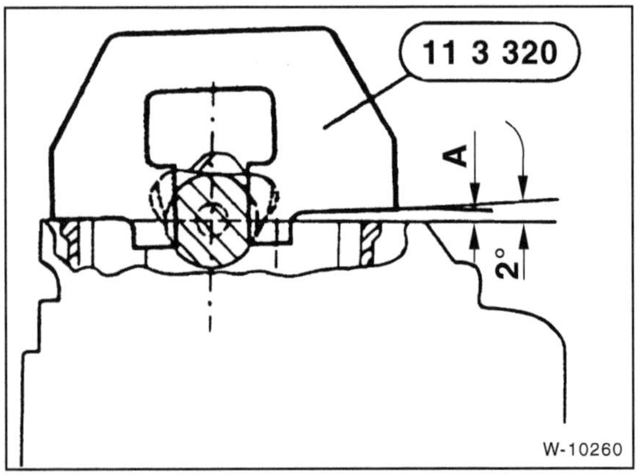

W-10260

- Nur wenn die Nockenwelle mit der BMW-Einstellehre arretiert wird: Die Lehre ist zur Einstellung von Ketten bis zu einer Laufleistung von ca. 20.000 km vorgesehen. Bei Ketten mit einer höheren Laufleistung muß auf der Einlaßseite des Zylinderkopfs eine Unterlage (Fühlerlehre) mit einer Stärke von A = 4,5 mm untergelegt werden. Wird die Lehre nicht verwendet, Nockenwelle um 2° nach links drehen und in dieser Stellung am Sechskant SW 27 gegenhalten.

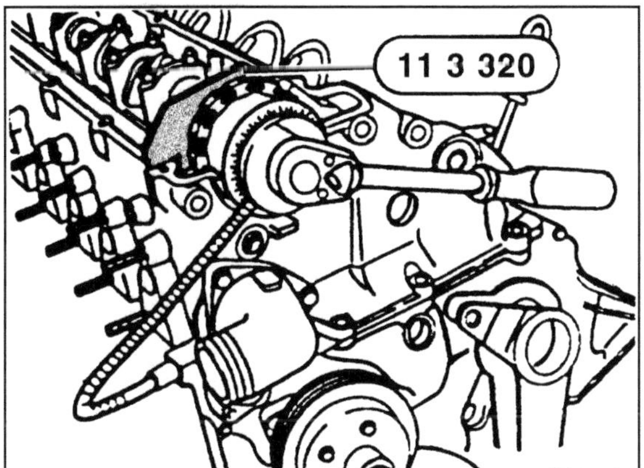

W-10261

- In dieser Stellung Nockenwellenrad in 2 Stufen festziehen:

  1. Stufe: mit Drehmomentschlüssel **20 Nm;**

  2. Stufe: mit starrem Schlüssel **35° weiterdrehen**.

Achtung: Dorn am Kurbelwellen-Schwungrad und Arretierwerkzeug an der Nockenwelle entfernen. Motor einige Male von Hand durchdrehen und Steuerzeiten nochmals überprüfen.

W-10262

- Unterdruckpumpe mit neuer O-Ring-Dichtung einsetzen, der Mitnehmer greift in die Aussparung am Nockenwellenrad ein. **Achtung:** Die Torxschraube am Nockenwellenrad ist mit einer Ölbohrung zur Schmierung der Unterdruckpumpe versehen. Bohrung gegebenenfalls von Schmutz befreien.
- 2 Schrauben für Unterdruckpumpe mit **20 Nm** festziehen. Innere Schraube entweder erneuern, oder vor dem Einschrauben mit handelsüblicher, flüssiger Dichtmasse bestreichen, da das Gewinde abdichten muß.
- Dämpfer und Halter für Keilrippenriemenspanner einsetzen und anschrauben.
- Keilrippenriemen einbauen, siehe Seite 44.
- Dichtung für Zylinderkopfdeckel auf Beschädigung prüfen, gegebenenfalls ersetzen.

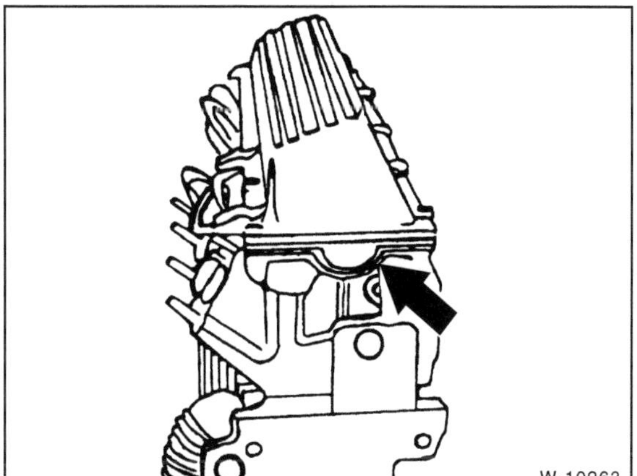

W-10263

- Zylinderkopfdeckel aufsetzen und über Kreuz von innen nach außen mit **15 Nm** festziehen. Dabei auf richtigen Sitz der Dichtung an der Aussparung achten, siehe Abbildung.
- Turbolader mit **neuer** Dichtung und **neuen selbstsichernden Muttern** am Abgaskrümmer anschrauben. Schrauben vorher mit Kupferpaste (Heißtemperaturpaste) bestreichen. Alle Schrauben mit **45 Nm** festziehen.
- Anschlüsse für Glühkerzen anschrauben.
- Stecker auf Spritzbeginn-Geber an Einspritzdüse aufstecken.
- Einspritzdüsen-Leitungen einsetzen, dabei nicht verbiegen. Überwurfmuttern mit Spezialschlüssel und **20 Nm** anziehen.

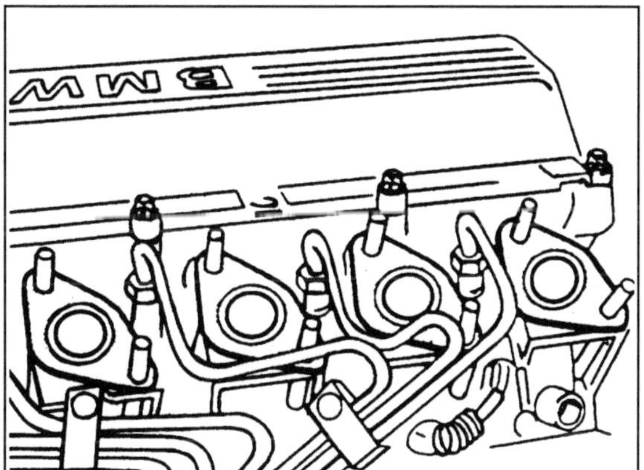

W-10264

- Ansaugrohr-Dichtungen erneuern. Anschließend Ansaugrohr aufsetzen, Schrauben über Kreuz mit **25 Nm** anziehen.
- Befestigungsschrauben für Ansaugrohr-Abstützung anschrauben.
- Sämtliche Schläuche im Ansaugrohr-Halter verlegen, beziehungsweise aufschieben, siehe unter »Ausbau«.

- Rohr für Abgasrückführung an Abgaskrümmer, Halterung und Ansaugrohr anschrauben.
- Elektrische Leitungen aufstecken.
- Batterie-Massekabel (–) anklemmen. Zeituhr einstellen. Radiosender programmieren.
- Kühlerschlauch am Thermostatgehäuse aufstecken, mit Schlauchschelle befestigen.
- Kühlmittel auffüllen, siehe Seite 278.
- Lüfterrad mit Viscokupplung anschrauben (Linksgewinde), siehe Seite 57.
- Ölstand im Motor prüfen, gegebenenfalls Öl nachfüllen. Wurde der Zylinderkopf aufgrund einer defekten Zylinderkopfdichtung abgebaut, empfiehlt sich ein vorgezogener Ölwechsel einschließlich eines Ölfilterwechsels, da sich im Motoröl Kühlflüssigkeit befinden kann.

Achtung: Motor **25 Minuten warmlaufen lassen.** Zylinderkopfdeckel abbauen und Kopfschrauben in richtiger Reihenfolge mit starrem Schlüssel **90°** (1/4 Umdrehung) anziehen. Die richtige Reihenfolge ist aus Abbildung W-1097 ersichtlich, siehe Seite 34.

Zum genauen Anziehen der Zylinderkopfschrauben wird eine Winkelscheibe, zum Beispiel HAZET 6690, benötigt. Oder man setzt den Drehmomentschlüssel längs zum Motorblock auf die Schraube auf, mißt mit einem Winkelmesser den erforderlichen Winkel und markiert ihn mit Kreide im Motorraum.

- Zylinderkopfdeckel einbauen und Schrauben über Kreuz von innen nach außen mit **15 Nm** festziehen.
- Motorabdeckungen anbringen.

Speziell 520d (Motor M47)

Ausbau

Achtung: Arbeitsschritte und Hinweise, die für alle Dieselmotoren gelten, stehen im Kapitel für den 525tds-Motor. In diesem Kapitel sind nur die Abweichungen beschrieben, die speziell den 520d-Motor betreffen. Die **Anzugsmethode** für die Zylinderkopfschrauben gilt auch für den **530d,** die Anzugsreihenfolge steht im Kapitel für den 525tds.

Eine defekte Zylinderkopfdichtung ist an verschiedenen Merkmalen erkennbar, siehe Seite 18.

Da der Zylinderkopfausbau recht aufwendig ist und Sonderwerkzeuge von BMW benötigt werden, empfiehlt es sich, für diese Arbeiten eine Fachwerkstatt aufzusuchen.

- Ansaugrohr ausbauen, siehe Seite 14.
- Motorluftfiltereinsatz ausbauen, siehe Seite 280.
- Einspritzleitungen und Einspritzdüsen ausbauen, siehe Seite 92

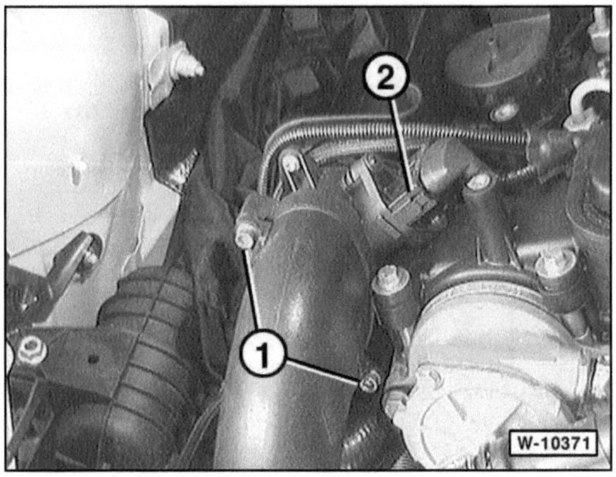

- Schrauben –1– abschrauben und Ansaugstutzen abziehen.
- Stecker –2– am Luftmassenmesser abziehen, dabei Drahtsicherung am Stecker niederdrücken.
- Schrauben für Zylinderkopfdeckel über Kreuz in der umgekehrten Reihenfolge, also von 22 bis 1 abschrauben, siehe Abbildung W-10372 unter »Einbau«.
- Kühlmittel ablassen, auch aus dem Motorblock, siehe Seite 278.
- Kühlerschläuche am Thermostatgehäuse abziehen, dazu Drahtsicherungen mit Schraubendreher anheben.

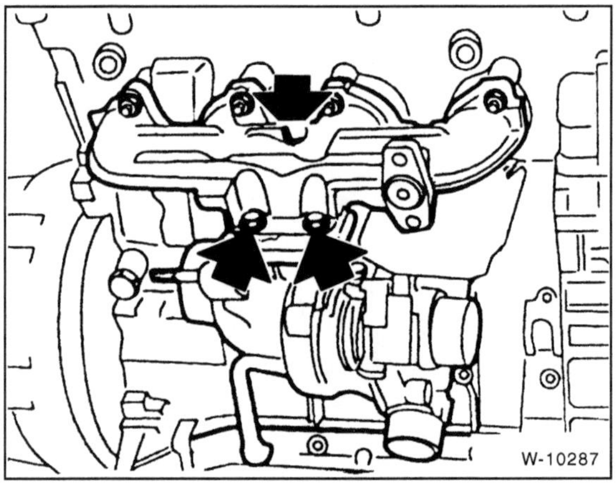

- Turbolader vom vorderen Abgasrohr abschrauben –Pfeile–.

- AGR-Kühler (AGR = Abgasrückführung) –1– zusammen mit Thermostat –2– ausbauen. Dazu Schlauchschellen für beide Kühlmittelzuleitungen unterhalb des AGR-Kühlers öffnen und Kühlmittelzuleitungen abziehen. Flanschschrauben –3– und Schrauben –4– am Halter auf beiden Seiten des AGR-Kühlers abschrauben.
- Kühlmittelrohr unterhalb vom Thermostatgehäuse am Zylinderkopf abschrauben. Kühlmittelrohr am Halter Zylinderkopf abschrauben.
- Beide Nockenwellen ausbauen, siehe Seite 41.

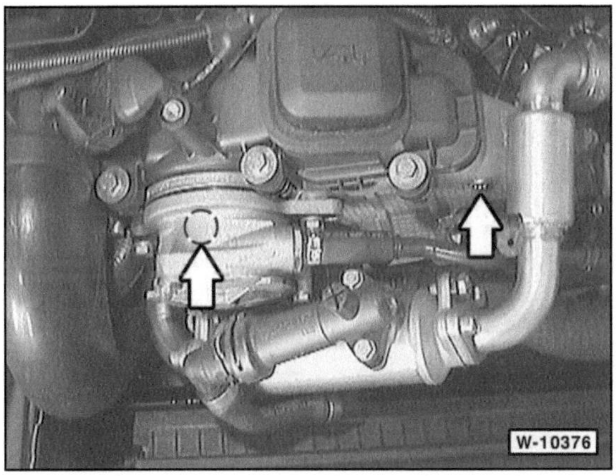

- An den mit –Pfeilen– markierten Stellen die Lagerbolzen für Gleit- und Spannschiene ausschrauben. **Hinweis:** Die linke Schraube ist in der Abbildung durch die Unterdruckpumpe verdeckt.
- Spannschiene nach oben ausheben.

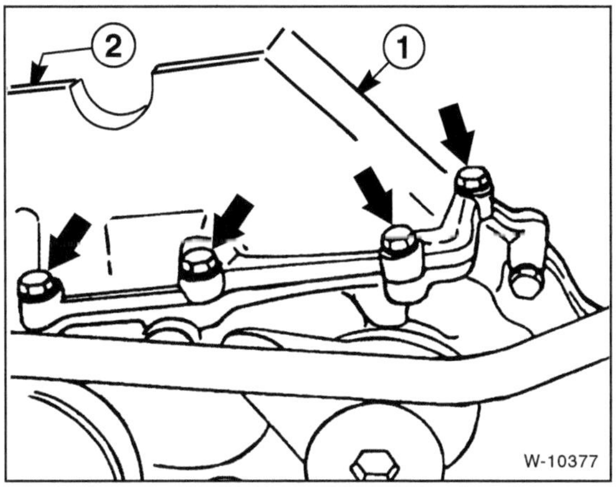

- Schrauben für Kettenkasten abschrauben –Pfeile–. In der Abbildung nicht sichtbare Schrauben an Stellen –1– und –2– ebenfalls ausschrauben.

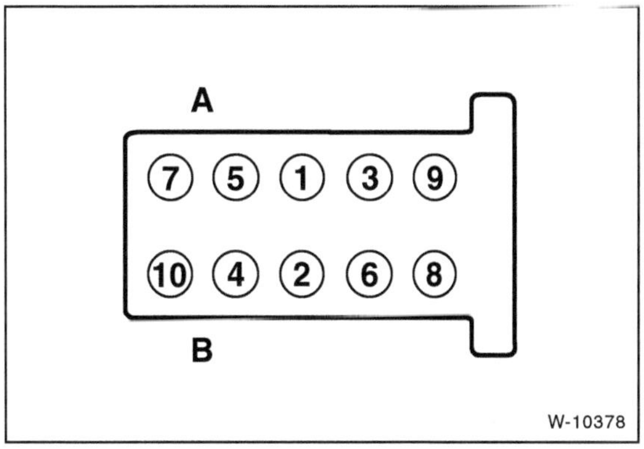

- Zylinderkopfschrauben entgegen der Reihenfolge, von 10 nach 1, um 1/2 Umdrehung lösen. Anschließend in gleicher Reihenfolge herausdrehen. A – Ansaugrohrseite; B – Abgaskrümmerseite.
- Zylinderkopf mit einem Helfer abheben.

Achtung: Zylinderkopf nach dem Ausbau nicht auf der Dichtfläche absetzen, dabei könnten die Glühkerzen beschädigt werden. Deshalb Zylinderkopf auf 2 Holzleisten legen.

Einbau

Achtung: Die Dichtfläche vom Diesel-Zylinderkopf darf **nicht** nachbearbeitet werden.

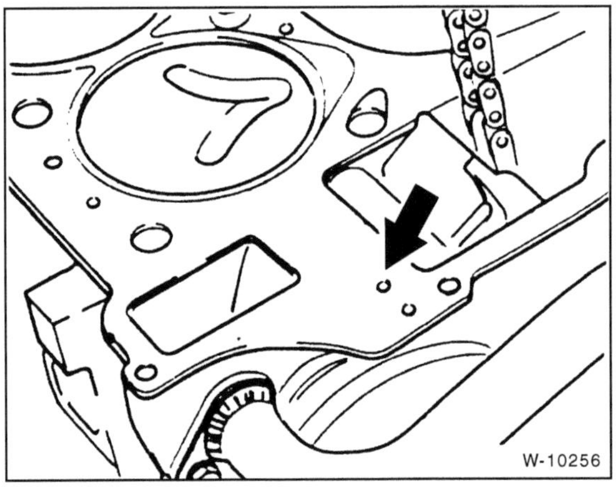
W-10256

- Neue Dichtung ohne zusätzliches Dichtmittel so auflegen, daß keine Bohrungen verdeckt werden. Die Dichtung ist je nach Stärke mit Löchern –Pfeil– verschiedener Anzahl markiert. Die neue Dichtung muß die gleiche Stärke (Lochzahl) wie die ausgebaute Dichtung aufweisen.

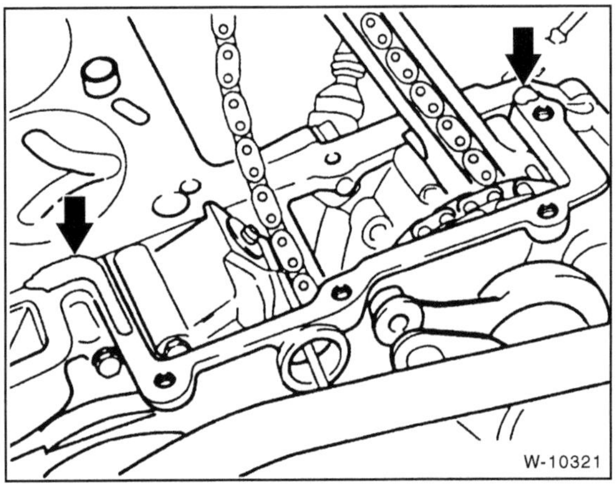
W-10321

Hinweis: Die Trennfugen vom Kettenkasten zum Zylinderkopf müssen nicht mit Dichtmasse abgedichtet werden. Auf der Dichtung befinden sich an diesen Stellen zusätzliche Dichtstreifen –Pfeile–.

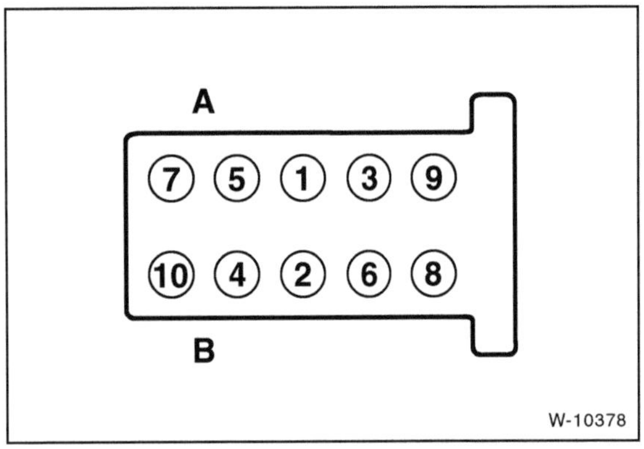

W-10378

- Die Zylinderkopfschrauben werden in 5 Stufen angezogen. In jeder Stufe Schrauben jeweils in der Reihenfolge von 1 bis 10 anziehen. A – Ansaugrohrseite; B – Abgaskrümmerseite.

1. **Stufe:** Mit Drehmomentschlüssel und **80 Nm**
2. **Stufe:** Mit starrem Schlüssel **180°** (1/2 Umdrehung) **wieder lösen**
3. **Stufe:** Mit Drehmomentschlüssel und **50 Nm**
4. **Stufe:** Mit starrem Schlüssel **90°** (1/4 Umdrehung)
5. **Stufe:** Mit starrem Schlüssel **90°** (1/4 Umdrehung)

- Schrauben für Kettenkasten mit **15 Nm** anziehen. Vorher Dichtring der Schraube im Kettenkasten erneuern.
- 2 **neue** Haltestifte für Spannschiene und Kettenführung einschrauben. Die Haltestifte müssen erneuert werden, da das Gewinde beschichtet und damit selbstsichernd ist.
- Kettenrad mit aufgelegter Kette an der Nockenwelle anschrauben, Schraube noch nicht festziehen. **Achtung:** Die Auflagefläche muß fettfrei und sauber sein.
- Absteckdorn aus dem Kettenspanner entfernen, so daß die Kette gespannt wird. Blindstopfen für Absteckdorn-Öffnung in den Zylinderkopf einschrauben.
- Nockenwellen einbauen, siehe Seite 41.
- Kühlmittelrohr unterhalb vom Thermostatgehäuse am Zylinderkopf mit **neuer** Dichtung anschrauben.
- AGR-Kühler mit **neuen** Flachdichtungen anschrauben. Kühlmittelleitungen aufschieben und mit Schlauchschellen sichern.
- Kühlerschläuche am Thermostatgehäuse aufstecken und sichern.
- Turbolader mit **neuer** Dichtung und **neuen selbstsichernden Muttern** am Abgaskrümmer anschrauben. Schrauben vorher mit Kupferpaste (Hochtemperaturpaste) bestreichen. Muttern mit **45 Nm** festziehen.
- Immer **neue** Dichtung für Zylinderkopfdeckel einbauen.
- Die Stoßecken der Zylinderkopfdeckel-Dichtfläche zwischen Zylinderkopf und Unterdruckpumpe mit einer 2 mm hohen und 2 mm breiten Raupe Dichtmasse »Drei Bond 1209« oder »Loctite Ultra Black« abdichten.

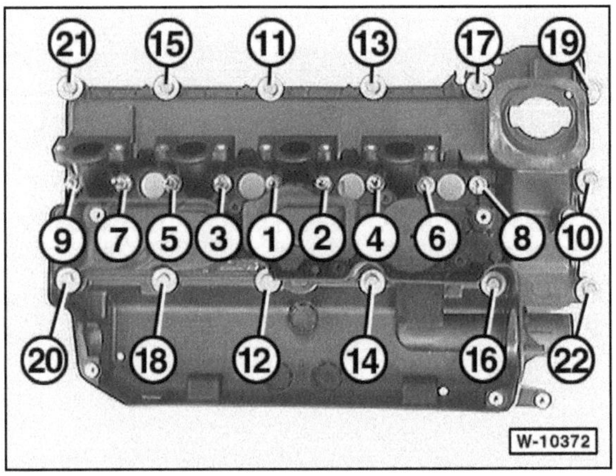

W-10372

- Schrauben für Zylinderkopfdeckel über Kreuz in der Reihenfolge von 22 bis 1 zuerst handfest anschrauben. Dann in einem zweiten Durchgang in gleicher Reihenfolge mit **15 Nm** festziehen.
- Stecker am Luftmassenmesser aufstecken und einrasten.
- Ansaugstutzen mit 2 Schrauben anschrauben, siehe Abbildung W-10371.

- Einspritzdüsen und Einspritzleitungen einbauen, siehe Seite 92
- Ansaugrohr einbauen, siehe Seite 14.
- Motorluftfiltereinsatz einbauen, siehe Seite 280.

Nockenwelle aus- und einbauen

6-Zylinder-Benzinmotor

Da Spezialwerkzeug von BMW zwingend erforderlich ist, empfehle ich, die Arbeit in einer BMW-Werkstatt durchführen zu lassen. Hier wird der Nockenwellenausbau bei ausgebautem Zylinderkopf beschrieben. Es geht jedoch auch bei eingebautem Zylinderkopf, dennoch sind dann die Vorarbeiten bis auf das eigentliche Abschrauben des Zylinderkopfs entsprechend dem Kapitel »Zylinderkopf aus- und einbauen« durchzuführen.

- Gegebenenfalls Nockenwellen vermessen: Sollwert für Axialspiel: 0,15 – 0,33 mm; Radialspiel: 0,02 – 0,054 mm.

Ausbau

- Zylinderkopf ausbauen, siehe Seite 18.

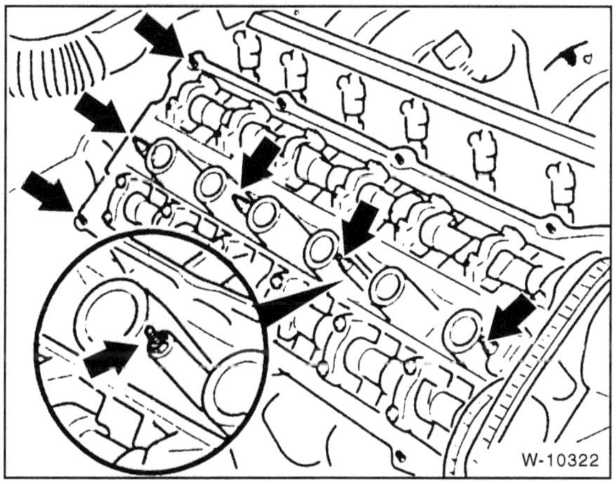

W-10322

- Stehbolzen abschrauben.

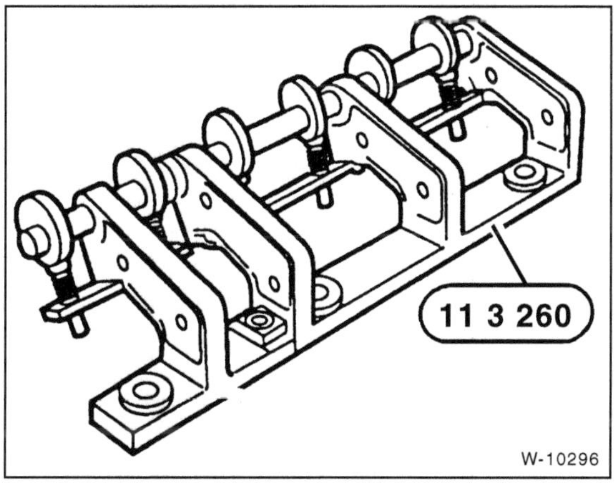

W-10296

Hinweis: Zum Ausbau der Nockenwellen wird die Vorrichtung BMW 113260 benötigt. Sie hat die Aufgabe, alle Nockenwellenlager in Einbauposition zu halten, wenn die Lagerschalen gelöst werden. Die Arbeitsanweisungen gelten für beide Nockenwellen in gleicher Weise, die Reihenfolge des Ausbaus ist egal.

- Zündkerzen ausschrauben.
- Vorrichtung aufsetzen und in den Zündkerzengewinden der Zylinder 1 und 4 mit 25 Nm festschrauben.

W-10192

- Durch Drehen an der Exzenterwelle der Vorrichtung die Lagerdeckel vorspannen.

W-10323

- Alle Schrauben der Lagerdeckel lösen. **Achtung:** Der Lagerdeckel 1 der Einlaßnockenwelle ist mit Paßhülsen zentriert. Um das Verkanten der Nockenwelle zu vermeiden, Lagerdeckel 1 abschrauben und abnehmen.
- Vorrichtung entspannen und abbauen.

- Lagerdeckel und Nockenwelle abnehmen. Die Lagerdeckel geordnet ablegen, beim Einbau müssen sie in gleicher Lage wieder eingebaut werden. Die Lagerdeckel sind mit A1 bis A7 für die Auslaß-Nockenwelle, mit E1 bis E7 für die Einlaßnockenwelle gekennzeichnet.

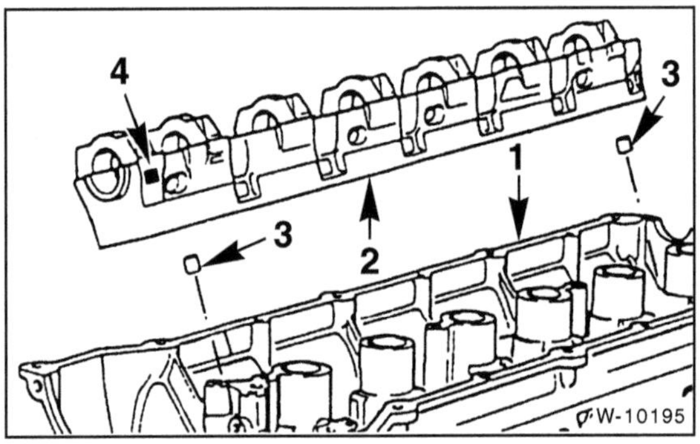

- Falls notwendig, zum Beispiel wenn Ventile ausgebaut werden sollen, komplette Lagerleiste –2– mit Ventilstößeln vom Zylinderkopf –1– abnehmen. Zentrierhülsen –3– beachten. Die Lagerleisten sind an der Stelle –4– mit »A« für die Auslaßseite und mit »E« für die Einlaßseite gekennzeichnet. **Achtung:** Die Ventilstößel rutschen nach unten aus der Lagerleiste heraus, wenn sie nicht gesichert werden. Die BMW-Werkstatt benutzt Sauger, die von oben auf die Stößel aufgesetzt werden und dies verhindern. Ventilstößel kennzeichnen. Sie müssen an gleicher Stelle wieder eingesetzt werden, falls sie aus der Leiste entfernt wurden.

Achtung: Ausgebaute Ventilstößel nicht länger als 10 Minuten auf den Kopf stellen, da die Motorölfüllung sonst langsam ausläuft und der automatische Ventilspielausgleich nicht mehr funktioniert.

Einbau

Achtung: Wenn die Nockenwelle ausgebaut wurde, muß folgendes beachtet werden: Die hydraulischen Ventilstößel dehnen sich ohne Belastung durch die Nockenwelle aus und benötigen nach dem Einbau einige Zeit, um sich wieder zusammenzudrücken. Dadurch können Ventile weiter geöffnet sein, als es der Nockenwellenstellung entspricht, und am Kolben aufsetzen. Folgende Wartezeiten sind daher zwischen dem Einbau der Nockenwelle und dem Aufsetzen des Zylinderkopfs zu beachten: Bei +20° C (Raumtemperatur): 4 Minuten, bei +10° C: 11 Minuten. Nach Montage des Zylinderkopfes nochmals 30 Minuten warten, bis der Motor verdreht werden darf.

Wurde eine Nockenwelle bei angebautem Zylinderkopf ausgebaut, Kurbelwelle um ca. 30° in Motordrehrichtung (rechtsherum am Sechskant der Riemenscheibe) über den OT-Punkt weiterdrehen. Dadurch steht kein Kolben ganz oben, die Ventile können nicht aufsetzen. Nockenwellen einbauen und die genannten Wartezeiten einhalten. Erst dann die Kurbelwelle in OT-Stellung zurückdrehen und die Steuerketten montieren, siehe Kapitel »Zylinderkopf einbauen«.

- Ventilstößel auf Verschleiß (Riefen) prüfen, gegebenenfalls erneuern.

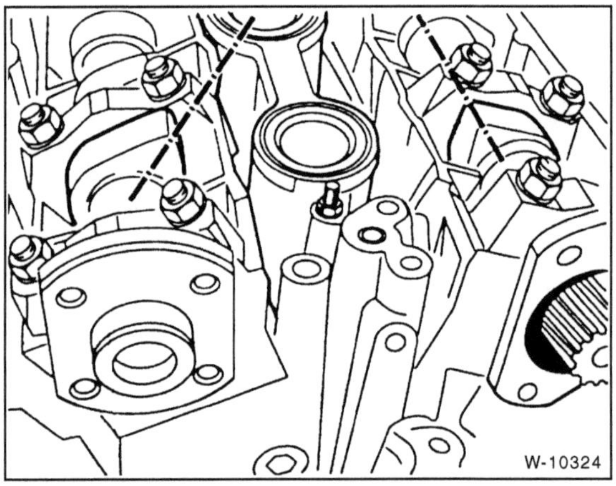

- Nockenwellenlager einölen und Nockenwellen so einsetzen, daß die Nockenspitzen für Ein- und Auslaßventile am Zylinder 1 zueinander zeigen.
- Lagerleiste mit eingesetzten Ventilstößeln in den Zylinderkopf setzen. Vorhandensein der Zentrierhülsen –3– sicherstellen, siehe Abbildung W-10195.
- Lagerschalen nach angebrachten Markierungen einsetzen, sie müssen an gleicher Stelle wie vor dem Ausbau sitzen.
- Vorrichtung einsetzen und Lagerschalen vorspannen.
- Lagerschalen der Nockenwellen mit **15 Nm** anziehen.
- Vorrichtung entspannen und abschrauben, Zündkerzen einschrauben.
- Zylinderkopf einbauen, siehe Seite 18.

Nockenwelle aus- und einbauen

Modell 525tds

Hinweis: Es wird der Aus- und Einbau am Motor M51S (Modell 525tds) beschrieben. Hinweise für den M47-Motor im Modell 520d stehen am Ende des Kapitels.

Da Spezialwerkzeug von BMW zwingend erforderlich ist, empfehle ich, die Arbeit in einer BMW-Werkstatt durchführen zu lassen. Die Nockenwelle kann sowohl bei ein- wie auch bei ausgebautem Zylinderkopf demontiert werden. Hier wird der Nockenwellenausbau bei zuvor ausgebautem Zylinderkopf beschrieben. Es geht jedoch auch bei eingebautem Zylinderkopf, dennoch sind dann die Vorarbeiten bis auf das eigentliche Abschrauben des Zylinderkopfs entsprechend dem Kapitel »Zylinderkopf aus- und einbauen« durchzuführen.

- Gegebenenfalls Nockenwelle vermessen: Sollwert für Radialspiel: 0,04 – 0,081 mm; Axialspiel: 0,15 – 0,33 mm.

Ausbau

- Zylinderkopf ausbauen, siehe Seite 28.

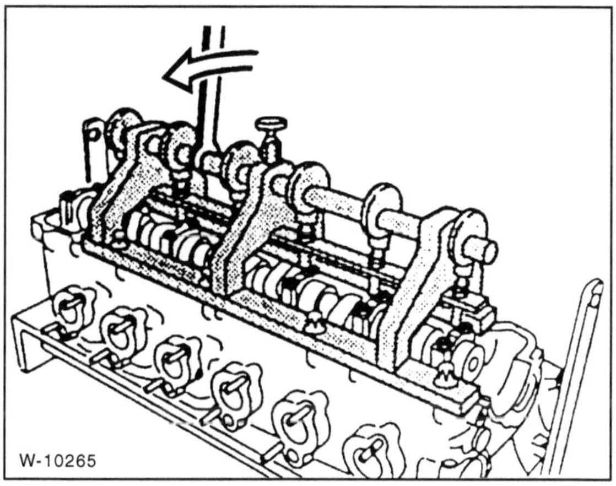

- Zum Ausbau der Nockenwelle wird die Vorrichtung BMW 11 3 330 benötigt. Sie hat die Aufgabe, alle Nockenwellenlager in Einbauposition zu halten, wenn die Lagerschalen gelöst werden. Vorrichtung aufsetzen und mit Zylinderkopfdeckel-Schrauben anschrauben, siehe Abbildung.
- Durch Drehen an der Exzenterwelle der Vorrichtung die Lagerdeckel vorspannen.
- Alle Schrauben der Lagerdeckel lösen.
- Vorrichtung entspannen und abbauen.
- Lagerdeckel und Nockenwelle abnehmen. Die Lagerdeckel sind mit 1 bis 7, von der Auslaß-Seite aus lesbar, gekennzeichnet.

- Falls notwendig, zum Beispiel wenn Ventile ausgebaut werden sollen, Ventilstößel abnehmen. Die BMW-Werkstatt benutzt Sauger, die von oben auf die Stößel aufgesetzt werden, zum Herausziehen. Stößel müssen an gleicher Stelle wieder eingesetzt werden, falls sie entfernt wurden.

Achtung: Ausgebaute Ventilstößel nicht länger als 10 Minuten auf den Kopf stellen, da die Motorölfüllung sonst langsam ausläuft und der automatische Ventilspielausgleich nicht mehr funktioniert.

Einbau

Achtung: Wenn die Nockenwelle ausgebaut wurde, muß folgendes beachtet werden: Die hydraulischen Ventilstößel dehnen sich ohne Belastung durch die Nockenwelle aus und benötigen nach dem Einbau einige Zeit, um sich wieder zusammenzudrücken. Dadurch können Ventile weiter geöffnet sein, als es der Nockenwellenstellung entspricht, und am Kolben aufsetzen. Folgende Wartezeiten sind daher zwischen dem Einbau der Nockenwelle und dem Aufsetzen des Zylinderkopfs zu beachten: Bei +20° C (Raumtemperatur): 4 Minuten, bei +10° C: 11 Minuten. Nach Montage des Zylinderkopfes nochmals 30 Minuten warten, bis der Motor verdreht werden darf.

Wurde eine Nockenwelle bei angebautem Zylinderkopf ausgebaut, Kurbelwelle um ca. 30° in Motordrehrichtung (rechtsherum am Sechskant der Riemenscheibe) über den OT-Punkt weiterdrehen. Dadurch steht kein Kolben ganz oben, die Ventile können nicht aufsetzen. Nockenwelle einlegen und die genannten Wartezeiten einhalten. Erst dann die Kurbelwelle in OT-Stellung zurückdrehen und die Steuerkette montieren, siehe Kapitel »Zylinderkopf einbauen«.

- Ventilstößel auf Verschleiß (Riefen) prüfen, gegebenenfalls erneuern. Sonst an gleicher Stelle wie vor dem Ausbau wieder einsetzen.
- Nockenwellenlager einölen und Nockenwelle so einsetzen, daß die Nockenspitzen für Ein- und Auslaßventil am Zylinder 1 gleichmäßig nach oben zeigen.
- Lagerschalen nach angebrachten Zahlen einsetzen, sie müssen an gleicher Stelle wie vor dem Ausbau sitzen.
- Vorrichtung einsetzen und Lagerschalen vorspannen.

- Lagerschalen der Nockenwelle gleichmäßig über Kreuz von außen nach innen in ½ Umdrehungsschritten mit **15 Nm** anziehen.
- Vorrichtung entspannen und abschrauben.
- Zylinderkopf einbauen, siehe Seite 28.

Speziell 520d (Motor M47)

Ausbau

Achtung: Arbeitsschritte und Hinweise, die für alle Dieselmotoren gelten, sind beim 525tds (M51S-Motor) beschrieben. In diesem Abschnitt sind nur die Abweichungen beschrieben, die speziell den M47-Motor betreffen.

- Unterdruckpumpe ausbauen, siehe entsprechendes Kapitel.
- Zylinderkopfdeckel ausbauen.

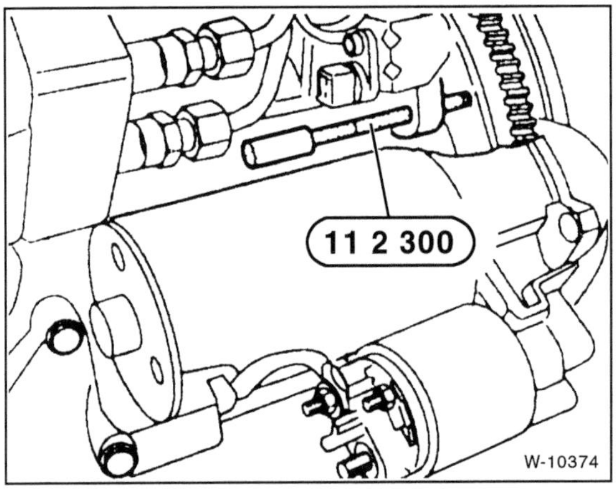

- Kurbelwelle in OT-Stellung mit BMW-Werkzeug 11 2 300 oder anderem geeigneten Dorn arretieren. Dazu Dorn durch die Bohrung im Motorblock oberhalb vom Anlasser in die Bohrung des Schwungrades einsetzen.

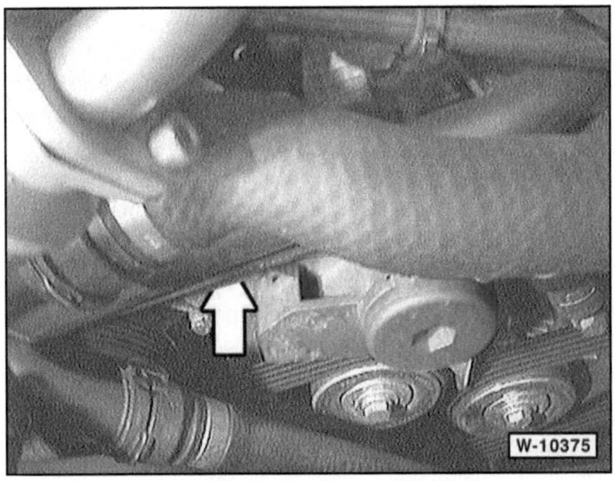

- Kettenspanner in zusammengedrückter Stellung arretieren. Dazu Innensechskantschraube im Bereich an der Motorblock-Stirnseite –Pfeil– ausschrauben und Dorn BMW 11 3 340 oder anderen geeigneten Dorn einsetzen.
- Obere Kettenführung abschrauben.
- Beide Nockenwellen-Kettenräder abschrauben. Dabei Nockenwellen am Sechskant gegenhalten. Zum Blockieren der Einlaßnockenwelle verwendet die Fachwerkstatt das BMW-Werkzeug 11 6 320.
- Nockenwellen-Lagerdeckel abschrauben und geordnet ablegen. Nockenwellen herausnehmen.
- Schlepphebel aus dem Zylinderkopf herausnehmen und geordnet ablegen.

Anziehdrehmomente für Einbau:

Verschlußschraube für Kettenspannerarretierung . . **30 Nm***
Kettenräder an Nockenwellen: . . **20 Nm + 35° weiterdrehen**

*) Dichtring erneuern.

Kompression prüfen

Die Kompressionsprüfung erlaubt Rückschlüsse über den Zustand des Motors. Und zwar läßt sich bei der Prüfung feststellen, ob die Ventile oder die Kolben (Kolbenringe) in Ordnung beziehungsweise verschlissen sind. Außerdem zeigen die Prüfwerte an, ob der Motor austauschreif ist beziehungsweise komplett überholt werden muß.

Es wird ein Kompressionsdruckprüfer benötigt, der für Benzinmotoren recht preiswert in Fachgeschäften angeboten wird. **Achtung:** Für den Dieselmotor wird ein Kompressionsdruckprüfer mit größerem Meßbereich benötigt.

Am meisten Aussagekraft hat der Druckunterschied zwischen den einzelnen Zylindern. Er darf maximal 1,5 bar betragen. Falls ein oder mehrere Zylinder gegenüber den anderen einen Druckunterschied von mehr als 1,5 bar haben, ist dies ein Hinweis auf defekte Ventile, verschlissene Kolbenringe beziehungsweise Zylinderlaufbahnen. Ist die Verschleißgrenze erreicht, muß der Motor überholt beziehungsweise ausgetauscht werden.

Bei den Benzinmotoren müssen die Zündkerzen herausgeschraubt werden; hier empfiehlt es sich, diesen Arbeitsgang mit dem fälligen Zündkerzenwechsel zu kombinieren. Beim Dieselmotor werden zur Prüfung die Glühkerzen demontiert.

Die Höhe des angezeigten Kompressionsdrucks ist von untergeordneter Bedeutung, da er unter anderem auch vom verwendeten Meßgerät abhängt. Er soll bei den Benzinmotoren mindestens 10 bar und beim Dieselmotor mindestens 20 bar betragen.

- Prüfungsbedingung ist eine geladene Fahrzeugbatterie.
- Zur Prüfung der Kompression muß der Benzinmotor betriebswarm sein, der Dieselmotor muß kalt sein.

Benzinmotor

- Motor warmfahren, bis die Kühlmittel-Temperaturanzeige Betriebstemperatur anzeigt. Motor abstellen, Zündung ausschalten.
- Filterkasten für Reinluftfilter, in Fahrtrichtung gesehen rechts im Motorraum ausbauen, damit die Elektronikbox erreicht wird, siehe Seite 260.

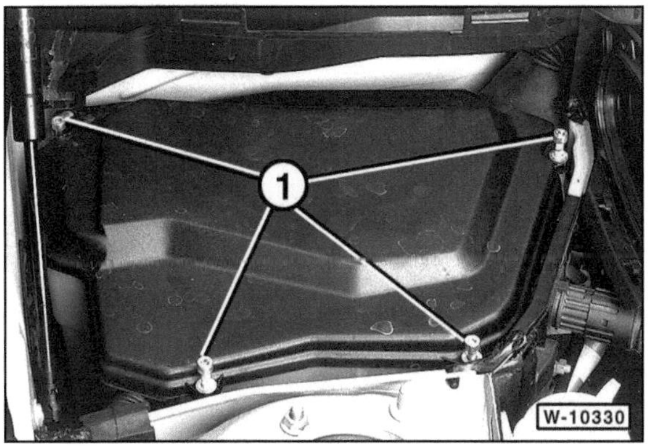

● Deckel von der Elektronikbox abschrauben –1– und abnehmen.

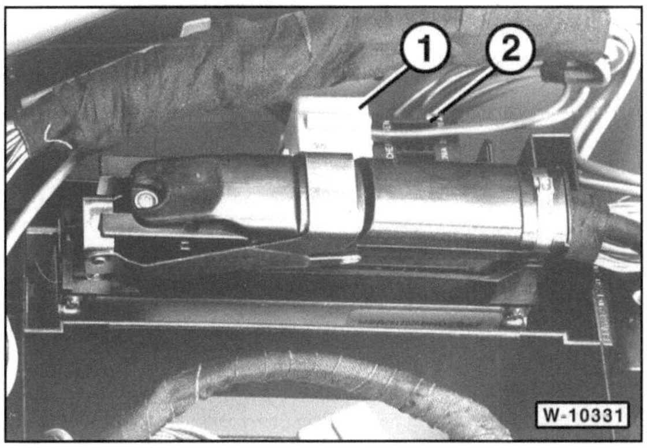

● Hauptrelais –1– der DME (Digitalen Motor-Elektronik) abziehen, damit während der Prüfung kein Kraftstoff eingespritzt wird. (2 – Motorsicherungen für DME).

● Sämtliche Zündkerzen ausbauen, siehe Kapitel »Wartung«.

● **Achtung:** Getriebe in Leerlaufstellung und Handbremse angezogen. Motor mit Anlasser ein paarmal durchdrehen, damit Rückstände und Ruß herausgeschleudert werden.

● Kompressionsdruckprüfer entsprechend der Bedienungsanleitung in die Zündkerzenöffnung drücken oder einschrauben.

● Von Helfer Gaspedal ganz durchtreten lassen und während der ganzen Prüfung mit dem Fuß festhalten.

● Motor ca. 8 Umdrehungen drehen lassen, bis kein Druckanstieg mehr auf dem Meßgerät erfolgt.

● Nacheinander sämtliche Zylinder prüfen und mit Sollwert vergleichen.

● Anschließend Zündkerzen einbauen, siehe Kapitel »Wartung«.

● Hauptrelais aufstecken, Sicherungsbox verschließen.

● Innenraum-Luftfilter einbauen, siehe Seite 260.

Dieselmotor

● Filterkasten für Reinluftfilter, in Fahrtrichtung gesehen rechts im Motorraum ausbauen, damit die Elektronikbox erreicht wird, siehe Seite 260.

● Deckel von der Sicherungsbox abschrauben und abnehmen.

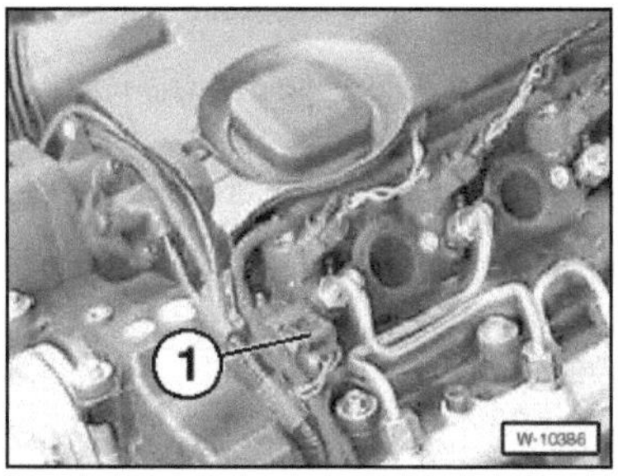

● **520d, 530d:** Damit der Motor nicht startet, Stecker –1– vom Impulsgeber für Nockenwelle abziehen.

● **525tds:** Vorglührelais abziehen. Einbaulage, siehe Seite 90

● Elektrisches Kabel an den Glühkerzen abschrauben und Glühkerzen mit passendem Steckschlüssel herausschrauben.

● Kompressionsdruckprüfer anstelle der Glühkerzen einschrauben.

● Anlasser solange betätigen, bis kein Druckanstieg mehr erfolgt, Wert notieren. Nacheinander alle Zylinder prüfen.

● Glühkerzen nach erfolgter Prüfung wieder mit 25 Nm einschrauben. Gewinde vorher mit Hochtemperatur-Kupferpaste »CRC«, erhältlich bei den BMW-Werkstätten, einstreichen.

● Anschlußkabel mit 5 Nm an die Glühkerzen anschrauben.

● Vorglührelais aufstecken.

● Elektronik-Box verschließen. Filterkasten für Reinluftfilter einbauen, siehe Seite 260.

Keilrippenriemen aus- und einbauen/ spannen

Über einen breiten Keilrippenriemen treibt die Motor-Kurbelwelle die Kühlmittelpumpe mit Viscolüfter und den Generator an. Ist eine Klimaanlage eingebaut, wird der Klimakompressor von einem zusätzlichen Keilrippenriemen angetrieben. Da die beiden Keilrippenriemen hintereinander verlaufen, muß zum Ausbau des hinten liegenden Riemens der davorliegende Riemen ebenfalls demontiert werden.

Ein Keilrippenriemen muß ersetzt werden bei:

- Versprödung und Rißbildung
- Geräuschen (zum Beispiel durch Ölbenetzung)
- Beschädigungen wie: Querrisse in den Rippen, Rippenausbrüche, Einlagerungen von Schmutz und kleinen Steinen zwischen den Rippen, Ausfransungen oder Flankenverschleiß der Gummirippen, siehe auch Seite 281.

Achtung: Soll ein ausgebauter Keilrippenriemen wiederverwendet werden, Laufrichtung beibehalten. Laufrichtung vor dem Ausbau mit Kreide markieren.

Keilrippenriemen für Klimakompressor ersetzen (alle Modelle)

Der Klimakompressor wird von einem breiten Keilrippenriemen angetrieben, der automatisch gespannt wird.

- Fahrzeug aufbocken. Motorraum-Unterschutz abschrauben, siehe Seite 14.

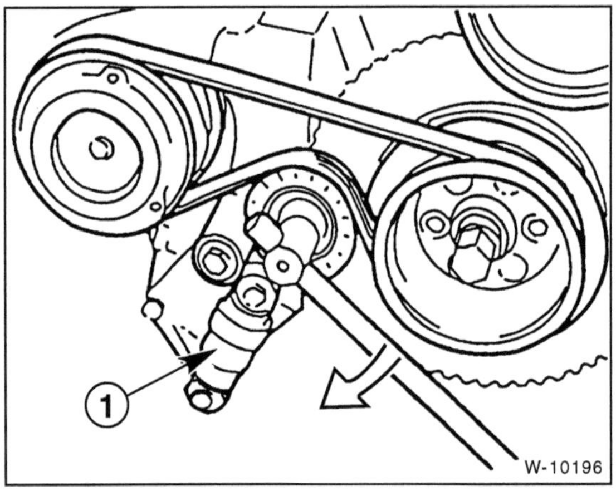

- Innensechskantschlüssel in die Schraube am Spannrad einstecken. Durch langsames Drehen im Uhrzeigersinn wird das hydraulische Spannelement –1– zusammengedrückt. Keilrippenriemen abnehmen.
- Neuen Keilrippenriemen nach abgebildetem Schema auf die Riemenräder auflegen, dabei Spannrad wie beim Ausbau ganz nach rechts drehen. Auf richtige Lage in den Rillen der Riemenräder achten.
- Spannrad durch Loslassen des Innensechskantschlüssels entlasten. Die Spannkraft wird von dem Spannelement aufgebracht, die Höhe der Spannung ist nicht einstellbar.
- Motorraum-Unterschutz wieder einbauen. Fahrzeug ablassen.

Keilrippenriemen ersetzen, 520i/523i/528i

Der Keilrippenriemen treibt Generator, Kühlmittelpumpe und Servopumpe an.

- Lüfterkupplung mit Lüfterrad ausbauen, siehe Seite 57.

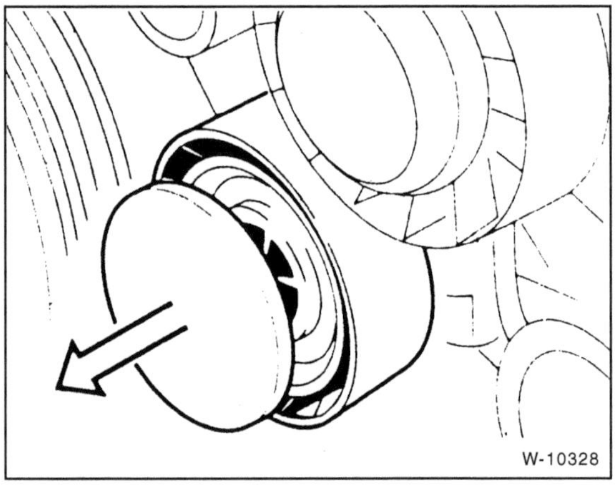

- Abdeckkappe vom Spannrad abhebeln.

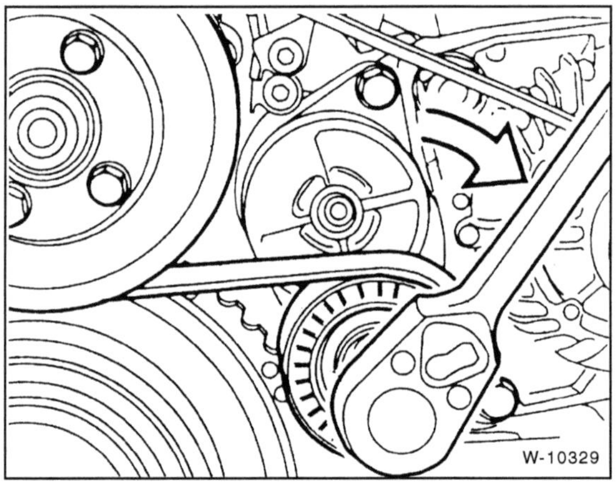

- Innensechskantschlüssel in die Schraube am Spannrad einstecken. Durch langsames Drehen im Uhrzeigersinn wird das hydraulische Spannelement zusammengedrückt. Keilrippenriemen abnehmen.

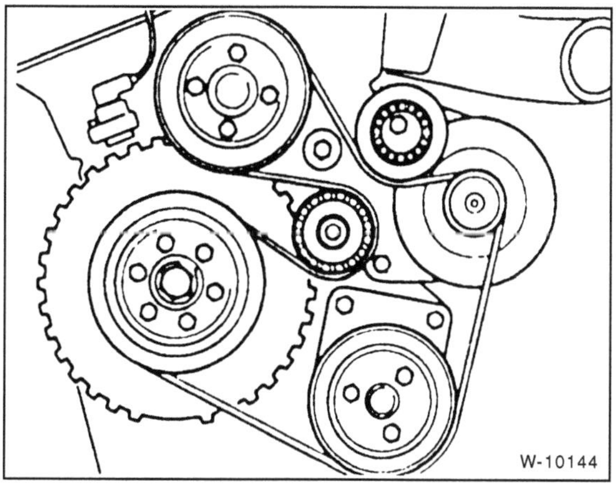

- Neuen Keilrippenriemen nach abgebildetem Schema auf die Riemenräder auflegen, dabei Spannrad wie beim Ausbau spannen. Auf richtige Lage in den Rillen der Riemenräder achten.
- Spannrad entlasten. Die Spannkraft wird von dem Spannelement aufgebracht, die Höhe der Spannung ist nicht einstellbar.
- Lüfterkupplung mit Lüfterrad einbauen, siehe Seite 57.

Keilrippenriemen ersetzen, Modell 525tds

Der Dieselmotor im 525tds besitzt einen breiten Keilrippenriemen (Vielzahnriemen), der Generator, Kühlmittelpumpe und Servopumpe antreibt.

- Lüfterkupplung mit Lüfterrad ausbauen, siehe Seite 57.

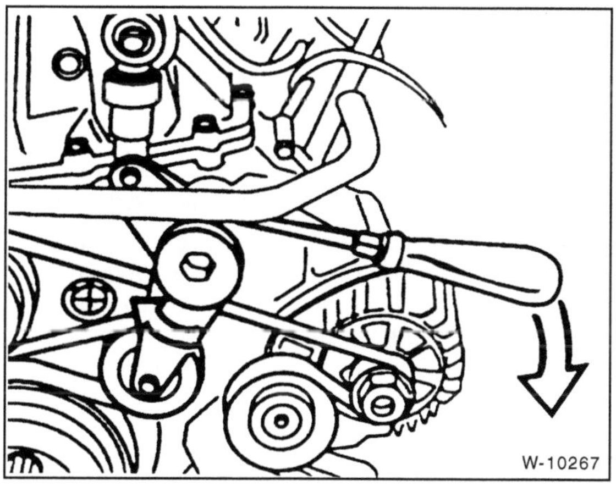

- Starken Schraubendreher oder ähnlichen Hebel am Spannelement ansetzen, siehe Abbildung. Durch Herunterdrücken den Riemenspanner zusammendrücken und Keilrippenriemen abnehmen.

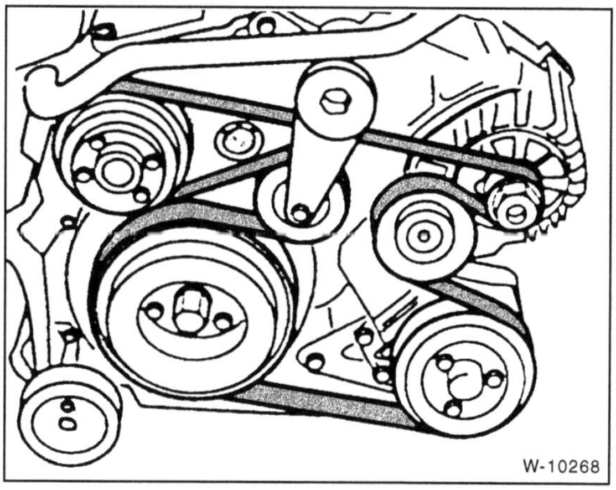

- Neuen Keilrippenriemen nach abgebildetem Schema auf die Riemenräder auflegen, dabei Riemenspanner wie beim Ausbau zusammendrücken. Auf richtige Lage in den Rillen der Riemenräder achten.
- Spannrad entlasten. Die Spannkraft wird von dem Spannelement aufgebracht, die Höhe der Spannung ist nicht einstellbar.
- Lüfterkupplung mit Lüfterrad einbauen, siehe Seite 57.

Keilrippenriemen ersetzen, Modell 520d

Der Keilrippenriemen treibt Generator, Kühlmittelpumpe und die Pumpe der Servolenkung an.

- Falls erforderlich, Kühlerjalousie abbauen.

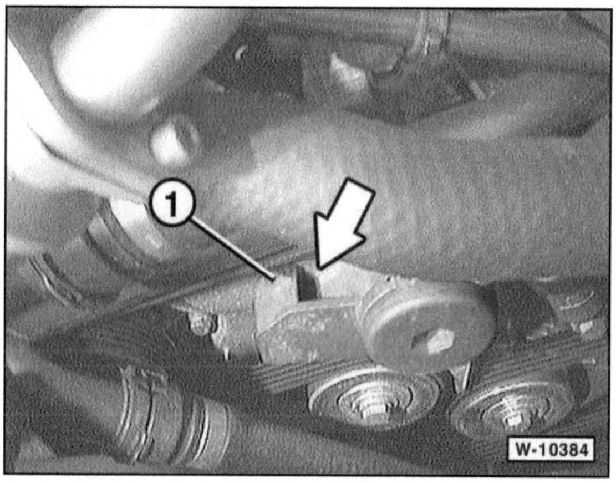

- Den Außenvierkant einer 1/2 Zoll Stecknußverlängerung als Hebel in die Aufnahme –Pfeil– am Spannelement einsetzen. Achtung: Keinen Schraubendreher verwenden, sonst besteht Bruchgefahr der Aufnahme.
- Stecknußverlängerung langsam im Uhrzeigersinn drehen, dadurch wird das Spannelement zusammengedrückt. Spannelement in gespannter Stellung arretieren, indem ein Dorn, beispielsweise ein Bohrerschaft, durch die Bohrung –1– in die Bohrung am Halter eingesteckt wird.

- Neuen Keilrippenriemen wie beim 525tds auf die Riemenräder auflegen, dabei Riemenspanner wie beim Ausbau zusammendrücken. Der Keilrippenriemen muß bündig auf den Riemenrädern liegen und darf nicht seitlich überstehen.
- Spannrad entlasten und Hebel abnehmen. Die Spannkraft wird von dem Spannelement aufgebracht, die Höhe der Spannung ist nicht einstellbar. Falls vorhanden, Arretierdorn herausziehen, dazu Spannelement entlasten.

Störungsdiagnose Motor

Wenn der Motor nicht anspringt, Fehler systematisch einkreisen. Damit der Motor überhaupt anspringen kann, müssen beim Benzinmotor immer zwei Grundvoraussetzungen erfüllt sein: Das Kraftstoff-Luftgemisch muß bis in die Zylinder gelangen und der Zündfunke muß an den Zündkerzenelektroden überschlagen. Als erstes ist deshalb immer zu prüfen, ob überhaupt Kraftstoff gefördert wird. Wie man dabei vorgeht, steht in den Kapiteln »Kraftstoffanlage« und »Einspritzanlage«.

Um festzustellen, ob ein Zündfunke vorhanden ist, Zündkerzen herausschrauben, in Zündkerzenstecker stecken und einzeln gegen Masse halten. Dabei Kerzenstecker oder Zündkabel **nicht** mit der Hand festhalten, sondern eine gut isolierte Zange nehmen. Von Hilfsperson Motor starten lassen. **Achtung:** Um Schäden am Katalysator zu vermeiden, darf dabei kein Benzin eingespritzt werden. Daher Kraftstoffpumpenrelais abziehen. **Achtung: Sicherheitshinweise für elektronische Zündanlage beachten.**

Beim Dieselmotor Vorglüh- und Kraftstoffanlage prüfen.

Störung: Der Motor springt schlecht oder gar nicht an

Ursache		Abhilfe
Bedienungsfehler beim Starten.	**Benzinmotor:**	■ Kupplung treten, Automatikgetriebe in »P« oder »N« stellen. Zündschlüssel drehen und Anlasser betätigen, dabei **kein Gas geben**. Sobald der Motor läuft, Schlüssel loslassen. Jedoch Anlasser nicht länger als etwa 20 Sekunden betätigen. Grundsätzlich sofort losfahren, Motor nicht im Stand warmlaufen lassen. Springt der Motor nach dem ersten Versuch nicht an, zum Beispiel in sehr kaltem oder heißem Zustand: Kurz warten, damit die Zündkerzen trocknen. Dann mit **halb niedergetretenem** Gaspedal starten. Springt der Motor an, Gaspedal zurücknehmen. **Achtung:** Häufige vergebliche Startversuche hintereinander können den Katalysator schädigen, da unverbranntes Benzin in den Katalysator gelangt und bei Erwärmung explosionsartig verbrennt.
	Dieselmotor:	■ **Bei kaltem Motor:** Kupplung durchtreten, Automatikgetriebe in »P« oder »N«stellen. Glühzündung einschalten, bis die Vorglüh-Kontrollampe erlischt. Sofort nach Verlöschen der Kontrollampe Motor anlassen, dabei **kein Gas geben**. Sobald der Motor läuft, Zündschlüssel loslassen. Bei sehr tiefen Temperaturen Anlasser bis zu 40 Sekunden betätigen. Grundsätzlich sofort losfahren, Motor nicht im Stand warmlaufen lassen. ■ **Bei warmem Motor:** Leuchtet die Vorglüh-Kontrollampe nicht auf, braucht nicht vorgeglüht zu werden, der Motor kann sofort angelassen werden.
Benzinmotor: Zündanlage defekt.		■ Zündfunken prüfen, Zündanlage überprüfen.
Dieselmotor: Vorglühanlage defekt.		■ Vorglühanlage prüfen.
Kraftstoffanlage defekt, verschmutzt.		■ Kraftstoffpumpe, -leitungen und Filter überprüfen.
Anlasser dreht zu langsam.		■ Batterie laden. Anlasserstromkreis überprüfen.
Kompressionsdruck zu niedrig.		■ Zylinderkopfdichtung ersetzen, beziehungsweise Motor überholen.

Motor-Schmierung

Für die Motor-Schmierung sind **Mehrbereichsöle** vorgeschrieben, so daß ein jahreszeitbedingter (Sommer/Winter) Ölwechsel nicht erforderlich ist. Mehrbereichsöle bauen auf einem dünnflüssigen Einbereichsöl auf (z. B. 10 W) und werden durch sogenannte »Viskositätsindexverbesserer« im heißen Zustand stabilisiert. Dadurch ist sowohl für den kalten wie auch für den heißen Motor die richtige Schmierfähigkeit gegeben.

Es können auch **Leichtlauföle** verwendet werden. Dabei handelt es sich um Mehrbereichsöle, denen unter anderem Reibwertverminderer zugesetzt wurden, wodurch sich die Reibung innerhalb des Motors vermindert. Für das Leichtlauföl wird als Grundöl ein Synthetiköl verwendet. Die Angabe »Mineralisch«, »Teilsynthetisch« oder »Vollsynthetisch« ist nur ein Hinweis auf die Zusammensetzung des Basisöls. Zusammen mit den übrigen Bestandteilen können sich ganz unterschiedliche Qualitäten ergeben.

Anwendungsbereich/Viskositätsklassen

Die SAE-Bezeichnung gibt die Viskosität (Zähflüssigkeit) des Motoröls an. Beispiel: SAE 10 W 40:

10 – Viskosität des Öls in kaltem Zustand. Je kleiner die Zahl, desto dünnflüssiger ist das kalte Motoröl.

W – Das Motoröl ist wintertauglich.

40 – Viskosität des Öls in heißem Zustand. Je größer die Zahl, desto dickflüssiger ist das heiße Motoröl.

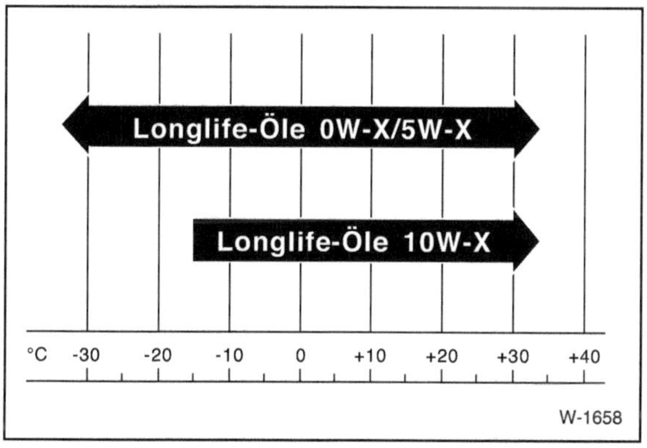

In der Abbildung wird die von BMW empfohlene Motoröl-Viskosität in Abhängigkeit von der Außentemperatur dargestellt. Diese Öle sind bei fast allen Umgebungstemperaturen einsetzbar.

Empfohlene Viskositätsklassen sind: 0W-X und 5W-X. Das X steht dabei für beliebige Werte wie 30, 40 und 50.

Hinweis: Es ist zulässig, Öle verschiedener Viskositätsklassen miteinander zu mischen, wenn einmal Öl nachgefüllt werden muß.

Zusatzschmiermittel – gleich welcher Art – sollen weder dem Kraftstoff noch den Schmierölen beigemischt werden.

Spezifikation des Motoröls

Die Qualität eines Motoröls wird durch Normen der Automobil- sowie der Ölhersteller gekennzeichnet.

Europäische Ölhersteller klassifizieren ihre Öle nach der **»ACEA«-Spezifikation** (**A**ssociation des **C**onstructeurs **E**uropéens d'**A**utomobiles), die vor allem die europäische Motorentechnologie berücksichtigt. Öle für PKW-Benzinmotoren haben die ACEA-Qualitätsklassen A1-96 bis A3-96; Dieselmotoröle von B1-96 bis B3-96. Von höchster Qualität sind Öle **»A3«** für Ottomotoren und **»B3«** für Dieselmotoren; »**B4**« ist speziell auf Diesel-Direkteinspritzmotoren abgestimmt. **»96«** steht für den Beginn der Gültigkeit der ACEA-Klassifikation im Jahr 1996. Motoröle mit höheren Jahreszahlangaben können ebenfalls verwendet werden.

Die Klassifikation der Motoröle amerikanischer Ölhersteller erfolgt nach dem **API**-System (API: American Petroleum Institut): Die Kennzeichnung erfolgt durch jeweils zwei Buchstaben. Der erste Buchstabe gibt den Anwendungsbereich an: **S** = Service, für **Ottomotoren** geeignet; **C** = Commercial, für **Dieselmotoren** geeignet. Der zweite Buchstabe gibt die Qualität in alphabetischer Reihenfolge an. Von höchster Qualität sind Öle der API-Spezifikation **SL** für Ottomotoren und **CF** für Dieselmotoren.

Achtung: Motoröle, die vom Hersteller ausdrücklich als Öle für Dieselmotoren bezeichnet werden, sind für Ottomotoren nicht geeignet. Es gibt Öle, die sowohl für den Otto- als auch für den Dieselmotor geeignet sind. In diesem Fall sind beide Spezifikationen (Beispiel: ACEA A3-96/B3-96 oder API SJ/CF) auf der Öldose vermerkt.

BMW hat für seine Motoren weitere Normen festgelegt und die Motoröle in »Longlife-Öle« und »Spezialöle« eingeteilt.

Motoröle für 5er BMW-Motoren

Es empfiehlt sich ein von BMW freigegebenes »Longlife-01«- oder »Longlife-98«-Öl zu verwenden.

Hinweis: Zum Nachfüllen kleinerer Mengen zwischen den Ölwechselintervallen kann auch ein BMW-Spezialöl oder anderes Öl entsprechend der ACEA-Norm A3/B3-96 genommen werden.

Hier einige Beispiele von freigegebenen Motorölen. Die vollständige Liste kann beim BMW-Händler eingesehen werden.

Longlife-Öle der Viskosität

- SAE **0W-30**: Castrol Formula SLX, DEA Ultec Syn-T, Esso Ultron, Shell Helix Ultra, Veedol Syntron.
- SAE **0W-40**: Aral SuperTronic, BP Visco 7000, Mobil 1, Shell Helix Ultra.
- SAE **5W-30**: Agip TECSINT, Aral SuperTronic, Castrol TXT, DEA Viscobil S1, Liqui Moly Profi Synthoil.
- SAE **5W-40**: Agip Extra HTS, Aral High Tronic, BP Visco 5000, DEA Viscobil S1, Elf Synthese.

Für den **Dieselmotor** können neben den oben angegebenen Motorölen auch Motoröle verwendet werden, die die Norm ACEA **A3/B3** oder **A3/B4** erfüllen. Empfohlene Viskositätsklassen: 0W-X, 5W-X und 10W-X. Das X steht dabei für beliebige Werte, zum Beispiel 30, 40 oder 50.

Motor-Ölkreislauf

Die BMW-Motoren besitzen eine sogenannte Druckumlaufschmierung. Bei dieser saugt eine Ölpumpe über ein Ölsieb das Motoröl aus der Ölwanne an und drückt es durch einen Ölfilter. Durch die mittlere Leitung im Ölfilter gelangt das gefilterte Öl in den Hauptölkanal. Bei verstopftem Ölfilter leitet ein Kurzschlußventil das Öl direkt und ungefiltert am Ölfilter vorbei in den Hauptölkanal.

Hinter dem Ölfilter regelt ein Überdruckventil (Öldruckregelventil) den Öldruck auf ca. 4 bar. Bei höherem Öldruck öffnet das Ventil, und ein Teil des Öls fließt in die Ölwanne zurück.

Vom Hauptölkanal zweigen Kanäle ab zur Schmierung der Kurbelwellenlager. Durch schräge Bohrungen in der Kurbelwelle wird das Öl an die Pleuellager geleitet und von dort gegen Kolbenbolzen und Zylinder gespritzt.

Gleichzeitig gelangt Motoröl über Steigleitungen in den Zylinderkopf und versorgt dort Nockenwellenlager, Ventilspielausgleicher und Ventilführungen. Rücklaufsperren stellen sicher, daß sich immer genügend Öl zur Schmierung dieser Bauteile im Zylinderkopf befindet.

Außerdem werden die Steuerketten sowie beim 6-Zylinder-Benziner die Ölpumpen-Antriebskette mit Öl versorgt.

Ölverbrauch

Bei einem Verbrennungsmotor versteht man unter dem Ölverbrauch diejenige Ölmenge, die als Folge des Verbrennungsvorganges verbraucht wird. Auf keinen Fall ist Ölverbrauch mit Ölverlust gleichzusetzen, wie er durch Undichtigkeiten an Ölwanne, Zylinderkopfdeckel usw. auftritt.

Normaler Ölverbrauch entsteht durch Verbrennung jeweils kleiner Mengen im Zylinder; durch Abführen von Verbrennungsrückständen und Abrieb-Partikeln. Zudem verschleißt das Öl durch hohe Temperaturen und hohe Drücke, denen es im Motor fortwährend ausgesetzt ist. Auch äußere Betriebsverhältnisse, wie Fahrweise sowie Fertigungstoleranzen haben einen Einfluß auf den Ölverbrauch. Der Ölverbrauch darf höchstens 1,5 l/1000 km betragen.

Achtung: Auf keinen Fall Öl über die »Maximal«-Markierung einfüllen. Wurde zuviel Öl eingefüllt, muß das überschüssige Öl abgelassen werden. Sonst kann der Katalysator beschädigt werden, da unverbranntes Öl in die Abgasanlage gelangt.

Öldruck überprüfen

- Ölstand kontrollieren, gegebenenfalls richtigstellen.
- Fahrzeug warmfahren, die Öltemperatur soll ca. +80° C betragen.

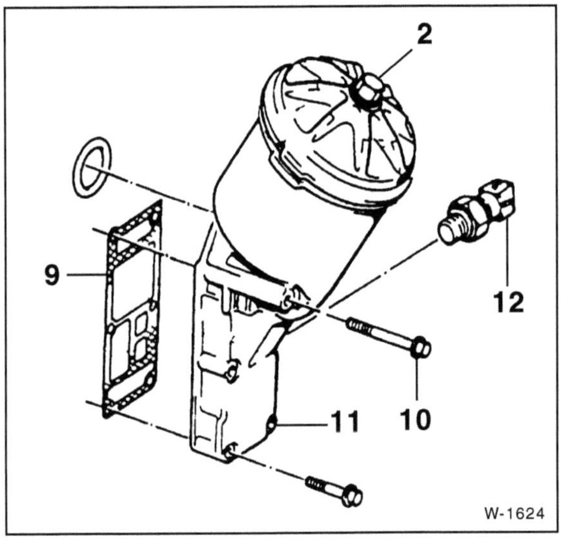

- Der Öldruckschalter befindet sich am Ölfiltergehäuse. Schraube –2– lösen und Ölfilterdeckel abnehmen, damit das Öl in den Motor zurückläuft. Es gibt auch eine alternative Ausführung des Ölfilters mit Schraubdeckel, siehe Seite 275.
- Kabel vom Öldruckschalter abziehen und Öldruckschalter –12– herausschrauben.

- Anstelle des Öldruckschalters geeignetes Manometer einschrauben.
- Ölfilterdeckel anschrauben.
- Motor starten und im Leerlauf belassen. Der Öldruck soll bei allen Motoren mindestens 0,5 bar betragen.
- Drehzahl auf 5000/min bis 6000/min erhöhen. Der Öldruck muß nun zwischen 4,0 bar (Diesel: 3,8 bar) und 4,7 bar liegen.
- Öldruckschalter mit neuem Dichtring einsetzen und mit 20 Nm festziehen, Kabel anschließen.
- Deckel am Ölfiltergehäuse mit 20 Nm anschrauben.
- Falls der Öldruck vom Sollwert abweicht, siehe »Störungsdiagnose Ölkreislauf«.

Ölwanne aus- und einbauen

Ölwanne Modelle 520i, 523i, 528i

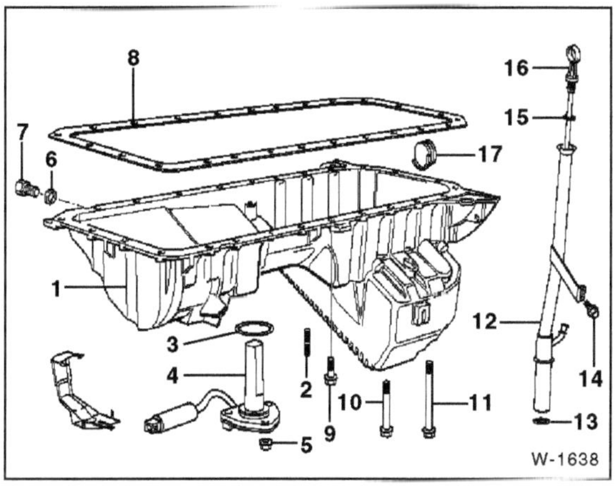

1 – Ölwanne
2 – Stiftschraube
3 – O-Ring
4 – Ölstandgeber
5 – Sechskantmutter
6 – Dichtring, Größe A12x15,5-AL
7 – Ölablaßschraube
8 – Ölwannendichtung
9-11 – Sechskantschrauben
12 – Führungsrohr
13 – O-Ring
14 – Sechskantschraube
15 – O-Ring
16 – Ölmeßstab
17 – Abdeckung

Ausbau

Achtung: Aufgrund der beengten Platzverhältnisse müssen zum Ölwannenausbau beide Motorlager gelöst und der Vorderachsträger abgesenkt werden, siehe Seite 127.

- Batterie-Massekabel (–) abklemmen. Die Batterie befindet sich im Kofferraum hinter der rechten Seitenverkleidung. **Achtung:** Dadurch werden elektronische Speicher gelöscht, wie zum Beispiel der Motor-Fehlerspeicher. Hinweise im Kapitel »Batterie aus- und einbauen« beachten.
- Luftfilterkasten mit Ansaugluftschlauch vom Drosselklappenstutzen abbauen und herausnehmen, siehe Seite 75.
- Fahrzeug aufbocken. Motorunterschutz abschrauben, siehe Seite 14.
- Motoröl ablassen, siehe Kapitel »Wartung«.

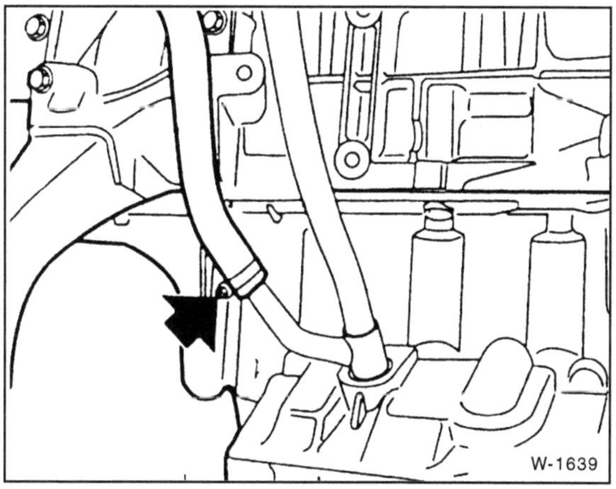

- Ölrücklaufschlauch vom Ölabscheider am Ölpeilstab-Führungsrohr abziehen, dazu Schlauchschelle aufschrauben.
- Führungsrohr für den Ölpeilstab am Halter abschrauben, (Schraube –14–, siehe Abbildung W-1626). Führungsrohr nach oben aus der Ölwanne herausziehen, dabei O-Ring beachten.

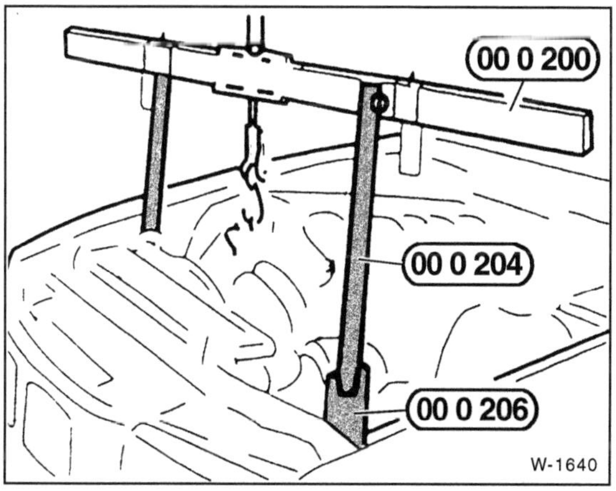

- Motor an Motorheber anseilen und anheben. Steht die Aufhängevorrichtung nicht zur Verfügung, entsprechendes Seil durch die Laschen am Motor ziehen und kräftiges Rohr durch das Seil schieben und auf entsprechenden Böcken lagern oder in den Kotflügelsicken. **Achtung:** Rohr nicht auf den Kotflügeln lagern. Motor langsam hochziehen, dabei sicherstellen, daß keine Kabel und Schläuche gedehnt oder gequetscht werden. Der BMW-Motorheber (Abbildung) wird links und rechts auf den Motorträgern aufgesetzt.

- Motor mit Motorheber langsam etwa 5 mm anheben.

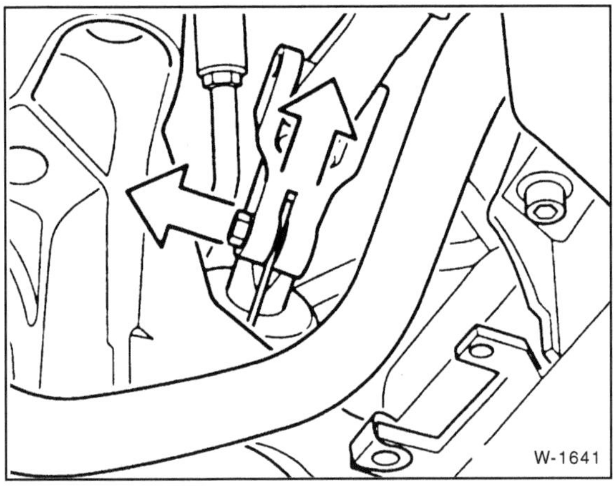

W-1641

- Lenkspindel vom Lenkgetriebe trennen. Dazu Klemmschraube abschrauben und Kreuzgelenk am Lenkgetriebe abziehen.
- Pumpe für Servolenkung abschrauben und mit angeschlossenen Leitungen am Motor mit Draht aufhängen, siehe Seite 143.

Achtung: Die Leitungen bleiben an der Servopumpe angeschlossen, sonst tritt Öl aus. Wird das Hydrauliksystem geöffnet, muß auf äußerste Sauberkeit geachtet werden, da eintretender Schmutz zu Störungen und Schäden führt.

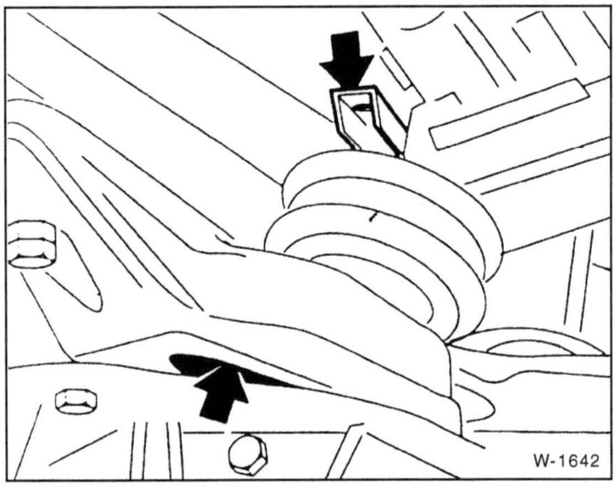

W-1642

- Motorlager rechts und links oben ca. 4 Umdrehungen lockern.
- Von der Fahrzeugunterseite her die Muttern an beiden Motorlagern unten abschrauben.
- Falls vorhanden, Ölleitungen aus den Haltern an der Ölwanne ausclipsen.
- Stecker für Ölstandgeber an Ölwanne trennen.

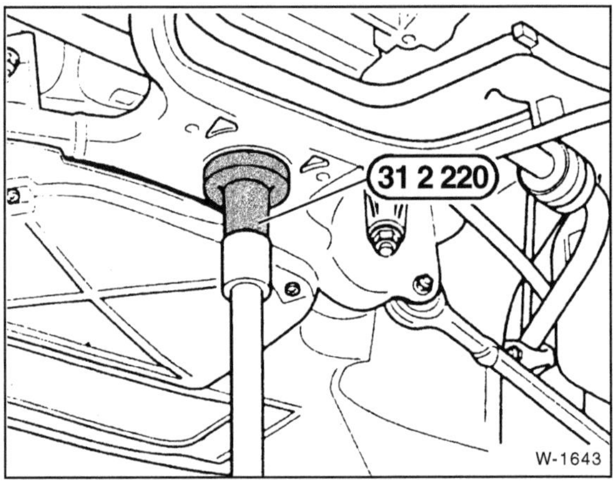

W-1643

- Vorderachsträger mit Werkstattwagenheber und geeigneter Aufnahme abstützen. Die Abbildung zeigt das BMW-Spezialwerkzeug.
- Vorderachsträger abschrauben und möglichst weit absenken, siehe Seite 127.

Hinweis: Lenkgetriebe sowie Achslenker müssen nicht vom Vorderachsträger abgeschraubt werden.

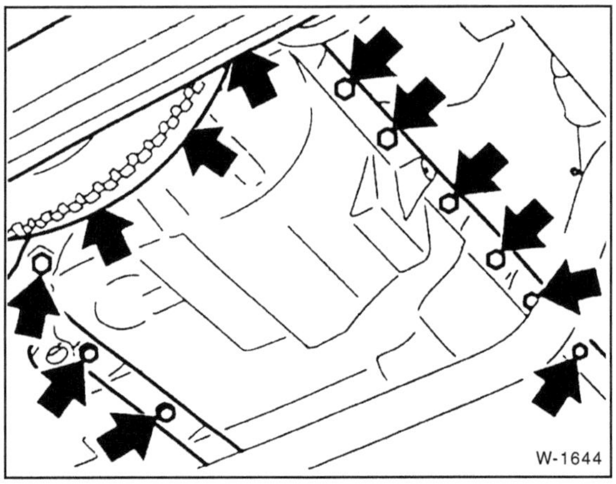

W-1644

- Ölwanne vorn und hinten (Abbildung) abschrauben.
- Ölwanne absenken und nach hinten herausziehen.

Hinweis: Kann die Ölwanne nicht herausgezogen werden, Druckstange links und rechts am Stabilisator abschrauben und Vorderachsträger weiter absenken, siehe Seite 121.

Einbau

- Dichtflächen von Ölwanne und Motorblock reinigen.

- Trennfugen an Räderkastendeckel und Abschlußdeckel mit einer Raupe dauerelastischer Dichtmasse »3 Bond 1209« belegen. Die Raupe soll etwa 3 mm breit und 2 mm hoch sein.
- Neue Ölwannendichtung mit etwas Fett ankleben, anschließend richtigen Sitz der Dichtung prüfen. **Achtung:** Dichtung immer erneuern.
- Ölwanne ansetzen.
- Ölwannen-Schrauben einschrauben, noch nicht anziehen. Zuerst Schrauben am Getriebe leicht anziehen, dann am Motor anziehen. Anschließend alle Schrauben mit **10 Nm**, also nur leicht, festziehen. Werden die Schrauben zu fest angezogen, wird die Dichtung zerquetscht und somit undicht.
- Falls vorhanden, Ölleitungen in den Halterungen an der Ölwanne verlegen.
- Ölstabführungsrohr mit O-Ring einsetzen und anschrauben. Beschädigten O-Ring immer erneuern.
- Ölrücklaufschlauch vom Ölabscheider am Ölpeilstab-Führungsrohr mit Schelle befestigen.
- Stecker für Ölstandgeber zusammenfügen und einrasten.
- Stabilisatorstangen anschrauben, siehe Seite 121.
- Vorderachsträger anheben und anschrauben, siehe Seite 127.
- Lenkspindel am Lenkgetriebe anschrauben, Klemmschraube mit **20 Nm** festziehen.
- Motor ablassen, Kran entfernen. Beide Motorlager mit **45 Nm** anschrauben.

Hinweis: Für alle Motorlager und Motorhalterungen gelten folgende Drehmomente: M8-Gewinde (Außendurchmesser 8 mm mit 25 Nm, M10-Gewinde mit 45 Nm festziehen.

- Servopumpe einbauen, siehe Seite 143.
- Öl auffüllen. Am Ölpeilstab befinden sich zwei Markierungen. Die Markierungen weisen auf die Ölmenge im Motor hin. Die Mengendifferenz – min.-max. – beträgt 1 Liter.
- Fahrzeug ablassen.
- Luftfilter einbauen, siehe Seite 75.
- Batterie-Massekabel (–) anklemmen. Zeituhr einstellen. Radiosender programmieren.
- Nach Probefahrt Ölwanne auf Dichtigkeit prüfen, eventuell alle Schrauben vorsichtig nachziehen.
- Motorunterschutz anschrauben.

Ölpumpe aus- und einbauen/prüfen

Ausbau Modelle 520i, 523i, 528i (Motor M52)

Achtung: Zur Funktionskontrolle des Überdruckventils genügt es, die Ölwanne zuvor auszubauen, die Ölpumpe kann eingebaut bleiben.

- Ölwanne ausbauen, siehe Seite 49.

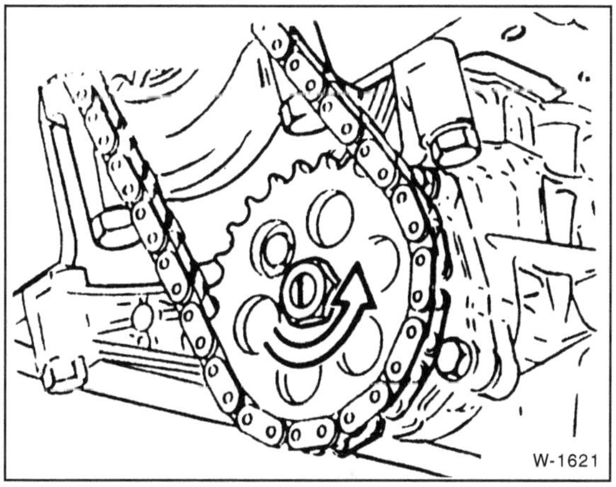

- Mutter lösen, Ölpumpen-Kettenrad mit Kette abziehen. Dabei Kettenspanner entlasten (zurückdrücken). **Achtung:** Die Mutter hat Linksgewinde, also zum Lösen nach rechts drehen.

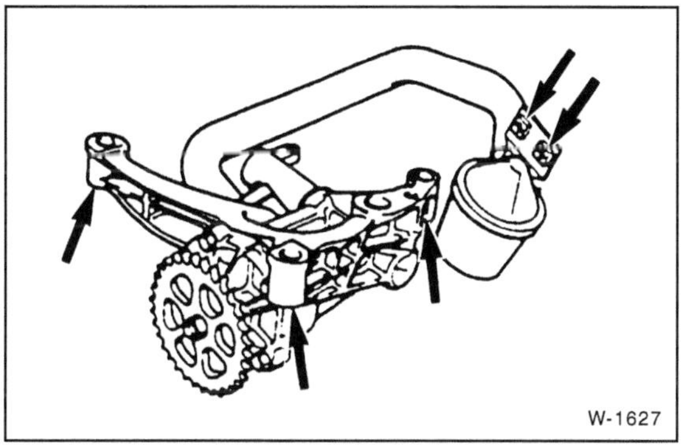

- Schrauben –Pfeile– der Ölpumpe abschrauben und Ölpumpe abnehmen. 2 Paßhülsen zum Motorblock für Wiedereinbau beachten.
- Ölwanne nach hinten herausziehen und abnehmen.

Prüfen

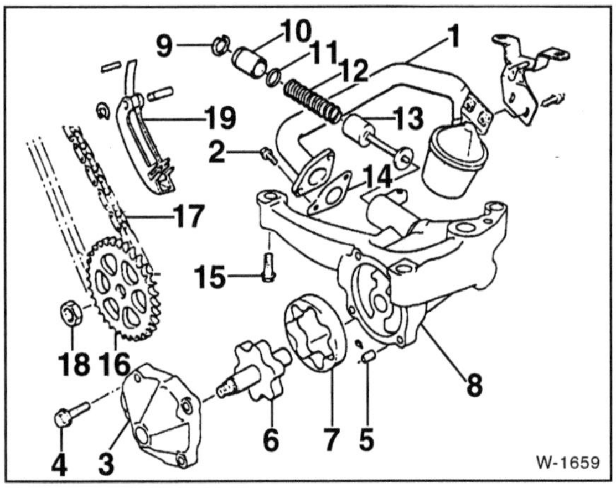

- Gegebenenfalls Ölpumpe in folgender Reihenfolge zerlegen und reinigen: Saugrohr –1– abschrauben –2–, Pumpendeckel –3– abschrauben –4– und abnehmen. Dabei die 2 Paßhülsen –5– nicht verlieren.
- Rotoren –6– und –7– auf Abnützung und Riefen prüfen, gegebenenfalls ersetzen. **Sollwerte:** Radialspiel von Außenrotor –7– und Pumpengehäuse –8–: max. 0,18 mm; Axialspiel von Innenrotor –6–: max. 0,08 mm; Außenrotor: max. 0,09 mm.
- Sicherungsring –9– ausfedern und Überdruckventil –10– bis –13– herausnehmen. Länge der unbelasteten Feder –12– messen, gegebenenfalls ersetzen. **Sollwert:** 84,1 mm.
- **Achtung:** O-Ring –11– immer ersetzen. Überdruckventil vorsichtig einsetzen, Sicherungsring einfedern.
- Saugrohr mit neuer Dichtung –14– anschrauben, die Nase an der Dichtung zeigt zum Ansaugkorb.
- Alle Teile mit Motoröl schmieren, Ölpumpendeckel mit **10 Nm**, also leicht, anschrauben.

Einbau

- Ölpumpe einsetzen, Schrauben –15– mit **20 Nm** festziehen. 2 Paßhülsen müssen zwischen Motorblock und Ölpumpengehäuse zur Zentrierung vorhanden sein. Kettenrad –16– mit aufgelegter Kette –17– einsetzen und Mutter –18– (Linksgewinde) mit **25 Nm** anziehen. Falls ausgebaut, Kettenspanner –19– einsetzen.
- Ölwanne anschrauben, siehe Seite 49.

Störungsdiagnose Ölkreislauf

Störung	Ursache	Abhilfe
Kontrolleuchte leuchtet nicht nach Einschalten der Zündung.	Öldruckschalter defekt.	■ Zündung einschalten, Leitung vom Öldruckschalter abziehen und gegen Masse halten. Wenn die Kontrollampe leuchtet, Schalter ersetzen.
	Strom zum Schalter unterbrochen, Kontakte korrodiert.	■ Elektrische Leitung und Anschlüsse prüfen.
	Kontrollampe defekt.	■ Kontrollampe ersetzen.
Kontrollicht verlischt nicht nach Anspringen des Motors.	Öl sehr warm.	■ Unbedenklich, wenn Kontrollicht beim Gasgeben verlischt.
Kontrollicht verlischt nicht beim Gasgeben bzw. leuchtet während der Fahrt.	Öldruck zu gering.	■ Ölstand prüfen, ggf. auffüllen; Öldruck nach Vorschrift prüfen.
	Elektrische Leitung zum Öldruckschalter hat Kurzschluß gegenüber Masse.	■ Kabel am Schalter abziehen und isoliert ablegen (nicht gegen Masse legen), Zündung einschalten. Wenn die Kontrollampe aufleuchtet, Leitung überprüfen.
	Öldruckschalter defekt.	■ Schalter auswechseln.
Zu niedriger Öldruck im gesamten Drehzahlbereich.	Zu wenig Öl im Motor.	■ Motoröl nachfüllen.
	Ansaugsieb in der Saugglocke verschmutzt, Saugrohr gebrochen.	■ Ölwanne ausbauen, Ansaugsieb reinigen, ggf. Saugrohr ersetzen.
	Ölpumpe verschlissen.	■ Ölpumpe ausbauen und prüfen, gegebenenfalls ersetzen.
	Lagerschaden.	■ Motor demontieren.
Zu niedriger Öldruck im unteren Drehzahlbereich.	Öldruckregelventil klemmt in offenem Zustand durch Verschmutzung.	■ Öldruckregelventil ausbauen und prüfen.
Zu hoher Öldruck bei Drehzahlen über 2.000/min.	Öldruckregelventil öffnet nicht wegen Verschmutzung.	■ Öldruckregelventil ausbauen und prüfen.

Motor-Kühlung

Der Kühlmittelkreislauf

Der Kühlmittelkreislauf des Motors wird thermostatisch geregelt. Solange der Motor kalt ist, zirkuliert das Kühlmittel nur im Zylinderkopf sowie im Motorblock und – bei geöffneter Heizung – im Wärmetauscher. Mit zunehmender Erwärmung öffnet der Kühlmittelregler den großen Kühlmittelkreislauf: Das Kühlmittel wird über den Kühler geleitet. Die Kühlflüssigkeit durchströmt den Kühler von oben nach unten und wird dabei durch die an den Kühlrippen vorbeistreichende Luft gekühlt. Die Kühlmittelpumpe wird vom Motor-Keilriemen angetrieben.

Auf die Welle der Kühlmittelpumpe ist vorn ein Lüfterrad aufgeschraubt. Dieses Lüfterrad sorgt für genügend Luftdurchsatz durch den Kühler, indem es zusätzlich zum Fahrtwind Luft durch den Kühler saugt. Im Lüfterrad befindet sich eine Visco-Kupplung. Sobald die vom Kühler kommende Luft eine Temperatur von ca. +90° C erreicht, schaltet ein Bimetallstreifen in der Visco-Kupplung den Lüfter zu. Der Lüfter dreht sich dann mit Motor-Drehzahl und sorgt so lange für größeren Luftdurchsatz, bis die Temperatur der vorbeistreichenden Luft unter ca. +60° C gesunken ist. Dann schaltet die Visco-Kupplung ab und vermindert die Lüfterdrehzahl.

Durch den nicht immer voll mitlaufenden Lüfter erhöht sich die nutzbare Motorleistung und der Kraftstoffverbrauch vermindert sich.

Als Sonderausstattung ist ein **Latentwärmespeicher** erhältlich. Er hat die Aufgabe, Kühlmittelwärme zu speichern und bei einem späteren Start an den kalten Motor wieder abzugeben. Dadurch kann die Innenraumheizung schneller arbeiten, und der umweltbelastende Warmlauf des Motors wird verkürzt. Als Speicher dient ein isolierter Behälter im Beifahrer-Fußraum, der mit einem chemisch stabilen, wiederverwendbarem Medium gefüllt ist. Der Speicher ist parallel an

Kühlmittelkreislauf schematisch

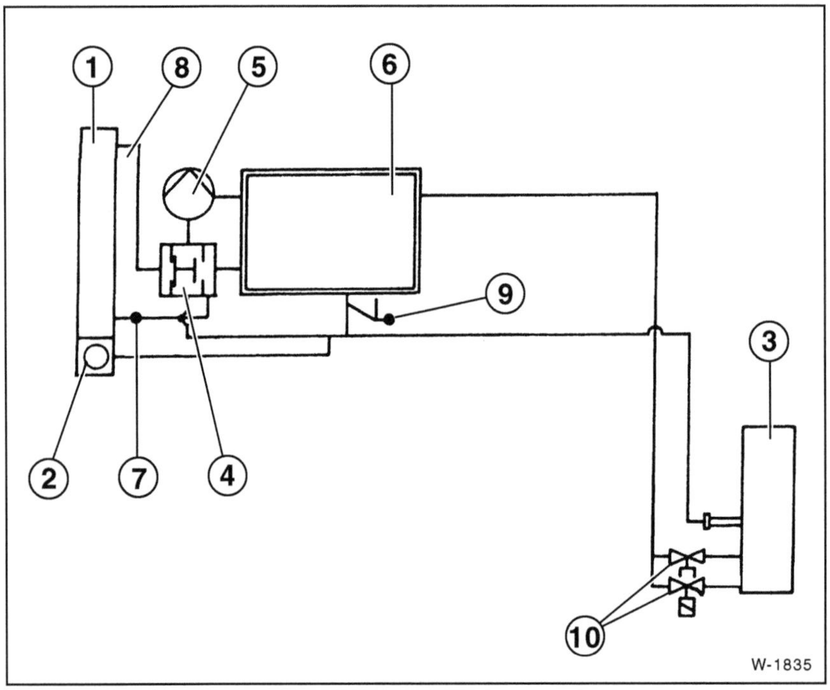

1 – Kühler
2 – Ausgleichbehälter
3 – Innenraumheizung
4 – Thermostat
5 – Kühlmittelpumpe
6 – Motorblock
7 – Rücklauf
8 – Vorlauf
9 – Drosselklappenvorwärmung
10 – Heizventil

den Kühlmittelkreislauf angeschlossen und tauscht Wärme mit dem Kühlmittel aus. Über verschiedene Magnetventile wird der Kühlmittelfluß beim Lade- und Entladevorgang automatisch gesteuert.

Achtung: Bei heißem Motor vor dem Öffnen des Kühler-Verschlußdeckels einen dicken Lappen auflegen, um Verbrühungen durch heiße Kühlflüssigkeit oder Dampf zu vermeiden, **Unfallgefahr.** Deckel nur bei Kühlmitteltemperaturen unter +90° C abnehmen.

Achtung: Bei Arbeiten am Kühlsystem unbedingt darauf achten, daß **kein Kühlmittel auf den Keilrippenriemen** gelangt. Der Glykolanteil des Kühlmittels kann das Gewebe des Riemens so schädigen, daß er nach einiger Betriebszeit reissen kann.

Kühlmittelwechsel und Inhalt des Kühlsystems, siehe Kapitel »Wartungsarbeiten«.

Kühlsystem prüfen

Undichtigkeiten im Kühlsystem und die Funktion des Überdruckventils im Verschlußdeckel für das Kühlsystem können mit einem handelsüblichen Prüfgerät überprüft werden.

- Motor auf Betriebstemperatur bringen. Dazu Motor warmfahren, bis die Kühlmitteltemperaturanzeige im Fahrzeug die normale Kühlmitteltemperatur anzeigt.
- Kühlmittelstand prüfen, gegebenenfalls Kühlmittel auffüllen, siehe Kapitel »Wartung«.
- Verschlußdeckel am Ausgleichbehälter öffnen.

Achtung: Bei heißem Motor vor dem Öffnen des Deckels einen dicken Lappen auflegen, um Verbrühungen durch heiße Kühlflüssigkeit oder Dampf zu vermeiden. Deckel nur bei Kühlmitteltemperaturen unter +90° C abnehmen.

- Prüfgerät mit Adapter auf Einfüllstutzen des Ausgleichbehälters aufsetzen. Mit der Handpumpe des Gerätes einen Überdruck von ca. 1,0 bar erzeugen. Fällt der Druck innerhalb von 2 Minuten um mehr als 0,1 bar ab, undichte Stelle suchen und beseitigen. Die undichte Stelle läßt sich an ausfließendem Kühlmittel erkennen.
- Wenn der Druck ohne Austritt von Kühlmittel abfällt oder gar ansteigt, kann auf inneren Kühlmittelverlust im Motor, zum Beispiel durch eine defekte Zylinderkopfdichtung oder einen Gehäuseriß, geschlossen werden.
- Zum Überprüfen des Überdruckventils im Kühlerverschluß Prüfgerät auf Verschlußdeckel aufsetzen. Überdruck mit der Handpumpe erzeugen. Bei einem Überdruck von ca. **2,0 bar** muß das Überdruckventil öffnen, sonst Deckel erneuern.
- Kühlerverschluß mit Unterdruck beaufschlagen. Bei **0,1 bar** Unterdruck muß das Unterdruckventil im Kühlerverschlußdeckel öffnen.

Kühlmittelregler (Thermostat) aus- und einbauen/prüfen

Der Kühlmittelregler öffnet mit zunehmender Erwärmung des Motors den großen Kühlmittelkreislauf. Bleibt der Kühlmittelregler durch einen Defekt geschlossen, wird der Motor zu heiß. Erkennbar ist das an einer im roten Bereich stehenden Kühlmittel-Temperaturanzeige, während gleichzeitig der Kühler kalt bleibt. Ein defekter Thermostat kann aber auch nach dem Abkühlen der Kühlflüssigkeit weiterhin geöffnet bleiben. Dies erkennt man daran, daß der Motor nicht mehr seine Betriebstemperatur erreicht bzw. daß der Zeiger der Kühlmittel-Temperaturanzeige langsamer ansteigt als bisher oder im Winter die Heizleistung nachläßt.

Achtung: Wenn der Motor nach kurzer Fahrstrecke heiß wird, kann das auch daran liegen, daß sich der Kühler aufgrund von Kalkablagerungen zugesetzt hat.

Ausbau

- Lüfter ausbauen, siehe Seite 57.
- Etwas Kühlmittel ablassen und auffangen, siehe Kapitel »Wartung«.

Modell 525tds:

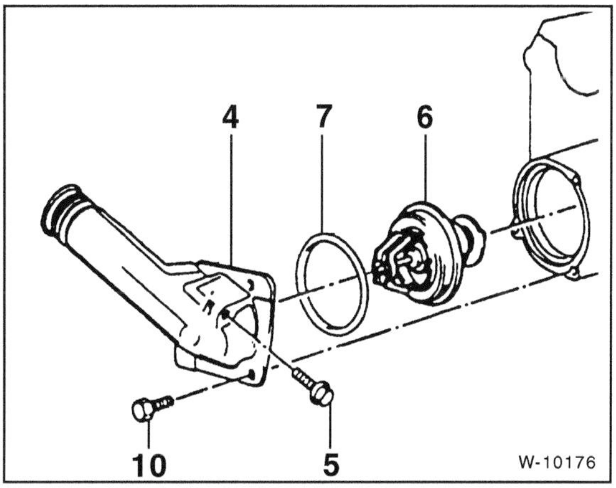

4 – Thermostatgehäuse
5 – Entlüfterschraube
6 – Thermostat
7 – O-Ring
10 – Sechskantschraube

Modelle 520i, 523i, 528i:

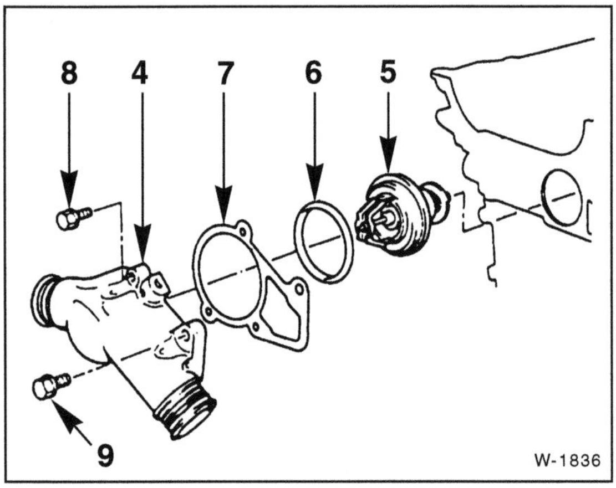

4 – Thermostatgehäuse
5 – Thermostat
6 – O-Ring
7 – Flachdichtung
8 – Sechskantschraube M6
9 – Sechskantschraube M8

- Kühlmittelschläuche vom Thermostatgehäuse (an der Motorblock-Vorderseite) abziehen, dazu Schlauchschellen aufschrauben.

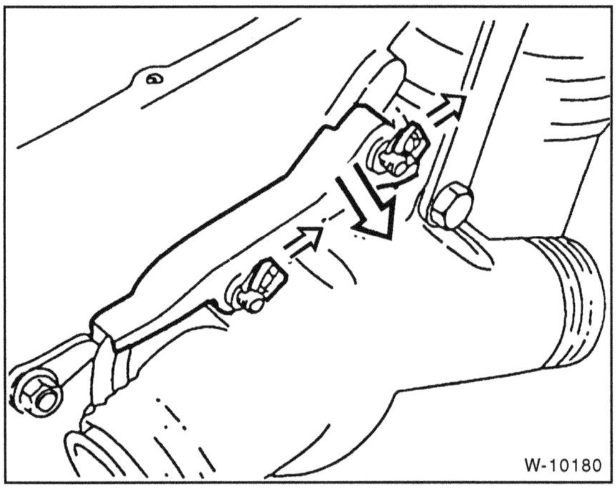

- **Modelle 520i, 523i, 528i:** Motor-Aufhängelasche abschrauben. Kabelschacht an den Clips lösen und abnehmen, siehe Abbildung.
- Deckel vom Thermostatgehäuse abschrauben. **Achtung:** Die Schrauben sind unterschiedlich lang, daher für den leichteren Einbau Position der Schrauben notieren.
- Einbaulage des Kühlmittelreglers merken und Regler herausnehmen.

Prüfen

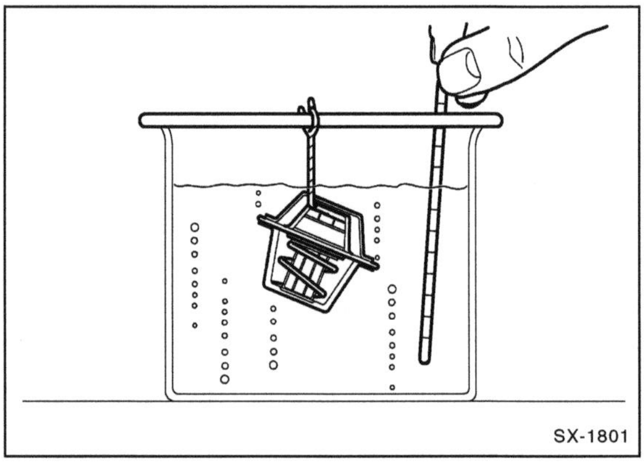

- Kühlmittelregler im Wasserbad erwärmen. Dabei darf der Regler nicht die Wände des Behälters berühren. Temperatur mit einem geeigneten Thermometer kontrollieren.
- Bei einer Temperatur von ca. +88° C beginnt die Klappe des Reglers, sich zu öffnen. Der Öffnungsbeginn ist auch auf dem Thermostat eingeprägt.
- Prüfen, ob sich der Regler ausdehnt und wieder schließt und ob der Öffnungsbeginn mit dem Wert übereinstimmt, der auf dem Regler eingeprägt ist. Gegebenenfalls Regler ersetzen.

Einbau

- Dichtflächen an Gehäuse und Deckel reinigen.

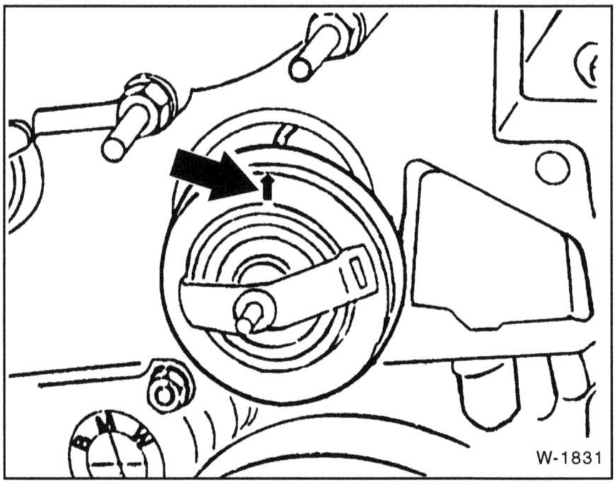

- **520i, 523i, 528i:** Thermostat so in den Zylinderkopf einsetzen, daß der eingeprägte Pfeil nach oben zeigt, siehe Abbildung.

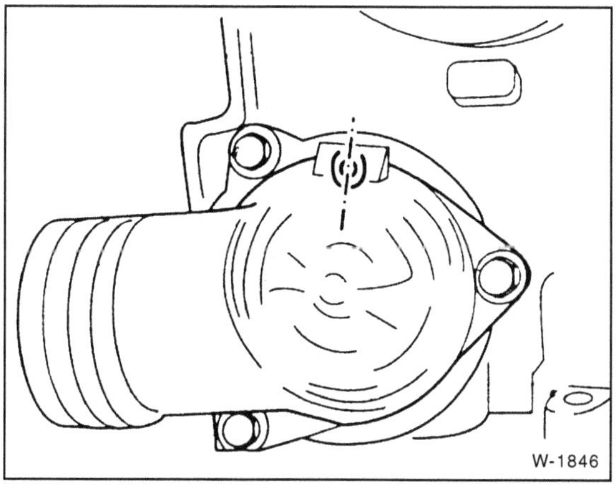

- **525tds:** Thermostat so einsetzen, daß das Entlüftungsventil nach oben zeigt. Es liegt bei aufgesetztem Deckel in der Aussparung des Deckels.
- Neuen O-Dichtring für Thermostat leicht mit Glyzerin bestreichen und einlegen, siehe Abbildungen unter »Ausbau«.
- **520i, 523i, 528i:** Flachdichtung (Papierdichtung) immer erneuern.
- Thermostatgehäuse aufsetzen und gleichmäßig mit **10 Nm** anschrauben. **Achtung:** Schrauben nicht zu fest anziehen. Beim 6-Zylinder-Benziner Aufhängelasche nicht vergessen. Die Schrauben der Aufhängelasche (M 8-Gewinde, also 8 mm Gewinde-Außendurchmesser) mit **20 Nm** festziehen.
- Kabelschacht mit Clips befestigen.
- Lüfter und Lüfterabdeckung einbauen.
- Kühlmittel auffüllen und Kühlsystem entlüften, siehe Kapitel »Wartung«.
- Motor warmlaufen lassen, bis die Visco-Kupplung den Lüfter zuschaltet. Prüfen, ob der Kühler unten warm wird und das Kühlmittelreglergehäuse dicht ist. Bei Undichtigkeiten Schrauben etwas nachziehen.

Lüfter/Lüfterkupplung aus- und einbauen

Die Visco-Lüfterkupplung ist zu ersetzen, wenn die Nabe gefressen hat. Der Lüfter läßt sich dann bei stehendem Motor nicht oder nur schwer drehen. Kupplung ebenfalls ersetzen, wenn Axialspiel beziehungsweise Radialspiel über 0,6 mm festgestellt wird, zur Prüfung Lüfter hin- und herbewegen. Auch darf kein Öl aus der Nabe austreten.

Ausbau

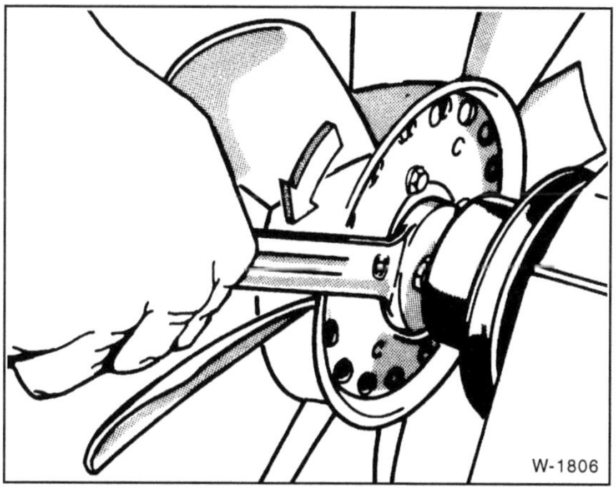

- Lüfter mit Maulschlüssel SW 32 von der Nabe der Kühlmittelpumpe abschrauben. **Achtung: Die Mutter hat Linksgewinde,** sie muß zum Lösen also nach rechts gedreht werden.

  Beim Lösen der Mutter Keilriemen der Kühlmittelpumpe eindrücken und dadurch die Nabe festhalten, damit diese sich nicht mitdreht. Wenn die Mutter besonders fest sitzt, mit einem Hammer gegen den Maulschlüssel schlagen und so die Mutter lösen. (Die BMW-Werkstatt benutzt ein Sonderwerkzeug, welches das Keilriemenrad an den Schraubenköpfen festhält.) Nachdem die Mutter gelöst ist, kann sie weiter durch Drehen des Lüfterrades abgeschraubt werden. Dabei darauf achten, daß das Lüfterrad nicht herunterfällt.

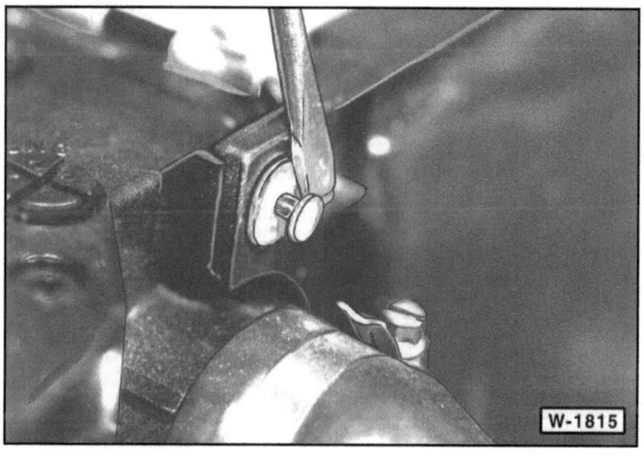

- Lüfterabdeckung oben links und rechts ausclipsen. Dazu Spreizstift mit schmalem Schraubendreher heraushebeln, anschließend Spreizclip herausdrücken.

- Lüfterabdeckung oben in der Mitte zurückdrücken und Nase aushängen.
- Lüfter zusammen mit Lüfterabdeckung nach oben herausheben.

- Sollen Lüfterrad und Visco-Kupplung getrennt werden, Befestigungsschrauben herausdrehen und Kupplung herausnehmen.

Einbau

- Visco-Kupplung in das Lüfterrad einsetzen und Befestigungsschrauben mit **10 Nm** festziehen. **Achtung:** Um eine Beschädigung an Gewinde und Kupplung zu vermeiden, dürfen diese Schrauben keinesfalls fester angezogen werden.

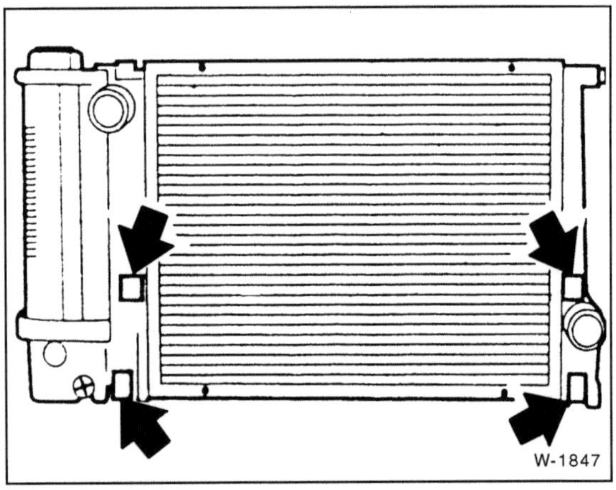

- Lüfterabdeckung mit Lüfter von oben so einsetzen, daß die unteren Haltelaschen in die Ösen am Kühler eingreifen.
- Spreizclips einsetzen und mit Stiften sichern. Beschädigte Clips oder Stifte ersetzen.
- Lüfter mit Kupplung an die Nabe der Kühlmittelpumpe mit **40 Nm** anschrauben. Dabei Nabe am Keilriemen oder an den Schraubenköpfen der Nabe gegenhalten. **Achtung:** Mutter beim Ansetzen nicht verkanten.

Ausgleichsbehälter aus- und einbauen

Modelle 520i, 523i, 528i

Ausbau

- Verschlußdeckel am Ausgleichsbehälter öffnen.

Achtung: Bei heißem Motor vor dem Öffnen des Deckels einen dicken Lappen auflegen, um Verbrühungen durch heiße Kühlflüssigkeit oder Dampf zu vermeiden. Deckel nur bei Kühlmitteltemperaturen unter +90° C abnehmen.

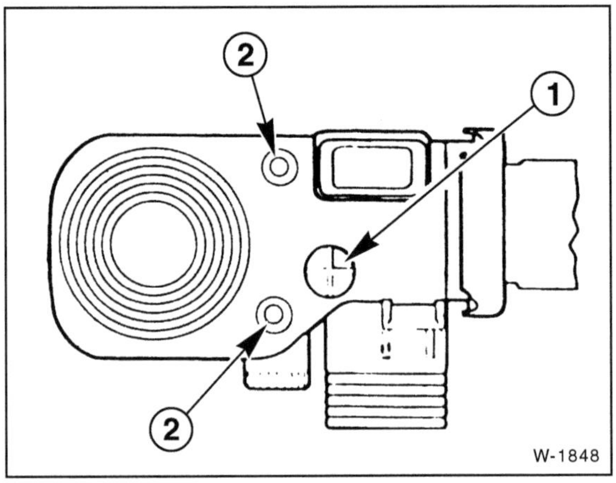

- Entlüftungsschraube –1– und Schrauben –2– abschrauben.

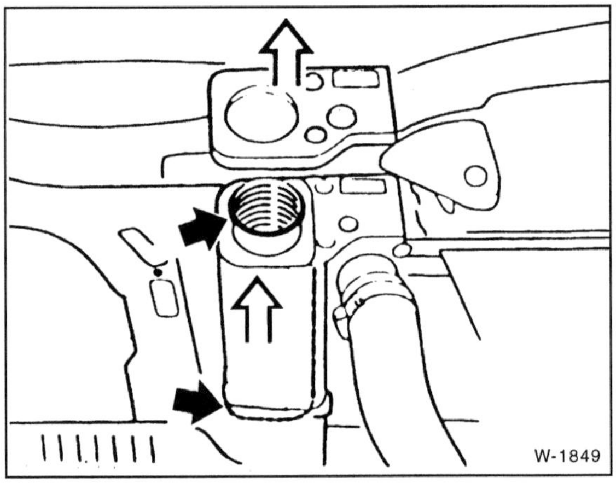

- Oberteil abnehmen, Ausgleichsbehälter nach oben herausziehen.

Einbau

- Dichtringe –Pfeile– erneuern.
- Ausgleichsbehälter einsetzen, Oberteil und Entlüftungsschraube festziehen.
- Kühlmittel auffüllen und Kühlsystem entlüften, siehe Kapitel »Wartung«.
- Motor warmlaufen lassen und Anschlüsse auf Dichtheit prüfen.

Kühler aus- und einbauen

Nach längerer Laufzeit des Fahrzeuges können sich die dünnen Kanäle im Kühler durch Rückstände im Kühlmittel und Kalkablagerungen zusetzen. Dadurch läßt die Kühlleistung stark nach und der Motor wird zu warm. In diesem Fall hilft nur ein Austauschen des Kühlers.

Ist Öl in den Kühlmittelkreislauf gelangt, zum Beispiel bei defekter Zylinderkopfdichtung, müssen Kühler und Ausgleichsbehälter nach erfolgter Reparatur ausgebaut und mit Reinigungsmittel von BMW durchgespült werden. Es werden etwa 2 Liter Reinigungsmittel benötigt, Hinweise des Herstellers beachten. Nach Einbau des Kühlers gesamtes Kühlsystem mehrmals mit heißem Wasser befüllen und wieder entleeren. Da die Spülflüssigkeit **umweltgerecht entsorgt** werden muß, empfehlen wir, diese Arbeit von der BMW-Werkstatt durchführen zu lasssen.

Ausbau

- Lüfter ausbauen, siehe Seite 57.
- Kühlmittel ablassen und entsorgen, siehe Kapitel »Wartung«.

- Dicke Kühlmittelschläuche oben und unten am Kühler abziehen, vorher Schellen lösen und ganz zurückschieben.

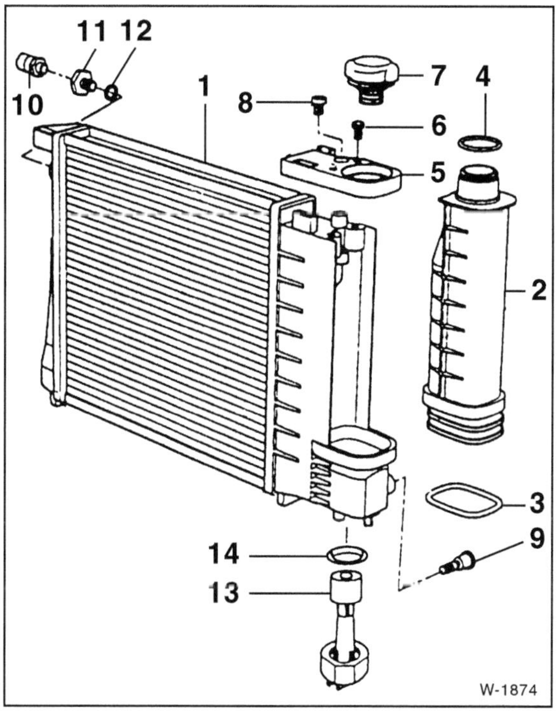

1 – Kühler
2 – Ausgleichbehälter
3 – Dichtring
4 – Dichtring
5 – Abschlußdeckel
6 – Zylinderschraube
7 – Kühlerverschluß
8 – Entlüfterschraube
9 – Verschlußschraube
10 – Temperaturschalter (nur bei Klimaanlage)
11 – Verschlußschraube
12 – Dichtring
13 – Niveaugeber
14 – O-Ring

- Kabel vom Niveaugeber –13– links unten am Kühler abziehen.
- Bei Ausstattung mit Klimaanlage rechts am Kühler Stecker vom Temperaturschalter –10– abziehen.

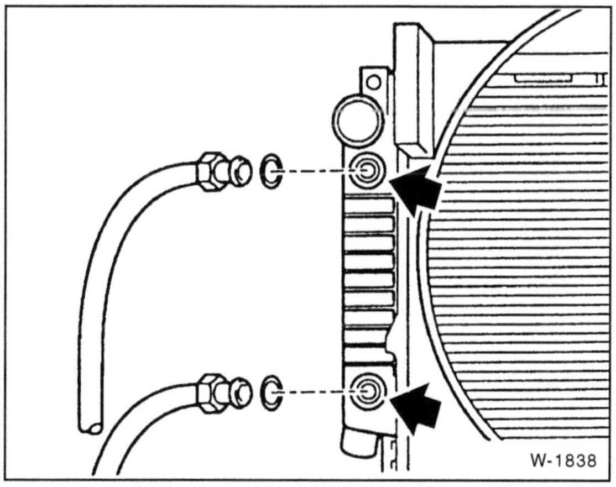

- Falls vorhanden, Getriebeölkühler-Leitungen für Automatikgetriebe am Kühler abbauen, auslaufendes Getriebeöl auffangen und entsorgen. Leitungen sauber verschließen, es darf kein Schmutz in die Leitungen gelangen.

Achtung: Die Kühler für Servolenkung, Klimaanlage und in der Regel auch für Automatikgetriebe sitzen vor dem Motor-Kühler in einer Halterung (Kassette). Zum Ausbau dieser Kühler muß zuvor der Motor-Kühler ausgebaut werden. Der Kältemittelkreislauf der Klimaanlage darf nur von einer Fachwerkstatt mit entsprechender Ausrüstung geöffnet werden, **Unfallgefahr**, siehe Seite 224.

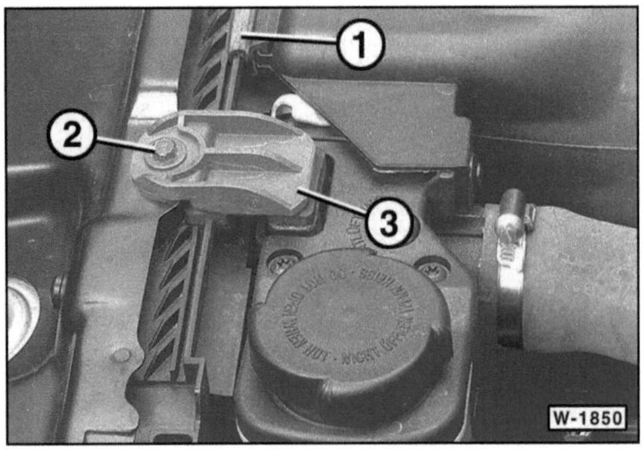

- Dichtlippe –1– nach oben abziehen. Sechskantschrauben –2– links und rechts lösen, beide Kühler-Halterungen –3– abnehmen.
- Kühler nach oben herausheben.

Achtung: Die Kühlerlamellen sind mitunter recht scharfkantig, es empfiehlt sich deshalb, zum Herausheben des Kühlers Arbeitshandschuhe zu verwenden.

Einbau

- Sämtliche Kühlmittelschläuche auf Einschnitte, Risse und sonstige Beschädigungen überprüfen und, falls erforderlich, auswechseln. Beide unteren Gummilager des Kühlers auf einwandfreien Zustand prüfen.

- Kühler von oben so einsetzen, daß die Gummilager genau in den Auflagen sitzen.
- Kühler gegen das Abschlußblech drücken und Halterungen anschrauben. Dichtlippe aufdrücken.
- Automatikgetriebe-Ölleitungen mit neuen Dichtringen am Kühler anschrauben, Anzugsdrehmoment **20 Nm**. Anschließend Getriebeölstand prüfen, siehe Seite 284.
- Kühlmittelschläuche aufschieben und mit Schellen sichern.
- Falls ausgebaut, Kabel am Temperaturschalter und Niveaugeber aufschieben.
- Lüfter einbauen, siehe Seite 57.
- Kühlmittel auffüllen und Kühlsystem entlüften, siehe Kapitel »Wartung«.
- Motor warmlaufen lassen und Schlauchanschlüsse auf Dichtheit prüfen.
- Kühlmittelstand kontrollieren, gegebenenfalls Kühlmittel nachfüllen.

Kühlmittelpumpe aus- und einbauen

Die Kühlmittelpumpe wird vom Keilrippenriemen angetrieben. Vorn auf die Welle der Kühlmittelpumpe ist der Kühlerlüfter aufgeschraubt.

Ausbau

- Kühlmittel ablassen, siehe Kapitel »Wartung«.
- Keilrippenriemen ausbauen, siehe Seite 44.
- Kühler ausbauen.
- Befestigungsschrauben für Keilriemenscheibe lösen. Dabei Keilriemen festhalten und eindrücken, damit sich die Scheibe nicht mitdreht. Keilriemenscheibe von der Nabe abnehmen.

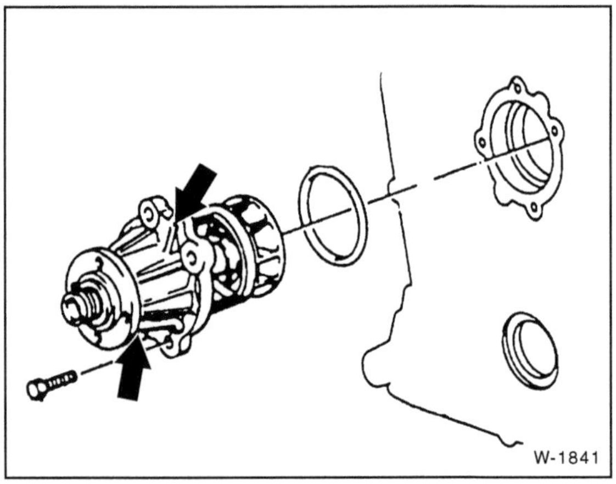

- 4 Befestigungsschrauben der Kühlmittelpumpe herausdrehen. Beim 6-Zylinder-Benzinmotor sind Muttern anstelle der abgebildeten Schrauben zu lösen.

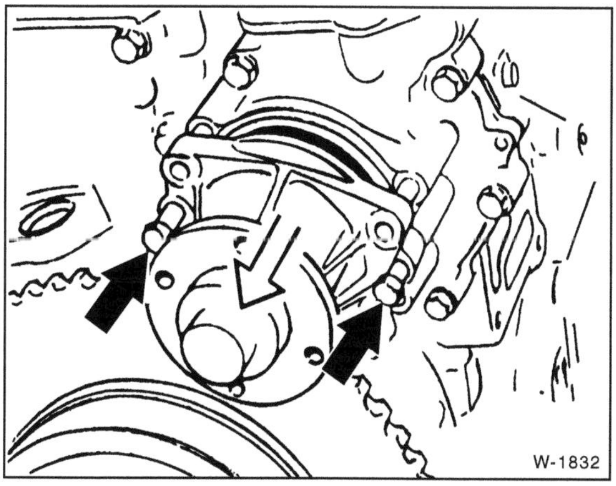

- 2 Schrauben mit M 6-Gewinde in die Gewinde –Pfeile– eindrehen und damit Kühlmittelpumpe gleichmäßig aus dem Motor ausdrücken. Darauf achten, daß die Pumpe nicht verkantet. Beim Dieselmotor liegen die Gewinde zum Herausdrücken senkrecht übereinander, siehe –Pfeile– in Abbildung W-1841.

Einbau

- Abziehschrauben entfernen, O-Ring der Kühlmittelpumpe erneuern und mit handelsüblichem Silikonöl oder mit Vaseline bestreichen.
- Kühlmittelpumpe mit neuer Dichtung einsetzen und gleichmäßig festschrauben. Das Anzugsmoment richtet sich nach dem Gewindedurchmesser der Schrauben: M 6-Gewinde: **10 Nm**, M 8-Gewinde: mit **20 Nm** festziehen.
- Riemenscheibe anschrauben, die 4 Schrauben mit **10 Nm** anziehen.
- Keilrippenriemen einbauen und spannen, siehe Seite 44.
- Kühler mit Lüfter einbauen, siehe Seite 59.
- Kühlmittel auffüllen und Anlage entlüften, siehe Kapitel »Wartung«.
- Motor warmlaufen lassen und Schlauchanschlüsse sowie Kühlmittelpumpe auf Dichtheit überprüfen.

Störungsdiagnose Motor-Kühlung

Störung: Die Kühlmitteltemperatur ist zu hoch, Anzeige steht im Warnfeld

Ursache	Abhilfe
Zu wenig Kühlflüssigkeit im Kreislauf.	■ Ausgleichbehälter muß bis zur Markierung voll sein. Gegebenenfalls Kühlmittel nachfüllen. Kühlsystem auf Dichtheit prüfen.
Kühlmittelregler (Thermostat) öffnet nicht, Kühlflüssigkeit zirkuliert nur im kleinen Kreislauf.	■ Prüfen, ob der obere Kühlmittelschlauch am Kühler warm wird. Wenn nicht, Regler ausbauen und prüfen, gegebenenfalls Regler ersetzen.
Kühlerlamellen verschmutzt.	■ Kühler von der Motorseite her mit Preßluft durchblasen.
Kühler innen durch Kalkablagerungen oder Rost zugesetzt. Kühler wird nur im oberen Teil warm, unterer Kühlmittelschlauch vom Kühler wird nicht warm.	■ Kühler erneuern.
Visco-Lüfterkupplung defekt.	■ Lüfterkupplung prüfen: Warmen Motor mit erhöhter Drehzahl laufenlassen. Sobald eine Kühlmitteltemperatur von 90°–95°C erreicht ist, erhöht sich die Drehzahl des Lüfters hörbar.
Ausgleichbehälter-Verschlußdeckel defekt.	■ Kühlsystem prüfen, Druckprüfung durchführen.
Kühlmitteltemperaturanzeige defekt.	■ Anzeigegerät/Geber überprüfen.
Kühlmittelpumpe defekt.	■ Kühlmittelpumpe ausbauen und überprüfen.
Keilriemenspannung zu gering oder Keilriemen gerissen.	■ Keilriemenspannung prüfen, ggf. Keilriemen ersetzen.

Zündung/Zündkerzen

Die Zündanlage erzeugt den Zündfunken, der das angesaugte Kraftstoffluftgemisch in Brand setzt. Um einen kräftigen Zündfunken erzeugen zu können, wird in der Zündspule die Batteriespannung von 12 Volt auf über 30.000 Volt umgeformt.

Der Dieselmotor besitzt keine Zündanlage, da sich aufgrund der hohen Verdichtung die Luft so weit erwärmt, daß nach Einspritzen des Kraftstoffes die Zündung von selbst erfolgt.

Die Benzinmotoren des BMW sind mit einer kennfeldgesteuerten Zündanlage ausgestattet, deren Regelung im Motor-Steuergerät integriert ist. Die Zündung ist als Direktzündung ausgelegt. Sie besitzt keinen herkömmlichen Zündverteiler mehr. Stattdessen erfolgt die Verteilung der Zündspannung auf die einzelnen Zylinder durch bewegungslos arbeitende, elektronisch gesteuerte Bauteile. Erzeugt wird die Zündspannung durch 6 einzelne Zündspulen, die oberhalb der Zündkerzen sitzen. Synchronisiert wird die Zündanlage durch Signale, die ein Impulsgeber an das Steuergerät abgibt. Der Impulsgeber sitzt vorn am Motorblock und erfaßt die Kurbelwellen-Drehzahl.

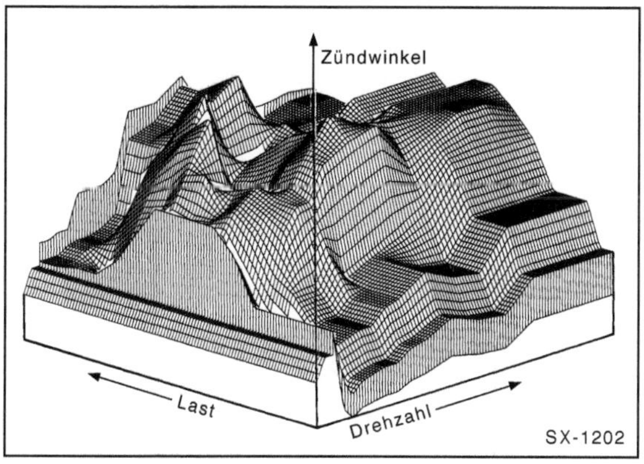

Zur Ermittlung des richtigen Zündzeitpunktes stützt sich das Steuergerät auf ein elektronisch gespeichertes Zündkennfeld. Dadurch läßt sich die Zündanlage leicht an unterschiedliche Fahrzustände anpassen.

Der Zündzeitpunkt wird auch von Klopfsensoren beeinflußt. Da der Kraftstoffverbrauch bei hoher Verdichtung am geringsten ist, werden die modernen Motoren möglichst hoch verdichtet. Durch die hohe Verdichtung kann es jedoch zu einer unkontrollierten Verbrennung kommen, man spricht dann vom Motorklopfen. Das Motorklopfen führt auf Dauer zu Motorschäden. Um das zu vermeiden, ist ein Klopfsensor erforderlich, der die falsche Verbrennung registriert und dem Steuergerät meldet, welches dafür sorgt, daß die Zündung vorübergehend in Richtung spät verändert wird. Beim BMW sind 2 Klopfsensoren am Motorblock angeschraubt, ein Sensor ist für die Zylinder 1-2-3, der andere für die Zylinder 4-5-6 zuständig. Durch die Klopfregelung ist auch der Betrieb mit weniger klopffestem Kraftstoff (Normalbenzin ROZ 91) möglich, allerdings muß dann mit verminderter Leistung gerechnet werden. Wird Super plus (ROZ 98) verwendet, steigt die Motorleistung an.

Alle Bestandteile der Zündanlage sind aufeinander abgestimmt und gewährleisten, daß der Zündzeitpunkt stets optimal ist. Die Einstellung des Zündzeitpunkts ist nicht mehr möglich.

Bei Arbeiten an der elektronischen Zündanlage sind bestimmte Punkte zu beachten, um Verletzungen von Personen oder die Zerstörung der Zündanlage zu vermeiden.

Sicherheitsmaßnahmen zur Zündanlage

Bei elektronischen Zündanlagen beträgt die Zündspannung bis zu 40 kV (Kilovolt). Unter ungünstigen Umständen, zum Beispiel Feuchtigkeit im Motorraum, können Spannungsspitzen die Isolation durchschlagen, was bei Berührung zu Elektroschocks führt.

Um Verletzungen von Personen und/oder die Zerstörung der elektronischen Zündanlage zu vermeiden, ist bei Arbeiten an Fahrzeugen mit elektronischer Zündanlage folgendes zu beachten:

- Die Motorwäsche ist nur bei Motorstillstand durchzuführen.
- Bei Elektro- und Punktschweißen ist die Batterie komplett abzuklemmen.
- Batterie sowie Generator und Anlasser nicht bei laufendem Motor abklemmen.

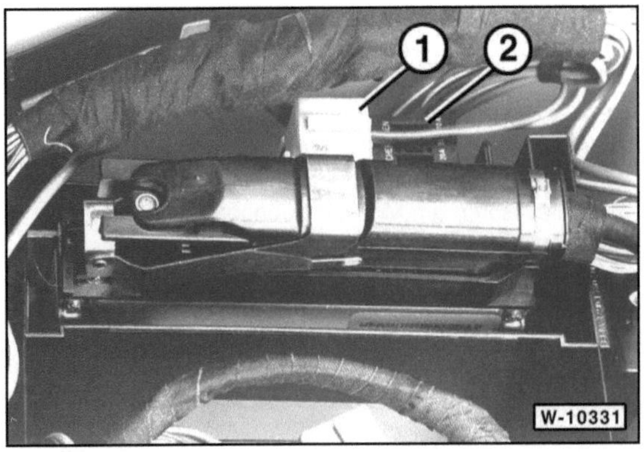

W-10331

- Bei der Kompressionsprüfung unbedingt das DME-Hauptrelais –1– abziehen, damit keine Zündimpulse erfolgen. (2 – Motorsicherungen für DME). Kompression prüfen, siehe Seite 42.
- Leitungen der Zündanlage nur bei ausgeschalteter Zündung abklemmen.
- Das An- und Abklemmen von Meßgeräteleitungen (Drehzahlmesser/Zündungstester) nur bei ausgeschalteter Zündung vornehmen.
- Die Sekundärseite (Hochspannungsseite, Zündkerzenseite) der Zündanlage muß mit mindestens 4 kΩ belastet sein. Die Zündkerzenstecker müssen angeschlossen sein.
- Auf keinen Fall darf der Motor bei abgezogenem Kabel von der Zündspule (Klemme 4) gestartet werden.
- An Klemme 1 (–) der Zündspule dürfen kein Entstörkondensator und keine Prüflampe angeschlossen werden.
- Klemme 1 der Zündspule darf nicht mit Masse oder Batterie Plus verbunden werden. Beim nachträglichen Einbau einer Alarmanlage darf somit die Leitung zur Klemme 1 nicht zur Startblockierung verwendet werden.
- Bei Erhitzung auf mehr als +80° C (z. B. Lackieren, Dampfstrahlen) darf der Motor nicht unmittelbar nach der Aufheizphase gestartet werden.
- Personen mit einem Herzschrittmacher sollen keine Arbeiten an der elektronischen Zündanlage durchführen.

Zündspule aus- und einbauen/prüfen

Die Zündspulen können mit einem Ohmmeter geprüft werden. Eine genaue Prüfung kann allerdings nur in der Werkstatt mit einem Oszilloskop durchgeführt werden, die sichere Rückschlüsse auf bestimmte Zündungsstörungen zuläßt.

Ausbau

- Zündung ausschalten.

W-6268

- Abdeckungen der Befestigungsschrauben ausclipsen, 2 darunterliegende Schrauben abschrauben.
- Öleinfülldeckel sowie Zylinderkopfabdeckung abnehmen.

W-10127

- Anschlußstecker von jeder Zündspule abziehen, dazu Metallbügel an den Steckern nach oben ziehen.

- 2 Befestigungsschrauben an jeder Zündspule lösen, Zündspulen herausziehen. **Achtung:** Bei den Zündspulen der Zylinder 1 und 6 die Massebänder –3– der Zylinderkopfhaube beachten.
  Bei Metall-Zylinderkopfhaube Masseband vom Kabelschacht zwischen Zylinder 2 und 3 beachten.
  Bei Kunststoffhaube Massekabel –1– an Verbindungsblech –2– beachten, siehe Abbildung. Die Kabel müssen beim Einbau wieder an gleicher Stelle eingelegt werden.

Prüfen

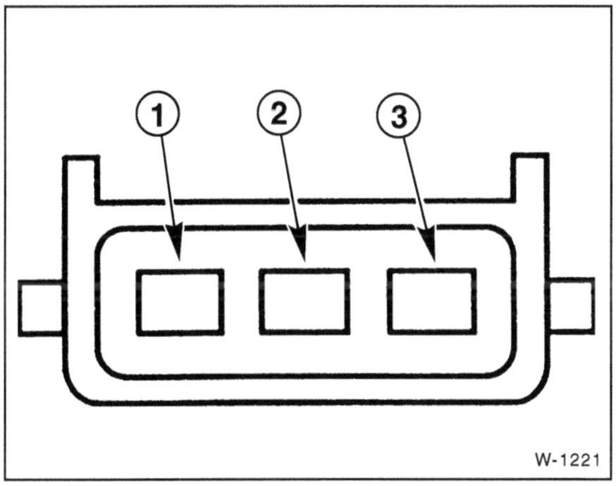

Die Abbildung zeigt den Stecker an einer Zündspule.

1– Klemme 15; 2– Klemme 4; 3– Klemme 1.

- Ohmmeter zwischen Klemme 1 und 15 anschließen und Primärwiderstand messen. **Sollwert:** ca. 0,8 Ω.

Achtung: Der Widerstand der Sekundärseite (zwischen Zündkerzenanschluß, Klemme 4 und Masseanschluß) ist nicht meßbar.

- Zündkerzenstecker erneuern, siehe Seite 67.

Einbau

- Zündspulen mit Zündkerzensteckern einsetzen und mit Massebändern anschrauben.
- Kabelstecker an Zündspule mit Metallbügel einrasten.
- Zylinderkopfverkleidung einbauen. Öleinfülldeckel aufsetzen.

Klopfsensor aus- und einbauen

Ausbau

- Ansaugrohr ausbauen, siehe Seite 14.

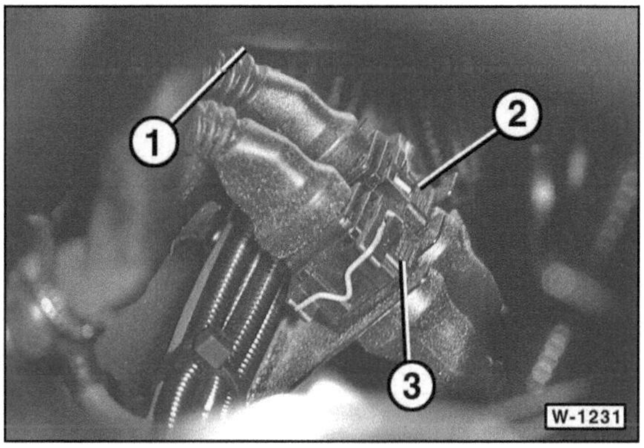

Anordnung Kabelstecker unterhalb Ansaugrohr, von vorn gesehen: Stecker für 1 – Klopfsensor (verdeckt), 2 – Impulsgeber Kurbelwelle, 3 – Geber für Zylindererkennung.

- Steckverbindung –1– ausclipsen und trennen.

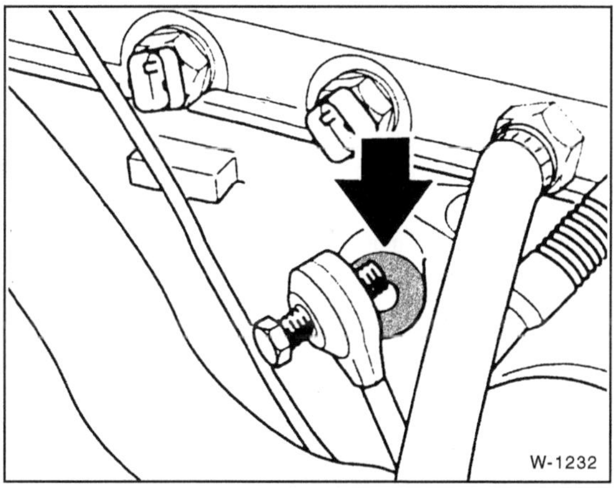

- Klopfsensor herausschrauben. Es sitzen 2 Klopfsensoren am Motorblock. **Achtung:** Ein Vertauschen der Klopfsensoren bei der Montage führt zu Motorschäden. Daher Anschlüsse und Einbaulage markieren.

Einbau

- Anlageflächen Motorblock/Klopfsensor sorgfältig reinigen.
- Klopfsensor mit **20 Nm** festziehen. **Achtung:** Drehmoment unbedingt beachten, da es für die korrekte Funktion des Sensors wichtig ist. Auf äußerste Sauberkeit beim Einschrauben achten.
- Kabelstecker zusammenfügen und in Halterung einclipsen.
- Ansaugrohr einbauen, siehe Seite 14.
- Batterie-Massekabel (–) anklemmen. Zeituhr einstellen. Radiosender programmieren.

Impulsgeber prüfen/ersetzen

Das Steuergerät der DME bekommt die Drehzahlinformation über einen Impulsgeber, der an einem Zahnrad hinter der Kurbelwellen-Keilriemenscheibe sitzt. Ein 2. Sensor vorn am Zylinderkopf gibt die Information, wann eine Motorumdrehung vollendet ist (Zylindererkennung).

Prüfen

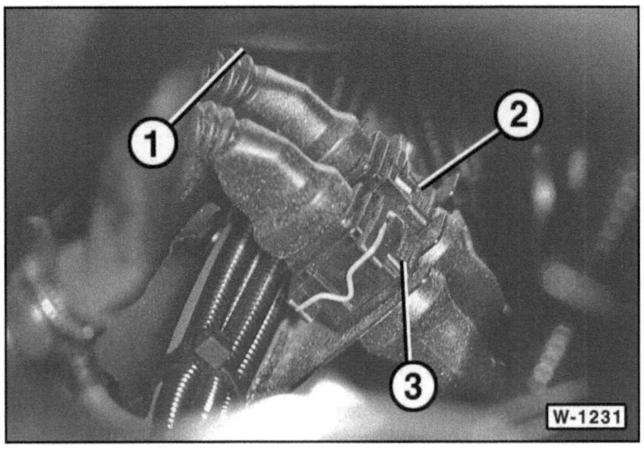

Anordnung Kabelstecker unterhalb Ansaugrohr für: 1 – Klopfsensor, 2 – Impulsgeber Kurbelwelle, 3 – Geber für Zylindererkennung.

- Zur Prüfung den betreffenden Stecker am Motorkabelbaum abziehen. Gegebenenfalls muß vorher das Ansaugrohr ausgebaut werden, da die Stecker schlecht erreichbar sind.
- Widerstand mit Ohmmeter an den Steckerkontakten des jeweiligen Gebers messen, gegebenenfalls ersetzen.

Sollwerte bei +20° C:

Impulsgeber Kurbelwelle: 1,3 kΩ.

Geber für Zylindererkennung: Zwischen Steckkontakt 1 und 2: max. 1 Ω; zwischen Kontakt 2 und 3: größer als 10MΩ.

Ausbau Impulsgeber Kurbelwelle

- Kabelstecker für Impulsgeber abziehen.

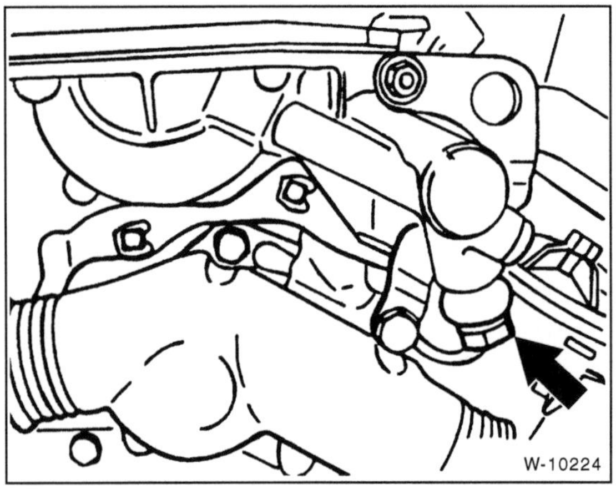

- Ölleitung an der VANOS-Stelleinheit abschrauben und mit sauberem Stopfen verschließen.

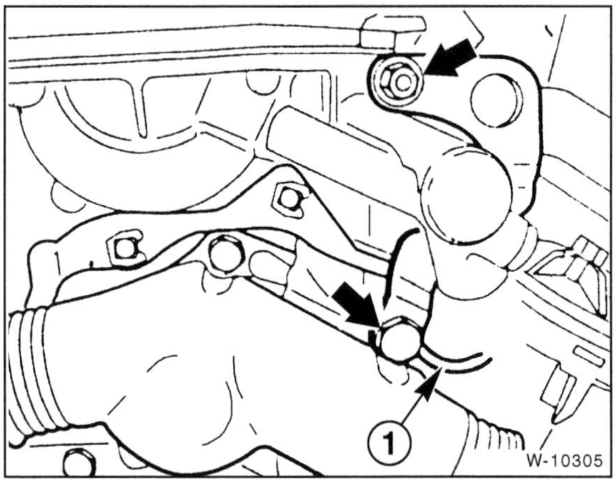

- Motor-Aufhängeöse abschrauben, dabei Kabel –1– für Wiedereinbau beachten.

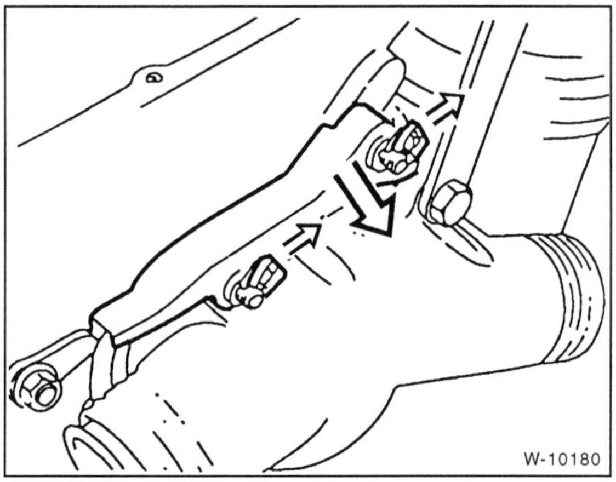

- Sensorkabel aus den Führungen herausnehmen. Dazu Kabelschacht an den Clips lösen und abnehmen, siehe Abbildung.

- Schraube am Kurbelwellenrad lösen und Sensor mit Abdeckung herausnehmen.

Einbau

- Sensor einsetzen und Schraube mit **5 Nm**, also nur leicht, anschrauben.
- Abstand des Sensors zum Zahnrad mit einer Fühlerblattlehre prüfen. **Sollwert:** 0,7 – 1,3 mm.
- Anschlußkabel wieder sicher in den Führungen verlegen, damit die Leitung nicht am Keilriemen scheuert. Stecker zusammenfügen.
- Motor-Aufhängeöse anschrauben.
- Ölleitung mit neuen Dichtringen an der VANOS-Stelleinheit anschrauben.

Ausbau Geber für Zylindererkennung

- Obere Motorabdeckung abbauen, siehe Seite 64.

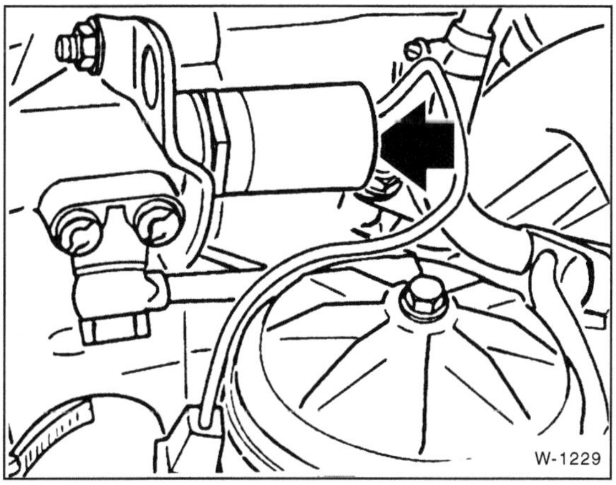
W-1229

- Der Geber ist schlecht erreichbar. Daher zuerst Stecker vom Magnetventil der VANOS-Stelleinheit trennen und Ventil abschrauben.
- Ölleitung an der VANOS-Stelleinheit abschrauben und mit sauberem Stopfen verschließen, siehe Abbildung W-10224.

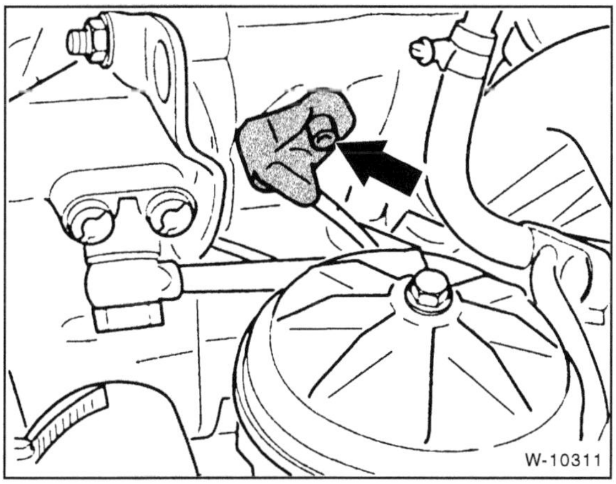
W-10311

- Schraube am Geber lösen und Geber abnehmen.
- Steckverbindung für den Geber trennen.

Einbau

- Geber einsetzen. Auf richtigen Sitz der Gummidichtung am Geber achten, gegebenenfalls Dichtung erneuern.
- Geber mit **5 Nm**, also leicht, anschrauben.
- Geberkabel verlegen und zusammenstecken.
- Ölleitung mit neuen Dichtringen und **30 Nm** an der VANOS-Stelleinheit anschrauben.
- Magnetventil mit **30 Nm** in die VANOS-Einheit einschrauben, gegebenenfalls vorher eine beschädigte Dichtung erneuern. Elektrischen Anschlußstecker für Magnetventil zusammenfügen.
- Obere Motorabdeckung anbauen, siehe Seite 64.

Zündkerzenstecker aus- und einbauen

Ausbau

- Zündspule ausbauen, siehe Seite 64.

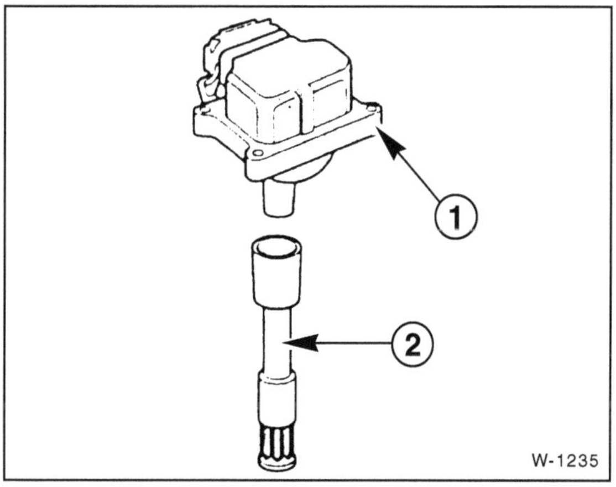

W-1235

- Zündkerzenstecker –2– von der Zündspule –1– abziehen.

Einbau

- Kerzenstecker auf Zündspule aufstecken.
- Zündspule einbauen, siehe Seite 64.

DME-Steuergerät aus- und einbauen

Achtung: Jedes Steuergerät ist mit bestimmten Grundwerten, die nur Mittelwerte darstellen, programmiert. Das Steuergerät erhält, je nach Motorzustand, von den Sensoren unterschiedliche Eingangswerte, welche mit den gespeicherten Werten verglichen werden. Das Steuergerät verändert dann die Stellbefehle entsprechend. Die neuen Werte werden gespeichert, dies entspricht einem »Lernvorgang«.

Ist ein DME-Steuergerät mehr als etwa eine Stunde lang ohne Stromversorgung (ausgebaut oder Batterie abgeklemmt), dann verliert sein selbstlernendes System die gespeicherten Werte.

Bei Wiederinbetriebnahme eines gelöschten oder Einbau eines neuen Steuergerätes muß das System die Eingangswerte des Motors neu abspeichern. Dieser Vorgang kann nach dem Starten zu unrundem Motorleerlauf und Störungen im Schiebebetrieb führen. Das Fahrzeug muß einige Minuten mit wechselnder Geschwindigkeit gefahren werden, bis alle Werte auf den Motorzustand abgeglichen sind.

Nach Einbau eines neuen Steuergerätes muß dieses von BMW auf das Fahrzeug codiert und programmiert werden. Dazu wird ein Diagnose-/Eingabegerät benötigt. Falls möglich, Motor mit altem Steuergerät warmfahren und dann neues Steuergerät bei warmem Motor einbauen. Dies beschleunigt den Einfahrvorgang.

Ausbau

- Vor dem Ausbau des Steuergeräts empfiehlt es sich, den Fehlerspeicher von einer BMW-Werkstatt auslesen und ausdrucken zu lassen. Dadurch kann festgestellt werden, welcher Fehler vorliegt, siehe auch Seite 77.
- Batterie-Massekabel (–) abklemmen. Die Batterie befindet sich im Kofferraum hinter der rechten Seitenverkleidung. **Achtung:** Hinweise im Kapitel »Batterie aus- und einbauen« beachten.
- Filterkasten für Reinluftfilter im Motorraum hinten rechts ausbauen, damit die Elektronikbox erreicht wird, siehe Seite 260.

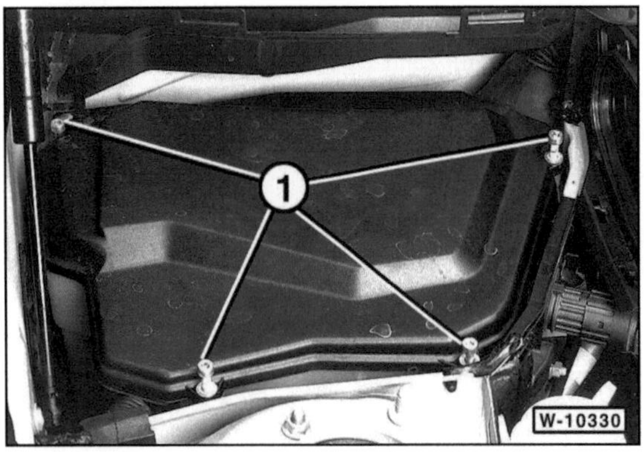

- Deckel von der Sicherungsbox abschrauben –1– und abnehmen.

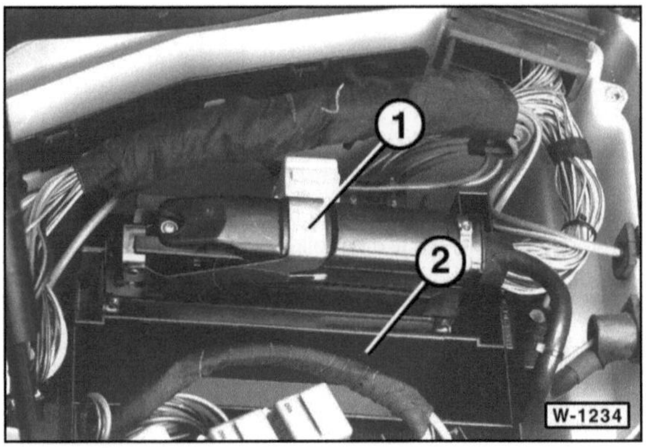

1 – DME-Steuergerät; 2 – Schacht für Automatikgetriebe-Steuergerät (wo vorhanden)

- Sicherungsklammer am Anschlußstecker hochklappen, Steckverbindung trennen.
- Steuergerät aus den Halteklammern herausziehen. Die Befestigungsschrauben der Halteklammern müssen nicht gelöst werden. (Hinweis: Bei Automatikgetriebe befindet sich ein zweites Steuergerät neben dem DME-Steuergerät.)

Einbau

- Beim Ersatzteilkauf Steuergeräte-Nr. und Codierung angeben. Zur Identifizierung zweckmäßigerweise das ausgebaute Steuergerät mitnehmen.
- Steuergerät einschieben, Steckverbindung zusammenfügen. Sicherungsklammer umklappen.
- Abdeckungen anbringen.
- Batterie einbauen.
- War das Steuergerät länger als 1 Stunde stromlos, oder ist es neu: Motor auf Betriebstemperatur bringen. Ca. 10minütige Probefahrt mit wechselnden Geschwindigkeiten durchführen. Dabei »lernt« das Steuergerät die Motorwerte.

Zündkerzentechnik

Die Zündkerze besteht aus der Mittel-Elektrode, dem Isolator mit Gehäuse und der Masse-Elektrode. Die Mittel-Elektrode ist gasdicht im Isolator befestigt, der Isolator ist fest mit dem Gehäuse verbunden. Zwischen Mittel- und Masse-Elektrode springt der Zündfunke über, der das Kraftstoffluftgemisch entzünden soll. Von der Zündkerze hängen Startbereitschaft, Leerlaufverhalten, Beschleunigung und Höchstgeschwindigkeit ab. Man sollte deshalb nicht ohne Grund von dem vom Werk vorgeschriebenen Zündkerzentyp abweichen, der durch die Wärmewert-Kennzahl bestimmt wird. Die Wärmewert-Kennzahl gibt den Grad der Wärmebelastbarkeit einer Zündkerze im Motor unter bestimmten Betriebsbedingungen an. Die Zündkerzen für den Motor sind so ausgewählt, daß sie möglichst unter allen Fahrbedingungen die Selbstreinigungstemperatur erreichen. Je niedriger die Wärmewert-Kennzahl einer Zündkerze ist, desto höher ist ihr Widerstand gegen Glühzündungen und desto kleiner ist ihr Widerstand gegen Verschmutzung. Je höher die Wärmewert-Kennzahl der Zündkerze ist, desto kleiner ist ihr Widerstand gegen Glühzündungen und desto höher ist ihr Widerstand gegen Verschmutzung.

Die Wärmewert-Kennzahl ist im Zündkerzencode enthalten. Der Code schlüsselt sich wie folgt auf:

Beispiel: **Bosch-Zündkerze**

F 8 L D C R

① ② ③ ④ ⑤ ⑥

① W = Gewinde M 14 x 1,25 mit Flachdichtsitz, SW 21; F = Gewinde M 14 x 1,25 mit Flachdichtsitz, SW 16; H = Gewinde M 14 x 1,25 mit Kegeldichtsitz, SW 16; SW = Schlüsselweite.

② Wärmewert-Kennzahl. Die Wärmewertskala wird von 06 (»kalt«) bis 13 (»warm«) angegeben. Dabei entspricht die Kennzahl 8 dem alten Wärmewert 150 (frühere Bezeichnung), 7 – 175, 6 – 200 usw.

③ B = Gewindelänge 12,7 mm, vorgezogene Funkenlage; C = Gewindelänge 19 mm, normale Funkenlage; D = Gewindelänge 19 mm, vorgezogene Funkenlage; L = Gewindelänge 19 mm, extrem vorgezogene Funkenlage. Die Angabe der Gewindelängen beziehen sich jeweils auf Zündkerzen mit Flachdichtsitz. Zusatz »T« (z. B. »DT«) = 3 Masse-Elektroden.

④ = Elektrodenausführung

⑤ = Elektrodenwerkstoff der Mittelelektrode: Ohne Angabe = Cr-Ni-Legierung, C = Ni-Cu-Verbund-Mittelelektrode, S = Silber-Mittelelektrode, P = Platin-Mittelelektrode.

⑥ R = Mit Widerstand, zur Entstörung. Die Funktion der Zündanlage wird dadurch nicht beeinflußt.

Zündkerzenwerte für den 5er BMW

Einsatz-Zeitraum	Zündkerze	
	NGK	BOSCH
12/95 – 8/98	BKR 6 EK BKR 6 EQUP	F 7 LDCR
9/98 –	BKR 6 EQUP	FGR 7 DQP

Achtung: Die technische Entwicklung geht ständig weiter. Es kann sein, daß inzwischen andere Zündkerzenwerte gelten. Es empfiehlt sich deshalb, die aktuellen Zündkerzen bei der Fachwerkstatt zu erfragen. Zündkerzen einbauen, siehe Seite 280.

Technische Daten Zündanlage (DME)

Modell		**520i, 523i, 528i**
Motortyp		M52
Leerlaufdrehzahl	1/min	750 ± 50
Abschaltdrehzahl	1/min	6500 ± 50
CO-Gehalt vor dem Katalysator hinter dem Katalysator	 Vol.% Vol.%	 0,7±0,5 0,5±0,3
Impulsgeber	Ω	1280 ± 128
Impulsgeber für Zylindererkennung zwischen Pin 1 und 2 zwischen Pin 2 und 3	 Ω MΩ	 ≤ 1,0 > 10 (∞)
Temperaturfühler Motor bei Kühlmitteltemperatur 20° ± 3°C bei Kühlmitteltemperatur 80° ± 3°C	 kΩ kΩ	 2,2 – 2,7 0,30 – 0,36
Temperaturfühler Ansaugluft bei Lufttemperatur 20° ± 3°C bei Lufttemperatur 50° ± 3°C	 kΩ kΩ	 2,2 – 2,7 0,76 – 0,91
Zündspule Primärwicklung Sekundärwicklung	 Ω Ω	 0,8 ± 0,1 nicht meßbar
Zündkerzenstecker	kΩ	5 ± 0,5

Die Widerstandswerte für eine Temperatur von +20° C, wo nicht anders angegeben.

Kraftstoffanlage

Zur Kraftstoffanlage zählen der Kraftstoffbehälter, die im Tank liegende Kraftstoffpumpe und die Kraftstoffleitungen sowie Kraftstoff- und Luftfilter. Die Kraftstoff-Einspritzanlagen für Benzin und Diesel werden in getrennten Kapiteln behandelt.

Der aus Kunststoff gefertigte Kraftstoffbehälter mit 70 Litern Inhalt ist mit Spannbändern unter der Rücksitzbank vor der Hinterachse befestigt. Er ist in zwei Kammern geteilt.

Über ein Aktivkohlefilter-Entlüftungssystem wird der Tank belüftet. Der Aktivkohlefilter sitzt hinter dem Innenkotflügel des linken Hinterrades. Der jeweilige Kraftstoffvorrat wird dem Fahrer durch eine Kraftstoffvorratsanzeige angezeigt. Dabei wird der Füllstand getrennt für jede Kammer mit einem Hebelgeber gemessen. Ein Mikroprozessor im Schalttafeleinsatz errechnet unter Verwendung der Einspritzimpulse, der Fahrgeschwindigkeit und der elektronischen Signale der Hebelgeber den momentanen Tankinhalt.

Der Kraftstofftank

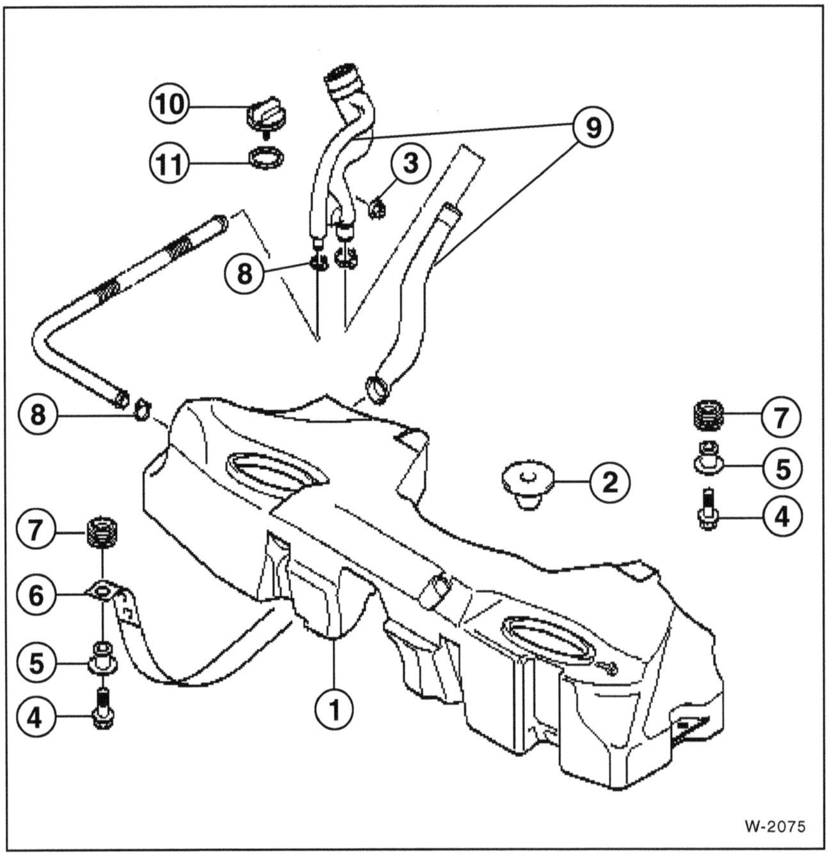

1 – **Kraftstofftank**
2 – **Puffer**
3 – **Mutter**
4 – **Sechskantschraube**
5 – **Hülse**
6 – **Spannband rechts** (Linke Seite gegengleich).
7 – **Dämpfung**
8 – **Schlauchschelle**
9 – **Einfüllrohr**
10 – **Tankverschluß**
11 – **Gummidichtung**

Kraftstoff sparen beim Fahren

Wesentlichen Einfluß auf den Kraftstoffverbrauch hat die Fahrweise des Fahrzeuglenkers. Hier einige Tips für den intelligenten Umgang mit dem Gaspedal.

- Nach dem Motorstart gleich losfahren, auch bei Frost.
- Motor bei voraussichtlichen Stops über 40 Sekunden Dauer abschalten.
- Im höchstmöglichen Gang fahren.
- Möglichst gleichmäßige Geschwindigkeiten über längere Strecken fahren, hohe Geschwindigkeiten meiden. Vorausschauend fahren. Nicht unnötig bremsen.
- Keine unnötige Zuladung mitführen, Aufbauten am Fahrzeug, beispielsweise Dachgepäckträger, möglichst abbauen.
- Immer mit richtigem, nie mit zu niedrigem Reifendruck fahren.
- Das Verkehrsmittel mit Bedacht wählen. Örtliche und zeitliche Verkehrsspitzen nach Möglichkeit meiden.

Sauberkeitsregeln bei Arbeiten an der Kraftstoffversorgung

Bei Arbeiten an der Kraftstoffversorgung sind die folgenden Regeln zur Sauberkeit sorgfältig zu beachten:

- Verbindungsstellen und deren Umgebung vor dem Lösen gründlich reinigen.
- Ausgebaute Teile auf einer sauberen Unterlage ablegen und abdecken. Folien oder Papier verwenden. Keine fasernden Lappen benutzen!
- Geöffnete Bauteile sorgfältig abdecken bzw. verschließen, wenn die Reparatur nicht umgehend ausgeführt wird.
- Nur saubere Teile einbauen.
- Ersatzteile erst unmittelbar vor dem Einbau aus der Verpackung nehmen.
- Keine Teile verwenden, die unverpackt (z. B. in Werkzeugkästen usw.) aufgehoben wurden.
- Bei geöffneter Kraftstoff-Anlage möglichst nicht mit Druckluft arbeiten. Das Fahrzeug möglichst nicht bewegen.
- Dieselkraftstoff darf nicht auf Kühlerschläuche des Motors gelangen, da diese sonst angegriffen werden. Dieselkraftstoff gegebenenfalls sofort mit feuchtem Lappen abwischen.

Kraftstoffpumpenrelais prüfen

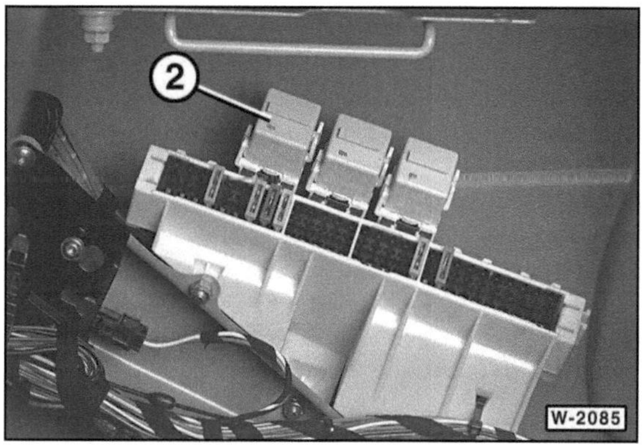

Das Kraftstoffpumpenrelais –2– befindet sich am Relaisträger rechts im Gepäckraum hinter der Verkleidung, oberhalb der Fahrzeugbatterie. Es versorgt die elektrische Kraftstoffpumpe mit Strom. Über eine Sicherheitsschaltung unterbricht es die Stromzufuhr, wenn bei eingeschalteter Zündung keine Drehzahlimpulse mehr erfolgen (Motor abgewürgt).

Wenn zur Prüfung der Einspritzanlage die Kraftstoffpumpe laufen soll, ohne daß der Motor läuft, Relais abziehen und die Klemme 30 und Klemme 87b (Dieselmotor: Klemme 87) mit kurzer Hilfsleitung verbinden, Durchmesser der Leitung 1,5 mm.

Achtung: Zur Prüfung des Kraftstoffpumpenrelais muß die Batterie geladen sein.

- Sicherung für Einspritzanlage prüfen. Die aktuelle Sicherungsbelegung befindet sich im Deckel des Sicherungskastens.
- Kraftstoffpumpenrelais abziehen.

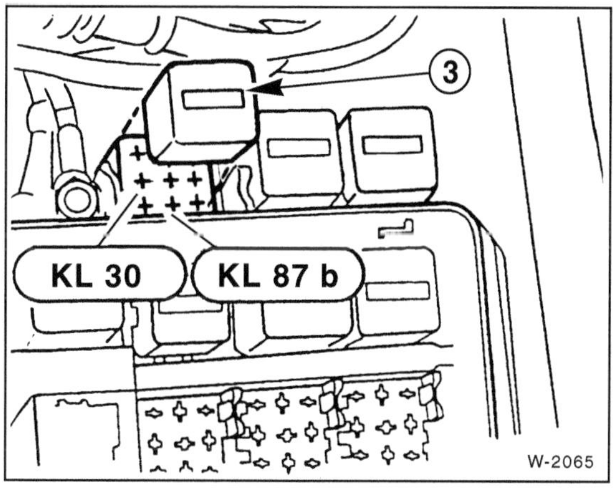

- Die Klemmen 30 und 87b (Dieselmotor: Klemme 87) mit kurzer Prüfleitung verbinden. Dabei die empfindlichen Relaiskontakte nicht beschädigen. Wenn die Pumpe anläuft, Kraftstoffpumpenrelais ersetzen. Läuft die Pumpe nicht an, Zuleitungen zum Relais und zur Kraftstoffpumpe auf Durchgang prüfen, gegebenenfalls Leitung ersetzen.
- Relais/Kraftstoffpumpe prüfen, siehe auch Seite 230.

Fördermenge der Kraftstoffpumpe prüfen

Benzinmotoren

Hinweis: Beim Dieselmotor wird der Kraftstoffdruck in der Leitung zwischen Filter und Einspritzpumpe gemessen, hierzu Fachwerkstatt aufsuchen.

Unbedingt auf gute Belüftung des Arbeitsplatzes achten. Kraftstoffdämpfe sind giftig, kein offenes Feuer, nicht rauchen, Brandgefahr! Feuerlöscher bereitstellen.

- Voraussetzung für eine exakte Prüfung ist eine intakte und geladene Batterie.

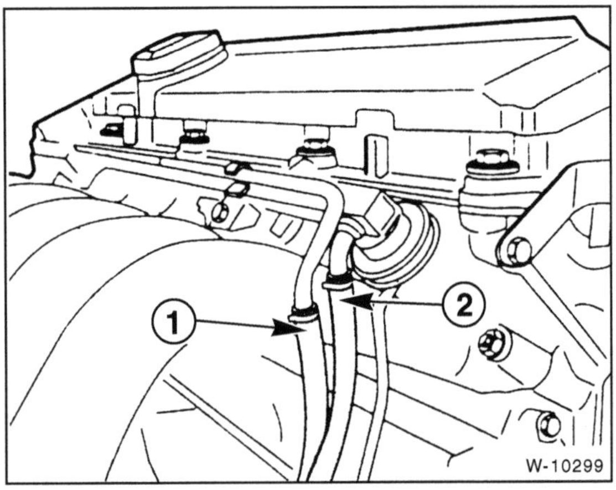

- Kraftstoffrücklauf –2– am Verteilerrohr abziehen, dazu Schlauchschellen lösen. **Achtung:** Das Kraftstoffsystem steht unter Druck. Austretenden Kraftstoff mit einem Lappen auffangen. Schlauchschellen müssen nach dem Lösen immer erneuert werden.

Hinweis: Bei einigen Modellen ist die Vorlaufleitung auch direkt am Verteilerrohr angeschraubt, hier muß der O-Dichtring beim Einbau immer erneuert und mit Vaseline bestrichen werden. Eine weitere Ausführung ist die Befestigung der Kraftstoffschläuche mit Rastklammern, in diesem Fall ist zum Lösen der Klammern das BMW-Spezialwerkzeug 16 1 050 erforderlich. O-Dichtring vor Einbau kontrollieren, bei Beschädigung erneuern.

- Kraftstoff-Rücklaufleitung vom Verteilerrohr in ein Meßgefäß mit ca. 2 l Inhalt führen.
- Kraftstoffpumpenrelais abziehen. Das Relais befindet sich im Relaiskasten links hinten im Motorraum.
- Am Relaissockel Klemme 30 und 87b mit Prüfleitung verbinden (Durchmesser 1,5 mm) und Kraftstoffpumpe ca. 30 Sekunden laufen lassen, siehe Kapitel »Kraftstoffpumpenrelais prüfen«.
- Die Fördermenge muß in 30 Sekunden ca. 1,0 l betragen. (Die Stromaufnahme der Pumpe beträgt dabei etwa 9,5 Ampére.)
- Wird zu wenig Kraftstoff gefördert, Kraftstoffilter ersetzen und Fördermenge erneut prüfen. Ist die Fördermenge weiterhin zu klein, Kraftstoffpumpe ersetzen.

Tankgeber/Kraftstoffpumpe aus- und einbauen

Beim 5er BMW sitzt in den beiden Tankzellen je ein Tankgeber. Zur Prüfung der Tankgeber müssen diese ausgebaut werden. Im Geber der **rechten** Tankseite, in Fahrtrichtung gesehen, sitzt die Kraftstoffpumpe (Intankpumpe). Zur Demontage der Pumpe muß daher der rechte Geber ausgebaut werden.

Ausbau

Unbedingt auf gute Belüftung des Arbeitsplatzes achten. Kraftstoffdämpfe sind giftig, kein offenes Feuer, nicht rauchen, Brandgefahr! Feuerlöscher bereitstellen.

Achtung: Zum Ausbau eines Tankgebers darf der Kraftstofftank **nicht** gefüllt sein. Daher Tank entweder leerfahren oder Kraftstoff mit einer geeigneten Pumpe in einen entsprechend großen Behälter absaugen. Kraftstoffdämpfe sind giftig, nicht einatmen. Arbeiten möglichst im Freien durchführen und für gute Belüftung sorgen.

- Batterie-Massekabel (–) abklemmen. Die Batterie befindet sich im Kofferraum hinter der rechten Seitenverkleidung. **Achtung:** Dadurch werden elektronische Speicher gelöscht, wie zum Beispiel der Motor-Fehlerspeicher. Hinweise im Kapitel »Batterie aus- und einbauen« beachten.
- Rücksitzbank ausbauen, siehe Seite 214.

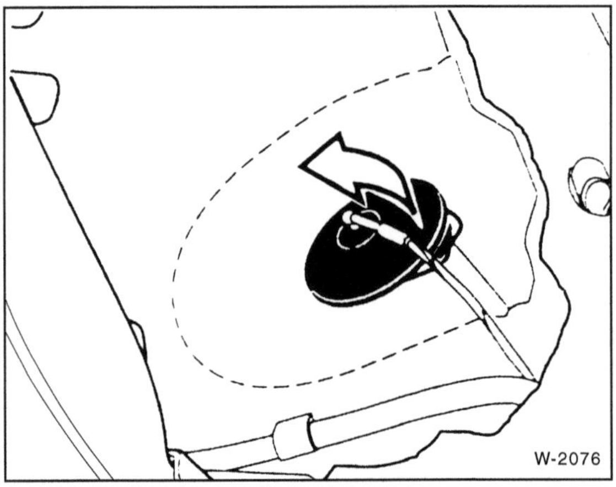

- Gummitülle links beziehungsweise rechts unterhalb der Sitzbank ausknöpfen. Dämmatte an der perforierten Linie mit scharfem Messer durchschneiden und zurückschlagen.

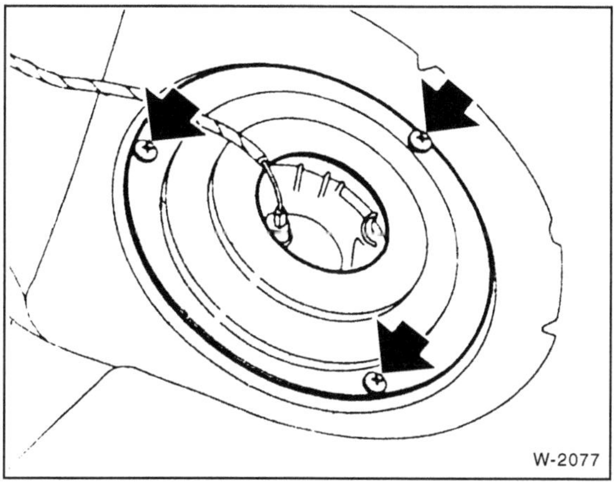

- Deckel abschrauben und mit Dichtung abnehmen.

Rechten Tankgeber mit Kraftstoffpumpe ausbauen

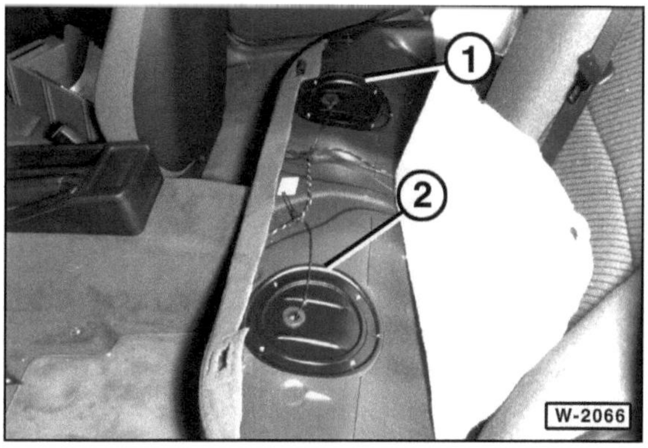

- Deckel –1– abschrauben.

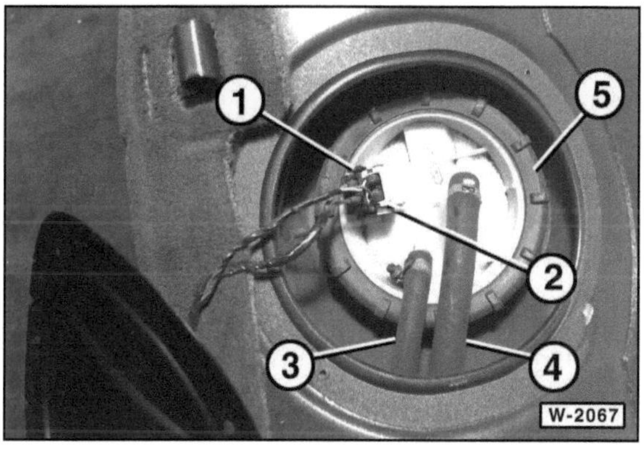

1 – Stecker für Kraftstoffpumpe; 2 – Stecker für Tankgeber; 3 – Kraftstoffschlauch-Pumpenvorlauf; 4 – Kraftstoffschlauch für Standheizung (wo vorhanden).

- Stecker –1– und –2– abziehen. Beim Abziehen Rastnasen durch Zusammendrücken entriegeln.

- Kraftstoffschläuche –3– und –4– mit Tesaband kennzeichnen und vom Tankgeber abziehen, dazu Schraub- oder Klemmschellen lösen. **Achtung:** Die Kraftstoffanlage steht unter Druck, daher Schlauch langsam abziehen und eventuell hervorspritzenden Kraftstoff mit Lappen auffangen.
- Überwurfmutter –5– linksherum vorsichtig losschlagen. Die Werkstatt verwendet dazu das BMW-Werkzeug 161020. Es geht auch mit einem Hartholzstab. **Achtung:** Es dürfen keine Funken entstehen.
- Tankgeber hochziehen, zur Seite schwenken und herausnehmen. Dabei Lappen unterlegen und eventuell austretenden Kraftstoff auffangen.

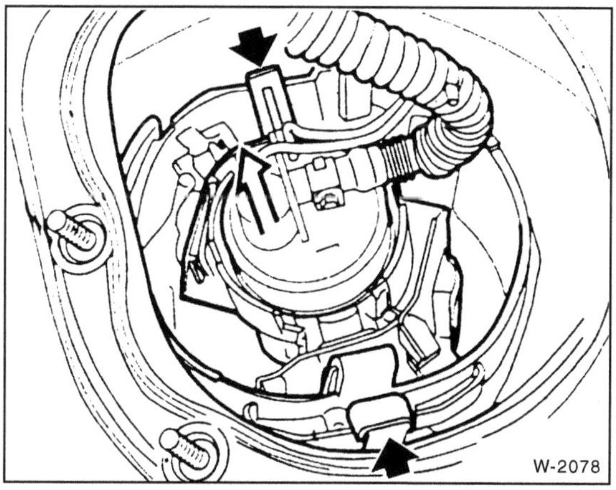

- Halter für Kraftstoffpumpe (schwarzes Gehäuse) zusammendrücken. Kraftstoffpumpe aus Schwalltopf (weißes Gehäuse) herausziehen.

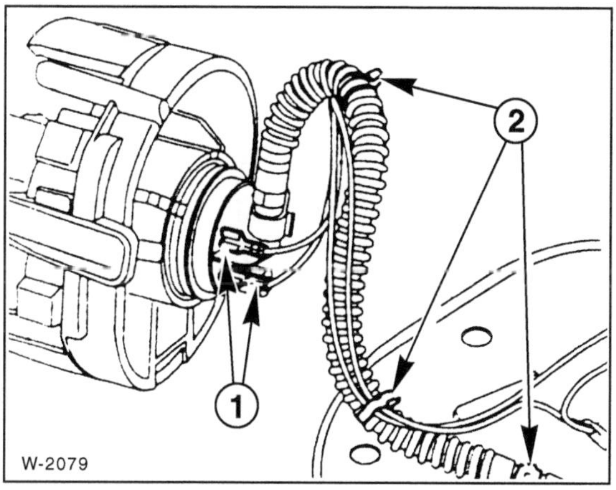

- Beide Anschlußstecker –1– von der Kraftstoffpumpe abziehen.
- Kabelbinder –2– lösen. Schlauchschelle für Spiralschlauch lösen, Schlauch vorsichtig von Kraftstoffpumpe abziehen. **Hinweis:** Die Kabelbinder sind auf Höhe der weißen Lagemarkierungen positioniert, beim Wiedereinbau beachten.

Linken Tankgeber ausbauen

- Deckel –2– abschrauben, siehe Abbildung W-2066.
- Stecker vom Tankgeber abziehen. Beim Abziehen Rastnasen durch Zusammendrücken entriegeln.
- Kraftstoffschlauch vom Tankgeber abziehen, dazu Schraub- oder Klemmschelle lösen. **Achtung:** Die Kraftstoffanlage steht unter Druck, daher Schlauch langsam abziehen und eventuell hervorspritzenden Kraftstoff mit Lappen auffangen.
- Überwurfmutter linksherum vorsichtig losschlagen. Die Werkstatt verwendet dazu das BMW-Werkzeug 161020. Es geht auch mit einem Hartholzstab. **Achtung:** Es dürfen keine Funken entstehen.
- Tankgeber etwas hochziehen. An der Unterseite zwei Rastnasen für Pumpenrohr zusammendrücken und Rohr abziehen. Tankgeber herausnehmen. Dabei Lappen unterlegen und eventuell austretenden Kraftstoff auffangen.

Einbau

Achtung: Dichtringe für Tankgeber grundsätzlich erneuern.

- **Linker Tankgeber:** Tankgeber einsetzen und etwa 5 cm oberhalb vom Tank halten. Pumpenrohr einrasten.

Rechter Tankgeber:

- Kraftstoffpumpe am Tankgeber einrasten und Anschlüsse aufstecken.

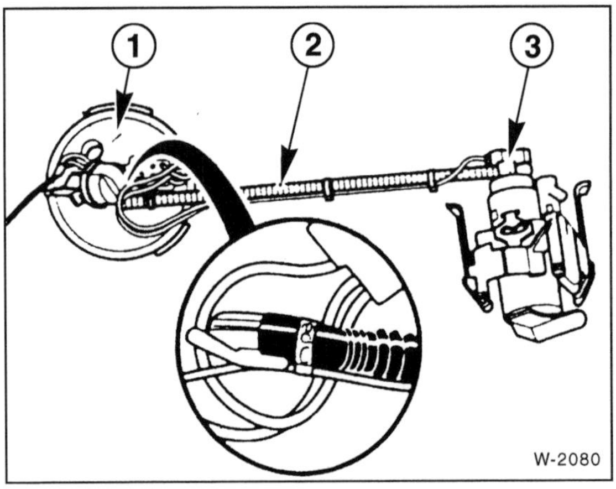

W-2080

- Vor dem Einsetzen den Spiralschlauch (Ersatzteil schwarz mit weißen Lagemarkierungen) und Kabel –2– zwischen Füllstandsgeber –1– und Kraftstoffpumpe –3– vor dem Einbau ausrichten, um Verspannungen zu vermeiden.

- Tankgeber durch Verdrehen ausrichten. Dabei muß die Nase am Tankgeber-Oberteil in die Aussparung am Tank eingreifen. Der Tankgeber muß senkrecht im Tank sitzen, der Bodentaster muß in der Zentrierung am Tankboden sitzen.
- Überwurfmutter ansetzen und mit **35 Nm** festschrauben. Dabei muß der Drehverschluß deutlich hör- und fühlbar mit der Nase in der entsprechenden Aussparung am Tank einrasten.
- Kraftstoffschläuche nach angebrachter Markierung aufschieben und mit neuen Schlauchschellen sichern.
- Elektrische Stecker aufschieben und einrasten.
- Abdeckung ansetzen und festschrauben, dabei auf richtigen Sitz der Dichtung achten.
- Rücksitzbank einbauen.
- Batterie-Massekabel (–) anklemmen. Zeituhr einstellen. Radiosender programmieren.
- Kraftstoffanzeige an der Armaturentafel auf Funktion prüfen.

Luftfiltergehäuse/Luftmassenmesser aus- und einbauen

Ausbau

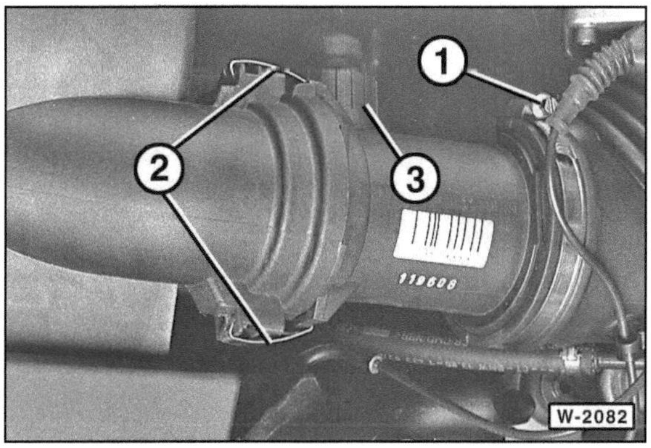

- Luftmassenmesser ausbauen. Dazu Rändelrad am Stecker –3– nach links drehen und abziehen. Schlauchschelle an Stelle –1– am Luftschlauch lösen. Beide Klammern –2– mit Schraubendreher nach außen ausclipsen.

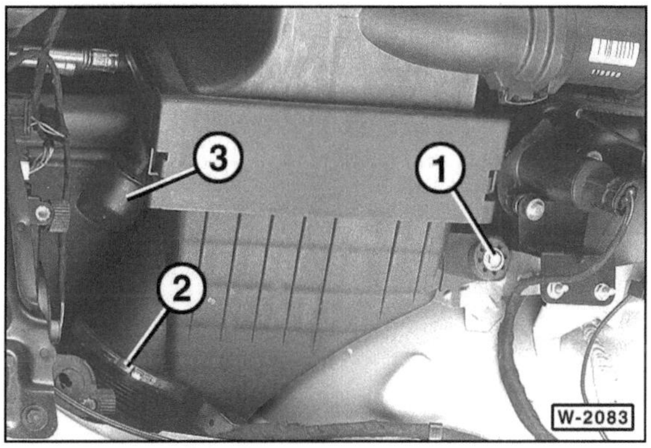

- Schraube –1– abschrauben und Luftfiltergehäuse etwas aus Ansaugtrichter –2– und Gummilager –3– nach oben ziehen.

- Nebenbehälter abschrauben –Pfeile– und vom Luftfilterkasten abnehmen.

Einbau

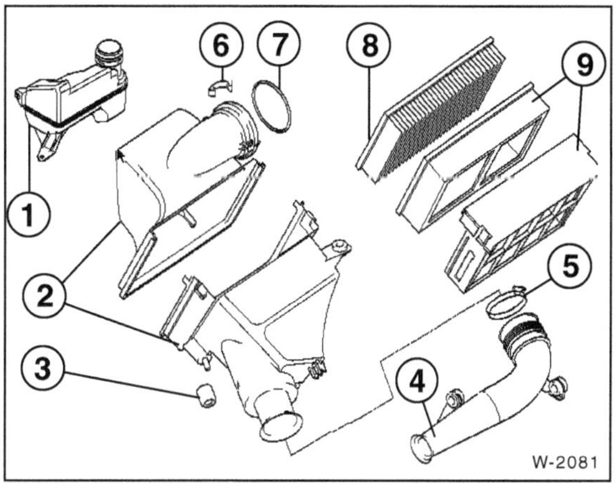

Luftfilter 520i, 523i, 528i:
1 – Nebenbehälter
2 – Filterkasten
3 – Gummilager
4 – Ansaugtrichter
5 – Schlauchschelle
6 – Klammer
7 – O-Dichtring
8 – Luftfiltereinsatz
9 – Halterahmen

- Nebenbehälter anschrauben.
- Luftfiltergehäuse mit unterem Gummilager in die Aufnahme einsetzen, dabei Ansaugtrichter am Kotflügel zusammenstecken. Halteschraube anschrauben.
- Luftmassenmesser mit Dichtring einsetzen und mit Klammern sichern.
- Luftschlauch zum Ansaugkrümmer am Luftmassenmesser aufschieben und mit Schelle sichern.
- Stecker für Luftmassenmesser aufschieben und Rändelrad nach rechts drehen.

Benzin-Einspritzanlage

Schemazeichnung der Motronic (DME)

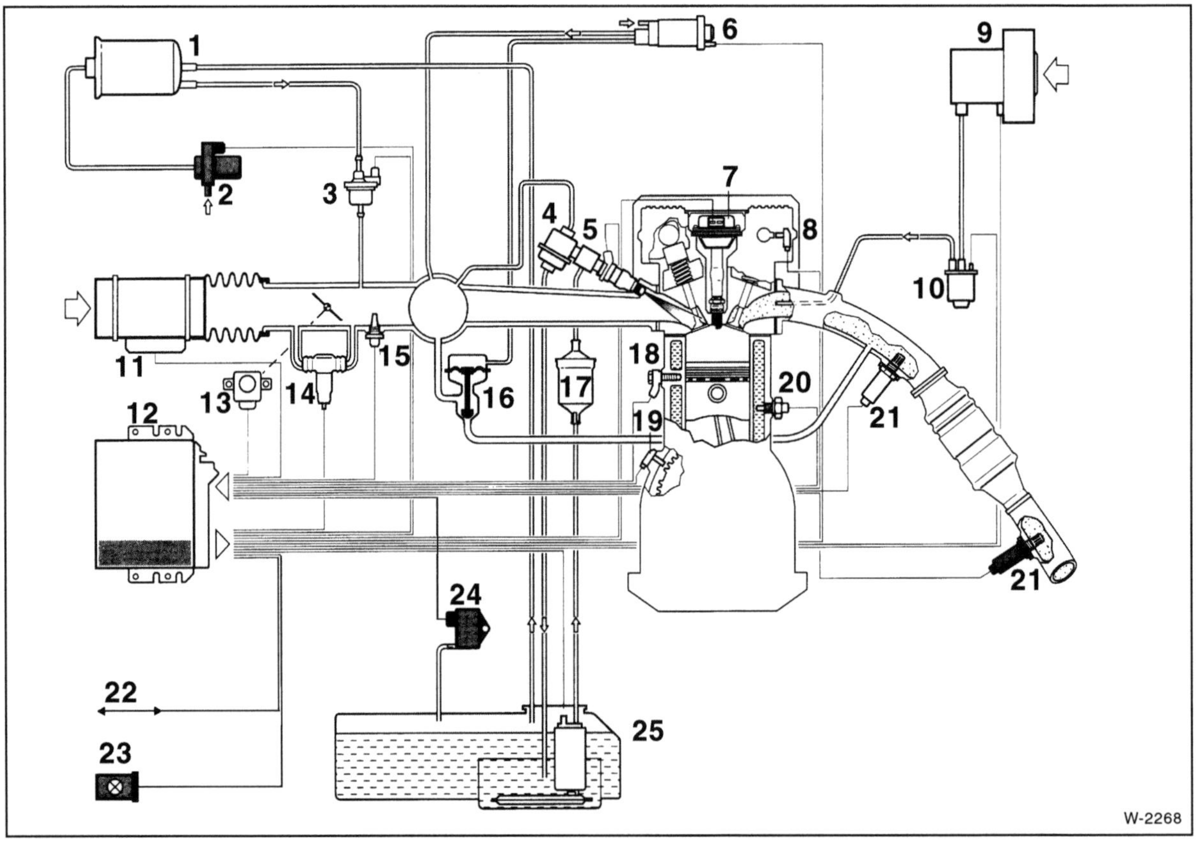

1 – Aktivkohlebehälter
2 – Absperrventil
3 – Tankentlüftungsventil
4 – Kraftstoffdruckregler
5 – Einspritzventil
6 – Drucksteller
7 – Zündspule
8 – Positionsgeber
9, 10 – nicht vorhanden
11 – Luftmassenmesser
12 – Steuergerät
13 – Drosselklappengeber
14 – Leerlaufsteller
15 – Lufttemperatursensor
16 – Abgasrückführventil
17 – Kraftstoffilter
18 – Klopfsensor
19 – Drehzahlgeber
20 – Motortemperatursensor
21 – Lambdasonde
22 – Diagnosestecker
23 – Diagnoselampe
24 – Differenzdrucksensor
25 – Kraftstoffpumpe

Die BMW-Benzinmotoren sind mit einer Bosch-Motronic ausgerüstet. Dabei handelt es sich um eine kombinierte elektronische Zünd- und Einspritzanlage, die auch als Digitale Motor-Elektronik (DME) bezeichnet wird. Die Regelung des Zünd- und Einspritzsystems wird von einem gemeinsamen Steuergerät übernommen. In diesem Kapitel wird hauptsächlich auf den Einspritzteil des Systems eingegangen.

Die DME ist langzeitstabil und wartungsarm, Reparaturen sind also äußerst selten.

Der Fehlerspeicher

Die Elektronik im Steuergerät erkennt Fehler im Einspritz- und Zündsystem, wie zum Beispiel defekte Sensoren, abgefallene Kabelstecker oder Wackelkontakte. Diese Fehler werden sofort nach dem erstmaligen Auftreten in einem Fehlerspeicher gespeichert. Gleichzeitig leuchtet im Schalttafeleinsatz die Motorkontrolleuchte auf und zeigt an, daß ein Fehler gespeichert wurde. Tritt ein Fehler nur einmal auf, zum Beispiel bei einem Wackelkontakt, erlischt die Kontrolleuchte wieder, der Fehler bleibt jedoch im Steuergerät gespeichert. Außerdem werden Angaben gespeichert, die Auskunft über die Fehler-Häufigkeit geben. Die BMW-Werkstatt kann mittels eines Prüfgeräts, das am Diagnosestecker (rechts im Motorraum) angeschlossen wird, die gespeicherten Fehler abrufen und beheben.

Sollten der Motor beziehungsweise die Einspritzanlage nicht einwandfrei arbeiten, empfiehlt es sich, zuerst den Fehlerspeicher abrufen zu lassen. Gegen Kostenerstattung druckt die BMW-Werkstatt eine Fehlerliste aus, dazu wird ein elektronisches Auslesegerät an das Fahrzeug angeschlossen.

Alle Versionen der DME besitzen Notlauffunktionen: Wenn Geber ausfallen, nimmt das Steuergerät Ersatzwerte (Mittelwerte) für den entsprechenden Geber an. Bei Ausfall des Luftmassenmessers beispielsweise nimmt das Steuergerät zur Kraftstoffzumessung die Daten aus der Drosselklappenstellung und der Motordrehzahl als Bezugswerte. Diese Regelung setzt automatisch ein und wird dem Fahrer nicht angezeigt. Die Fahrt kann fortgesetzt werden, das Fahrverhalten verschlechtert sich oft nur unmerklich. Der Fehler wird jedoch vom Steuergerät erkannt und abgespeichert. Es ist daher sinnvoll, in regelmäßigen Abständen, zum Beispiel zur Abgasuntersuchung (AU), die BMW-Werkstatt zum Abrufen des Fehlerspeichers aufzusuchen, auch wenn anscheinend kein Defekt vorliegt.

Achtung: Durch Abklemmen der Batterie oder durch Abziehen des Mehrfachsteckers am Steuergerät werden alle gespeicherten Fehler gelöscht.

Sicherheits- und Sauberkeitsregeln zur Einspritzanlage

Achtung: Bei Arbeiten an der Kraftstoffanlage ist auf peinliche Sauberkeit zu achten, siehe Seite 71.

- Die Kraftstoffanlage steht unter Druck. Deshalb vor dem Auswechseln von Teilen Druck im System abbauen. Hierzu Kraftstofförderleitung vorsichtig lösen und beim Abziehen Lappen um die Leitung legen.

  Der Überdruck baut sich auch von selbst ab (ohne Lösen der Leitung), wenn der Motor einige Stunden abgestellt ist.
- Bevor eine Prüfung der Einspritzanlage erfolgt, muß gewährleistet sein, daß die Zündung in Ordnung ist, das heißt Zündung und Kerzen müssen den Vorschriften entsprechen.
- Mehrfachstecker des DME-Steuergerätes nur bei ausgeschalteter Zündung abziehen oder aufstecken. Auf einwandfreien Sitz aller Stecker achten.
- Motor nicht starten ohne fest angeschlossene Batterie.
- Nie bei laufendem Motor die Batterie abklemmen.
- Beim Schnelladen Batterie abklemmen. Zum Starten des Motors **keinen** Schnellader verwenden.
- Steuergerät nicht Temperaturen über +80° C aussetzen.
- Bei einer Kompressionsdruckprüfung Stromversorgung der DME unterbrechen, dazu Hauptrelais abziehen, siehe Seite 42.

Funktionsweise der Einspritzanlage

Der Kraftstoff wird aus dem Kraftstoffbehälter von der elektrischen Kraftstoffpumpe angesaugt und über den Kraftstoffilter zum Verteilerrohr und dann zu den Einspritzventilen gefördert. Ein Druckregler am Verteilerrohr sorgt dafür, daß der Druck im Kraftstoffsystem gleichbleibend 3,5 bar beträgt. Die Einspritzventile werden elektrisch angesteuert und spritzen den Kraftstoff intermittierend, also stoßweise, in das Ansaugrohr vor die Einlaßventile.

Die Luft wird vom Motor über den Luftfilter angesaugt und strömt durch den Heißfilm-Luftmassenmesser. Im Gehäuse des Luftmassenmessers befindet sich eine dünne, elektrisch beheizte Platte, die durch die vorbeistreichende Ansaugluft abgekühlt wird. Die Steuerelektronik regelt den Heizstrom so, daß die Temperatur der Platte konstant bleibt. Steigt beispielsweise die Menge der angesaugten Luft, neigt das erhitzte Bauteil zum Abkühlen. Daraufhin wird der Heizstrom sofort erhöht, damit die Temperatur gleich bleibt. Anhand der Schwankungen des Heizstromes erkennt die DME den Lastzustand des Motors.

Das Steuergerät regelt entsprechend der aktuellen Luftmasse und der jeweiligen Motordrehzahl die Einspritzzeit und dadurch die Einspritzmenge. Bei längerer Öffnung der Einspritzventile wird mehr Kraftstoff eingespritzt. Zusätzliche Fühler und Geber sorgen auch in extremen Fahrsituationen für die richtig bemessene Kraftstoffmenge.

- Die Kraftstoffeinspritzung erfolgt sequentiell. Das heißt, die Einspritzventile werden einzeln angesteuert und spritzen den Kraftstoff entsprechend der Zündfolge vor die Einlaßventile des Motors. Durch die Wahl des Einspritzzeitpunktes im Verhältnis zu den Öffnungszeiten der Einlaßventile können Abgas- und Leistungsverhalten genau abgestimmt werden. Der Motor spricht beim Beschleunigen sofort an.
- Das Drosselklappenpotentiometer sitzt direkt an der Drosselklappenwelle. Es übermittelt dem Steuergerät die aktuelle Stellung der Drosselklappe. Dadurch wird insbesondere die Schubabschaltung gesteuert, denn solange die Drosselklappe geschlossen ist und gleichzeitig die Drehzahl über einem bestimmten Wert liegt, wird vom Steuergerät die Kraftstoffzufuhr für den Motor gesperrt.
- Das Kraftstoffpumpenrelais befindet sich im Relaiskasten hinter dem linken Federbeindom. Es versorgt die Kraftstoffpumpe mit Strom. Eine Sicherheitsschaltung unterbricht die Stromzufuhr bei stehendem Motor, zum Beispiel wenn der Motor abgewürgt wurde.
- Die augenblickliche Motor-Kurbelwellenstellung und -drehzahl werden über 2 induktive Geber übermittelt: Der Drehzahl- und Bezugsmarkengeber sitzt an der Kurbelwellen-Riemenscheibe. Der Geber für Zylindererkennung sitzt vorn am Motor im Kettenkastendeckel.
- 2 Lambdasonden messen den Sauerstoffgehalt im Abgasstrom und schicken entsprechende Spannungssignale an das Steuergerät. Daraufhin verändert das Steuergerät das angesaugte Kraftstoff-/Luftverhältnis, so daß das Abgas in den Katalysatoren optimal nachverbrennt.
- Der Leerlaufsteller reguliert die Leerlaufluftmenge unter Umgehung der Drosselklappe. Dadurch wird eine gleichbleibende Leerlaufdrehzahl erreicht, unabhängig davon, ob gerade Zusatzverbraucher, wie etwa Servolenkung oder Kältekompressor, eingeschaltet sind.
- Das Magnetventil für Tankentlüftung wird je nach Betriebszustand des Motors angesteuert. Auftretende Kraftstoffdämpfe im Tank werden von einem Aktivkohlefilter gespeichert und über das Ventil der Verbrennung zugeführt. Die Kraftstoffdämpfe werden also durch den Aktivkohlefilter größtenteils wirtschaftlich genutzt und gelangen nicht ins Freie.
- Die variable Nockenwellensteuerung, abgekürzt VANOS genannt, verdreht die Einlaßnockenwelle je nach Motordrehzahl und Motorlast durch den Motor-Öldruck gegenüber dem Kettenrad, so daß sich optimale Ventil-Steuerzeiten im Hinblick auf Leerlaufkomfort, Drehmomentverlauf und Verbrauch ergeben. Die DME reguliert den Ölstrom zur Stelleinheit über ein elektrisch betätigtes Ventil.
- Eine Zündspannungsüberwachung schaltet bei zu niedriger Zündspannung (zum Beispiel Marderschäden an Zündkabeln) die DME ab, der Motor kann nicht gestartet werden. Dadurch werden Katalysatorschäden vermieden.
- Die Vernetzung zu anderen Steuergeräten (ABS, ASC, Getriebesteuerung) erfolgt über CAN, ein spezielles Datenbussystem. Dieses System hat unter anderem den Vorteil, daß der Motor-Kabelbaum weniger Leitungen enthält und das Fahrzeug weniger anfällig gegen Ausfall durch Defekte einzelner Steuergeräte ist.

Zünd- und Einspritzanlage prüfen

Für eine sinnvolle und vollständige Fehlersuche beziehungsweise Fehlerbehebung sind markenspezifische Meßgeräte unabdingbar. Diese Meßgeräte sind sehr teuer und in der Regel nur in der Fachwerkstatt vorhanden. Daher wird im folgenden nur eine Grundprüfung beschrieben:

- Spannung und Ladezustand der Batterie prüfen, siehe Seite 238.
- Alle Sicherungen prüfen, siehe Seite 235.
- Sämtliche Stecker und Steckverbindungen des betroffenen elektronischen Systems abziehen und aufstecken. Festen Sitz der Steckverbindungen und Fixierung der Kabel im Motorraum prüfen.
- Alle Masseverbindungen auf festen Sitz und einwandfreien Kontakt prüfen.
- Schläuche und Leitungen auf Undichtigkeiten prüfen. Dabei auf Porosität, Risse, lockeren Sitz auf den Anschlüssen achten.

Gaszug einstellen

Achtung: Der Gaszug ist sehr knickempfindlich und daher beim Einbau besonders sorgfältig zu behandeln. Ein einziger leichter Knick kann zum späteren Bruch im Fahrbetrieb führen. Züge, die geknickt wurden, dürfen deswegen **nicht** eingebaut werden.

Bei Fahrzeugen mit automatischer Geschwindigkeitsregelung (»Tempomat«) ist ein zusätzlicher Gaszug am Drosselklappenhebel befestigt. Falls erforderlich, diesen Gaszug in gleicher Weise wie den normalen Gaszug aushängen.

Einstellen

- Gaspedal ganz durchdrücken (Vollgasstellung) und in dieser Stellung festklemmen. Dazu geeignetes Brett zwischen Sitz und Pedal klemmen.
- Drosselklappenhebel in Vollgasstellung drücken und Einstellmutter am Gummilager –1– so weit reindrehen, bis der Gaszug gespannt ist, siehe folgende Abbildung. Gaspedal lösen.

Gaszug am Drosselklappenhebel aushängen

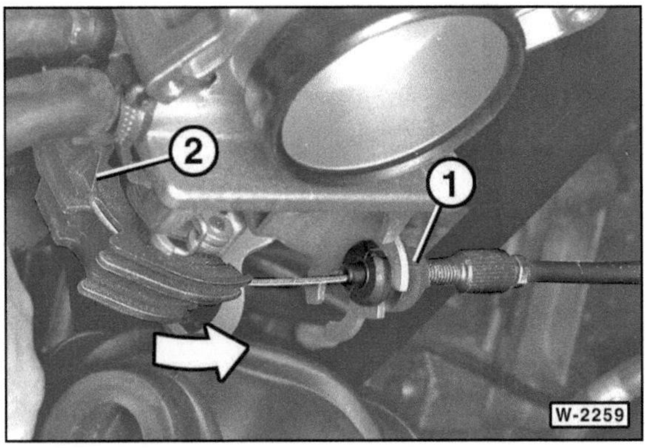

- Am Drosselklappenhebel Gas geben, damit der Gaszugnippel entspannt wird.

- Nippel –2– (verdeckt) aus dem Segment herausheben.
- Gaszugmantel aus dem Gummi-Widerlager –1– herausziehen.

Einhängen

- Seilzug durch die Gummitülle des Widerlagers einführen.
- Am Drosselklappenhebel etwas Gas geben, Seilzugnippel einhängen. Gaszugeinstellung kontrollieren.

Drosselklappenstutzen aus- und einbauen

Der Drosselklappenstutzen setzt sich aus dem Vorstutzen für ASC+T-Regelung und dem Hauptstutzen zusammen. ASC+T, siehe Seite 145.

Ausbau

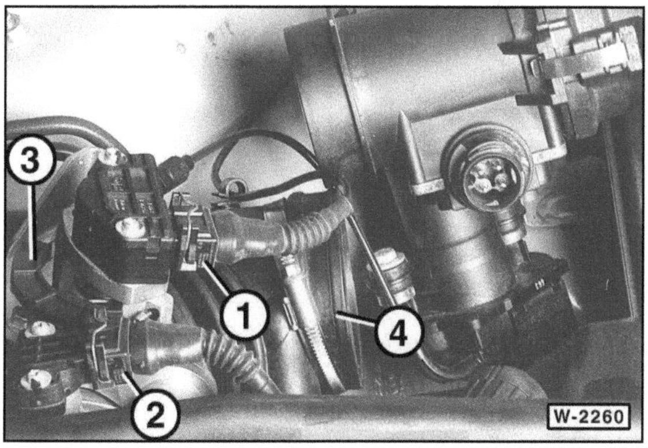

- Stecker –1– und –2– abziehen, dabei Drahtsicherung zusammendrücken.
- ASC+T-Drosselklappenhebel –3– schließen, damit der Seilzugnippel entspannt wird. Nippel aus dem Segment herausheben.
- Schlauch für Kurbelgehäuse-Entlüftung unten am Ansaugschlauch abziehen.
- Schlauchschelle am Ansaugschlauch –4– öffnen und zurückschieben. Schlauch abziehen.

- Schrauben an Stelle –2– abschrauben und Stutzen abziehen.
- 4 Schrauben –1– abschrauben und Zwischenstück abnehmen. **Hinweis:** Dichtung –3– bei Beschädigung erneuern, vor Montage mit Vaseline oder säurefreiem Fett bestreichen.
- Drosselklappenhebel schließen, damit der Gaszugnippel entspannt wird, siehe Abbildung W-2259. Nippel –2– aus dem Segment herausheben. Gaszugmantel aus dem Gummi-Widerlager –1– herausziehen.
- Kühlmittelschläuche für Drosselklappenvorwärmung am Stutzen abbauen, dazu Schlauchschellen lösen. **Achtung:** Es tritt etwas Kühlmittel aus, Gefäß bereithalten. Kühlmittel muß als Sondermüll entsorgt werden.

- Schrauben lösen und Stutzen mit Dichtung abnehmen. Dichtung immer erneuern.

Einbau

- Stutzen mit **neuer** Dichtung anschrauben.
- Kühlmittelschläuche mit Schlauchschellen befestigen. Kühlmittel auffüllen, siehe Seite 278.
- Gaszug einhängen und einstellen, siehe Seite 78.
- Zwischenstück und ASC+T-Drosselklappengehäuse anschrauben, Dichtung –1– nicht vergessen, siehe Abbildung unter »Ausbau«. Ansaugschlauch befestigen.
- ASC+T-Seilzug einhängen. Der Seilzug muß in Ruhestellung 0,5 mm bis 1,0 mm Spiel haben, gegebenenfalls am Widerlager einstellen.
- Beide Stecker aufstecken, sie müssen einrasten.
- Fehlerspeicher der DME auslesen lassen. Nach Behebung der Fehler, Speicher löschen.

Leerlaufregelventil prüfen/ aus- und einbauen

Das Leerlaufregelventil sitzt am Ansaugkrümmer und ist mit je einem Schlauch vor- und hinter dem Drosselklappenstutzen angeschlossen.

Achtung: Um zu prüfen, ob das Leerlaufregelventil arbeitet, Hand auf das Ventil legen. Bei laufendem Motor muß das Ventil aufgrund der getakteten Spannungsversorgung vibrieren.

Ausbau

- Ansaugluftschlauch vom Drosselklappenstutzen abziehen, vorher Schraubschelle lösen.
- Drosselklappenstutzen abschrauben, siehe Seite 79.

  Achtung: Gaszug und Kühlmittelschläuche für Drosselklappenvorwärmung bleiben angeschlossen.

- Führungsrohr für Ölpeilstab am Halter abschrauben.

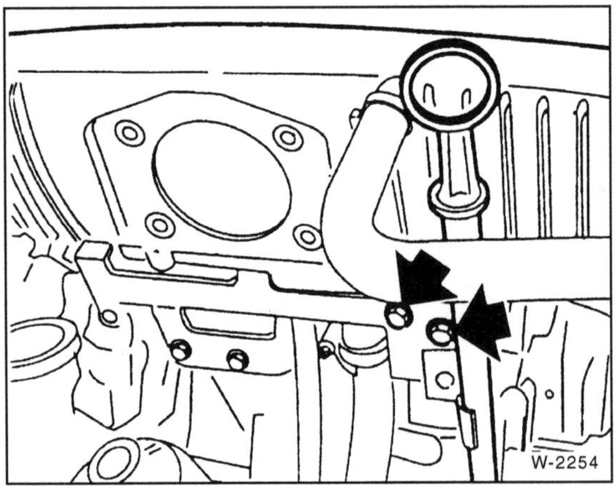

- 2 Schrauben für Regelventil am Ansaugrohr abschrauben und Ventil nach unten herausziehen.
- Stecker vom Leerlaufregelventil abziehen, dabei Drahtsicherung drücken. Dichtring und Gummischelle abziehen. Schlauchbinder lösen, Schlauch abziehen.

Widerstandsprüfung

- Ohmmeter an die Steckfahnen des Regelventils anschließen und Widerstand prüfen: **Sollwerte:**
  Klemme 1 und 3: 40 ± 5 Ω;
  Klemme 2 und 1 oder 2 und 3: 20 ± 5 Ω.

Dynamische Prüfung

- Elektrischen Stecker anschließen.

- Drehkolben des Ventils von Hand ganz öffnen oder schließen.
- Zündung einschalten. Der Drehkolben muß nun eine Stellung von ca. 50 % Querschnittsöffnung einnehmen und beibehalten.

Einbau

- Schlauch mit Schlauchschelle am Regelventil befestigen. Dichtung immer erneuern, zum leichteren Aufschieben des Dichtrings das Gehäuse des Ventils mit Vaseline bestreichen.
- Regelventil einsetzen und anschrauben. Ölmeßstab anschrauben.
- Stecker am Ventil aufschieben.
- Drosselklappenstutzen einbauen, siehe Seite 79.
- Ansaugluftschlauch aufschieben und mit Schlauchbinder fixieren.
- Fehlerspeicher der DME auslesen lassen. Nach Behebung der Fehler, Speicher löschen.

Temperaturfühler prüfen/ aus- und einbauen

Die beiden Temperaturfühler messen die Kühlmittel- und Ansaugluft-Temperatur und geben sie an das Steuergerät weiter. Die Fühler beinhalten ein NTC-Element (NTC = Negativer Temperatur-Coeffizient), das seinen Widerstand bei steigender Temperatur verringert. Bei defektem Fühler für Kühlmitteltemperatur nimmt das Steuergerät als Ersatzwert eine Kühlmitteltemperatur von +80° C an. Defekte Fühler führen bei niedrigen Außentemperaturen und kaltem Motor zu Startschwierigkeiten und unruhigem Motorlauf.

Temperaturfühler prüfen

- Stecker vom jeweiligen Fühler abziehen. Einbaulage, siehe unter »Ausbau«.
- Ohmmeter an die Kontakte des Fühlers anschließen.
- Widerstand messen und mit Sollwert vergleichen. Entsprechend der Temperatur sind Zwischenwerte möglich. Sollwerte, siehe Seite 69.
- Falls der Widerstand nicht dem Sollwert entspricht, Fühler ausbauen.
- Temperaturfühler mit Draht bis zum Sechskant in ein Wasserbad hängen, ohne daß er mit der Gefäßwand in Berührung kommt. Wasser mit Eisstücken abkühlen und anschließend auf der Herdplatte erwärmen. Fühler bei den angegebenen Temperaturen herausnehmen und Widerstand zwischen den Kontaktzungen messen. Werden die Sollwerte nicht erreicht, Temperaturfühler ersetzen.
- Ist der Temperaturfühler in Ordnung, Voltmeter zwischen Stecker des Temperaturfühlers und Masse anschließen.
- Zündung einschalten. **Sollwert:** ca. 5 Volt. Liegt keine Spannung an, Leitung auf Durchgang prüfen.
- Masseleitung, falls vorhanden, auf Durchgang prüfen.
- Wenn Leitungen und Temperaturfühler in Ordnung sind, ist der Defekt woanders, etwa im Steuergerät, zu suchen.

Ausbau, Kühlmitteltemperaturfühler

- Damit beim Ausbau des Fühlers kein Kühlmittel ausläuft, Kühlmittel vorher zum Teil ablassen und auffangen, siehe Seite 278.
- Motorabdeckung am Saugrohr abbauen und Anschluß für Kurbelgehäuse-Entlüftung am Zylinderkopfdeckel ausclipsen, wie im Kapitel »Ansaugrohr aus- und einbauen« beschrieben, siehe Seite 14.

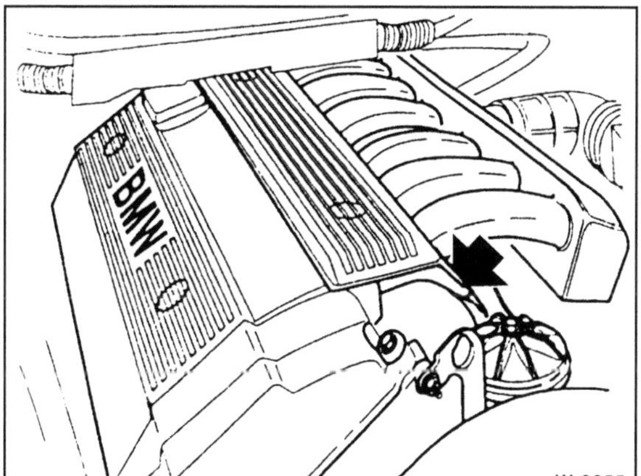

W-2255

- Der Fühler für Kühlmitteltemperatur sitzt unter dem Ansaugrohr vorn am Motorblock –Pfeil–.
- Stecker abziehen und Fühler abschrauben. Der Fühler beinhaltet die Temperaturgeber für DME und Anzeigeinstrument.

Einbau

- Temperaturfühler mit neuem Dichtring einschrauben und mit **20 Nm** anziehen.
- Stecker aufschieben, die Drahtsicherung muß einrasten.
- Entlüftungsschlauch am Zylinderkopf einrasten, Motorabdeckung einbauen.
- Kühlmittel auffüllen und Kühlsystem entlüften, siehe Seite 278.
- Probefahrt durchführen und Temperaturfühler-Anschluß auf Dichtigkeit überprüfen, gegebenenfalls etwas nachziehen.
- Fehlerspeicher der DME auslesen lassen. Nach Behebung der Fehler, Speicher löschen.

Ausbau, Ansaugluft-Temperaturfühler

- Drosselklappenstutzen abschrauben, siehe Seite 79.

  Achtung: Gaszug und Kühlmittelschläuche für Drosselklappenvorwärmung bleiben angeschlossen.

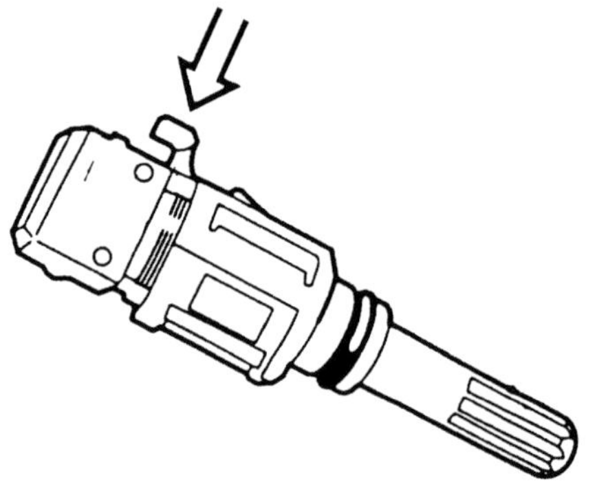

W-2256

- Verriegelungstaste –Pfeil– am Temperaturfühler drücken, dabei Fühler nach unten aus dem Ansaugrohr herausziehen. Stecker abziehen.

Einbau

- Temperaturfühler einclipsen.
- Stecker aufschieben, die Drahtsicherung muß einrasten.
- Drosselklappenstutzen einbauen, siehe Seite 79.
- Ansaugluftschlauch aufschieben und mit Schlauchbinder fixieren.
- Fehlerspeicher der DME auslesen lassen. Nach Behebung der Fehler, Speicher löschen.

Einspritzventile prüfen

Die Einspritzventile spritzen den Kraftstoff intermittierend ein. Dabei spritzt das Ventil den Kraftstoff kegelförmig ein und schließt nach dem Abspritzen dicht ab. Undichte Ventile bewirken Heißstartschwierigkeiten. Defekte Einspritzventile lassen den Motor bisweilen nachdieseln und führen zu Motoraussetzern.

- Abdeckung oberhalb der Einspritzventile abschrauben.
- Motor im Leerlauf laufen lassen.
- Mit einem Stethoskop bei laufendem Motor bei jedem einzelnen Ventil prüfen, ob es klackt. Dieses Klacken erfolgt durch das Öffnen und Schließen der Düse.
- Steht kein Stethoskop zur Verfügung, kann man auch mit einem Schraubendreher oder einem Finger fühlen, ob das Einspritzventil arbeitet.
- Werden keine oder außergewöhnliche Betriebsgeräusche festgestellt, so sind die Spannungsversorgung, der Widerstand und die Dichtheit des Einspritzventils zu prüfen.

Spannungsversorgung und Widerstand prüfen

- Spannungsversorgung prüfen. Dazu Stecker für die Einspritzventile abziehen und Diodenprüflampe zwischen die beiden Steckkontakte der Zuleitung anschließen. Anlasser betätigen (Helfer). Die Leuchtdiode muß flackern.
- Flackert die Leuchtdiode nicht, kann der Fehler an einer Leitungsunterbrechung oder dem Steuergerät selbst liegen.
- Zündung ausschalten.
- Ohmmeter zwischen die beiden Steckkontakte an jedem Einspritzventil anschließen und Widerstand messen. Weicht der Widerstand an einem Ventil ab, dieses ersetzen. Der Sollwert beträgt 15Ω bis 17,5Ω.
- Gegebenenfalls defektes Einspritzventil ersetzen.

Dichtheit prüfen

- Einspritzventile ausbauen, Ventile und Kraftstoffleitungen bleiben am Verteilerrohr angeschlossen.
- Steckleiste (elektrische Anschlüsse) auf die Einspritzventile aufsetzen.
- Einspritzventile in ein geeignetes Meßgefäß halten.
- Anlasser von Hilfsperson einige Sekunden betätigen lassen, dabei Strahlbilder der Einspritzventile miteinander vergleichen. Der Kraftstoffstrahl muß kegelförmig austreten und bei allen Einspritzventilen gleich aussehen.
- Zündung ausschalten.
- Steckleiste für die Einspritzventile abziehen.
- Zündung ca. 5 Sekunden einschalten, Anlasser nicht betätigen. Dann Dichtheit prüfen: Pro Minute darf nicht mehr als 1 Tropfen Kraftstoff aus den Einspritzdüsen austreten.
- Ventile einbauen.

Achtung: Die BMW-Werkstatt prüft die Dichtheit der ausgebauten Einspritzventile mit Druckluft. Undichte Ventile werden in einem Ultraschall-Reinigungsgerät mit Reinigungsflüssigkeit behandelt.

Einspritzventile aus- und einbauen

Neue Einspritzventile sind mit einem Konservierungsmittel behandelt. Nach etwa 5 Minuten Betriebszeit sind sie durch den durchströmenden Kraftstoff gereinigt. Gelaufene Einspritzventile sollen wegen der Korrosionsgefahr nicht lange eingelagert werden.

Ausbau

- Kappe vom Öl-Einfüllstutzen abnehmen. Kleine Abdeckungen –Pfeile– mit einem Schraubendreher abhebeln und die darunterliegenden Schrauben lösen. 2 Kunststoffverkleidungen abnehmen.

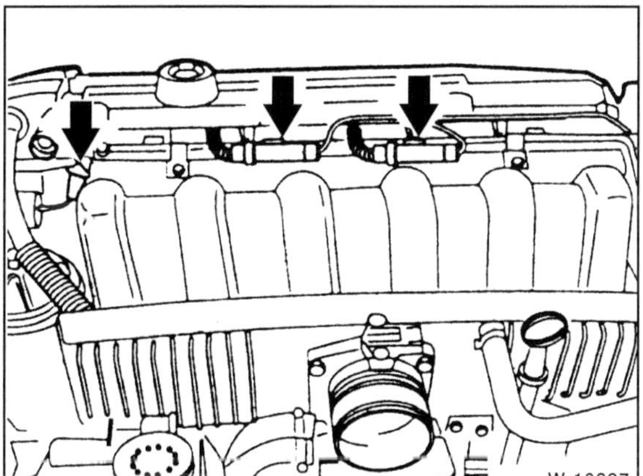

- Steckverbindungen für Lambda-Sonden ausclipsen. Stecker vom VANOS-Magnetventil abziehen.
- Steckerleiste für Einspritzventile abheben und zur Seite legen.

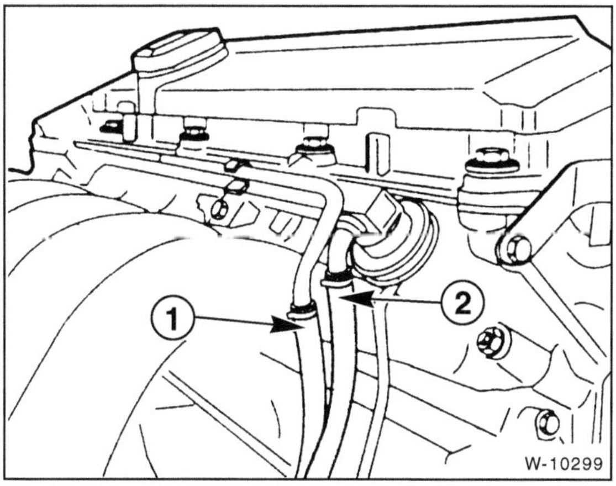

- **Achtung:** Feuergefahr, nicht rauchen. Das Kraftstoffsystem steht unter Druck. Austretenden Kraftstoff mit einem Lappen auffangen. Zuerst Kraftstoffzulauf –1– (vom Filter), dann Kraftstoffrücklauf –2– am Verteilerrohr abziehen, dazu Schlauchschellen lösen. Schlauchschellen müssen nach dem Lösen immer erneuert werden.

Hinweis: Bei einigen Modellen ist die Vorlaufleitung auch direkt am Verteilerrohr angeschraubt, hier muß der O-Dichtring beim Einbau immer erneuert und mit Vaseline bestrichen werden.

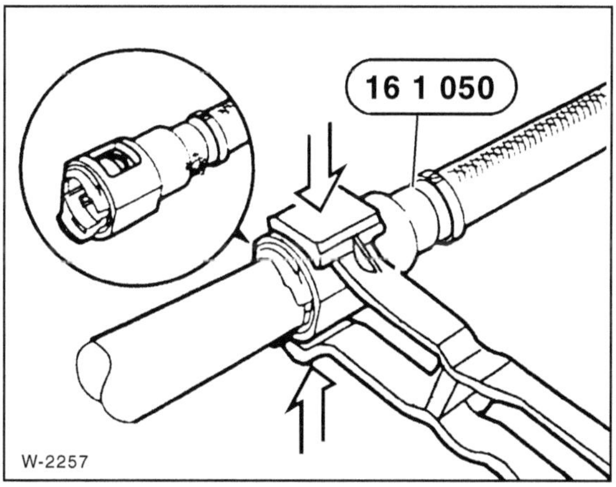

- Eine weitere Ausführung ist die Befestigung der Kraftstoffschläuche mit Rastklammern, in diesem Fall ist zum Lösen der Klammern das BMW-Spezialwerkzeug 16 1 050 oder ähnliche, handelsübliche Zange erforderlich. O-Dichtring vor Einbau kontrollieren, bei Beschädigung erneuern.

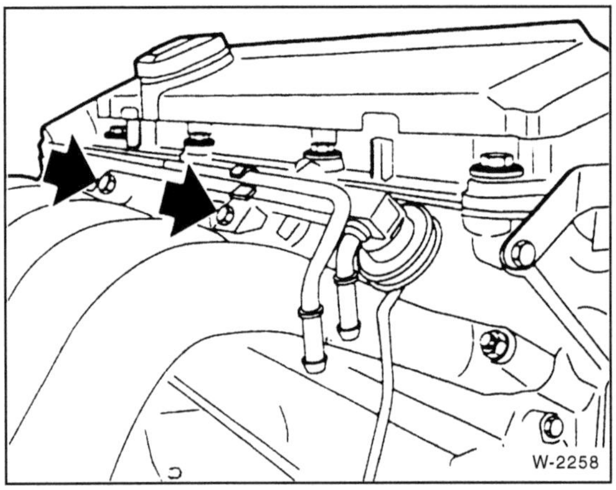

- Befestigungsschrauben –Pfeile– für Kraftstoffverteiler herausschrauben.

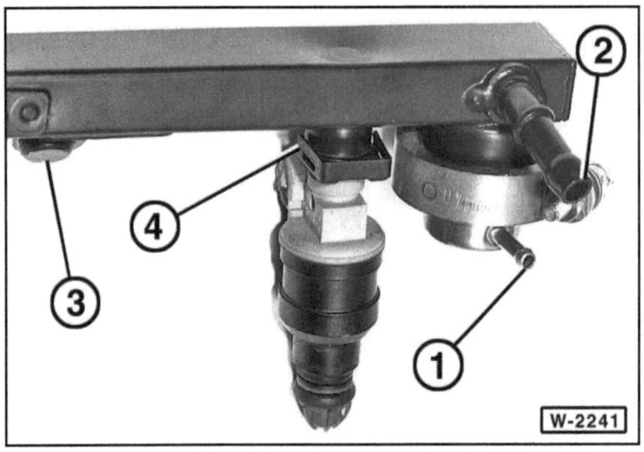

- Unterdruckleitung –1– am Kraftstoffdruckregler abziehen. (2 – Kraftstoffanschluß, 3 – Anschraubpunkt).
- Kraftstoffverteilerrohr komplett mit den Einspritzventilen nach oben aus dem Zylinderkopf ziehen. Die Einspritzventile sind nur eingesteckt und lassen sich herausziehen.
- Sicherungen –4– seitlich abziehen und Einspritzventile abnehmen.

Einbau

- Ventile in das Kraftstoffverteilerrohr einsetzen und mit Klammern sichern.

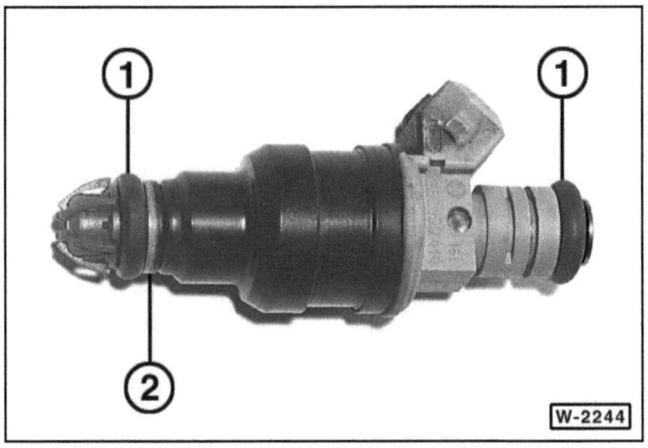

- O-Ringe –1– mit Vaseline oder Getriebeöl SAE 90 bestreichen.
- Einspritzventile mit Verteilerrohr in den Zylinderkopf gleichmäßig eindrücken.

Achtung: Beim Wiedereinstecken der Ventile darauf achten, daß die O-Ringe –1– nicht beschädigt werden. Defekte O-Ringe ersetzen, dabei Lage des Dichtrings –2– beachten. Dichtringe vor dem Einsetzen nur mit Vaseline oder Getriebeöl bestreichen.

- Verteilerrohr mit 2 Schrauben am Zylinderkopf anschrauben.
- Kraftstoffzulauf und Kraftstoffrücklauf am Verteilerrohr aufstecken, mit **neuen** Schlauchschellen beziehungsweise O-Ringen befestigen, siehe unter »Ausbau«.
- Steckverbindungen für Lambda-Sonden und VANOS-Magnetventil zusammenfügen.
- Steckerleiste für Einspritzventile aufstecken.
- 2 Motorabdeckungen anschrauben, Kappe auf Öl-Einfüllstutzen aufschrauben.
- Fehlerspeicher der DME auslesen lassen. Nach Behebung der Fehler, Speicher löschen.

Störungsdiagnose Benzin-Einspritzanlage

Bevor anhand der Störungsdiagnose der Fehler aufgespürt wird, müssen folgende Prüfvoraussetzungen erfüllt sein: Bedienungsfehler beim Starten ausschließen. Sowohl für den kalten wie warmen Motor gilt: Gaspedal während des Startvorgangs nicht betätigen, Kupplungspedal treten.

Kraftstoff im Tank, Motor mechanisch in Ordnung, Batterie geladen, Anlasser dreht mit ausreichender Drehzahl, Zündanlage ist in Ordnung, keine Undichtigkeiten an der Kraftstoffanlage, Verschmutzungen im Kraftstoffsystem ausgeschlossen, Kurbelgehäuse-Entlüftung in Ordnung, elektrische Masseverbindung (Motor-Getriebe-Aufbau) vorhanden. Fehlerspeicher abfragen (Werkstattarbeit). **Achtung:** Wenn Kraftstoffleitungen gelöst werden, müssen diese vorher mit Kaltreiniger oder Benzin gesäubert werden.

Störung	Ursache	Abhilfe
Motor springt nicht an.	Elektro-Kraftstoffpumpe läuft beim Betätigen des Anlassers nicht an (keine Laufgeräusche hörbar).	■ Prüfen, ob Spannung an der Pumpe anliegt. Elektrische Kontakte auf gute Leitfähigkeit überprüfen.
	Sicherung defekt.	■ Sicherung für Kraftstoffpumpe überprüfen.
	Kraftstoffpumpenrelais defekt.	■ Relais überprüfen.
	Einspritzventile erhalten keine Spannung.	■ Stecker von den Ventilen abziehen, Prüflampe anschließen und Starter betätigen. Prüflampe muß schwach flackern. Wenn die Lampe schwach leuchtet: Steuergerät ersetzen; wenn die Prüflampe nicht leuchtet: Relais überprüfen.
Der kalte Motor springt schlecht an, läuft unrund.	Temperaturfühler defekt.	■ Temperaturfühler Kühlmittel/Ansaugluft prüfen.
Der Motor setzt aus.	Elektrische Verbindungen zur Kraftstoffpumpe zeitweise unterbrochen.	■ Steckverbindungen und Anschlüsse von elektrischen Leitungen an der Kraftstoffpumpe, dem Luftmassenmesser und dem Kraftstoffpumpen-Relais auf feste und widerstandslose Verbindung prüfen. Sicherung und Kontaktstellen am Kraftstoffpumpen-Relais prüfen. Kontakte reinigen bzw. erneuern.
	Kraftstoff-Fördermenge zu gering.	■ Kraftstoffpumpen-Fördermenge prüfen lassen.
	Kraftstoffilter verstopft.	■ Kraftstoffilter erneuern.
	Kraftstoffpumpe defekt.	■ Kraftstoffpumpe prüfen.
	Einspritzventil defekt.	■ Einspritzventile prüfen.
Der Motor hat Übergangsstörungen.	Luftansaugsystem undicht.	■ Ansaugsystem prüfen. Dazu Motor im Leerlauf drehen lassen und Dichtstellen sowie Anschlüsse im Ansaugtrakt mit Benzin bestreichen. Wenn sich die Drehzahl kurzfristig erhöht, undichte Stelle beseitigen. **Achtung:** Benzindämpfe sind giftig, nicht einatmen!
	Temperaturfühler defekt.	■ Temperaturfühler Kühlmittel/Ansaugluft prüfen.
	Kraftstoffsystem undicht.	■ Sichtprüfung an allen Verbindungsstellen im Bereich des Motors und der elektrischen Kraftstoffpumpe. Alle Anschlüsse nachziehen.
Der heiße Motor springt nicht an.	Druck im Kraftstoffsystem zu hoch.	■ Kraftstoffdruck prüfen lassen, gegebenenfalls Druckregler ersetzen.
	Rücklaufleitung zwischen Druckregler und Tank verstopft oder geknickt.	■ Leitung reinigen oder ersetzen.

Diesel-Einspritzanlage

Diesel-Einspritzverfahren

Beim Dieselmotor wird reine Luft in die Zylinder angesaugt und dort sehr hoch verdichtet. Dadurch steigt die Temperatur in den Zylindern über die Zündtemperatur des Dieselöls an. Wenn der Kolben kurz vor dem Oberen Totpunkt steht, wird in die hochverdichtete und etwa +600° C heiße Luft Dieselöl eingespritzt. Das Dieselöl zündet von selbst, Zündkerzen sind also nicht erforderlich.

Bei sehr kaltem Motor kann es vorkommen, daß durch die Verdichtung die Zündtemperatur nicht erreicht wird. In diesem Fall muß vorgeglüht werden. Dazu befindet sich in jedem Brennraum eine Glühkerze, die den Brennraum aufheizt. Die Dauer des Vorglühens ist abhängig von der Umgebungstemperatur und wird durch das DDE-Steuergerät über ein Vorglührelais gesteuert.

Für die Einspritzung beim Dieselmotor gibt es 3 unterschiedliche Verfahren: Die Wirbel- oder Vorkammereinspritzung sowie die Direkteinspritzung.

Bei der **Wirbel-** oder **Vorkammereinspritzung** wird der Kraftstoff von einer elektrischen Vorförderpumpe, welche sich im Tank befindet, zur Verteiler-Einspritzpumpe gefördert. In der Einspritzpumpe wird der für die Diesel-Einspritzung erforderliche hohe Druck aufgebaut und der Kraftstoff entsprechend der Zündfolge auf die einzelnen Zylinder verteilt. Durch die Einspritzdüsen wird der Kraftstoff in die Vorkammer des betreffenden Zylinders eingespritzt. Das heiße Gemisch entzündet sich sofort. Die Sauerstoffmenge, die in der Vorkammer vorhanden ist, reicht aber nur zur Verbrennung eines Teils des eingespritzten Kraftstoffs. Der übrige, unverbrannte Teil wird durch den bei der Verbrennung entstandenen Überdruck in den Verbrennungsraum geblasen. Dort verbrennt der Kraftstoff vollständig.

Bei der **Direkteinspritzung** saugt die Vorförderpumpe den Dieselkraftstoff aus dem Tank an und fördert ihn zur Hochdruckpumpe. Diese baut bereits bei niedrigen Motordrehzahlen einen konstant hohen Druck von ca. 1350 bar auf.

Von der Hochdruckpumpe führt eine gemeinsame Kraftstoffleitung (Common Rail) zu den einzelnen Zylindern der Direkteinspritz-Triebwerke. Die gemeinsame Kraftstoffleitung dient als Druckspeicher und verteilt den Kraftstoff mit konstantem Druck an die Einspritzventile. Die erforderliche Kraftstoff-Einspritzmenge wird vom Motor-Steuergerät über die elektromagnetischen Einspritzventile den einzelnen Zylindern exakt zugeteilt. Schließt der Mikrocomputer des Motor-Steuergeräts beispielsweise die Magnetventile, ist die Kraftstoffeinspritzung sofort wieder beendet. Mit anderen Worten: Druckerzeugung und Kraftstoffeinspritzung erfolgen unabhängig voneinander. Das hat den Vorteil, daß die Einspritzung bedarfs- und abgasoptimiert, aber unabhängig von der Motordrehzahl erfolgen kann.

Der Kraftstoff wird mit Mehrstrahl-Einspritzdüsen in 2 Stufen eingespritzt. Zunächst erfolgt eine Voreinspritzung von einer geringen Menge Kraftstoff, wodurch die Zündbedingungen für die Hauptkraftstoffmenge verbessert werden. Daraus resultiert eine weichere und damit auch leisere Verbrennung, ähnlich wie bei der Wirbelkammereinspritzung. Im Gegensatz zu anderen Dieseldirekteinspritzern mit nockengesteuerten Systemen läßt sich die Voreinspritzung bei den BMW-Triebwerken variabel an jede Fahrsituation anpassen.

Bevor der Kraftstoff in die Hochdruck-/Einspritzpumpe gelangt, wird er im Kraftstoffilter von Verunreinigungen und Wasser befreit. Daher ist es äußerst wichtig, den Kraftstoffilter im Rahmen der Wartung regelmäßig auszuwechseln.

Die Hochdruck-/Einspritzpumpe ist wartungsfrei. Alle beweglichen Teile werden mit Dieselöl geschmiert. Angetrieben wird die Hochdruck-/Einspritzpumpe durch eine Steuerkette.

Der Abgasturbolader

Der BMW-Dieselmotor ist mit einem Turbolader ausgerüstet. Beim Turbolader sitzen auf einer Welle zwei Turbinenräder, die in zwei voneinander getrennten Gehäusen untergebracht sind. Für den Antrieb der Turbinenräder sorgen die ohnehin vorhandenen Abgase. Sie bringen die Laderwelle auf bis zu 120.000 Umdrehungen in der Minute. Und da Abgas- und Frischluftrotor auf gleicher Welle sitzen, wird mit gleicher Drehzahl Frischluft in die Zylinder gedrückt.

Aufgrund des guten Füllungsgrades lassen sich bei vorhandenen Motoren Leistungszuwachsraten von bis zu 100 Prozent verwirklichen. Abhängig ist der Leistungszuwachs unter anderem vom Ladedruck, der bei einem Pkw-Motor zwischen 0,4 bis 0,8 bar (Reifenfülldruck etwa 1,8 bar) liegt. Erhöht sich der Ladedruck über den vom Werk eingestellten Wert, öffnet das Wastegateventil und der Druck kann entweichen.

Neben der Motorleistung steigt bei der Verwendung eines Abgasturboladers auch das Drehmoment an, was vor allem im Hinblick auf einen elastischen Motorlauf wünschenswert ist. Gegenüber einem Ottomotor ist es beim Dieseltriebwerk nicht erforderlich, aufgrund der Aufladung die normale Verdichtung zu verringern, so daß auch im unteren Drehzahlbereich der eingespritzte Kraftstoff vollständig ausgenutzt wird.

Der Turbolader ist ein äußerst präzise hergestelltes Bauteil. Es empfiehlt sich deshalb, eine Reparatur nur von einem Fachmann ausführen zu lassen. In der Regel wird der Turbolader bei einem Defekt komplett ausgetauscht.

Der Abgasturbolader wird vom Motorölkreislauf mit Öl versorgt. Um eine ausreichende Schmierung des Laders sicherzustellen, sind folgende Punkte zu beachten:

- Nur vorgeschriebenes Motoröl verwenden.
- Durch überaltertes Motoröl kann der Lader verkoken. Daher müssen Motoröl und Ölfilter streng nach Wartungsvorschrift gewechselt werden.
- Da bereits kleinste Schmutzpartikel zur Zerstörung des Laders führen können, Motor niemals ohne Luftfilter laufen lassen.

Abgasrückführung (EGR-Anlage)

Die Diesel-Kraftstoffanlage ist mit einem Abgas-Rückführungssystem (EGR-System) ausgerüstet, um den Anteil von umweltbelastenden Stickoxiden (NO_x) im Abgas zu verringern. Hierzu wird ein Teil der Abgase in die Verbrennungsräume des Motors zurückgeführt, um die Verbrennungstemperatur zu mindern und dadurch den Schadstoff-Anteil der Abgase zu reduzieren.

Gesteuert wird die Anlage durch das DDE-Steuergerät, welches die Höhe der Einspritzmenge, Signale vom Gaspedalweggeber, Drehzahlfühler, Atmosphärendruckfühler und Kühlmittel-Temperaturfühler miteinander verknüpft. Das Steuergerät regelt dementsprechend über das Unterdruck-Regulierventil den Unterdruck-Impuls zum EGR-Ventil und sorgt für die richtige Dosierung der Abgasrückführung. Das EGR-Ventil sitzt am Ansaugkrümmer. Bei niedrigen Kühlmitteltemperaturen und wenn höhere Motorleistung abverlangt wird, wird kein Abgas zurückgeführt. Das Abgas-Rückführungssystem ist wartungsfrei.

Kraftstoffilter-Vorwärmanlage

Mit abnehmenden Außentemperaturen verringert sich das Fließvermögen des Dieselkraftstoffes durch Paraffin-Ausscheidung. Der Dieselkraftstoff wird dick wie Honig. Aus diesem Grund werden von den Mineralölfirmen dem Diesel im Winter Zusätze beigemischt, die das Fließverhalten heraufsetzen und ein Starten bis etwa –15° C beziehungsweise –22° C (Super-Diesel) garantieren.

Nicht immer reichen jedoch diese Zusätze für einen störungsfreien Betrieb aus, daher ist der Kraftstoffilter mit einer elektrischen Heizung ausgerüstet. Dadurch wird das Versulzen des Dieselkraftstoffes auch bei extremem Frost verhindert.

Diesel-Vorglühanlage

Bei kaltem Motor wird die Selbstzündungstemperatur durch die Verdichtung allein nicht erreicht, deshalb muß der Motor vorgeglüht werden.

Zu diesem Zweck ist in jeden Brennraum eine Stabglühkerze eingeschraubt. Die Glühkerze besteht im wesentlichen aus einem Gehäuse mit eingepreßtem Heizstab. Sobald Spannung anliegt, heizt sich die Heizwicklung im Heizstab innerhalb weniger Sekunden bis auf über +850° C auf, wodurch die Vorglühdauer bis zum Anlassen selten länger als 5 Sekunden beträgt. Wenn die Vorglüh-Kontrolleuchte an der Armaturentafel erlischt, kann der Motor gestartet werden.

Die Dauer des Vorglühens sowie die automatische Nachglühung nach dem Start (bis ca. 20 Sekunden) wird vom DDE-Steuergerät über ein Vorglührelais geregelt. Die Schaltung ist dem Stromlaufplan zu entnehmen.

Glühkerzen prüfen/aus- und einbauen

525tds

Wenn Schwierigkeiten beim Anlassen des Motors auftreten, zuerst die Kompression des Motors messen. Ist der Kompressionswert zu gering, so springt das Fahrzeug bei geringen Temperaturen nicht an. Kompression messen, siehe Seite 42.

Hinweis: Das DDE-Steuergerät ist mit einem Fehlerspeicher ausgestattet, der auftretende Fehler im elektrischen Teil der Dieseleinspritzung abspeichert. In der BMW-Werkstatt kann dann der Fehler mit einem Auslesegerät abgefragt und gezielt behoben werden.

Glühkerzen prüfen

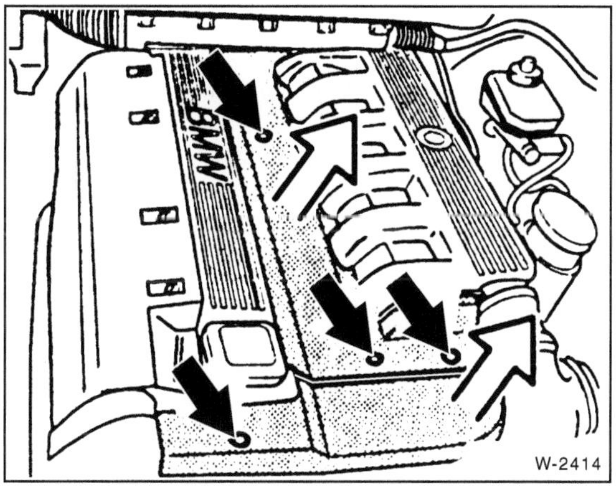

- Motor-Abdeckungen und Ladeluftrohr oberhalb der Glühkerzen abbauen.

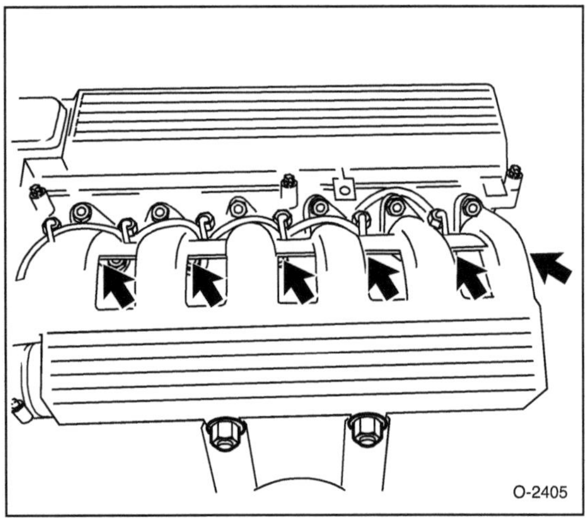

- Die Glühkerzen sitzen unterhalb der Ansaugkanäle.

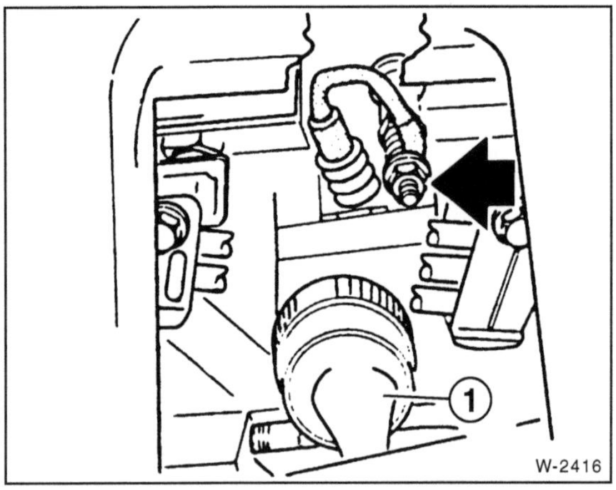

- Anschlußkabel an den Glühkerzen abschrauben –Pfeil–.
- Spannungsprüfer an den Plusstützpunkt (+) am Ansaugrohr anklemmen und nacheinander an jede Glühkerze anlegen.
- Leuchtdiode leuchtet auf: Glühkerze in Ordnung. Zur genaueren Prüfung muß die Stromaufnahme mit den Amperemeter gemessen werden (Werkstattarbeit).
- Leuchtdiode leuchtet nicht auf: Glühkerze defekt, austauschen.

Ausbau

- Einlaßkrümmer ausbauen, siehe Seite 95.

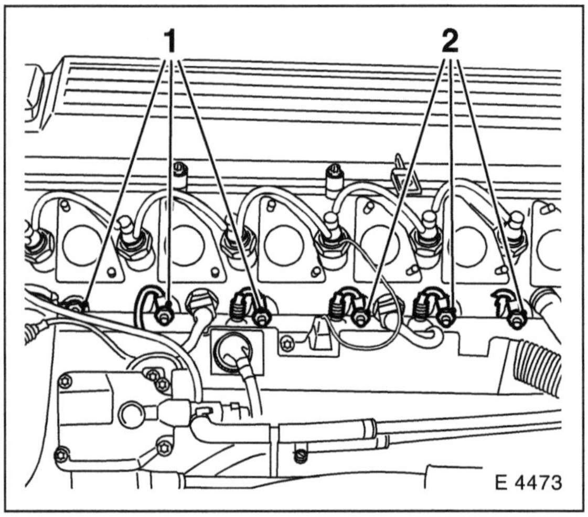

- Kabel –1– und –2– abklemmen. Glühkerzen mit HAZET-4760-1 herausschrauben und sichtprüfen.

Einbau

- Glühkerzen-Gewinde mit Hochtemperatur-Kupferpaste »CRC«, erhältlich bei den BMW-Werkstätten, einstreichen. Glühkerzen einschrauben, Anzugsdrehmoment: **25 Nm. Achtung:** Das Anzugsdrehmoment darf **nicht** überschritten werden, da sonst der Ringspalt zwischen Glühstab und Gewindeteil zugezogen wird.
- Anschlußkabel für Glühkerzen anklemmen, Mutter mit 5 Nm anschrauben.
- Einlaßkrümmer an Zylinderkopf mit **25 Nm** anschrauben, alle Dichtungen erneuern. Stütze Ölfiltergehäuse und Leitung der Abgasrückführung ebenfalls mit **25 Nm** am Einlaßkrümmer anschrauben.
- Motor-Abdeckungen und Ladeluftrohr oberhalb der Glühkerzen anbauen.

Glühkerzen mit verbrannten Glühstiften

Verbrannte Glühstifte von Glühkerzen sind häufig Folgeschäden von Düsenstörungen. Derartige Schäden sind nicht auf Mängel in oder an der Glühkerze zurückzuführen.

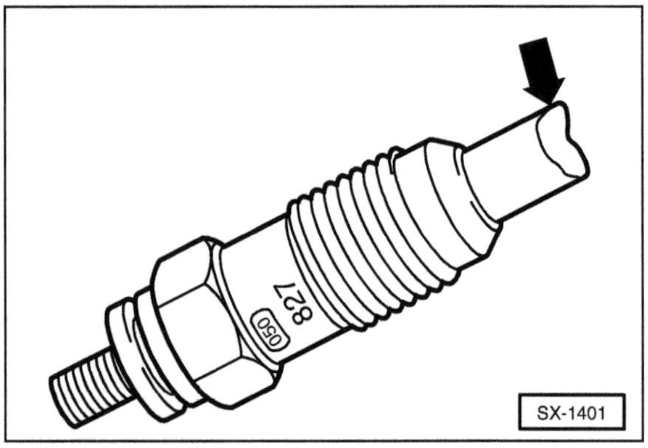

Werden im Beanstandungsfall derartige Glühkerzen gefunden –Pfeil–, genügt es nicht, diese nur zu ersetzen. Es muß eine Überprüfung der Einspritzdüsen auf Strahl, Schnarren, Druck und Dichtigkeit erfolgen (Werkstattarbeit).

Glühkerzen prüfen

530d

Prüfvoraussetzung: Die Batteriespannung muß größer als 9 Volt sein. Batterie gegebenenfalls laden.

Achtung: Wenn Funktionsfehler an den Glühkerzen auftreten, müssen unbedingt die Schmelzsicherungen hinter dem Handschuhfach überprüft werden.

Prüfen

- Fehlerspeicher des DDE-Steuergerätes auslesen lassen. Gespeicherte Fehlermeldungen überprüfen, Fehler beheben und Fehlerspeicher löschen.
- Zündung ausschalten.
- Reinluftfiltergehäuse ausbauen, siehe »Motor-Luftfilter aus- und einbauen«.

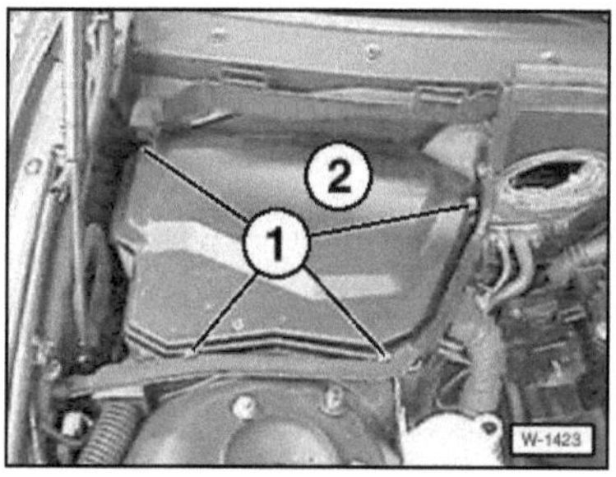

- Schrauben –1– herausdrehen.
- Abdeckung –2– von der Elektronik-Box abnehmen.

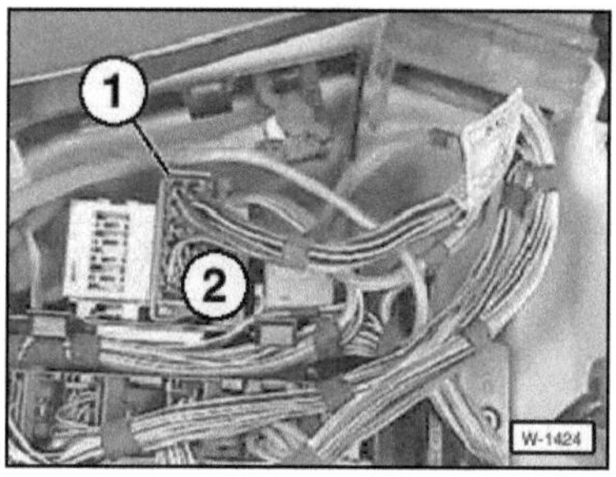

- Stecker –1– am Relais für Glühkerzen –2– abziehen.

Anschlußbelegung an der Steckverbindung des Kabelbaums:

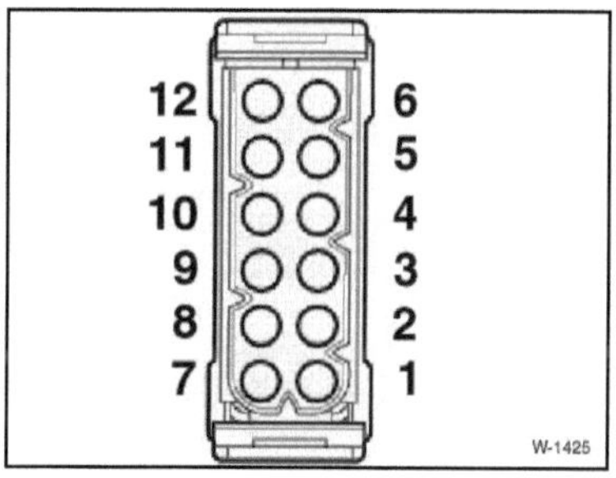

Glühstift von Zylinder 1 = Buchse 9 –schwarz/grün–
Glühstift von Zylinder 2 = Buchse 8 –schwarz/violett–
Glühstift von Zylinder 3 = Buchse 7 –schwarz/gelb–
Glühstift von Zylinder 4 = Buchse 3 –schwarz/rot–
Glühstift von Zylinder 5 = Buchse 2 –schwarz/weiß–
Glühstift von Zylinder 6 = Buchse 1 –schwarz/braun–

Achtung: Glühkerzen nicht im ausgebauten Zustand betreiben. Die Wärmeabführung der Glühkerzen ist dann nicht gewährleistet. Verletzungs- und Brandgefahr!

- Amperemeter zwischen Batterie-Plusstützpunkt –2– und Steckverbindung –1– am Kabelbaum anschließen, siehe Anschlußbelegung.
- Zündung einschalten und Stromaufnahme messen. **Sollwert:** Die Stromaufnahme einer Glühkerze soll 10 A betragen, nachdem die Glühkerze bei einer Prüfspannung (Batteriespannung) von ca. 11 ± 0,5 Volt ca. 30 Sekunden in Betrieb war.
- Gegebenenfalls abgekühlte Glühkerze ausbauen und Widerstand messen. **Sollwert:** 0,5 – 2 Ω.

Achtung: Wenn bei der Prüfung ein Glühstift als defekt angezeigt wird, müssen unbedingt folgende Bauteile überprüft werden:

- Zuleitung vom Relais zur Glühkerze.
- Steckverbindung zur Glühkerze.
- Ansteuerung des Relais für Glühkerzen.
- 100-Ampere-Sicherung.

Glühkerzen aus- und einbauen

530d

Ausbau

- Die Zündung ausschalten.
- Batterie-Massekabel (–) abklemmen. Die Batterie befindet sich im Kofferraum hinter der rechten Seitenverkleidung. **Achtung:** Dadurch werden elektronische Speicher gelöscht, zum Beispiel der Motor-Fehlerspeicher. Hinweise im Kapitel »Batterie aus- und einbauen« beachten.
- Minuspol der Batterie abdecken, um versehentlichen elektrischen Kontakt zu vermeiden.
- Einlaßkrümmer ausbauen, siehe entsprechendes Kapitel.

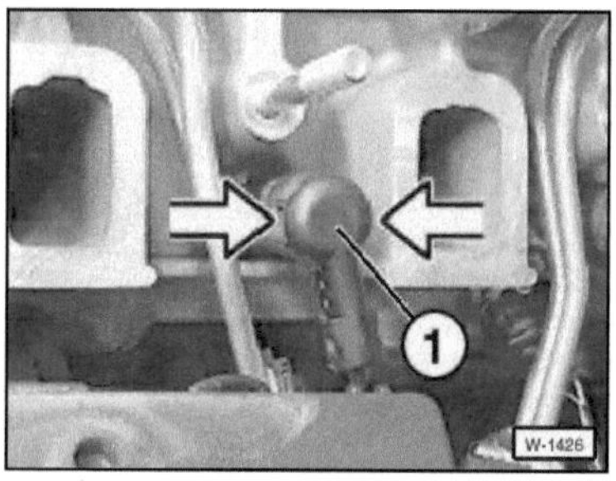

- Verriegelungen der Stecker –1– zusammendrücken –Pfeile–. Stecker –1– von den Glühkerzen abziehen.

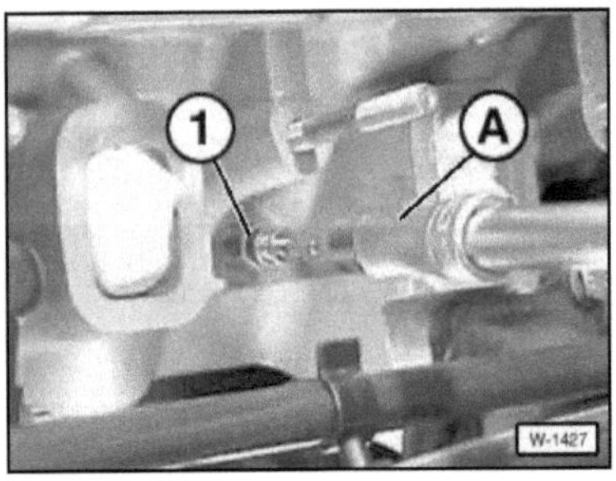

- Glühkerzen –1– mit BMW-Spezialwerkzeug 11 6 050 –A– herausschrauben.

Achtung: Der Schlüssel muß eine Tiefe von ca. 20 mm aufweisen, gegebenenfalls Spezialwerkzeug mit einem Spiralbohrer ∅ 9,5 mm ca. 20 mm tief aufbohren.

Einbau

- Der Einbau erfolgt in umgekehrter Ausbaureihenfolge. Glühkerzen mit **23 ± 3 Nm** festziehen. **Achtung:** Das Anzugsmoment für Glühkerzen darf auf keinen Fall überschritten werden, sonst werden die Glühkerzen beschädigt und können im späteren Betrieb ausfallen.

Vorglührelais prüfen/ aus- und einbauen

525tds

Ausbau

- Filterkasten für Reinluftfilter im Motorraum hinten rechts ausbauen, damit die Sicherungs- und Relaisbox erreicht wird, siehe Seite 260.
- Deckel von der Sicherungsbox abschrauben und abnehmen.

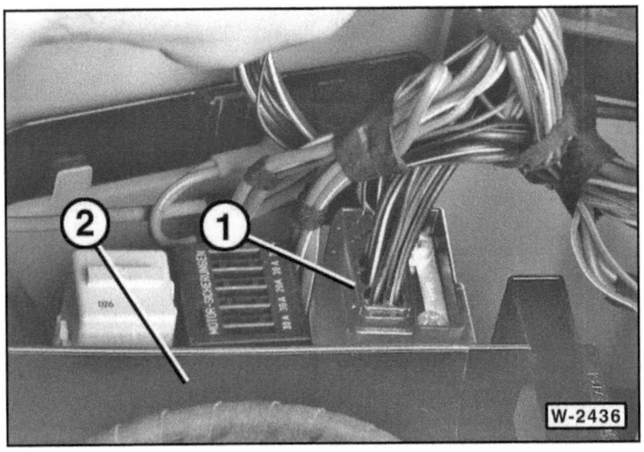

- Vorglührelais –1– abziehen. 2 – DDE-Steuergerät.

- Streifensicherung 80 Ampere neben dem Anschlußstecker prüfen, falls defekt, ersetzen. Zuvor Überlastungsursache feststellen und beheben.
- Dicke Plusleitung vom Relaisgehäuse abschrauben.

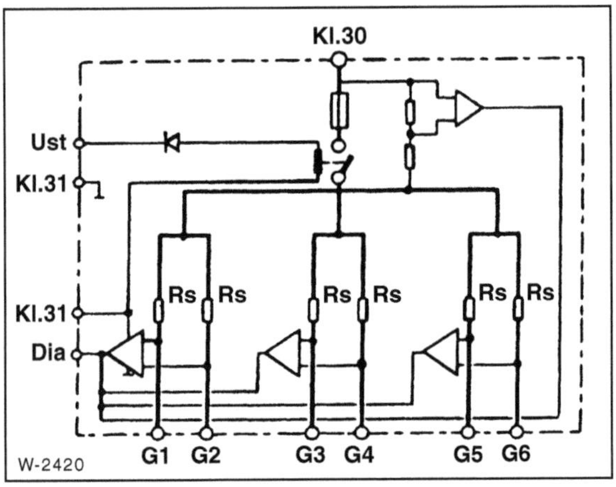

Die Abbildung zeigt das Schaltbild des Vorglührelais. Die entsprechende Steckerbelegung ist auf dem Deckel des Vorglührelais aufgedruckt.

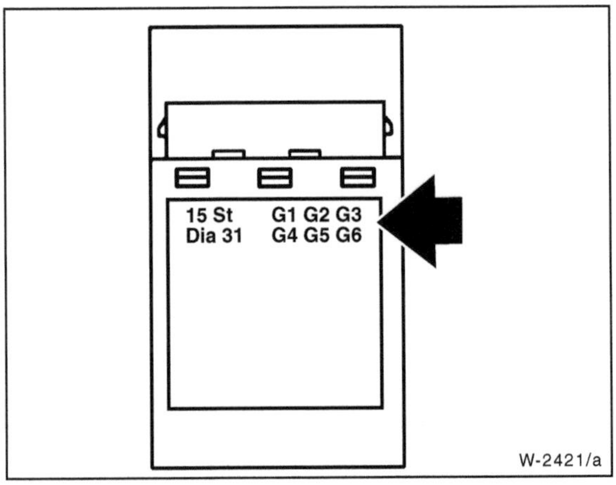

G1..G6: Glühkerzen 1.. bis 6;
Kl. 15: Geschaltetes Plus durch Zündanlaßschalter;
Kl. 30: Batterie-Plus;

U_{St}: Steuerspannung (vom DME-Steuergerät);
Dia: Diagnose-Schnittstelle

- Batterie anschließen und Spannungsprüfer an Stecker Klemme 15 und Masse anschließen. Zündung einschalten. Leuchtdiode im Spannungsprüfer muß aufleuchten, andernfalls Spannungsführung vom Zündschloß prüfen.
- Wenn die Leuchtdiode im Spannungsprüfer leuchtet, Zuleitung zu den Glühkerzen auf Unterbrechung prüfen, gegebenenfalls ersetzen. Andernfalls Vorglührelais ersetzen.
- Steuergeräte-Abdeckung wieder anbringen.
- Elektronik-Box verschließen. Innenraum-Luftfilter einbauen, siehe Seite 291.

Kraftstoffanlage entlüften

525tds

Falls der Tank einmal ganz leer gefahren wurde, oder wenn Teile der Kraftstoffanlage ausgetauscht wurden, muß die Anlage in der Regel nicht entlüftet werden, da sich diese während des Anlassens automatisch entlüftet.

Um bei Startschwierigkeiten zu prüfen, ob Kraftstoff zu den Einspritzventilen gefördert wird, an zwei Einspritzventilen die Überwurfmuttern lösen und den Motor ohne vorzuglühen starten, bis Kraftstoff an den Überwurfmuttern austritt. Überwurfmuttern mit **20 Nm** festziehen und Motor vorschriftsmäßig starten.

Achtung: Wenn sich die Kraftstoffanlage nicht automatisch entlüftet, dann ist folgendermaßen vorzugehen:

- Bei Arbeiten an der Einspritzanlage Sauberkeitshinweise beachten, siehe Seite 71.
- Darauf achten, daß kein Dieselkraftstoff auf die Kühlmittelschläuche läuft. Gegebenenfalls müssen die Schläuche sofort wieder gereinigt werden. Angegriffene Schläuche sind zu ersetzen.

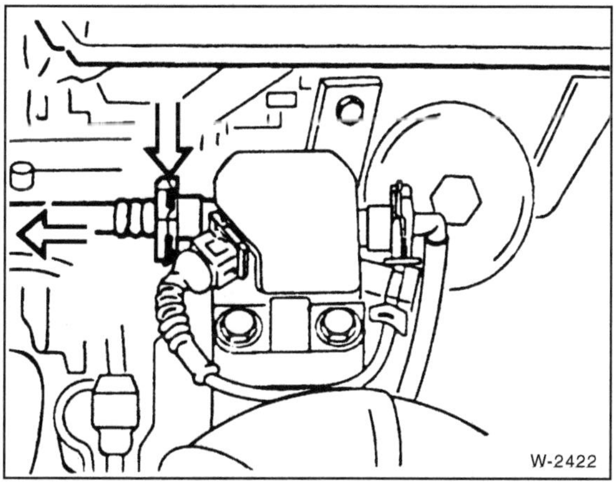

- Kraftstoffleitung –3– zur Einspritzpumpe am Kraftstofffilter abziehen, dabei Klammer drücken. Auslaufenden Kraftstoff auffangen und umweltgerecht entsorgen.
- Passenden Schlauch in das Anschlußgewinde einsetzen und in ein Gefäß führen.
- Kraftstoffpumpenrelais abziehen und Klemmen am Relaissockel überbrücken, damit die Pumpe Kraftstoff fördert, siehe Seite 71.
- Tritt Kraftstoff am Anschluß aus, Überbrückungskabel abnehmen und Relais einsetzen.
- Kraftstoffleitung wieder anbringen, vorher Dichtungen mit Vaseline oder säurefreiem Fett bestreichen. Beschädigte Dichtungen erneuern. Klammer einrasten lassen.

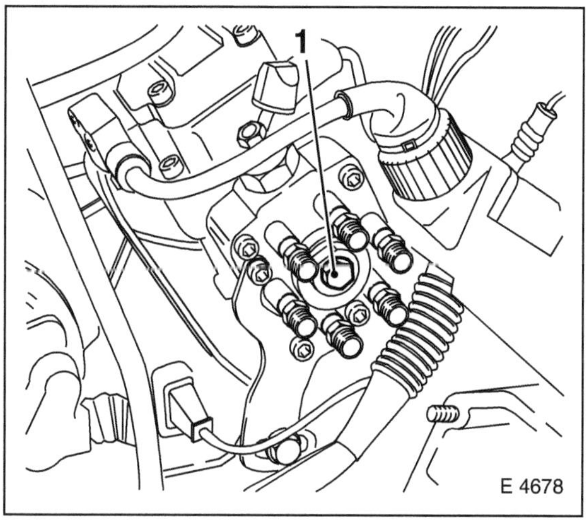

- Verschlußschraube –1– an der Einspritzpumpe zwei Umdrehungen lösen.
- Motor mit Anlasser durchdrehen, bis Kraftstoff an der Verschlußschraube austritt. Auslaufenden Kraftstoff auffangen.
- Verschlußschraube –1– mit **25 Nm** festziehen.

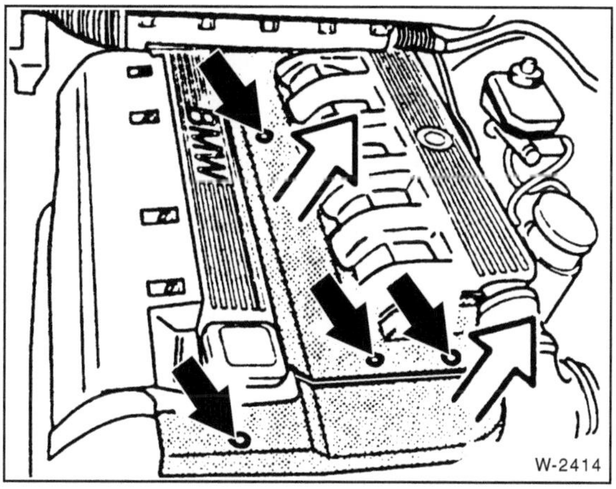

- Abdeckungen am Ansaugkrümmer entfernen, dazu Schrauben lösen.

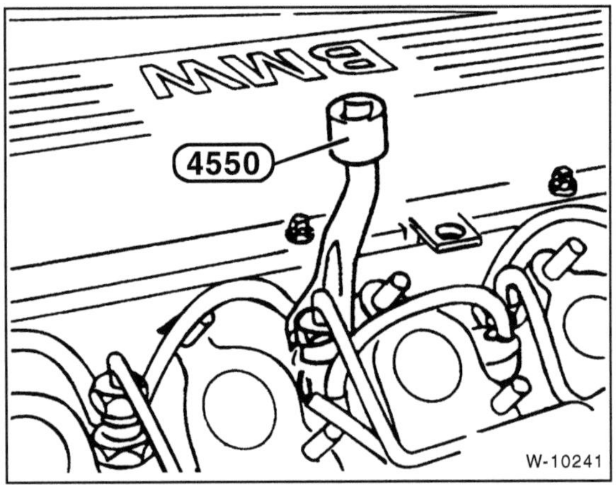

- Alle Überwurfmuttern an den Einspritzdüsen mit Sonderwerkzeug, zum Beispiel Hazet 4550, an den Einspritzleitungen lösen. Motor mit Anlasser durchdrehen, bis Kraftstoff austritt. Anschließend Muttern mit **20 Nm** festziehen. Bei Undichtigkeiten bis **25 Nm** nachziehen. Dadurch ist eine schnelle Entlüftung sichergestellt.
- Ausgelaufenen Kraftstoff im Motorraum sorgfältig entfernen.
- Motorabdeckungen wieder anbringen.

Kraftstoffabsteller prüfen/ aus- und einbauen

525tds

Der elektromagnetische Absteller an der Einspritzpumpe gibt den Kraftstoffzulauf beim Einschalten der Zündung frei. Er ist zu prüfen, wenn der Motor nicht anspringt oder nach Ausschalten der Zündung weiterläuft.

Prüfen

- Zündschloß am Lenkrad ein- und ausschalten. Der elektromagnetische Absteller muß dabei hörbar klicken.
- Andernfalls elektrische Leitung abschrauben. Mit Hilfskabel Batterie-Plus an Absteller anlegen.
- Klickt der Absteller jetzt, Stromversorgung nach Stromlaufplan auf Durchgang überprüfen, ggf. ersetzen. Wurde kein Fehler gefunden, Absteller ersetzen.
- Bei Arbeiten an der Einspritzanlage Sauberkeitshinweise beachten, siehe Seite 71.

Ausbau

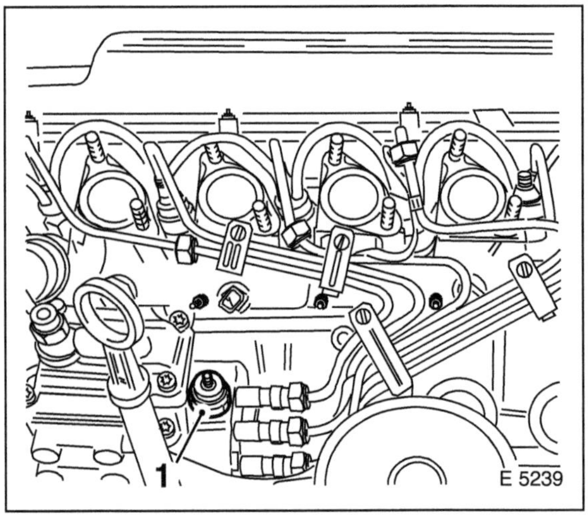

- Kabel abklemmen und Absteller –1– herausschrauben.

Einbau

- Ventilkolben und Ventilfeder entnehmen und in neuen Absteller einsetzen. Auf korrekte Lage des Dichtrings achten.
- Neuen Absteller einschrauben, mit **20 Nm** festziehen. Kabel anschrauben.

Einspritzdüsen aus- und einbauen

525tds

Defekte Einspritzdüsen können zu starkem Klopfen des Motors führen und Lagerschäden vermuten lassen. Bei derartigen Beanstandungen Motor im Leerlauf laufen lassen und Einspritzleitungs-Überwurfmuttern der Reihe nach lösen. Verschwindet das Klopfen nach dem Lösen einer Überwurfmutter, so zeigt dies eine defekte Düse an. Geprüft werden kann die Einspritzdüse mit Hilfe einer speziellen Vorrichtung (Werkstattarbeit).

Die ersten Anzeichen von Düsenstörungen treten wie folgt auf.

- Fehlzündungen
- Klopfen in einem oder mehreren Zylindern
- Motor überhitzt
- Leistungsabfall des Motors, hoher Kraftstoffverbrauch
- Übermäßig starker schwarzer Auspuffqualm

Ausbau

- Einlaßkrümmer ausbauen, siehe Seite 95.
- Einspritzleitungen mit Kaltreiniger reinigen.

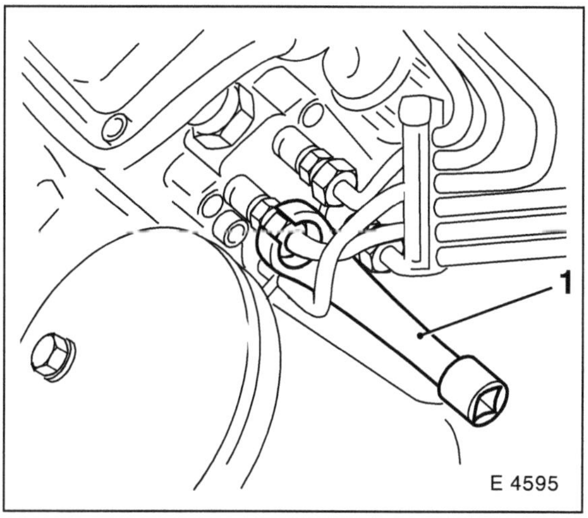

- Einspritzleitungen komplett ausbauen, dazu Überwurfmuttern an den Düsen und der Einspritzpumpe mit offenem Ringschlüssel –1–, z. B. HAZET 4550, lösen. **Achtung:** Biegeform nicht verändern. Geeignete Schutzkappen auf Einspritzdüsen und -pumpe aufschieben, um das Eindringen von Schmutz zu verhindern.

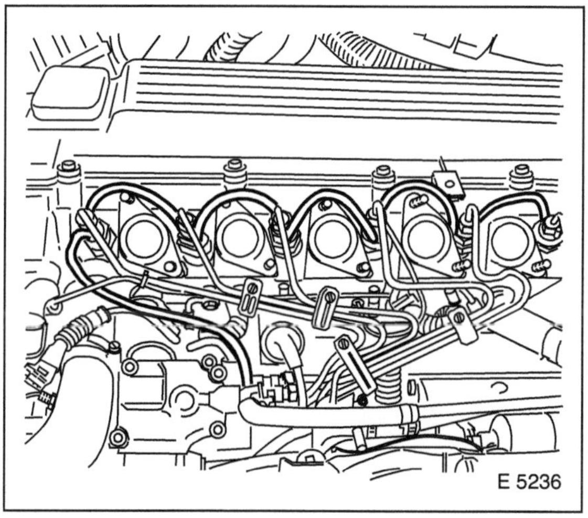

- Falls die Halteklammern für die Einspritzleitungen abgenommen werden, vorher mit Filzstift Einbaulage kennzeichnen.
- Leckölleitungen vorsichtig von den Einspritzdüsen abziehen.
- Einspritzdüsen mit Steckschlüsseleinsatz SW 27, z. B. HAZET 4555-1, ausbauen. Düsen unten mit Schutzkappen gegen Verschmutzung schützen. **Achtung:** Darauf achten, daß die Einspritzdüsen nicht herunterfallen. Außerdem ist an der Einspritzdüse des 4. Zylinders der Kabelanschluß für den integrierten Spritzbeginngeber zu trennen. Alle Düsen an gleicher Stelle wieder einbauen.
- Wärmeschutzdichtungen herausnehmen.

Einbau

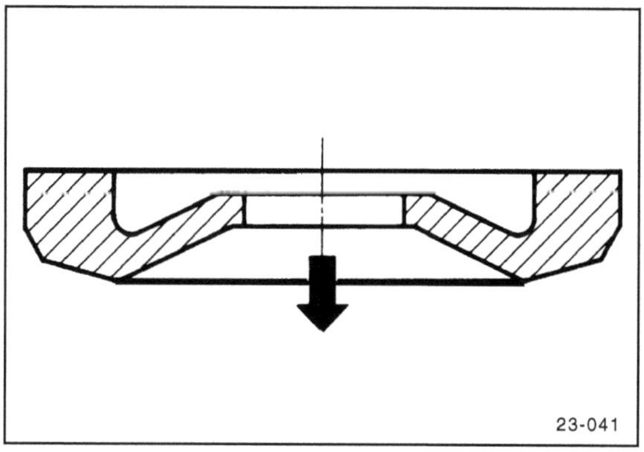

- Grundsätzlich **neue** Wärmeschutzdichtungen zwischen Zylinderkopf und Einspritzventil verwenden. Die Vertiefung muß nach oben zeigen, Pfeil zeigt zum Zylinderkopf.
- Einspritzdüsen mit **40 Nm** festziehen.
- Einspritzleitungen mit **20 Nm** festziehen.
- Leckölleitungen aufschieben.
- Kabel für Spritzbeginngeber an Einspritzdüse Zylinder 4 zusammenstecken.
- Falls ausgebaut, Halteklammern entsprechend der angebrachten Markierungen einclipsen.
- Unterdruckleitung für Bremskraftverstärker am Halter Zylinderkopf anbauen.
- Einlaßkrümmer einbauen, siehe Seite 95.
- Motor starten und Kraftstoffsystem auf Dichtigkeit überprüfen.

Förderbeginn der Einspritzpumpe überprüfen/einstellen

525tds

Zur Prüfung wird eine Meßuhr mit entsprechendem Adapter zum Einschrauben in die Pumpe benötigt. Der Motor muß bei der Prüfung kalt sein, darf jedoch keine Temperatur unter +20° C haben.

- Batterie-Massekabel (–) abklemmen. **Achtung:** Dadurch werden elektronische Speicher gelöscht, wie zum Beispiel der Motor-Fehlerspeicher. Hinweise im Kapitel »Batterie aus- und einbauen« beachten.
- Einlaßkrümmer ausbauen, siehe Seite 95.

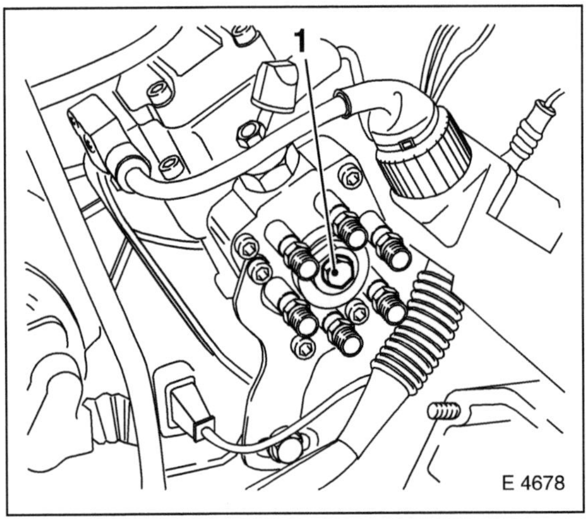

- Verschlußschraube –1– an der Einspritzpumpe abschrauben.

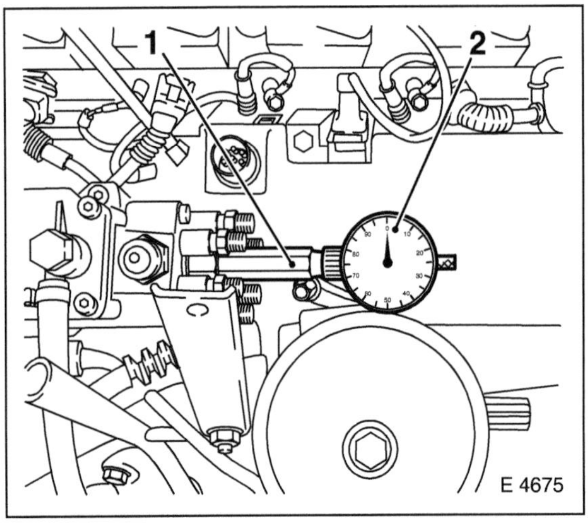

- Adapter –1– (BMW-135330) und Meßuhr –2– anstelle der Verschlußschraube einschrauben und etwas vorspannen.
- Kurbelwelle im Uhrzeigersinn in Richtung OT Zylinder 1 drehen, bis der Zeiger der Meßuhr am tiefsten Punkt für einige Zeit stehen bleibt. Drehbeginn muß mindestens 60° bis 90° vor OT sein. Der Kolben des 1. Zylinders steht dann im OT (Oberem Totpunkt), wenn die beiden Nocken des 1. Zylinders an der Steuerkettenseite nach oben zeigen. Zur Kontrolle Öleinfülldeckel abnehmen und Nocken beobachten.

  Zum Drehen des Motors 5. Gang einlegen, Handbremse lösen und Fahrzeug verschieben. Oder Handbremse anziehen, Getriebe in Leerlaufstellung bringen und Kurbelwellen-Riemenscheibe mit Stecknuß an der Zentralschraube drehen.
- Meßuhr am Einstellring auf »0« stellen.

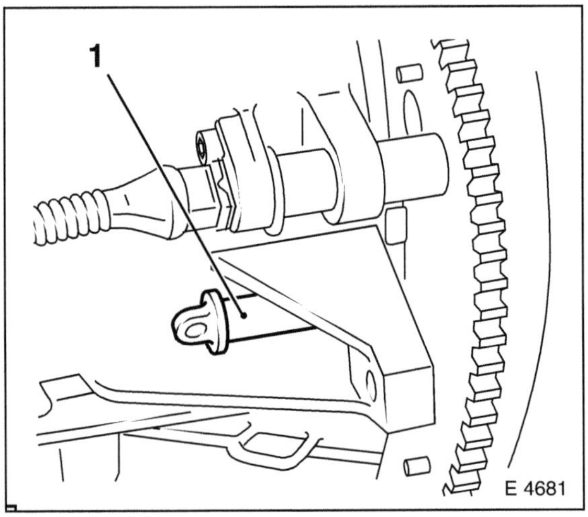

- Stopfen –1– am Motorblock herausziehen.
- Kurbelwelle im Uhrzeigersinn 2 Umdrehungen drehen, bis der Absteckdorn BMW-112300 oder ein anderer geeigneter Dorn (Bohrer) durch die Öffnung im Motorblock bei OT in die Bohrung im Schwungrad einrastet.

Achtung: Nicht gegen die Motordrehrichtung drehen, dies führt zu einem falschen Meßergebnis.

- Jetzt muß die Meßuhr **0,95 ± 0,02 mm** Hub bei einer neuen Steuerkette anzeigen. **Achtung:** Bei einer Steuerkette mit einer Laufleistung über 20.000 km muß die Meßuhr **0,90 ± 0,02 mm** Hub anzeigen.
- Wird der Sollwert nicht erreicht, Einstellung der Pumpe korrigieren.

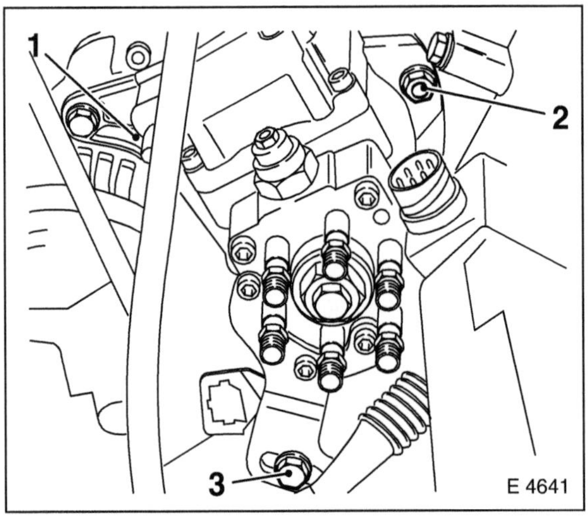

- Schraube –3– lockern, nicht abschrauben.
- Muttern –1– und –2– lockern. **Achtung:** Muttern nicht zu stark lockern, etwa 2 bis 3 Umdrehungen, um eine Verspannung durch die Steuerkette zu vermeiden.
- Einspritzpumpe verdrehen, bis die Meßuhr den Sollwert anzeigt.
- Muttern und Schrauben in der Reihenfolge von 1 bis 3 mit **25 Nm** festziehen.

- Prüfdorn entfernen und Einstellung nochmals überprüfen. Dabei Kurbelwelle nur rechtsherum drehen.
- Meßuhr und Prüfdorn entfernen.
- Verschlußstopfen am Motorblock einsetzen.
- Zentrale Verschlußschraube mit **neuem** Dichtring und **25 Nm** festschrauben.
- Öleinfülldeckel aufsetzen.
- Einlaßkrümmer einbauen, siehe Seite 95.
- Batterie-Massekabel (–) anklemmen. Zeituhr einstellen. Radiosender programmieren.
- Motor starten, gegebenenfalls Einspritzanlage entlüften.
- Nach Probefahrt Dichtheit der zentralen Verschlußschraube prüfen, gegebenenfalls etwas nachziehen.

Einlaßkrümmer aus- und einbauen

525tds

Der Einlaßkrümmer muß aus Platzgründen, zum Beispiel vor Arbeiten an der Einspritzanlage, demontiert werden.

Ausbau

- Motor-Abdeckungen und Ladeluftrohr abbauen, siehe Seite 87.
- Batterie-Massekabel (–) abklemmen. Die Batterie befindet sich im Kofferraum hinter der rechten Seitenverkleidung. **Achtung:** Dadurch werden elektronische Speicher gelöscht, wie zum Beispiel der Motor-Fehlerspeicher. Hinweise im Kapitel »Batterie aus- und einbauen« beachten.
- Am Ansaugrohr die Pluspunkt-Abdeckung abziehen. Batterie-Plusstützpunkt abschrauben und 2 Clipse zusammendrücken. Sockel nach unten ausclipsen.

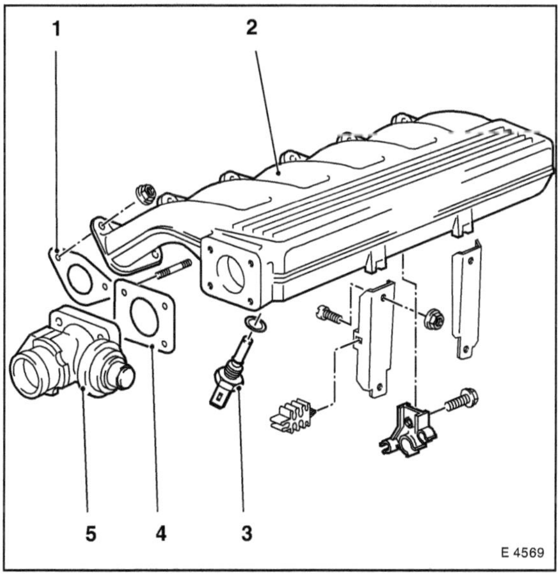

- Einlaßkrümmer –2– am Zylinderkopf wie folgt abbauen:
- Kabel am Ladeluft-Temperaturfühler –3– abziehen.
- Unterdruckschlauch am Abgasrückführventil –5– und an Einlaßkrümmer-Unterseite abziehen.
- Einlaßkrümmer am Zylinderkopf und am Halter abschrauben und mit Dichtungen –1– abnehmen. Das Abgasrückführventil mit Dichtung –4– muß nicht abgeschraubt werden.

Einbau

- Einlaßkrümmer an Zylinderkopf mit **25 Nm** anschrauben, alle Dichtungen erneuern. Stütze Ölfiltergehäuse und Leitung der Abgasrückführung ebenfalls mit **25 Nm** am Einlaßkrümmer anschrauben.
- Plusstützpunkt-Sockel am Ansaugrohr einclipsen und Sechskant aufschrauben. Abdeckung aufdrücken.
- Motor-Abdeckungen und Ladeluftrohr einbauen, siehe Seite 87.
- Batterie-Massekabel (–) anklemmen. Zeituhr einstellen. Radiosender programmieren.

Anordnung des Common-Rail-Einspritzsystems

530d

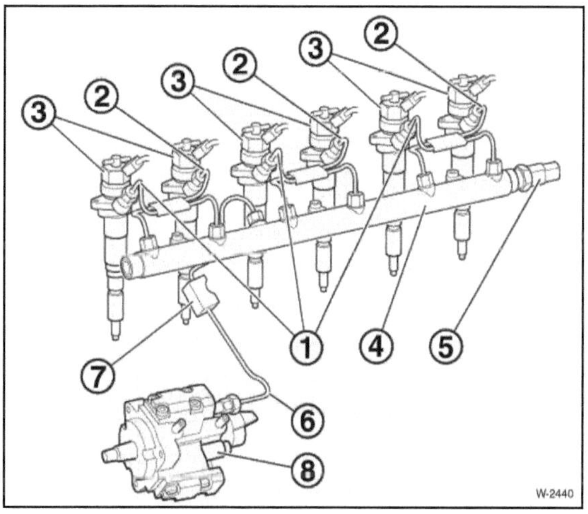

1 – Druckleitung für Zylinder 1, 3 und 5
2 – Druckleitung für Zylinder 2, 4 und 6
3 – Injektor (Einspritzventil) für Zylinder 1 bis 6
4 – Hochdruck-Speicher (Common-Rail)
5 – Drucksensor
6 – Pumpenleitung
7 – Gummilager
8 – Hochdruckpumpe

Die Einspritzpumpe

525tds

1 – Scheibenfeder
2 – Dichtring
3 – Einspritzpumpe
4 – Kraftstoffabsteller (Magnetventil)
5 – Spritzversteller (Magnetventil)
6 – Verschlußschraube Einspritzpumpe

Technische Daten Diesel-Vorglüh- und Kraftstoffanlage

525tds

Maximale Glühzeit bei einer Kühlmitteltemperatur unter +60°C über +60°C	5s 0s
Sicherheitsabschaltung Vorglühen	8 (+5) s
Glühkerzen-Widerstand bei +20°C	0,4 bis 0,6 Ω
Leerlaufdrehzahl betriebswarmer Motor, Öltemperatur +60°C Leerlaufdrehzahl bei eingeschalteter Klimaanlage Höchstdrehzahl	750 ± 50/min 750 ± 50/min 5250 ± 50/min
Absteller Einschaltspannung Absteller Widerstand bei +20°C	mindestens 10 Volt 7,5 ± 1 Ω
Einspritzdüse Öffnungsdruck Einspritzdüse Einstellwert	140 – 160 bar 150 – 158 bar
Kraftstoffleitungen Betriebsdruck (hinter Kraftstoffilter)	max. 0,4 bar

Störungsdiagnose Diesel-Einspritzanlage

525tds

Bevor anhand der Störungsdiagnose der Fehler aufgespürt wird, müssen folgende Prüfvoraussetzungen erfüllt sein: Bedienungsfehler beim Starten ausgeschlossen. Kraftstoff im Tank, Motor mechanisch in Ordnung, Batterie geladen, Anlasser dreht mit ausreichender Drehzahl. **Achtung:** Wenn Kraftstoffleitungen gelöst werden, müssen diese vorher mit Kaltreiniger gesäubert werden.

Störung	Ursache	Abhilfe
Motor springt nicht oder schlecht an.	1. Motor glüht nicht vor.	■ Vorglühanlage prüfen.
	2. Elektromagnetischer Absteller erhält keine Spannung.	■ Spannungsprüfer an Absteller anschließen, Zündung einschalten. Leuchtdiode muß leuchten, sonst Leitungsunterbrechung ermitteln und beseitigen.
	3. Elektromagnetischer Absteller lose, defekt.	■ Absteller auf festen Sitz und Massekontakt prüfen. Zündung abwechselnd ein- und ausschalten, dabei muß der Absteller klicken.
	4. Kraftstoffversorgung defekt.	■ Prüfen, ob Kraftstoff gefördert wird
	a) Kraftstoffleitungen geknickt, verstopft, undicht, porös.	■ Kraftstoffleitungen reinigen, gegebenfalls ersetzen.
	b) Kraftstoffilter verstopft.	■ Kraftstoffilter ersetzen.
	c) Tankbelüftung verschlossen. Kraftstoffsieb im Tank verschmutzt.	■ Reinigen.
	5. Einspritzdüsen defekt.	■ Einspritzdüsen prüfen, Überwurfmuttern nacheinander lösen und prüfen, ob die Zylinder arbeiten.
	6. Förderbeginn verstellt.	■ Förderbeginn prüfen, einstellen.
	7. Einspritzpumpe defekt.	■ Versuchsweise neue Pumpe einbauen.
Motor ruckelt im Leerlauf, beim Anfahren.	1. Kraftstoffschläuche an der Kraftstoffpumpe bzw. am Kraftstoffilter lose.	■ Kraftstoffschläuche ersetzen, mit Schlauchschellen befestigen, Hohlschrauben festziehen.
	2. Wie unter 1.4–7.	■ Wie unter 1.4–7.
Kraftstoffverbrauch zu hoch.	1. Luftfilter verschmutzt.	■ Filtereinsatz ersetzen.
	2. Kraftstoffanlage undicht.	■ Sichtprüfung an allen Kraftstoffleitungen (Saug- Rücklauf- und Einspritzleitungen), Kraftstoffilter und Einspritzpumpe durchführen.
	3. Rücklaufleitung verstopft.	■ Rücklaufleitung von Einspritzpumpe zum Kraftstoffbehälter mit Luft durchblasen. Überströmdrossel in der Hohlschraube der Rücklaufleitung ersetzen.
	4. Förderbeginn der Einspritzpumpe verstellt.	■ Förderbeginn einstellen.
Vorglühkontrollampe leuchtet nicht auf.	1. Glühlampe im Schalttafeleinsatz defekt.	■ Lampe ersetzen.
	2. Vorglühung/Glühkerzen defekt.	■ Glühkerzen prüfen ggf. ersetzen. Steuergerät prüfen lassen.

Abgasanlage

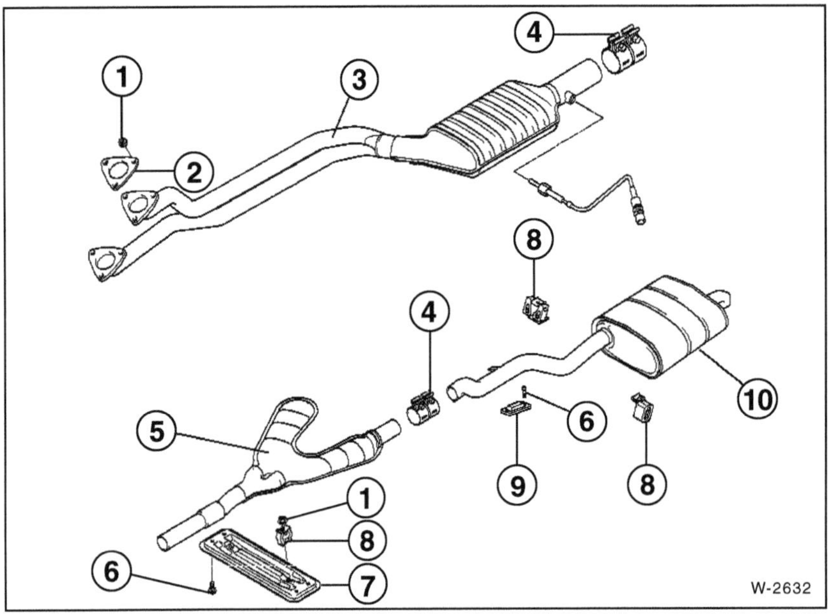

Abgasanlage 520i, 523i

1 – Mutter
2 – Dreieckflansch-Dichtung
3 – Vorderes Abgasrohr mit Kat.
4 – Spannhülse
5 – Mittelschalldämpfer
6 – Sechskantschraube
7 – Traverse
8 – Gummilager
9 – Schwingungstilgergewicht
10 – Nachschalldämpfer

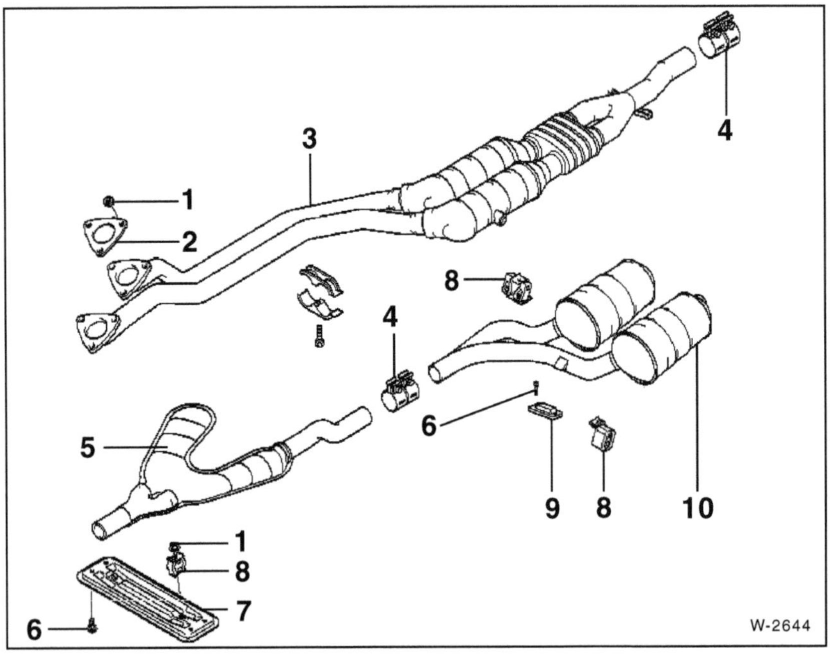

Abgasanlage 528i

1 – Mutter
2 – Dreieckflansch-Dichtung
3 – Vorderes Abgasrohr mit Kat.
4 – Spannhülse
5 – Mittelschalldämpfer
6 – Sechskantschraube
7 – Traverse
8 – Gummilager
9 – Schwingungstilgergewicht
10 – Nachschalldämpfer

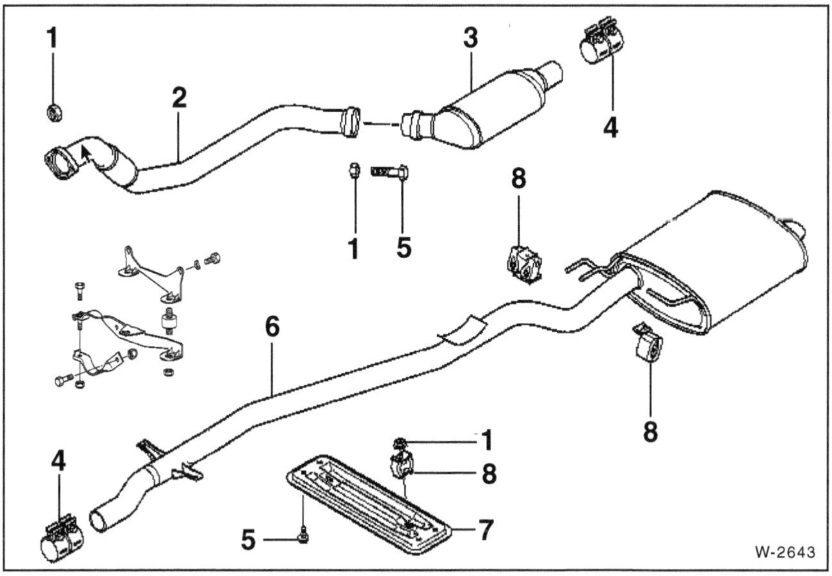

Abgasanlage 525tds

1 – Mutter
2 – Vorderes Abgasrohr
3 – Katalysator
4 – Spannhülse
5 – Sechskantschraube
6 – Nachschalldämpfer
7 – Traverse
8 – Gummilager

Die Abgasanlage besteht aus den beiden vorderen Abgasrohren, die beim 520i, 523i und 525tds vor dem Katalysator zusammengeführt werden. Es folgen Mittel- und Nachschalldämpfer. Beim 528i ist die Abgasanlage im Bereich von Katalysator und Endrohr zweiflutig. In beiden vorderen Abgaskrümmern ist beim Benziner je eine Lambdasonde zur Katalysator-Regelung eingeschraubt.

Das vordere Abgasrohr ist mit dem Abgaskrümmer (Benziner) beziehungsweise dem Turbolader (Turbo-Diesel) verschraubt. Bei einer Reparatur lassen sich die Teile einzeln auswechseln.

Funktion des Katalysators

Alle Motoren sind mit einem Katalysator zur Abgasreinigung ausgestattet.

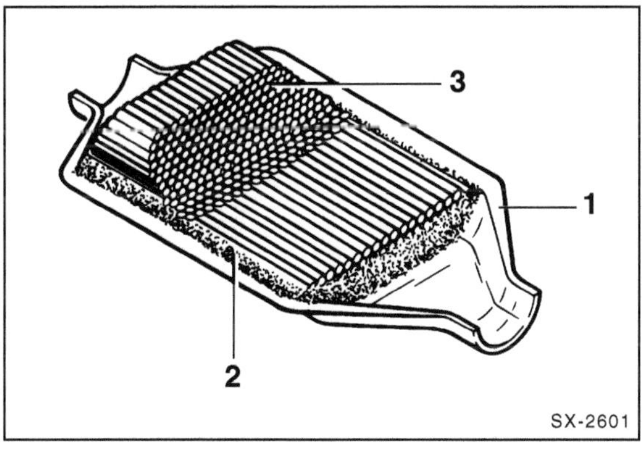

Der Katalysator besteht aus einem Keramik-Wabenkörper –3–, der mit einer Trägerschicht überzogen ist. Auf der Trägerschicht befinden sich Edelmetallsalze, die den Umwandlungsprozeß bewirken. Im Gehäuse –1– wird der Katalysator durch eine Isolations-Stützmatte –2– fixiert, die außerdem Wärmeausdehnungen ausgleicht.

Benzinmotoren

In Verbindung mit der elektronischen Einspritzanlage und der Lambdasonde wird die Kraftstoffmenge für die Verbrennung exakt dosiert, damit der Katalysator die Schadstoffe reduzieren kann. Die Lambdasonde sitzt im Abgasrohr vor dem Katalysator und wird hier vom Abgasstrom umspült. Bei der Lambdasonde handelt es sich um einen elektrischen Meßfühler, der den Restgehalt an Sauerstoff im Abgas durch elektrische Spannungsschwankungen anzeigt und Rückschlüsse auf die Zusammensetzung des Luft-Benzin-Gemisches ermöglicht. In Bruchteilen von Sekunden kann die Lambdasonde entsprechende Signale an die Steuereinheit der Einspritzanlage weitergeben und dadurch das Kraftstoff-Luftverhältnis ständig verändern. Das ist einerseits erforderlich, da sich ja die Betriebsverhältnisse (Leerlauf, Vollgas) ständig ändern, zum anderen aber auch, weil nur dann eine optimale Nachverbrennung im Katalysator erfolgt, wenn noch genügend Benzin-Anteile im Motor-Abgas vorhanden sind.

Damit es also bei einer Temperatur von +300° bis +800° C im Katalysator überhaupt zu einer Nachverbrennung kommen kann, muß das Kraftstoff-Luftgemisch mehr Kraftstoffanteile aufweisen, als für die reine Verbrennung erforderlich wären.

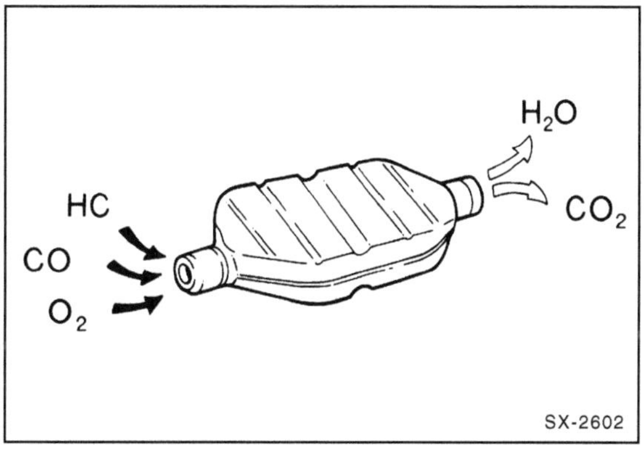

Bei dem verwendeten Katalysator handelt es sich um einen sogenannten 3-Wege-Katalysator. Das bedeutet, daß bei diesem Katalysator aufgrund der Lambda-Regelung die Oxidation von Kohlenmonoxid (CO) und Kohlenwasserstoffen (HC) sowie die Reduktion der Stickoxide (NO_X) gleichzeitig durchgeführt werden.

Katalysator beim Dieselmotor

Auch beim Dieselmotor ist serienmäßig ein Katalysator eingebaut. Allerdings ist hier keine Gemischanpassung möglich. Der Katalysator reduziert jedoch die umweltschädlichen Kohlenmonoxid- und Kohlenwasserstoff-Emissionen auf ein Niveau, das deutlich unter dem von Benzin-Motoren mit geregeltem Katalysator liegt. Außerdem vermindert sich der dieseltypische Abgasgeruch. Der bei Dieselmotoren höhere Anteil von Stickoxiden im Abgas wird durch ein zusätzliches Abgas-Rückführungssystem auf geringem Niveau gehalten.

Der Umgang mit Katalysator-Fahrzeugen

Um Beschädigungen an den Lambdasonden und am Katalysator zu vermeiden, sind nachstehende Hinweise unbedingt zu beachten:

Benzinmotoren

- Grundsätzlich nur bleifreies Benzin tanken.
- Das Anlassen des betriebswarmen Motors durch Anschieben oder Anschleppen ist nicht erlaubt. Starthilfekabel verwenden. Unverbrannter Kraftstoff könnte bei einer Zündung zur Überhitzung des Katalysators und zu seiner Zerstörung führen.
- Bei Startschwierigkeiten nicht unnötig lange den Anlasser betätigen. Während des Anlassens wird permanent Kraftstoff eingespritzt. Fehlerursache ermitteln und beseitigen.
- Kraftstofftank nie ganz leerfahren.
- Treten Zündaussetzer auf, hohe Motor-Drehzahlen vermeiden und Fehler umgehend beheben.
- Nur die vorgeschriebenen Zündkerzen verwenden.
- Keine Funkenprüfung mit abgezogenem Zündkerzenstecker durchführen.
- Es darf kein Zylindervergleich (Balancetest) durch Zündabschaltung eines Zylinders durchgeführt werden. Bei Zündabschaltung der einzelnen Zylinder – auch über Motortester – gelangt unverbrannter Kraftstoff in den Katalysator.

Benzin- und Dieselmotoren

- Fahrzeug nicht über trockenem Laub oder Gras abstellen. Die Abgasanlage wird im Bereich des Katalysators sehr heiß und strahlt die Wärme auch nach Abstellen des Motors noch ab.
- Keinen Unterbodenschutz an Abgasrohren aufbringen.
- Die Hitzeschilder der Abgasanlage nicht verändern.
- Beim Ein- oder Nachfüllen von Motoröl besonders darauf achten, daß auf keinen Fall die Maximum-Markierung am Ölpeilstab überschritten wird. Das überschüssige Öl gelangt sonst aufgrund unvollständiger Verbrennung in den Katalysator und kann das Edelmetall beschädigen oder den Katalysator vollständig zerstören.

Abgasanlage aus- und einbauen

Es lassen sich auch sämtliche Teile der Abgasanlage einzeln auswechseln. **Achtung:** Beim Einbau von Teilen der Abgasanlage darauf achten, daß die Teile dicht zusammengefügt werden. Sonst kann es bei der Abgasuntersuchung (AU) zu Fehlmessungen kommen.

Selbstsichernde Muttern und Dichtungen sind nach dem Ausbau grundsätzlich zu ersetzen. Halteringe und Gummipuffer sind auf Porosität und Beschädigung zu prüfen, gegebenenfalls müssen sie ausgewechselt werden.

Beim Einbau einer neuen Abgasanlage empfiehlt es sich, alle Befestigungsteile ebenfalls zu erneuern.

Ausbau

- Fahrzeug aufbocken und Motorunterschutz ausbauen, siehe Seite 14.
- Sämtliche Schraubverbindungen mit rostlösendem Mittel einsprühen. Rostlöser einige Zeit einwirken lassen.

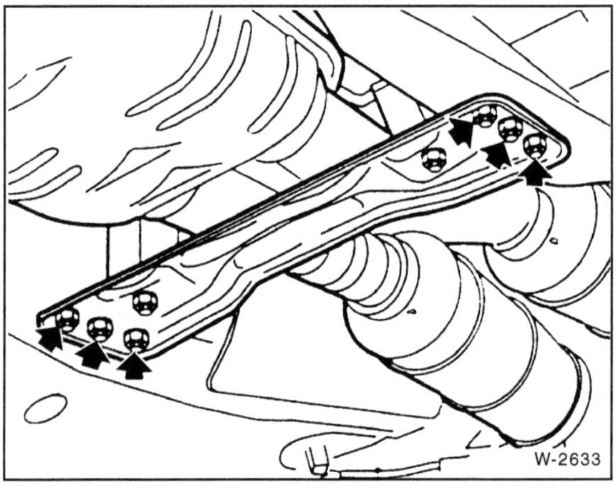

- Traverse im Bereich des Abgas-Katalysators am Unterboden abschrauben.

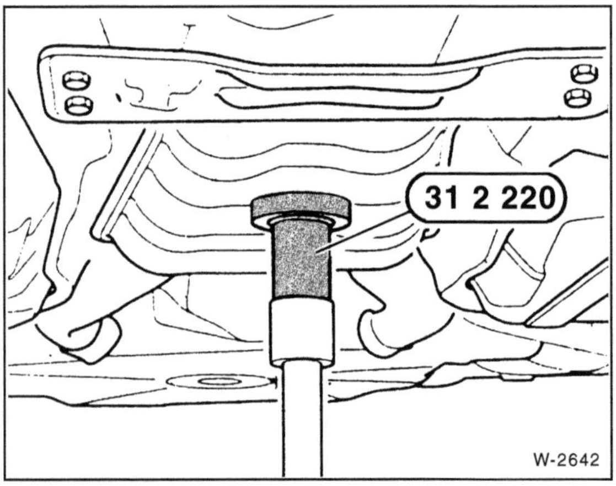

- Abgasanlage mit Werkstattheber und geeigneter Stütze, zum Beispiel Holzunterlage, abstützen. Das Gewicht beträgt etwa 35 kg bis 45 kg.

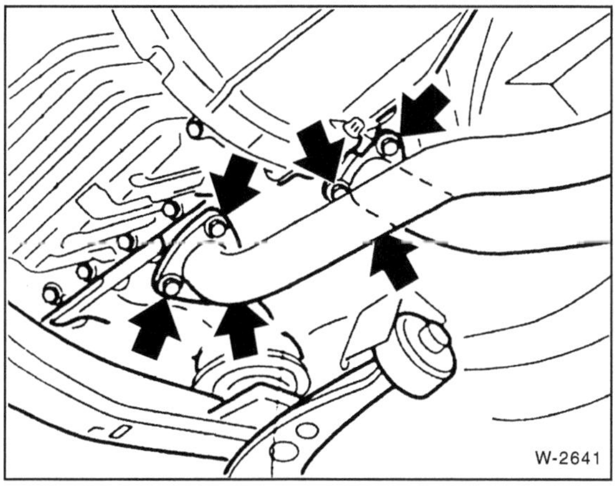

- Vorderes Abgasrohr am Abgaskrümmer (Benziner, Abbildung) beziehungsweise Turbolader abschrauben.

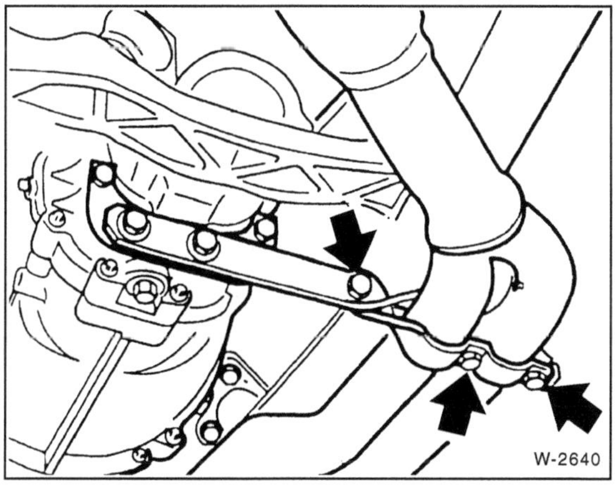

- Abgasanlage am Getriebehalter abschrauben.

- Sechskantmuttern –1– und –2– am Halter für Nachschalldämpfer abschrauben.
- Abgasanlage aus den Gummihalterungen aushängen und herausnehmen. **Achtung:** Der Katalysator ist stoßempfindlich, nicht dagegenschlagen oder fallenlassen.

Einbau

Vor der Montage der Abgasanlage prüfen, ob der Flansch zum Abgaskrümmer verzogen ist, gegebenenfalls Flansch ausrichten.

Achtung: Um die Muttern und Schrauben der Abgasanlage später leichter lösen zu können, empfiehlt es sich, diese mit einer Hochtemperatur-Kupferpaste, zum Beispiel Liqui Moly LM-508-ASC oder »CRC«-Paste von BMW, einzustreichen.

- Abgasanlage einsetzen und mit Haltern anschrauben, Schrauben noch nicht festziehen.
- Abgasanlage so ausrichten, daß überall genügend Abstand von mindestens 25 mm zur Karosserie vorhanden ist. Außerdem muß das Endrohr gleichmäßigen Abstand in der Karosserieaussparung am Fahrzeugheck haben.
- **Dieselmotor:** Vorderes Abgasrohr am Turbolader anschrauben. Vorher Dichtring prüfen, gegebenenfalls ersetzen. Dichtring mit Hochtemperatur-Kupferpaste einstreichen.
- **Benzinmotoren:** Vordere Abgasanlage am Krümmer mit **neuer** Dichtung ansetzen und **neue**, selbstsichernde Sechskantmuttern gleichmäßig beiziehen. Schrauben mit **30 Nm** anziehen. Anschließend in einem 2. Durchgang die Schrauben auf **50 Nm** festziehen.
- Sämtliche Schrauben und Muttern festziehen. Dabei den Abgasrohrträger am Getriebe zuletzt anziehen, damit er spannungsfrei sitzt.

Anzugsdrehmomente:

Abgasrohr an Abgaskrümmer: 50 Nm, Verschraubungen am Dreiecksflansch: 20 Nm, Abgasrohrträger am Getriebe: Gewinde M 6: 10 Nm, M 8-Gewinde: 20 Nm, Haltelaschen: 20 Nm; Schelle Nachschalldämpfer: max. 15 Nm.

- Quertraverse einsetzen, Schrauben mit **20 Nm** anziehen.
- Motor starten und Abgasanlage auf Dichtheit prüfen, dazu Abgasendrohr mit Lappen zuhalten. Dabei von einer Hilfsperson alle Dichtflansche auf austretende Abgase prüfen lassen (zischendes Geräusch, Austritt mit der Hand spürbar).
- Motorunterschutz einbauen, siehe Seite 14.

Nachschalldämpfer ersetzen

Die serienmäßigen Nachschalldämpfer können einzeln durch Neuteile ersetzt werden. Zum Trennen wird ein handelsüblicher Ketten-Abgasrohrscheider, zum Beispiel von HAZET, benötigt.

- Fahrzeug aufbocken.

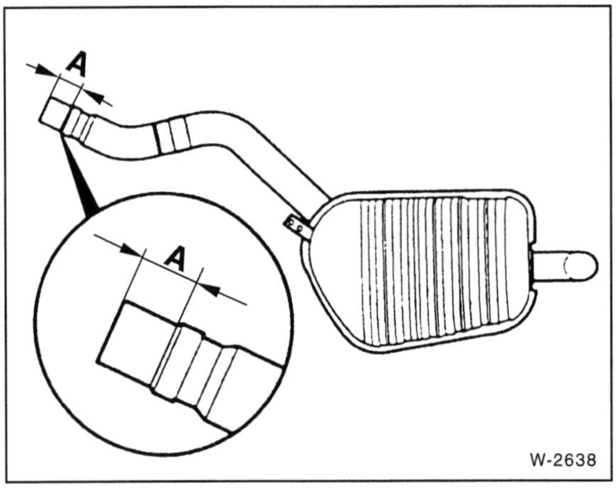

- Länge -A- des Rohrstücks am neuen Nachschalldämpfer abmessen.

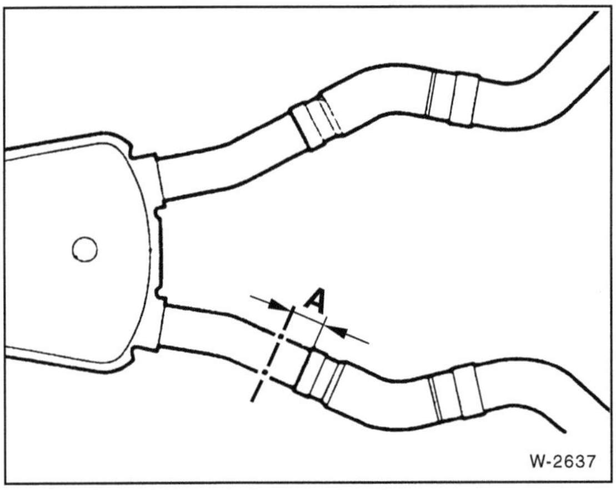

- Ermitteltes Maß -A- auf den eingebauten Nachschalldämpfer übertragen. An dieser Stelle Abgasrohr durchtrennen und entgraten. Nachschalldämpfer ausbauen.

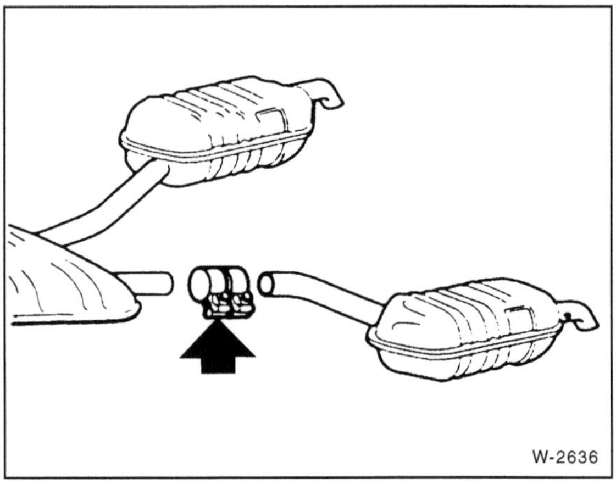

- Neuen Nachschalldämpfer mit Spannhülse -Pfeil- (Ersatzteil) verbinden. Die Trennstelle muß in der Mitte der Spannhülse liegen.

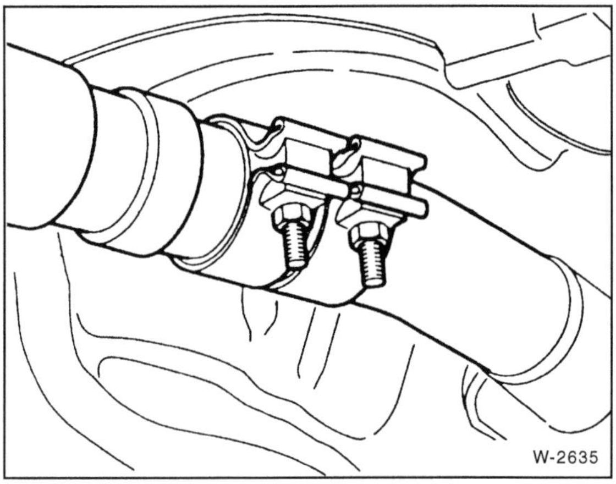

- Abgasanlage und Spannhülse so ausrichten, daß überall genügend Abstand von mindestens 25 mm zur Karosserie vorhanden ist. Außerdem muß das Endrohr gleichmäßigen Abstand in der Karosserieaussparung am Fahrzeugheck haben. Fahrzeug ablassen.

Lambdasonde aus- und einbauen

Achtung: Beim Auftragen von Unterbodenschutz sind die Lambdasonden abzudecken.

Ausbau

- Motorabdeckung oberhalb der Einspritzventile abbauen, siehe Seite 14.
- Fahrzeug aufbocken.

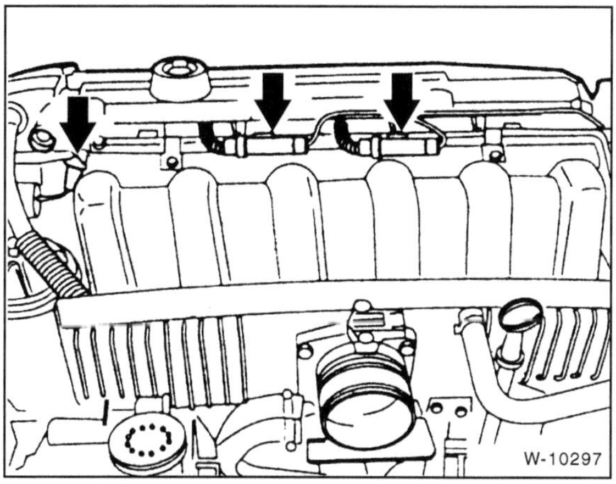

- Steckverbindungen für Lambdasonden ausclipsen und trennen.
- Kabelhalter lösen.
- Lambdasonden am Abgaskrümmer herausschrauben. Leitungen dabei von Hand mitdrehen, um ein Ab- oder Ausreißen zu vermeiden.

Einbau

Achtung: Lambdasonde **nicht** reinigen und nicht mit Schmiermitteln in Berührung bringen.

- Nur das Gewinde der Lambdasonde mit Hochtemperatur-Spezialfett »Antiseize« einsprühen.

Achtung: Wird die Sonde ohne das Hochtemperatur-Spezialfett eingeschraubt, frißt sich das Gewinde mit der Zeit fest. Die Lambdasonde kann dann später nicht mehr herausgeschraubt werden. Neue Sonden sind bereits mit dem Spezialfett bestrichen.

- Lambdasonde in Abgaskrümmer einschrauben und mit **30 Nm** festziehen.
- Elektrische Leitung verlegen und Stecker verbinden. Kabel so verlegen, daß es nicht durchscheuern beziehungsweise nicht an der Abgasanlage anliegen kann.
- Motorabdeckung einbauen.

Abgasanlage auf Dichtigkeit prüfen

Bei Fahrzeugen mit geregeltem Katalysator können Undichtigkeiten der Abgasanlage vor der Lambdasonde zu folgenden Störungen führen:

- ■ Startschwierigkeiten; Motor geht aus, schüttelt im Leerlauf, ruckelt beim Beschleunigen.

Prüfvoraussetzung: Motor kalt oder handwarm.

- Motor starten und Abgasanlage auf Dichtheit prüfen, dazu Abgasendrohr mit Lappen zuhalten. Dabei von einer Hilfsperson alle Dichtflansche auf austretende Abgase prüfen lassen (zischendes Geräusch, Austritt mit der Hand spürbar).
- Verbindungsstellen Zylinderkopf/Krümmer und Krümmer/Abgasrohr vorn mit handelsüblichem »Leck-Sucher« einsprühen und auf Blasenbildung untersuchen.
- Undichtigkeit beseitigen.

Kupplung

Die Kupplung übernimmt im Auto 2 Aufgaben: Beim Schalten der Gänge trennt sie den Kraftschluß zwischen Motor und Getriebe und beim Anfahren sorgt sie durch die Reibung für einen ruckfreien Kraftschluß.

Die Kupplung besteht aus der Kupplungsdruckplatte, der Kupplungsmitnehmerscheibe und dem Ausrücklager.

Die Kupplungsdruckplatte ist mit dem Schwungrad verschraubt, das wiederum an der Kurbelwelle des Motors angeflanscht ist. Zwischen der Kupplungsdruckplatte und dem Schwungrad befindet sich die Kupplungsmitnehmerscheibe, die von der Kupplungsdruckplatte gegen das Schwungrad gepreßt wird. Die Mitnehmerscheibe wird von der mit ihr verzahnten Getriebeantriebswelle zentriert.

Beim Niedertreten des Kupplungspedals (auskuppeln) wird über die hydraulische Betätigung und den Ausrückhebel das Ausrücklager gegen die Feder der Kupplungsdruckplatte gedrückt. Dadurch entspannt sich die Kupplungsdruckplatte, und die Mitnehmerscheibe wird nicht mehr gegen die Schwungscheibe gepreßt. Der Kraftschluß zwischen Motor und Getriebe ist also aufgehoben.

Die Kupplung wird bei allen Modellen hydraulisch betätigt. Das Hydrauliksystem der Kupplung arbeitet mit Bremsflüssigkeit und wird über den gemeinsamen Ausgleichbehälter für Bremsflüssigkeit versorgt.

Bei jedem Ein- und Auskuppeln wird durch den leichten Schleifvorgang etwas Reibbelag von der Mitnehmerscheibe abgeschliffen. Die Mitnehmerscheibe ist also ein Verschleißteil, doch hat sie eine mittlere Lebensdauer von über 100.000 Kilometern. Der Verschleiß hängt im wesentlichen von der Belastung (Anhängerbetrieb) und der Fahrweise ab. Die Kupplung ist wartungsfrei, da sie sich selbst nachstellt.

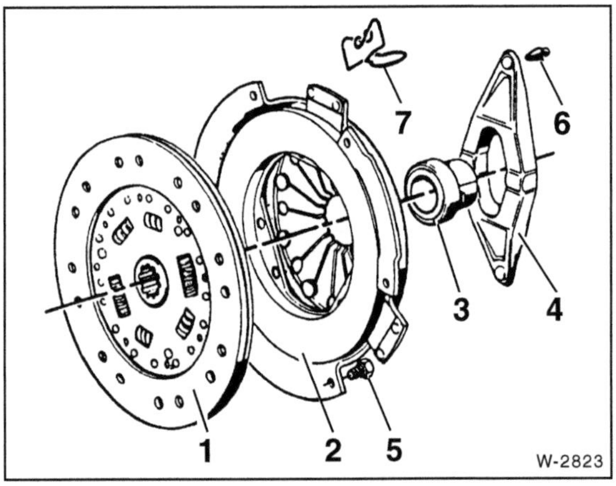

1 – Kupplungsscheibe
2 – Druckplatte
3 – Ausrücker
4 – Ausrückhebel
5 – Sechskantschraube
6 – Kugelbolzen
7 – Federbügel

Kupplung aus- und einbauen/prüfen

Ausbau

- Getriebe ausbauen, siehe Seite 111.

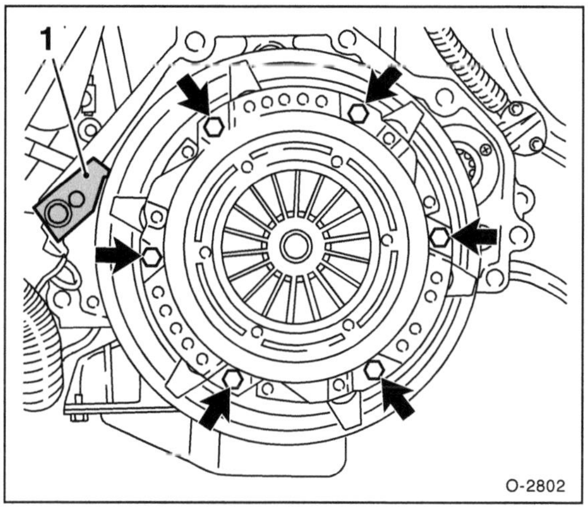

- Schwungrad am Zahnkranz mit Schraubendreher und Dorn oder Spezialwerkzeug –1– arretieren. Befestigungsschrauben der Kupplungsdruckplatte nacheinander jeweils um 1 bis 1½ Umdrehungen lösen, bis die Druckplatte entspannt ist.

Achtung: Wenn die Schrauben sofort ganz gelöst werden, können die Membranfeder sowie die Paßstifte zwischen Druckplatte und Schwungrad durch Verkanten beschädigt werden.

- Anschließend Schrauben ganz herausdrehen.
- Druckplatte und Kupplungsscheibe herausnehmen. **Achtung:** Druckplatte und Kupplungsscheibe beim Herausnehmen nicht fallen lassen, sonst können nach dem Einbau Rupf- und Trennschwierigkeiten auftreten.
- Schwungrad auswischen.

Prüfen

- Kupplungsdruckplatte auf Brandrisse und Riefen prüfen, gegebenenfalls ersetzen.

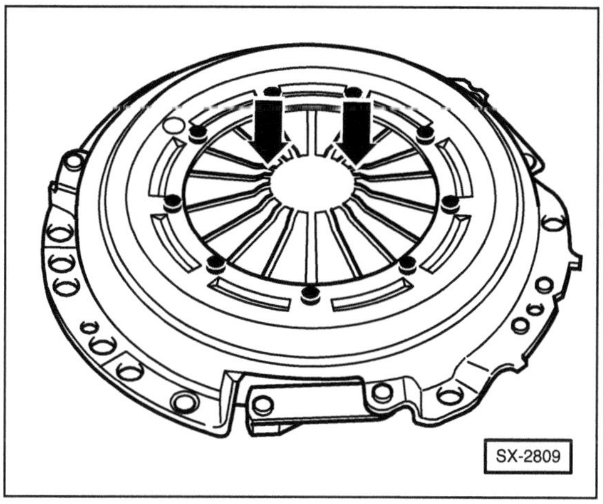

- Membranfeder auf Brüche untersuchen –Pfeile–.
- Federverbindungen zwischen Druckplatte und Deckel auf Risse, Nietbefestigungen auf festen Sitz prüfen. Kupplungen mit beschädigten oder losen Nietverbindungen ersetzen.

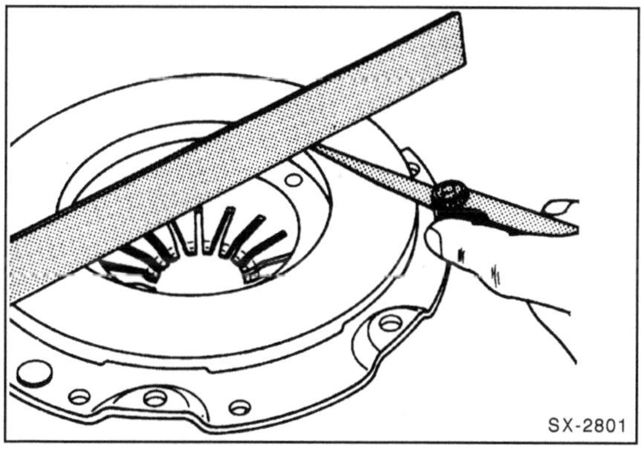

- Auflagefläche der Druckplatte auf Risse, Brandstellen und Verschleiß prüfen. Druckplatten, die bis zu 0,3 mm nach innen durchgebogen sind, dürfen noch eingebaut werden. Die Prüfung erfolgt mit Lineal und Fühlerblattlehre.
- Motor-Schwungrad auf Brandrisse und Riefen prüfen, gegebenenfalls erneuern. Nach jedem Lösen **neue** mikroverkapselte Schrauben einsetzen. Bleibt das bisherige Schwungrad eingebaut, Schrauben erneuern, wenn Öl austritt. Schwungrad über Kreuz mit **105 Nm** festziehen.
- Kupplungsdruckplatte und Schwungrad mit sehr feinem Schmirgelleinen abziehen.
- Verölte, verfettete oder mechanisch beschädigte Kupplungsscheiben austauschen.
- Kupplungsbelag mit Schraubstock vorsichtig zusammendrücken und Dicke mit Schieblehre messen. Die Mindestbelagstärke soll 7,5 mm betragen, sonst Kupplungsscheibe auswechseln. Ebenso bei Belagrissen.

- In der Werkstatt kann die Kupplungsscheibe auf Schlag geprüft werden. Der Seitenschlag der Kupplungsscheibe darf maximal 0,5 mm betragen. **Achtung:** Diese Prüfung ist nur notwendig, wenn die alte Kupplungsscheibe wieder eingebaut werden soll und die Kupplung vorher nicht richtig ausgekuppelt hat.
- Ausrücklager vom Lagerrohr am Getriebe abnehmen und prüfen, siehe Seite 108.

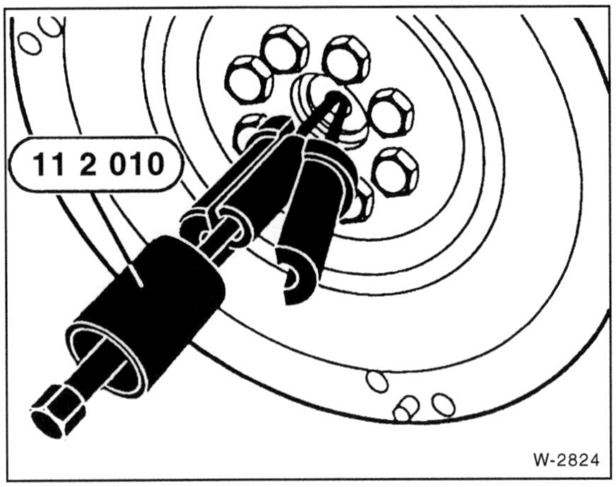

- Rillenkugellager in der Kurbelwelle auf leichten Lauf prüfen. Gegebenenfalls Lager mit Innenauszieher herausziehen und durch neues Lager ersetzen.

Einbau

Achtung: Vor dem Einbau einer neuen Kupplung, Korrosionsschutzlack von den Reibflächen von Druckplatte und gegebenenfalls Schwungrad restlos mit Lösungsmittel abwischen.

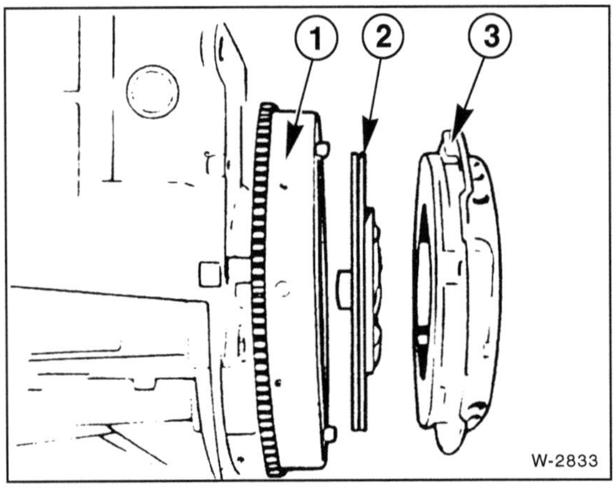

- Kupplungsscheibe –2– und Kupplungsdruckplatte –3– in das Schwungrad –1– einsetzen. **Achtung:** Die flache Seite der Kupplungsscheibe muß zur Druckplatte zeigen, siehe Abbildung. Die Kupplungsscheibe ist mit der Aufschrift »Getriebeseite« gekennzeichnet, Aufschrift muß in eingesetztem Zustand also lesbar sein. Kupplungsdruckplatte in die entsprechenden Paßstifte setzen.

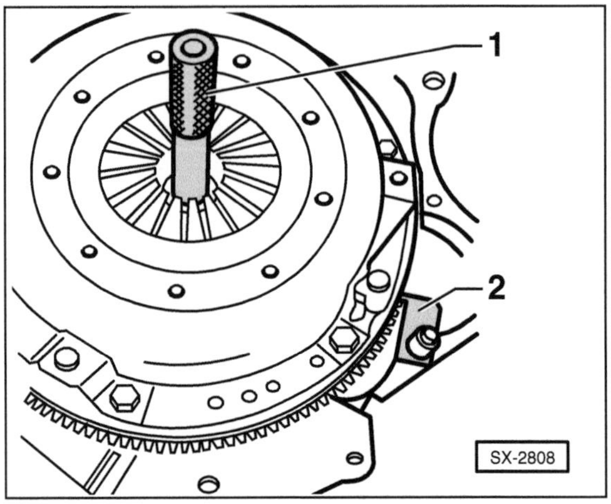

- Die Kupplungsscheibe muß beim Zusammensetzen mit einem passenden Dorn –1– (zum Beispiel HAZET Nr. 2174) oder mit einer alten Getriebe-Antriebswelle zentriert werden. 2 – Arretierwerkzeug.
- Befestigungsschrauben für Kupplungsdruckplatte nacheinander mit 1 bis 1 ½ Umdrehungen anziehen, bis die Druckplatte festgezogen ist. Darauf achten, daß die Druckplatte beim Anziehen der Schrauben gleichmäßig und gratfrei in das Schwungrad eingezogen wird. Das Anzugsdrehmoment richtet sich nach der Schraubengüte, die auf dem Schraubenkopf eingeschlagen ist: M8-Schrauben der Güte »8.8« mit **25 Nm**, der Güte »10.9« mit **35 Nm** festziehen.
- Zentrierwerkzeug herausziehen.
- Falls vorhanden, Arretierwerkzeug am Schwungrad entfernen.

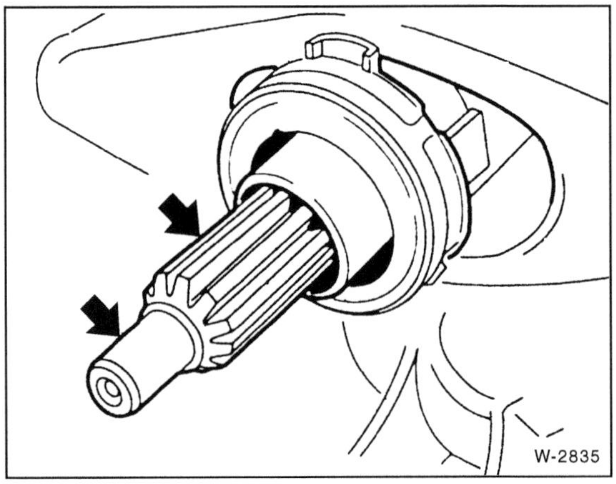

- Keilnuten der Getriebeantriebswelle mit »ESSO UNIREX S2« hauchdünn einfetten. **Achtung:** Nicht zuviel Fett verwenden. Die benötigte Fettmenge entspricht etwa der Größe eines Maiskorns. Nach Auftragen des Fettes die Kupplungsscheibe auf der Antriebswelle hin- und herbewegen, bis die Nabe auf der Welle leichtgängig ist. Überschüssiges Fett unbedingt entfernen, sonst können im späteren Fahrbetrieb Kupplungsstörungen auftreten.
- Getriebe einbauen, siehe Seite 111.

Kupplungsbetätigung entlüften

Die Kupplungsbetätigung muß entlüftet werden, wenn das Kupplungspedal nicht oder nur verzögert zurückkommt, die Kupplung nicht richtig trennt beziehungsweise wenn das Hydrauliksystem geöffnet wurde.

Da das Hydrauliksystem der Kupplung mit Bremsflüssigkeit arbeitet, sind ebenfalls die entsprechenden Hinweise im Kapitel »Bremsanlage« durchzulesen.

Achtung: Bei dem hier beschriebenen Entlüftungsvorgang ohne Entlüftergerät kann etwas Luft im System bleiben. Erkennbar ist das am Kratzen und nicht richtigen Trennen der Kupplung. In diesem Fall Kupplungshydraulik umgehend in der Werkstatt mit dem Spezialgerät entlüften lassen.

- Motorraum-Unterschutz abschrauben, siehe Seite 14.
- Bremsflüssigkeitsstand im Vorratsbehälter prüfen, gegebenenfalls bis zur Max.-Markierung auffüllen, siehe Seite 285.

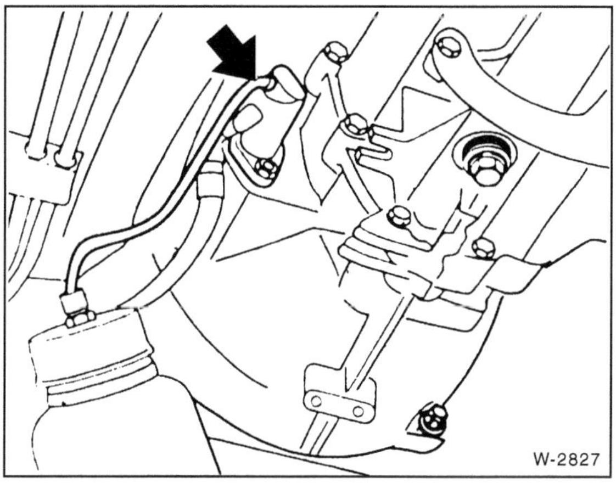

- Staubkappe vom Entlüfterschraube –Pfeil– am Nehmerzylinder abziehen. Durchsichtigen Schlauch auf das Entlüfterventil am Nehmerzylinder aufschieben.
- Entlüfterventil vorsichtig gangbar machen. Zum Öffnen Ringschlüssel verwenden, damit der Sechskant der Schraube nicht beschädigt wird.
- Freies Schlauchende in ein Gefäß mit Bremsflüssigkeit tauchen, damit beim Entlüftungsvorgang keine Luft angesaugt werden kann.
- Kupplungspedal von Helfer ca. 10mal bis zum Anschlag durchtreten und dann gedrückt festhalten lassen.
- In dieser Stellung Entlüfterschraube öffnen, Bremsflüssigkeit tritt aus. Wenn keine Luftblasen mehr in der austretenden Bremsflüssigkeit sichtbar sind, Entlüfterschraube zudrehen (verschließen).

Achtung: Der Flüssigkeitsstand im Vorratsbehälter darf nicht zu weit absinken, immer **neue** Bremsflüssigkeit nachfüllen.

- Kupplungspedal loslassen und erneut 10mal betätigen, in gedrückter Stellung festhalten und Entlüfterschraube öffnen. Diesen Vorgang so oft wiederholen, bis am Schlauch keine Luftblasen mehr herausgedrückt werden. Dabei stets **neue** Bremsflüssigkeit in den Vorratsbehälter nachfüllen.
- Entlüfterschraube am Nehmerzylinder verschließen. Schlauch abziehen und Staubkappe aufschieben.
- Fahrzeug ablassen.
- Bremsflüssigkeit bis zur Max.-Markierung auffüllen.
- Funktion von Brems- und Kupplungssystem prüfen.

Entlüften mit Entlüftergerät

In den Werkstätten wird die Kupplungshydraulik in der Regel mit einem Entlüftergerät entlüftet. Das Entlüftergerät gibt Druck auf die Bremsflüssigkeit.

- Verschraubung am Bremsflüssigkeits-Ausgleichbehälter abschrauben. Schwimmerbehälter herausnehmen.
- Entlüftergerät nach Vorschrift anschließen.
- Am Kupplungsnehmerzylinder Schlauch auf Entlüfterschraube aufschieben. Schlauchende in eine Flasche für Bremsflüssigkeit stecken.
- Entlüfterschraube so lange öffnen, bis keine Luftblasen mehr entweichen, dann schließen.
- Entlüftergerät abbauen.
- 10mal das Kupplungspedal langsam bis zum Anschlag durchtreten und langsam wieder zurückkommen lassen.
- Nehmerzylinder vom Getriebe abbauen, Hydraulikleitung bleibt angeschlossen, siehe Seite 109.

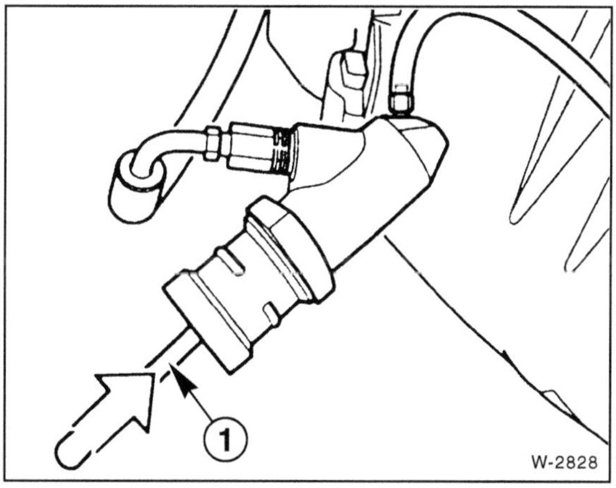

- Entlüfterventil öffnen. Druckstange –1– bis zum Anschlag im Nehmerzylinder drücken, bis keine Luftblasen mehr entweichen. Dabei muß das Entlüftungsventil nach oben zeigen. Ventil schließen und Druckstange **langsam** zurückkommen lassen.

Achtung: Der Kupplungsfußhebel darf bei ausgebautem Nehmerzylinder nicht betätigt werden.

- Schwimmerbehälter einsetzen. Bremsflüssigkeit bis zur Max.-Markierung auffüllen. Deckel für Bremsflüssigkeitsbehälter aufschrauben.
- Reinluftfilterkasten einbauen, siehe Seite 260.
- Motorraum-Unterschutz einsetzen und anschrauben.

Ausrücklager aus- und einbauen

Hörbare Lagergeräusche in ausgekuppeltem Zustand, also bei niedergetretenem Kupplungspedal, deuten auf ein defektes Ausrücklager hin.

Ausbau

- Getriebe ausbauen, siehe Seite 111.

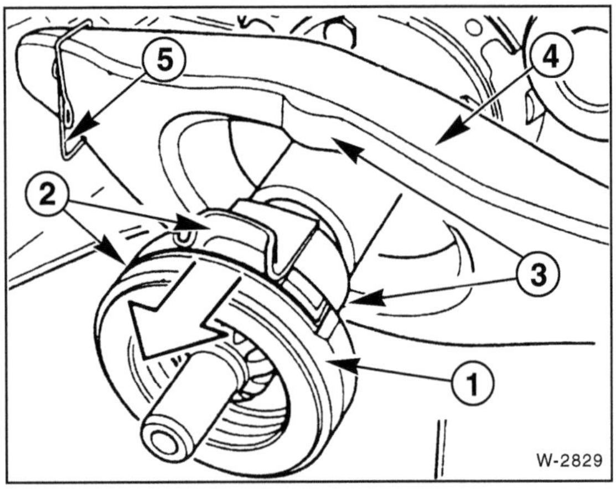

W-2829

- Ausrücklager –1– von der Getriebeantriebswelle abnehmen. Ausrückhebel –4– aus Federbügel –5– herausziehen und abnehmen.
- Ausrücklager von Hand prüfen. Dazu Kupplungsausrücklager leicht zusammenpressen und drehen. Es muß sich leicht drehen lassen, sonst austauschen.

Einbau

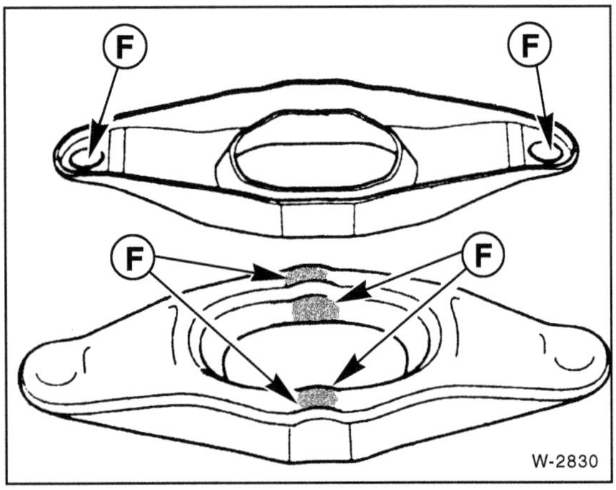

W-2830

- Ausrückhebel reinigen und an den Gleitflächen –F– mit »ESSO UNIREX S2« leicht bestreichen.

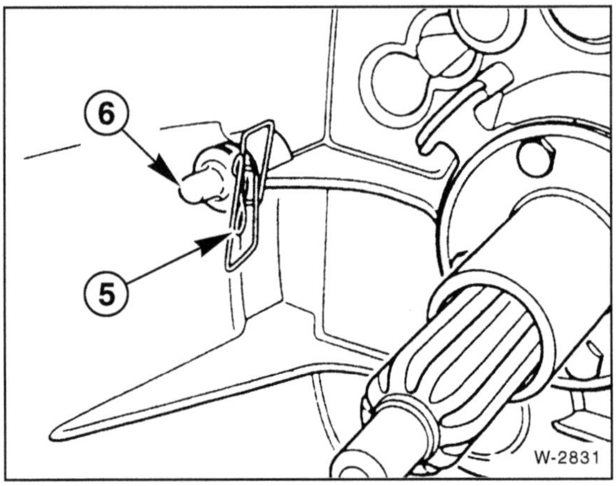

W-2831

- Federbügel –5– und Kugelbolzen –6– bei Beschädigung erneuern.

Achtung: Am Getriebe S6S 420G muß der Federbügel und der Kugelbolzen immer erneuert werden. Der Getriebetyp ist als unterste Zeile auf der 3zeiligen Getriebebeschriftung zu finden. Die Beschriftung kann sich an folgenden Stellen befinden: Getriebemitte unten, Kupplungsglocke unten, Aufkleber an der Getriebeverlängerung linke Seite.

W-2832

- Führungshülse –7– abwischen. Führungshülse nicht fetten, sonst kann das Ausrücklager auf der Führungshülse klemmen.
- Ausrückhebel mit Ausrücker auf Getriebeantriebswelle aufsetzen und mit Federbügel befestigen.
- Gleitflächen am Ausrücklager reinigen. Ausrücklager nicht in Benzin auswaschen. Die Gleitflächen –2– des Ausrücklagers müssen an den Gleitflächen –3– des Ausrückhebels anliegen, siehe Abbildung W-2829.
- Getriebe einbauen, siehe Seite 111.

Kupplungsnehmerzylinder aus- und einbauen

Ausbau

- Nur wenn die Hydraulikleitung gelöst wird: Bremsflüssigkeit aus Ausgleichbehälter bis zum Anschluß der Nachfülleitung mit geeignetem Saugheber absaugen. **Achtung:** Bremsflüssigkeit ist giftig. Bremsflüssigkeit nicht über einen Schlauch mit dem Mund absaugen.
- Fahrzeug aufbocken, Motorraum-Unterschutz abschrauben, siehe Seite 14.

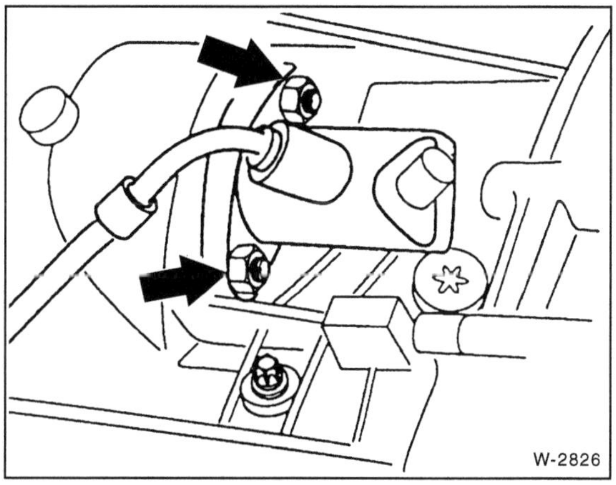

- Nehmerzylinder vom Getriebe abschrauben.
- Hydraulikleitung abschrauben. **Achtung:** Soll der Kupplungsnehmerzylinder nicht ausgetauscht werden, bleibt die Hydraulikleitung angeschlossen.

Einbau

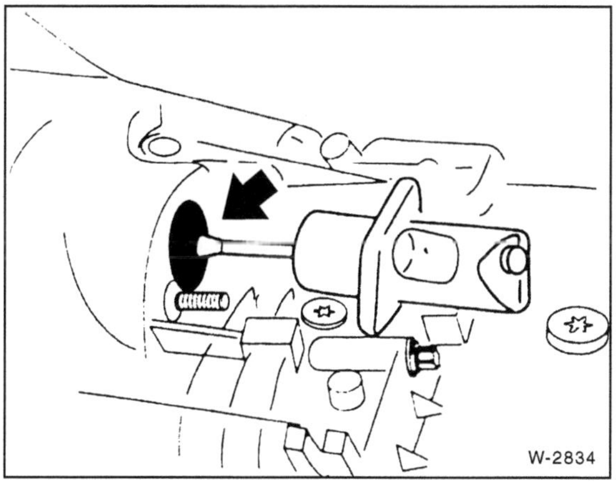

- Druckstange des Nehmerzylinders reinigen und mit »Molykote Longtherm 2« leicht fetten.
- Nehmerzylinder an Getriebe ansetzen und mit **25 Nm** festziehen.
- Hydraulikleitung an Nehmerzylinder mit **15 Nm** anschrauben. Bremsflüssigkeit auffüllen, Kupplungshydraulik entlüften.
- Motorraum-Unterschutz anschrauben.

Störungsdiagnose Kupplung

Störung	Ursache	Abhilfe
Kupplung rupft.	Motor- und Getriebelager defekt.	■ Prüfen, gegebenenfalls auswechseln.
	Getriebe liegt in der Aufhängung nicht fest.	■ Befestigungsschrauben nachziehen.
	Druckplatte trägt ungleichmäßig.	■ Druckplatte auswechseln.
	Kupplungsscheibe kein Originalteil.	■ Original-Kupplungsscheibe einbauen.
	Kupplungsscheibe verschlissen oder verölt.	■ Kupplungsscheibe prüfen.
Kupplung rutscht.	Kupplungsscheibe verschlissen.	■ Dicke der Kupplungsscheibe prüfen, gegebenenfalls auswechseln.
	Ausrückhydraulik klemmt oder ist undicht.	■ Sichtprüfung durchführen.
	Spannung der Membranfeder zu gering.	■ Druckplatte auswechseln.
	Belag verhärtet oder verölt.	■ Kupplungsscheibe austauschen.
	Kupplung wurde überhitzt.	■ Original-Kupplungsscheibe einbauen.
Gänge lassen sich schwer oder gar nicht einlegen (Kupplung trennt nicht richtig).	Ausrückhydraulik klemmt oder ist undicht.	■ Sichtprüfung durchführen.
	Kupplungsscheibe klemmt auf der Antriebswelle, Kerbverzahnung trocken oder verklebt.	■ Kerbverzahnung reinigen, entgraten, ggf. Rost entfernen, leicht mit MoS_2-Fett schmieren.
	Luft im Hydrauliksystem.	■ Kupplungshydraulik entlüften.
	Belag durch Abrieb verklebt.	■ Kupplungsscheibe austauschen.
	Kupplungsscheibe hat Seitenschlag.	■ Kupplungsscheibe prüfen lassen.
	Druckplatte defekt.	■ Druckplatte auswechseln.
Schwergängiges Pedal Ungewöhnliche Geräusche bei betätigtem Pedal.	Pedalachse schwergängig.	■ Teile schmieren oder ersetzen.
	Ausrücklager verschlissen.	■ Ausrücklager auswechseln.
	Lose Teile im Kupplungsgehäuse.	■ Kupplung instandsetzen.
Auf- und abschwellendes Geräusch bei Zug- oder Schubzustand, oder wenn Fahrzeug im ausgekuppeltem Zustand rollt.	Torsionsdämpfer der Kupplungsscheibe schwergängig.	■ Kupplungsscheibe erneuern.
	Nietverbindungen der Kupplung locker.	■ Kupplung ersetzen.
	Unwucht der Kupplung zu groß.	■ Kupplung und Kupplungsscheibe ersetzen.

Getriebe/Schaltung/ Automatikgetriebe

Das Getriebe kann ohne Ausbau des Motors ausgebaut werden. Ein Ausbau ist dann erforderlich, wenn die Kupplung ausgewechselt werden soll oder wenn das Getriebe erneuert beziehungsweise überholt werden muß. Da es jedoch in keinem Fall anzuraten ist, Reparaturen am Getriebe mit Heimwerkermitteln in Angriff zu nehmen, beschreibe ich lediglich den Ausbau des Aggregates.

Getriebe aus- und einbauen

Grundsätzlich gilt diese Anweisung für das Schaltgetriebe. Auf Abweichungen zum Ausbau des Automatikgetriebes wird gesondert eingegangen.

Ausbau

- Batterie-Massekabel (–) abklemmen. Die Batterie befindet sich im Kofferraum hinter der rechten Seitenverkleidung. **Achtung:** Dadurch werden elektronische Speicher gelöscht, wie zum Beispiel der Radiocode. Hinweise im Kapitel »Batterie aus- und einbauen« beachten.
- Fahrzeug aufbocken und Abgasanlage ausbauen, siehe Seite 98.
- Rückwärtsgangschalter-Kabel am Getriebe abziehen.

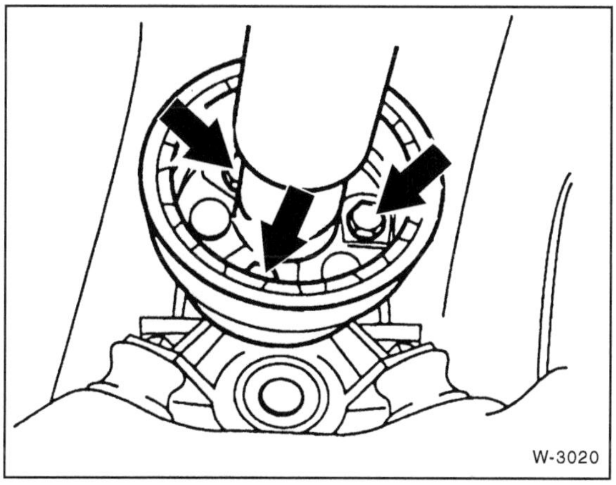

W-3020

- Gelenkscheibe vom Getriebe abschrauben. Damit die Gelenkscheibe nicht verspannt wird, beim Lösen nur die Muttern, nicht die Schrauben verdrehen.
- Gelenkwelle zur Seite knicken und vom Zentrierzapfen abziehen. **Achtung:** Gelenkwelle mit Draht am Unterbau festbinden, nicht in die Gelenke fallen lassen.

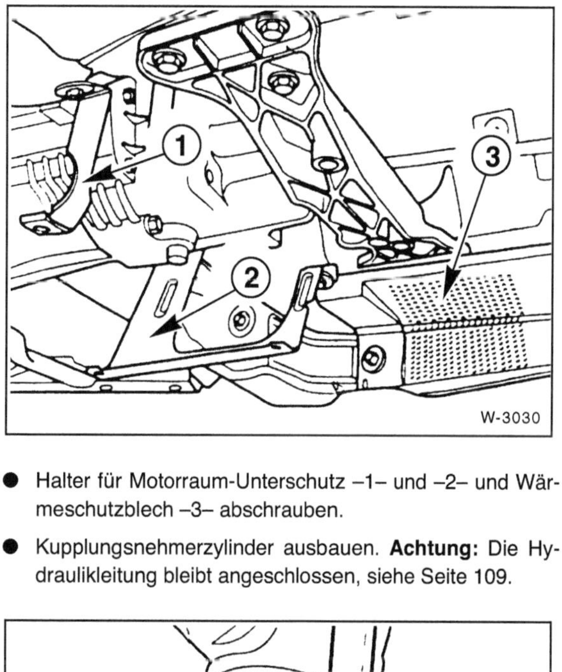

W-3030

- Halter für Motorraum-Unterschutz –1– und –2– und Wärmeschutzblech –3– abschrauben.
- Kupplungsnehmerzylinder ausbauen. **Achtung:** Die Hydraulikleitung bleibt angeschlossen, siehe Seite 109.

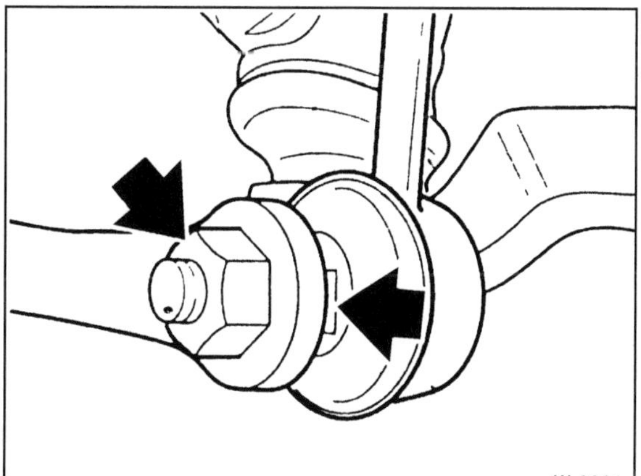

W-3031

- Druckstangen vom Stabilisator beidseitig abschrauben. Kugelkopf an der abgeflachten Stelle mit Gabelschlüssel gegenhalten. Stabilisator nach oben schwenken.

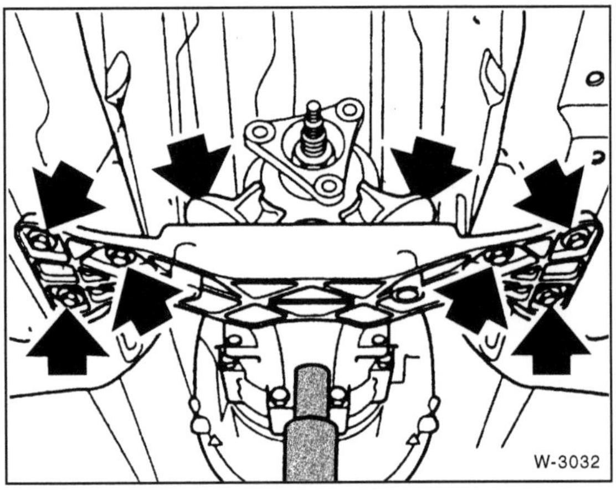

- **Achtung:** Getriebe mit einem Werkstattwagenheber etwas anheben und abstützen. Erst dann Querträger am Unterboden und Getriebe abschrauben –Pfeile–.

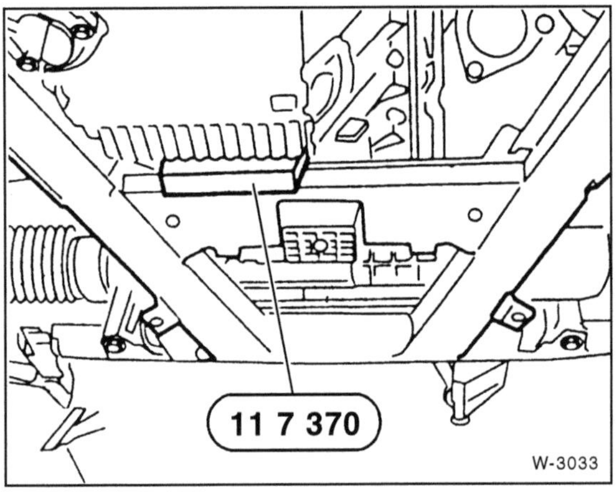

- Geeignete Holzzwischenlage oder BMW-Sonderwerkzeug 11 7 370 zwischen Motorölwanne und Vorderachsträger klemmen, damit die Ölwanne nicht beschädigt wird.
- Getriebe mit Werkstattwagenheber absenken.

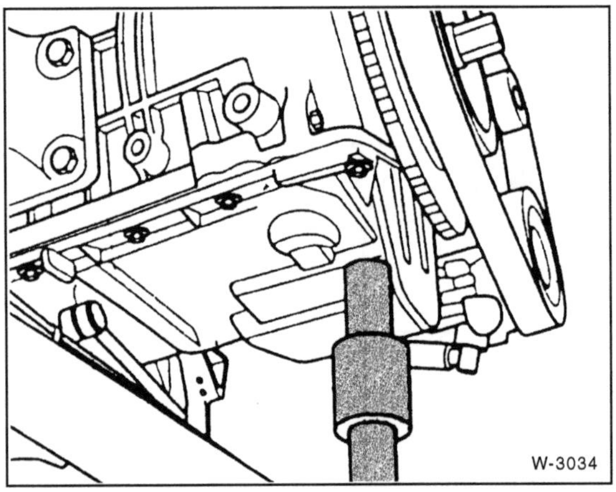

- Motor vorn mit einem zweiten Werkstattwagenheber abstützen, da er nach Ausbau des Getriebes nach vorn kippen würde.

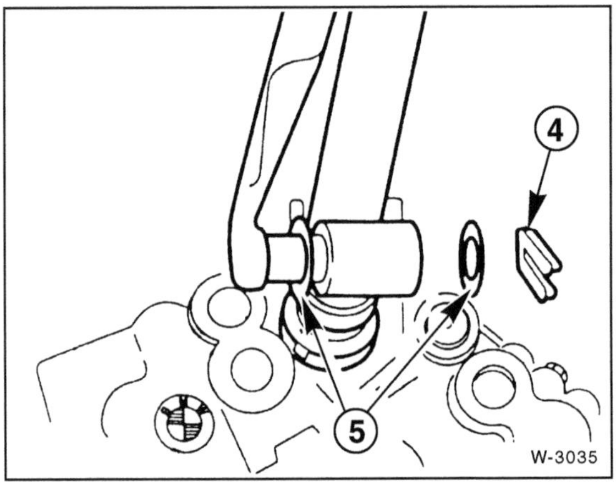

- An der Schaltstange Sicherungsklammer –4– ausheben, Scheiben –5– auf beiden Seiten der Schaltstange abnehmen und Schaltstange herausziehen.

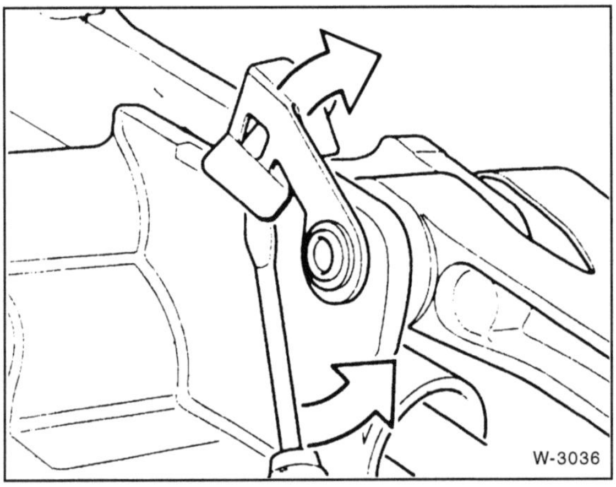

- Lagerbolzen der Schaltstange mit Schraubendreher an der Sicherung nach oben schwenken. Lagerbolzen herausziehen.

Automatikgetriebe

- Schaltseilzug am Getriebe abbauen, siehe Seite 119.
- Elektrischen Anschlußstecker am Getriebe abziehen, dabei Drahtsicherung eindrücken.
- Halter an der Motor-Ölwanne fürÖlleitungen zum Getriebe-Ölkühler abschrauben.

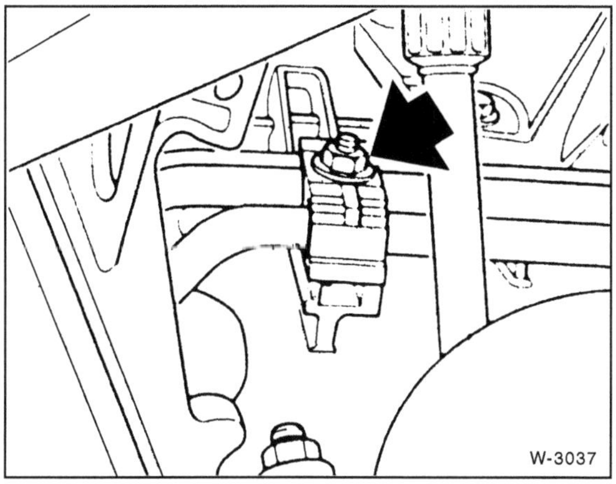

- Halter –1– für Ölkühlerleitung am Getriebe lösen. Leitungen herausziehen. **Achtung:** Öl läuft aus, Auffanggefäß unterstellen. Es darf kein Schmutz in die Leitungen gelangen, daher Plastiktüten mit Gummiringen überstülpen.

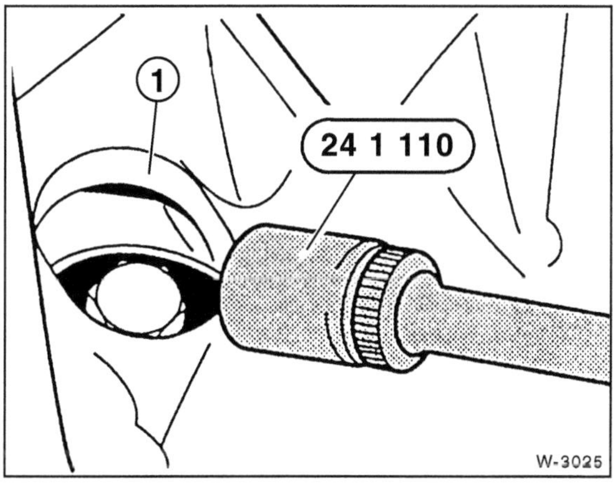

- Abdeckung seitlich an der Öffnung –1– am Kurbelgehäuse abhebeln. Nacheinander 3 Schrauben für Drehmomentwandler mit einer schmalen Sechskantnuß herausdrehen, dabei dürfen die Schrauben nicht in das Gehäuse fallen. Damit die Schrauben in der Aussparung liegen, Motor am Sechskant der Kurbelwellen-Riemenscheibe verdrehen.
- Getriebe mit Werkstattwagenheber und geeigneter Aufnahmevorrichtung von der Fahrzeugunterseite her abstützen. Das Getriebe darf nur am Gehäuse, nicht an der Ölwanne abgestützt werden.
- Getriebe vom Motor abschrauben, Lage der Flanschschrauben wie beim Schaltgetriebe.

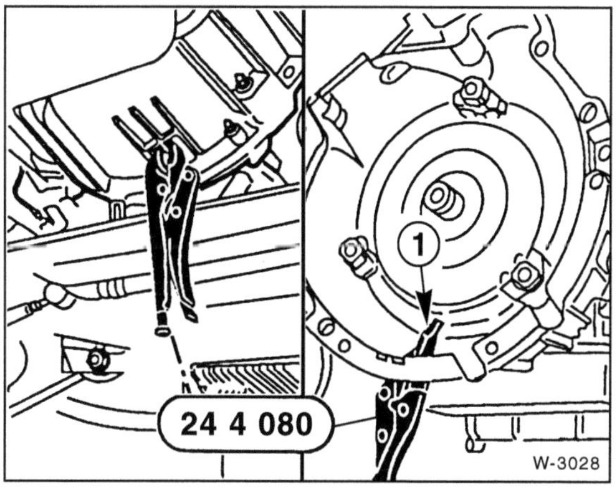

- Wandler vor Herausrutschen sichern, dazu Gripzange am Getriebegehäuse mit der flachen Seite –1– der Haltezunge zum Wandler ansetzen und festklemmen. Kann keine Gripzange angesetzt werden, beim Abziehen des Getriebes darauf achten, daß der Wandler nicht aus dem Getriebe herausrutscht. Getriebe vom Motor abziehen.

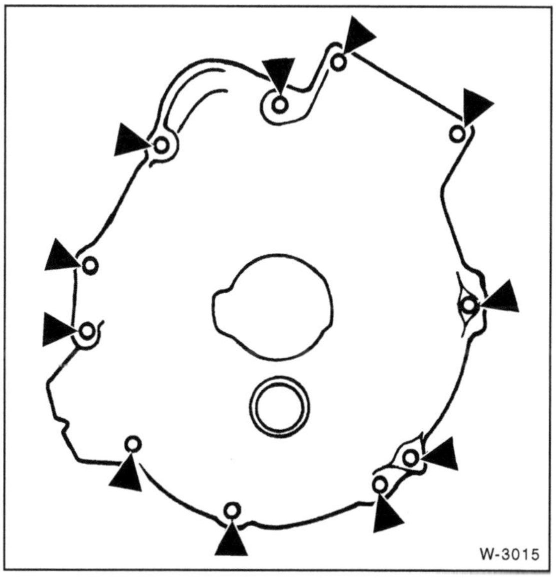

- Getriebeschrauben mit Torx-Einsatz herausdrehen.
- Getriebe vom Motor abflanschen und mit Helfer nach hinten herausheben.

Einbau

- Vor dem Einbau Kupplung prüfen, siehe Seite 105.
- Kupplungsausrücklager auf leichten Lauf prüfen. Lager an den richtigen Stellen mit »Molykote Longtherm 2« einfetten, siehe Seite 108.
- Keilnuten der Getriebeantriebswelle mit »Microlube GL 261« dünn einfetten. Nicht zuviel Fett verwenden, sonst kann es auf die Kupplungsreibflächen geschleudert werden, wo es zu Kupplungsstörungen führt. Die benötigte Fettmenge entspricht etwa der Größe eines Maiskorns.
- Am Getriebehebel einen Gang einlegen.

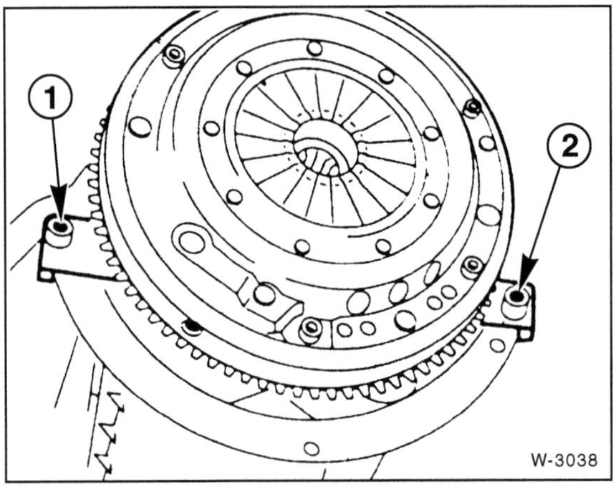

- **Achtung:** Sicherstellen, daß die beiden Paßhülsen –1– und –2– zwischen Motor und Getriebe vorhanden sind. Getriebe anheben und waagerecht in die Kupplung einfahren. Falls beim Einsetzen die Getriebe-Antriebswelle nicht in die Kupplungsscheibe einrastet, Antriebswelle von hinten am Flansch für die Gelenkwelle mit der Hand entsprechend verdrehen.
- Torx-Getriebe/Motorschrauben auf jeden Fall mit Unterlegscheiben einschrauben.

Anzugsdrehmomente Torxschrauben:
M8 mit 25 Nm, M10 mit 45 Nm, M12 mit 70 Nm.

Anzugsdrehmomente Schrauben mit Sechskantkopf:
M8 mit 25 Nm, M10 mit 50 Nm, M12 mit 80 Nm.

- Getriebe anheben und Querträger mit **25 Nm** festschrauben.
- Kupplungsnehmerzylinder einbauen, siehe Seite 109.
- Lagerbolzen für Schaltstange mit dem Fett »Klüber Polylub GLY 801« bestreichen und einsetzen. Sicherung nach unten schwenken.
- Schaltstange einsetzen. Scheiben auf Bolzen aufschieben und Schaltstange mit Sicherungsscheibe sichern.
- Kabel für Rückwärtsgangschalter aufschieben.

Automatikgetriebe

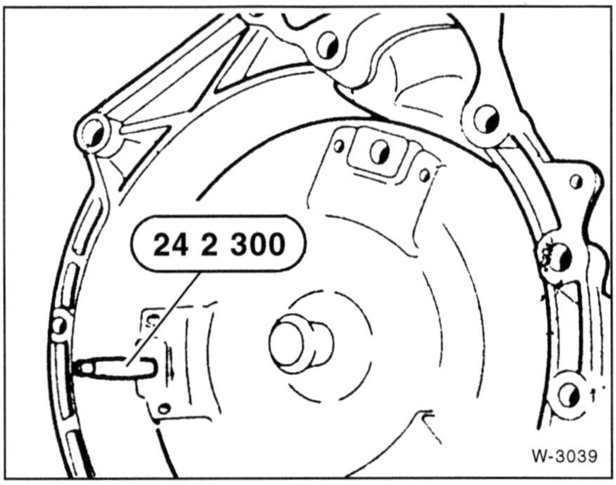

- Drehmomentwandler am Getriebe so verdrehen, daß die Bohrungen an den Laschen zur Mitte der Bohrungen am Schwungrad zeigen. Spezialwerkzeug (Dorn) in die Lasche eindrehen.
- Bei der Zusammenführung von Motor und Getriebe müssen die 3 Befestigungslaschen am Drehmomentwandler mit den 3 Ausbuchtungen am Blechschwungrad des Motors fluchten. Ein nachträgliches Ausrichten ist nicht möglich und würde zur Beschädigung führen.

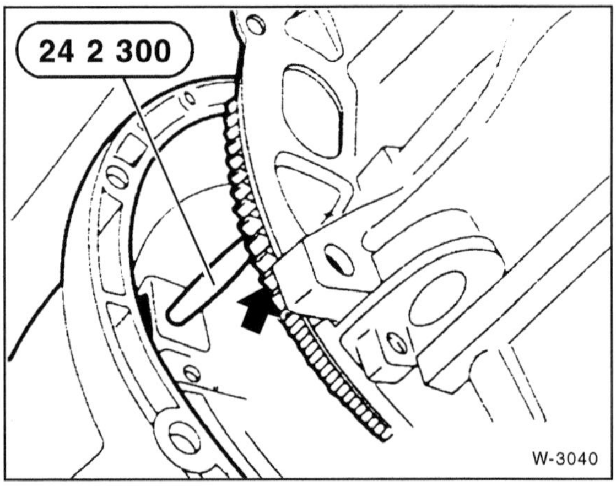

- Automatikgetriebe ansetzen und Dorn vorsichtig in die Bohrung am Mitnehmer einsetzen. Nach Anschrauben des Getriebes den Dorn nach vorn von der Lasche herausschrauben.

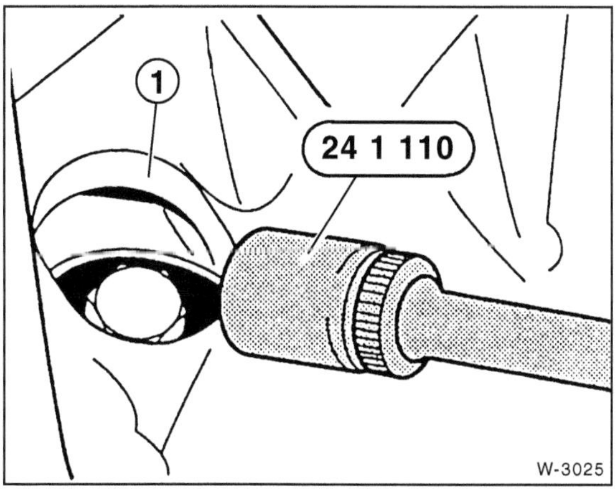

- Gripzange am Getriebegehäuse entfernen und 3 Schrauben für Drehmomentwandler an der Getriebeöffnung –1– einschrauben. Schrauben mit **45 Nm** anziehen. Bei Ersatz, nur Originalschrauben verwenden.
- Staubschutz entfernen und Ölleitungen am Getriebe mit **neuen** Dichtungen einsetzen, mit Halter anschrauben.
- Halterungen der Ölleitung an Motor-Ölwanne anschrauben.
- Elektrischen Anschlußstecker am Getriebe aufschieben, er muß einrasten.
- Schaltseilzug einbauen und einstellen, siehe Seite 119.

- Getriebeöl auffüllen, siehe Seite 284.
- Gelenkwelle einbauen, siehe Seite 115.
- Getriebe-Querträger am Unterboden und Getriebe mit **20 Nm** anschrauben. Wagenheber am Getriebe entfernen.
- Wärmeschutzblech anschrauben.
- Abgasanlage einbauen, siehe Seite 98.
- Stabilisator an die Druckstangen mit **neuen selbstsichernden** Muttern und **60 Nm** anschrauben.
- Motorraum-Unterschutz anschrauben.
- Batterie-Massekabel (–) anklemmen. Zeituhr einstellen. Radiosender programmieren.

Gelenkwelle aus- und einbauen

Es können unterschiedliche Ausführungen der Gelenkwellen eingebaut sein: Meistens ist eine Gelenkwelle mit vorderer Gelenkscheibe eingebaut. Die 2. Ausführung besitzt anstelle der Gelenkscheibe ein zusätzliches Gleichlaufgelenk. Abweichungen beim Ausbau beachten.

Ausbau

- Fahrzeug aufbocken.
- Abgasanlage komplett ausbauen.

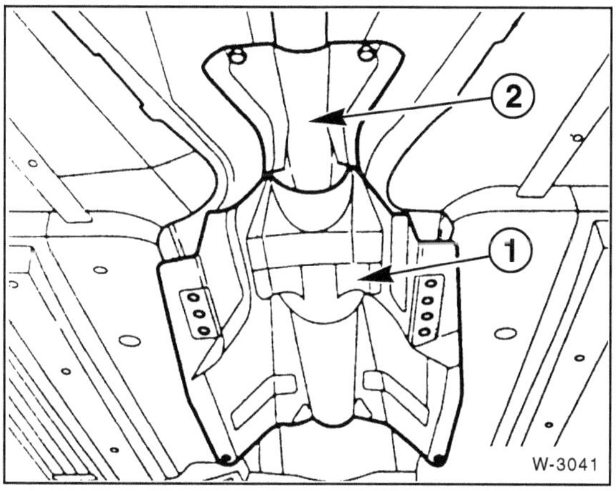

- Wärmeschutzbleche –1–, –2– vom Unterboden abschrauben.

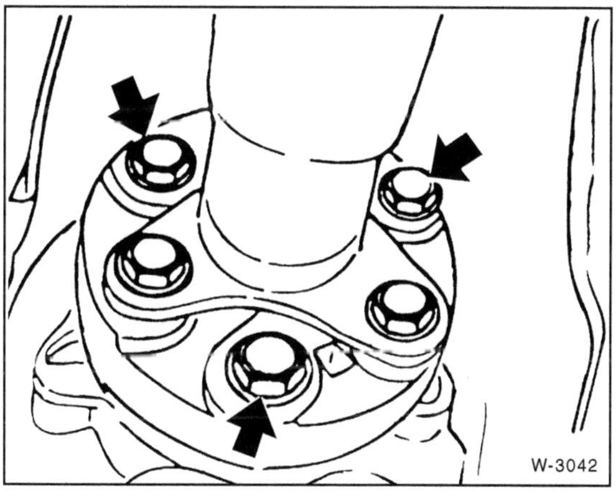

- Gelenkscheibe am Getriebe abschrauben. Gelenkwelle dabei mit handelsüblichem Spannbandschlüssel festhalten, damit sie sich nicht mitdreht.

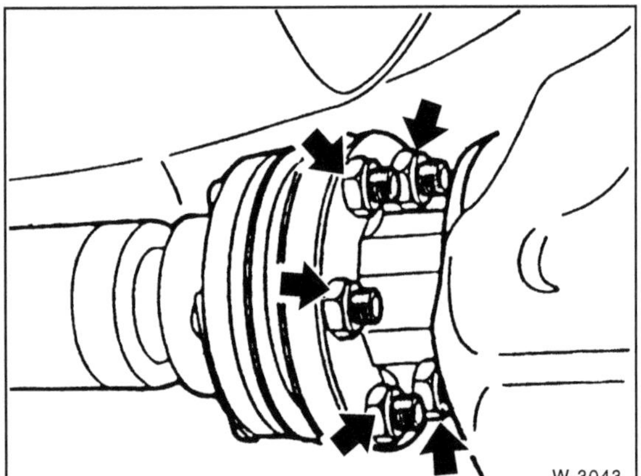
W-3043

- Muttern für Gelenkwelle an Hinterachsgetriebe abschrauben.

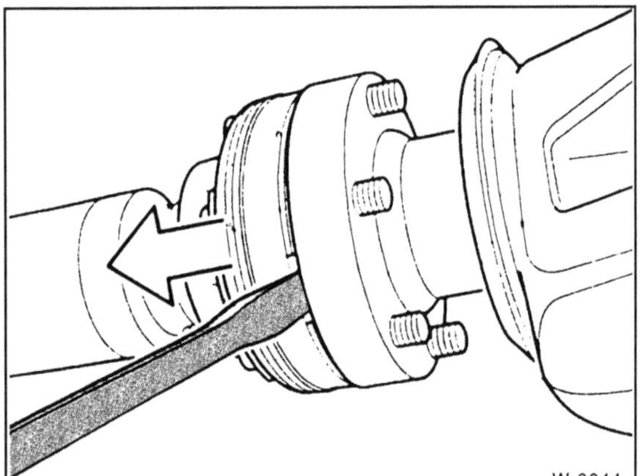
W-3044

- Gleichlaufgelenk an den Nuten mit Schraubendreher vom Flansch abdrücken.

Achtung: Gelenkwelle nicht in die Gelenke fallen lassen. Insbesondere am Gleichlaufgelenk wird sonst die Gummimanschette gequetscht.

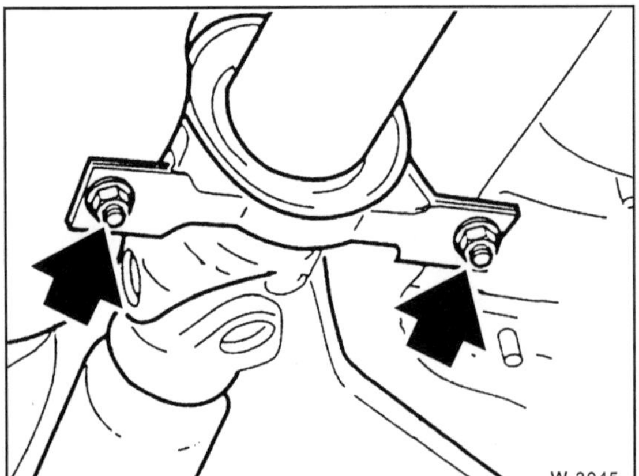
W-3045

- Mittellager festhalten und Muttern lösen.
- Gelenkwelle am Mittellager nach unten knicken und aus dem Zentrierzapfen am Getriebe herausziehen.

Hinweis: Gleichlaufgelenk der Gelenkwelle mit Transportkappe oder Plastiksack vor Verschmutzung schützen.

Einbau

Bei Vibrationen und Geräuschen, die von der Gelenkwelle ausgehen, kann diese in der Werkstatt ausgewuchtet werden. Außerdem kann festgestellt werden, ob die Gelenke intakt sind.

Achtung: Die Gelenkwelle ist im Strang gewuchtet und darf nur komplett ausgewechselt werden. Verschlissene Gelenkwelle erneuern.

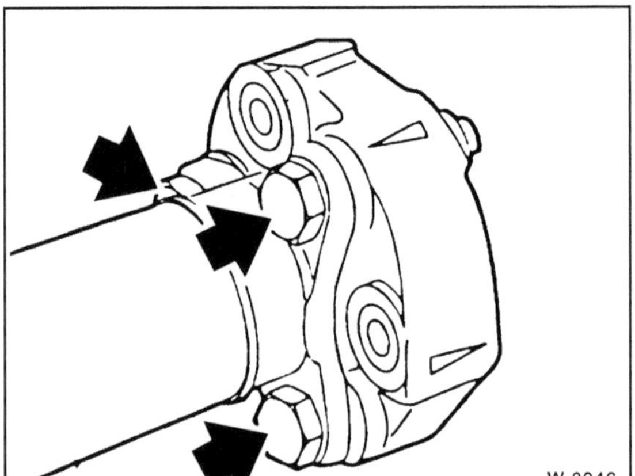
W-3046

- Gelenkscheibe erneuern, wenn sie verschlissen ist, dazu Schrauben –Pfeile– lösen. Neue Gelenkscheibe so einbauen, daß die am Umfang angebrachten Pfeile zu den jeweiligen Flanscharmen zeigen.

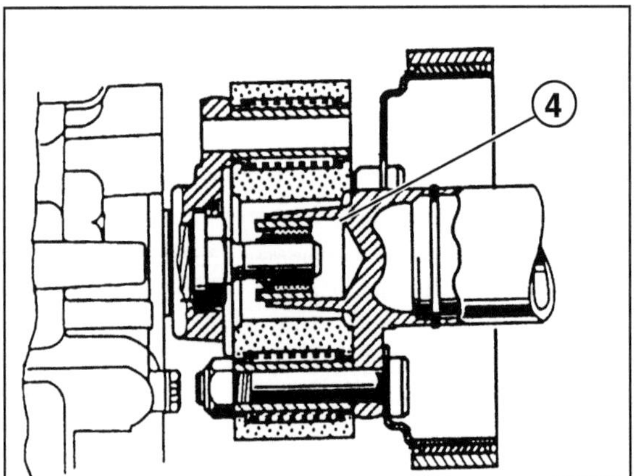

W-3024

- Vor dem Einbau Gelenkwellen-Zentrierung –4– an der Gelenkscheibe überprüfen, gegebenenfalls Zentrierung mit »Molykote Longtherm 2« schmieren. Beschädigte Zentrierung ersetzen.

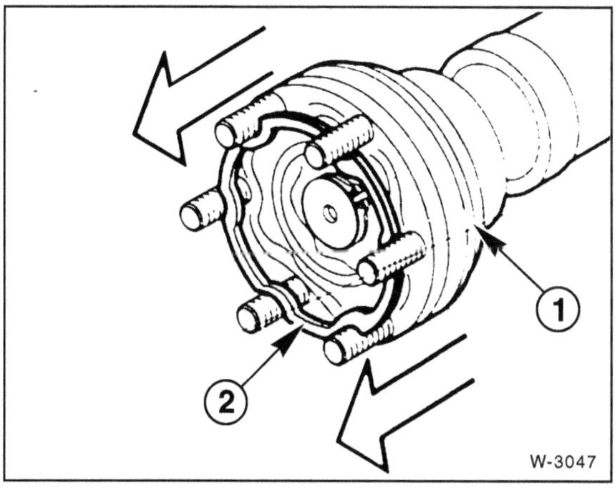

- Gleichlaufgelenk –1– bis zum Anschlag herausziehen. Fettfüllung für Gleichlaufgelenk ergänzen, wenn Fett abgewischt wurde. Nur dafür vorgesehenes Fett von BMW verwenden.
- Dichtung –2– erneuern. Vorher Dichtflächen am Gleichlaufgelenk und Antriebsflansch mit Spiritus fettfrei abwischen.
- Gelenkwelle mit auseinandergezogenem Gleichlaufgelenk auf den Flansch am Hinterachsgetriebe aufstecken.

Achtung: Das Gleichlaufgelenk darf während der Montage nicht zusammengeschoben werden, da die Fettfüllung den Dichtring wegdrücken kann und das Gleichlaufgelenk nicht dicht wird. Durch wechselseitiges Anziehen Gelenkwelle an Hinterachsgetriebe gleichmäßig heranziehen. **Neue selbstsichernde Muttern** verwenden und mit **70 Nm** festziehen.

- Gelenkscheibe am Getriebeflansch anschrauben. **Anzugsdrehmomente M8-Schrauben: 45 Nm, M10-Schrauben: 70 Nm, M12-Schrauben: 80 Nm.**
- Mittellager mit **22 Nm** anschrauben.
- Wärmeschutzblech für Abgasanlage anschrauben.
- Abgasanlage einbauen, siehe Seite 98.
- Fahrzeug ablassen.

Schaltung

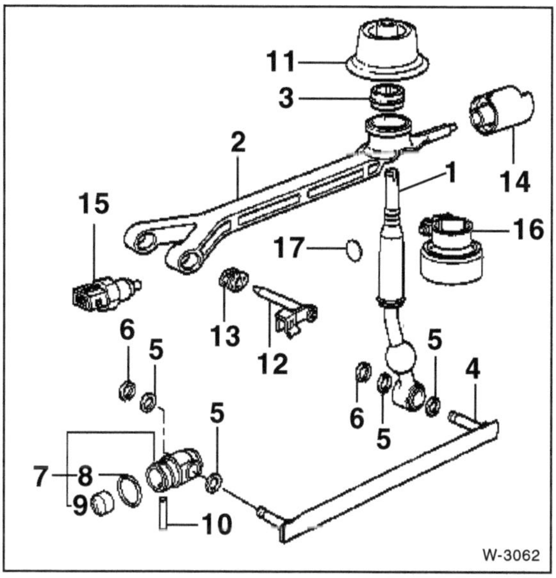

1 – Schalthebel
2 – Schaltarm
3 – Lagerung
4 – Schaltstange
5 – Distanzscheibe
6 – Sicherungsscheibe
7 – Schaltstangengelenk
8 – Sicherungsring
9 – Gummischeibe
10 – Zylinderstift
11 – Gummibalg
12 – Lagerbolzen
13 – Lagerbuchse
14 – Lagerung
15 – Rückfahrlichtschalter
16 – Schwingungstilger
17 – Klebestück

Schalthebel aus- und einbauen

Ausbau

- Schaltknopf kräftig nach oben abziehen.

- Schalthebelmanschette an der Mittelkonsole ausheben und vom Schalthebel abziehen.

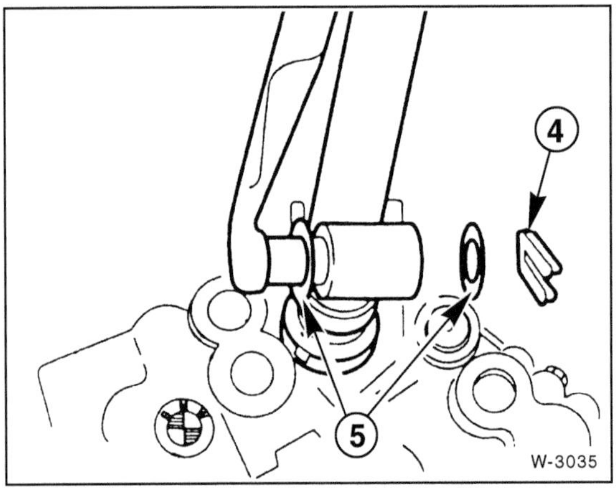

- Fahrzeug aufbocken. Von der Fahrzeugunterseite her Sicherungsklammer –4– ausheben und Schaltstange herausziehen, Scheiben –5– auf beiden Seiten der Schaltstange abnehmen.

- Von unten am Schalthebel einen Zapfenschlüssel (zum Beispiel BMW-Sonderwerkzeug 251110) ansetzen und um 90° entgegen dem Uhrzeigersinn drehen. Kugelschale anschließend nach oben drücken.

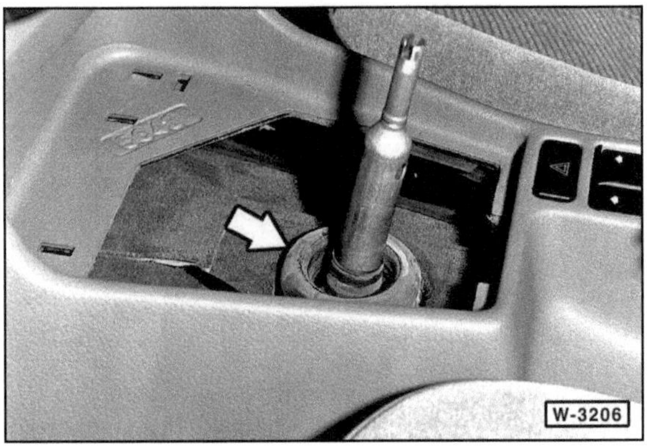

- Gummibalg von Karosserie und Schaltkonsole ausknöpfen und mit dem Schalthebel nach oben herausnehmen. Falls vorhanden, Schelle für Schwingungstilger (Gewicht) am Schalthebel lösen und abziehen.

Einbau

- Kugelschalen des Schalthebels mit »Klüber Polylub GLY 801« fetten.

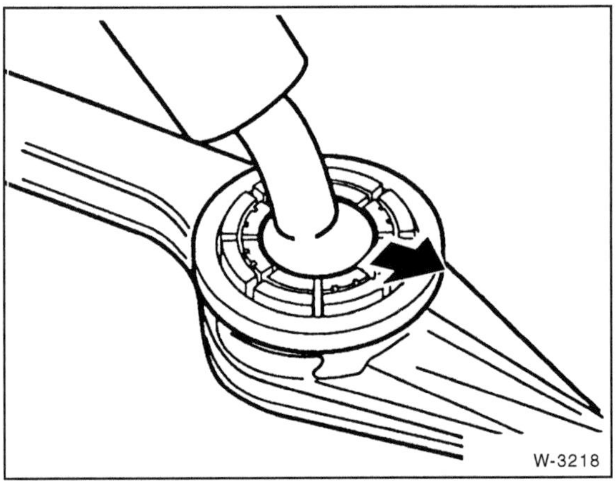

- Schalthebel mit Kugelschale so ansetzen, daß die Nase, beziehungsweise der Pfeil an der Kugelschale in Richtung Lagerzapfen, also entgegen der Fahrtrichtung zeigt.
- Lagerschale mit Schraubendreher von oben in die Halterung eindrücken, bis die Haltenasen hörbar einrasten.
- Schaltstangenbolzen mit Scheiben in Schalthebel einsetzen, Sicherung aufdrücken. Fahrzeug ablassen.
- Gummibalg einknöpfen. Dabei inneren Rand über den Schaltarm und äußeren Rand in den Karosserieausschnitt einsetzen.
- Schwingungstilger aufschieben und mit Schelle befestigen. Abdeckung mit Faltenbalg einclipsen.
- Schaltknopf gerade auf den Schalthebel setzen und kräftig aufdrücken.

Die Vollautomatik

Der BMW wird auf Wunsch mit einer Getriebevollautomatik ausgestattet. Das automatische Getriebe hat fünf Vorwärtsgänge, die automatisch geschaltet werden. Die Höchstgeschwindigkeit wird im vierten (525tds: fünften) Gang erreicht, der fünfte Gang ist als Schongang ausgelegt.

Die Schaltpunkte des Automatikgetriebes werden elektronisch-hydraulisch gesteuert (sogenannte »EH«-Steuerung). Das heißt, die Getriebehydraulik wird über ein elektronisches Steuergerät gesteuert, das in Abhängigkeit von Geschwindigkeit und Lastzustand des Motors die richtigen Schaltpunkte auswählt.

Um die Gangwahl noch besser an das individuelle Verhalten des Fahrers und die Fahrzustände anzupassen, verfügt das Automatikgetriebe über eine verfeinerte Adaptive Getriebesteuerung (AGS). Sie berücksichtigt bei der Gangwahl neben verschiedenen Bedingungen, wie Bergauf- und Bergabfahrt, Anhängerbetrieb, glatte Fahrbahn oder Stop-and-Go-Verkehr auch die Fahrweise des Fahrers. Die AGS analysiert dafür Stellung und Bewegung des Gaspedals, Fahrgeschwindigkeit, Querbeschleunigung (Kurvenfahrt) und Verzögerung beim Bremsen.

Anhand dieser Informationen bewertet das System den Fahrertyp und stuft ihn in eines der vier festgelegten Grundprogramme ein. Diese Grundprogramme reichen vom besonders ökonomischen »XE«-Programm über die »E«- und »S«-Programme bis hin zum sportlich ausgeprägten »XS«-Programm. Ausgesprochen sportlich ambitionierte Fahrer können bei Bedarf durch die Wählhebelstellung »4« ein festes Sportprogramm direkt aufrufen. Auf glatter Fahrbahn schaltet sich automatisch ein zusätzliches Winterprogramm zu, um Traktion und Fahrstabilität zu erhöhen.

Steptronic - die Automatik mit AGS und Schrittschaltung

Bei der in einigen Modellen erhältlichen Steptronic liegt neben der Automatikgasse eine zweite, kurze Schaltkulisse mit einer Schrittschaltung. Schrittschaltungen sind im Motorsport oder beim Motorrad üblich.

Im Automatik-Modus, der für Vorwärtsfahrt nur die Stufe »D« anbietet, erfolgen die automatischen Schaltungen der fünf Gänge normal mit Adaptiver Getriebesteuerung. In der linken Kulisse dagegen kann der Fahrer die Gänge ganz nach Belieben wählen. Wechselt er in die linke Gasse von »D« nach »M«, wird der momentane Gang gehalten. Tippt er den Wählhebel nach vorn in Richtung »+«, schaltet das Getriebe hoch, in Richtung »–« zurück.

Gegenüber der Handschaltung ist die Steptronic jedoch weitaus komfortabler und gegen Fehlbedienungen geschützt: Unzulässige Schaltungen, etwa Rückschaltungen bei zu hoher Drehzahl, ignoriert das System. Beim Beschleunigen ohne manuellen Eingriff schaltet das System kurz vor Abregeldrehzahl des Motors automatisch hoch. Beim Beschleunigen mit Kick down ohne Schalthebelbetätigung erfolgt grundsätzlich eine Rückschaltung in den kleinstmöglichen Gang.

Beim Ausrollen schaltet die Steptronic automatisch bis zum dritten Gang zurück, um ausreichend Zugkraft beim Anfahren bereitzustellen.

Für die Beurteilung der Funktion der Getriebeautomatik und für die richtige Fehlersuche sind Erfahrung mit automatischen Getrieben und teure Spezialgeräte erforderlich. Daher werden im Buch nur der Ausbau des Getriebes, die Einstellung des Schaltzugs sowie der Ölwechsel beschrieben.

Schaltseilzug einstellen

Die gewählte Wählhebelstellung (P-R-N-D-etc.) wird über den Schaltseilzug am Automatikgetriebe eingelegt. Eine Einstellung ist nach Einbau des Getriebes oder der Schaltung erforderlich.

Einstellen

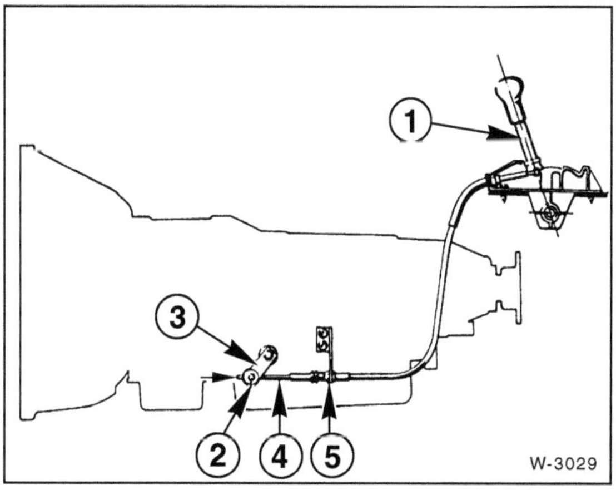

- Wählhebel –1– auf Stellung »P« stellen.
- Fahrzeug aufbocken, Motorunterschutz ausbauen.
- Am Getriebehebel die Mutter –2– des Seilzugs lockern. **Achtung:** Damit der Seilzug nicht geknickt wird, Klemmschraube beim Lösen der Mutter unbedingt gegenhalten. Seilzüge, die geknickt wurden, müssen ersetzt werden, da sie in kurzer Zeit brechen.
- Hebel –3– von Hand bis zum Anschlag nach vorn, also in Fahrtrichtung, drücken. Das entspricht der Parkstellung des Automatikgetriebes.
- Seilzugstange –4– entgegen der Fahrtrichtung –Pfeil– drücken und in dieser Stellung die Klemmschraube mit **10 Nm**, also nicht zu fest, anziehen. Dabei Klemmschraube wieder mit einem zweiten Schraubenschlüssel gegenhalten, damit der Seilzug nicht geknickt wird.
- Motorunterschutz einbauen, Fahrzeug ablassen.

Seilzug am Getriebe ab- und anbauen

- Klemmutter –2– lösen.
- Muttern –5– am Widerlager lösen und Seilzug abnehmen.
- Beim Einbau Seilzug einsetzen und zuerst Muttern am Widerlager kontern.
- Anschließend Seilzug einstellen, siehe oben.

Automatisches Getriebe: Ölstand prüfen/Öl wechseln

Die ATF-Füllung muß normalerweise nur nach Getriebereparaturen gewechselt werden, die Ölfüllung wird nur bei Undichtigkeiten kontrolliert.

Die Ölwechselmenge beträgt ca. 3,3 Liter. **Achtung:** Es dürfen nur die vom Werk freigegebenen ATF-Öle verwendet werden. Freigegeben sind zum Beispiel folgende Öle: Esso ATF Dexron D-21065 (Werksfüllung), Shell ATF Dexron II D-21-666, Mobil ATF 220 D-20104, Total Dexron II D-20356. Freigabe von weiteren ATF-Ölen beim BMW-Händler erfragen.

Bei ATF-Wechsel ist auf allerpeinlichste Sauberkeit zu achten. Selbst geringste Verunreinigungen führen zum Ausfall der Automatik. **Achtung:** Ohne ATF-Füllung darf der Motor nicht laufengelassen werden. Auch darf das Fahrzeug ohne ATF-Füllung nicht abgeschleppt werden.

Prüfen

Die Kontrolle des vorgeschriebenen Ölstands ist nur mit einem BMW-Service-Tester über die Statusabfrage möglich.

Folgen von zu hohen Ölstand: Starke Schaumbildung, Panschverluste, Temperaturerhöhung bei schneller Fahrt, Ölverlust über die Getriebeentlüftung.

Folgen von zu niedrigen Ölstand: Ventilschnattern, Schaumbildung, Motor dreht durch, allgemeine Funktionsstörungen.

Öl wechseln

- Probefahrt über etwa 15 km durchführen, damit das Getriebe warm wird.
- Fahrzeug aufbocken, so daß es waagrecht steht, und Motorraum-Unterschutz ausbauen, siehe Seite 14.

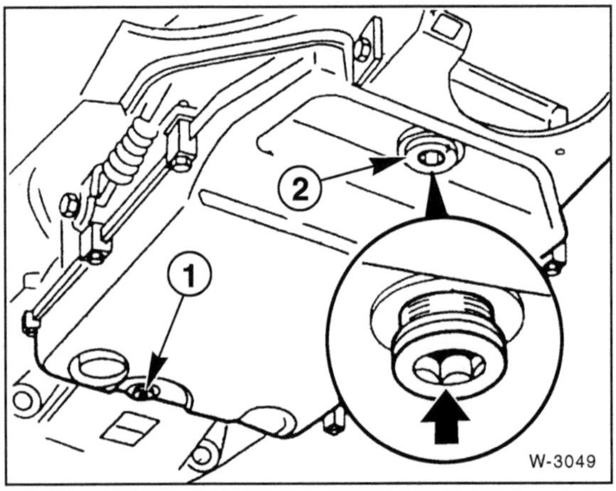

- Ölablaßschraube –1– unten von der Ölwanne abschrauben, ablaufendes Öl auffangen. Hat das Öl einen verbrannten Geruch und eine schwärzliche Färbung, muß das Getriebe überholt werden.

Achtung: Getriebeöl bei der Altölsammelstelle abgeben, keinesfalls einfach wegschütten oder dem Hausmüll mitgeben.

- Öleinfüllschraube unten an der Ölwanne abschrauben.
- Ölablaßschraube –1– mit neuem Dichtring gefühlvoll anziehen. Das vorgeschriebene Anzugsmoment beträgt **15 Nm**.
- Über die Öleinfüllöffnung ATF einfüllen, bis es zur Einfüllöffnung herausläuft. Überschüssiges Öl auffangen.
- Motor starten, Wählhebel steht in Stellung »P«. Außenbeleuchtung einschalten, dadurch wird der Leerlauf angehoben.
- Nochmals ATF ergänzen, bis es zur Einfüllöffnung herausläuft.
- Öleinfüllschraube –2– mit neuem Dichtring kraftvoll anziehen. Das vorgeschriebene Anzugsmoment beträgt **100 Nm**.
- Bei im Leerlauf laufendem Motor alle Wählhebelstellungen mehrmals durchschalten.
- Ölstand bei einer BMW-Werkstatt kontrollieren lassen.

Vorderachse

Die aus Aluminium bestehende »Doppelgelenk-Vorderachse« verfügt über einen Vorderachsträger, der über Gummilager mit der Karosserie verschraubt ist. Der separate Vorderachsträger ist über Querlenker und Zugstreben mit den Schwenklagern verbunden. Eine hydraulische Lagerung der Querlenker sorgt dafür, daß selbst Radunwuchten weitestgehend ausgeglichen werden. Die Federbeine, die mit der Karosserie und den Achsschenkeln verschraubt sind, bestehen jeweils aus einer Schraubenfeder und einem integrierten Zweirohr-Gasdruck-Stoßdämpfer. Ein zusätzlicher Stabilisator wirkt bei Kurvenfahrt der Karosserieneigung entgegen und sorgt für bessere Bodenhaftung der Vorderräder.

Die Vorderachse ist wartungsfrei.

Schweiß- und Richtarbeiten an Teilen der Vorderachse sind nicht zulässig.

Achtung: Da das Fahrwerk vollständig aus Aluminium besteht, sind folgende Punkte zu beachten:

- Fahrwerksteile nicht in Verbindung mit Batteriesäure bringen.
- Zum Reinigen nur Bürsten aus rostfreiem Stahl verwenden. Keine Drahtbürsten aus Eisen oder Messing benutzen.
- Beim Schleifen/Trennschleifen Bauteile des Fahrwerks abdecken, nicht direktem Funkenflug aussetzen.
- Stahl-Schweißspritzer verhindern, Bauteile abdecken.
- Fahrwerksteile nicht punktuellen Temperaturen über +80° C aussetzen. Die Temperatur in Lackieranlagen ist unbedenklich.

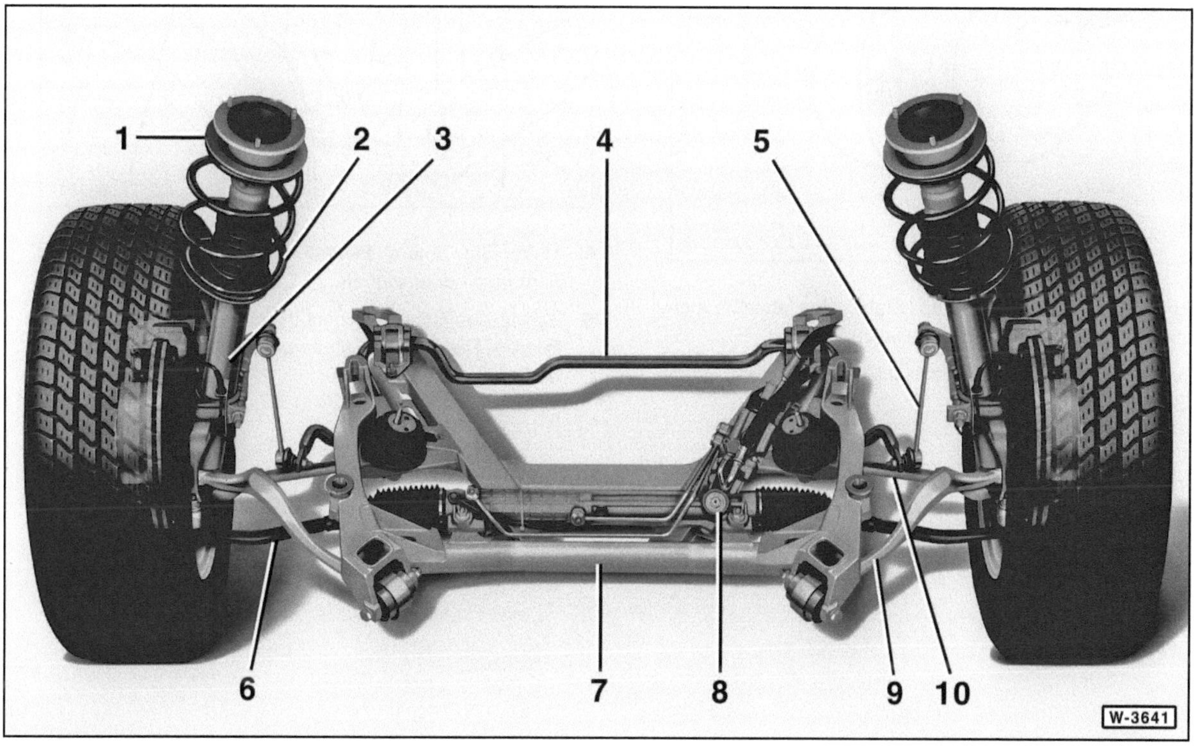

1 – Federbein
2 – Schraubenfeder
3 – Gasdruckdämpfer
4 – Stabilisator
5 – Stabilisator-Druckstange
6 – Spurstange
7 – Vorderachsträger
8 – Lenkgetriebe
9 – Zugstrebe
10 – Querlenker

Elektronische Dämpfer Control (EDC)

Die als Zusatzaustattung erhältliche »Elektronische-Dämpfer-Control« (EDC) paßt die Härte der Stoßdämpfer praktisch verzögerungsfrei den wechselnden Straßen- beziehungsweise Fahrbedingungen an.

Alle Bewegungen wie Geschwindigkeit, Vertikalbeschleunigung des Aufbaus, Bremsdruck, Beladung, Lenkungseinschlagwinkel und Stellung des Gaspedals werden durch Sensoren ständig überwacht. Aus diesen Meldungen ermittelt ein Computer die entsprechenden Steuerbefehle an die Stoßdämpfer, deren Dämpfkraft mittels Magnetventilen auf »hart«, »mittel« oder »weich« eingestellt wird.

Federbein aus- und einbauen

Ausbau

- Bremssattel ausbauen und am Aufbau mit Draht aufhängen, siehe Seite 151.

Achtung: Der Bremsschlauch bleibt angeschlossen, sonst muß beim Einbau das Bremssystem entlüftet werden.

- ABS- und Bremsverschleißkabel aus der Halterung ausclipsen und im Steckerkasten trennen.

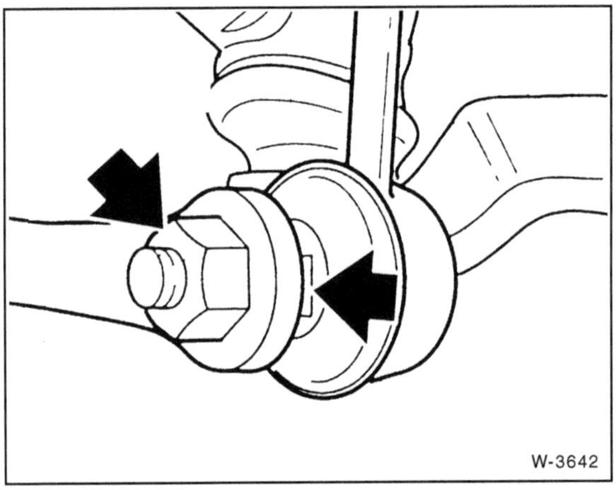

- Stabilisator-Druckstange am Stabilisator abschrauben, dabei mit Maulschlüssel gegenhalten.
- Spurstangengelenk am Schwenklager abbauen, siehe Seite 140.

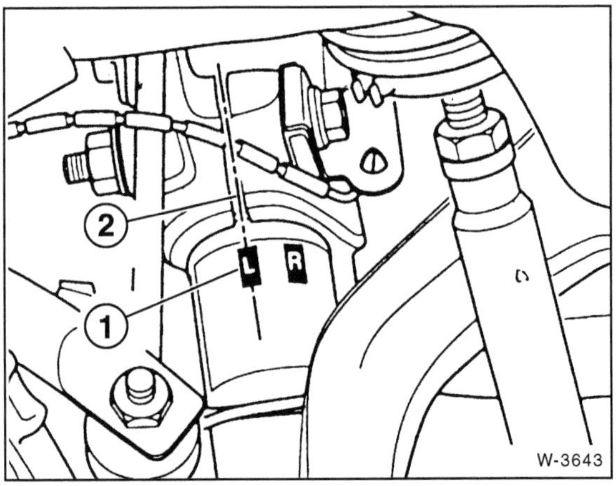

- Prüfen, ob die werkseitig angebrachte Markierung –1– für die Einbaulage des Federbeins erkennbar ist. Andernfalls mit Farbe einen Strich –2– als Verlängerung des Stützlagerspalts anbringen.
- Federbein unten mit Werkstattwagenheber abstützen, damit es nach Lösen der oberen Befestigung nicht herunterfallen kann.

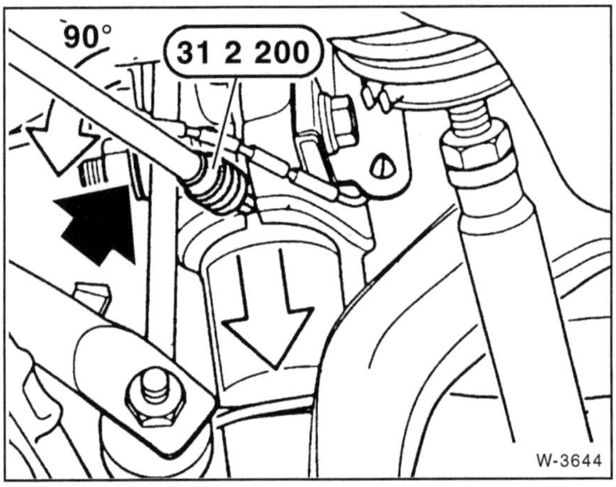

- Mutter für untere Federbeinbefestigung abschrauben, Schraube herausziehen.
- Schlitz des Schwenklagers spreizen und Spreizstellung fixieren. Die Fachwerkstatt verwendet dazu das Spezialwerkzeug BMW-31-2-200.

- Abdeckkappe am Federbeindom abheben.
- Falls vorhanden, Steckverbindung für »Elektronische-Dämpfer-Control« trennen und Kappe vom Kabel abziehen.
- 3 Befestigungsmuttern –Pfeile– am Federbeindom abschrauben.

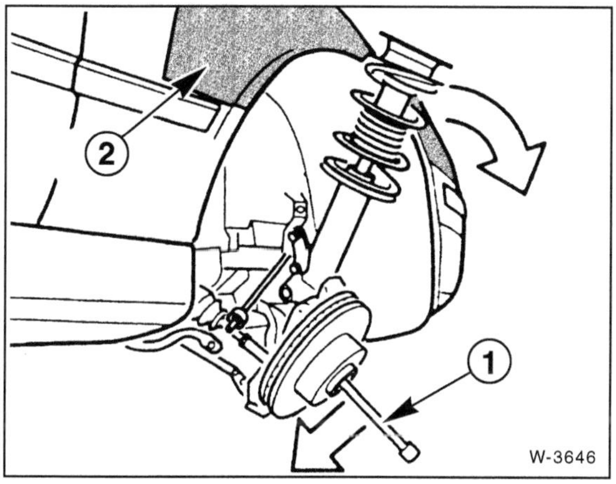

- Schwenklager mit einem Hebel –1–, zum Beispiel einer Stecknußverlängerung, soweit nach unten drücken, bis das Federbein nach außen aus dem Radhaus gekippt werden kann.

Achtung: Dazu ist eine zweite Person erforderlich. Darauf achten, daß das Radhaus nicht beschädigt wird. Kotflügel mit Schutzdecke –2– abdecken. Gegebenenfalls Motor-Unterschutz ausbauen, siehe Seite 14.

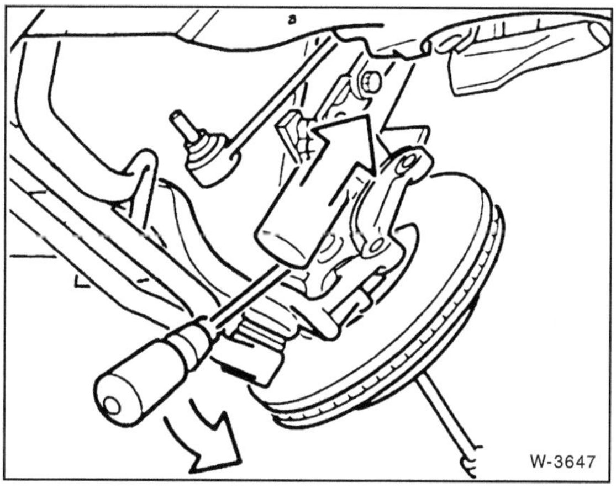

- Mit großem Schraubendreher oder Montiereisen das Federbein aus dem Schwenklager herausdrücken.

Achtung: Federbein **nicht** mit Drehbewegungen aus dem Schwenklager lösen. Dadurch können radiale Kerben entstehen, durch die das Federbein beschädigt wird.

Einbau

- Federbein so in das Schwenklager einsetzen, daß die Einbaumarkierung mit dem Schlitz des Schwenklagers fluchtet.
- Federbein vorsichtig in das Radhaus einsetzen und am Federbeindom mit **20 Nm** anschrauben.
- Falls vorhanden, Steckverbindung für Elektronische-Dämpfer-Control verbinden und Kappe aufdrücken.
- Abdeckkappe am Federbeindom einsetzen.
- Schwenklager mit Werkstattwagenheber nach oben auf Anschlag drücken. Dabei Einbaumarkierung am Federbein beachten.
- Klemmschraube einsetzen und **neue, selbstsichernde** Mutter mit **80 Nm** festschrauben.
- Spurstange am Schwenklager einbauen, siehe Seite 140.
- Räder in Geradeausstellung bringen.
- Stabilisator-Druckstange mit **neuer, selbstsichernder Mutter** und **60 Nm** anschrauben.
- ABS- und Bremsverschleißkabel im Steckerkasten verbinden und in die Halterung einclipsen.
- Bremssattel einbauen, siehe Seite 151.

Das Federbein

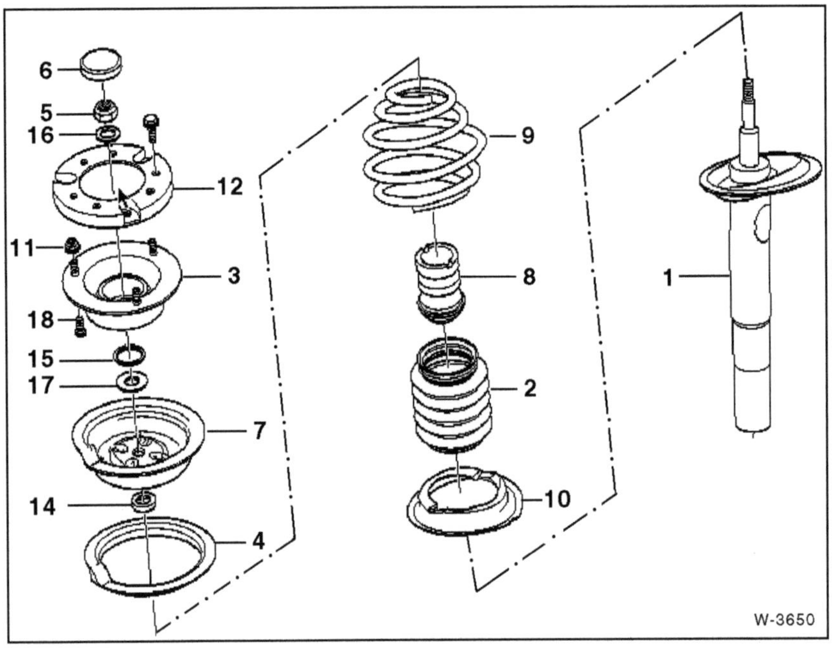

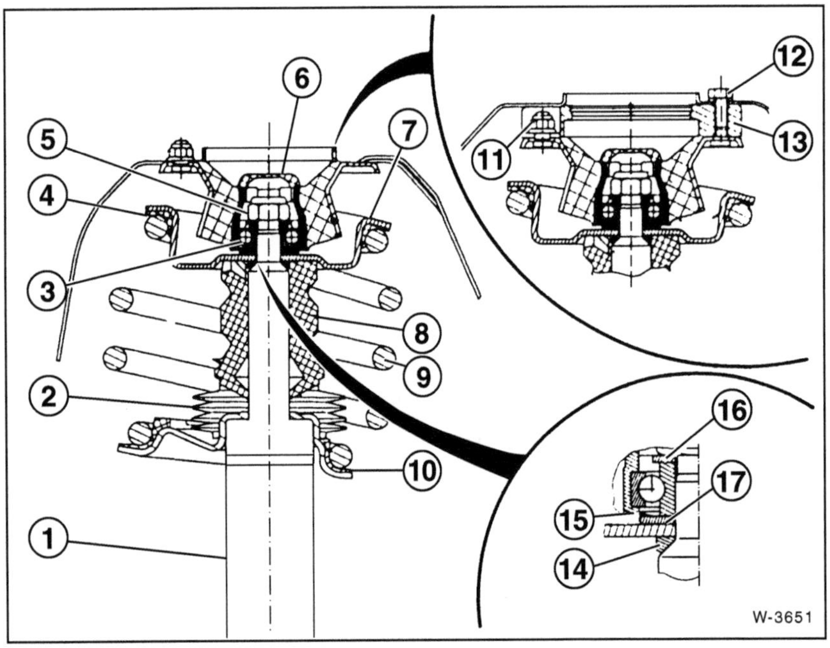

1 – **Stoßdämpfer**

2 – **Faltenbalg**

3 – **Stützlager**

4 – **Federunterlage oben**

5 – **Mutter**
Anzugsdrehmoment bei Kolbenstange mit Außensechskant: **65 Nm;**
Anzugsdrehmoment bei Kolbenstange mit Innensechskant: **45 Nm.**

6 – **Schutzkappe**

7 – **Federteller oben**

8 – **Kunststoffeder**

9 – **Schraubenfeder**

10 – **Federunterlage unten**

11 – **Mutter**

12 – **Schraube**
Nur Schlechtwegeausführung (Osteuropa).

13 – **Adapter**
Nur Schlechtwegeausführung (Osteuropa).

14 – **Ring**
Für hohle Kolbenstange.

15 – **Dichtring**

16 – **Scheibe**

17 – **Scheibe**

18 – **Bolzen**

Federbein zerlegen/Stoßdämpfer/ Schraubenfeder aus- und einbauen

Achtung: An einer Achse Federn nur paarweise mit gleicher BMW-Nummer ersetzen. Die Nummer ist am Federende angebracht.

Ausbau

- Federbein ausbauen, siehe Seite 122.

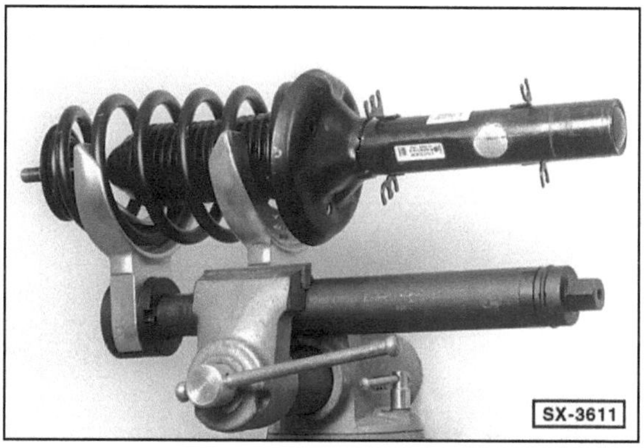
SX-3611

- Federbein mit den Windungen der Schraubenfeder so in einen geeigneten Federspanner einsetzen, dass mindestens 3 Windungen der Feder gespannt werden. Zum Schutz der Federoberfläche Kunststoffunterlagen von HAZET verwenden. **Achtung:** Zum Spannen der Feder nur stabiles Werkzeug verwenden, zum Beispiel HAZET-4900-2A mit den Stützgabeln 4900-12 (528i) oder 4900-23/4 (530i/540i). **Achtung: Auf keinen Fall Stoßdämpfer lösen, wenn die Feder nicht gespannt ist.**

Achtung: Federspanner so in die Windungen der Feder einsetzen, daß die Federwindungen sicher umfaßt werden und der Federspanner nicht abrutschen kann. Die Schraubenfeder steht unter großer Vorspannung, deshalb nur stabiles Werkzeug verwenden. Keinesfalls Feder mit Draht zusammenbinden. Unfallgefahr!

Hinweis: Schraubenfeder nur soweit spannen, bis das Stützlager entlastet ist. Schraubenfeder keinesfalls auf Block spannen, das heißt, die Federwindungen dürfen sich nicht berühren.

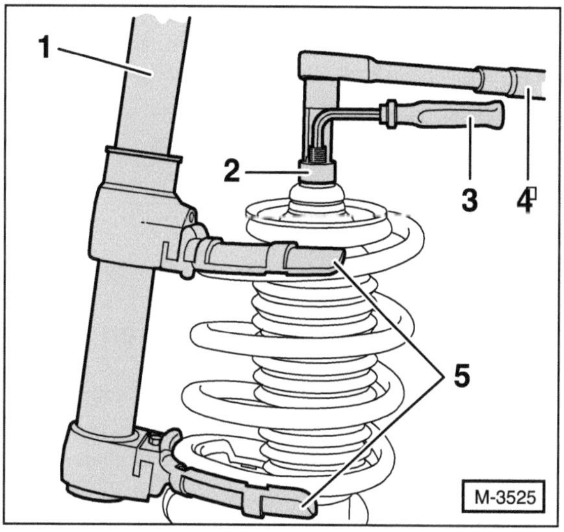

M-3525

- Selbstsichernde Mutter mit einem offenen Steckschlüssel –2– von der Stoßdämpfer-Kolbenstange abschrauben. Dabei Kolbenstange mit einem Innensechskantschlüssel –3– oder einem offenen Ringschlüssel gegenhalten. **Achtung:** Die Mutter hat ein hohes Lösemoment, gegebenenfalls mit einem Hammerschlag gegen den Schlüssel die Mutter lockern, dabei jedoch keinen Drehmomentschlüssel –4– verwenden. 1 – Federspanner, 5 – Stützgabeln. Zum Lösen der Stoßdämpfermutter kann auch der Stoßdämpfer-Werkzeugsatz HAZET 4910/13 verwendet werden.
- Scheibe abnehmen.
- Stützlager mit Dichtring und Unterlegscheibe abnehmen.
- Oberen Federteller mit Unterlage sowie Schraubenfeder abnehmen beziehungsweise Stoßdämpfer aus der Feder herausnehmen.

Achtung: Falls nur die Feder ausgewechselt werden soll, Feder langsam entspannen. Soll dagegen nur der Stoßdämpfer ersetzt werden, bleibt die Feder gespannt.

- Kunststoffeder, Gummibalg und unteren Federteller abnehmen.

Einbau

- Eine neue Schraubenfeder ist gegen Korrosion mit einem Schutzlack versehen. Vor dem Einbau Federn auf Lackschäden untersuchen und gegebenenfalls ausbessern.
- Faltenbalg, Kunststoffeder und Federunterlagen auf Beschädigungen prüfen, gegebenenfalls ersetzen.
- Stoßdämpfer mit unterem Federteller, Kunststoffeder und Faltenbalg in die gespannte Schraubenfeder einführen.
- Federbein entsprechend Abbildung W-3650/W-3651 komplettieren. Darauf achten, daß die Schraubenfeder an den Ansätzen des unteren und oberen Federbeintellers anliegt.
- **Neue** selbstsichernde Mutter einige Gewindegänge aufschrauben.

- Schraubenfeder langsam entspannen, bis die Schraubenfeder an den Federtellern anliegt. Auf richtigen Sitz der Federunterlage achten (rechteckige Aussparungen).
- Befestigungsmutter mit **65 Nm** (bei Innensechskant-Kolbenstange: **45 Nm**) festziehen, dabei an der Kolbenstange gegenhalten.
- Feder ganz entspannen und Federspanner abnehmen.
- Federbein einbauen.

Stoßdämpfer prüfen/verschrotten

Folgende Fahreigenschaften weisen auf defekte Stoßdämpfer hin:

- Langes Nachschwingen der Karosserie bei Bodenunebenheiten.
- Aufschaukeln der Karosserie bei aufeinander folgenden Bodenunebenheiten.
- Springen der Räder auch auf normaler Fahrbahn.
- Ausbrechen des Fahrzeuges beim Bremsen (kann auch andere Ursachen haben).
- Kurvenunsicherheit durch mangelnde Spurhaltung, Schleudern des Fahrzeuges.
- Poltergeräusche während der Fahrt.
- Abnorme Reifenabnutzung mit Abflachungen (Auswaschungen) am Reifenprofil.

Der Stoßdämpfer kann von Hand geprüft werden. Eine genaue Überprüfung der Stoßdämpferleistung ist jedoch nur mit einem Shock-Tester (Stoßdämpfer eingebaut) oder einer Stoßdämpfer-Prüfmaschine möglich.

Prüfung von Hand

- Stoßdämpfer ausbauen.

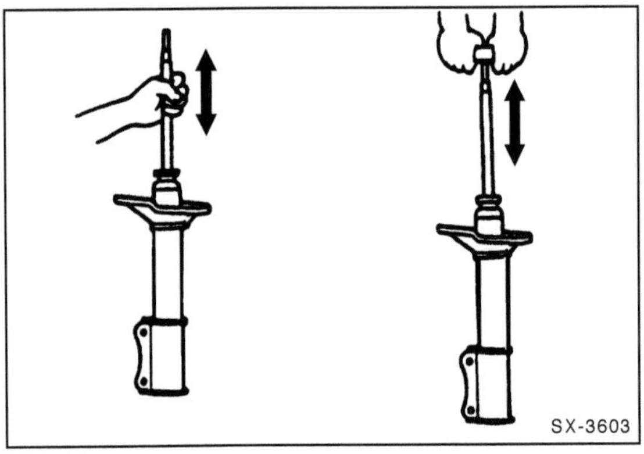

SX-3603

- Stoßdämpfer in Einbaulage halten, Stoßdämpfer mindestens 3mal auseinanderziehen und zusammendrücken. Der Stoßdämpfer muß sich dabei über den gesamten Hub gleichmäßig schwer und ruckfrei bewegen lassen, außerdem dürfen keine ungewöhnlichen Geräusche auftreten.
- Die Kolbenstange vollständig einschieben und dann loslassen. Die Kolbenstange muß sich mit gleichmäßiger Geschwindigkeit wieder herausschieben.
- Bei einwandfreier Funktion sind geringe Spuren von Stoßdämpferöl kein Grund zum Austausch.
- Bei starkem Ölverlust Stoßdämpfer austauschen.
- Stoßdämpfer einbauen.

Stoßdämpfer verschrotten

- Stoßdämpfer sind mit Öl gefüllt. Daher nicht in den Hausmüll geben, sondern beim Rohstoffhandel oder bei der Sondermüllsammelstelle abgeben.
- In der Werkstatt werden die Stoßdämpfer vor der Verschrottung wie folgt entleert.

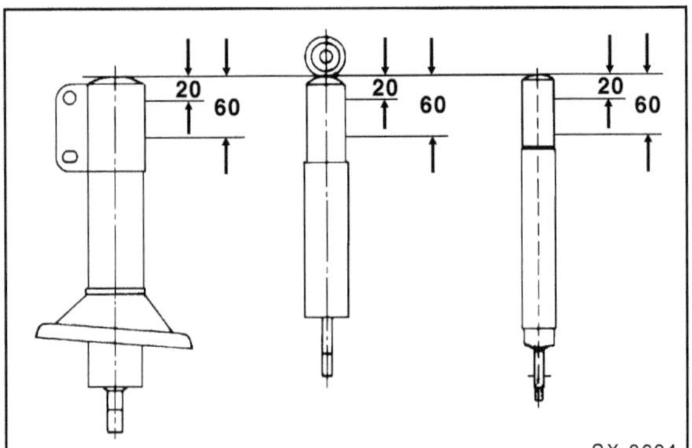

SX-3604

- Stoßdämpfer senkrecht mit der Kolbenstange nach unten in den Schraubstock spannen.
- Etwa 20 mm unterhalb des Bodens das Dämpferrohr mit einem Bohrer, ∅ 3 mm, anbohren, um das Gas entweichen zu lassen. Das entweichende Gas ist farblos, geruchlos und ungiftig.
- Etwa 60 mm unterhalb des Bodens eine weiteres Loch mit ∅ 5 mm für das Öl bohren.
- Durch mehrmaliges Auf- und Abbewegen der Kolbenstange das Dämpferöl herauspumpen und auffangen.

Achtung: Altöl nicht wegschütten oder in den Hausmüll geben. Stoßdämpferöl ist Mineralöl und kann laut Abfallgesetz zusammen mit Motorenöl entsorgt werden.

Radlager vorn aus- und einbauen

Achtung: Treten bei Kurvenfahrt, insbesondere in engen Kurven, Geräusche aus der Richtung des kurvenäußeren Rades auf, deutet das auf defekte Radlager hin.

Ausbau

- Bremsscheibe ausbauen, siehe Seite 151.

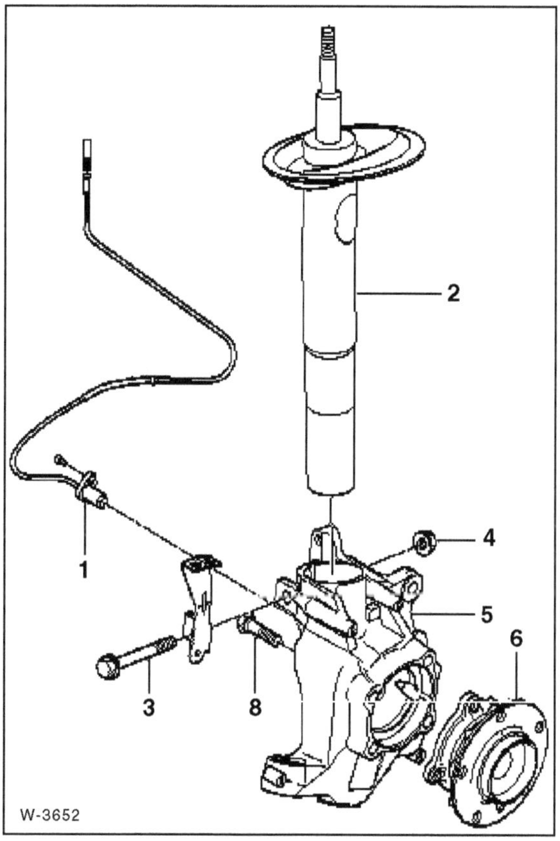

- ABS-Impulsgeber –1– abschrauben.
- Spurstangenkopf vom Schwenklager abbauen, siehe Seite 140.
- Untere Federbeinbefestigung –3/4– lösen, Schwenklager –5– spreizen und nach unten vom Federbein –2– ziehen. Gegebenenfalls Einbaumarkierung für Federbein anbringen, siehe Seite 122.
- 4 Schrauben –8– herausdrehen und Radlager –6– vom Schwenklager abnehmen.

Einbau

- Anlageflächen von Radlager und Schwenklager sowie Gewindebohrungen reinigen (sauber und fettfrei).
- Radlager ansetzen und mit **neuen, selbstsichernden** Schrauben und **110 Nm** festziehen.
- Schwenklager mit Werkstattwagenheber nach oben auf Anschlag drücken, dabei auf Einbaumarkierung am Federbein achten.
- Klemmschraube durchschieben und mit **neuer, selbstsichernder Mutter** und **80 Nm** anschrauben.
- Spurstangenkopf am Schwenklager einbauen, siehe Seite 141.
- ABS-Impulsgeber anschrauben.
- Bremsscheibe einbauen, siehe Seite 151.

Vorderachsträger aus- und einbauen

Achtung: Nach der Montage muß die Vorderachse vermessen werden.

Ausbau

- Motor abfangen und Motorlager abschrauben, siehe Seite 49.
- Stellung der Vorderräder zur Radnabe mit Farbe kennzeichnen. Dadurch kann das ausgewuchtete Rad wieder in derselben Position montiert werden. Radschrauben bei auf dem Boden stehendem Fahrzeug lösen. Fahrzeug vorn aufbocken und Vorderräder abnehmen.
- Zugstreben am Vorderachsträger abschrauben. Vorher Abdeckkappe ausbauen.
- Querlenker am Vorderachsträger abschrauben.
- Wärmeschutzblech und Halter für Motorabschirmung ausbauen.
- Federbein nach außen hin abstützen.

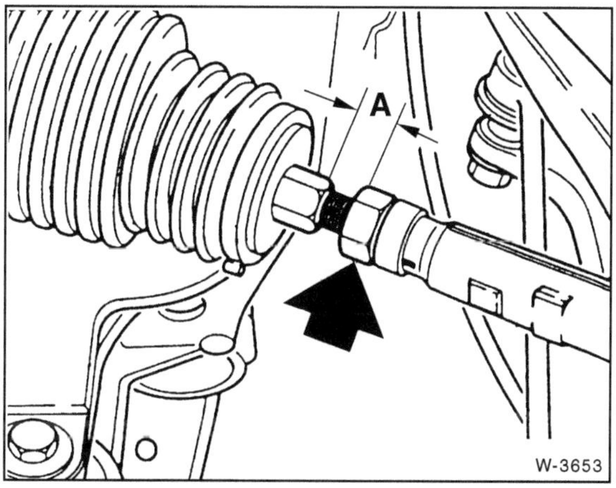

- Einschraublänge –A– beider Spurstangen messen, anzeichnen oder beim Abschrauben die Umdrehungen zählen und notieren.
- Kontermuttern –Pfeil– lösen und Spurstangen abschrauben.

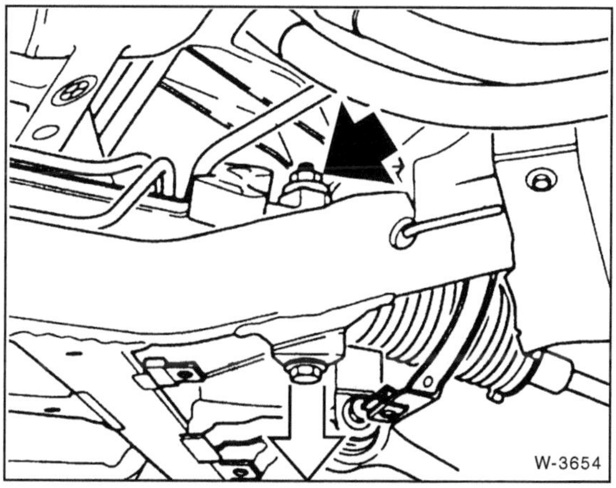

- Lenkgetriebe am Vorderachsträger abschrauben.

- Stabilisator am Vorderachsträger abschrauben.
- Vorderachsträger mit Werkstattwagenheber abstützen.
- Vorderachsträger mit je 3 Schrauben links und rechts abschrauben und nach unten absenken. Dazu im Bereich der hinteren Schrauben Verkleidung teilweise lösen. **Achtung:** Schrauben haben unterschiedliche Länge, Einbaulage notieren.

Einbau

- Vorderachsträger ansetzen und an Motorträger mit **75 Nm** anschrauben. Die beiden kürzeren Schrauben hinten einsetzen.
- Stabilisator am Vorderachsträger mit **20 Nm** anschrauben.
- Lenkgetriebe am Vorderachsträger mit **neuen, selbstsichernden** Muttern und **40 Nm** anschrauben.
- Spurstangen entsprechend der notierten Einschraublänge –A– einschrauben, siehe Abbildung W-3653. Kontermutter mit **45 Nm** festziehen.
- Wärmeschutzblech und Halter für Motorabschirmung einbauen.
- Querlenker sowie Zugstrebe am Vorderachsträger mit **neuen, selbstsichernden** Muttern anschrauben, Muttern nicht festziehen.
- Muttern für beide Motorlager anschrauben, nicht festziehen.
- Motor-Abfangvorrichtung ausbauen.
- Vorderräder anschrauben. Radschrauben nicht ölen oder fetten. Räder so ansetzen, daß die beim Ausbau angebrachten Markierungen übereinstimmen. Fahrzeug ablassen, Radschrauben über Kreuz mit **100 Nm** festziehen.
- Motor durch Schüttelbewegungen spannungsfrei einrichten. Anschließend Motorlager mit **45 Nm** festziehen. Massekabel am rechten Motorträger anschrauben.

Hinweis: Für alle Motorlager und Motorhalterungen gelten folgende Drehmomente: M8-Gewinde (Außendurchmesser 8 mm) mit 25 Nm, M10-Gewinde mit 45 Nm festziehen.

- Fahrzeug in Normallage bringen. Dazu müssen folgende Voraussetzungen erfüllt sein:
  - Fahrzeug steht auf den Rädern.
  - Vordersitze befinden sich in Mittelstellung.
  - Jeder Vordersitz ist mit 68 kg belastet.
  - Auf dem Rücksitz befinden sich in der Mitte 68 kg.
  - Im Kofferraum befinden sich in der Mitte 21 kg.
  - Der Kraftstoffvorratsbehälter ist vollgetankt.
- Zugstrebe am Vorderachsträger mit **neuen, selbstsichernden** Muttern und **110 Nm** anschrauben. Abdeckkappe einbauen.
- Querlenker am Vorderachsträger mit folgendem Drehmoment festziehen: 6-Zylinder-Motor: **81 Nm,** 8-Zylinder-Motor: **77,5 Nm.**

Querlenker aus- und einbauen

Achtung: Nach der Montage muß die Vorderachse vermessen werden.

Ausbau

- Stellung der Vorderräder zur Radnabe mit Farbe kennzeichnen. Dadurch kann das ausgewuchtete Rad wieder in derselben Position montiert werden. Radschrauben bei auf dem Boden stehendem Fahrzeug lösen. Fahrzeug vorn aufbocken und Vorderräder abnehmen.
- Untere Motorraumabdeckung ausbauen.

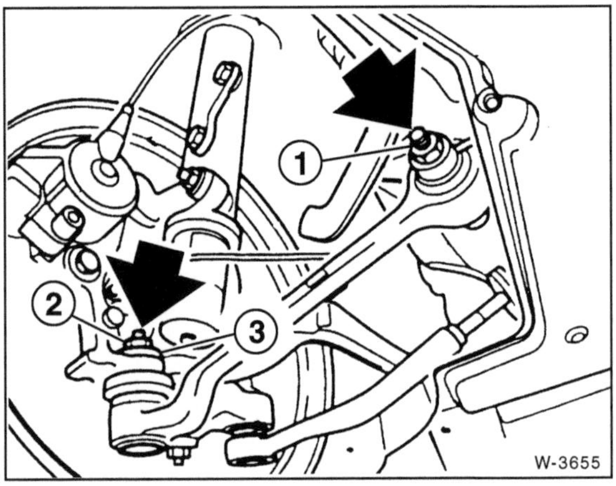

- Befestigungsmuttern –Pfeile– abschrauben und Querlenker vom Vorderachsträger abnehmen.
- Achsgelenk mit handelsüblichem Ausdrücker am Schwenklager herausdrücken.

Einbau

- Kegelzapfen des Achsgelenks und Bohrung im Schwenklager reinigen (sauber und fettfrei).
- Achsgelenk einsetzen, Unterlegscheibe –3– auflegen und **neue, selbstsichernde** Mutter –2– anschrauben und mit **80 Nm** festziehen.
- Querlenker am Vorderachsträger anschrauben –1–, nicht festziehen.
- Vorderräder anschrauben. Radschrauben nicht ölen oder fetten. Räder so ansetzen, daß die beim Ausbau angebrachten Markierungen übereinstimmen. Fahrzeug ablassen, Radschrauben über Kreuz mit **100 Nm** festziehen.
- Fahrzeug in Normallage bringen. Dazu müssen folgende Voraussetzungen erfüllt sein:
  - Fahrzeug steht auf den Rädern.
  - Vordersitze befinden sich in Mittelstellung.
  - Jeder Vordersitz ist mit 68 kg belastet.
  - Auf dem Rücksitz befinden sich in der Mitte 68 kg.
  - Im Kofferraum befinden sich in der Mitte 21 kg.
  - Der Kraftstoffvorratsbehälter ist vollgetankt.
- Querlenker am Vorderachsträger mit folgendem Drehmoment festziehen: 6-Zylinder-Motor: **81 Nm,** 8-Zylinder-Motor: **77,5 Nm.**
- Untere Motorraumabdeckung einbauen.

Hinterachse

Die Integral-Hinterachse ist eine Mehrlenker-Konstruktion mit Fahrschemel und doppelt elastischer Hinterachsgetriebeaufhängung. Die Räder werden von vier Lenkern geführt, die elastisch mit dem Fahrschemel verbunden sind. Dieser wiederum ist elastisch an der Karosserie aufgehängt. Zudem sind die radführenden Lenker geometrisch so angeordnet, daß sie zusammen mit den Gummilagerungen genau vorausberechnete Mitlenkeffekte der Hinterräder erzeugen.

Achtung: Da die Hinterachse vollständig aus Aluminium besteht, Hinweise beachten, siehe Seite 121.

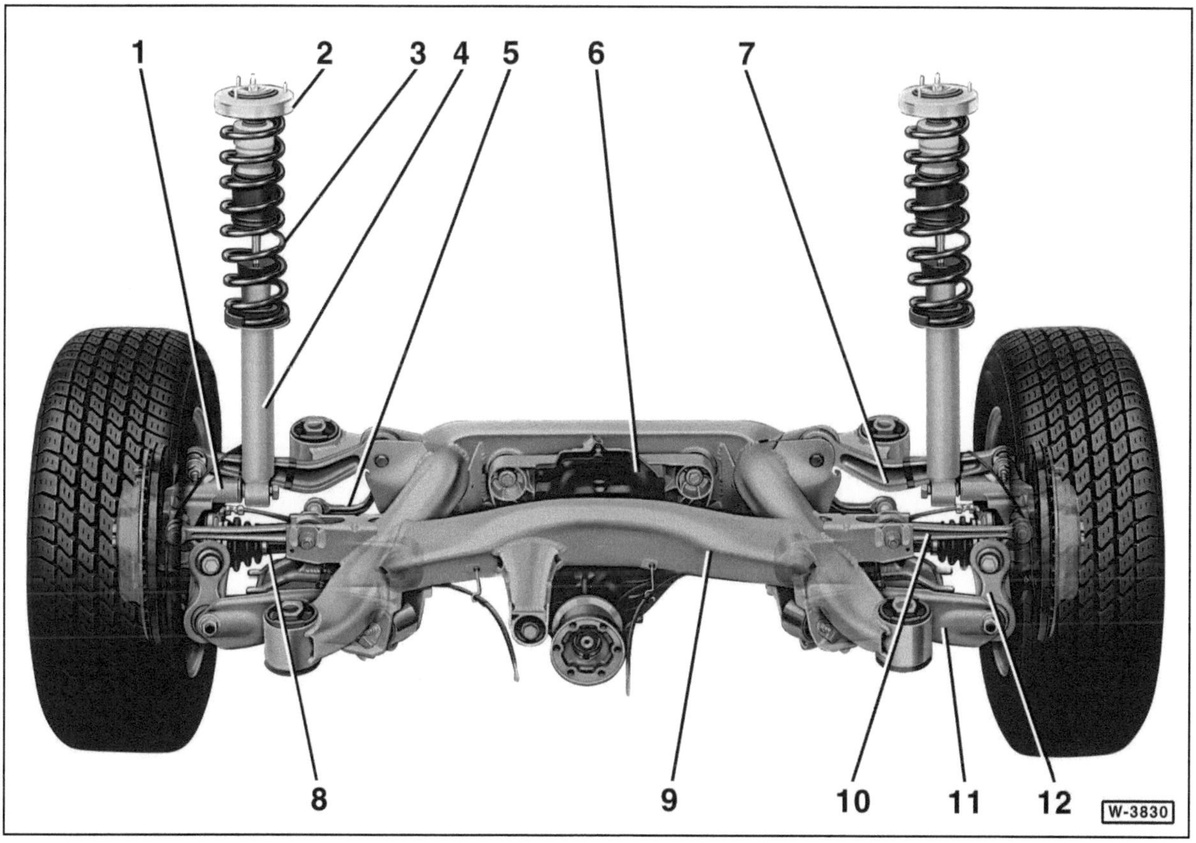

1 – Radträger
2 – Federbein
3 – Schraubenfeder
4 – Stoßdämpfer
5 – Stabilisator
6 – Hinterachsgetriebe
7 – Querlenker
8 – Achswelle
9 – Hinterachsträger
10 – Führungslenker
11 – Schwinge
12 – Integrallenker

Hinterachs-Luftfederung

Als Zusatzausstattung ist eine Hinterachs-Luftfederung erhältlich. Das Luftfederbein ist eine Kombination aus Gasdruck-Stoßdämpfer und Luftfeder. Die Luftfeder besteht aus einem Luftbehälter, einem Rollbalg sowie einem Abrollkolben mit einem Zusatzvolumen. Der Rollbalg bildet eine luftdichte, bewegliche Verbindung zwischen Luftbehälter und Dämpfer. Mit seiner wirksamen Innenfläche trägt er über den Luftdruck die jeweilige Fahrzeuglast.

Jeweils links und rechts an der Hinterachse befinden sich hinter einer Abdeckung die Höhenstandssensoren, die über je eine Regelstange mit den Luftfederbeinen verbunden sind.

Das Steuergerät für die Luftversorgungsanlage befindet sich unter dem Reserverad hinter dem Geräteträgerdeckel.

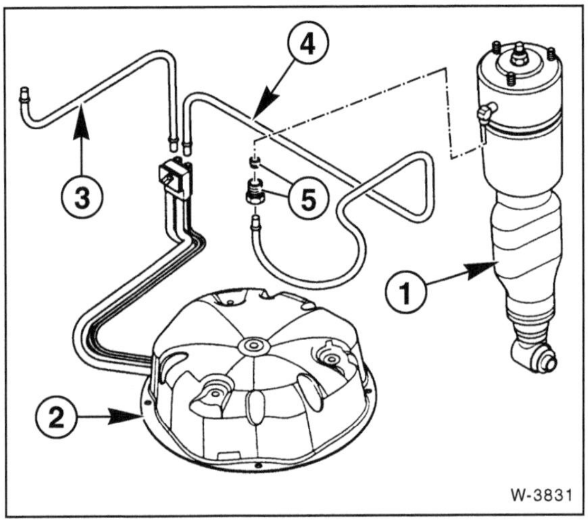

1 – Luftfederbein
2 – Luftversorgungsanlage
3 – Rohrleitung rechts
4 – Rohrleitung links
5 – Überwurfschraube mit Zahnring

Federbein hinten

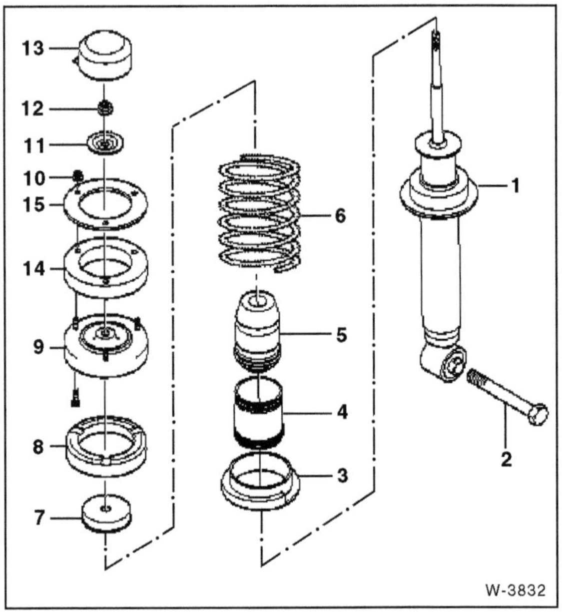

1 – Stoßdämpfer
2 – Sechskantschraube
3 – Federunterlage unten
4 – Schutzrohr
5 – Kunststoffdämpfer
6 – Schraubenfeder
7 – Stütztopf
8 – Federunterlage oben
9 – Stützlager
10 – Mutter
11 – Gelenkteller
12 – Mutter
13 – Abdeckkappe
14 – Adapter (Nur Schlechtwegeausführung Osteuropa)
15 – Ring (Nur Schlechtwegeausführung Osteuropa)

Federbein hinten aus- und einbauen

Achtung: Hinweise für den Ausbau von Stoßdämpfer und Schraubenfeder stehen am Ende des Kapitels.

Achtung: Bei Fahrzeugen mit Luftfederung Sicherung Nr. 6 der Luftversorgungsanlage herausziehen. Dadurch wird eine unbeabsichtigte Regelung des Systems verhindert.

Ausbau

- Hutablage ausbauen, siehe Seite 215.
- Lautsprecher mit 2 Schrauben abschrauben, Stecker abziehen und Lautsprecher herausnehmen.
- Stellung der Hinterräder zur Radnabe mit Farbe kennzeichnen. Dadurch kann das ausgewuchtete Rad wieder in derselben Position montiert werden. Radschrauben bei auf dem Boden stehendem Fahrzeug lösen. Fahrzeug hinten aufbocken und Hinterräder abnehmen.
- Radhausverkleidung ausbauen.

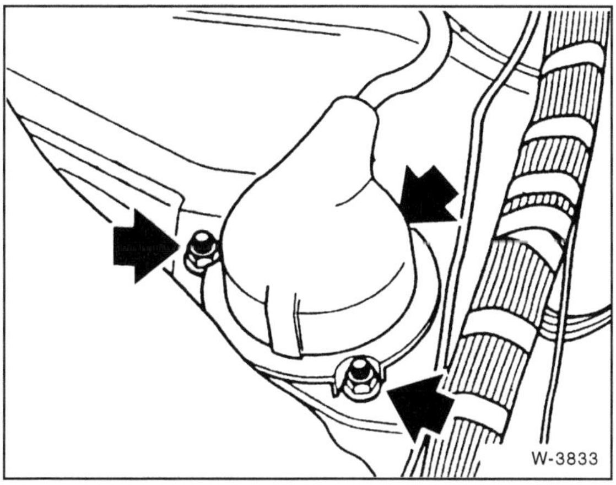

- Dämmatte neben Gurt-Aufrollautomatik hochheben. Gummi-Abdeckkappe vom Federbein-Oberteil abziehen und 3 Muttern abschrauben.
- Bei Fahrzeugen mit EDC (Elektr.-Dämpfer-Control) Steckverbindung trennen.
- Radträger mit Werkstattwagenheber unterstützen, dabei Holzzwischenlage verwenden. **Achtung:** Wird dies nicht beachtet, fällt das Federbein nach Lösen der oberen Befestigung nach unten. Dabei können Achswelle und Bremsschlauch beschädigt werden.

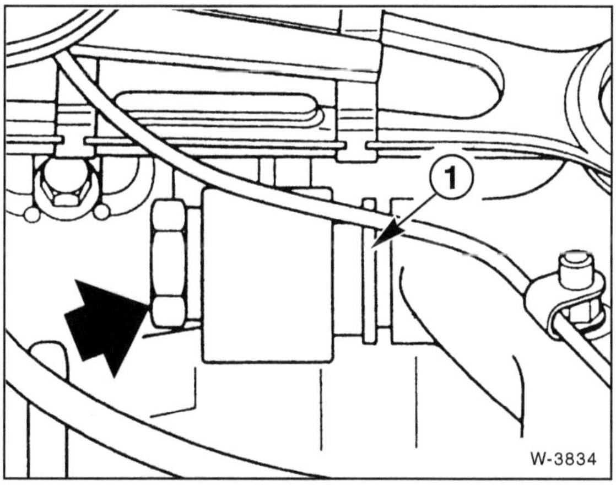

- Federbein am Radträger abschrauben.
- Radträger etwas absenken und Federbein herausnehmen. **Achtung:** Dabei darf der Bremsschlauch nicht auf Zug belastet (gedehnt) werden.

Achtung: Stoßdämpfer nur senkrecht lagern, sonst kann es im Fahrbetrieb zu Poltergeräuschen kommen. Abhilfe: Kolbenstange herausziehen und Stoßdämpfer bei Raumtemperatur (+20° C) 24 Stunden stehend lagern.

Einbau

- Stoßdämpfer prüfen, siehe Seite 126.
- Federbein einsetzen und oben mit **neuen selbstsichernden** Muttern leicht anschrauben.
- Buchse –1– für untere Federbeinbefestigung in den Radträger einsetzen. Sechskantschraube einschrauben, noch nicht festziehen.
- Federbein oben mit **20 Nm** festziehen.
- Wagenheber entfernen und Fahrzeug ablassen.
- Radhausverkleidung einbauen.
- Hinterräder anschrauben. Radschrauben nicht ölen oder fetten. Räder so ansetzen, daß die beim Ausbau angebrachten Markierungen übereinstimmen. Fahrzeug ablassen, Radschrauben über Kreuz mit **100 Nm** festziehen.
- Fahrzeug in Normallage bringen, das heißt Fahrzeug steht auf den Rädern und wird nach Vorschrift beladen, siehe Seite 126.
- Untere Befestigungsschraube mit **125 Nm** festziehen.
- Bei Fahrzeugen mit EDC elektrische Leitungen verbinden.
- Gummi-Abdeckkappe aufdrücken.
- Lautsprecher ansetzen, Stecker aufschieben und Lautsprecher anschrauben.
- Hutablage einbauen, siehe Seite 215.

Federbein zerlegen

Achtung: Stoßdämpfer und Schraubenfeder werden auf die gleiche Weise aus- und eingebaut wie beim vorderen Federbein, siehe Seite 125.

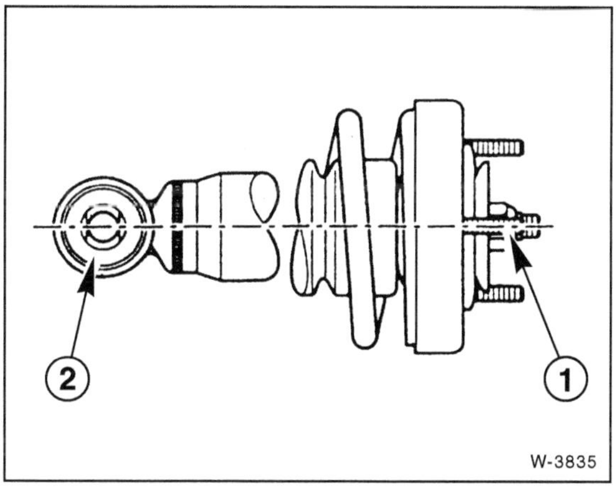

- Beim Zusammenbau des hinteren Federbeins ist zu beachten, daß ein Gewindebolzen –1– des Stützlagers in einer Ebene mit der Bohrung des Gummilagers –2– und gegenüber der Buchse liegt.
- Mutter für Stützlager an der Kolbenstange mit **25 Nm** anziehen.

Die Achswelle

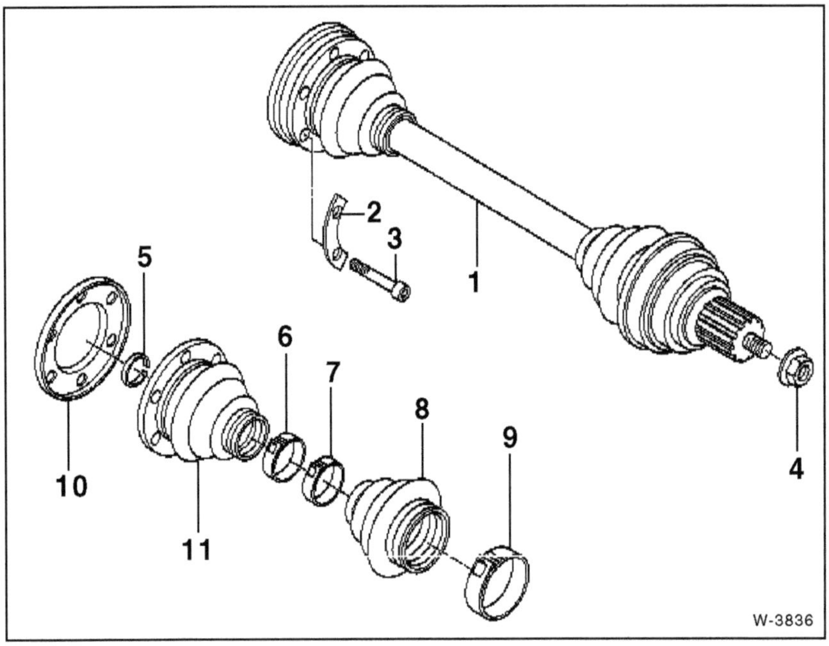

1 – **Achswelle**
2 – **Unterlegblech**
3 – **Zylinder- oder Torxschraube**
4 – **Nabenmutter**
5 – **Sprengring**
6 – **Schlauchschelle**
Kleiner Durchmesser, für innere Manschette.
7 – **Schlauchschelle**
Kleiner Durchmesser, für äußere Manschette.
8 – **Äußere Manschette**
9 – **Schlauchschelle**
Großer Durchmesser, für äußere Manschette.
10 – **Kappe**
11 – **Innere Manschette**

Achswelle/Hinterachsgetriebe aus- und einbauen

Ausbau

- Mutter –1– an der Radnabe abschrauben. **Achtung:** Die Mutter sitzt ziemlich fest. Daher aus Sicherheitsgründen Mutter bei auf den Rädern stehendem Fahrzeug lösen.
- Stellung der Hinterräder zur Radnabe mit Farbe kennzeichnen. Dadurch kann das ausgewuchtete Rad wieder in derselben Position montiert werden. Radschrauben bei auf dem Boden stehendem Fahrzeug lösen. Fahrzeug hinten aufbocken und Hinterräder abnehmen.
- Gelenkwelle am Hinterachsgetriebe ausbauen, siehe Seite 115.
- Hinteren Stabilisator ausbauen. Dazu Stabilisator links und rechts an der Druckstange abschrauben. Gummilagerungen am Hinterachsträger abschrauben und mit Stabilisator abnehmen.

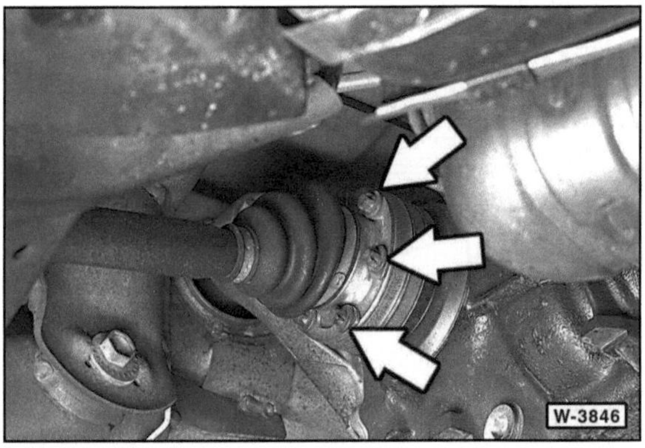

- Beide Achswellen am Ausgleichgetriebe abschrauben –Pfeile– und mit Draht hochbinden. **Achtung:** Achswellen nicht nach unten hängen lassen, sonst wird das äußere Gleichlaufgelenk überlastet.
- Hinterachsgetriebe mit Werkstattwagenheber und Holzzwischenlage abstützen.

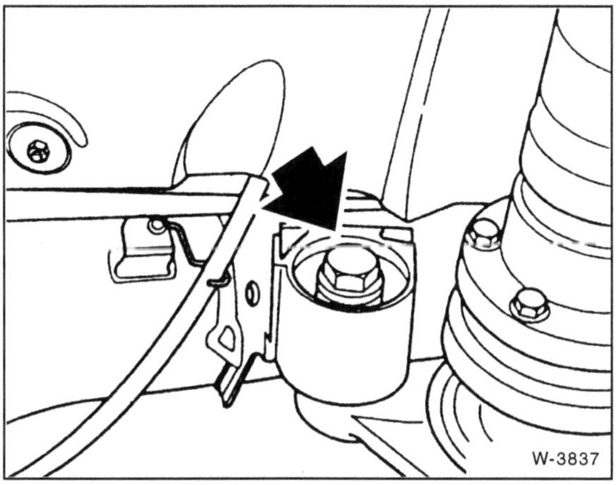

- Mutter abschrauben.
- Nachschalldämpfer der Abgasanlage ausbauen, siehe Seite 102.

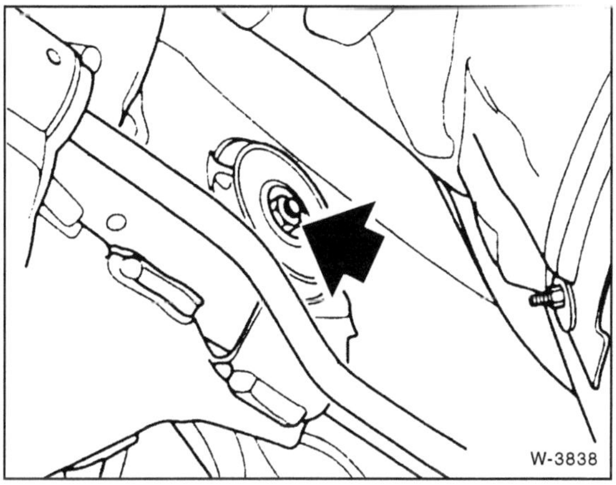

- Mutter links und rechts abschrauben.
- Hinterachsgetriebe absenken und aus dem Flansch der Gelenkwelle aushebeln.

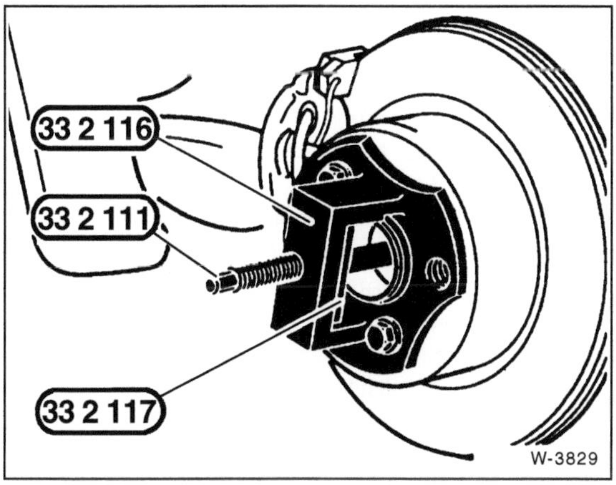

- Achswelle aus der Radnabe herausdrücken.

Hinweis: Hierzu wird ein entsprechendes Ausdrückwerkzeug benötigt, zum Beispiel KLANN KL-0415 oder die BMW-Werkzeuge, siehe Abbildung. Die Brücke 332116 wird mit 2 Radschrauben angeschraubt und die Spindel 332111 durch das Gewindestück 332117 gegen die Achswelle geschraubt, wodurch die Achswelle herausgedrückt wird.

- Achswelle abnehmen.

Einbau

- Achswelle ansetzen und mit Draht aufhängen.
- Achswelle mit Einziehwerkzeug einziehen, zum Beispiel mit Brücke 332116 sowie Gewindespindel 332119 mit Schraubhülse 332115. Dazu zuerst die Spindel auf die Achswelle aufschrauben. Auf der anderen Seite der Spindel die Gewindehülse auf die Spindel schrauben und gegen die Brücke drehen. Dadurch wird die Welle in die Nabe gezogen. Darauf achten, daß die Verzahnungen von Welle und Nabe vor dem Einziehen übereinstimmen.
- **Neue** Bundmutter an der Anlagefläche etwas ölen und leicht anschrauben.
- Hinterachsgetriebe einsetzen und mit **neuen, selbstsichernden Muttern** festziehen.
  Anzugsdrehmomente:
  Hinterachsgetriebe an Hinterachsträger vorn
  (über Schraube anziehen) . . . . **180 Nm;**
  Hinterachsgetriebe an Hinterachsträger hinten . . **105 Nm.**
- Nachschalldämpfer einbauen, siehe Seite 102.
- Gelenkwelle am Hinterachsgetriebe anbauen, siehe Seite 115.
- Achswelle am Hinterachsgetriebe ansetzen und mit einem Drehmomentschlüssel anziehen. Unterlegplatten nicht vergessen. Das Anzugsmoment richtet sich nach dem Gewindedurchmesser der Schrauben und Schraubenart.
  Zylinderschraube (Innenvielzahn) M10 . . . . **85 Nm**
  Zylinderschraube M10 mit Sperrverzahnung
  (Schrauben und Unterlegbleche erneuern) . . . . . . **95 Nm**
  Zylinderschraube M12 . . . . **110 Nm**
  Torxschraube M10 . . . . **85 Nm**
  mit Rippverzahnung M8 . . . . **65 Nm**
  mit Rippverzahnung M10 . . . . **100 Nm**
  mit Rippverzahnung M12 . . . . **160 Nm**
- Aufhängedraht für Achswelle entfernen.
- Stabilisator anschrauben. Muttern für Druckstangen mit **40 Nm** festziehen.
- Hinterräder anschrauben. Radschrauben nicht ölen oder fetten. Räder so ansetzen, daß die beim Ausbau angebrachten Markierungen übereinstimmen. Fahrzeug ablassen.
- Bundmutter leicht geölt mit **300 Nm** festziehen.
- Bundmutter durch Verstemmen gegen Lösen sichern, dazu Bund der Mutter mit einem Dorn in die Abflachung der Achswelle treiben.
- Radschrauben über Kreuz mit **100 Nm** festziehen.
- Ölstand im Hinterachsgetriebe prüfen, gegebenenfalls ergänzen, siehe Seite 284.

Faltenbalg für Achswelle ersetzen

Ausbau

- Achswelle ausbauen und reinigen.

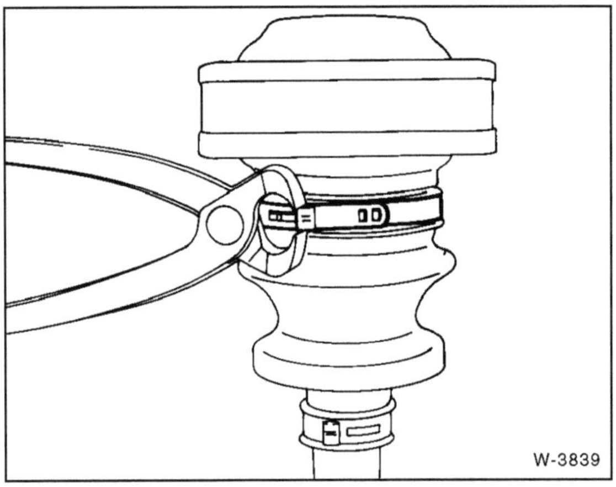

W-3839

- Schlauchschelle für Faltenbalg des inneren Gelenks mit Seitenschneider aufschneiden.

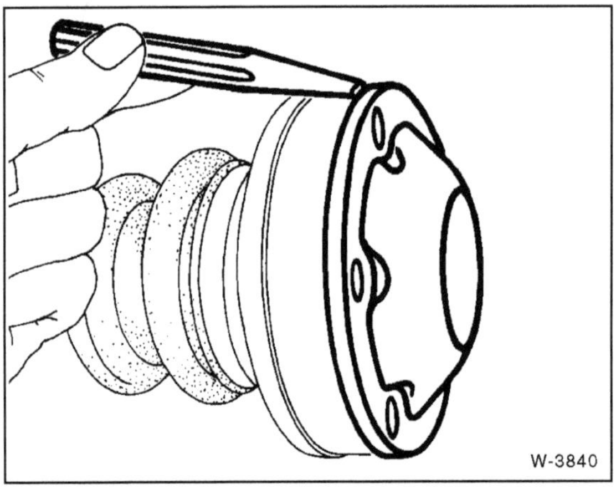

W-3840

- Verschlußdeckel mit Dorn vom Gelenkring abdrücken.
- Gummimanschette am Gelenkring abdrücken und auf der Achswelle zurückschieben.
- Mit Lappen Fett vom Gelenk abwischen.

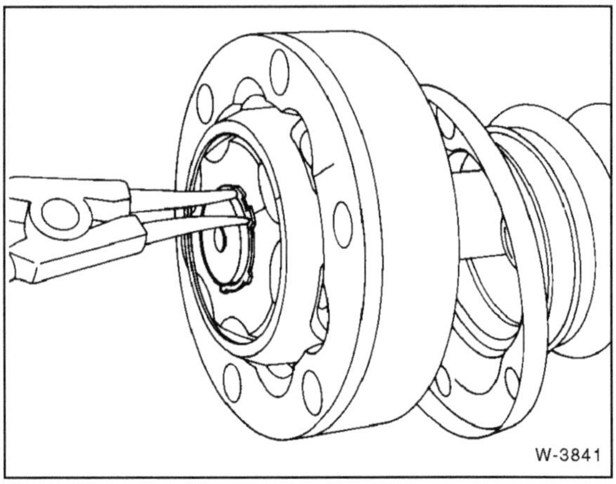

W-3841

- Sicherungsring mit geeigneter Zange spreizen und abnehmen.

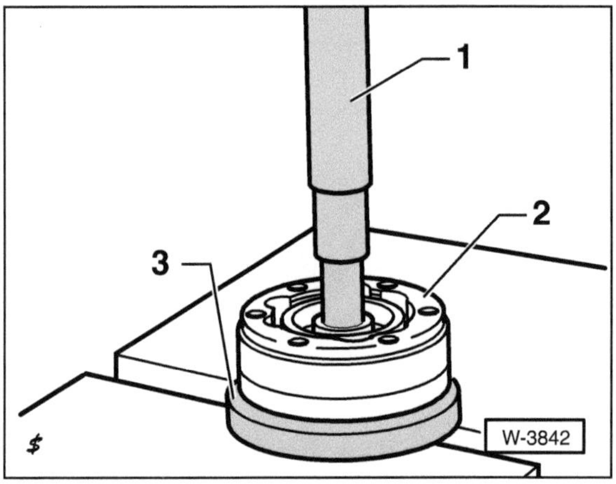

W-3842

- Achswelle mit geeignetem Dorn –1– aus dem inneren Gleichlaufgelenk –2– herauspressen. Dabei muß die Kugelnabe auf der Gegendruckplatte –3– aufliegen.
- Gelenk auf Verschmutzung oder Beschädigung prüfen, gegebenenfalls ersetzen. Gelenk möglichst nicht zerlegen.
- Verschmutztes Gelenk reinigen, dazu muß das Gelenk zerlegt werden. In diesem Fall Stellung von Kugelnabe, Kugelkäfig und Gelenkstück zueinander an der Stirnseite markieren. **Achtung:** Beim Zusammenbau auf äußerste Sauberkeit achten.
- Inneren Faltenbalg (Getriebeseite) über die Profilwelle abziehen.
- Bei Bedarf, Schlauchschellen für Gummimanschette am äußeren Gelenk durchkneifen und Manschette über die Hinterachswelle abziehen. Dabei darauf achten, daß kein Schmutz in das Gelenk gelangt.

Einbau

Für den Manschettenwechsel kompletten Reparatursatz verwenden. Bei Fahrzeugen mit höherer Laufleistung empfiehlt es sich, die zweite Gummimanschette ebenfalls auszuwechseln.

- Gleichlaufgelenk in zusammengebautem Zustand sorgfältig reinigen.

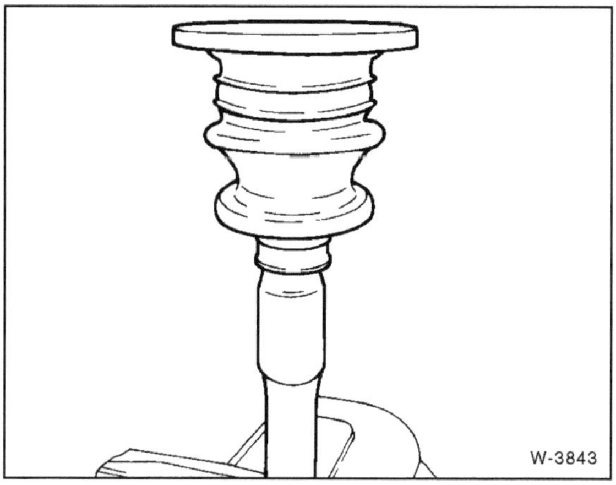

- Neue Gummimanschetten aufschieben. Dabei Gelenkwelle an den scharfkantigen Stellen mit einer geeigneten Hülse abdecken oder mit Klebeband abkleben, damit die Faltenbälge beim Aufschieben nicht beschädigt werden.
- Gelenk mit neuem Fett füllen. **Achtung:** Das Spezialfett ist im Reparatursatz »Faltenbalg« enthalten.
- Inneres Gelenk auf die Hinterachswelle stecken.

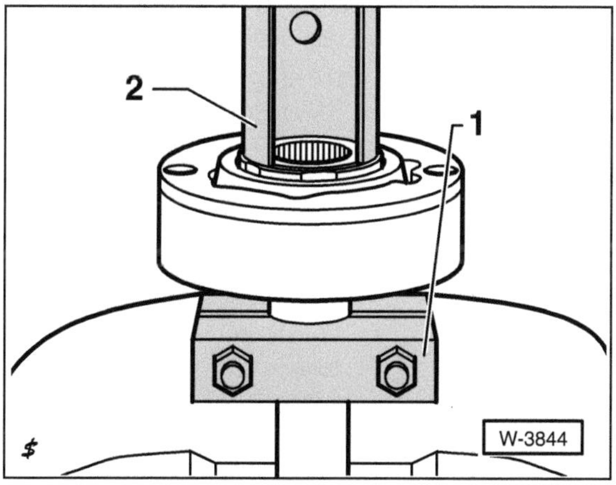

- Achswelle mit Klemmvorrichtung –1– in Schraubstock abstützen.
- Gleichlaufgelenk mit geeignetem Rohr –2– bis zum Anschlag aufpressen.
- Klemmvorrichtung abnehmen.
- **Neuen** Sicherungsring mit geeigneter Zange einsetzen, auf korrekten Sitz in der Nut achten.
- Gleichlaufgelenke und Gummimanschetten an äußerem und innerem Gelenk mit Spezialfett füllen. Darauf achten, daß kein Schmutz in das Gelenk eindringt.

Füllmengen:

Inneres Gelenk	520i, 525tds	70 g
	523i, 528i, 530i, 540i	85 g
Äußeres Gelenk	520i, 525tds	80 g
	523i, 528i, 530i, 540i	100 g

- Dichtflächen vom Verschlußdeckel dünn mit Dichtmittel »Curil T« oder »Stucarit Dicht-Gel 309/4« bestreichen. Verschlußdeckel mit Druckring aufdrücken.
- Dichtflächen der Manschettenkappe dünn mit Dichtmittel »Curil T« oder »Stucarit Dicht-Gel 309/4« bestreichen. Kappe mit Druckring aufdrücken.

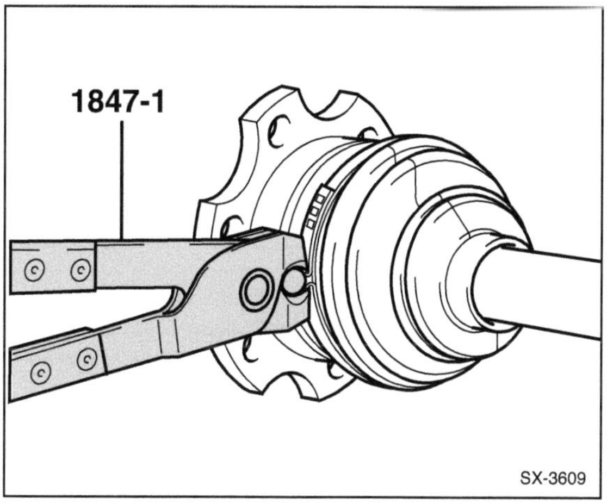

- Gummimanschette an der Manschettenkappe mit Schlauchschelle und Klemmzange, zum Beispiel HAZET 1847-1, befestigen. Darauf achten, daß der Verschluß der großen Schelle zwischen 2 Bohrungen des Gleichlaufgelenks liegt.
- Gummimanschette für äußeres Gelenk aufschieben und am großen Durchmesser befestigen.
- Manschetten jeweils über den Wulst an der Hinterachswelle schieben und mit Schellen befestigen.
- Achswelle einbauen.

Lenkung

Die Lenkung besteht aus dem Lenkrad, der Lenkspindel, dem Zahnstangen-Lenkgetriebe und dem Lenkgestänge. Das Lenkrad ist auf die Lenkspindel aufgeschraubt, welche die Lenkbewegungen auf das Lenkgetriebe überträgt.

Um eine leichtgängige Lenkung beim Einparken zu erreichen, ist serienmäßig eine hydraulische Servolenkung (Lenkhilfe) eingebaut. Die Lenkunterstützung erfolgt abhängig von der Motordrehzahl. Bei hoher Drehzahl ist die Unterstützung geringer, bei niedriger Drehzahl hingegen höher.

Je nach Modell oder Ausstattung wird die Bedienung der Lenkung durch eine geschwindigkeitsabhängige Lenkhilfe (Servotronic) erleichtert. Dadurch wird der Kraftaufwand beim Einschlagen der Lenkung und stehendem Fahrzeug noch geringer, bei hohen Geschwindigkeiten dagegen durch abgesenkte Lenkunterstützung ein noch besserer Fahrbahnkontakt und hohe Lenkpräzision erreicht.

Die Lenkhilfe besteht aus der Ölpumpe, dem Vorratsbehälter und den Öldruckleitungen. Angetrieben wird die Ölpumpe über einen Keilrippenriemen. Die Pumpe saugt das Hydrauliköl aus dem Vorratsbehälter an und fördert es mit hohem Druck zum Lenkgetriebe. Dort sorgt eine Regeleinheit für die erforderliche Lenkunterstützung.

Der Fahrer-**Airbag** ist als zusammengefalteter Luftsack im Lenkrad untergebracht. Im Fall einer stärkeren Frontalkollision wird über ein Steuergerät eine kleine Sprengladung in der Airbag-Einheit gezündet, die Abgase der Explosion blasen den Luftsack innerhalb weniger Millisekunden auf. Diese Zeit reicht aus, den Aufprall des nach vorn schnellenden Oberkörpers zu dämpfen. Der Airbag fällt dann innerhalb weniger Sekunden in sich zusammen, da die Gase durch Austrittsöffnungen entweichen. **Arbeiten am Airbag-System sollten aus Sicherheitsgründen von einer BMW-Werkstatt durchgeführt werden.**

Achtung: Selbstsichernde Muttern immer ersetzen. Schweiß- und Richtarbeiten an Lenkungsteilen sind nicht zulässig. Arbeiten am Airbag-System müssen von der Fachwerkstatt durchgeführt werden, Explosionsgefahr!

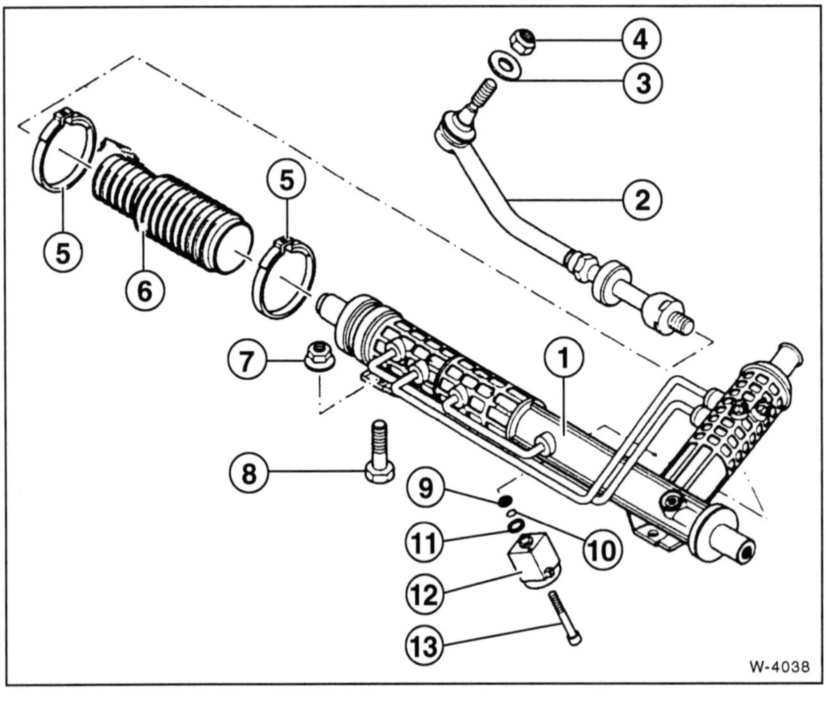

1 – Zahnstangen-Lenkgetriebe
2 – Spurstange
3 – Scheibe
4 – Mutter
5 – Schelle
6 – Manschette
7 – Mutter
8 – Schraube
9 – Sieb
10 – O-Ring
11 – Dichtung
12 – Servotronic-Einheit
13 – Schraube

Sicherheitsmaßnahmen zum Airbag

- Austausch- und Überprüfungsarbeiten am Airbag-System dürfen nur von der Fachwerkstatt durchgeführt werden. Grundsätzlich dürfen keinerlei Veränderungen vorgenommen werden.
- Das Airbag-Lenkrad darf nur durch ein vom Fahrzeughersteller freigegebenes Lenkrad ersetzt werden.
- Die Polsterplatte des Lenkrades darf weder beklebt noch überzogen oder andersweitig bearbeitet werden. Sie darf nur mit einem trockenen oder einem durch Wasser angefeuchteten Tuch sowie mit einem vom Fahrzeughersteller freigegebenen Reiniger gereinigt werden.
- Der Airbag ersetzt nicht das Anlegen des Sicherheitsgurtes. Die Fahrzeuginsassen müssen angeschnallt sein, nur dann werden sie optimal geschützt.
- Der Fahrersitz muß immer der Körpergröße entsprechend richtig eingestellt sein.
- Auf dem Beifahrersitz keine Kinder-Rückhaltesysteme verwenden. Kinder unter 12 Jahren dürfen nur im Fond mitfahren.
- Zwischen Airbag und Person dürfen sich keine Gegenstände befinden.
- Abdeckung des Beifahrer-Airbags nicht als Ablage verwenden.
- Wurde aufgrund eines Unfalls der Airbag ausgelöst, müssen Steuergerät, Airbag-Einheit und Kontakteinheit durch Neuteile ersetzt werden (Werkstattarbeit).
- Vor Aufnahme von Arbeiten am Airbag-System oder der elektrischen Anlage ist das Batterie-Massekabel abzuklemmen. Anschließend Airbag-Steckverbindung an der Lenksäule trennen.
- Die Airbag-Einheit ist immer so aufzubewahren, daß die gepolsterte Seite nach oben zeigt.
- Eine nicht ausgelöste, ausgebaute Airbag-Einheit muß bei länger andauernder Fahrzeug-Reparatur unter Verschluß gelagert werden.
- Die Airbag-Einheit darf nicht mit Fett, Reinigungs- oder ähnlichen Mitteln (aggressiven Stoffen) behandelt werden.
- Die Airbag-Einheit und das Steuergerät sind schlagempfindlich. Falls sie von einer größeren Höhe als 50 cm herunterfallen, dürfen diese nicht mehr eingebaut werden. Bei geringerer Höhe Airbag in der Werkstatt prüfen lassen.
- Bei Schweißarbeiten muß die Polklemme des Schweißgerätes unmittelbar an der Schweißstelle angebracht werden. Auf jeden Fall Batterie-Massekabel abklemmen. Anschließend Minuspol an der Batterie isolieren, um versehentlichen elektrischen Kontakt zu vermeiden. Airbag-Steckverbindungen zu den Gasgeneratoren trennen.
- Die Airbag-Einheit sowie das Steuergerät dürfen auch kurzzeitig keiner Temperatur von mehr als +75° C ausgesetzt werden. Beschädigte bzw. defekte Einzelteile dürfen keinesfalls repariert werden. Die Komponenten des Airbag-Systems dürfen nicht gewaltsam geöffnet werden. Vor dem Einbau erneut überprüfen, ob das Batterie-Massekabel abgeklemmt ist.
- Auf keinen Fall darf der Airbag selbst entsorgt werden. Explosionsgefahr!
- Hinweise zum Gurtstrammersystem beachten, siehe Seite 213.

Lenkrad aus- und einbauen

Achtung: Unbedingt »Sicherheitsmaßnahmen zum Airbag« durchlesen.

Ausbau

- Batterie-Massekabel (–) abklemmen. Die Batterie befindet sich im Kofferraum hinter der rechten Seitenverkleidung. **Achtung:** Dadurch werden elektronische Speicher gelöscht, wie zum Beispiel der Motorfehlerspeicher. Hinweise im Kapitel »Batterie aus- und einbauen« beachten.
- Minuspol an der Batterie isolieren, um versehentlichen elektrischen Kontakt zu vermeiden.

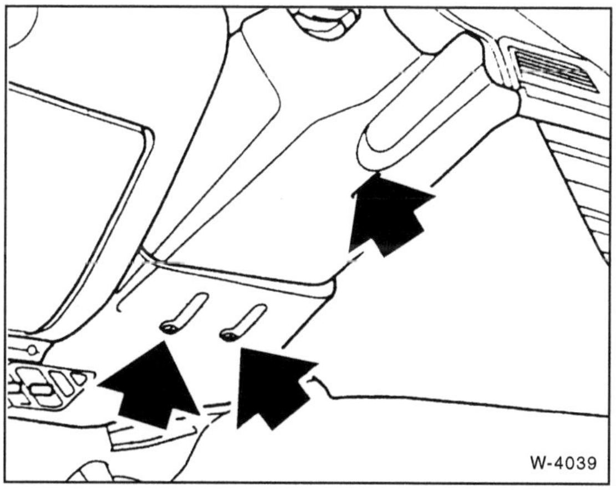

- 3 Schrauben für untere Lenksäulenverkleidung herausdrehen.

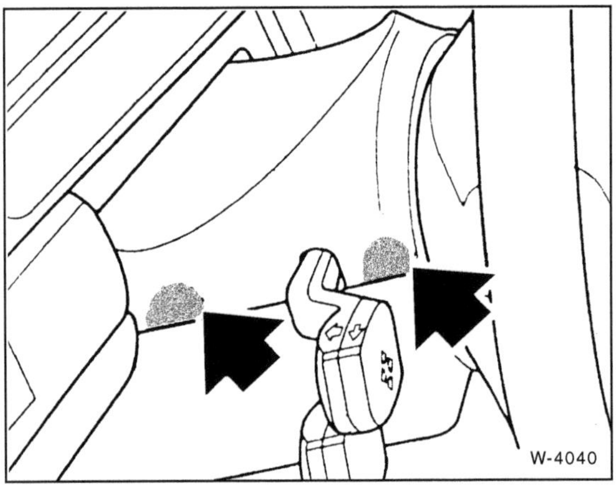

- Obere Lenksäulenverkleidung auf beiden Seiten im gezeigten Bereich nach innen drücken und untere Verkleidung nach unten ziehen.

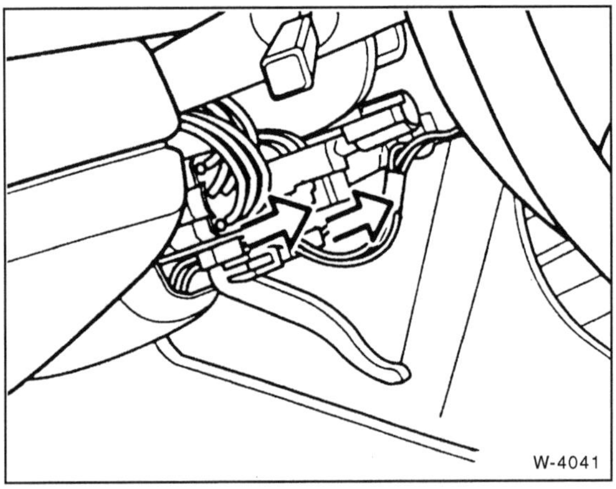

- Steckverbindung für Airbagsystem (orange) trennen.
- Wo vorhanden, Steckverbindung für Lenkradschalter trennen.
- Von der Lenkrad-Rückseite her 2 Innentorxschrauben T27 herausdrehen.

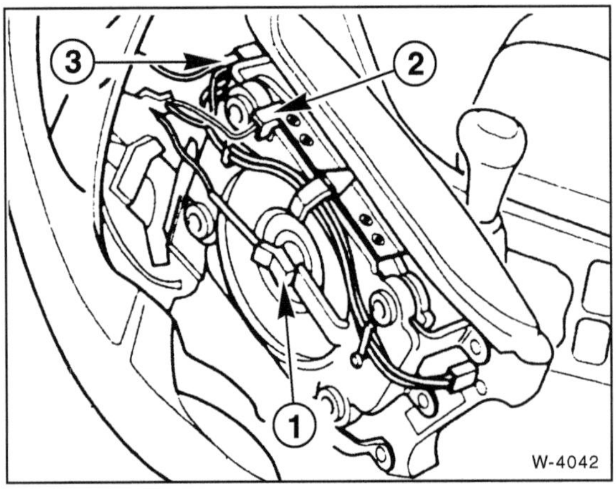

- Airbag-Einheit abheben und folgende Stecker abziehen:
  - ◆ Zündpille –1–
  - ◆ Hupe –2–
  - ◆ Lenkradschalter –3–
- Airbag-Einheit abnehmen und mit der Polsterplatte nach oben ablegen, zum Beispiel im Kofferraum.

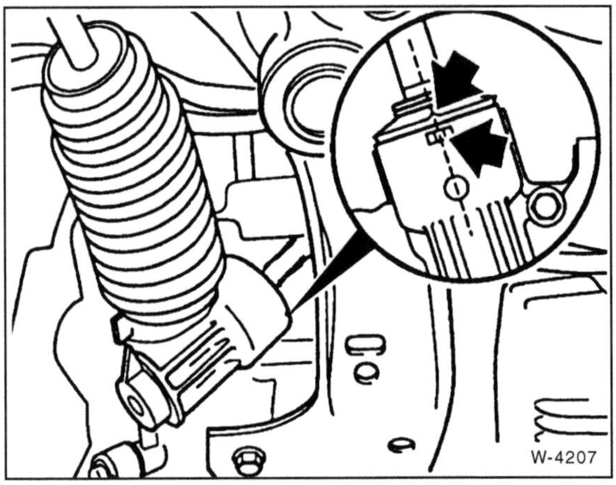

- Lenkrad in Geradeausfahr-Stellung bringen. Markierungen am Lenkgetriebe und an der Lenkspindel müssen übereinstimmen.

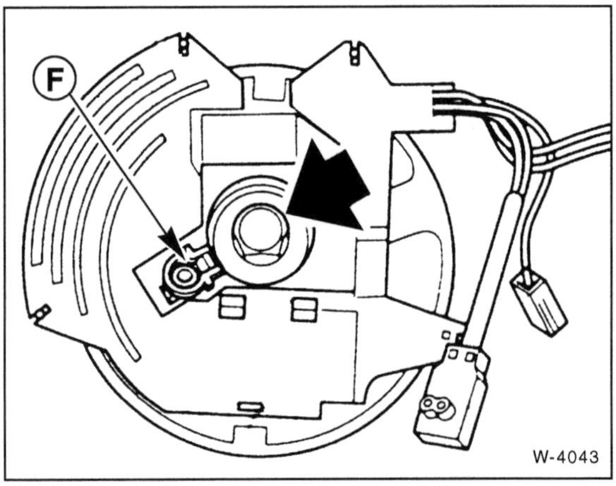

- Schraube –Pfeil– herausdrehen.

Achtung: Nach Lösen der Schraube wird die Drehsicherungsfeder –F– aktiviert, die den Kontaktring in der Mittelstellung festsetzt. Das Lenkrad darf ohne angezogene Schraube auf keinen Fall verdreht werden, sonst wird der Kontaktring beschädigt.

- Lenkrad zur Lenkspindel mit Reißnadel oder Farbe kennzeichnen.
- Lenkrad von der Lenkspindel von Hand abziehen. Gegebenenfalls Lenkrad mit handelsüblichem Abzieher von der Lenkspindel abziehen.

Achtung: Lenkrad nicht ab- oder aufschlagen. Darauf achten, daß beim Abziehen die Kabel nicht beschädigt werden.

Einbau

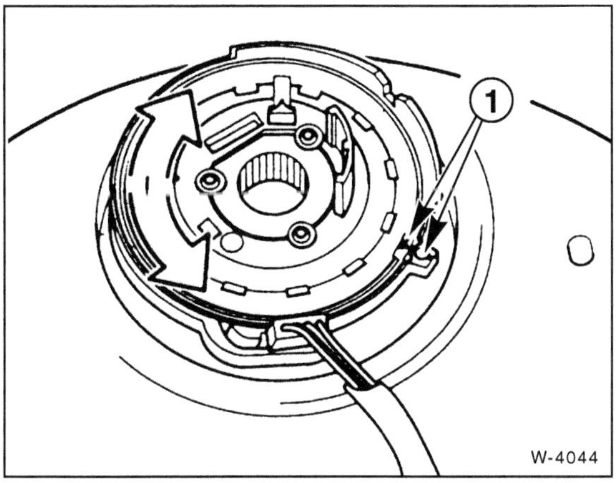

- Stellung des Kontaktrings am Lenkrad prüfen. Die Markierungen –1– müssen übereinstimmen. Falls der Kontaktring verdreht wurde beziehungsweise nicht sichergestellt ist, daß er sich in Mittelstellung befindet, Kontaktring folgendermaßen einstellen: Feder –F– (Abbildung W-4043) niederdrücken und Kontaktring nach links und rechts bis zum Anschlag drehen. Gesamtumdrehungen zählen und halbieren. Kontaktring von einem Anschlag mit halber Umdrehungszahl drehen, bis die Markierungen –1– übereinstimmen. Feder –F– loslassen.
- Prüfen, ob sich der Blinkerhebel in Mittelstellung befindet, sonst kann beim Aufschieben des Lenkrades der Nocken beschädigt werden.

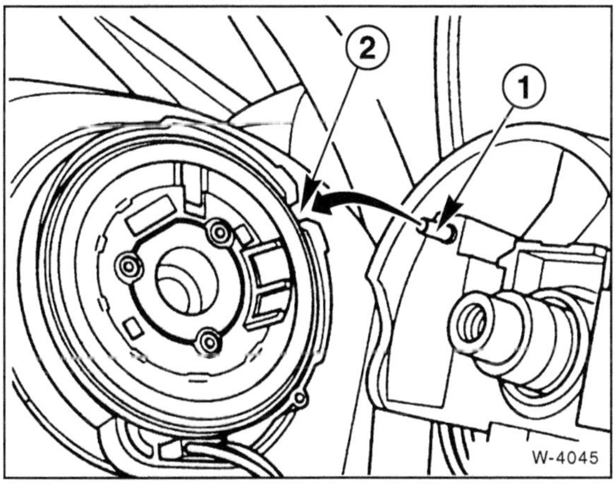

- Lenkrad so auf die Kerbverzahnung der Spindel aufschieben, daß sich die vorher angebrachten Markierungen decken. Dabei darauf achten, daß der Arretierungsstift –1– in die Aussparung –2– einrastet.
- Befestigungsschraube für Lenkrad mit **65 Nm** festziehen.

Achtung: Das Lenkrad darf ohne angezogene Schraube auf keinen Fall verdreht werden, sonst wird der Kontaktring beschädigt.

- Airbag-Einheit ansetzen und Stecker verbinden, siehe unter »Ausbau«.
- Airbag-Einheit in das Lenkrad einsetzen und ganz leicht mit **2 Nm** anschrauben. Dabei darauf achten, daß die Kabel nicht eingeklemmt werden.
- Beide Stecker für Airbag-Einheit (orange) und Lenkradschalter an der Lenksäule verbinden.

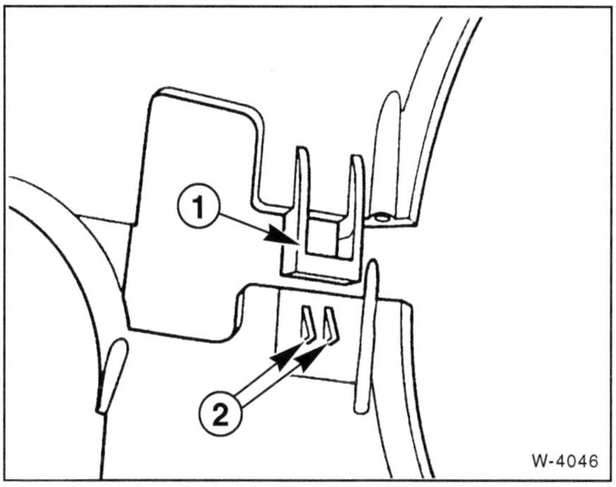

- Untere Lenksäulenverkleidung ansetzen, andrücken und einrasten. Dabei muß die Verriegelung –1– in die Haken –2– einrasten. **Hinweis:** Die Abbildung zeigt die Verkleidung von innen.
- Verkleidung mit 3 Schrauben festschrauben.
- Batterie-Massekabel (–) anklemmen. Zeituhr einstellen.
- Probefahrt durchführen und bei Geradeausfahrt Stellung des Lenkrades überprüfen. Die obere Speiche des Lenkrades muß sich in waagerechter Lage befinden.
- Falls das Lenkrad schräg steht, Lenkrad nochmals ausbauen und versetzen.
- Hupe auf Funktion prüfen.
- Automatische Rückstellung des Blinkerschalters prüfen.

Hinweis: Ein verschmutztes oder klebrig wirkendes Lenkrad kann mit neutralem Haushaltsreiniger und lauwarmem Wasser gereinigt werden, keine Scheuermittel verwenden.

Obere Lenksäulenverkleidung aus- und einbauen

Ausbau

- Lenksäule ganz nach unten stellen und ganz herausfahren.

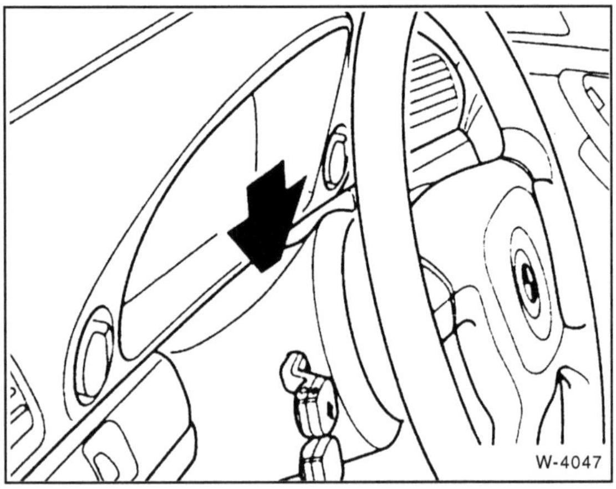

- Schraube –Pfeil– herausdrehen.

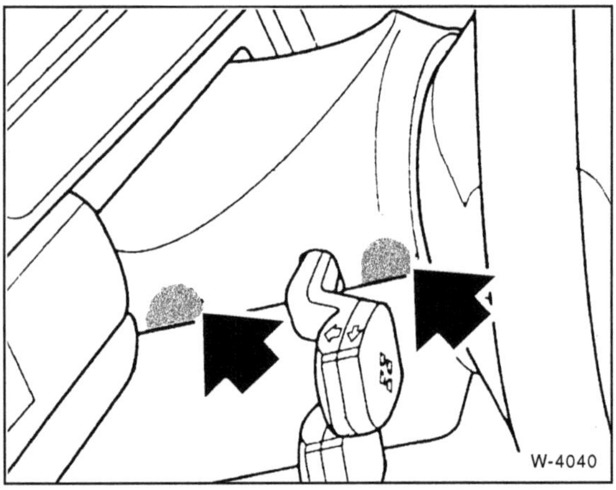

- Obere Lenksäulenverkleidung auf beiden Seiten im gezeigten Bereich nach innen drücken und nach oben abziehen.

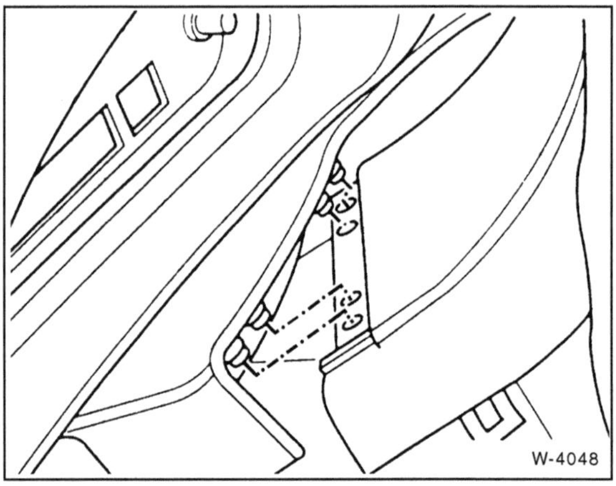

- Oberteil ausclipsen und abnehmen.

Einbau

- Falls erforderlich, Spreizmutter für obere Befestigungsschraube erneuern.

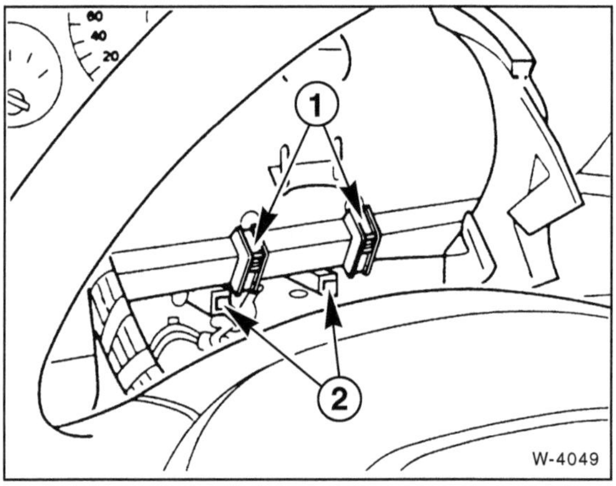

- Oberteil ansetzen und einclipsen. Dabei die Haken –1– in die Aufnahmen –2– einführen.
- Oberteil an der Lenkradseite nach unten drücken und seitlich in das Unterteil einrasten.
- Oberteil anschrauben.

Spurstangenkopf aus- und einbauen

Ausbau

- Stellung des Vorderrades zur Radnabe mit Farbe kennzeichnen. Dadurch kann das ausgewuchtete Rad wieder in derselben Position montiert werden. Radschrauben bei auf dem Boden stehendem Fahrzeug lösen. Fahrzeug vorn aufbocken und Vorderrad abnehmen.
- Kontermutter für Spurstangenkopf lösen, siehe Seite 127.

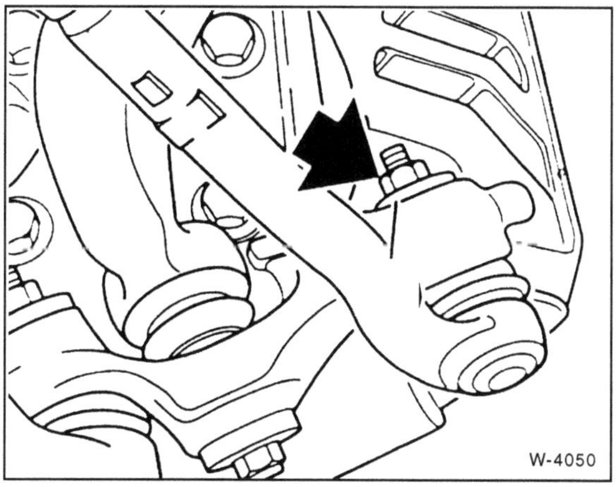

- Mutter für Spurstangengelenk am Schwenklager abschrauben.

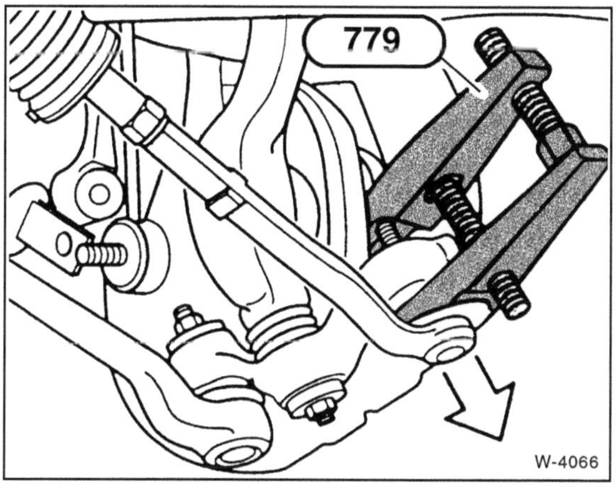

- Spurstangenkopf mit handelsüblichem Ausdrücker, zum Beispiel HAZET 779-1, nach unten abdrücken.
- Spurstangenkopf abschrauben, dabei Spurstange mit Gabelschlüssel am Sechskant gegenhalten. **Achtung:** Beim Abschrauben Umdrehungen merken, dies erleichtert die spätere Spureinstellung. Links- oder Rechtsgewinde auf der linken und rechten Seite beachten.

Einbau

- Spurstangenkopf mit gleicher Umdrehungszahl wie beim Ausbau aufschrauben.
- Kontermutter für Spurstangenkopf mit **45 Nm** festziehen.
- Spurstangenkopf in Schwenklager einsetzen, **neue selbstsichernde Mutter** auf Spurstangenkopf aufschrauben und mit **65 Nm** festziehen.
- Vorderrad anschrauben. Radschrauben nicht ölen oder fetten. Rad so ansetzen, daß die beim Ausbau angebrachten Markierungen übereinstimmen. Fahrzeug ablassen, Radschrauben über Kreuz mit **100 Nm** festziehen.
- Spur einstellen lassen, siehe Seite 144.

Spurstange aus- und einbauen

Ausbau

- Stellung des Vorderrades zur Radnabe mit Farbe kennzeichnen. Dadurch kann das ausgewuchtete Rad wieder in derselben Position montiert werden. Radschrauben bei auf dem Boden stehendem Fahrzeug lösen. Fahrzeug vorn aufbocken und Vorderrad abnehmen.

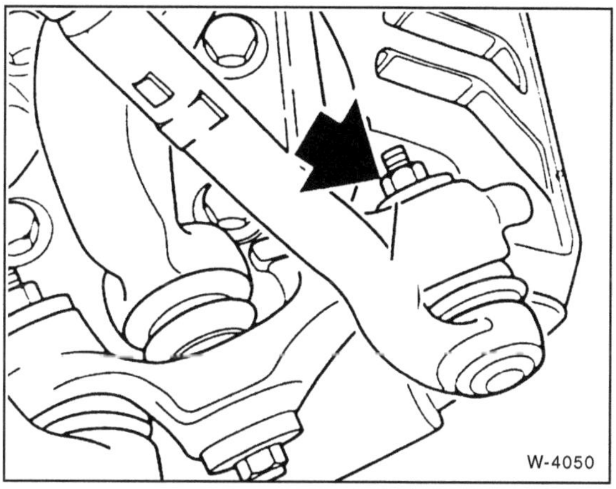

- Mutter für Spurstangengelenk am Schwenklager abschrauben.

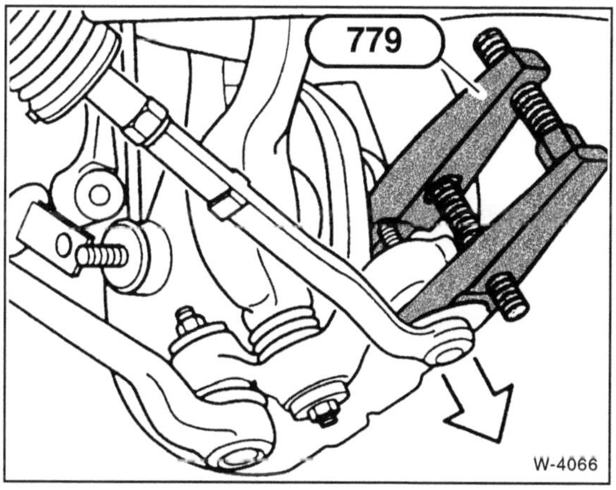

- Spurstangenkopf mit handelsüblichem Ausdrücker, zum Beispiel Hazet 779-1, nach unten abdrücken.

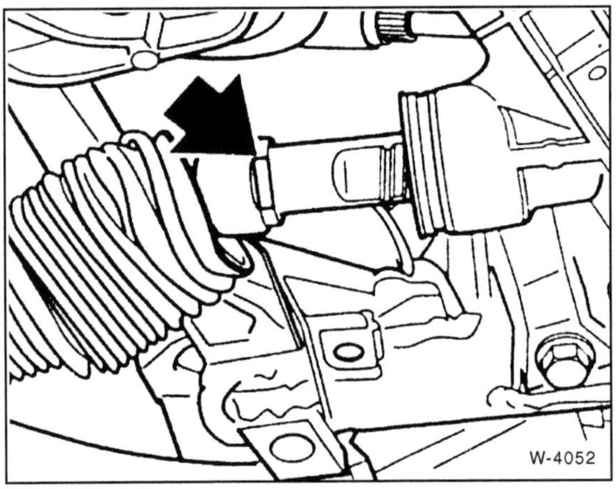

- Spannband lösen und Faltenbalg zurückschieben.
- Zahnstange soweit als möglich einfahren.
- Spurstange abschrauben –Pfeil–.

Einbau

- Alte Spurstange messen. Bei neuer Spurstange Spurstangenkopf so weit aufschrauben, bis das Maß der bisherigen Spurstange erreicht ist. Spurstangenkopf kontern.
- Kontermutter für Spurstangenkopf mit **45 Nm** festziehen.
- Falls erforderlich, Zapfen des Spurstangengelenkes sowie Sitz im Schwenklager von Fett reinigen.
- Faltenbalg prüfen und gegebenenfalls erneuern.
- Spurstange mit **70 Nm** an Zahnstange anschrauben.
- Faltenbalg aufschieben und mit neuem Spannband sichern. Darauf achten, daß der Faltenbalg nicht verdrillt angebaut wird.
- Spurstangenkopf in Schwenklager einsetzen, **neue selbstsichernde Mutter** auf Spurstangenkopf aufschrauben und mit **65 Nm** festziehen.
- Vorderrad anschrauben. Radschrauben nicht ölen oder fetten. Rad so ansetzen, daß die beim Ausbau angebrachten Markierungen übereinstimmen. Fahrzeug ablassen, Radschrauben über Kreuz mit **100 Nm** festziehen.
- Spur einstellen lassen, siehe Seite 144.

Bauteile der Servolenkung

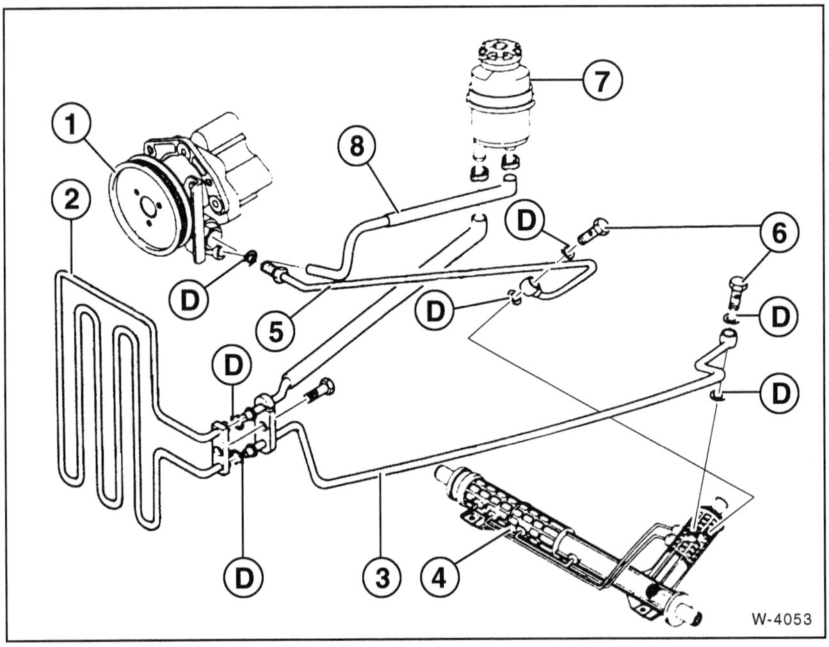

1 – Servopumpe
2 – Ölkühler
3 – Rücklaufleitung
4 – Lenkgetriebe
5 – Druckleitung
6 – Hohlschraube
7 – Vorratsbehälter
8 – Saugschlauch
D – Dichtring

Anzugsdrehmomente für Schlauchanschlüsse:
Gewinde M10: 10 Nm;
Gewinde M14: 35 Nm;
Gewinde M16: 40 Nm.

Befestigung der Servopumpe

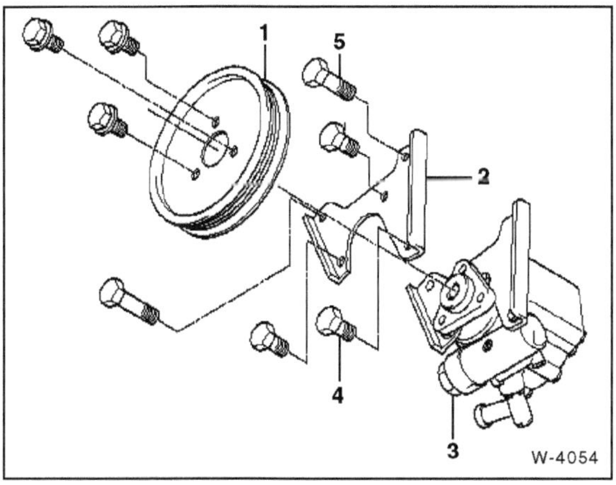

1 – Riemenscheibe
2 – Halteblech vorn
3 – Servopumpe
4 – Sechskantschraube M8x95
5 – Sechskantschraube M8x65

Hinweis: Beim Abschrauben des Lagerbocks vom Motorblock Lage und Anzahl der Distanzscheiben notieren, damit die Scheiben beim Einbau an der gleichen Stelle eingesetzt werden können. Anzugsdrehmoment: 20 Nm.

Hydraulikanlage der Servolenkung befüllen/entlüften

Die hydraulische Anlage muß entlüftet werden, wenn das Leitungssystem geöffnet wurde. Grundsätzlich nur neues Öl nachfüllen, da bereits kleinste Verunreinigungen zu Störungen an der hydraulischen Anlage führen können.

Ölspezifikation: Automatic-Transmission Fluid (ATF) mit der Bezeichnung »Dexron II D«, zum Beispiel:
Shell ATF Dexron II D-21-631;
Mobil ATF 220 D-20104;
Total Dexron II D-21298.
Freigabe von weiteren ATF-Ölen beim BMW-Händler erfragen.

- Bei abgestelltem Motor Verschlußdeckel für Vorratsbehälter abschrauben.

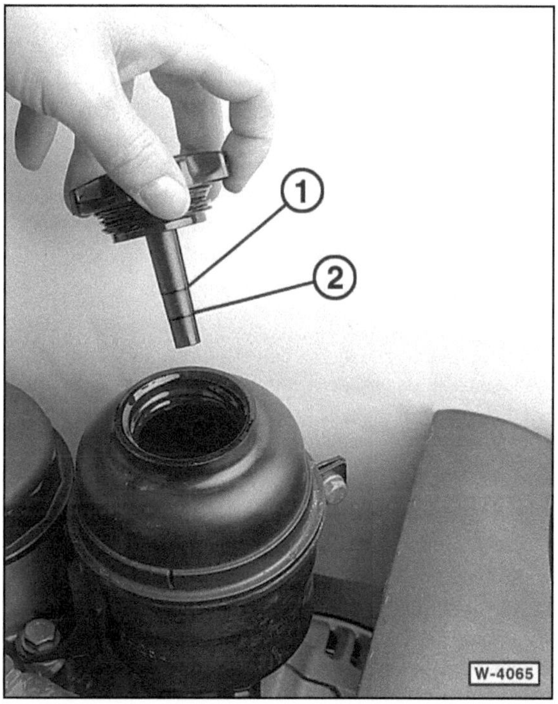

- Motor starten und im Leerlauf drehen lassen. Öl sofort bis zur unteren Markierung MIN –2– nachfüllen.

Achtung: Die Ölpumpe darf nicht trockenlaufen.

- Lenkrad langsam nach links und rechts je zweimal bis zum Anschlag drehen.
- Ölstand nochmals korrigieren.
- Motor abstellen und Ölstand prüfen.
- Ölstand bis zur MAX-Markierung –1– auffüllen. Beim Korrigieren des Ölstands immer nur kleine Mengen nachfüllen. Gesamtfüllmenge: 1,2 Liter.
- Vorratsbehälter verschließen.
- Der Ölstand soll bei kaltem Öl zwischen der MIN- und MAX-Markierung am Meßstab reichen. Als kalt wird das Öl bei einer Temperatur von ca. +20° C bezeichnet.

Fahrwerkvermessung

Optimale Fahreigenschaften und geringster Reifenverschleiß sind nur dann zu erzielen, wenn die Stellung der Räder einwandfrei ist. Bei erhöhter und ungleichmäßiger Reifenabnutzung sowie mangelhafter Straßenlage – bei schlechter Richtungsstabilität in Geradeausfahrt sowie schlechten Lenkeigenschaften in Kurvenfahrt – sollte die Werkstatt aufgesucht werden, um den Wagen optisch vermessen zu lassen.
Die Fahrzeugvermessung kann ohne eine entsprechende Meßanlage nicht durchgeführt werden. Ich beschränke mich deshalb hier auf die Beschreibung der für die Vermessung erforderlichen Grundbegriffe mit Einstellwerten.

Spur/Sturz/Spreizung/Nachlauf

Als **Spur** bezeichnet man den seitlichen Abstand der Räder voneinander. Vorspur bedeutet, daß die Räder – in Höhe des Radmittelpunktes gemessen – vorn etwas enger zusammenstehen als hinten. Nachspur bedeutet, daß die Vorderräder vorn etwas weiter auseinanderstehen als hinten.

Gesamt-Vorspur: 0°5' ± 10'

Sturz und Spreizung vermindern die Übertragung von Fahrbahnstößen auf die Lenkung und halten bei Kurvenfahrt die Reibung möglichst gering.

Sturz ist der Winkel, um den die Radebene von der Senkrechten abweicht. Die Vorderräder stehen also schräg, bei negativem Sturz beispielsweise im Radaufstandspunkt mehr auseinander als oben.

Spreizung ist der Winkel zwischen der Schwenkachse des Achsschenkels und der Senkrechten im Reifenaufstandspunkt, in Längsrichtung des Wagens gesehen.

Durch den Sturz- und Spreizwinkel werden die Berührungspunkte der Räder auf der Fahrbahn näher an die Schwenkachse des Achsschenkels herangebracht. Damit wird der sogenannte Lenkrollhalbmesser klein gehalten. Je kleiner der Lenkrollhalbmesser ist, desto leichtgängiger ist die Lenkung. Auch die Fahrbahnstöße wirken sich wesentlich schwächer auf das Lenkgestänge aus.

Nachlauf ist der Winkel zwischen der Schwenkachse des Achsschenkels und der Senkrechten im Reifenaufstandspunkt in Querrichtung des Fahrzeuges gesehen. Der Nachlauf beeinflußt maßgeblich die Geradeausführung der Vorderräder. Zu geringer Nachlauf begünstigt ein Abweichen aus der Fahrtrichtung auf schlechten Straßen oder bei Seitenwind und läßt zudem nach der Kurvenfahrt die Lenkung nicht weit genug zur Mittelstellung zurücklaufen.

Prüfvoraussetzungen

- Lenkung in Geradeausstellung
- Vorschriftsmäßiger Reifenfülldruck
- Fahrzeug in Normallage: 2 x 68 kg vorn, 1 x 68 kg hinten mitte, 1 x 21 kg Kofferraum mitte, vollgetankt
- Fahrzeug vorher kräftig durchgefedert
- Lenkung richtig eingestellt
- Kein unzulässiges Spiel im Lenkgestänge
- Kein unzulässiges Spiel in der Radaufhängung
- Fahrzeug-Höhenstand korrekt

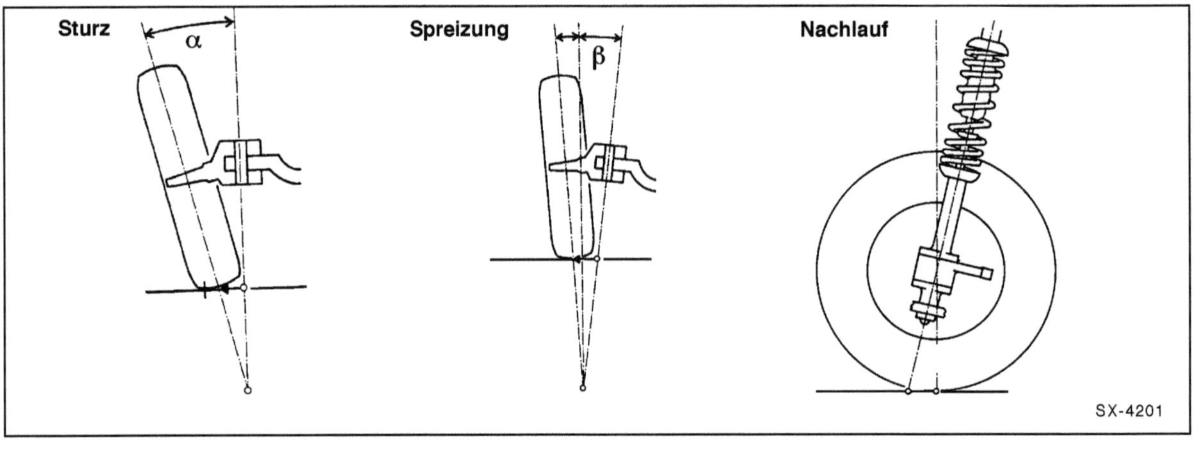

Bremsanlage

Das Bremssystem besteht aus dem Hauptbremszylinder, dem Bremskraftverstärker und den Scheibenbremsen für die Vorder- und Hinterräder. Das hydraulische Bremssystem ist in zwei Kreise aufgeteilt: Ein Bremskreis wirkt auf die Vorderachse, der zweite auf die Hinterachse. Dadurch kann bei Ausfall eines Bremskreises, zum Beispiel durch Undichtigkeit, das Fahrzeug über den anderen Bremskreis zum Stehen gebracht werden. Der Druck für beide Bremskreise wird im Tandem-Hauptbremszylinder über das Bremspedal aufgebaut. Ein Bremskraftregler an der Hinterachse ist nicht erforderlich, da die Bremskraftverteilung durch das ABS (Anti-Blockier-System) geregelt wird.

Der Bremsflüssigkeitsbehälter befindet sich im Motorraum auf linken Seite unter dem Gehäuse des Reinluftfilters und versorgt das ganze Bremssystem mit Bremsflüssigkeit.

Der Bremskraftverstärker speichert beim Benzinmotor einen Teil des vom Motor erzeugten Ansaug-Unterdruckes. Über Ventile wird dann bei Bedarf die Pedalkraft durch den Unterdruck verstärkt. Da beim Dieselmotor ein Ansaug-Unterdruck kaum vorhanden ist, erzeugt eine am Zylinderkopf angeflanschte Vakuumpumpe den Unterdruck für den Bremskraftverstärker.

Alle Scheibenbremsen sind mit sogenannten Faustbremssätteln ausgestattet. Das heißt, in jedem Bremssattel werden beim Bremsen die Bremsbeläge nur durch einen Kolben gegen die Bremsscheibe gedrückt.

Die Bremssättel sind aus einer Leichtmetall-Legierung gefertigt. Dadurch ist die Bremsanlage besonders leicht und gewährleistet eine hervorragende Wärmeableitung, wodurch das sogenannte »Fading« verhindert wird. »Fading« wird das Nachlassen der Bremsleistung aufgrund starker Erwärmung der Bremse genannt.

Vorn links und hinten rechts ist jeweils ein Belagfühler für die Bremsbelag-Verschleißanzeige vorhanden.

Die Handbremse wird über Seilzüge betätigt und wirkt auf die Hinterräder. Da sich die Scheibenbremse als Feststellbremse nicht gut eignet, befinden sich an den Hinterrädern zusätzlich 2 Trommelbremsen, die in den Bremsscheiben integriert sind. Die Trommelbremsen werden ausschließlich über den Handbremshebel der Feststellbremse betätigt.

Beim Reinigen der Bremsanlage fällt Bremsstaub an. Dieser Staub kann zu gesundheitlichen Schäden führen. Deshalb beim Reinigen der Bremsanlage darauf achten, daß der Bremsstaub nicht eingeatmet wird.

Die Bremsbeläge sind Bestandteil der Allgemeinen Betriebserlaubnis (ABE), außerdem sind sie vom Werk auf das jeweilige Fahrzeugmodell abgestimmt. Es empfiehlt sich deshalb, nur von BMW beziehungsweise vom Kraftfahrtbundesamt freigegebene Bremsbeläge zu verwenden. Diese Bremsbeläge haben eine KBA-Freigabenummer.

Das Arbeiten an der Bremsanlage erfordert peinliche Sauberkeit und exakte Arbeitsweise. Falls die nötige Arbeitserfahrung fehlt, sollten die Arbeiten an der Bremse von einer Fachwerkstatt durchgeführt werden.

Verbrauchte, alte Bremsflüssigkeit auf einer Sammelstelle für Sonderabfall abgeben, nicht wegschütten oder dem Hausmüll mitgeben. Gemeinde- und Stadtverwaltungen informieren darüber, wo sich die nächste Sammelstelle befindet.

Hinweis: Auf stark regennassen Fahrbahnen sollte während des Fahrens die Bremse von Zeit zu Zeit betätigt werden, um die Bremsscheiben von Rückständen zu befreien. Durch die Zentrifugalkraft während der Fahrt wird zwar das Wasser von den Bremsscheiben geschleudert, doch bleibt teilweise ein dünner Film von Silikonen, Gummiabrieb, Fett und Verschmutzungen zurück, der das Ansprechen der Bremse vermindert.

Die ABS-Anlage

Das Anti-Blockier-System (ABS) besteht aus der elektrohydraulischen Steuereinheit mit integriertem elektronischen Steuergerät, der ABS-Kontrolleuchte und den Drehzahlfühlern und Impulszahnrädern an den Rädern.

Das ABS verhindert, daß bei scharfem Abbremsen die Räder blockieren. Dadurch bleibt bei einer Vollbremsung das Fahrzeug lenkbar. Für den Fahrer ist die Antiblockier-Regelung am Pulsieren des Bremspedals und an Geräuschen der Hydraulikeinheit im Motorraum erkennbar.

Eine Sicherheitsschaltung im elektronischen Steuergerät sorgt dafür, daß sich das ABS bei einem Defekt (z. B. Kabelbruch) oder bei zu niedriger Betriebsspannung (Batteriespannung unter 10,5 Volt) selbst abschaltet, dies wird durch das Leuchten der ABS-Kontrollampe am Armaturenbrett angezeigt. Die herkömmliche Bremsanlage bleibt dabei in Betrieb. Das Fahrzeug verhält sich dann beim Bremsen so, als ob keine ABS-Anlage eingebaut wäre.

Nach Einschalten der Zündung kontrolliert sich das ABS-System selbst auf Fehler. Nach etwa 3 Sekunden muß die ABS-Kontrollampe im Armaturenbrett erlöschen. Leuchtet die ABS-Kontrollampe länger oder während der Fahrt auf, folgende Punkte beachten:

- Fahrzeug kurz anhalten, Motor abstellen und wieder starten.
- Batteriespannung prüfen. Wenn die Spannung unter 10,5 Volt liegt, Batterie laden.
- Prüfen, ob die Batterieklemmen richtig festgezogen sind und einwandfreien Kontakt haben.
- Fahrzeug aufbocken, Räder abnehmen, elektrische Leitungen zu den Drehzahlfühlern auf äußere Beschädigungen (Scheuerstellen) prüfen. Weitere Prüfungen des ABS sollten der Werkstatt vorbehalten bleiben. Mit einem Fehlerauslesegerät können dort vom Steuergerät registrierte Fehler abgerufen und gezielt behoben werden.

Achtung: Vor Schweißarbeiten mit einem elektrischen Schweißgerät muß der Stecker vom elektronischen ABS-Steuergerät abgezogen werden. Stecker nur bei ausgeschalteter Zündung abziehen. Bei Lackierarbeiten darf das Steuergerät mit max. +85° C belastet werden.

ASC+T-System

Das ASC+T (**A**utomatische-**S**tabilitäts-**C**ontrol **plus** **T**raktion) verhindert, daß die Hinterräder beim Gasgeben durchdrehen, zum Beispiel bei Nässe, denn ein durchdrehendes Rad kann weniger Antriebs- und Seitenführungskräfte übertragen. Die Steuerung ist im ABS-Steuergerät integriert.

Die aktuellen Raddrehzahlen erhält das Steuergerät von den Radsensoren, die auch für das Antiblockier-Bremssystem genutzt werden. Neigt ein Hinterrad zum Durchdrehen, erhält die DME (= Digitale-Motor-Elektronik = Motorsteuersystem) diese Information vom ABS/ASC+T-Steuergerät. Die DME reduziert dann die Motorleistung durch veränderte Betätigung der Einspritzventile, zusätzlich ist ein Eingriff auf den Zündzeitpunkt möglich. Die Regelung hat den gleichen Effekt, als wenn der Fahrer das Gaspedal zurücknehmen würde. Die Motorleistung nimmt kurzzeitig ab, die Räder können wieder greifen. Reicht dies nicht aus, greift die Funktion T (Traktions-Control) in die Bremse ein und bremst durchdrehende Antriebsräder dosiert ab. Das Eingreifen der ASC+T wird dem Fahrer durch Blinken der Kontrolleuchte angezeigt.

In das System ist eine Motorschleppmomentregelung integriert. Sie verhindert ein kurzzeitiges Blockieren der Antriebsräder auf glattem Untergrund durch die Bremswirkung des Motors. Bis zu einer Geschwindigkeit von 40 km/h kann die Traktions-Control (T) eine Sperrdifferenzialwirkung aufbauen. Da das linke und das rechte Rad unabhängig voneinander abgebremst werden, wirkt ASC+T wie ein Sperrdifferential mit einer Sperrwirkung von nahezu 100 Prozent.

Die ASC+T erkennt auftretende Systemfehler selbst. Nach Einschalten der Zündung leuchtet die-Kontrolleuchte kurz auf und erlischt dann. Erlischt die Leuchte nicht oder leuchtet sie während der Fahrt permanent auf, so liegt eine Störung vor. Das Fahrzeug kann dann weiterhin gefahren werden, die ASC+T-Regelung entfällt jedoch.

Beim Fahren mit Schneeketten, im Tiefschnee oder beim Anfahren aus tiefem Schlamm ist es zweckmäßig, das ASC+T mit dem Schalter auf der Mittelkonsole abzuschalten. Durch erneutes Betätigen des Schalters oder beim nächsten Motorstart schaltet sich das System wieder ein.

Technische Daten Bremsanlage

Scheibenbremsbeläge: Mindestdicke ohne Rückenplatte	3,0 mm
Trommelbremsbeläge: Mindestdicke	1,5 mm
Bremsscheibe vorn: Mindestdicke Durchmesser	20,4 mm (540i: 28,4 mm) 296,0 mm (540i: 324,0 mm)
Bremsscheibe hinten: Mindestdicke massiv belüftet Durchmesser	8,4 mm 18,4 mm 298,0 mm
Bremsscheibe: Maximales Bearbeitungsmaß pro Seite Dickentoleranz der Bremsfläche Maximaler Seitenschlag - eingebaut - ausgebaut	0,8 mm 0,02 mm 0,2 mm 0,05 mm
Feststellbremse: Bremstrommel-Durchmesser Maximaler Höhenschlag der Bremsfläche	185,0 mm 0,1 mm

Scheibenbremssattel vorn

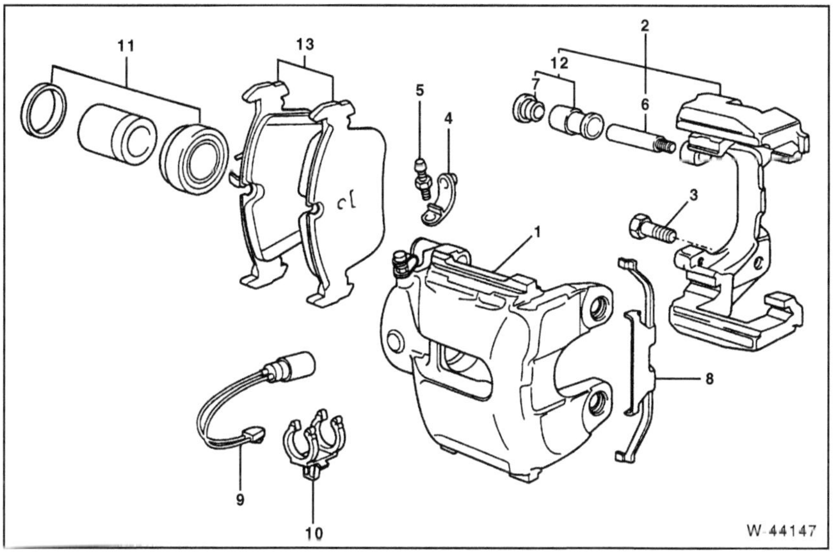

1 – Bremssattel
2 – Bremsträger
3 – Sechskantschraube, 110 Nm
4 – Staubkappe
5 – Entlüfterventil
6 – Führungsschraube
7 – Schutzstopfen
8 – Haltefeder
9 – Verschleißfühler
10 – Halter Bremsbelagfühler
11 – Dichtungssatz Bremssattel
12 – Reparatursatz Führungshülse
13 – Bremsbeläge (asbestfrei)

Bremsbeläge vorn aus- und einbauen

Ausbau

- Stellung der Vorderräder zur Radnabe mit Farbe kennzeichnen. Dadurch kann das ausgewuchtete Rad wieder in derselben Position montiert werden. Radschrauben bei auf dem Boden stehendem Fahrzeug lösen. Fahrzeug vorn aufbocken und Vorderräder abnehmen.

Achtung: Sollen die Bremsbeläge wieder verwendet werden, so müssen sie beim Ausbau gekennzeichnet werden. Ein Wechsel der Beläge vom rechten zum linken Rad ist nicht zulässig. Der Wechsel kann zu ungleichmäßiger Bremswirkung führen. Grundsätzlich sollte man nur Original BMW-, beziehungsweise von BMW freigegebene Bremsbeläge verwenden. **Grundsätzlich alle Scheibenbremsbeläge vorn gleichzeitig ersetzen, auch wenn nur ein Belag die Verschleißgrenze erreicht hat.**

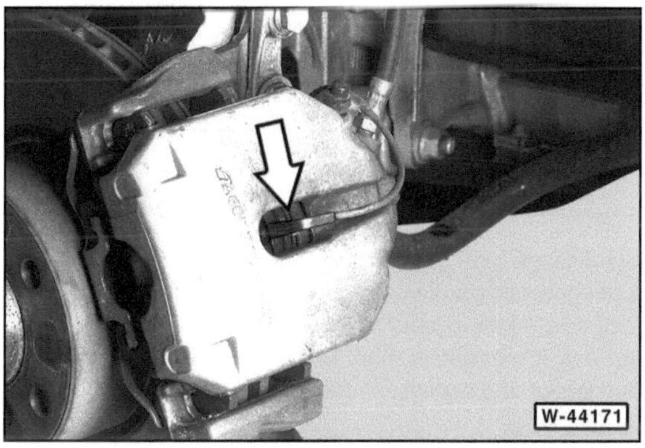

- Am linken Bremssattel mit den Fingern Stecker für Verschleißwarnanzeige –Pfeil– am Bremsbelag herausziehen, dabei nicht am Kabel ziehen.

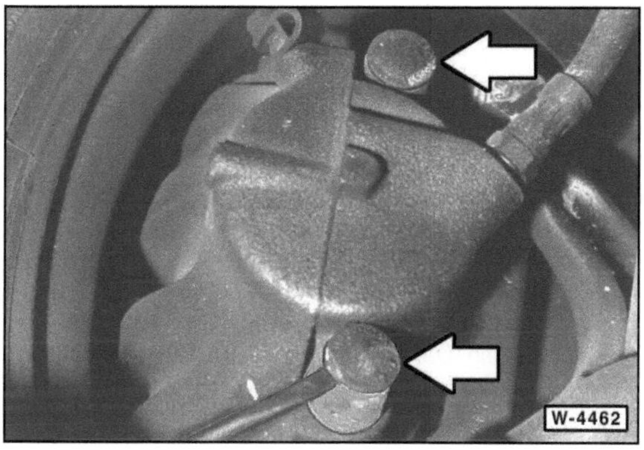

- Plastikkappen für Befestigungsschrauben –Pfeile– mit Schraubendreher abdrücken.

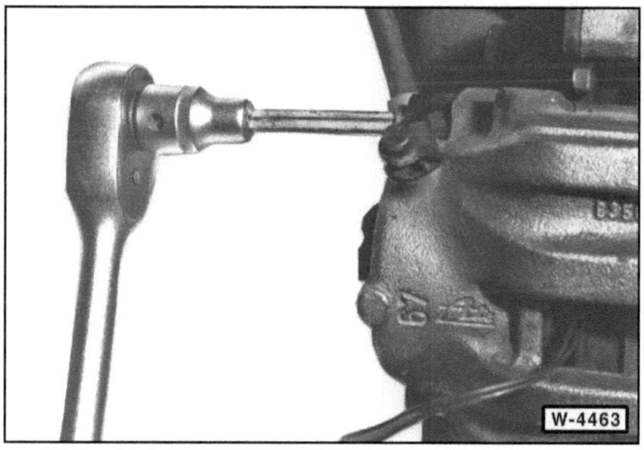

- Beide unter den Plastikkappen liegende Schrauben mit 7 mm Innensechskantschlüssel herausdrehen.

- Klammer mit Schraubendreher abdrücken.

- Bremssattel nach hinten abziehen und mit Draht am Aufbau aufhängen. **Achtung:** Der Bremsschlauch bleibt angeschlossen, sonst muß die Anlage nach dem Einbau entlüftet werden. Darauf achten, daß der Bremsschlauch nicht auf Zug beansprucht wird.
- Äußeren Bremsbelag abnehmen.

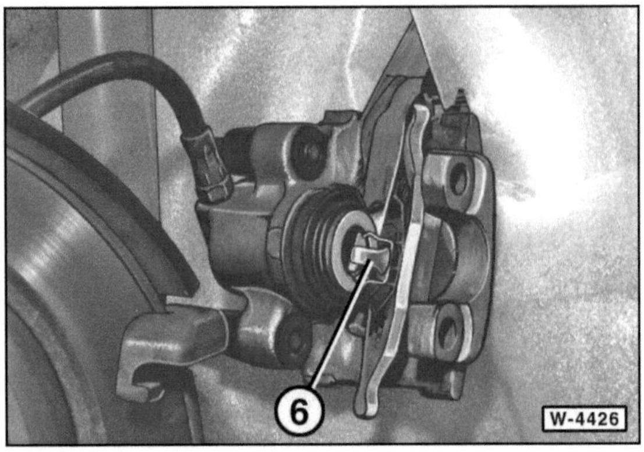

- Der innere Bremsbelag ist mit einer Feder –6– im Bremskolben befestigt. Bremsbelag herausnehmen.

Einbau

Achtung: Bei ausgebauten Bremsbelägen nicht auf das Bremspedal treten, sonst wird der Kolben aus dem Gehäuse herausgedrückt.

- Verschleißfühler prüfen. Falls die Isolation der Kontaktplatte durchgerieben, die Kabelisolation beschädigt oder das Plastikteil angeschliffen ist, Verschleißfühler ersetzen.

- Führungsfläche bzw. Sitz der Beläge im Gehäuseschacht mit geeigneter Weichmetallbürste reinigen oder mit einem Lappen und Spiritus auswischen. Keine mineralölhaltigen Lösungsmittel oder scharfkantigen Werkzeuge verwenden. Falls die Bremsbeläge wiederverwendet werden, Beläge ebenfalls reinigen.
- Vor Einbau der Beläge ist die Bremsscheibe durch Abtasten mit den Fingern auf Riefen zu untersuchen. Riefige Bremsscheiben sind zu erneuern. Bremsscheiben mit grauer oder blauer Verfärbung vor dem Einbau neuer Beläge reinigen.
- Bremsscheibendicke messen, siehe Seite 158.

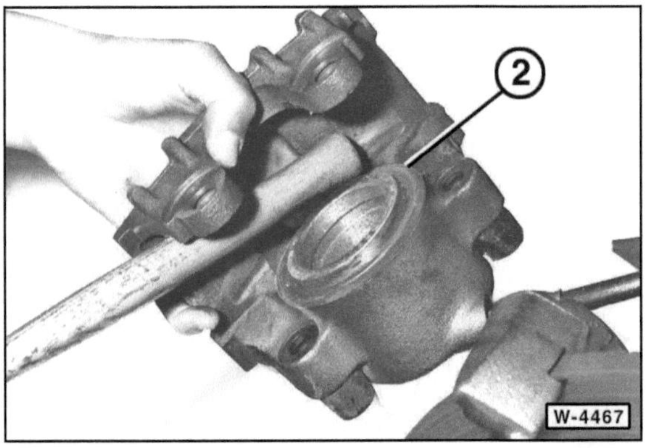

- Staubkappe am Bremskolben –2– auf Anrisse prüfen. Eine beschädigte Staubkappe umgehend ersetzen lassen, da eingedrungener Schmutz schnell zu Undichtigkeiten des Bremssattels führt. Der Bremssattel muß hierzu ausgebaut und zerlegt werden (Werkstattarbeit).
- Bremskolben mit Rücksetzvorrichtung, zum Beispiel HAZET 4971-1, zurückdrücken. Es geht auch mit einem Hartholzstab (Hammerstiel). Dabei jedoch besonders darauf achten, daß der Kolben nicht verkantet wird und Kolbenfläche sowie Staubkappe nicht beschädigt werden.

Achtung: Beim Zurückdrücken der Kolben wird Bremsflüssigkeit aus den Bremszylindern in den Ausgleichbehälter gedrückt. Flüssigkeit im Behälter beobachten, eventuell Bremsflüssigkeit mit einem Saugheber absaugen.

Zum Absaugen eine Entlüfterflasche oder Plastikflasche verwenden, die nur mit Bremsflüssigkeit in Berührung kommt. **Keine Trinkflaschen verwenden! Bremsflüssigkeit ist giftig und darf auf gar keinen Fall mit dem Mund über einen Schlauch abgesaugt werden.** Saugheber verwenden. Auch nach dem Belagwechsel darf die »Max«-Marke am Bremsflüssigkeitsbehälter nicht überschritten werden, da sich die Flüssigkeit bei Erwärmung ausdehnt. Ausgelaufene Bremsflüssigkeit läuft am Hauptbremszylinder runter, zerstört den Lack und führt zur Korrosion.

Achtung: Bei hohem Bremsbelagverschleiß Leichtgängigkeit des Kolbens prüfen. Dazu Holzklotz in den Bremssattel einsetzen und durch Helfer langsam auf das Bremspedal treten lassen. Der Bremskolben muß sich leicht heraus- und hineindrücken lassen. Zur Prüfung muß der andere Bremssattel eingebaut sein. Darauf achten, daß der Bremskolben nicht ganz herausgedrückt wird. Bei schwergängigem Kolben Bremssattel instandsetzen lassen (Werkstattarbeit).

- Um ein Quietschen der Scheibenbremsen zu verhindern, folgende Teile **dünn** mit Anti-Quietsch-Paste bestreichen. Als Anti-Quietsch-Paste können folgende Mittel verwendet werden: Plastilube, Tunap VC 582/S, Chevron SRJ/2, Liqui Moly LM-36 oder LM-508-ASC.

- Anlagefläche des Bremskolbens am Bremsbelag.

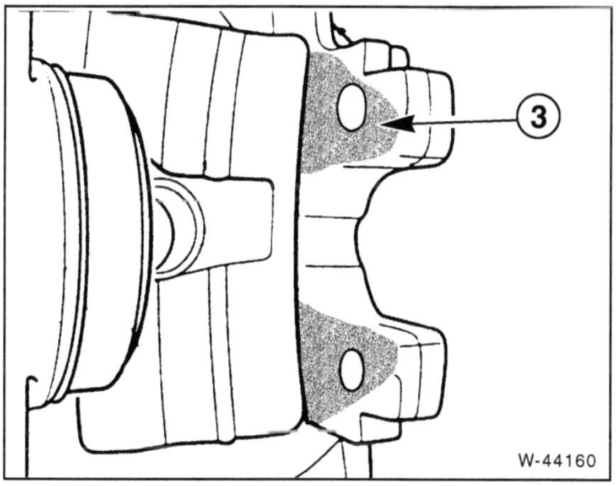

- Anlagefläche –3– des Bremssattels reinigen und an den schraffierten Stellen –Abbildung– **dünn** mit Anti-Quietsch-Paste bestreichen.

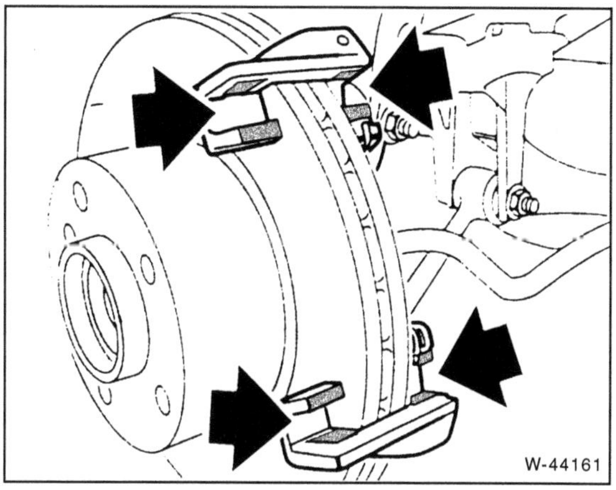

- Bremssattelhalter an den Hammerkopfführungen reinigen und an den schraffierten Stellen –Abbildung– **dünn** mit Anti-Quietsch-Paste bestreichen.

Achtung: Die Paste darf keinesfalls auf die Staubmanschette, den eigentlichen Bremsbelag oder auf die Bremsscheibe kommen. Gegebenenfalls Paste sofort abwischen und mit Spiritus reinigen beziehungsweise Staubkappe ersetzen lassen.

Achtung: Bremsbelag-Rückenplatte **nicht** fetten.

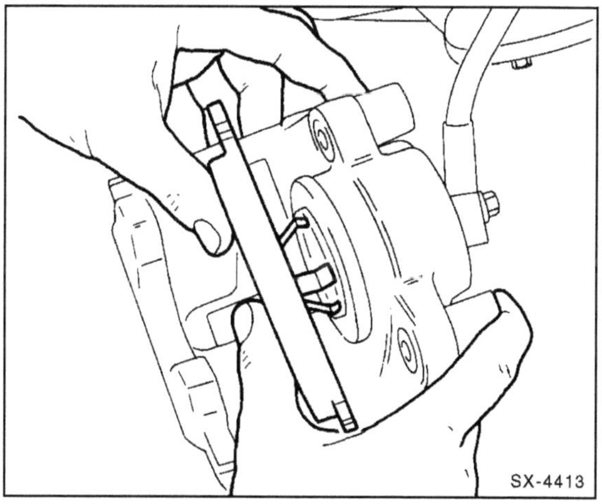

- Scheibenbremsbelag mit Feder in Bremskolben einsetzen.

- Äußeren Bremsbelag –9– in Bremssattel einsetzen und Bremssattel auf die Bremsscheibe setzen. Darauf achten, daß die Bremsbeläge sauber in der Führung sitzen.

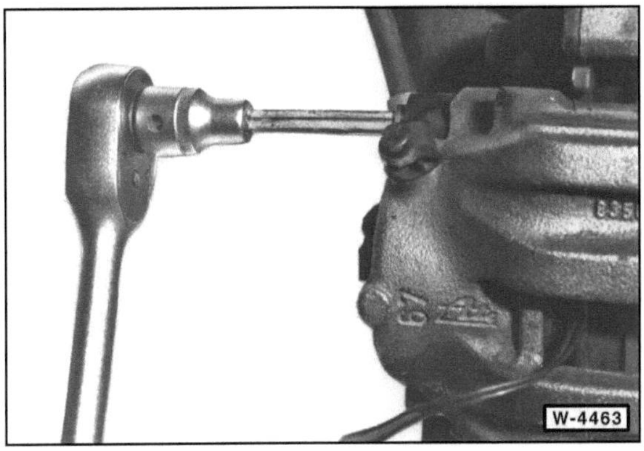

- 2 Schrauben für Bremssattelbefestigung sichtprüfen, gegebenenfalls Gewinde von Verunreinigungen befreien. Gegebenenfalls Gewinde im Bremsträger mit Gewindebohrer reinigen. Schrauben mit schlechtem Gewinde oder Rostansatz erneuern. Schrauben mit 7 mm Innensechskantschlüssel und **30 Nm** festziehen. **Achtung:** Schrauben nur reinigen, nicht fetten.
- Schutzkappen für Schrauben aufdrücken.

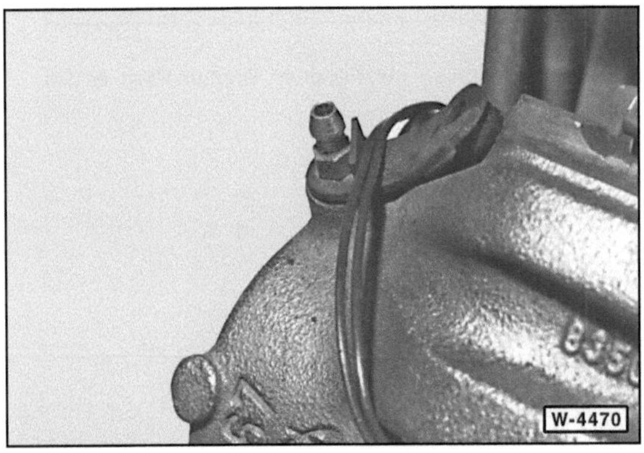

- Auf der linken Fahrzeugseite Stecker für Verschleißanzeige am Bremsbelag aufstecken. Die Zuleitung muß in der Schlaufe der Entlüftungsventil-Kappe verlaufen.

- Klammer auf Bremssattel aufdrücken.
- Vorderräder anschrauben. Radschrauben nicht ölen oder fetten. Räder so ansetzen, daß die beim Ausbau angebrachten Markierungen übereinstimmen. Fahrzeug ablassen, Radschrauben über Kreuz mit **100 Nm** festziehen.

Achtung: Bremspedal im Stand mehrmals kräftig niedertreten, bis fester Widerstand spürbar ist. Dadurch legen sich die Bremsbeläge an die Bremsscheibe an und nehmen einen dem Betriebszustand entsprechenden Sitz ein.

- Bremsflüssigkeit im Ausgleichbehälter prüfen, gegebenenfalls bis zur MAX.-Marke auffüllen.

Achtung, Sicherheitskontrolle durchführen:

- Sind die Bremsschläuche festgezogen?
- Befindet sich der Bremsschlauch in der Halterung?
- Sind die Entlüftungsschrauben angezogen?
- Ist genügend Bremsflüssigkeit eingefüllt?
- Bei laufendem Motor Dichtheitskontrolle durchführen. Hierzu Bremspedal mit 200 bis 300 N (entspricht 20 bis 30 kg) etwa 10 sec. betätigen. Das Bremspedal darf nicht nachgeben. Sämtliche Anschlüsse auf Dichtheit kontrollieren.

- Neue Bremsbeläge vorsichtig einbremsen, dazu Fahrzeug auf wenig befahrener Straße mehrmals von ca. 80 km/h auf 40 km/h mit geringem Pedaldruck abbremsen. Dazwischen Bremse etwas abkühlen lassen.

Achtung: Bis zu einer Fahrstrecke von ca. 200 km sollten keine Vollbremsungen vorgenommen werden.

Hinweis: Bremsbeläge sind als Sondermüll zu entsorgen. Die örtlichen Behörden geben darüber Auskunft, ob auch eine Entsorgung über den hausmüllähnlichen Gewerbemüll zulässig ist.

Bremsscheibe/Bremssattel vorn aus- und einbauen

Achtung: Soll der Bremssattel nur zum Ausbau der Bremsscheibe abgeschraubt werden, Bremsschlauch nicht lösen, sonst muß das Bremssystem nach dem Einbau entlüftet werden. Bremssattel mit selbstangefertigtem Drahthaken so am Aufbau aufhängen, daß der Bremsschlauch nicht verdreht oder auf Zug beansprucht wird.

Ausbau

- Stellung der Vorderräder zur Radnabe mit Farbe kennzeichnen. Dadurch kann das ausgewuchtete Rad wieder in derselben Position montiert werden. Radschrauben bei auf dem Boden stehendem Fahrzeug lösen. Fahrzeug vorn aufbocken und Vorderräder abnehmen.
- Bremspedal leicht durchdrücken und feststellen. Dazu Brett zwischen Sitz und Bremspedal klemmen, Sitz entsprechend zurück und nach vorn schieben. Dadurch wird verhindert, daß nach dem Trennen der Bremsleitungen die Bremsflüssigkeit aus dem Ausgleichbehälter ausläuft und Luft in das Bremssystem gelangt.

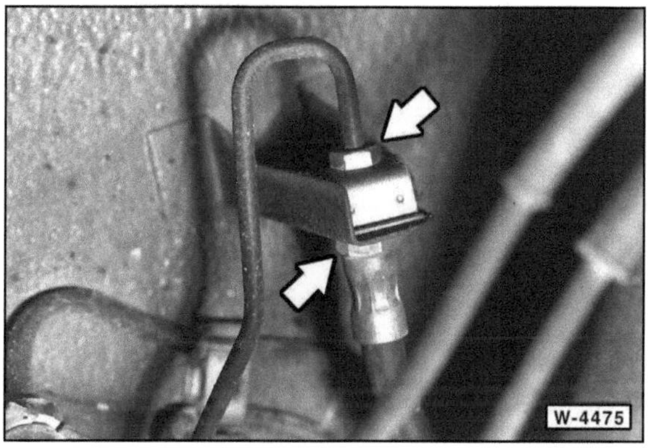

- Bremsleitung an der Bremsschlauchkupplung abschrauben. Der Bremsschlauch kann sonst nicht am Bremssattel abgeschraubt werden. **Achtung:** Etwas Bremsflüssigkeit kann auslaufen. Bremsflüssigkeit in einer Flasche sammeln, die ausschließlich für Bremsflüssigkeit vorgesehen ist.

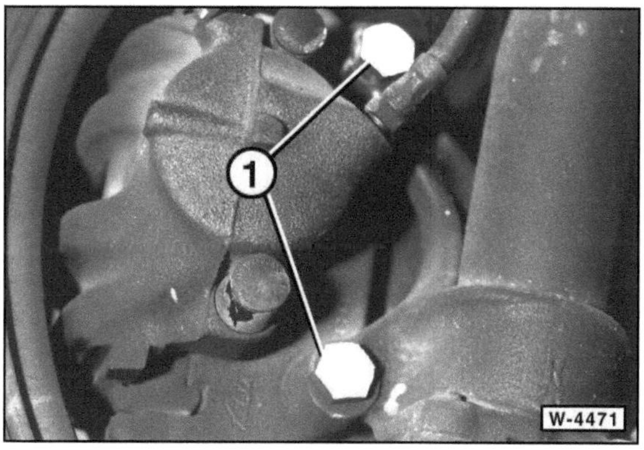

- Befestigungsschrauben –1– für Bremsträger herausdrehen und Bremsträger mit Bremssattel von der Bremsscheibe abnehmen.

- Befestigungsschraube –4– mit 5 mm Innensechskantschlüssel herausdrehen.
- Bremsscheibe abnehmen.

Achtung: Innenbelüftete Bremsscheiben sind ausgewuchtet. Die Wuchtklammern am inneren Durchmesser der Bremsscheibe dürfen **nicht** herausgenommen oder versetzt werden.

Einbau

Um ein gleichmäßiges Bremsen beidseitig zu gewährleisten, müssen beide Bremsscheiben die gleiche Oberfläche bezüglich Schliffbild und Rauhtiefe aufweisen. Deshalb grundsätzlich beide Bremsscheiben ersetzen, beziehungsweise abdrehen lassen.

Die Werkstatt kann die Bremsscheibe auf Schlag prüfen. Maximaler Scheibenschlag (eingebaut, an der Bremsfläche gemessen) 0,2 mm.

- Bremsscheibendicke messen, siehe Seite 158.
- Falls vorhanden, Rost am Flansch der Bremsscheibe und der Vorderradnabe entfernen.
- Neue Bremsscheiben mit Nitro-Verdünnung vom Schutzlack reinigen.
- Bremsscheibe auf Vorderradnabe aufsetzen und mit Inbusschraube befestigen. Bremsscheibe vorher entsprechend verdrehen, damit die Bohrungen für die Schraube übereinanderstehen.

- Bremsträger mit Bremssattel und eingesetzten Bremsbelägen ansetzen. **Achtung:** Falls der Bremsschlauch angeschlossen ist, darauf achten, daß er nicht verdreht oder gedehnt wird. Freigängigkeit des Bremsschlauches bei vollem Lenkradeinschlag prüfen.
- Bremsträger mit leicht geölten Schrauben und **110 Nm** anschrauben.
- Räder in Geradeausfahr-Stellung bringen. Bremsschlauch am Verbindungshalter ansetzen und Bremsleitung mit Überwurfmutter anschrauben. Dabei darauf achten, daß der Bremsschlauch nicht verdreht wird. Freigängigkeit des Bremsschlauches bei vollem Lenkradeinschlag prüfen.
- Bremse entlüften, siehe Seite 159.
- Vorderräder anschrauben. Radschrauben nicht ölen oder fetten. Räder so ansetzen, daß die beim Ausbau angebrachten Markierungen übereinstimmen. Fahrzeug ablassen, Radschrauben über Kreuz mit **100 Nm** festziehen.
- Lenkung nach links und rechts bis zum Anschlag einschlagen und prüfen, ob der Schlauch bei auf den Rädern stehendem Fahrzeug allen Radbewegungen folgt, ohne irgendwo anzuscheuern.

Achtung: Bremspedal im Stand mehrmals kräftig niedertreten, bis fester Widerstand spürbar ist. Dadurch legen sich die Bremsbeläge an die Bremsscheibe an und nehmen einen dem Betriebszustand entsprechenden Sitz ein.

- Bremsflüssigkeit im Ausgleichbehälter prüfen, gegebenenfalls bis zur MAX.-Marke auffüllen.

Achtung, Sicherheitskontrolle durchführen:

- ◆ Sind die Bremsschläuche festgezogen?
- ◆ Befindet sich der Bremsschlauch in der Halterung?
- ◆ Sind die Entlüftungsschrauben angezogen?
- ◆ Ist genügend Bremsflüssigkeit eingefüllt?
- ◆ Bei laufendem Motor Dichtheitskontrolle durchführen. Hierzu Bremspedal mit 200 bis 300 N (entspricht 20 bis 30 kg) etwa 10 sec. betätigen. Das Bremspedal darf nicht nachgeben. Sämtliche Anschlüsse auf Dichtheit kontrollieren.

Hinweis: Bremsflüssigkeit ist als Sondermüll zu entsorgen.

Scheibenbremsbeläge hinten aus- und einbauen

Ausbau

- Stellung der Hinterräder zur Radnabe mit Farbe kennzeichnen. Dadurch kann das ausgewuchtete Rad wieder in derselben Position montiert werden. Radschrauben bei auf dem Boden stehendem Fahrzeug lösen. Fahrzeug hinten aufbocken und Hinterräder abnehmen.

Achtung: Sollen die Bremsbeläge wieder verwendet werden, so müssen sie beim Ausbau gekennzeichnet werden. Ein Wechsel der Beläge vom rechten zum linken Rad ist nicht zulässig. Der Wechsel kann zu ungleichmäßiger Bremswirkung führen. Grundsätzlich sollte man nur Original BMW-, beziehungsweise von BMW freigegebene Bremsbeläge verwenden. **Grundsätzlich alle Scheibenbremsbeläge hinten gleichzeitig ersetzen, auch wenn nur ein Belag die Verschleißgrenze erreicht hat.**

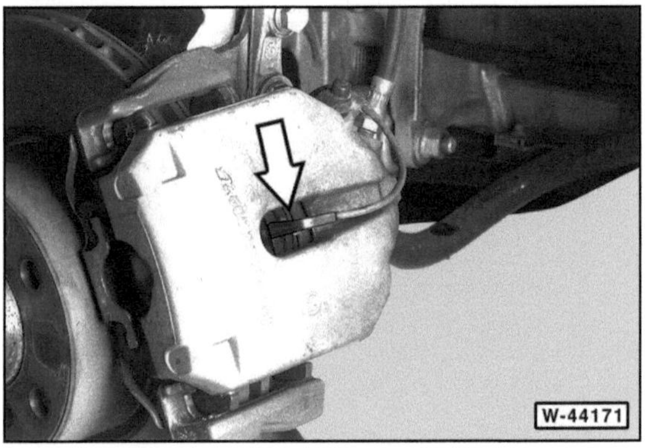

- Am rechten Bremssattel mit den Fingern Stecker für Verschleißwarnanzeige –Pfeil– am Bremsbelag herausziehen, dabei nicht am Kabel ziehen.

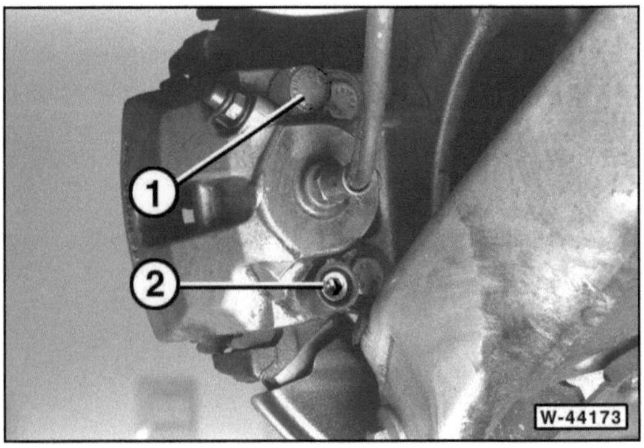

- Beide Plastikkappen –1– für Befestigungsschrauben abdrücken und 2 Innensechskantschrauben –2– herausdrehen.

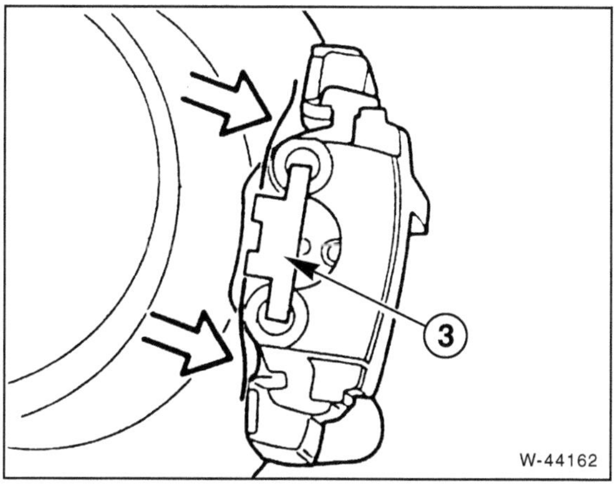

- Klammer –3– mit Schraubendreher abdrücken.

- Bremssattel nach hinten abziehen.
- Äußeren Bremsbelag abnehmen.

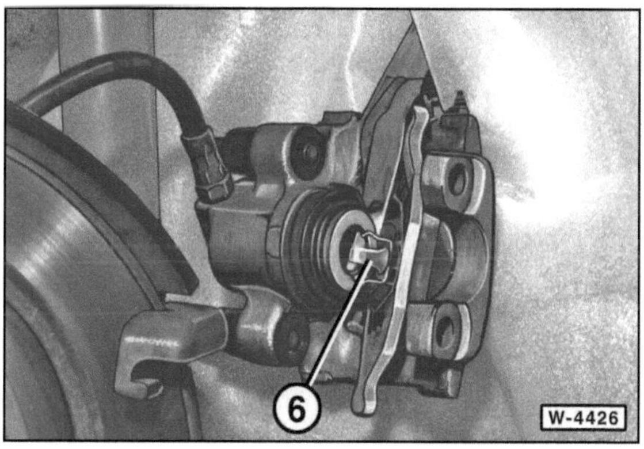

- Der innere Bremsbelag ist mit einer Feder –6– im Bremskolben befestigt. Bremsbelag herausnehmen.

Einbau

Achtung: Bei ausgebauten Bremsbelägen nicht auf das Bremspedal treten, sonst wird der Kolben aus dem Gehäuse herausgedrückt.

- Falls am Verschleißfühler die Isolation der Kontaktplatte durchgerieben, die Kabelisolation beschädigt oder das Plastikteil angeschliffen ist, Verschleißfühler ersetzen.

- Führungsfläche bzw. Sitz der Beläge im Gehäuseschacht mit geeigneter Weichmetallbürste reinigen oder mit einem Lappen und Spiritus auswischen. Keine mineralölhaltigen Lösungsmittel oder scharfkantigen Werkzeuge verwenden. Falls die Bremsbeläge wiederverwendet werden, Beläge ebenfalls reinigen.
- Vor Einbau der Beläge ist die Bremsscheibe durch Abtasten mit den Fingern auf Riefen zu untersuchen. Riefige Bremsscheiben sind zu erneuern. Bremsscheiben mit grauer oder blauer Verfärbung vor dem Einbau neuer Beläge reinigen.
- Bremsscheibendicke messen, siehe Seite 158.

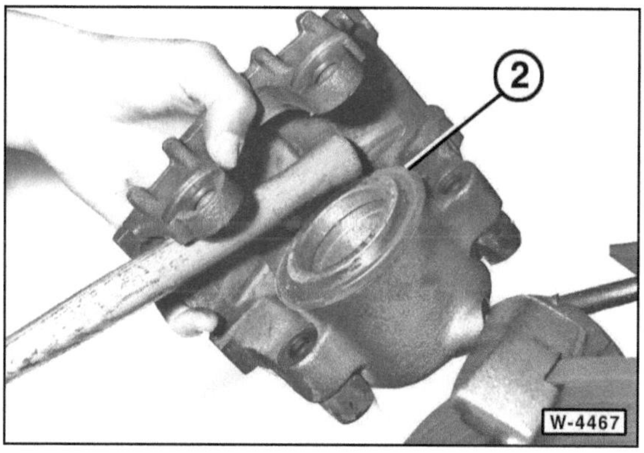

- Staubkappe am Bremskolben –2– auf Anrisse prüfen. Eine beschädigte Staubkappe umgehend ersetzen lassen, da eingedrungener Schmutz schnell zu Undichtigkeiten des Bremssattels führt. Der Bremssattel muß hierzu ausgebaut und zerlegt werden (Werkstattarbeit).
- Bremskolben mit Rücksetzvorrichtung, zum Beispiel HAZET 4971-1, zurückdrücken. Es geht auch mit einem Hartholzstab (Hammerstiel). Dabei jedoch besonders darauf achten, daß der Kolben nicht verkantet wird und Kolbenfläche sowie Staubkappe nicht beschädigt werden.

Achtung: Beim Zurückdrücken der Kolben wird Bremsflüssigkeit aus den Bremszylindern in den Ausgleichbehälter gedrückt. Flüssigkeit im Behälter beobachten, eventuell Bremsflüssigkeit mit einem Saugheber absaugen.

Zum Absaugen eine Entlüfterflasche oder Plastikflasche verwenden, die nur mit Bremsflüssigkeit in Berührung kommt. **Keine Trinkflaschen verwenden! Bremsflüssigkeit ist giftig und darf auf gar keinen Fall mit dem Mund über einen Schlauch abgesaugt werden.** Saugheber verwenden. Auch nach dem Belagwechsel darf die »Max«-Marke am Bremsflüssigkeitsbehälter nicht überschritten werden, da sich die Flüssigkeit bei Erwärmung ausdehnt. Ausgelaufene Bremsflüssigkeit läuft am Hauptbremszylinder runter, zerstört den Lack und führt zur Korrosion.

Achtung: Bei hohem Bremsbelagverschleiß Leichtgängigkeit des Kolbens prüfen. Dazu Holzklotz in den Bremssattel einsetzen und durch Helfer langsam auf das Bremspedal treten lassen. Der Bremskolben muß sich leicht heraus- und hineindrücken lassen. Zur Prüfung muß der andere Bremssattel eingebaut sein. Darauf achten, daß der Bremskolben nicht ganz herausgedrückt wird. Bei schwergängigem Kolben Bremssattel instandsetzen lassen (Werkstattarbeit).

- Um ein Quietschen der Scheibenbremsen zu verhindern, folgende Teile **dünn** mit Anti-Quietsch-Paste bestreichen. Als Anti-Quietsch-Paste können folgende Mittel verwendet werden: Plastilube, Tunap VC 582/S, Chevron SRJ/2, Liqui Moly LM-36 oder LM-508-ASC.

- ■ Anlagefläche des Bremskolbens am Bremsbelag.

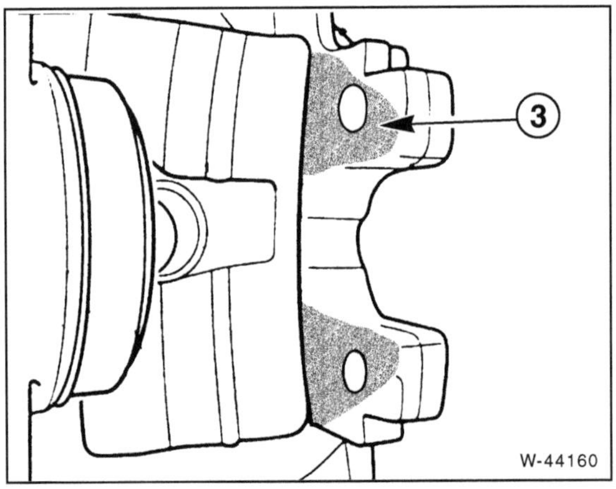

- ■ Anlagefläche –3– des Bremssattels reinigen und an den schraffierten Stellen –Abbildung– **dünn** mit Anti-Quietsch-Paste bestreichen.

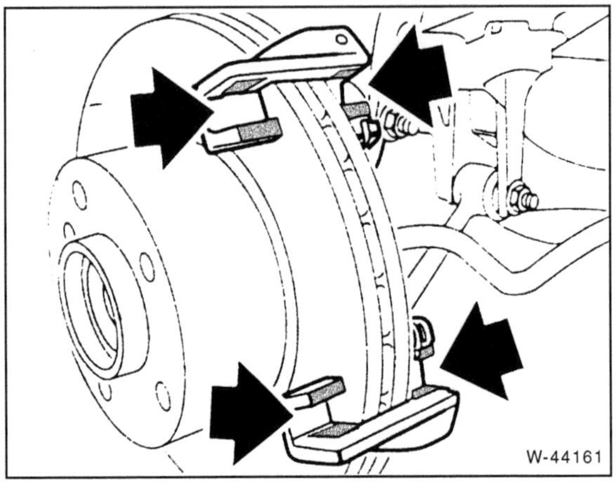

- ■ Bremssattelhalter an den Hammerkopfführungen reinigen und an den schraffierten Stellen –Abbildung– **dünn** mit Anti-Quietsch-Paste bestreichen.

Achtung: Die Paste darf keinesfalls auf die Staubmanschette, den eigentlichen Bremsbelag oder auf die Bremsscheibe kommen. Gegebenenfalls Paste sofort abwischen und mit Spiritus reinigen beziehungsweise Staubkappe ersetzen lassen.

Achtung: Bremsbelag-Rückenplatte **nicht** fetten.

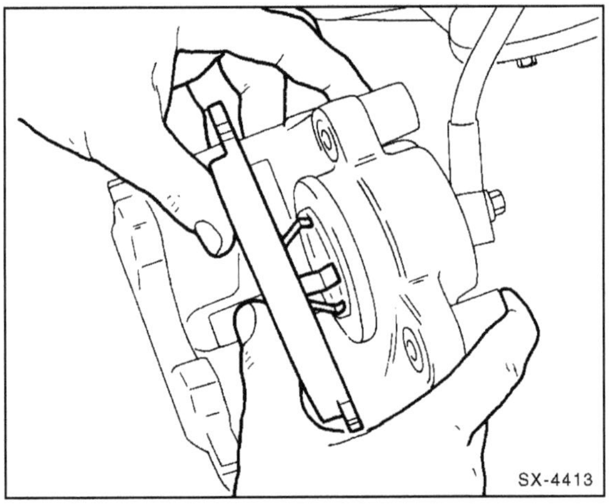

- Scheibenbremsbelag mit Feder in Bremskolben einsetzen.

- Äußeren Bremsbelag –9– in Bremssattel einsetzen und Bremssattel auf die Bremsscheibe setzen. Darauf achten, daß die Bremsbeläge sauber in der Führung sitzen.

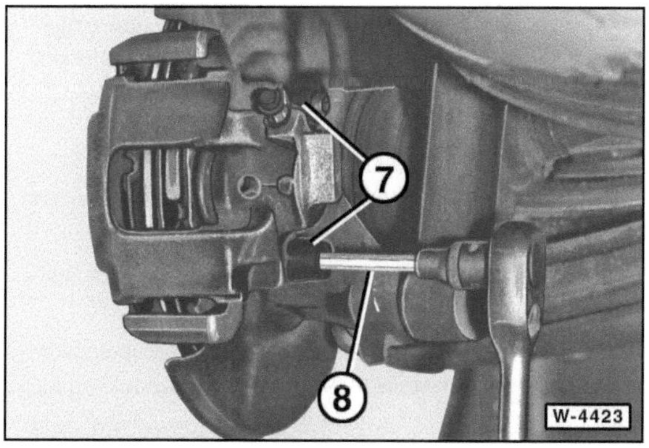

- 2 Schrauben für Bremssattelbefestigung sichtprüfen, gegebenenfalls Gewinde von Verunreinigungen befreien. Gegebenenfalls Gewinde im Bremsträger mit Gewindebohrer reinigen. Schrauben mit schlechtem Gewinde oder Rostansatz erneuern. Schrauben –7– mit 7-mm-Innensechskantschlüssel –8– und **30 Nm** festziehen. **Achtung:** Schrauben nur reinigen, nicht fetten.
- Schutzkappen für Schrauben aufdrücken.

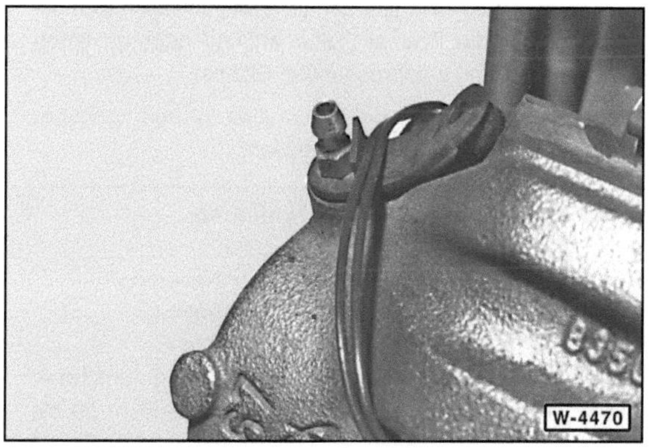

- Auf der rechten Fahrzeugseite Stecker für Verschleißanzeige am Bremsbelag aufstecken. Die Zuleitung muß in der Schlaufe der Entlüftungsventil-Kappe verlaufen.
- Klammer auf Bremssattel aufdrücken.
- Hinterräder anschrauben. Radschrauben nicht ölen oder fetten. Räder so ansetzen, daß die beim Ausbau angebrachten Markierungen übereinstimmen. Fahrzeug ablassen, Radschrauben über Kreuz mit **100 Nm** festziehen.

Achtung: Bremspedal im Stand mehrmals kräftig niedertreten, bis fester Widerstand spürbar ist. Dadurch legen sich die Bremsbeläge an die Bremsscheibe an und nehmen einen dem Betriebszustand entsprechenden Sitz ein.

- Bremsflüssigkeit im Ausgleichbehälter prüfen, gegebenenfalls bis zur MAX.-Marke auffüllen.

Achtung, Sicherheitskontrolle durchführen:

- ◆ Sind die Bremsschläuche festgezogen?
- ◆ Befindet sich der Bremsschlauch in der Halterung?
- ◆ Sind die Entlüftungsschrauben angezogen?
- ◆ Ist genügend Bremsflüssigkeit eingefüllt?
- ◆ Bei laufendem Motor Dichtheitskontrolle durchführen. Hierzu Bremspedal mit 200 bis 300 N (entspricht 20 bis 30 kg) etwa 10 sec. betätigen. Das Bremspedal darf nicht nachgeben. Sämtliche Anschlüsse auf Dichtheit kontrollieren.

- Neue Bremsbeläge vorsichtig einbremsen, dazu Fahrzeug auf wenig befahrener Straße mehrmals von ca. 80 km/h auf 40 km/h mit geringem Pedaldruck abbremsen. Dazwischen Bremse etwas abkühlen lassen.

Achtung: Bis zu einer Fahrstrecke von ca. 200 km sollten keine Vollbremsungen vorgenommen werden.

Hinweis: Bremsbeläge sind als Sondermüll zu entsorgen. Die örtlichen Behörden geben darüber Auskunft, ob auch eine Entsorgung über den hausmüllähnlichen Gewerbemüll zulässig ist.

Bremssattel hinten aus- und einbauen

Achtung: Soll der Bremssattel nur zum Ausbau der Bremsscheibe abgeschraubt werden, Bremsschlauch nicht lösen, sonst muß das Bremssystem nach dem Einbau entlüftet werden. Bremssattel mit selbstangefertigtem Drahthaken so am Aufbau aufhängen, daß der Bremsschlauch nicht verdreht oder auf Zug beansprucht wird.

Ausbau

- Stellung der Hinterräder zur Radnabe mit Farbe kennzeichnen. Dadurch kann das ausgewuchtete Rad wieder in derselben Position montiert werden. Radschrauben bei auf dem Boden stehendem Fahrzeug lösen. Fahrzeug hinten aufbocken und Hinterräder abnehmen.
- Bremspedal leicht durchdrücken und feststellen. Dazu Brett zwischen Sitz Bremspedal klemmen, Sitz entsprechend zurück und nach vorn schieben. Dadurch wird verhindert, daß nach dem Trennen der Bremsleitungen die Bremsflüssigkeit aus dem Ausgleichbehälter ausläuft und Luft in das Bremssystem gelangt.

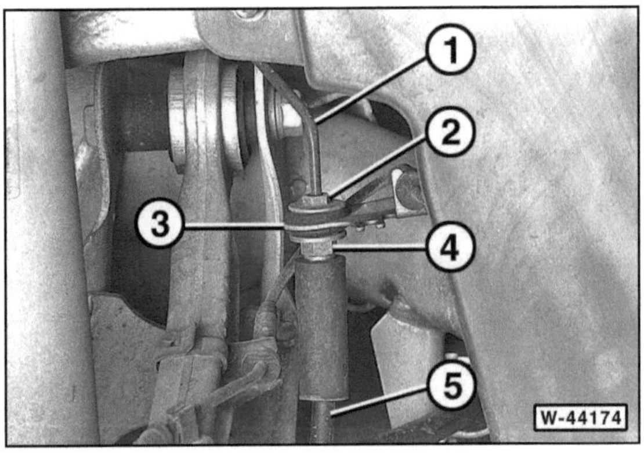

- Bremsleitung –1– mit Überwurfmutter –2– an der Bremsschlauchkupplung –3– abschrauben, dabei Bremsschlauch am Sechskant –4– gegenhalten. Der Bremsschlauch –5– kann sonst nicht am Bremssattel abgeschraubt werden.

Achtung: Dabei kann etwas Bremsflüssigkeit auslaufen. Bremsflüssigkeit in einer Flasche sammeln, die ausschließlich für Bremsflüssigkeit vorgesehen ist.

- Am rechten Bremssattel Kabel –Pfeil– für Verschleißwarnanzeige am Bremssattel herausziehen, dabei am Stecker und nicht am Kabel ziehen.
- Bremsträgerschrauben –2– mit 17er Ringschlüssel abschrauben und Bremsträger mit Bremssattel und eingebauten Bremsbelägen von der Bremsscheibe abziehen. 1 – Abdeckkappen für Bremssattelschrauben.

Einbau

- Bremssattel mit Bremsträger und eingesetzten Bremsbelägen über der Bremsscheibe ansetzen.
- Befestigungsschrauben für Bremsträger mit **65 Nm** festziehen.
- Auf rechter Fahrzeugseite Stecker für Bremsbelagverschleißanzeige aufstecken.
- Bremsschlauch am Verbindungshalter ansetzen und Bremsleitung mit Überwurfmutter anschrauben. Dabei darauf achten, daß der Bremsschlauch nicht verdreht wird. Bremsschlauch in Halter einclipsen.
- Bremse entlüften, siehe Seite 159.
- Hinterräder anschrauben. Radschrauben nicht ölen oder fetten. Räder so ansetzen, daß die beim Ausbau angebrachten Markierungen übereinstimmen. Fahrzeug ablassen, Radschrauben über Kreuz mit **100 Nm** festziehen.

Achtung: Bremspedal im Stand mehrmals kräftig niedertreten, bis fester Widerstand spürbar ist. Dadurch legen sich die Bremsbeläge an die Bremsscheibe an und nehmen einen dem Betriebszustand entsprechenden Sitz ein.

- Bremsflüssigkeit im Ausgleichbehälter prüfen, gegebenenfalls bis zur MAX.-Marke auffüllen.

Achtung, Sicherheitskontrolle durchführen:

- ◆ Sind die Bremsschläuche festgezogen?
- ◆ Befindet sich der Bremsschlauch in der Halterung?
- ◆ Sind die Entlüftungsschrauben angezogen?
- ◆ Ist genügend Bremsflüssigkeit eingefüllt?
- ◆ Bei laufendem Motor Dichtheitskontrolle durchführen. Hierzu Bremspedal mit 200 bis 300 N (entspricht 20 bis 30 kg) etwa 10 sec. betätigen. Das Bremspedal darf nicht nachgeben. Sämtliche Anschlüsse auf Dichtheit kontrollieren.

Hinweis: Bremsflüssigkeit ist als Sondermüll zu entsorgen.

Bremsscheibe hinten aus- und einbauen

Ausbau

- Bremssattel hinten ausbauen. Bremsschlauch nicht abschrauben, sonst muß die Bremsanlage nach dem Einbau entlüftet werden.

- Bremssattel mit selbst angefertigtem Drahthaken am Aufbau aufhängen. Darauf achten, daß der Bremsschlauch nicht überdehnt wird.
- Befestigungsschraube –Pfeil– mit 5 mm Inbusschlüssel herausdrehen.
- Feststellbremse ganz lösen.
- Bremsscheibe abnehmen. Sollte sich die Bremsscheibe nicht abziehen lassen, Bremsbacken für Feststellbremse zurückstellen, siehe Seite 162.

Einbau

Um ein gleichmäßiges Bremsen beidseitig zu gewährleisten, müssen beide Bremsscheiben die gleiche Oberfläche bezüglich Schliffbild und Rauhtiefe aufweisen. Deshalb **grundsätzlich beide Bremsscheiben einer Achse** ersetzen, beziehungsweise abdrehen lassen.

Die Werkstatt kann die Bremsscheibe auf Schlag prüfen. Maximaler Scheibenschlag (eingebaut) 0,2 mm.

- Bremsscheibendicke messen, siehe Seite 158.
- Neue Bremsscheiben mit Nitro-Verdünnung vom Schutzlack reinigen.
- Bremsscheibe auf Hinterradnabe aufsetzen und mit Inbusschraube befestigen. Bremsscheibe vorher entsprechend verdrehen, damit die Bohrungen für die Schraube übereinanderstehen.
- Bremssattel mit den eingesetzten Bremsbelägen ansetzen. Dabei darf der Bremsschlauch nicht verdreht oder gedehnt werden. Bremssattel anschrauben, siehe Seite 156.

Achtung: War der Bremsschlauch demontiert, Bremsschlauch anschrauben und Bremsanlage entlüften, siehe Seite 159.

- Handbremse einstellen, siehe Seite 164.
- Hinterräder anschrauben. Radschrauben nicht ölen oder fetten. Räder so ansetzen, daß die beim Ausbau angebrachten Markierungen übereinstimmen. Fahrzeug ablassen, Radschrauben über Kreuz mit **100 Nm** festziehen.

Achtung: Bremspedal im Stand mehrmals kräftig niedertreten, bis fester Widerstand spürbar ist. Dadurch legen sich die Bremsbeläge an die Bremsscheibe an und nehmen einen dem Betriebszustand entsprechenden Sitz ein.

- Bremsflüssigkeit im Ausgleichbehälter prüfen, gegebenenfalls bis zur MAX.-Marke auffüllen.

Achtung, Sicherheitskontrolle durchführen:

- Sind die Bremsschläuche festgezogen?
- Befindet sich der Bremsschlauch in der Halterung?
- Sind die Entlüftungsschrauben angezogen?
- Ist genügend Bremsflüssigkeit eingefüllt?
- Bei laufendem Motor Dichtheitskontrolle durchführen. Hierzu Bremspedal mit 200 bis 300 N (entspricht 20 bis 30 kg) etwa 10 sec. betätigen. Das Bremspedal darf nicht nachgeben. Sämtliche Anschlüsse auf Dichtheit kontrollieren.

- Neue Bremsscheiben vorsichtig in 3 Phasen einbremsen. **Phase 1:** 5 Bremsungen aus 50 km/h mit kräftiger Abbremsung auf leerer Straße. **Phase 2:** Bremsen abkühlen lassen. **Phase 3:** 5 weitere Abbremsungen aus 50 km/h.

Bremsscheibendicke messen

Prüfen

- Stellung der Räder zur Radnabe mit Farbe kennzeichnen. Dadurch kann das ausgewuchtete Rad wieder in derselben Position montiert werden. Radschrauben bei auf dem Boden stehendem Fahrzeug lösen. Fahrzeug aufbocken und Räder abnehmen.

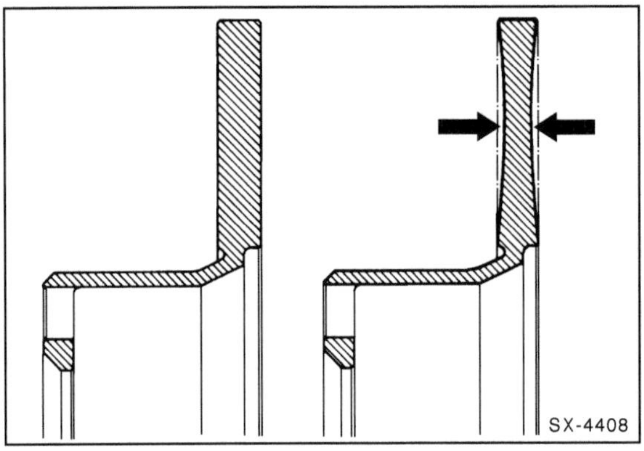

Achtung: Bremsscheibendicke immer an der dünnsten Stelle –Pfeile– messen.

- Bremsscheibendicke messen. Die Werkstätten benutzen dazu eine spezielle Lehre oder eine Mikrometer-Bügelmeßschraube, da sich durch Abnutzung der Bremsscheibe ein Rand bildet. Man kann auch eine normale Schieblehre verwenden, allerdings muß dann auf jeder Seite der Bremsscheibe eine entsprechend starke Unterlage zwischengelegt werden (beispielsweise 2 Münzen). Um die exakte Bremsscheibendicke zu erhalten, müssen von dem gemessenen Maß die Dicke der Münzen abgezogen werden. **Achtung:** Messung an mehreren Punkten der Bremsscheibe vornehmen.
- Maße für Bremsscheibe, siehe Seite 146.
- Wird die Mindestdicke unterschritten, Bremsscheibe erneuern.
- Wurden Bremsscheiben bis zur Mindestdicke abgedreht, darf noch einmal ein Bremsbelagsatz montiert werden.
- Bei größeren Rissen oder bei Riefen Bremsscheibe erneuern.
- Räder anschrauben. Radschrauben nicht ölen oder fetten. Räder so ansetzen, daß die beim Ausbau angebrachten Markierungen übereinstimmen. Fahrzeug ablassen, Radschrauben über Kreuz mit **100 Nm** festziehen.

Die Bremsflüssigkeit

Beim Umgang mit Bremsflüssigkeit ist zu beachten:

Sicherheitshinweis:
Bremsflüssigkeit ist giftig. Keinesfalls Bremsflüssigkeit mit dem Mund über einen Schlauch absaugen. Bremsflüssigkeit nur in Behälter füllen, bei denen ein versehentlicher Genuß ausgeschlossen ist.

- Bremsflüssigkeit ist ätzend und darf deshalb nicht mit dem Autolack in Berührung kommen, gegebenenfalls sofort abwischen und mit viel Wasser abwaschen.
- Bremsflüssigkeit ist hygroskopisch, das heißt, sie nimmt aus der Luft Feuchtigkeit auf. Bremsflüssigkeit deshalb nur in geschlossenen Behältern aufbewahren.
- **Bremsflüssigkeit, die schon einmal im Bremssystem verwendet wurde, darf nicht wieder verwendet werden. Auch beim Entlüften der Bremsanlage nur neue Bremsflüssigkeit verwenden.**
- Bremsflüssigkeits-Spezifikation: **DOT 4.**
- **Bremsflüssigkeit darf nicht mit Mineralöl in Berührung kommen.** Schon geringe Spuren Mineralöl machen die Bremsflüssigkeit unbrauchbar beziehungsweise führen zum Ausfall des Bremssystems. Stopfen und Manschetten der Bremsanlage werden beschädigt, wenn sie mit mineralölhaltigen Mitteln zusammenkommen. Zum Reinigen keine mineralölhaltigen Putzlappen verwenden.
- Bremsflüssigkeit alle 2 Jahre wechseln, unabhängig von den gefahrenen Kilometern. Bremsflüssigkeitswechsel möglichst nach der kalten Jahreszeit durchführen.
- Alte Bremsflüssigkeit bei der örtlichen Deponie für Sondermüll abgeben, nicht in die Kanalisation schütten.

Bremsanlage entlüften

Nach jeder Reparatur an der Bremse, bei der das Leitungssystem geöffnet wurde, kann Luft in die Druckleitungen eingedrungen sein. Dann ist das Bremssystem zu entlüften. Luft ist auch dann in den Leitungen, wenn sich beim Tritt auf das Bremspedal der Bremsdruck schwammig anfühlt. In diesem Fall muß die Undichtigkeit beseitigt und die Bremsanlage entlüftet werden.

Sicherheitshinweis:
Ist Luft in die ABS-Hydraulikeinheit eingedrungen, **Bremsanlage sicherheitshalber von der Fachwerkstatt entlüften lassen.** Dies ist der Fall bei Undichtigkeiten an der Hydraulikeinheit, oder wenn eine Kammer des Bremsflüssigkeit-Ausgleichbehälters komplett leergelaufen ist beziehungsweise wenn beim Entlüften vergessen wurde, Bremsflüssigkeit nachzufüllen.

Die Bremsanlage wird durch Pumpen mit dem Bremspedal entlüftet, dazu ist eine zweite Person notwendig. Außerdem wird ein sauberer Kunststoffschlauch und ein Ringschlüssel zum Öffnen des Entlüfterventils benötigt.

Die Werkstatt entlüftet die Bremsanlage in der Regel mit einem Entlüftergerät. Durch das Entlüftergerät wird das Bremssystem über den Vorratsbehälter unter Druck (max. 2,0 bar) gesetzt.

Muß die ganze Anlage entlüftet werden, jede Radbremse einzeln entlüften. Das ist immer dann der Fall, wenn Luft in jeden einzelnen Bremszylinder gedrungen ist. Falls nur ein Bremssattel erneuert beziehungsweise überholt wurde, genügt in der Regel das Entlüften des betreffenden Bremssattels.

Die Reihenfolge der Entlüftung: 1. Bremssattel hinten rechts, 2. Bremssattel hinten links, 3. Bremssattel vorn rechts, 4. Bremssattel vorn links.

- Staubkappe vom Entlüfterventil des Bremszylinders abnehmen. Entlüfterventil reinigen, sauberen Schlauch aufstecken, anderes Schlauchende in eine mit Bremsflüssigkeit halbvoll gefüllte Flasche stecken.
- Von einer Hilfsperson Bremspedal so oft niedertreten lassen, »pumpen«, bis sich im Bremssystem Druck aufgebaut hat. Zu spüren am wachsenden Widerstand beim Betätigen des Pedals.
- Ist genügend Druck vorhanden, Bremspedal ganz durchtreten, Fuß auf dem Bremspedal halten.

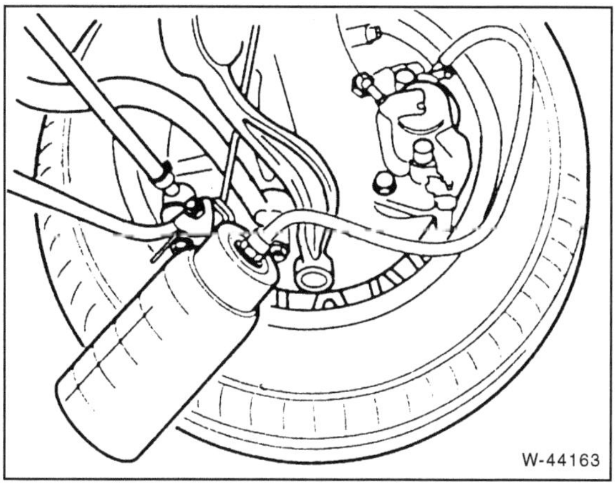
W-44163

- Entlüfterventil am Bremssattel mit Ringschlüssel etwa eine halbe Umdrehung öffnen. Ausfließende Bremsflüssigkeit in der Flasche sammeln. Darauf achten, daß sich das Schlauchende in der Flasche ständig unterhalb des Flüssigkeitsspiegels befindet.
- Sobald der Flüssigkeitsdruck nachläßt, Entlüfterventil schließen.
- Pumpvorgang wiederholen, bis sich Druck aufgebaut hat. Bremspedal niedertreten, Fuß auf dem Bremspedal lassen, Entlüfterschraube öffnen, bis der Druck nachläßt, Entlüfterschraube schließen.
- Entlüftungsvorgang an einem Bremszylinder so lange wiederholen, bis sich in der Bremsflüssigkeit, die in die Entlüfterflasche strömt, keine Luftblasen mehr zeigen.
- Nach dem Entlüften Schlauch von Entlüfterschraube abziehen, Staubkappe auf Ventil stecken.

Achtung: Während des Entlüftens ab und zu den Ausgleichbehälter beobachten. Der Flüssigkeitsspiegel darf nicht zu weit sinken, sonst wird über den Ausgleichbehälter Luft angesaugt. **Immer nur neue Bremsflüssigkeit nachgießen!**

- Die anderen Bremszylinder auf gleiche Weise entlüften.

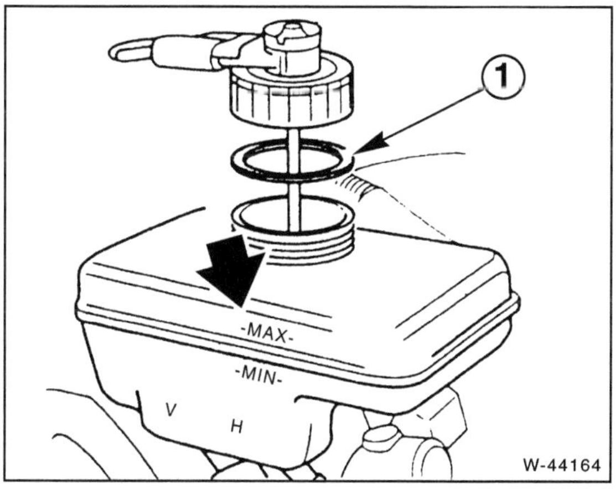

W-44164

- Nach dem Entlüften ist der Ausgleichbehälter bis zur Markierung »MAX« aufzufüllen. Gummidichtung –1– im Deckel auf einwandfreien Zustand prüfen.

Achtung, Sicherheitskontrolle durchführen:

- ◆ Sind die Bremsschläuche festgezogen?
- ◆ Befindet sich der Bremsschlauch in der Halterung?
- ◆ Sind die Entlüftungsschrauben angezogen?
- ◆ Ist genügend Bremsflüssigkeit eingefüllt?
- ◆ Bei laufendem Motor Dichtheitskontrolle durchführen. Hierzu Bremspedal mit 200 bis 300 N (entspricht 20 bis 30 kg) etwa 10 sec. betätigen. Das Bremspedal darf nicht nachgeben. Sämtliche Anschlüsse auf Dichtheit kontrollieren.

- Nach dem Entlüften darf sich beim Treten auf das Bremspedal der Druck nicht schwammig anfühlen. Falls doch, Anlage nochmals entlüften.
- Anschließend einige Bremsungen auf einer Straße ohne Verkehr durchführen. Dabei sollte mindestens einmal die Bremsregelung des ABS-Systems geprüft werden, beispielsweise auf losem Untergrund. Dazu Bremse stark betätigen, bis am spürbaren Pulsieren des Bremspedals der Beginn der Bremsregelung erkennbar ist.

Achtung: Falls der Bremspedalweg nach der Probefahrt zu groß ist, obwohl er direkt nach dem Entlüften in Ordnung war, dann ist möglicherweise Luft in der ABS-Hydraulikeinheit. In diesem Fall Bremsanlage umgehend in der Fachwerkstatt entlüften lassen.

Hinweis: Bremsflüssigkeit ist als Sondermüll zu entsorgen.

Bremsleitung ersetzen

Für das Bremsleitungssystem werden als starre Verbindungen kunststoffbeschichtete Druckrohre verwendet. Die Verbindung zu den Vorderrädern und zur Hinterachse erfolgt über flexible, druckfeste Bremsschläuche. Bremsleitung nur bei vorhandener Erfahrung wechseln, sonst Fachwerkstatt aufsuchen.

Achtung: Beim Bearbeiten der Bremsdruckrohre darauf achten, daß die Kunststoffschicht nicht beschädigt wird. Die Bremsleitungen werden überwiegend als Meterware ohne Überwurfschrauben geliefert. Bei Bremsleitungen, die angefertigt werden müssen, ist der Gewindedurchmesser der vorhandenen Überwurfschrauben zu beachten. Die entsprechende Überwurfschraube auf die Bremsleitung aufschieben und Rohrende mit Spezialgerät bördeln. Auf die Ausführung des ursprünglichen Bördels achten.

Beim Biegen alte Bremsleitung als Muster verwenden. Um Knicke und Engstellen zu vermeiden, spezielles Biegewerkzeug verwenden.

- Fahrzeug aufbocken.
- Bremspedal leicht durchdrücken und feststellen. Dazu Brett zwischen Sitz Bremspedal klemmen, Sitz entsprechend zurück und nach vorn schieben. Dadurch wird verhindert, daß nach dem Trennen der Bremsleitungen die Bremsflüssigkeit aus dem Ausgleichbehälter ausläuft und Luft in das Bremssystem gelangt.
- Überwurfmuttern lösen und Bremsleitung abnehmen.
- Falls erforderlich, Leitungsanschluß in Richtung Hauptbremszylinder mit geeignetem Stopfen verschließen.
- Neue Bremsleitung an gleicher Stelle verlegen. Überwurfschrauben M12 mit **15 Nm**, M10 mit **20 Nm** anziehen.

Achtung: Bremsdruckleitungen nicht zwischen elektrischen Leitungen verlegen. Es können sonst Scheuerstellen auftreten, die zu einem Ausfall des Bremssystems oder der elektrischen Anlage führen. Der Abstand zwischen Bremsleitungen und elektrischen Leitungen soll mindestens 25 mm betragen.

- Bremsanlage entlüften, siehe Seite 159.

Achtung, Sicherheitskontrolle durchführen:

- ◆ Sind die Bremsschläuche festgezogen?
- ◆ Befindet sich der Bremsschlauch in der Halterung?
- ◆ Sind die Entlüftungsschrauben angezogen?
- ◆ Ist genügend Bremsflüssigkeit eingefüllt?
- ◆ Bei laufendem Motor Dichtheitskontrolle durchführen. Hierzu Bremspedal mit 200 bis 300 N (entspricht 20 bis 30 kg) etwa 10 sec. betätigen. Das Bremspedal darf nicht nachgeben. Sämtliche Anschlüsse auf Dichtheit kontrollieren.

Hinweis: Bremsflüssigkeit ist als Sondermüll zu entsorgen.

Bremsschlauch vorn ersetzen

Achtung: Bremsschläuche nicht mit Öl oder Petroleum in Berührung bringen, nicht lackieren oder mit Unterbodenschutz besprühen.

Ausbau

- Stellung der Vorderräder zur Radnabe mit Farbe kennzeichnen. Dadurch kann das ausgewuchtete Rad wieder in derselben Position montiert werden. Radschrauben bei auf dem Boden stehendem Fahrzeug lösen. Fahrzeug vorn aufbocken und Vorderräder abnehmen.
- Bremspedal leicht durchdrücken und feststellen. Dazu Brett zwischen Sitz Bremspedal klemmen, Sitz entsprechend zurück und nach vorn schieben. Dadurch wird verhindert, daß nach dem Trennen der Bremsleitungen die Bremsflüssigkeit aus dem Ausgleichbehälter ausläuft und Luft in das Bremssystem gelangt.

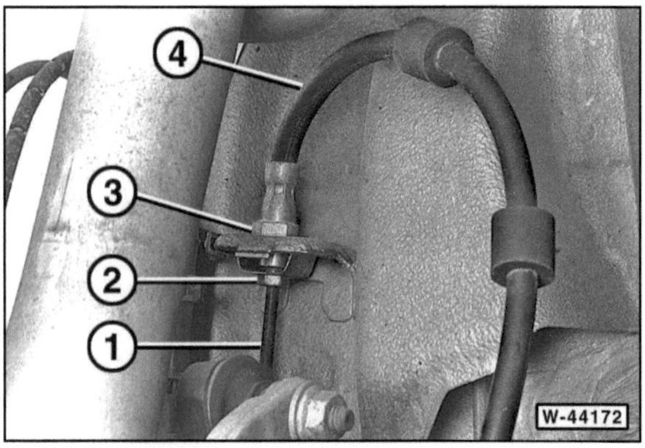

- Überwurfmutter –2– abschrauben und Bremsleitung –1– vom Bremsschlauch abnehmen. Dabei Bremsschlauch –4– an den Abflachungen beziehungsweise am Sechskant –3– gegenhalten, damit sich das Anschlußstück im Haltewinkel nicht mitdrehen kann.

Achtung: Dabei kann etwas Bremsflüssigkeit auslaufen. Bremsflüssigkeit in einer Flasche sammeln, die ausschließlich für Bremsflüssigkeit vorgesehen ist.

- Bremsschlauch am Bremssattel abschrauben.

Einbau

- Bremsschlauch am Bremssattel anschrauben.
- Räder in Geradeausfahr-Stellung bringen.
- Bremsschlauch in den Halter stecken und Bremsleitung mit Überwurfmutter anschrauben. Dabei Bremsschlauch an den Abflachungen beziehungsweise am Sechskant gegenhalten, damit sich das Anschlußstück im Haltewinkel nicht mitdrehen kann. Anzugsdrehmoment für M12-Gewinde: **15 Nm**, M10 Gewinde: **20 Nm.**
- Vorderräder so ansetzen, daß die beim Ausbau angebrachten Markierungen übereinstimmen. Radschrauben nicht ölen oder fetten. Räder anschrauben.
- Nach dem Einbau bei entlastetem Rad prüfen (Wagen angehoben), ob der Schlauch allen Lenkbewegungen des Rades folgt, ohne irgendwo anzuscheuern.
- Fahrzeug ablassen und Radschrauben über Kreuz mit **100 Nm** festziehen.
- Lenkung nach links und rechts bis zum Anschlag einschlagen und bei auf den Rädern stehendem Fahrzeug prüfen, ob der Schlauch allen Radbewegungen folgt, ohne irgendwo anzuscheuern.
- Bremsanlage entlüften.

Achtung, Sicherheitskontrolle durchführen:

- Sind die Bremsschläuche festgezogen?
- Befindet sich der Bremsschlauch in der Halterung?
- Sind die Entlüftungsschrauben angezogen?
- Ist genügend Bremsflüssigkeit eingefüllt?
- Bei laufendem Motor Dichtheitskontrolle durchführen. Hierzu Bremspedal mit 200 bis 300 N (entspricht 20 bis 30 kg) etwa 10 sec. betätigen. Das Bremspedal darf nicht nachgeben. Sämtliche Anschlüsse auf Dichtheit kontrollieren.

Hinweis: Bremsflüssigkeit ist als Sondermüll zu entsorgen.

Bremskraftverstärker prüfen

Der Bremskraftverstärker ist auf Funktion zu überprüfen, wenn zur Erzielung ausreichender Bremswirkung die Pedalkraft außergewöhnlich hoch ist.

- Bremspedal bei stehendem Motor mindestens 10mal kräftig durchtreten, dann bei belastetem Bremspedal Motor starten. Das Bremspedal muß jetzt unter dem Fuß spürbar nachgeben. In diesem Fall ist der Bremskraftverstärker in Ordnung.
- Andernfalls Unterdruckschlauch am Bremskraftverstärker abschrauben, Motor starten. Durch Fingerauflegen am Ende des Unterdruckschlauches prüfen, ob Unterdruck erzeugt wird.
- Ist kein Unterdruck vorhanden: Unterdruckschlauch auf Undichtigkeiten und Beschädigungen prüfen, gegebenenfalls ersetzen. Sämtliche Schellen fest anziehen.
- Dieselmotor: Unterdruckschlauch von der Vakuumpumpe abziehen und mit dem Finger prüfen, ob Unterdruck am Schlauchanschluß anliegt.
- Ist Unterdruck vorhanden: Unterdruck messen, gegebenenfalls Bremskraftverstärker ersetzen lassen (Werkstattarbeit). **Achtung:** Dabei auch immer Rückschlagventil in der Unterdruckleitung ersetzen lassen, da die Membrane im Bremskraftverstärker durch eindringende Kraftstoffdämpfe (beim Benzinmotor und defektem Rückschlagventil) beschädigt werden kann. Die Pfeile auf dem Rückschlagventil müssen in Richtung Saugrohr zeigen.

Die Feststellbremse

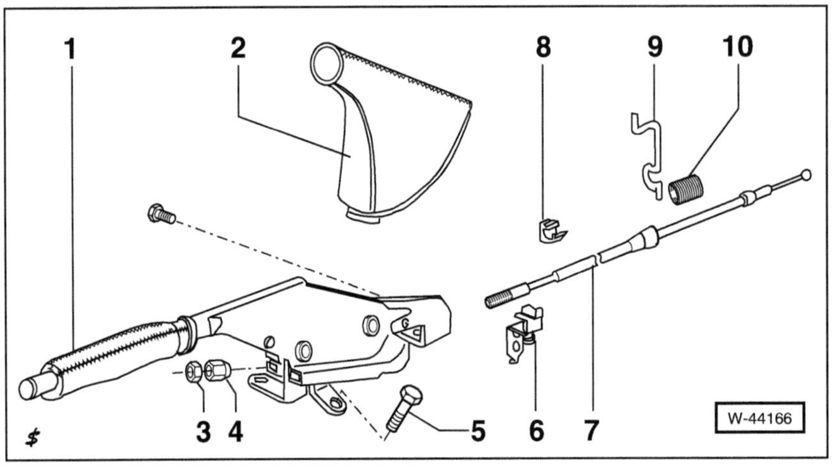

1 – Handbremshebel
2 – Abdeckung
3 – Kontermutter
4 – Einstellmutter
5 – Sechskantschraube
6 – Handbremsschalter
7 – Handbremsseilzug
8 – Klemmschelle
9 – Halter für Handbremsseilzug
10 – Tülle

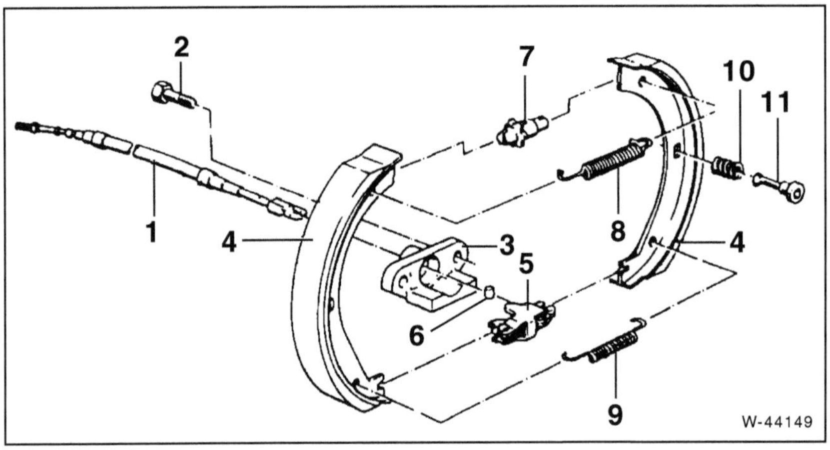

1 – Bowdenzug
2 – Schraube
3 – Stütze
4 – Bremsbacken
5 – Spreizschloß
6 – Bolzen
7 – Einstellschraube
8 – untere Zugfeder
9 – obere Zugfeder
10 – Druckfeder
11 – Spannstift

Bremsbacken für Feststellbremse aus- und einbauen

Ausbau

- Bremsscheibe hinten ausbauen.

- Vordere Rückzugfeder mit Bremsfederzange aushängen. Rückzugfeder überprüfen, korrodierte oder ausgeleierte Feder erneuern.

- Andrückfeder mit Inbusschlüssel –5 mm– etwas zusammendrücken, um ca. 90° (¼ Umdrehung) drehen und Haltefeder von der Bremsbacke abnehmen.
- Andrückfeder von der anderen Bremsbacke auf dieselbe Weise ausbauen.

- Beide Bremsbacken oben auseinanderziehen und nach unten abnehmen.

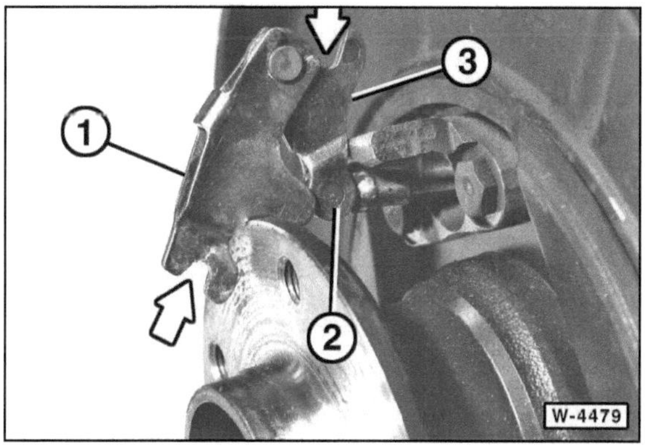

- Spreizschloß auf Leichtgängigkeit prüfen, gegebenenfalls ausbauen. Dazu Teil –1– nach hinten ziehen, Bolzen –2– herausdrücken und Teil –3– vom Seilzug abziehen.

Einbau

Grundsätzlich Bremsbacken auf beiden Seiten erneuern.

- Gleitflächen und Bolzen des Spreizschlosses mit »Molykote-Paste G« ganz dünn bestreichen.

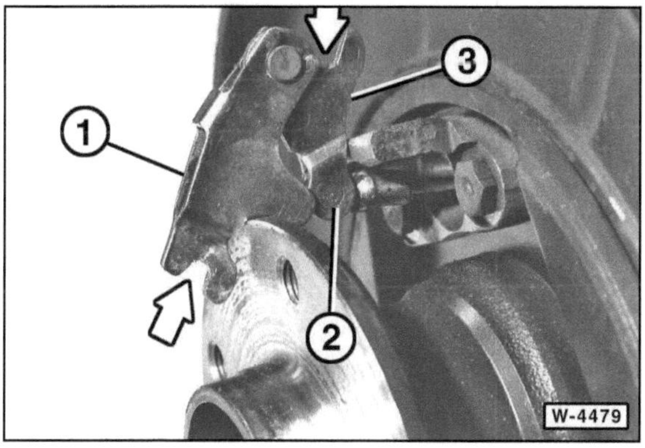

- Spreizschloß mit Bolzen –2– oben in das Handbremsseil lagerichtig einhängen.

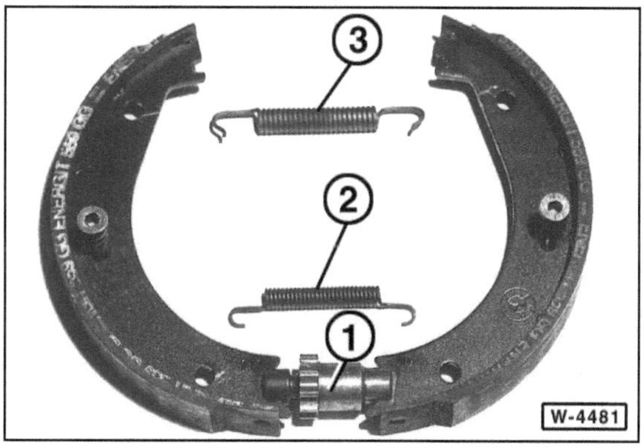

- Bremsbacken-Einstellvorrichtung –1– gangbar machen, Gewinde leicht mit Molykotefett einstreichen, Gewindestück zurückdrehen.
- Bremsbacken-Einstellvorrichtung lagerichtig unten zwischen die Bremsbacken setzen. Rückzugfeder –2– (dünnere Feder) unten in die Bremsbacken einhängen.

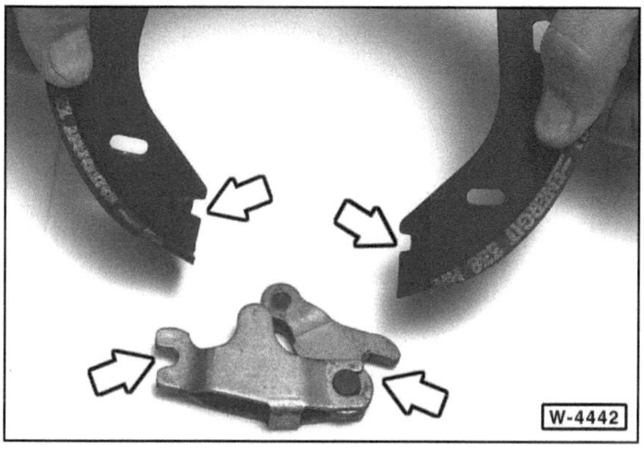

- Bremsbacken einsetzen. Oben müssen die Bremsbacken in die Aussparungen –Pfeile– des Spreizschlosses eingreifen.

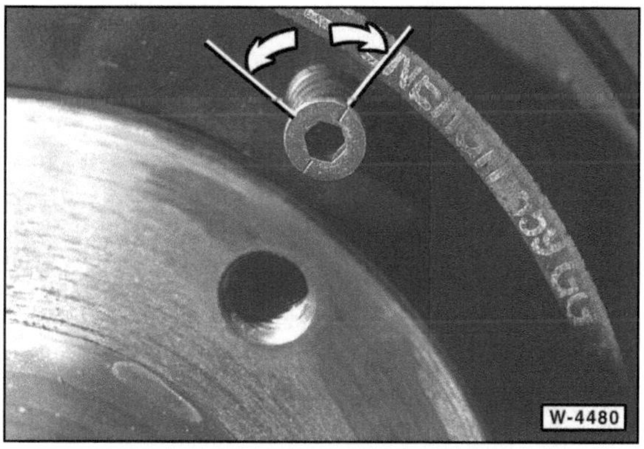

- 2 Andrückfedern für Bremsbacken mit 5 mm Inbusschlüssel aufdrücken und gleichzeitig um ca. 90° drehen. In geschlossener Stellung steht die Markierung auf dem Schraubenkopf, wie in der Abbildung gezeigt.
- Mit Bremsfederzange obere Rückzugfeder –3– einhängen.

- Die Bremsbacken –Pfeile– müssen am Widerlager des Bremsträgers anliegen.
- Bremsscheibe und Hinterrad montieren.
- Feststellbremse einstellen, siehe Seite 164.

Hinweis: Wurden die Bremsbacken der Feststellbremse erneuert, müssen die Beläge auf leerer Straße wie folgt eingebremst werden: Mit ca. 40 km/h fahren und Handbremse **vorsichtig** anziehen, bis eine leichte Bremswirkung festgestellt wird. Unter Beibehaltung der Geschwindigkeit Handbremse 1 Raste weiter anziehen und ca. 400 m weiter fahren. Handbremse lösen und abkühlen lassen. Es empfiehlt sich, diesen Einbremsvorgang unabhängig vom Bremsbelagwechsel ca. vierteljährlich zu wiederholen, da auf diese Weise auch eventuell vorhandene Korrosion und abgelagerter Abrieb von den Bremsflächen entfernt werden.

Handbremse einstellen

Die Feststellbremse (Handbremse) ist von der Betriebsbremse völlig getrennt. Dadurch unterliegt die Feststellbremse nur geringem Verschleiß. Durch Korrosion der Bremstrommel oder Verschmutzung der Bremsbacken sinkt das Reibmoment. Werden die alten Beläge nachgestellt, sollte daher die Handbremse vorher eingebremst werden. Dazu auf leerer Straße mit ca. 40 km/h fahren. Handbremse anziehen, bis Widerstand spürbar ist, und dann eine Raste weiterziehen. Auf diese Weise Fahrzeug mit leicht angezogener Handbremse etwa 400 m weit fahren. Dadurch werden eventuell entstandene Korrosion und Abrieb von den Bremsflächen entfernt.

Die Einstellung der Handbremse ist erforderlich bei:

- Erneuerung der Handbremsbacken.
- Erneuerung der hinteren Bremsscheiben (Bremstrommeln).
- Zurückgestellter Nachstellvorrichtung.
- Zu großem Betätigungsweg (über 10 Zähne).
- Erneuerung der Handbrems-Seilzüge.

Achtung: Handbrems-Seilzüge und alle beweglichen Teile der Handbremse müssen leichtgängig sein.

- An beiden Hinterrädern je eine Radschraube lösen.
- Fahrzeug hinten aufbocken.

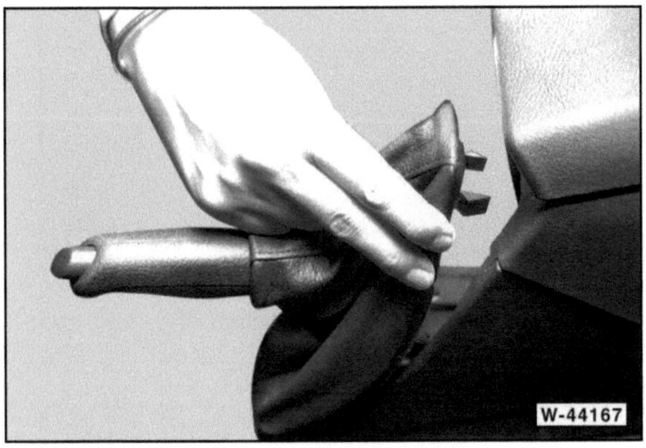

- Abdeckung für Handbremshebel oben abziehen und nach vorn über den Griff stülpen.

Achtung: Die Fachwerkstatt verwendet zum Einstellen der Handbremse das Spezialwerkzeug BMW-341030. Es handelt sich dabei um 2 ineinanderliegende Steckschlüssel, die auf die unterschiedliche Schlüsselweite von Kontermutter und Einstellmutter abgestimmt sind. Steht dieses Werkzeug nicht zur Verfügung, Abdeckung für Handbremshebel, gegebenenfalls Mittelkonsole ausbauen.

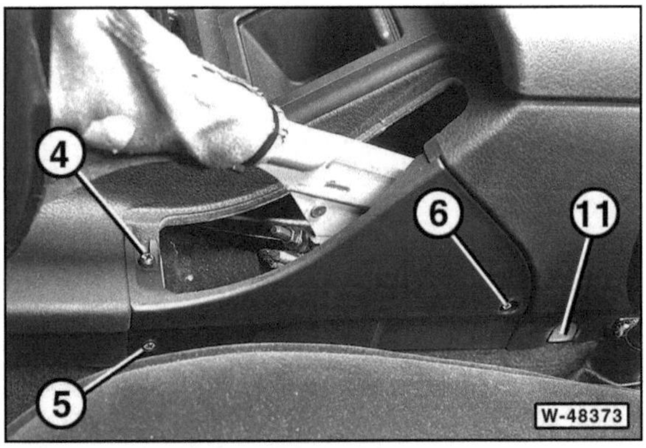

- Abdeckung für Handbremshebel ausbauen. Dazu Schraube –4– lockern. Schrauben –5– und –6– herausdrehen, vorher Abdeckkappen abheben. Abdeckung ausclipsen, dazu Abdeckung hinten oben seitlich, zum Fahrersitz hin wegziehen und herausnehmen. 11 – Abdeckkappen für Befestigungsschrauben der Mittelkonsole.

● 2 Kontermuttern und Einstellschrauben –Pfeile– für Handbremsseile lösen. Seilzüge vollständig lockern.

● Eine Radschraube an jedem Rad ganz herausdrehen. Rad verdrehen, bis die Bohrung senkrecht nach unten zeigt. Mit Taschenlampe in das Schraubenloch strahlen, die Nachstellmutter muß sichtbar sein. **Hinweis:** Das Rad muß nicht abgebaut werden, wie in der Abbildung dargestellt.

● Handbremsbacken anlegen. Dazu Nachstellmutter –1– mit Schraubendreher –2– in Pfeilrichtung drehen, bis sich das Rad von Hand nicht mehr drehen läßt. **Hinweis:** Die Abbildung zeigt die Bremse auf der linken Fahrzeugseite. Auf der rechten Seite Schraubendreher entgegen der Pfeilrichtung drehen.

● Anschließend Nachstellmutter 12 Zähne zurückdrehen.

● Einstellmuttern –Pfeile– bis zur Anlage am Handbremshebel anschrauben.

● Handbremshebel bei betätigtem Löseknopf 5mal mit ca. 400 N (40 kg) anziehen und wieder lösen.

● Handbremshebel 2 Zähne anziehen und einrasten.

● Einstellmuttern anziehen, bis an den Rädern die Bremswirkung beginnt. Die Räder lassen sich dann schwer drehen, die Bremsbacken schleifen.

● Handbremshebel lösen und kontrollieren, ob sich die Räder frei drehen lassen, gegebenenfalls Einstellung wiederholen.

● Zündung einschalten, die Handbrems-Kontrolleuchte darf nicht leuchten.

● Handbremshebel 1 Zahn anziehen. An den Hinterrädern darf keine Bremswirkung vorhanden sein, sonst Einstellung der Handbremse wiederholen. Die Handbrems-Kontrolleuchte kann leuchten.

● Handbremshebel auf 2 Zähne anziehen. Die Bremswirkung muß jetzt einsetzen und die Kontrolleuchte muß leuchten, sonst Schaltkontakt am Handbremshebel entsprechend verbiegen.

● Zündung ausschalten.

● Kontermuttern anziehen, dabei Einstellmuttern gegenhalten.

● Seitliche Abdeckung für Handbremshebel einclipsen und anschrauben. Schraubenabdeckungen eindrücken.

● Vordere Abdeckung für Handbremshebel unten einhängen und oben einclipsen.

● Fahrzeug ablassen.

● Die 2 Radschrauben an den Hinterrädern reindrehen und mit **100 Nm** anziehen. Radkappen aufdrücken.

Handbremshebel aus- und einbauen

Ausbau

- Mittelkonsole ausbauen, siehe Seite 209.

- Kontermuttern und Einstellmuttern für Handbremsseile vollständig abschrauben.

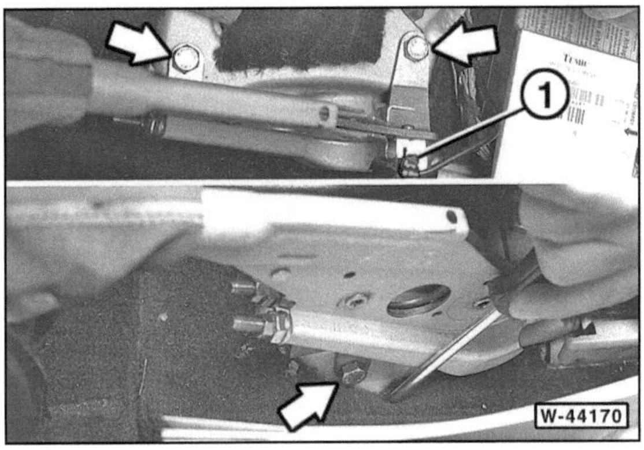

- Elektrische Leitung –1– für Handbremsschalter abziehen.
- Handbremshebel abschrauben –Pfeile– und herausnehmen.

Einbau

- Handbremsseile in den Handbremshebel einführen, Handbremshebel einsetzen und anschrauben.
- Muttern für Handbremsseile handfest aufschrauben.
- Handbremse einstellen, siehe Seite 164.
- Zündung einschalten. Die Kontrolleuchte für Feststellbremse muß bei gelöster Handbremse ausgehen. Falls nicht, Schalter für Handbremsleuchte entsprechend einstellen.
- Mittelkonsole einbauen.

Handbremsseil aus- und einbauen

Ausbau

- Handbremshebel ausbauen.
- Handbremsbacken ausbauen.

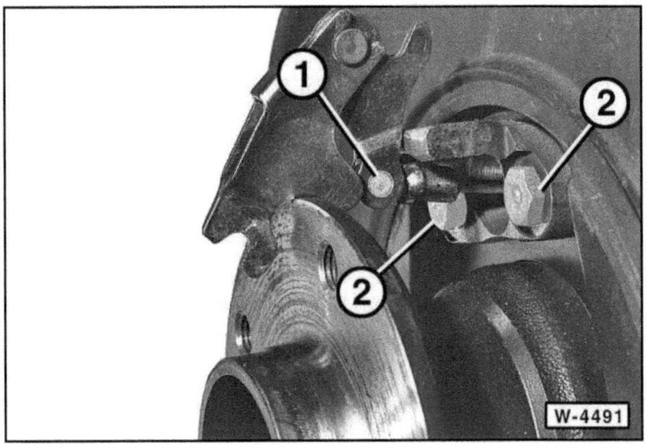

- Spreizschloß für Handbremsbacken ausbauen, dazu Bolzen –1– herausdrücken.
- Abstützung für Handbremsbowdenzug abschrauben, dazu Schrauben –2– abschrauben.
- Handbremsseil aushängen und aus dem Schutzrohr herausziehen.

Einbau

- Handbremsseil zum Handbremshebel und zur Hinterradbremse verlegen. **Achtung:** Beim Einsetzen in das Schutzrohr darauf achten, daß das Bowdenzuggegenlager am Schutzrohr anliegt.
- Handbremsbowdenzug in den Kunststoffclip einhängen.

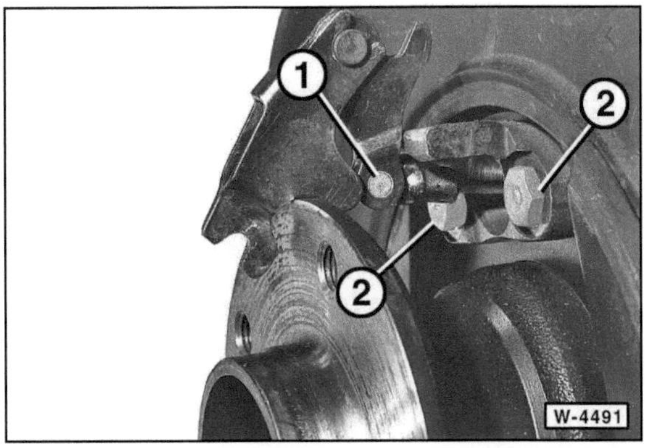

- Abstützung für Bremsseil in das Handbremsseil einsetzen und am Bremsträgerblech mit 2 Schrauben –2– befestigen.
- Handbremse hinten komplettieren, siehe Seite 162.
- Handbremshebel einbauen.
- Handbremse einstellen.

Bremslichtschalter prüfen/ersetzen

Der Bremslichtschalter sitzt im Fußraum am Pedalbock für das Bremspedal.

Prüfen

- Wenn das Bremslicht nicht aufleuchtet, zuerst Sicherung überprüfen. Anschließend Glühlampen überprüfen. Wenn die betreffenden Glühlampen nicht defekt sind, Bremslichtschalter überprüfen.
- Fußraumabdeckung (oberhalb der Pedale) ausbauen.
- Stecker vom Bremslichtschalter abziehen, dabei Rastnasen zusammendrücken.
- Zündung einschalten.
- Beide Kontakte im Kabelstecker des Bremslichtschalters mit einer kurzen Hilfsleitung verbinden. Wenn das Bremslicht jetzt nicht aufleuchtet, Bremslichtschalter auswechseln.

Ausbau

- Untere Abdeckung im linken Fußraum abschrauben und herausnehmen.

W-44175

- Kabelstecker vom Schalter abziehen, dabei Rastnasen zusammendrücken.

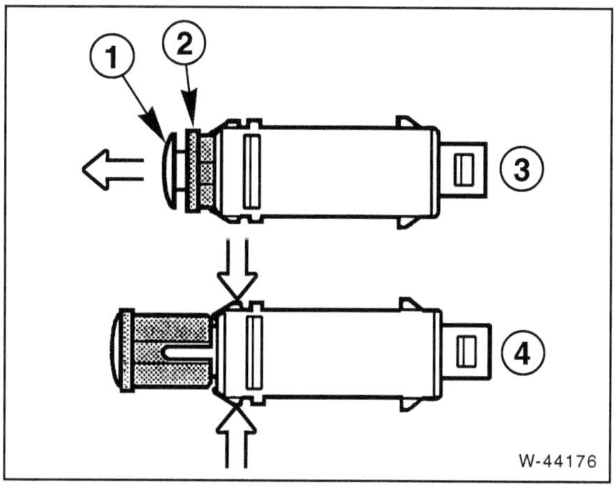

W-44176

- Bremspedal durchdrücken. Stößel –1– und Hülse –2– ganz nach vorn ziehen –3–.
- In dieser Stellung Halteklammern –4– zusammendrücken und Schalter nach hinten aus der Halterung ziehen

Einbau

- Schalter mit ganz herausgezogener Hülse in den Pedalbock einsetzen und einrasten lassen.
- Rote Sicherungshülse in den Schalter schieben, bis der Bund der Hülse am Pedalbock anliegt.
- Stecker aufschieben und einrasten lassen.
- Kontrollieren, ob das Bremslicht bei eingeschalteter Zündung aufleuchtet.
- Untere Abdeckung einbauen.

Störungsdiagnose Bremse

Störung	Ursache	Abhilfe
Leerweg des Bremspedals zu groß.	Bremsbeläge teilweise oder völlig abgenutzt.	■ Bremsbeläge erneuern.
	Ein Bremskreis ausgefallen.	■ Bremskreise auf Flüssigkeitsverlust prüfen.
Bremspedal läßt sich weit und federnd durchtreten.	Luft im Bremssystem.	■ Bremse entlüften.
	Zu wenig Bremsflüssigkeit im Ausgleichbehälter.	■ Neue Bremsflüssigkeit nachfüllen. Bremse entlüften.
	Dampfblasenbildung. Tritt meist nach starker Beanspruchung auf, z. B. Paßabfahrt.	■ Bremsflüssigkeit wechseln. Bremse entlüften.
Bremswirkung läßt nach, und Bremspedal läßt sich durchtreten.	Undichte Leitung.	■ Leitungsanschlüsse nachziehen oder Leitung erneuern.
	Beschädigte Manschette im Haupt- oder Radbremszylinder.	■ Manschette erneuern. Beim Hauptbremszylinder Innenteile ersetzen, ggf. Hauptbremszylinder ersetzen.
Schlechte Bremswirkung trotz hohen Fußdrucks.	Bremsbeläge verölt.	■ Bremsbeläge erneuern.
	Ungeeigneter oder verhärteter Bremsbelag.	■ Beläge erneuern. Nur Original-Bremsbeläge vom Automobilhersteller verwenden.
	Bremskraftverstärker defekt, Unterdruckleitung porös, defekt.	■ Bremsservo, Unterdruckleitung prüfen.
	Bremsbeläge abgenutzt.	■ Bremsbeläge erneuern.
Bremse zieht einseitig.	Unvorschriftsmäßiger Reifendruck.	■ Reifendruck prüfen und berichtigen.
	Bereifung ungleichmäßig abgefahren.	■ Abgefahrene Reifen ersetzen.
	Bremsbeläge verölt.	■ Bremsbeläge erneuern.
	Verschiedene Bremsbelagsorten auf einer Achse.	■ Beläge erneuern. Nur Original-Bremsbeläge vom Automobilhersteller verwenden.
	Schlechtes Tragbild der Bremsbeläge.	■ Bremsbeläge austauschen.
	Verschmutzte Bremssattelschächte.	■ Sitz- und Führungsflächen der Bremsbeläge im Bremssattel reinigen.
	Korrosion in den Bremssattelzylindern.	■ Bremssattel erneuern.
	Bremsbelag ungleichmäßig verschlissen.	■ Bremsbeläge erneuern (beide Räder), Bremssättel auf Leichtgängigkeit prüfen.
Bremse zieht von selbst an.	Ausgleichsbohrung im Hauptbremszylinder verstopft.	■ Hauptbremszylinder reinigen und Innenteile erneuern lassen.
	Spiel zwischen Betätigungsstange und Hauptbremszylinderkolben zu gering.	■ Spiel prüfen.
Bremsen erhitzen sich während der Fahrt.	Ausgleichsbohrung im Hauptbremszylinder verstopft.	■ Hauptbremszylinder reinigen und Innenteile erneuern lassen.
	Spiel zwischen Betätigungsstange und Hauptbremszylinder zu gering.	■ Spiel prüfen.
	Bremse schwergängig.	■ Bewegliche Teile der Scheibenbremse schmieren. Bremssattel überholen lassen (Werkstattarbeit).
	Speziell bei Handbremse:	
	Bremsbacken-Rückzugfedern erlahmt.	■ Rückzugfedern erneuern.
	Handbremse nicht gelöst.	■ Handbremse einstellen, ggf. Seil erneuern.

Störung	Ursache	Abhilfe
Bremsen rattern.	Ungeeigneter Bremsbelag.	■ Beläge erneuern. Nur Original-Bremsbeläge vom Automobilhersteller verwenden.
	Bremsscheibe stellenweise korrodiert.	■ Scheibe mit Schleifklötzen sorgfältig glätten.
	Bremsscheibe hat Seitenschlag.	■ Scheibe nacharbeiten oder ersetzen.
Bremsbeläge lösen sich nicht von der Bremsscheibe, Räder lassen sich schwer von Hand drehen.	Korrosion im Bremssattelzylinder.	■ Bremssattel überholen, eventuell austauschen.
Ungleichmäßiger Belag-Verschleiß.	Ungeeigneter Bremsbelag.	■ Beläge erneuern. Nur Original-Bremsbeläge vom Automobilhersteller verwenden.
	Bremssattel verschmutzt.	■ Bremssattelschächte reinigen.
	Kolben nicht leichtgängig.	■ Kolben gangbar machen.
	Bremssystem undicht.	■ Bremssystem auf Dichtigkeit prüfen.
Keilförmiger Bremsbelag-verschleiß.	Bremsscheibe läuft nicht parallel zum Bremssattel.	■ Anlagefläche des Bremssattels prüfen.
	Korrosion in den Bremssätteln.	■ Verschmutzung beseitigen.
Bremse quietscht.	Oft auf atmosphärische Einflüsse (Luftfeuchtigkeit) zurückzuführen.	■ Keine Abhilfe erforderlich, und zwar dann, wenn Quietschen nach längerem Stillstand des Wagens bei hoher Luftfeuchtigkeit auftrat, aber nach den ersten Bremsungen sich nicht wiederholt.
	Ungeeigneter Bremsbelag.	■ Beläge erneuern. Nur Original-Bremsbeläge vom Automobilhersteller verwenden Anlageflächen von Bremskolben/Bremssattel und Bremsbelagträger mit Anti-Quietsch-Paste bestreichen.
	Bremsscheibe läuft nicht parallel zum Bremssattel.	■ Anlagefläche des Bremssattels prüfen.
	Verschmutzte Schächte im Bremssattel.	■ Bremssattelschächte reinigen.
Bremse pulsiert.	**ABS** in Funktion.	■ Normal, keine Abhilfe.
	Seitenschlag oder Dickentoleranz der Bremsscheibe zu groß.	■ Schlag und Toleranz prüfen. Scheibe nacharbeiten oder ersetzen.
	Bremsscheibe läuft nicht parallel zum Bremssattel.	■ Anlagefläche des Bremssattels prüfen.
Wirkung der Handbremse nicht ausreichend.	Leerweg des Handbremshebels zu groß (läßt sich mehr als 10 Zähne anziehen).	■ Handbremse einstellen.
	Bremsbacken verölt.	■ Bremsbeläge erneuern, Ursache der Verschmutzung feststellen und beheben.
	Spreizschloß oder Bowdenzüge korrodiert.	■ Neuteile einbauen.

Räder und Reifen

Der 5er BMW ist je nach Modell und Ausstattung mit Reifen und Felgen unterschiedlicher Größe ausgerüstet. Neben der Felgenbreite ist auch die Einpreßtiefe wichtig. Die Einpreßtiefe ist das Maß von der Felgenmitte bis zur Anlagefläche der Radschüssel an die Bremsscheibe.

Alle Scheibenräder sind als sogenannte Hump-Felgen ausgelegt. Der Hump ist ein in die Felgenschulter eingepreßter Wulst, der auch bei extrem scharfer Kurvenfahrt nicht zuläßt, daß der schlauchlose Reifen von der Felge gedrückt wird.

Seit ca. 2000 müssen montierte Reifen, die nicht in den Fahrzeugpapieren stehen, in der EU-Übereinstimmungsbescheinigung (CoC = Certificate of Conformity) zum Fahrzeug aufgeführt sein. Diese Bescheinigung oder eine Kopie davon ist dann grundsätzlich im Fahrzeug mitzuführen.

Eine Auswahl von Reifen-/Felgenkombinationen, Reifenfülldruck

Modell	**Reifengröße** Gürtelreifen schlauchlos	**Leichtmetall-Scheibenrad** (Felge)	**Einpreß-tiefe** in mm	**Reifenfülldruck (Überdruck) in bar** halbe Zuladung vorn	halbe Zuladung hinten	volle Zuladung vorn	volle Zuladung hinten
520i 523i 525tds	205/65 R 15 225/60 R 15 225/55 R 16	6,5J x 15 / 7J x 15 7J x 15 7J x 16	18/20 20 20	1,9	2,3	2,3	2,8
	Vorn: 235/45 R 17 Hinten: 255/40 R 17	8J x 17 9J x 17	20 26	1,9 –	2,3 2,3	2,3 –	2,8 2,8
	205/65 R 15 M+S 225/60 R 15 M+S 225/55 R 16 M+S	6,5J x 15 / 7J x 15 7J x 15 7J x 16	18/20 20 20	2,1	2,5	2,5	3,0
528i 530d	225/60 R 15 225/55 R 16 Vorn: 235/45 R 17 Hinten: 255/40 R 17	7J x 15 7J x 16 8J x 17 9J x 17	20 20 20 26	2,0 2,0 1,9 –	2,4 2,4 2,3 2,3	2,5 2,5 2,3 –	3,0 3,0 2,8 2,8
	205/65 R 15 M+S 225/60 R 15 M+S 225/55 R 16 M+S	6,5J x 15 / 7J x 15 7J x 15 7J x 16	18/20 20 20	2,2	2,6	2,7	3,2
535i 540i	225/60 R 15 225/55 R 16 Vorn: 235/45 R 17 Hinten: 255/40 R 17	7J x 15 7J x 16 8J x 17 9J x 17	20 20 20 26	2,2 2,3 2,5 –	2,5 2,6 2,8 2,8	2,5 2,7 2,9 –	3,1 3,2 3,4 3,4
	225/60 R 15 M+S 225/55 R 16 M+S	7J x 15 7J x 16	20 20	2,5	2,8	2,9	3,4
Touring 520i 523i 525tds	205/65 R 15 (nicht 523i) 225/60 R 15 225/55 R 16 235/45 R 17	6,5J x 15 / 7J x 15 7J x 15 7J x 16 8J x 17	18/20 20 20 20	2,0	2,4	2,6	3,1
Touring 528i 530d	225/60 R 15 225/55 R 16 235/45 R 17	7J x 15 7J x 16 8J x 17	20 20 20	2,1 2,1 2,3	2,5 2,5 2,7	2,6 2,6 2,8	3,1 3,1 3,3

Achtung: Die technische Entwicklung geht ständig weiter. Es kann sein, daß inzwischen auch für ältere Fahrzeug-Modelle andere Reifenfülldrücke beziehungsweise andere Reifen-Felgen-Kombinationen zugelassen sind. Es empfiehlt sich deshalb, die aktuellen Daten bei der Fachwerkstatt zu erfragen. In der Tabelle ist nur eine Auswahl von Reifen- und Felgenmaßen sowie Fülldruckwerten angegeben.

- Die aktuellen Fülldruckwerte für jedes Fahrzeug stehen auf einem Aufkleber an der Türsäule der Fahrertür, siehe auch Seite 289.
- Sämtliche Überdruckangaben beziehen sich auf kalte Reifen. Der sich bei längerer Fahrt einstellende, um ca. 0,2 bis 0,4 bar höhere Überdruck darf nicht reduziert werden.
- Da die Winterreifen einer Geschwindigkeitsbeschränkung unterliegen, muß bei montierten Winterreifenein ein Hinweis über die zulässige Höchstgeschwindigkeit im Blickfeld des Fahrers angebracht werden (§ 36, Absatz 1 StVZO).
- Bei sportlicher Fahrweise empfiehlt es sich, den Reifenüberdruck an Vorder- und Hinterrädern um 0,2 bar zu erhöhen. Bei dieser Erhöhung ist vom Basis-Überdruck auszugehen, wie er für die verschiedenen Belastungszustände vorgeschrieben ist.
- Bei Anhängerbetrieb Reifenfülldruck auf den unter »volle Zuladung« angegebenen Wert erhöhen.

Achtung: Der Gesetzgeber verlangt, daß Reifen lediglich bis zu einer Profiltiefe von 1,6 mm abgefahren werden dürfen, und zwar muß die gesamte Lauffläche noch 1,6 mm Tiefe aufweisen. Es empfiehlt sich jedoch, sicherheitshalber die Sommerreifen bei einer Profiltiefe von 2 mm und die Winterreifen bei einer Tiefe von 4 mm auszutauschen.

Das Fahrzeug kann auch mit einer Reifenfülldruckkontrolle (**RDC** = **R**eifen-**D**ruck-**C**ontrol) ausgestattet sein. Die Reifen-Druck-Control überwacht den Fülldruck der Räder sowohl im Stand als auch beim Fahren und berücksichtigt dabei Geschwindigkeit und Außentemperatur. Dazu ist in jedem Rad – auch dem Reserverad – eine Sendeeinheit mit Druck- und Temperatursensor eingebaut, die von einer Lithium-Batterie mit einer Lebensdauer von fünf Jahren gespeist wird. Der Sender übermittelt seine Signale an eine Empfangsantenne im Radhaus, die wiederum am zentralen Steuergerät angeschlossen ist. Durch die RDC können insbesondere die gefährlichen »Reifenplatzer« während der Fahrt vermieden werden, die durch übermäßige Walkarbeit des Reifens als Folge von zu niedrigem Luftdruck entstehen. Nach jeder Korrektur des Fülldruckes muß RDC erneut aktiviert werden.

Austauschen und auswuchten der Räder

Es ist nicht zweckmäßig, bei einem Austausch der Räder die Drehrichtung der Reifen zu ändern, da sich die Reifen nur unter vorübergehend stärkerem Verschleiß der veränderten Drehrichtung anpassen. Auch der Wechsel der Räder von der Vorder- auf die Hinterachse wird nicht empfohlen.

Zum Festziehen der Radschrauben sollte immer ein Drehmomentschlüssel verwendet werden. Dadurch wird sichergestellt, daß die Radschrauben gleichmäßig fest angezogen sind.

Achtung: Beim Erneuern und Demontieren schlauchloser Reifen ist unbedingt das Gummiventil aus Sicherheitsgründen mit auszutauschen.

- Radschrauben bei auf dem Boden stehendem Fahrzeug lockern. Dazu Handbremse anziehen oder 1. Gang einlegen, damit das Fahrzeug nicht wegrollt.

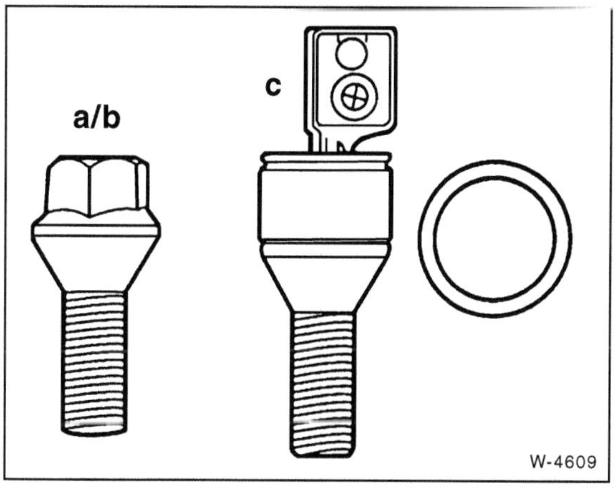

- Bei abschließbaren Radschrauben Verschlußkappe mit Schraubendreher abhebeln. Schlüssel bis zum Anschlag ins Schloß stecken, dabei steht der Schlitz parallel zur ovalen Aussparung. Schlüssel um 90° drehen und mit Verschlußteil abziehen. Das Einsetzen erfolgt in umgekehrter Reihenfolge. **Beim Abziehen des Schlüssels muß die Hülse gegen die Radschraube gedrückt werden**. Schutzkappe aufsetzen. a/b = Radschraube verzinkt/schwarz verchromt, c = Abschließbare Radschraube schwarz verchromt

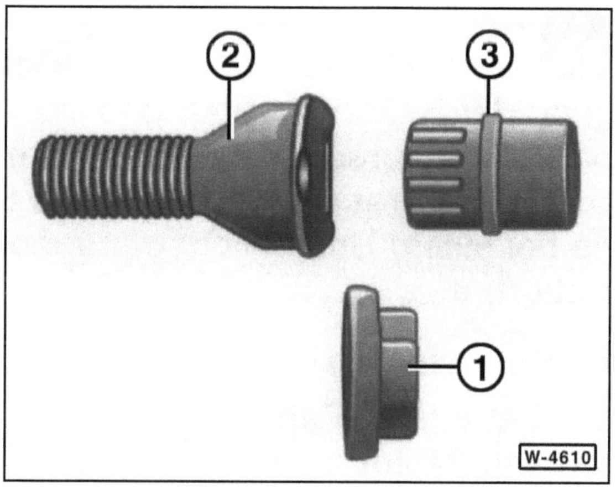

- Falls vorhanden, Radschraubensicherung wie folgt ausbauen: Abdeckkappe –1– mit dem Radschraubenschlüssel leicht nach links drehen und abnehmen. Anschließend Adapter –3– in die Radschraube –2– einsetzen und Radschraube abschrauben. **Achtung:** Adapter –3– grundsätzlich im Bordwerkzeug mitführen.
- Fahrzeug aufbocken.

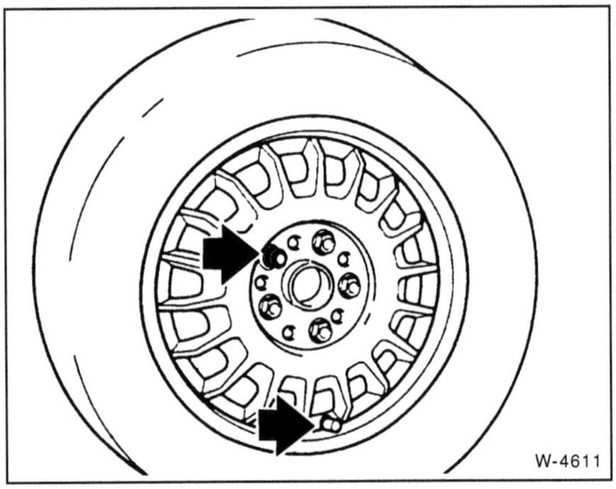

● Rad so drehen, daß das Ventil –unterer Pfeil– senkrecht nach unten zeigt.

● Vor dem Aufschieben des Scheibenrades Montagebolzen in ein oberes Gewindeloch einstecken. Der Montagebolzen liegt dem Werkzeugkasten bei. Nach Eindrehen mehrerer Radschrauben Montagebolzen entfernen.

● Vor dem Abnehmen Scheibenrad mit Filzstift zur Radnabe markieren, damit das ausgewuchtete Rad wieder in gleicher Stellung montiert werden kann.

Achtung: In Abhängigkeit vom Scheibenrad sind unterschiedliche Radschrauben im Einsatz. Grundsätzlich nur die von BMW vorgeschriebenen Radschrauben verwenden.

● Bei der Montage von nicht Original-BMW-Leichtmetallscheibenrädern müssen gegebenenfalls auch die dazugehörigen Radschrauben statt der Original-BMW-Radschrauben verwendet werden. Es empfiehlt sich, für das bisherige BMW-Ersatzrad die entsprechenden Schrauben zum Bordwerkzeug zu legen.

● Leichtmetallfelgen sind durch einen Klarlacküberzug gegen Korrosion geschützt. Beim Radwechsel darauf achten, daß die Schutzschicht nicht beschädigt wird, andernfalls mit Klarlack ausbessern.

● Vor jeder Radmontage Zentriersitz des Scheibenrades an den Radnaben sowie Anlageflächen des Scheibenrads von Schmutz und Fettrückständen reinigen und Zentriersitz mit Wälzlagerfett leicht einfetten.

● Verschmutzte Schrauben reinigen. Schrauben erneuern, wenn das Gewinde beschädigt oder korrodiert ist. Radschraubengewinde nicht fetten oder ölen.

● Radschrauben über Kreuz in mehreren Durchgängen festziehen. **Das Anzugsdrehmoment beträgt für alle Radschrauben 100 Nm.**

Achtung: Durch einseitiges oder unterschiedlich starkes Anziehen der Radschrauben können das Rad und/oder die Radnabe verspannt werden. Bei neuen Scheibenrädern Radschrauben nach einer Fahrstrecke von 1000 km mit vorgeschriebenem Anzugsdrehmoment nachziehen.

Auswuchten der Räder

Die serienmäßigen Räder werden im Werk ausgewuchtet. Das Auswuchten ist notwendig, um unterschiedliche Gewichtsverteilung und Materialungenauigkeiten auszugleichen.

Im Fahrbetrieb macht sich die Unwucht durch Trampel- und Flattererscheinungen bemerkbar. Das Lenkrad beginnt dann bei höherem Tempo zu zittern.

In der Regel tritt dieses Zittern nur in einem bestimmten Geschwindigkeitsbereich auf und verschwindet wieder bei niedrigerer und höherer Geschwindigkeit.

Solche Unwuchterscheinungen können mit der Zeit zu Schäden an Achsgelenken, Lenkgetriebe und Stoßdämpfern führen.

Räder etwa alle 20.000 km und nach jeder Reifenreparatur auswuchten lassen, da sich durch Abnutzung und Reparatur die Gewichts- und Materialverteilung am Reifen ändert.

Radschraubenschloß nachträglich einbauen

- Radschrauben lösen.
- Fahrzeug aufbocken bis das Rad frei drehbar ist.
- Radschrauben soweit lösen, daß das Rad auf der Radnabe frei beweglich ist.

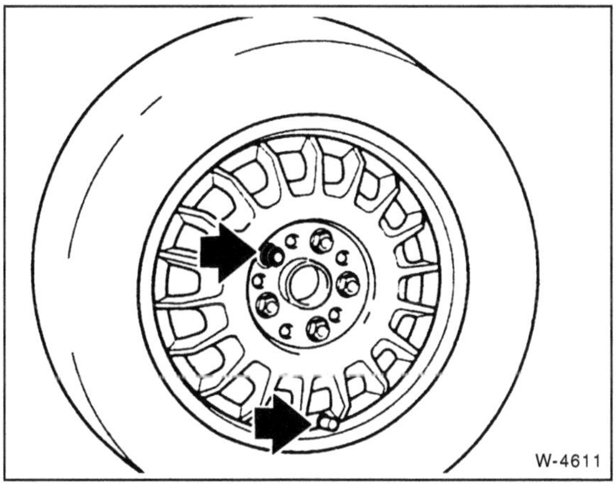

- Rad so stellen, daß das Ventil nach unten zeigt –unterer Pfeil–.
- Oberste Radschraube herausdrehen und dafür das Radschraubenschloß einsetzen –oberer Pfeil–.
- In dieser Stellung (Radschraubenschloß oben/Ventil unten) Radschrauben über Kreuz handfest anziehen.
- Fahrzeug ablassen.
- Radschrauben über Kreuz mit **100 Nm** anziehen.

Achtung: Durch diese Art der Montage wird eine Unwucht durch das schwerere Radschraubenschloß möglichst gering gehalten. Treten anschließend im Fahrbetrieb Unwuchterscheinungen auf, Räder auswuchten lassen.

Reifen- und Scheibenrad-Bezeichnungen

Beispiel Reifen-Bezeichnungen:

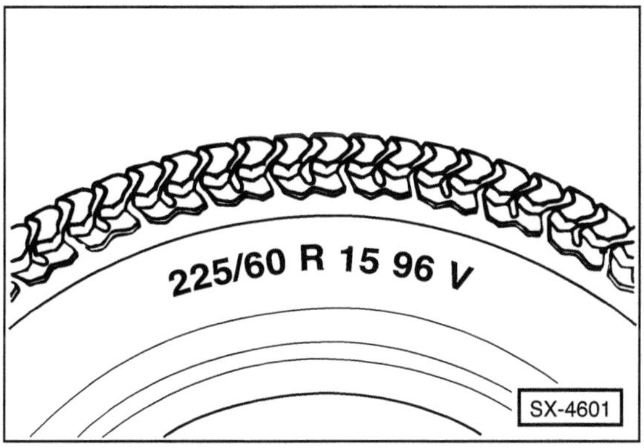

225 = Reifenbreite in mm

/60 = Verhältnis Höhe zu Breite (die Höhe des Reifenquerschnitts beträgt 60 % von der Breite)

Fehlt eine besondere Angabe des Querschnittverhältnisses (z. B. 195 R 14), so handelt es sich um das »normale« Höhen-Breiten-Verhältnis. Es beträgt bei Gürtelreifen 82 %.

R = Radial-Bauart (= Gürtelreifen).

15 = Felgendurchmesser in Zoll.

96 = Tragfähigkeits-Kennzahl.

Achtung: Steht zwischen den Angaben 15 und 96 die Bezeichnung M+S, dann handelt es sich um einen Reifen mit Winterprofil.

V = Kennbuchstabe für zulässige Höchstgeschwindigkeit.

Der Geschwindigkeitsbuchstabe steht hinter der Reifengröße. Die Geschwindigkeitssymbole gelten sowohl für Sommer- als auch für Winterreifen.

Geschwindigkeits-Kennbuchstabe

Kennbuchstabe	Zulässige Höchstgeschwindigkeit
Q	160 km/h
S	180 km/h
T	190 km/h
H	210 km/h
V	240 km/h
W	270 km/h

Reifen-Herstellungsdatum

Das Herstellungsdatum steht auf dem Reifen im Hersteller-Code.

Beispiel: DOT CUL2 UM8 0307 TUBELESS

DOT = Department of Transportation (US-Verkehrsministerium)

CU = Kürzel für Reifenhersteller

L2 = Reifengröße

UM8 = Reifenausführung

0307 = Herstellungsdatum = 3. Produktionswoche 2007
Hinweis: Falls anstelle der 4-stelligen Ziffer eine 3-stellige Ziffer gefolgt von einem ◁-Symbol aufgeführt ist, dann wurde der Reifen im vergangenen Jahrzehnt produziert. Die Bezeichnung 509◁ bedeutet beispielsweise: 50. Produktionswoche 1999.

TUBELESS = schlauchlos (TUBETYPE = Schlauchreifen)

Achtung: Neureifen müssen seit 10/98 zusätzlich mit einer ECE-Prüfnummer an der Reifenflanke versehen sein. Diese Prüfnummer weist nach, dass der Reifen dem ECE-Standard entspricht. Werden Reifen seit 10/98 **ohne** ECE-Prüfnummer montiert, erlischt die Allgemeine Betriebserlaubnis (ABE) des Fahrzeuges.

Beispiel Scheibenrad-Bezeichnungen: 7 J x 15 H2

7 = Maulweite der Felge in Zoll

J = Kennbuchstabe für Höhe und Kontur des Felgenhorns (B = niedrigere Hornform)

x = Kennzeichen für einteilige Tiefbettfelge

15 = Felgen-Durchmesser in Zoll

H2 = Hump auf 2 Felgenschultern

Reifenpflegetips

Generell gilt, daß Reifen sozusagen ein »Gedächtnis« haben und unsachgemäße Behandlung – dazu zählt beispielsweise auch schnelles oder häufiges Überfahren von Bordstein- oder Schienenkanten – oft erst viel später zu Reifenpannen führt.

Reifen reinigen

- Reifen möglichst nicht mit einem Dampfstrahlgerät reinigen. Wird die Düse des Dampfstrahlers zu nahe an den Reifen gehalten, dann wird dessen Gummischicht innerhalb weniger Sekunden irreparabel zerstört. Ein auf diese Weise gereinigter Reifen sollte sicherheitshalber ersetzt werden.
- Ersetzt werden sollte auch ein Reifen, der über längere Zeit mit Öl oder Fett in Berührung kam. Der Reifen quillt an den betreffenden Stellen zunächst auf, nimmt jedoch später wieder seine normale Form an und sieht äußerlich unbeschädigt aus. Die Belastungsfähigkeit des Reifens nimmt aber ab.

Reifen lagern

- Reifen sollten kühl, dunkel und trocken aufbewahrt werden. Sie dürfen nicht mit Fett und Öl in Berührung kommen.
- Räder liegend oder an den Felgen aufgehängt in der Garage oder im Keller lagern.
- Bevor die Räder abmontiert werden, Reifenfülldruck etwas erhöhen (ca. 0,3–0,5 bar).
- Für Winterreifen eigene Felgen verwenden, denn das Ummontieren der Reifen auf dieselben Felgen lohnt sich aus Kostengründen nicht.

Reifen einfahren

Neue Reifen haben vom Produktionsprozeß her eine besonders glatte Oberfläche. Deshalb müssen neue Reifen – das gilt auch für das neue Ersatzrad – eingefahren werden. Bei diesem Einfahren rauht sich durch die beginnende Abnutzung die glatte Oberfläche auf.

Während der ersten 300 km sollte man mit neuen Reifen speziell auf Nässe besonders vorsichtig fahren.

Gleitschutzketten

Die Verwendung von Gleitschutzketten ist nur an der Antriebsachse (Hinterachse) erlaubt. Bei Verwendung von 17-Zoll-Rädern ist eine Montage von Gleitschutzketten **nicht** möglich.

Mit Gleitschutzketten darf nicht schneller als 50 km/h gefahren werden. Auf schnee- und eisfreien Straßen sind die Gleitschutzketten abzunehmen.

Es sollten nur von BMW freigegebene Gleitschutzketten verwendet werden.

Fehlerhafte Reifenabnutzung

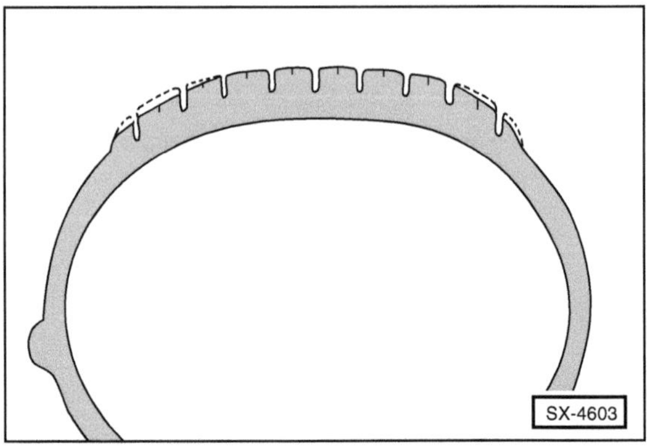

- An den Vorderrädern ist eine etwas größere Abnutzung der Reifenschultern gegenüber der Laufflächenmitte normal, wobei aufgrund der Straßenneigung die Abnutzung der zur Straßenmitte zeigenden Reifenschulter (linkes Rad: außen, rechtes Rad: innen) deutlicher ausgeprägt sein kann.
- Ungleichmäßiger Reifenverschleiß ist zumeist die Folge zu geringen oder zu hohen Reifenfülldrucks und kann auf Fehler in Radeinstellung, Radauswuchtung sowie auf mangelhafte Stoßdämpfer oder Felgen zurückzuführen sein.
- In erster Linie ist auf vorschriftsmäßigen Reifenfülldruck zu achten.
- Reifenfülldruck nur bei kühlen Reifen prüfen. Der Reifenfülldruck steigt nämlich mit zunehmender Erhitzung bei schneller Fahrt an. Dennoch ist es völlig falsch, aus erhitzten Reifen Luft abzulassen.
- Bei zu hohem Reifenfülldruck wird die Laufflächenmitte mehr abgenutzt, da der Reifen an der Lauffläche durch den hohen Innendruck mehr gewölbt ist.
- Bei zu niedrigem Reifenfülldruck liegt die Lauffläche an den Reifenschultern stärker auf, und die Laufflächenmitte wölbt sich nach innen durch. Dadurch ergibt sich ein stärkerer Verschleiß der Reifenschultern.

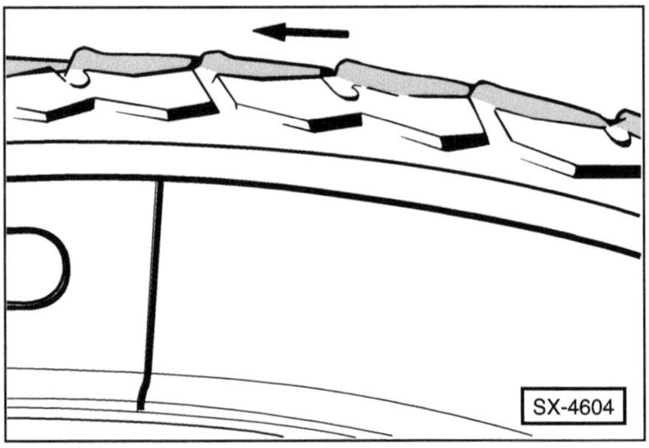

- Sägezahnförmige Abnutzung des Profils ist in der Regel auf eine Überbelastung des Fahrzeuges zurückzuführen.
- Falsche Radeinstellung und Unwucht ergeben jeweils typische Reifenverschleißbilder, auf die in der Störungsdiagnose hingewiesen wird.

Vorderwagenunruhe beseitigen

Das Lenkradflattern bei bestimmten Geschwindigkeiten ist in der Regel auf eine Unwucht der Räder zurückzuführen.

Prüfen

- Reifenfülldruck prüfen, gegebenenfalls korrigieren.
- Probefahrt durchführen. Störung möglichst genau eingrenzen, Geschwindigkeitsbereich, Fahrbahnbeschaffenheit, Kurven- oder Geradeausfahrt.
- Fahrzeug aufbocken.
- Mittenzentrierung der Felgen prüfen. Dabei muß die Radnabe über den Kragen des Scheibenrades hinausragen oder zumindest bündig damit abschließen. Andernfalls Felge austauschen.
- Radaufhängung prüfen. Dazu Gummi-Metallager, Gelenke, Stoßdämpfer, Felgen auf einwandfreien Zustand prüfen.
- Räder ausbauen und reinigen. Dabei beispielsweise auch Steine aus dem Profil entfernen.
- Reifen auf Bremsplatten untersuchen. Das sind Stellen geringerer Profiltiefe, die bei Vollbremsungen mit blockierenden Rädern entstehen können.
- Profiltiefe der einzelnen Reifen prüfen und miteinander vergleichen. Bei abnormalem Reifenverschleiß vorn und/oder hinten muß das Fahrzeug vorn und hinten vermessen und gegebenenfalls eingestellt werden. Dabei ist die Einstellung der Vorspur an die obere Toleranzgrenze zu legen. **Achtung:** Für die Vermessung ist eine entsprechende Meßanlage erforderlich, die in der Regel nur in einer Fachwerkstatt vorhanden ist.
- Probefahrt durchführen und prüfen, ob die Störungen noch vorhanden sind.

Höhen- und Seitenschlag der Räder prüfen

- Bei aufgebocktem Fahrzeug geeignete Meßuhr an der Lauffläche und danach an der Reifenflanke ansetzen. Rad von Hand langsam drehen, Zeigerausschlag der Meßuhr ablesen und Stelle des maximalen Höhenschlags am Reifen mit Kreide kennzeichnen.

Sollwerte: Maximaler Höhenschlag = 0,8 mm; maximaler Seitenschlag = 1,2 mm.

- Falls diese Werte nicht eingehalten werden, Räder auf stationärer Auswuchtmaschine auswuchten. Dabei müssen die Räder in gleicher Weise wie am Fahrzeug mittenzentriert werden. Konische Spannvorrichtungen, die das Rad in der Mittenbohrung zentrieren, sind nicht zulässig. Die zulässige Restunwucht in beiden Wuchtebenen beträgt 5 Gramm.

Höhenschlag beseitigen (matchen):

- Luft aus dem Reifen lassen und Reifenwülste in das Felgenbett drücken.
- Reifen auf der Felge um 120° verdrehen.
- Reifen aufpumpen und Höhenschlag erneut prüfen.
- Falls der Maximalwert überschritten wird, Reifen auf der Felge um weitere 120° verdrehen und Höhenschlag prüfen.
- Falls der Maximalwert eingehalten wird, Räder auswuchten.

Höhen- und Seitenschlag der Felge prüfen

- Felge ohne Reifen mittenzentriert auf die Auswuchtmaschine oder am Fahrzeug montieren. Meßuhr anbringen.

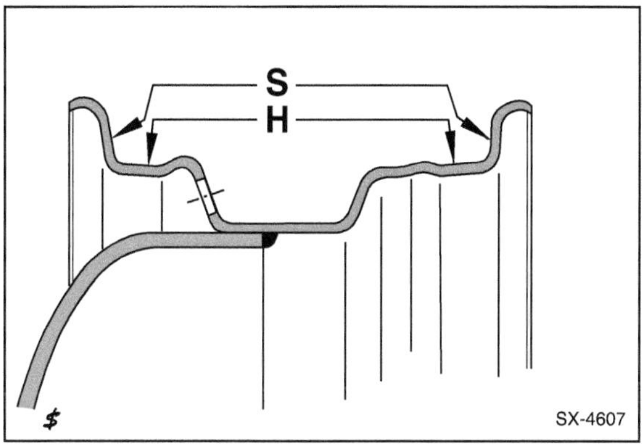

- Höhenschlag –H– und Seitenschlag –S– der Felge prüfen. Der Höhenschlag (Rundlaufabweichung) wird an der Felgenschulter, der Seitenschlag an der seitlichen Fläche des Felgenhornes gemessen. Dabei sind punktuelle Ausschläge der Meßuhr, die durch Materialerhöhungen oder -vertiefungen entstehen, nicht zu berücksichtigen.

Sollwerte: Maximaler Höhenschlag = 0,3 mm; maximaler Seitenschlag = 0,3 mm.

- Falls die Sollwerte überschritten werden, Felge ersetzen.

Montage der Räder am Fahrzeug

- Bei aufgebocktem Fahrzeug Räder so ansetzen, daß sich die Stelle des maximalen Höhenschlages oben befindet. Radschrauben in diesem Zustand über Kreuz mit einem Drehmomentschlüssel und **100 Nm** festziehen.

Achtung: Wenn die Verschleißunterschiede der einzelnen Reifen klein sind, Räder mit dem geringsten Höhenschlag und den kleinsten Auswuchtgewichten an der Vorderachse montieren.

- Probefahrt durchführen. Falls immer noch Vorderwagenunruhe oder Lenkradschütteln festgestellt wird, kann es sich um Restunwuchten handeln, die durch Nachwuchten am Fahrzeug beseitigt werden.

Räder am Fahrzeug nach- oder auswuchten

- Beim Auswuchten der Antriebsräder unbedingt beide Reifen einer Achse auf Rollen (Geberböcke) setzen.
- Der Antrieb der Räder muß durch den Fahrzeugmotor erfolgen, damit die Räder synchron laufen.
- Probefahrt durchführen.

Falls immer noch Störungen auftreten, so sind die Radial- oder Taumelbewegungen eines oder mehrerer Reifen zu hoch. Mit Werkstattmitteln kann das nicht gemessen werden. In diesem Fall bleibt nur der Austausch der vorderen und/oder hinteren Reifen. Dabei sollten die Reifen grundsätzlich paarweise ersetzt werden.

Störungsdiagnose Reifen

Abnutzung	Ursache
Stärkerer Reifenverschleiß auf beiden Seiten der Lauffläche.	■ Zu niedriger Reifenfülldruck.
Stärkerer Reifenverschleiß in der Mitte der Lauffläche, über den gesamten Umfang.	■ Zu hoher Reifenfülldruck.
Auswaschungen der Profilseite.	■ Statische und dynamische Unwucht des Rades. Eventuell zu großer Seitenschlag der Felge, zu großes Spiel in den Traggelenken.
Auswaschungen in der Mitte des Reifenprofils.	■ Statische Unwucht des Rades. Eventuell Folge von zu großem Höhenschlag.
Starke Abnutzung an einzelnen Stellen in der Mitte der Lauffläche.	■ Blockierspuren von Vollbremsungen.
Schuppenförmige oder sägezahnähnliche Abnutzung des Profils. In krassen Fällen mit Gewebebrüchen verbunden, die nach einiger Zeit außen sichtbar werden.	■ Überbelastung des Wagens. Innenseite der Reifen auf Gewebebrüche untersuchen!
Gummizungen an den seitlichen Profilkanten.	■ Fehlerhafte Radeinstellung. Reifen radiert. Bei Hinterrädern auch Zustand der Stoßdämpfer prüfen!
Gratbildung an einer Profilseite des Vorderrades.	■ Falsche Spureinstellung. Reifen radiert. Häufiges Fahren auf stark gewölbter Fahrbahn. Schnelle Kurvenfahrt.
Stoßbrüche im Reifenunterbau. Anfangs nur im Innern des Reifens sichtbar.	■ Überfahren von kantigen Steinen, Schienenstößen und ähnlichem bei hohen Geschwindigkeiten.
Einseitig abgefahrene Laufflächen.	■ Sturzeinstellung überprüfen.

Karosserie

Die Karosserie des 5er BMW ist selbsttragend. Bodengruppe, Seitenteile, Dach und die hinteren Kotflügel sind miteinander verschweißt. Front- und Heckscheibe sind eingeklebt. Die Reparatur größerer Karosserieschäden sowie das Auswechseln der genannten Scheiben sollten der Fachwerkstatt vorbehalten bleiben.

Motorhaube, Kofferraumdeckel, Türen und die vorderen Kotflügel sind angeschraubt und lassen sich leicht auswechseln.

Neben der Demontage von Karosserie-Anbauteilen wird in diesem Kapitel auch die Demontage von Teilen der Innenausstattung, wie Sitze und Verkleidungen, beschrieben. Da viele dieser Teile mit sogenannten Torxschrauben befestigt sind, ist zur Montage der Besitz eines Torxschraubendrehersatzes notwendig.

Sicherheitshinweise bei Karosseriearbeiten

- Soweit Schweißarbeiten oder andere funkenerzeugende Arbeiten in Batterienähe durchgeführt werden, muß grundsätzlich die Batterie ausgebaut werden.
- An Teilen der gefüllten Klimaanlage darf weder geschweißt, noch hart- oder weichgelötet werden. Das gilt auch für Schweiß- und Lötarbeiten am Fahrzeug, wenn die Gefahr besteht, daß sich Teile der Klimaanlage erwärmen. **Achtung:** Der Kältemittelkreislauf der Klimaanlage darf nicht geöffnet werden.
- An besonders korrosionsgefährdeten Karosserieteilen sind verzinkte Bleche eingebaut. Zinkschicht vor dem Schweißen nicht abschleifen (nur bei Hartlötung abschleifen). Schweißstrom um ca. 10 % erhöhen. **Achtung:** Beim Schweißen von verzinkten Stahlblechen entsteht giftiges Zinkoxid, daher für eine gute Arbeitsplatzbelüftung sorgen.
- PVC-Unterbodenschutz an der Reparaturstelle mit rotierender Drahtbürste entfernen, oder mit Heißluftgebläse auf maximal +180° C erwärmen und mit Spachtel ablösen. Durch Abbrennen bzw. Erwärmen von PVC-Material über +180° C entsteht stark korrosionsfördernde Salzsäure, außerdem werden gesundheitsschädliche Dämpfe frei.
- Im Rahmen einer Reparatur-Lackierung darf im Trockenofen oder in seiner Vorwärmzone das Fahrzeug bis maximal **+80° C** aufgeheizt werden. Sonst besteht die Gefahr der Beschädigung elektronischer Steuergeräte im Fahrzeug.

Fugenmaße

Beim Einbau von Karosserieteilen ist unbedingt das richtige Luftspaltmaß (= Breite der Fugen zwischen jeweiliger Klappe und umliegender Karosserie) einzuhalten, sonst klappert beispielsweise die Tür, oder es können erhöhte Windgeräusche während der Fahrt auftreten. Der Luftspalt muß auf jeden Fall parallel verlaufen, das heißt, der Abstand zwischen den Karosserieteilen muß auf der gesamten Länge des Spaltes gleich groß sein. Abweichungen bis zu 1 mm sind zulässig.

Grundsätzlich müssen die Oberflächen der angrenzenden Teile parallel zueinander sein. Zulässig ist allenfalls ein Versatz des jeweiligen nach hinten anschließenden Karosserieteils um maximal 1 mm nach innen. Beispiel: Die Vorderkante der hinteren Tür darf maximal 1 mm weiter innen liegen als die Hinterkante der vorderen Tür.

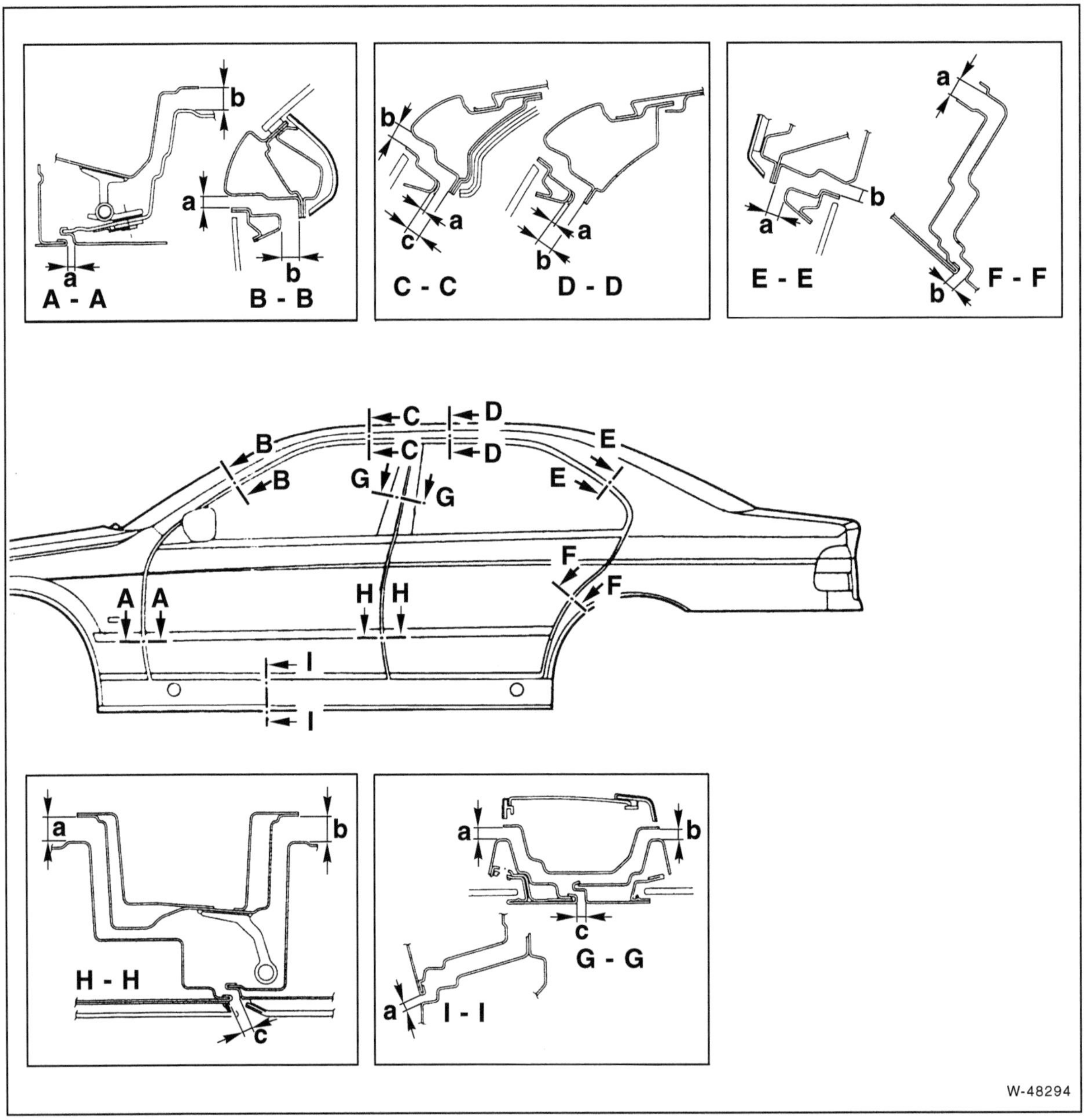

Schnitt	A – A	B – B	C – C	D – D	E – E	F – F	G – G	H – H	I – I
a =	4,5 + 1/– 0,5	10 ± 1	–	–	12 ± 2	21 ± 2	13 ± 2	22 ± 2	4,5 +1/–0,5
b =	21 ± 2	12 ± 2	10 ± 1	12 ± 1,5	10 ± 1	4,5 + 1/– 0,5	13 ± 2	22 ± 2	–
c =	–	–	12 ± 2	12 ± 2	–	–	5 + 1/– 0,5	5 + 1/– 0,5	–
Vorspannung =	–	–	2,5 ± 1	1,5 ± 1	–	–	–	–	–

Maße in mm.

Stoßfänger vorn

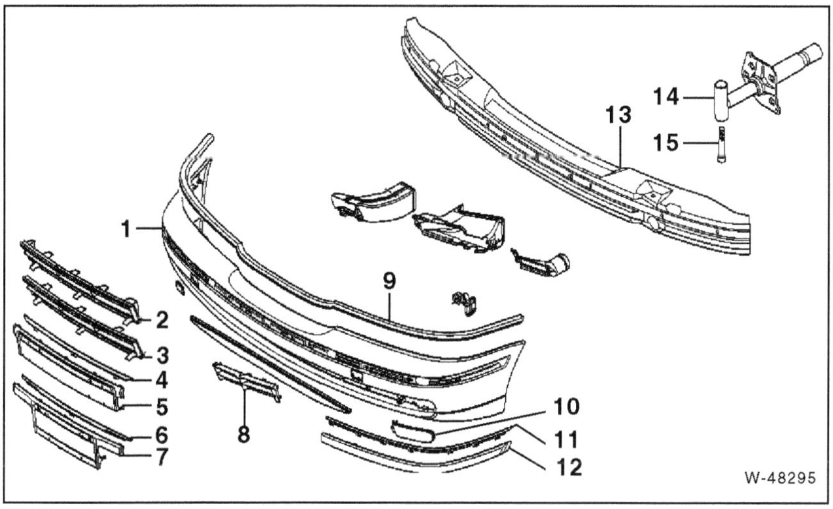

1 – **Verkleidung**
2 – **Gitter geöffnet**
3 – **Gitter geschlossen**
4 – **Blende**
5 – **Unterlage**
6 – **Blende**
7 – **Unterlage**
8 – **Gitter**
9 – **Dichtung**
10 – **Abdeckung**
11 – **Blende**
12 – **Stoßleiste**
13 – **Träger**
14 – **Pralldämpfer**
15 – **Zylinderschraube**

Stoßfänger vorn aus- und einbauen

Der Stoßfänger ist so ausgelegt, daß er Aufprallgeschwindigkeiten bis 4 km/h ohne Beschädigung übersteht. Dabei wird die Aufprallenergie vorn über einen innenliegenden Aluminiumträger und zwei hydraulische Pralldämpfer übernommen. Die Pralldämpfer sind an zwei leicht austauschbaren Deformationselementen, sogenannten Prallboxen, befestigt. Bei Aufprallgeschwindigkeiten bis 15 km/h erfolgt die Energieaufnahme durch Verformung der hydraulischen Dämpfer und Prallboxen, so daß eine Beschädigung der Motorträger verhindert wird.

Ausbau

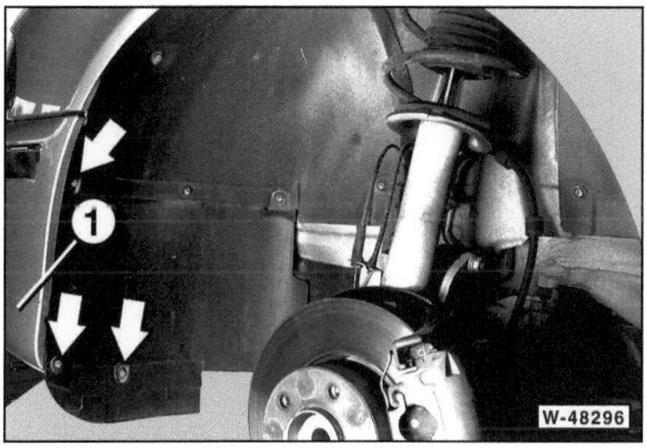

- Die 3 äußeren Schrauben der vorderen Radlaufblenden links und rechts abschrauben. Blenden seitlich aus dem Stoßfänger –1– ausheben. **Hinweis:** Die Vorderräder brauchen nicht abgebaut zu werden.

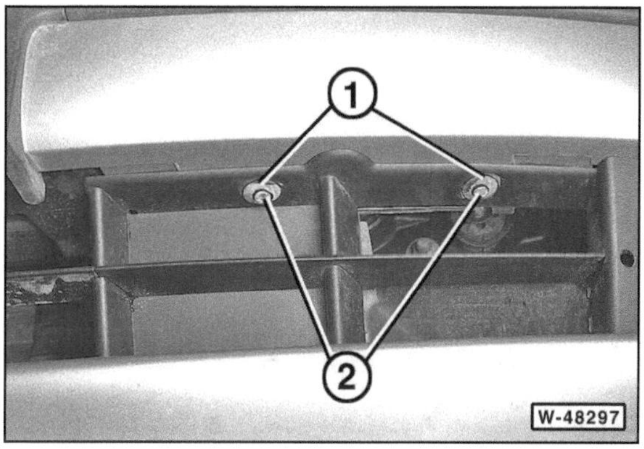

- Spreizclips für Ziergitter im Stoßfänger ausbauen, dazu Spreizstift –2– heraushebeln, dann Clip –1– ausheben.
- Ziergitter oben aushebeln und herausnehmen.

- Stoßfänger links und rechts mit Torx-Einsatz T50 vom Pralldämpfer abschrauben.
- Stoßfänger mit Helfer nach vorne herausziehen.

- Falls vorhanden, Stecker für Nebelscheinwerfer und/oder Schläuche für Scheinwerfer-Reinigungsanlage trennen. Schläuche mit geeigneter Klemme abklemmen, damit keine Flüssigkeit ausläuft.

Einbau

- Falls erforderlich, Stoßfänger komplettieren, siehe Abbildung W-48295.
- Stoßfänger mit Helfer waagerecht ansetzen. Falls vorhanden, Stecker für Nebelscheinwerfer und/oder Leitungen für Scheinwerfer-Reinigungsanlage zusammenstecken.
- Stoßfänger in die seitlichen Führungen einsetzen und nach hinten drücken.
- Stoßfänger parallel zur Karosserie ausrichten und mit **40 Nm** anschrauben.

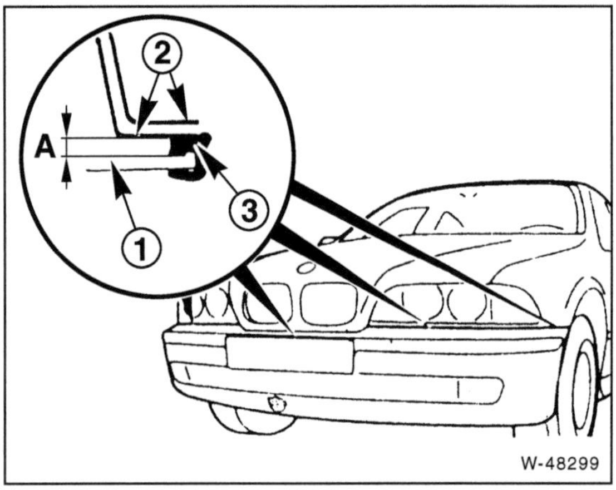

- Der Abstand zwischen Stoßfänger –1– und Karosserie –2– sollte A = 5 ± 1 mm betragen. 3 – Dichtung.

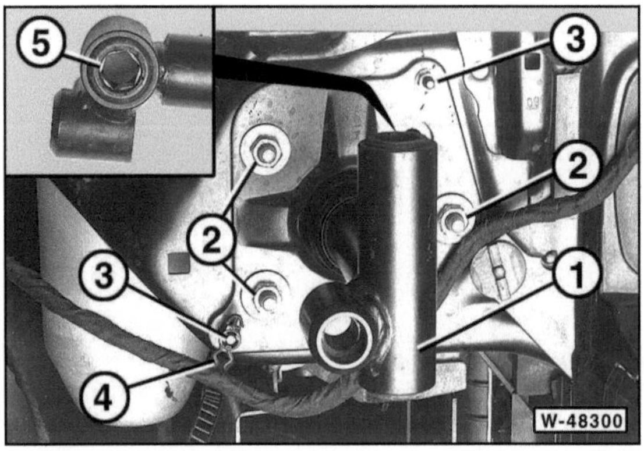

- Die Höhe des Stoßfängers wird durch Verdrehen der Innensechskant-Kunststoffeinsätze –5– in den Pralldämpfern eingestellt.
- Ziergitter ansetzen, Spreiznieten einclipsen und bündig einschlagen.
- Vordere Radlaufblende anschrauben.

Pralldämpfer vorn aus- und einbauen

Ausbau

- Stoßfänger vorn ausbauen.
- Auf der linken Seite Ansaugluftführung mit 3 Schrauben abschrauben.

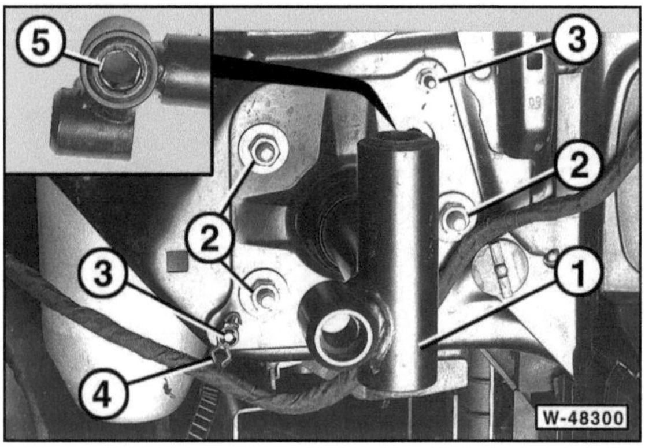

- Pralldämpfer –1– abschrauben –2/3– und herausnehmen. Vorher Kabelbinder –4– öffnen und abschrauben.

Einbau

- Pralldämpfer einsetzen und mit **50 Nm** (SW 13) beziehungsweise **10 Nm** (SW 8) anschrauben.
- Falls ausgebaut, Ansaugluftführung anschrauben.
- Kabelbinder aufschrauben und Kabel fixieren.
- Stoßfänger vorn einbauen.

Stoßfänger hinten

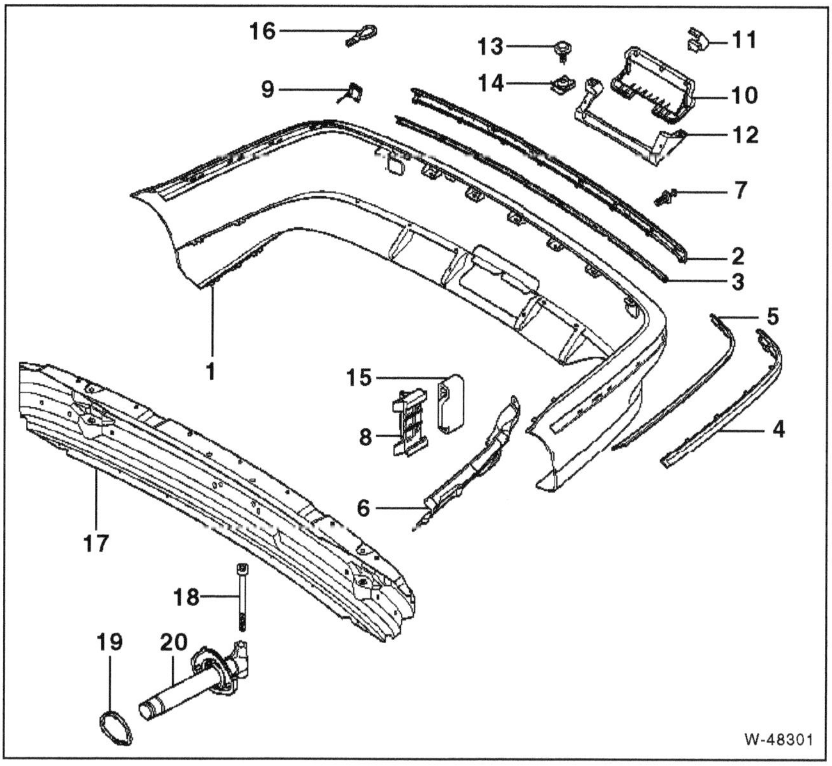

1 – **Verkleidung**
2 – **Stoßleiste hinten**
3 – **Blende mitte**
4 – **Stoßleiste seitlich**
5 – **Blende**
6 – **Wärmeisolierung**
7 – **Spreizniet**
8 – **Halter**
9 – **Klappe für Abschleppöse**
10 – **Abdeckung**
11 – **Klammer**
12 – **Verstärkung**
13 – **Sechskant-Blechschraube**
14 – **Blechmutter**
15 – **Gleitstück**
16 – **Abschleppöse**
17 – **Träger**
18 – **Sechskantschraube**
19 – **Dichtung**
20 – **Pralldämpfer**

Stoßfänger hinten aus- und einbauen

Der Stoßfänger ist so ausgelegt, daß er Aufprallgeschwindigkeiten bis 4 km/h ohne Beschädigung übersteht. Die Aufprallenergie wird über einen innenliegenden GFK-Träger und zwei Pralldämpfer aufgenommen.

Ausbau

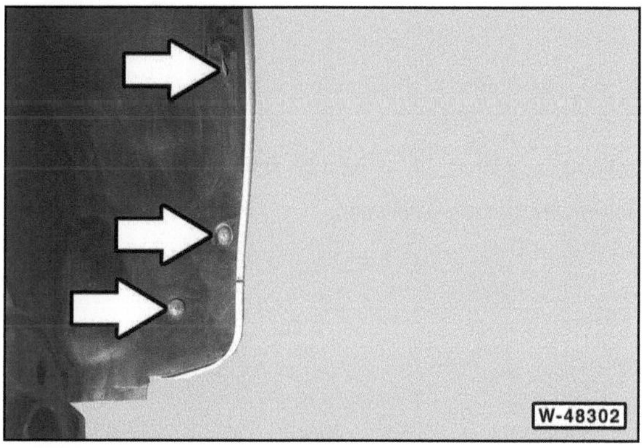

- Radlaufblenden hinten links und rechts lösen. Dazu Spreizclips heraushebeln, vorher Stifte in der Mitte der Clips mit abgewinkeltem Innensechskantschlüssel (2,5 bis 3,0 mm) durchschlagen. Falls die Spreizstifte eine Kappe haben, zuerst Spreizstifte mit Schraubendreher heraushebeln, dann Clip abhebeln. Anschließend Radlaufblenden seitlich am Stoßfänger herausheben. **Hinweis:** Die Räder brauchen nicht abgebaut zu werden.
- Kofferraum öffnen, hintere Verkleidung ausbauen, siehe Seite 194.

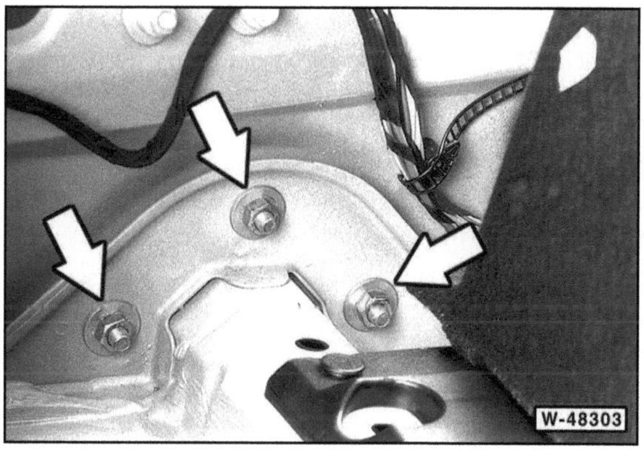

- Stoßfänger links und rechts mit je 3 Muttern SW 13 abschrauben.
- Bei Fahrzeugen mit Park Distance Control, Kabelbinder lösen, Stecker trennen und Kabel freilegen. Stoßfänger etwas nach hinten ziehen und Kabeltülle sowie Kabel herausziehen.
- Stoßfänger mit Helfer nach hinten herausziehen.

Einbau

- Falls erforderlich, Stoßfänger komplettieren, siehe Abbildung W-48301.

- Falls erforderlich, Kunststoffkappe -3- am Pralldämpfer aufstecken. Die Kappe verbleibt beim Ausbau oft in der Pralldämpferaufnahme.

- Stoßfänger mit Helfer in die seitlichen Führungen -1- einsetzen und nach vorn schieben, vorderes Teil seitlich andrücken und bis zum Anschlag nach vorn schieben. Dabei muß die vordere Führung am Stoßfänger in den Haken -2- eingreifen.
- Bei Fahrzeugen mit Park Distance Control, Kabeltülle sowie Kabel einsetzen, Stecker verbinden und Kabel wie vor dem Ausbau mit Kabelbinder fixieren.
- Stoßfänger hinten etwas anheben, parallel zur Karosserie ausrichten und mit **20 Nm** anschrauben. Der Abstand zwischen Stoßfänger und Karosserie soll 5 ± 1 mm betragen.
- Die Höhe des Stoßfängers wird bei ausgebautem Pralldämpfer durch Verdrehen der Innensechskant-Kunststoffeinsätze in den Pralldämpfern eingestellt.
- Hintere Verkleidung im Kofferraum einbauen.
- Hintere Radlaufblenden ansetzen, Spreizclips einclipsen und Sicherungsstifte bündig beziehungsweise bis zum Anschlag einschlagen.

Pralldämpfer hinten aus- und einbauen

Ausbau

- Stoßfänger hinten ausbauen.

- Pralldämpfer abschrauben -1- und abnehmen.

Einbau

- Pralldämpfer so ansetzen, daß der mittlere Bolzen -2- nach oben zeigt. Schraube beiziehen, nicht festziehen.
- Rammschutzleiste ausclipsen.
- Stoßfänger hinten einbauen.

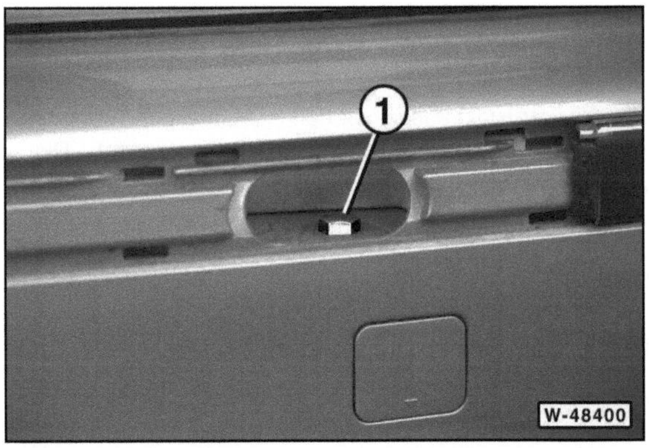

- Befestigungsschraube -1- mit **45 Nm** festziehen.
- Rammschutzleiste einclipsen.

Kotflügel vorn

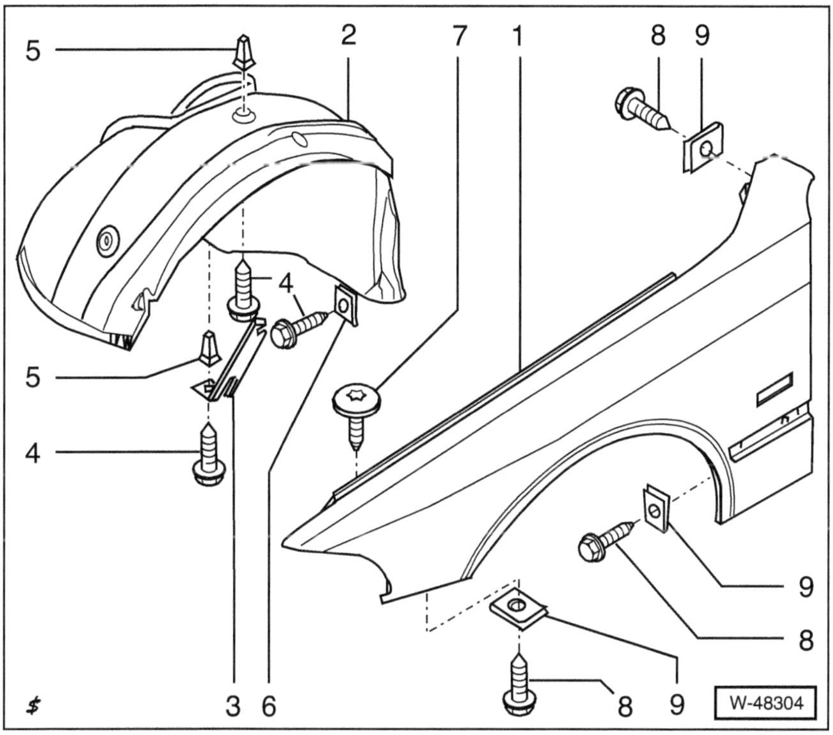

1 – Kotflügel links
2 – Innenkotflügel (Radhausabdeckung)
3 – Halter für Innenkotflügel
4 – Sechskant-Blechschraube
5 – Spreizmutter
6 – Blechmutter
7 – Torxschraube
8 – Sechskant-Blechschraube
9 – Blechmutter

Kotflügel vorn aus- und einbauen

Achtung: Hinweise für Karosseriearbeiten beachten, siehe Seite 177.

Ausbau

- Stoßleiste am Kotflügel mit breitem Kunststoffspachtel abdrücken.
- Seitlichen Blinker ausbauen, siehe Seite 248.
- Scheinwerferblende ausbauen. Dazu Blende innen ausclipsen, nach unten aus den beiden Haltern in der Mitte herausdrücken und aus dem Haken außen ausfädeln.
- Kantenschutz nach oben abziehen.
- Obere Abdichtung am Kotflügel abbauen.
- Stellung des Vorderrades zur Radnabe mit Farbe kennzeichnen. Dadurch kann das ausgewuchtete Rad wieder in derselben Position montiert werden. Radschrauben bei auf dem Boden stehendem Fahrzeug lösen. Fahrzeug vorn aufbocken und Vorderrad abnehmen.

- Vordere Radlaufblende –1– abschrauben und seitlich herausziehen.

- Innenkotflügel abschrauben. Spreizclips herausziehen, vorher Spreizstifte mit geeignetem Durchschlag nach innen durchschlagen. Falls die Spreizstifte eine Kappe haben, zuerst Spreizstifte mit Schraubendreher heraushebeln, dann Clip abhebeln. Innenkotflügel abnehmen.

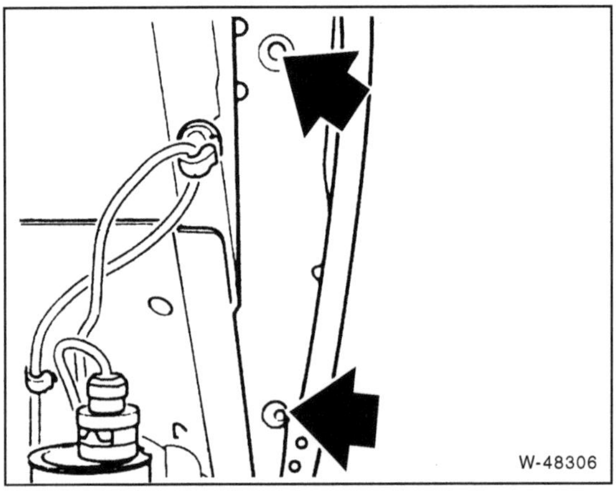

- Kotflügel von der A-Säule abschrauben.

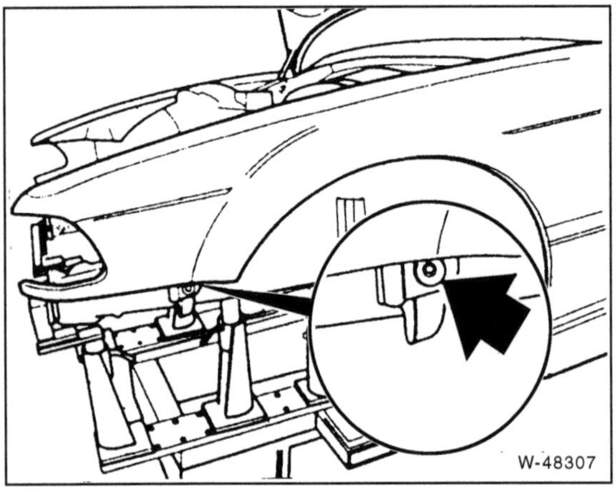

- Halter für Stoßfänger lockern.

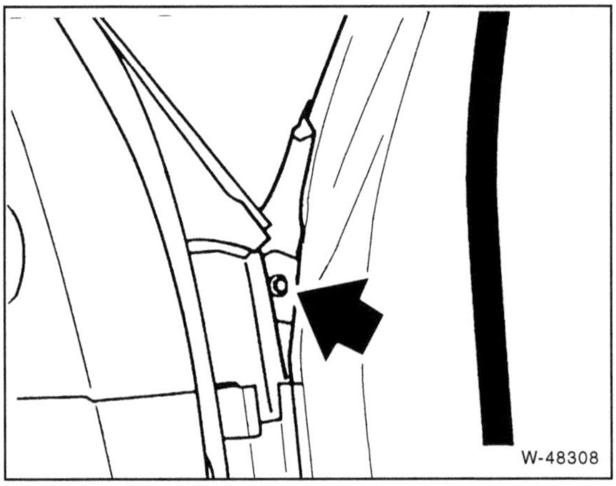

- Tür öffnen und durch den Spalt Befestigungsschraube an der A-Säule abschrauben.

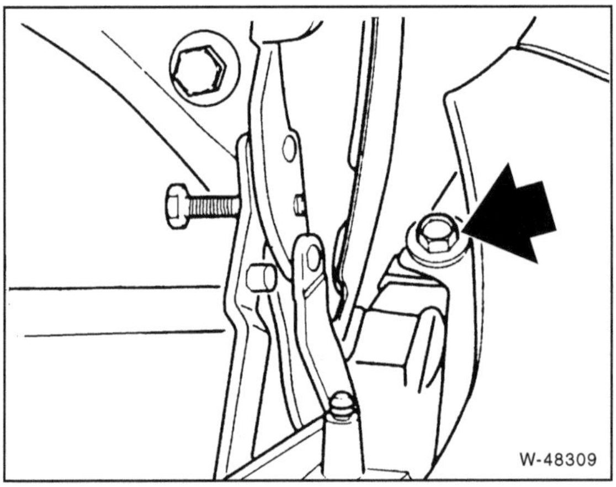

- Obere hintere Schraube –Pfeil– herausdrehen.

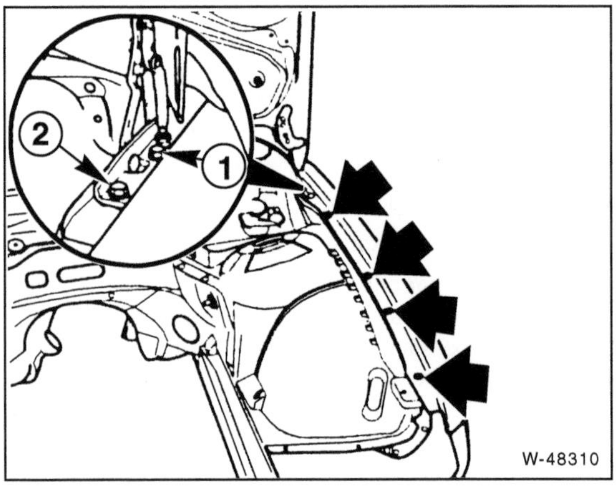

- Obere Befestigungsschrauben –Pfeile– für Kotflügel herausdrehen.
- Lage des Motorhaubenscharniers mit Filzstift kennzeichnen. Anlage am Kotflügel mit Stift umkreisen.

- Motorhaube so fixieren, daß nach Lösen der Befestigung am Kotflügel die umliegenden Karosserieteile beziehungsweise die Windschutzscheibe nicht beschädigt werden können.
- Schraube –1– lockern, Schraube –2– herausdrehen, siehe Abbildung W-48310.

Achtung: Darauf achten, daß die Unterlagen unter den Befestigungsschrauben nicht verloren gehen.

- Durch den Unterbodenschutz sitzt der Kotflügel sehr fest. Zum Lösen des Kotflügels ist deshalb ein Fön erforderlich, der mindestens eine Temperatur von +400° C erreicht.
- Fön mit Flachdüse im oberen und hinteren Kotflügelbereich ansetzen und Unterbodenschutz aufweichen. Anschließend von unten im vorderen Anlagebereich des Kotflügels Unterbodenschutz lösen. An dieser Stelle ist das besonders wichtig, weil sonst der Kotflügel beim Abnehmen einbeult.
- Kotflügel abnehmen.

Einbau

- Anlageflächen des Kotflügels reinigen, gegebenenfalls ausrichten.
- Auf den Anlageflächen handelsübliches Kotflügelabdichtband auflegen.
- Kotflügel gegebenenfalls lackieren.
- Kotflügel ansetzen, grob ausrichten und locker anschrauben.
- Motorhaube ausrichten und anschrauben, siehe Seite 186.
- Kotflügel ausrichten, dabei auf bündigen Sitz der Dichtung zum Scheinwerfer achten. Auf gleichmäßige und maßhaltige Luftspalte zu Tür und Motorhaube achten, siehe Seite 178.
- Sämtliche Befestigungsschrauben für Kotflügel festziehen.
- Auf der Innenseite des Kotflügels Unterbodenschutz auftragen.
- Halter für Stoßfänger festziehen.
- Innenkotflügel und vordere Radlaufblende anschrauben, Spreizclips einsetzen und Spreizstifte bündig einschlagen.
- Vorderrad anschrauben. Radschrauben nicht ölen oder fetten. Rad so ansetzen, daß die beim Ausbau angebrachten Markierungen übereinstimmen. Fahrzeug ablassen, Radschrauben über Kreuz mit **100 Nm** festziehen.
- Obere Abdichtung für Kotflügel einsetzen.
- Kantenschutz oben aufdrücken.
- Scheinwerferblende außen einhaken, andrücken und innen einclipsen.
- Seitlichen Blinker einbauen, siehe Seite 248.
- Stoßleiste am Kotflügel aufdrücken.

Die Motorhaube

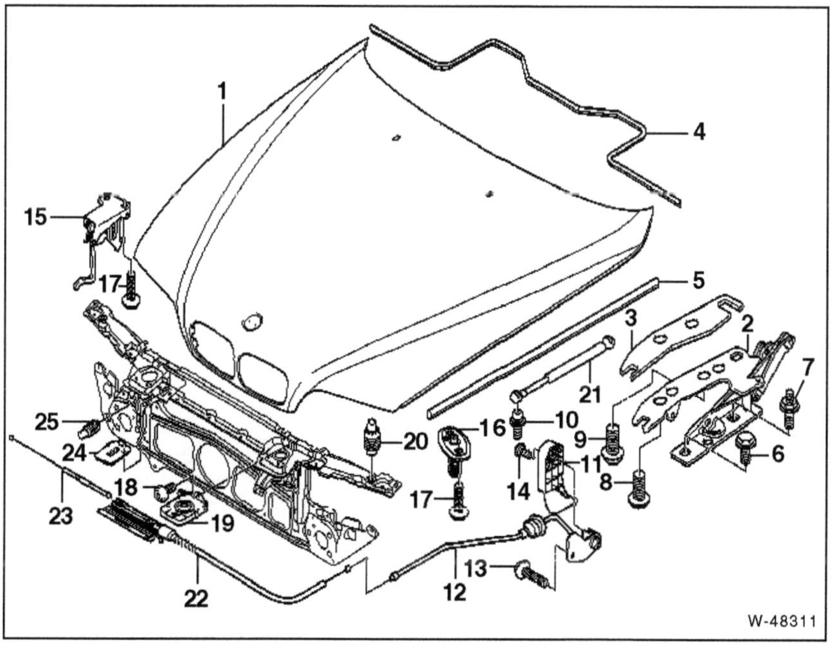

1 – Motorhaube
2 – Scharnier
3 – Ausgleichplatte
4 – Abdichtung hinten
5 – Abdichtung seitlich
6 – Sechskantschraube mit Scheibe
7 – Massebolzen
8/9 – Torxschraube mit Scheibe
10 – Kugelzapfen
11 – Entriegelungshebel
12 – Hinterer Haubenzug
13 – Torxschraube
14 – Linsenschraube
15 – Fanghaken
16 – Haubenschloß-Oberteil
17/18 – Torxschraube mit Scheibe
19 – Haubenschloß-Unterteil
20 – Anschlagpuffer mit Auswerfer
21 – Gasdruckfeder
22 – Vorderer Haubenzug
23 – Mittlerer Haubenzug
24 – Gegenlager Fanghaken
25 – Anschlagpuffer

Motorhaube aus- und einbauen

Ausbau

- Stecker für Scheibenwaschdüsen abziehen.
- Schlauchverbindung für Scheibenwaschdüsen trennen.

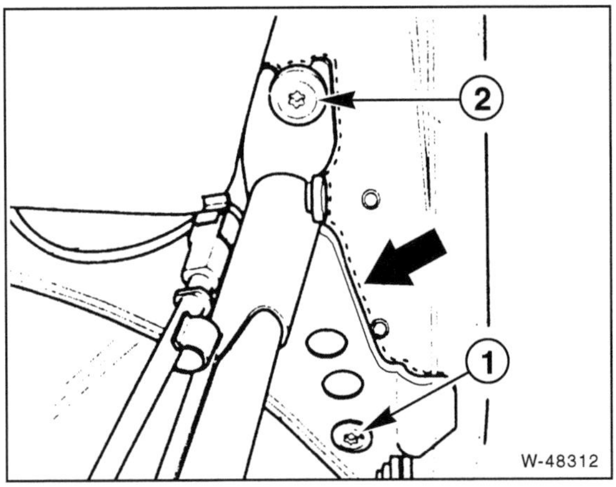

- Lage der Ausgleichplatte an den Scharnieren markieren. Dazu Ausgleichplatte mit Filzstift umkreisen –Pfeil–.
- Motorhaube sicher abstützen beziehungsweise durch Helfer halten lassen.
- Links und rechts Schraube –1– herausdrehen, Schraube –2– lockern.
- Am rechten Scharnier Massekabel abschrauben.
- Motorhaube mit Helfer abnehmen.

Einbau

- Motorhaube mit Helfer ansetzen, Schrauben –1– einschrauben, nicht festziehen.
- Motorhaube entsprechend den angebrachten Markierungen ausrichten und festschrauben.
- Falls die Motorhaube erneuert wird, Motorhaube einpassen.

Motorhaube einpassen

Achtung: Der Bowdenzug, der beide Motorhaubenschlösser verbindet, muß spielfrei eingestellt sein. Die Hülle des Bowdenzuges muß vollständig in der Führung im Schloß sitzen. Sonst kann durch Betätigen des Haubenzuges der Bowdenzug in die Führung rutschen, wodurch sich die Schlösser nicht mehr öffnen lassen.

Hinweis: Da die Motorhaube in die Rohkarosserie eingepaßt und angeschraubt wird, können durch nachträgliches Verschieben unlackierte Flächen sichtbar werden.

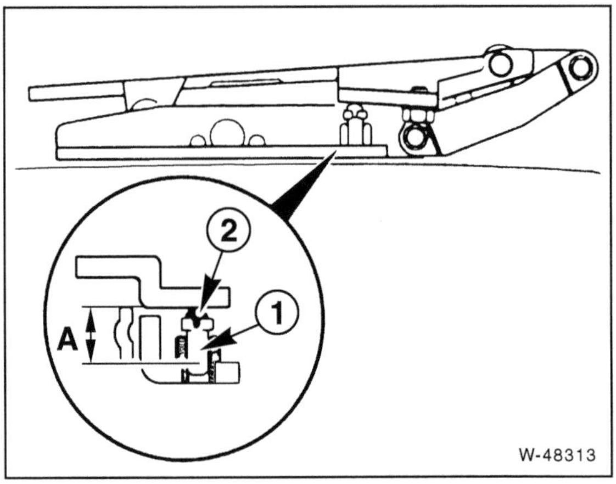

- Anschlagschraube –1– für Scharnier links und rechts auf das Maß A = 25 ± 1 mm einstellen.
- Anschlagpuffer –2– auf Beschädigung prüfen, gegebenenfalls Scharnier erneuern.

Haubenzug einstellen

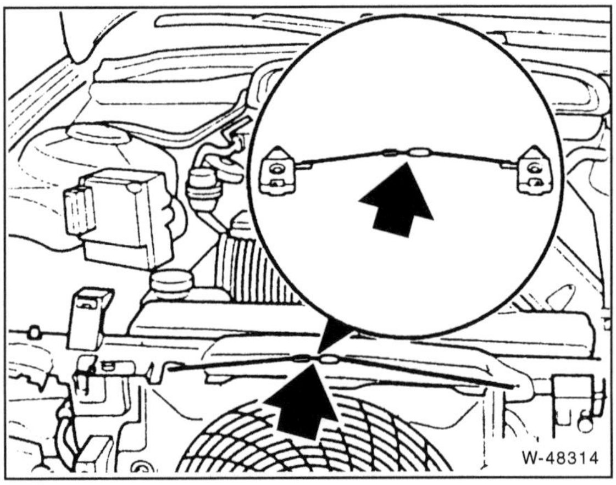

- Haubenzug an der Verstelleinrichtung spielfrei einstellen. **Achtung:** Der Bowdenzug darf nicht unter Zug stehen. Zur besseren Darstellung sind der Bowdenzug und die Schlösser in ausgebautem Zustand gezeigt.

- Falls erforderlich, Betätigungsweg des Haubenzugs mit der Einstellschraube –Pfeil– nachstellen.

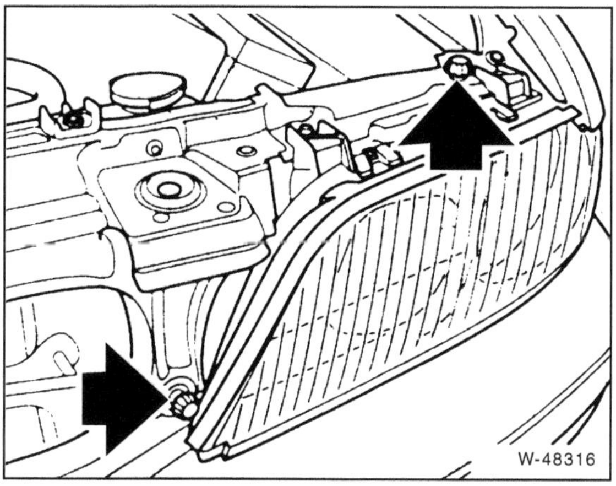

- Anschlagpuffer ganz hineindrehen.

Motorhaube seitlich ausrichten

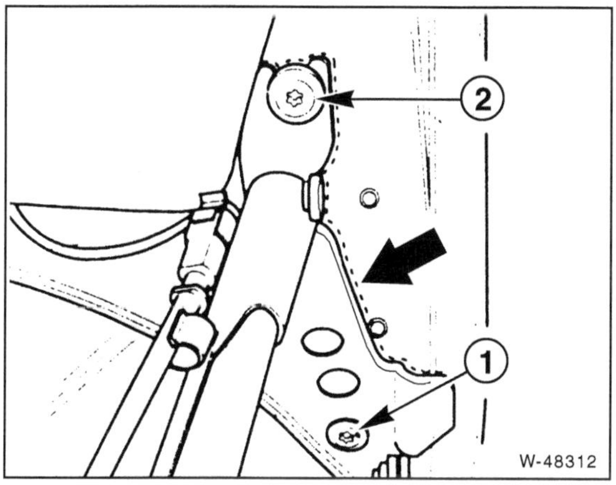

- Schrauben –1– und –2– des Scharniers links und rechts soweit lockern, daß sich die Haube gerade verschieben läßt.
- Motorhaube schließen und zu den Kotflügeln vorn und seitlich ausrichten.

Achtung: Reicht der Einstellbereich nicht aus, Befestigungsschrauben des Haubenscharniers an der Karosserie lockern und Scharnier an der Karosserie verschieben.

- Haube vorsichtig öffnen und Scharnierschrauben festziehen.

Höhenverstellung der Motorhaube hinten

- Höhe der Motorhaube im Bereich der Scharniere einstellen. Dazu Motorhaube schließen und Höhenabweichung zu den Kotflügeln messen.
- Motorhaube öffnen und sicher abstützen beziehungsweise durch Helfer halten lassen.

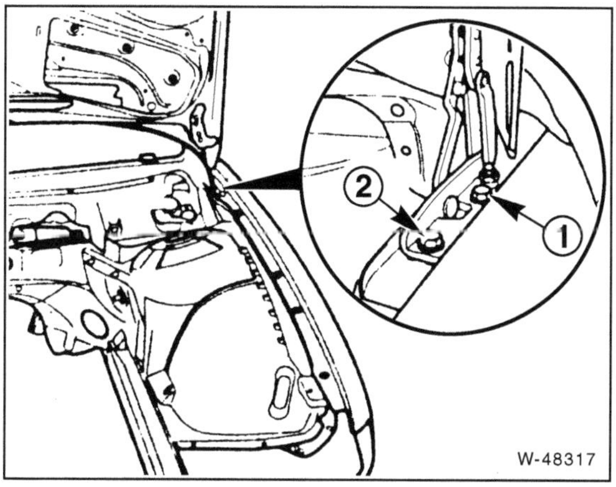

- Schrauben –1– und –2– herausdrehen und je nach Abweichung von der richtigen Höhenlage, Zwischenlagen herausnehmen oder einsetzen.
- Schrauben nacheinander links und rechts festziehen.
- Höhenlage erneut prüfen, gegebenenfalls Einstellung wiederholen.

Höhenverstellung der Motorhaube vorn

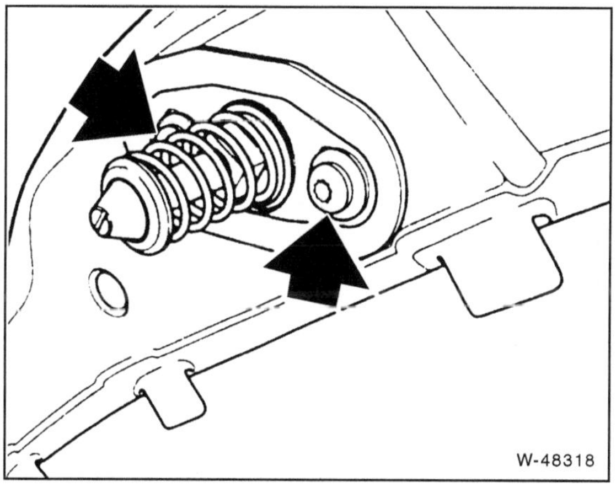

- Beide Schrauben für Schließzapfen soweit lockern, daß sich die Schließzapfen gerade verschieben lassen.
- Motorhaube mehrmals schließen, so daß sich die Schlösser zentrieren können. **Achtung:** Motorhaube nicht einrasten lassen.
- Schrauben für Schließzapfen festziehen.

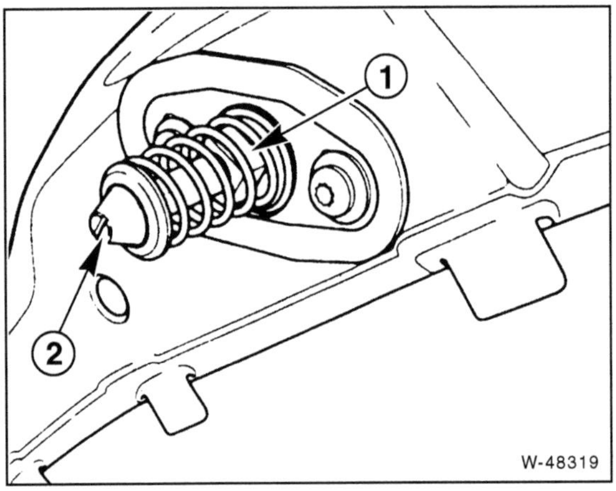

W-48319

- Kontermutter –1– lösen und Schließzapfen –2– mit Schraubendreher verdrehen.
- Auf diese Weise Motorhaube auf gleiche Höhe zu den Kotflügeln einstellen. Dabei auf parallelen Spalt zur Frontverkleidung achten.
- Kontermutter festziehen.
- Prüfen, ob Schlösser und Fanghaken richtig einhaken, gegebenenfalls Einstellung wiederholen.

Anschlagpuffer einstellen

- Motorhaube öffnen.
- Anschlagpuffer soweit herausdrehen, bis die Motorhaube etwas unter Vorspannung aufliegt. Dazu etwas Butylband oder Knetmasse so formen, daß zwei ca. 10 mm hohe Säulen entstehen. Diese auf den jeweiligen Anschlagpuffer auflegen und Motorhaube schließen. Haube öffnen und die Höhe von Anschlagpuffer und zusammengedrückter Knetmasse messen. Anschlagpuffer auf dieses Maß + 0,5 mm herausdrehen. Sämtliche Anschlagpuffer auf diese Weise einstellen.
- Prüfen, ob die Motorhaube spielfrei auf allen Anschlagpuffern aufliegt, sonst Einstellung wiederholen.

Achtung: Die Motorhaube darf nicht höher als die Kotflügel stehen, sonst können Windgeräusche auftreten.

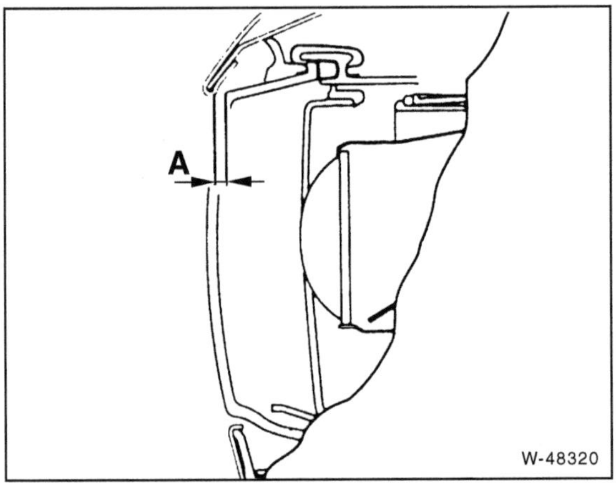

W-48320

- Überstand der Motorhaube über dem Scheinwerferdeckglas messen. Der Sollwert beträgt A = 4 ± 1 mm, andernfalls Scheinwerfer einstellen.

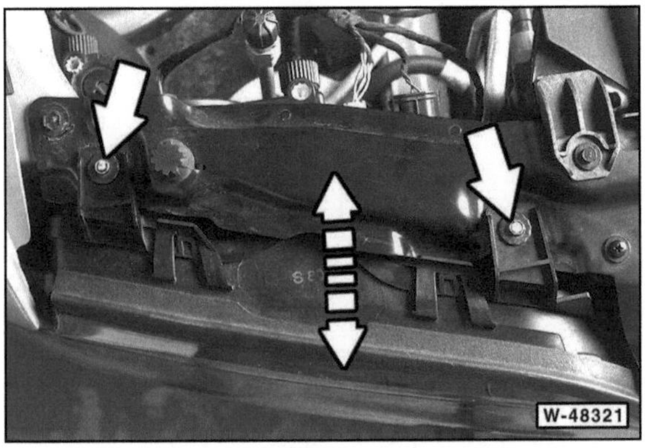
W-48321

- Schrauben –Pfeile– lockern und Scheinwerfer nach vorn oder nach hinten verschieben. **Achtung:** Scheinwerfer nicht verspannen, gegebenenfalls untere Befestigungsschrauben verstellen.
- Falls der Scheinwerfer verschoben wurde, anschließend Scheinwerfer-Einstellung prüfen lassen.

Heckklappe aus- und einbauen

Touring

Ausbau

- Antennen-Verstärker ausbauen, siehe Seite 232.
- Gasdruckfeder für Heckklappe links und rechts ausbauen, siehe entsprechendes Kapitel.
- Gasdruckfeder für Heckscheibenrahmen links und rechts ausbauen, siehe entsprechendes Kapitel.
- Gummitülle für linken Kabelstrang herausdrücken. 3 Steckverbindungen für Heckscheibenheizung und Taster für Heckscheibe trennen. Die Leitung für den Antennenverstärker ist bereits gelöst. Kabel für Antennenverstärker ausfädeln.
- Auf der rechten Seite Gummitülle herausziehen. Schlauch für Heckscheibenwaschanlage trennen und Kabel für Antennenverstärker weiter ausfädeln.
- Für den leicheren Einbau die Lage des Scharniers für Heckklappe und Heckscheibenrahmen an der Karosserie markieren. Dazu Scharnier mit Filzstift umkreisen.
- Ausschnitt der Heckklappe am Fahrzeug vor Beschädigung schützen, zum Beispiel mit Gewebeband abkleben.

Achtung: Die Heckklappe mit Heckscheibenrahmen kann nach dem Lösen der Schrauben nach unten rutschen und auf Karosseriekanten aufliegen.

Sicherheitshinweis
Es besteht Einklemmgefahr für Finger und Beschädigungsmöglichkeit für Karosserieteile!

- Heckklappe durch 2 Helfer festhalten lassen.

- Links und rechts je 4 Schrauben –Pfeile– des Scharniers für Heckklappe und Heckscheibenrahmen herausdrehen.
- Heckklappe soweit absenken, daß des Scharnier für Heckklappe und Heckscheibenrahmen gekippt werden kann.
- Scharnier für Heckklappe und Heckscheibenrahmen soweit kippen, daß die Heckklappe mit dem Heckscheibenrahmen nach hinten abgenommen werden können.
- Heckklappe mit Heckscheibenrahmen nach hinten abnehmen.

Einbau

- Der Einbau erfolgt in umgekehrter Ausbaureihenfolge. Bei Einbau einer neuen Heckklappe, vorher Anbauteile umbauen und Heckklappe einpassen.

Heckklappe einpassen

Touring

Die Heckklappe muß eingepasst werden, nachdem sie erneuert wurde oder wenn sie nicht mehr richtig schließt oder klappert. Allerdings ist das korrekte Einstellen der Heckklappe sehr aufwendig und sollte daher in der Fachwerkstatt durchgeführt werden.

Gasdruckfedern für Heckscheibe/ Heckscheibenrahmen aus- und einbauen

Touring

Übersicht Gasdruckfedern für Heckklappe/Heckscheibenrahmen:

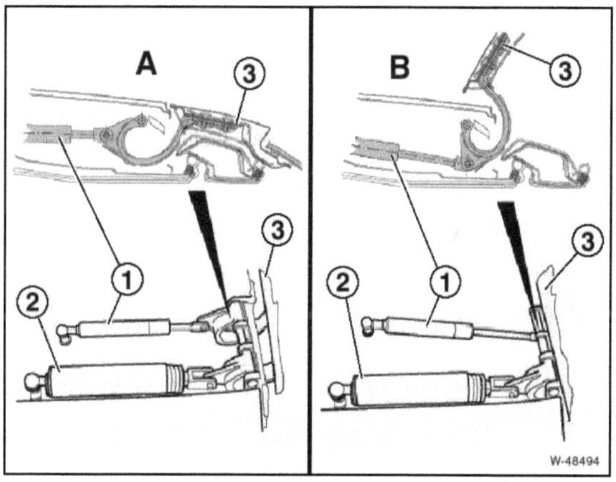

1 – Gasdruckfeder für Heckscheibenrahmen
2 – Gasdruckfeder für Heckklappe
3 – Heckscheibenrahmen

Die Gasdruckfedern –1– und –2– sind im hinteren Dachbereich nicht sichtbar verbaut.

A – Heckscheibenrahmen –3– und Heckklappe geschlossen.
B – Heckscheibenrahmen –3– geöffnet und Heckklappe geschlossen.

Die Funktion der Gasdruckfeder –2– für die Heckklappe ist gleich wie die vom Heckscheibenrahmen.

Ausbau

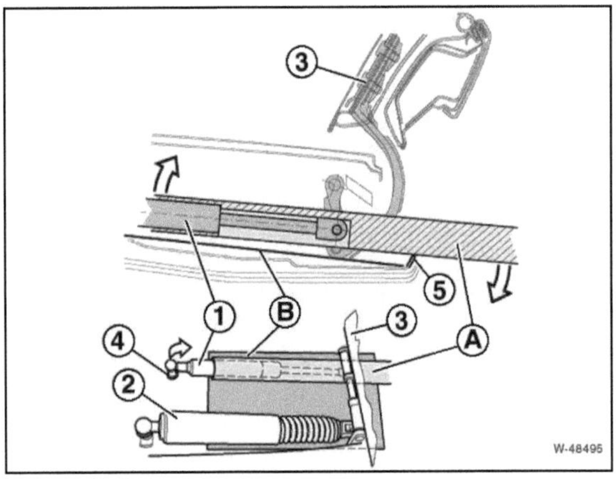

1 – Gasdruckfeder für Heckscheibenrahmen
2 – Gasdruckfeder für Heckklappe
3 – Heckscheibenrahmen
4 – Aufnahme der Gasdruckfeder an der Karosserie
5 – Gewebe-Klebeband gegen Beschädigung am Dichtungsflansch

- Heckscheibenrahmen –3– und Heckklappe öffnen.

Hinweis: Für den Ausbau der Gasdruckfeder wird ein geeignetes Rohr oder das BMW-Spezialwerkzeug 51 2 152 zum Aushebeln der Gasdruckfeder –1– für den Heckscheibenrahmen benötigt. Der Ausbau der Gasdruckfeder –2– für Heckklappe ist gleich, allerdings wird hierfür das Spezialwerkzeug 51 2 151 benötigt.

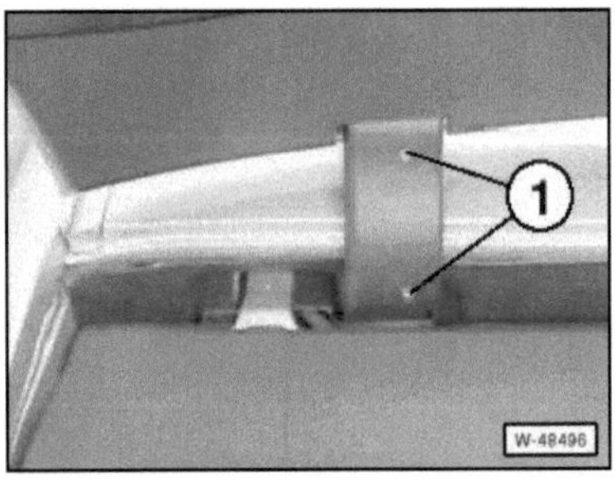

- Abdeckung für Gasdruckfeder der Heckscheibe ausbauen. Dazu Heckscheibe öffnen und je 2 Schrauben –1– für Blende der Kabelführung herausdrehen.

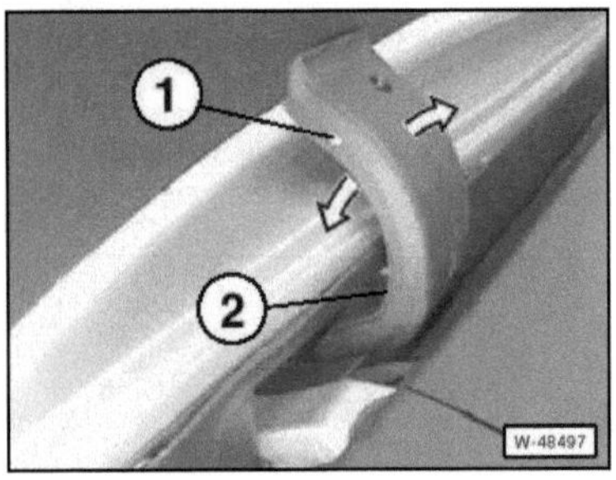

- Verrastung –1– der Kabelführung links/rechts an den schmalen Seiten der Blende öffnen und Kabelführung –2– aufklappen.

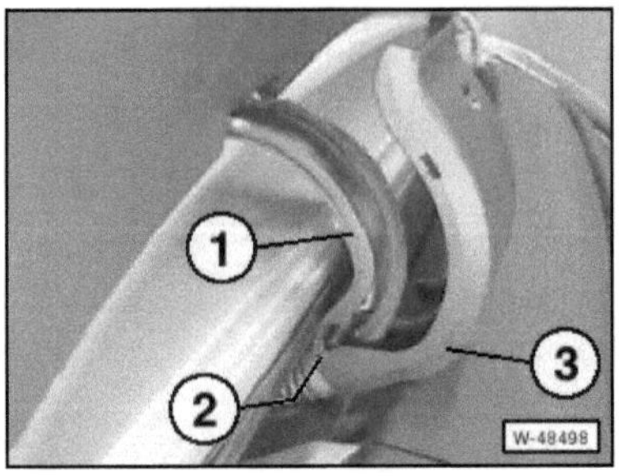

- Kabelführung –1– von der Aufnahme –2– der Blende –3– ausclipsen.
- Heckscheibe schließen und Heckklappe öffnen.

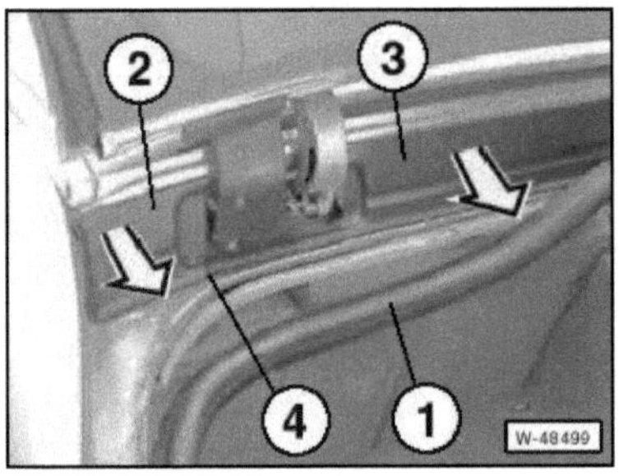

- Kantenschutz –1– von der Heckklappenöffnung im Bereich des Scharniers abziehen.
- Kunststoff-Abdeckungen –2– und –3– am Karosserieausschnitt nach hinten abziehen und die Verbindung –4– auseinanderziehen.
- Dichtungsflansch zweimal mit Gewebe-Klebeband –1–, zum Beispiel Tesa-Band, abkleben, um Beschädigungen durch Verkratzen zu vermeiden.
- Geeignete Schutzfolie einschieben. Die Fachwerkstatt verwendet hierzu die Folie BMW-51 2 153.
- Sicherungsscheibe vom Scharnier abziehen.

Achtung: Nach dem Aushängen der Gasdruckfeder, die Heckklappe gegen Zufallen sichern. Verletzungs- und Beschädigungsgefahr!

Hinweis: Während der Demontage der Gasdruckfeder die Heckklappe etwas auf- und niederdrücken.

- Gasdruckfeder abziehen.

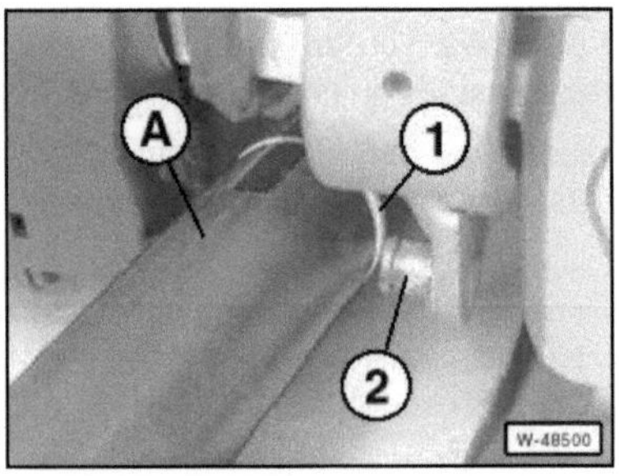

- Hilfsrohr oder Spezialwerkzeug 51 2 152 –A– über die Gasdruckfeder schieben und soweit einschieben, bis die Markierung –1– dem Scharnier-Bolzen –2– gegenübersteht.

- Hilfsrohr oder Spezialwerkzeug 51 2 152 hinten nach unten drücken und somit die Gasdruckfeder vorn vom Kugelkopf abclipsen. Gasdruckfeder mit Spezialwerkzeug 51 2 152 nach hinten herausnehmen.

Einbau

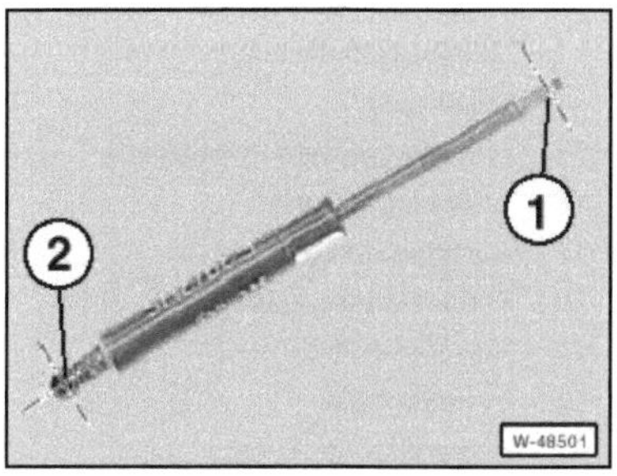

- Gasdruckfeder in Hilfsrohr einsetzen. Dabei darauf achten, daß die Kugelpfanne –2– um 90 ° verdreht zum Bolzenauge –1– steht. **Achtung:** Nur dann ist eine sichere Montage, und ein richtiges Einrasten der Gasdruckfeder möglich. Falls eine Korrektur notwendig ist, darf nur im Uhrzeigersinn verdreht werden.
- **Neue** Sicherungsscheibe am Scharnier aufschieben.
- Der weitere Einbau erfolgt in umgekehrter Ausbaureihenfolge.

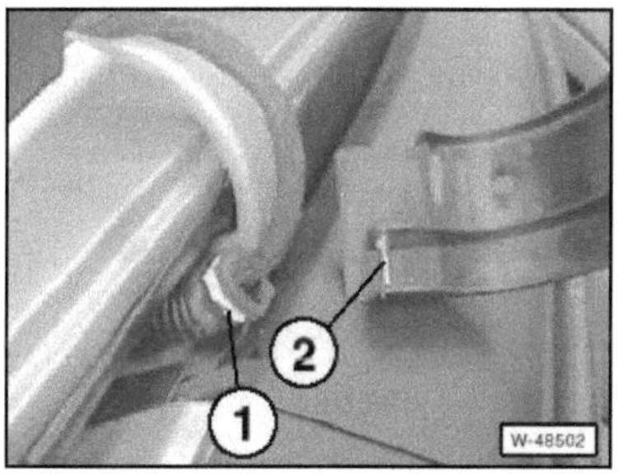

- Blende für Kabelführung so einsetzen, daß die Aussparung –1– in der Blende in die Kabelführung –2– eingreift.

Verkleidung für Heckklappe aus- und einbauen

Touring

Ausbau

- Heckklappe öffnen.
- Heckklappen-Leuchte oben an den Aussparungen mit kleinem Schraubendreher ausheben, Stecker trennen und Leuchte abnehmen.
- Drehclips für Werkzeugkasten links und rechts lösen und Werkzeugkasten öffnen.
- Blende für Notenriegelung Heckklappe ausheben und durch die Verkleidung durchschieben.
- Haltebänder für Werkzeugkasten links und rechts lösen, Werkzeugkasten aus den Aufnahmen herausdrehen und abnehmen.
- Blende für Wischerachse nach oben ausclipsen.

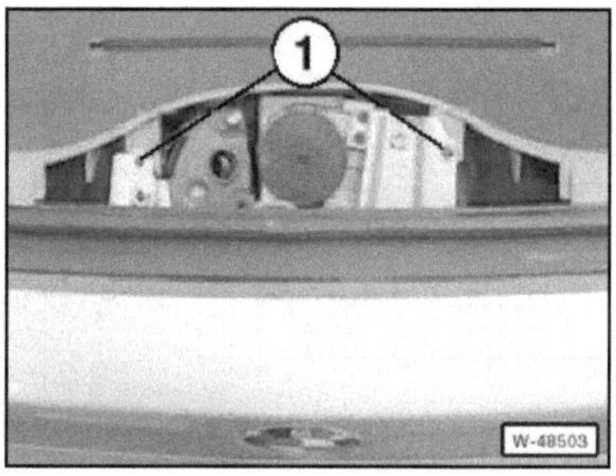

- 2 Schrauben –1– lösen.
- Blende für Heckklappenschloss ausclipsen.

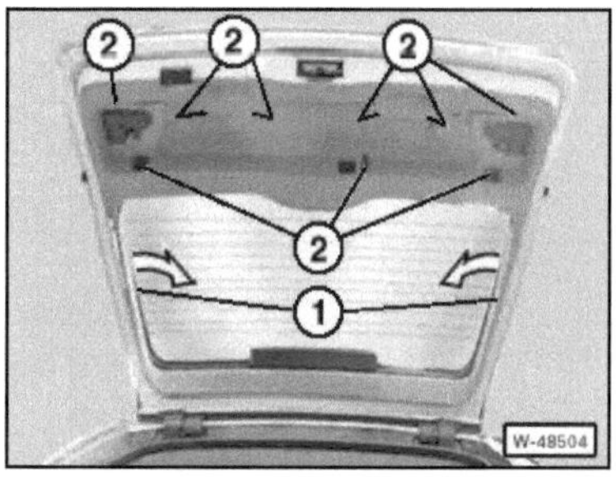

- Verkleidung links und rechts vom Heckfenster –1– zum Teil ausclipsen und 9 Schrauben –2– herausdrehen.
- Verkleidung vorsichtig nach unten ausclipsen und abnehmen.

Einbau

- Clips für Heckklappe auf festen Sitz prüfen, gegebenenfalls defekte Clips ersetzen.
- Bei Ersatz der Heckklappe: Clips und Dämmatte von alter Verkleidung abnehmen und in neue Verkleidung einsetzen.
- Verkleidung ansetzen und einclipsen.

Achtung: Vor Montage der Heckklappenverkleidung die Blende einclipsen, dadurch wird die Heckklappenverkleidung für das einclipsen zentriert.

- Blende für Heckklappenschloss einclipsen.
- Blende für Wischerachse einclipsen. Vorher die Klammern auf die Blende aufstecken.
- Der weitere Einbau erfolgt in umgekehrter Ausbaureihenfolge.

Kofferraumdeckel

Limousine

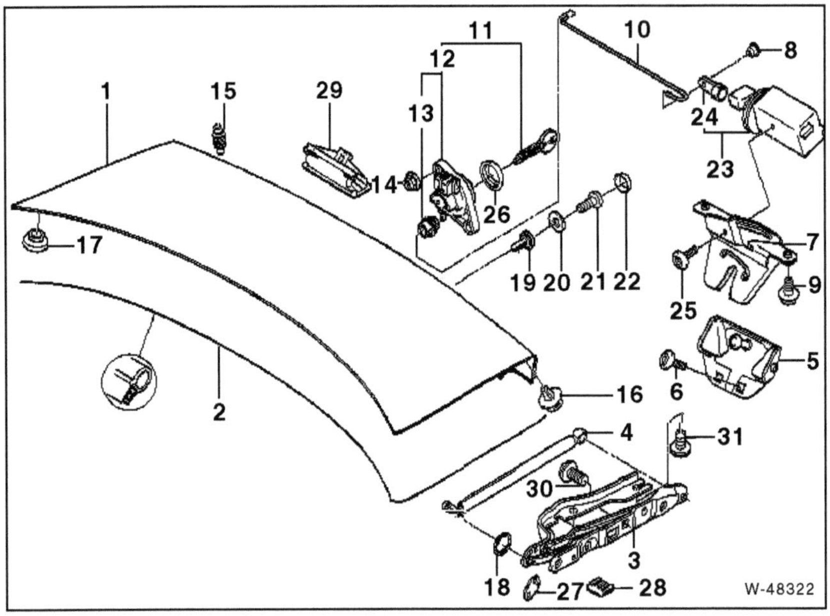

1 – Kofferraumdeckel
2 – Dichtung
3 – Scharnier
4 – Gasdruckfeder
5 – Schließkeil
6 – Torxschraube mit Scheibe
7 – Schloß
8 – Tülle
9 – Torxschraube mit Scheibe
10 – Verbindungsstange
11 – Verschluß mit Schlüssel
12 – Verschluß mit Code
13 – Gestängesicherung
14 – Stopmutter
15 – Anschlagpuffer mit Auswerfer
16 – Anschlagpuffer
17 – Gummistopfen
18 – Sicherungsscheibe
19 – Einsteckmutter
20 – Beilagscheibe
21 – Linsenblechschraube
22 – Schutzkappe
23 – Stellantrieb
24 – Verbindungsstück
25 – Torxschraube für Kunststoff
26 – Dichtung
27 – Anschlag
28 – Puffer
29 – Taster
30 – Torxschraube mit Scheibe
31 – Torxschraube mit Scheibe

Kofferraumdeckel aus- und einbauen

Limousine

Ausbau

- Verkleidung ausclipsen.
- Kabelstrang aus dem Kofferraumdeckel herausziehen. Dazu Stecker von Kennzeichenbeleuchtung und Zentralverriegelung abziehen. Paketschnur an den Steckern befestigen und Kabelstrang herausziehen. **Achtung:** Die Schnur verbleibt in dem Kofferraumdeckel und dient zum leichteren Einbau.

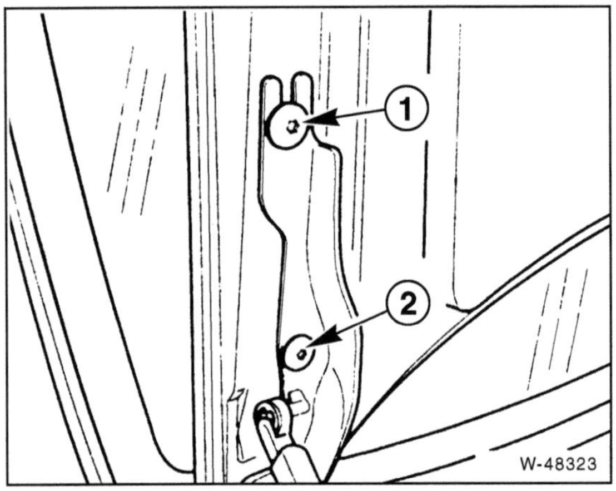

- Lage des Kofferraumdeckels an den Scharnieren markieren. Dazu Scharnierplatte mit Filzstift umkreisen –Pfeil–.
- Kofferraumdeckel sicher abstützen beziehungsweise durch Helfer halten lassen.
- Links und rechts Schraube –1– lockern, Schraube –2– herausdrehen.
- Kofferraumdeckel mit Helfer abnehmen.

Einbau

- Kofferraumdeckel mit Helfer ansetzen, Schrauben –1– einschrauben, nicht festziehen.
- Kofferraumdeckel entsprechend den angebrachten Markierungen ausrichten und festschrauben.
- Falls der Kofferraumdeckel erneuert wird, Kofferraumdeckel einpassen.
- Elektrische Zuleitungen für Kennzeichenleuchten und Zentralverriegelung mit Hilfe der Schnur in den Kofferraumdeckel einführen und aufstecken.
- Verkleidung einclipsen, beschädigte Clips ersetzen.

Kofferraumdeckel einpassen

Limousine

Hinweis: Da der Kofferraumdeckel in die Rohkarosserie eingepaßt und angeschraubt wird, können durch nachträgliches Verschieben unlackierte Flächen sichtbar werden.

- Befestigungsschrauben für Kofferraumdeckelnschloß lockern.

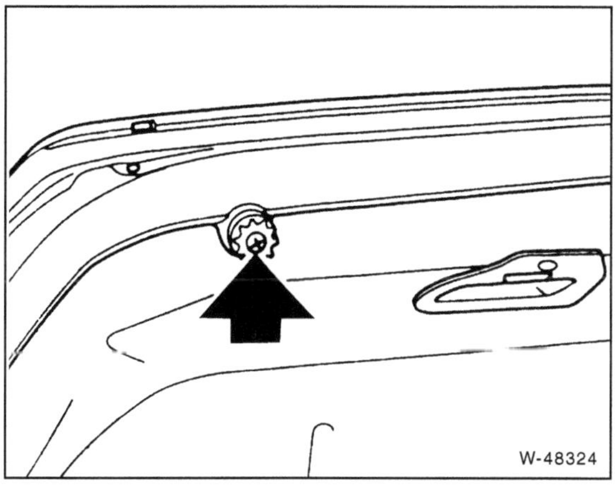

- Falls Anschlagpuffer mit Auswerfern eingebaut sind, Auswerfer in die Anschlagpuffer eindrücken und in dieser Lage mit einem Kreuzschlitzschraubendreher leicht nach links drehen. Dadurch werden die Auswerfer in den Anschlagpuffern verriegelt.
- Anschlagpuffer herausdrehen.

Achtung: Kofferraumdeckel gegen ungewolltes Zufallen bei ausgebautem Gasdruckdämpfer sichern.

- Gasdruckfeder ausbauen. **Achtung:** Die Dämpfer stehen unter Vorspannung.

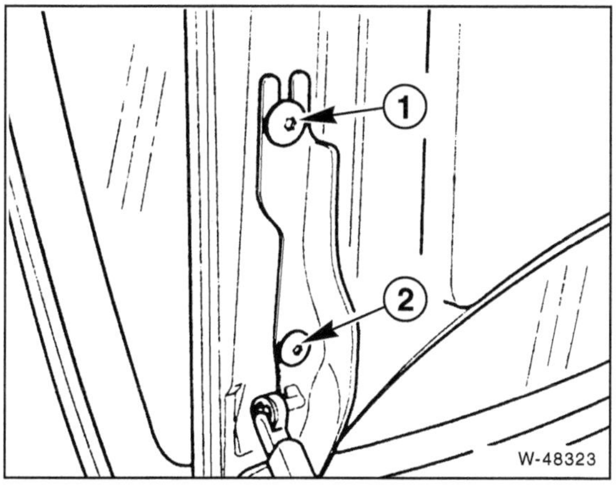

- Links und rechts Schrauben –1– und –2– lockern.

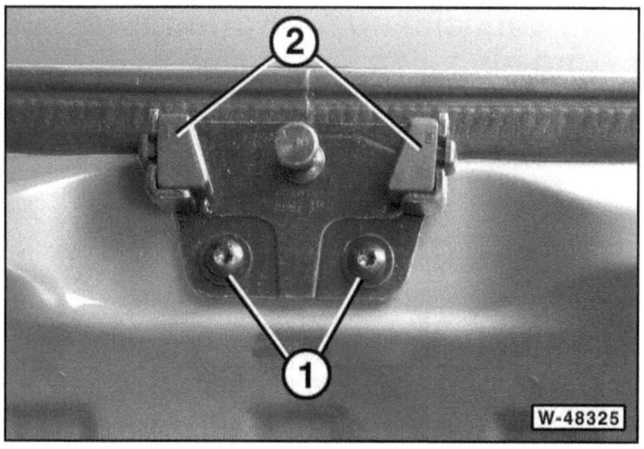

- Kofferraumdeckelschloß-Unterteil soweit lockern –1–, daß es seitlich und in der Höhe verschoben werden kann. Dazu Blende in der hinteren Kofferraumverkleidung ausheben. Die Abbildung zeigt das Schloß-Unterteil bei ausgebauter Verkleidung.
- Kofferraumdeckel vorsichtig schließen und seitlich verschieben, bis der Spalt zu den Kotflügeln links und rechts gleich groß ist und parallel verläuft (Toleranz ± 1 mm).
- Kofferraumdeckel vorsichtig öffnen.
- Schloß-Unterteil festziehen.
- Kofferraumdeckel schließen und Einstellung überprüfen, gegebenenfalls wiederholen.
- Kofferraumdeckel öffnen.
- Gleitstücke –2– im Kofferraumdeckelschloß-Unterteil auf Beschädigung prüfen, gegebenenfalls erneuern.
- Kofferraumdeckel schließen.
- Höhe des Kofferraumdeckel zu den Kotflügeln überprüfen. Der Kofferraumdeckel muß bündig zu den Kotflügeln stehen (Toleranz ± 1 mm).
- Andernfalls Überstand messen und Kofferraumdeckelschloß-Unterteil um den gemessenen Wert tiefer setzen.
- Einstellung überprüfen, gegebenenfalls wiederholen.
- Kofferraumdeckel öffnen.
- Anschlagpuffer soweit reindrehen, daß die geschlossenen Kofferraumdeckel links und rechts auf den Anschlagpuffern aufliegt. **Achtung:** Der Kofferraumdeckel darf nicht höher als die Kotflügel liegen, da sonst eine Verspannung zur Höheneinstellung auftritt.
- Bei Anschlagpuffern mit Auswerfern, Auswerfer mit Kreuzschlitzschraubendreher leicht nach rechts drehen. Dadurch werden die Anschlagpuffer entriegelt und fahren heraus.

Hintere Verkleidung für Kofferraum aus- und einbauen

Limousine

Ausbau

- Kofferraumdeckel öffnen.
- Seitenklappen im Kofferraum öffnen.

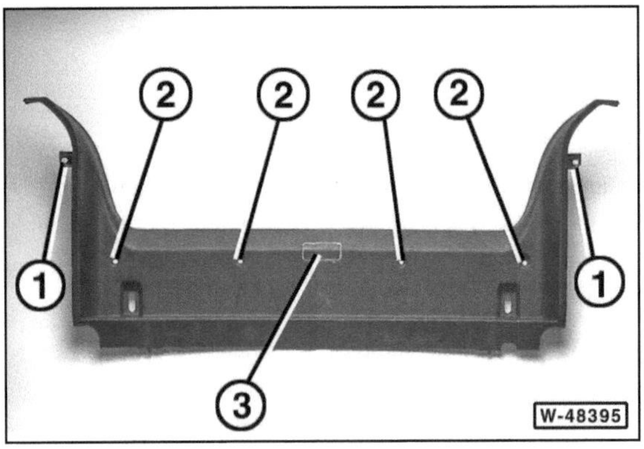

- Links und rechts je 1 Kunststoffmutter –1– abschrauben. **Hinweis:** Die Abbildung zeigt die Bohrungen bei ausgebauter Verkleidung.
- 4 Spreizclips –2– herausdrücken, vorher Spreizstifte heraushebeln. 3 = Blende für Befestigungsschrauben Kofferraumdeckelschloß-Unterteil.
- Verkleidung über die Koffer-Befestigungsösen heben und abnehmen.

Einbau

- Verkleidung unten mit den beiden Kunststoffzapfen in die Bohrungen einsetzen.
- Spreizclips einsetzen und Sicherungsstifte eindrücken.
- Verkleidung links und rechts anschrauben.
- Seitenklappen und Kofferraumdeckel schließen.

Kofferraumdeckelschloß-/ schließzylinder aus- und einbauen

Ausbau

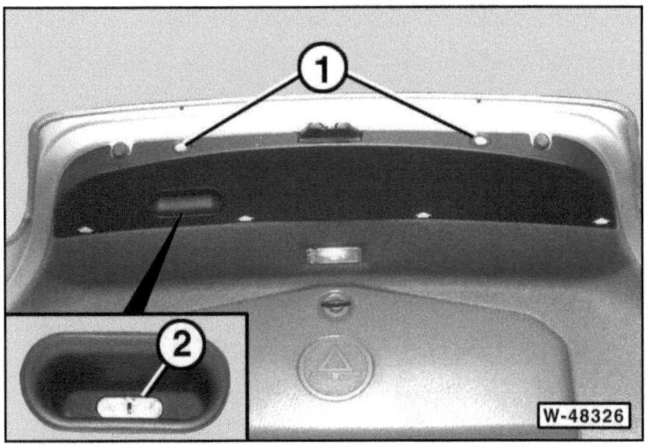

- Kofferraumdeckel öffnen und untere Verkleidung des Kofferraumdeckel ausbauen. Dazu Spreiznieten –1– herausheben. Blende –2– aus der Griffschale herausheben und darunterliegende Schraube herausdrehen. Verkleidung nach unten ausclipsen. Die Pfeile zeigen die Positionen der Clips. Beschädigte Clips ersetzen.
- Kabelbinder durchschneiden und Steckverbindung trennen.

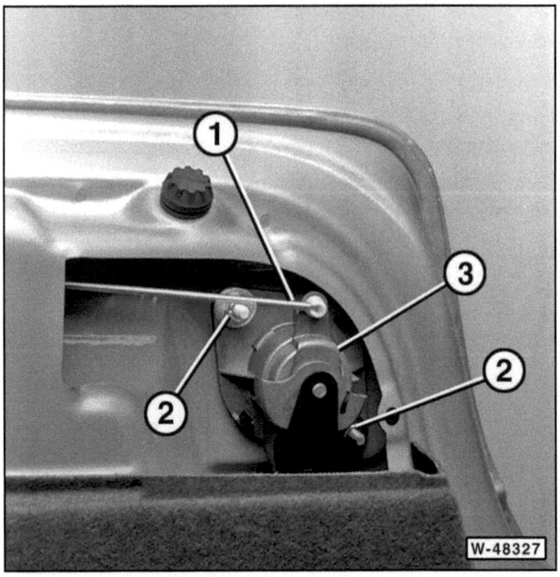

- Stange –1– herausziehen.
- Muttern –2– herausdrehen und Schließzylinder –3– abnehmen.

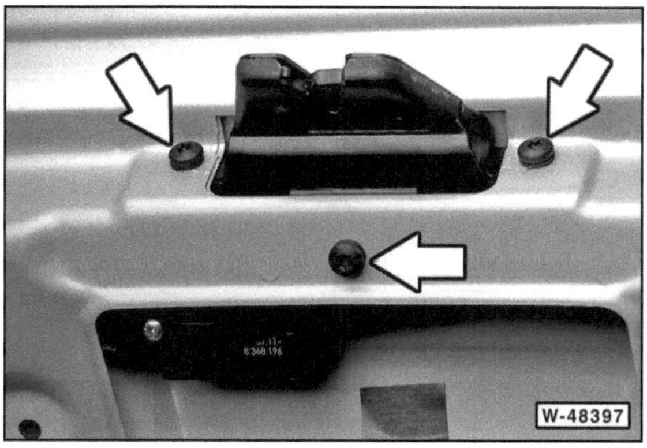

- Kofferraumdeckelschloß-Oberteil abschrauben.

Einbau

- Schloß-Oberteil einsetzen und anschrauben. Wird das Schloß ersetzt, Stellantrieb auf neues Schloß umbauen.
- Schließzylinder mittig in den Karosserieausschnitt einsetzen und anschrauben. Wird der Schließzylinder ersetzt, Mikroschalter auf neuen Schließzylinder umbauen. Dazu Federklammer abziehen, Halter heraushebeln und Mikroschalter abnehmen.
- Betätigungsstange einhängen.
- Elektrische Leitungen verbinden und Kabel mit neuem Kabelbinder fixieren.
- Clips für untere Kofferraumdeckel-Verkleidung prüfen, defekte Clips ersetzen.
- Untere Verkleidung am Kofferraumdeckel ansetzen und anschrauben. Spreiznieten einsetzen und sichern. Blende einclipsen.

Gasdruckfeder für Motorhaube/ Kofferraumdeckel aus- und einbauen

Ausbau

- Klappe öffnen.

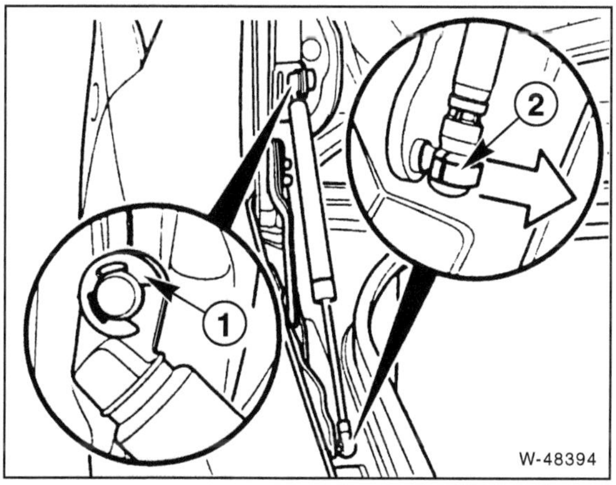

- Kofferraumdeckel: Oben Sicherungsscheibe –1– seitlich abdrücken.
- Federklammer –2– mit Schraubendreher ausheben.
- Dämpfer unten vom Kugelkopf abdrücken. **Achtung:** Der Dämpfer steht unter Vorspannung.

Einbau

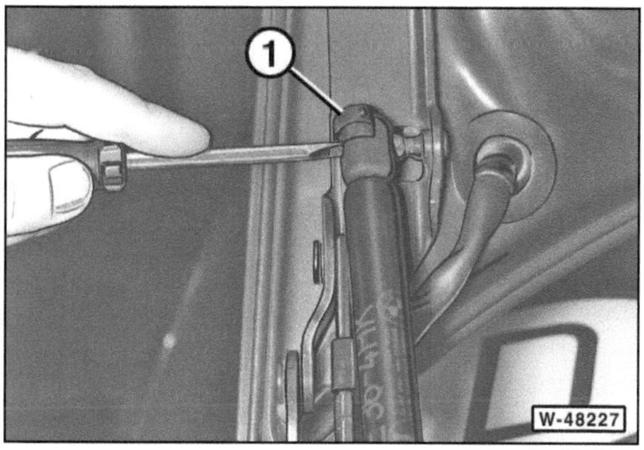

- Gasdruckfeder auf den Kugelkopf aufdrücken, vorher Sicherungsklammer –1– vom Ende her in den Schlitz einsetzen. Dämpfer auf den Kugelkopf aufdrücken und Sicherungsklammer mit Schraubendreher nach oben drücken.
- Dämpfer oben über den Zapfen schieben und Sicherungsfeder seitlich aufdrücken.

Stoßleiste/Modellschriftzug auswechseln

Stoßleiste ersetzen

Die Stoßleisten sind mit Kunststoff-Spreizklammern an den Karosserieteilen befestigt.

- Stoßleisten von Hand abziehen oder mit breitem Kunststoffkeil abhebeln.
- In der Regel werden beim Abdrücken der Stoßleiste die Kunststofftüllen zusammen mit den Klammern mit abgezogen. Deshalb zuerst Hülsen von den Stiften abhebeln und in die Bohrungen des jeweiligen Karosserieteils stecken.
- Verbogene Stoßleisten vor dem Einbau geraderichten.
- Anschließend Stoßleiste mit den Klammern entsprechend den Bohrungen ausrichten und einclipsen. Gegebenenfalls Spreizstifte mit dem Handballen einschlagen.

Modellschriftzug an Kofferraumdeckel/Heckklappe ersetzen

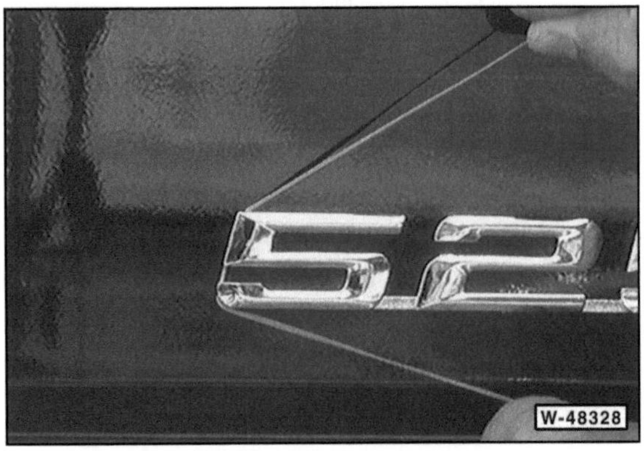

- Klebeverbindung zwischen Schriftzug und Karosserie mit dünner Nylonschnur (Angelschnur) lösen und abnehmen. Zur Erleichterung Nylonschnur mit Geschirrspülmittel bestreichen und an beiden Enden um Holzstücke wickeln. Schriftzug mit einem Fön leicht anwärmen.
- Reste der Klebeverbindung mit Spiritus oder Klebstoffreiniger, beispielsweise »3M Adhesive Cleaner« entfernen.
- Neuen Schriftzug mit Fön auf ca. +50° C erwärmen, Schutzpapier abziehen, ausrichten und ca. 10 Sekunden fest anpressen.

BMW-Plakette ersetzen

- BMW-Plakette vorsichtig mit Schraubendreher abhebeln, Tuch zum Lackschutz zwischenlegen.
- Zur besseren Haftung dauerelastische Karosserie-Abdichtmasse vor der Montage unter das Emblem kleben.

Tür aus- und einbauen/einpassen

Vorder- und Hintertüren werden in gleicher Weise aus- und eingebaut.

Ausbau

- Sechskantschraube –1– von jedem Scharnier mit 10er Stecknuß und Gelenkknarre herausschrauben.
- Sicherung –2– mit Schraubendreher von Bolzen –3– seitlich abdrücken.
- Bolzen –3– mit Durchschlag nach oben austreiben, gegebenenfalls mit Hammer an Türbremse gegenhalten.

- Tür aus den Scharnieren herausheben und auf geeigneter Unterlage –Pfeil– absetzen. Die Unterlage muß so hoch sein, daß das Kabel vom Türkabelbaum nicht auf Zug belastet wird.

Achtung: Lack an Tür und Vorderwand nicht beschädigen, zum Schutz gegebenenfalls mit Abdeckband abkleben.

- Halterahmen für Stecker abschrauben –Pfeile–. Anschließend Stecker herausziehen.

- Bügel –oberer Pfeil– hochziehen. Dadurch wird die Steckverbindung getrennt.

Einbau

- Stecker für elektrische Verbraucher zusammenfügen und Sicherungsbügel eindrücken. Stecker in Türsäule eindrücken, Halterahmen festschrauben.

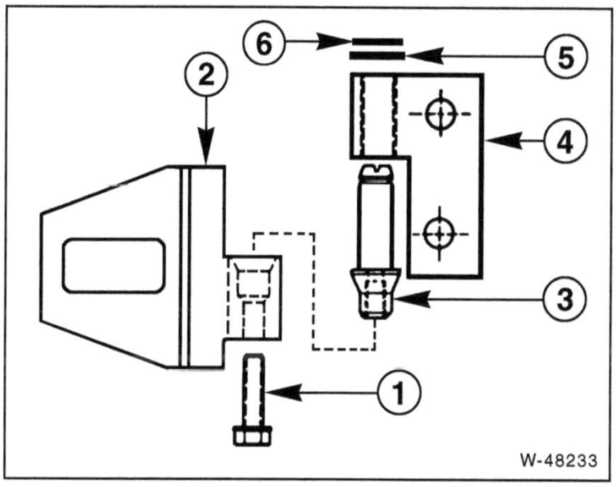

1 – Sechskantschraube
2 – Scharnier Karosserieseite oben
3 – Scharnierbolzen
4 – Scharnier Türseite oben mit Lagerbuchse
5 – Beilagscheibe
6 – Sicherungsscheibe

- Tür in die Scharniere oben und unten einsetzen, dabei ist ein Helfer erforderlich. Geführt wird die Tür von den Bolzen –3–. Durch das Hinterlegen von Unterlegscheiben an den Scharnieren kann die Tür gegebenenfalls neu einjustiert werden. Bei Einbau der gleichen Tür ist ein Justieren in der Regel nicht erforderlich.
- In jedes Scharnier je eine Sechskantschraube –1– einschrauben.
- Bolzen für Türbremse mit Hammer eintreiben und mit Sicherungsclip sichern.
- Tür schließen und kontrollieren, ob der Spalt zwischen Tür und Karosserie gleichmäßig verläuft, gegebenenfalls Sechskantschrauben an den Türscharnieren lösen und Tür mit den oberen Schrauben in der Höhe einjustieren.

Hinweis: Beim Einbau einer neuen Tür werden Distanzscheiben unter die Scharniere gelegt, um die Tür nach außen oder innen zu verstellen.

Achtung: Tür nur komplett mit Anbauteilen wie Fensterheber, Fensterscheibe usw. einpassen, da das Setzverhalten der Tür vom Gewicht abhängig ist. Türdichtungen zum Einpassen ausbauen. Waren vordere und hintere Tür ausgebaut, zuerst die hintere Tür ausrichten, dann die Vordertür.

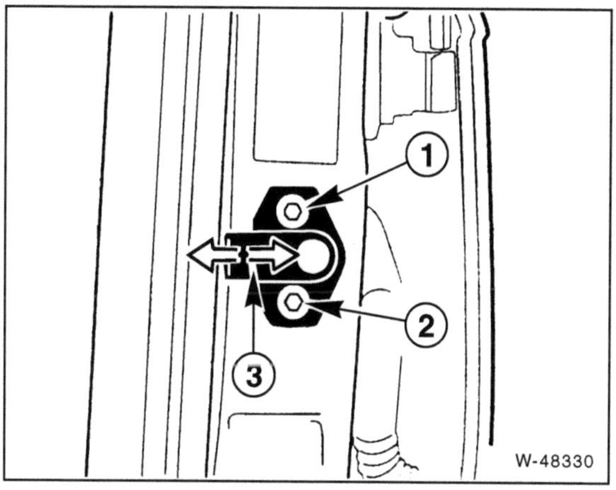

- Schraube –1– für Schließbolzen an der B-Säule mit Torxschraubendreher lockern und Schraube –2– soweit lockern, daß sich der Schließkeil gerade noch verschieben läßt. **Achtung:** Schließkeil-Tiefeneinstellung –3– nicht verändern.
- Türgriff anheben und festhalten. Tür schließen, dadurch werden Höhe und Neigung des Schließkeils eingestellt. **Achtung:** Zur besseren Führung des Schließkeils setzt die Werkstatt die Einstellehre BMW-51 2 090 in das Türschloß ein. Wird die Lehre nicht verwendet, kann das zu sogenanntem »Schließkeilknarzen« führen.
- Tür vorsichtig öffnen und Schrauben mit **30 Nm** festziehen.

Hinweis: Die Tür darf an der Vorderseite maximal 1 mm weiter innen und an der Hinterseite maximal 1 mm weiter außen stehen. Verschlissene Schließkeile vorher erneuern.

Türverkleidung aus- und einbauen

Beschrieben wird der Ausbau an der Vordertür. Die Arbeitsgänge für die hintere Tür sind weitgehend gleich. Abweichungen stehen am Ende des Kapitels.

Ausbau

- Batterie-Massekabel (–) abklemmen. Die Batterie befindet sich im Kofferraum hinter der rechten Seitenverkleidung. **Achtung:** Dadurch können elektronische Speicher gelöscht werden. Hinweise im Kapitel »Batterie aus- und einbauen« beachten.
- Minuspol an der Batterie isolieren, um versehentlichen elektrischen Kontakt zu vermeiden.

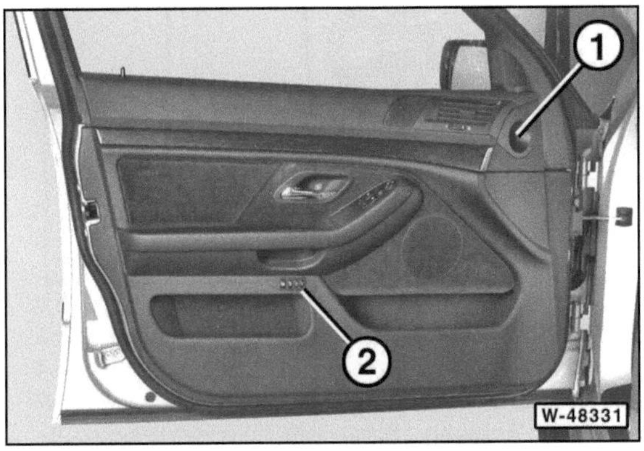

- Schraube –1– im Luftkanal herausdrehen.
- Fußraumleuchte unten aus der Verkleidung mit Schraubendreher herausheben, Stecker abziehen und Leuchte abnehmen.
- Schalter für Sitzmemory –2– mit kleinem Schraubendreher herausheben, Stecker abziehen und Schalter abnehmen.

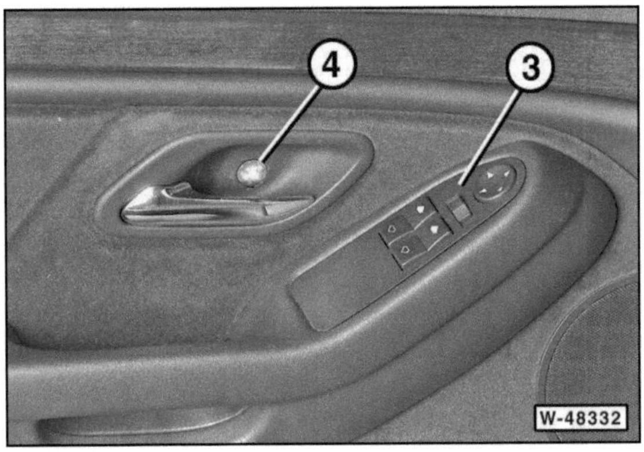

- Bedienkonsole –3– für Fensterheber und Außenspiegel mit kleinem Schraubendreher herausheben.

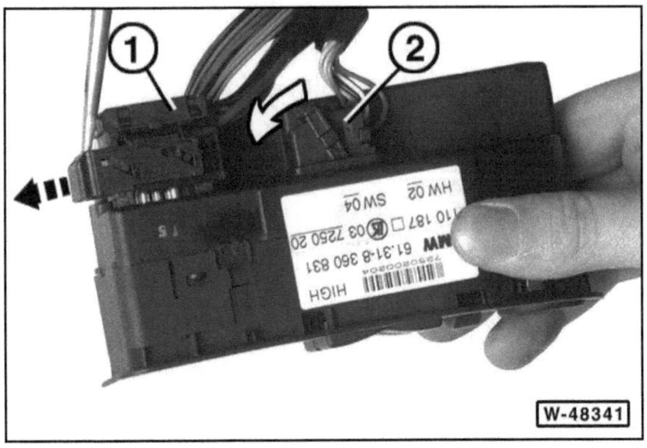

- Stecker folgendermaßen abbauen:
  - Stecker 1: Verriegelungsschieber mit Schraubendreher seitlich abdrücken, nicht hebeln. Durch Hebelmechanismus wird der Schalter nach oben gezogen.
  - Stecker 2: Arretierhaken nach unten drücken und Verriegelungsbügel zur Seite schwenken, dadurch wird der Schalter nach oben gezogen.
- Bedienkonsole abnehmen.
- Blende –4– (Abbildung W-48332) aus der Türinnengriffschale ausheben und darunterliegende Schraube herausdrehen.
- Türverkleidung seitlich und unten ausclipsen, dazu Verkleidung mit den Fingern am Rand von der Tür wegziehen. Positionen der Clips siehe –Pfeile– in Abbildung W-48335.

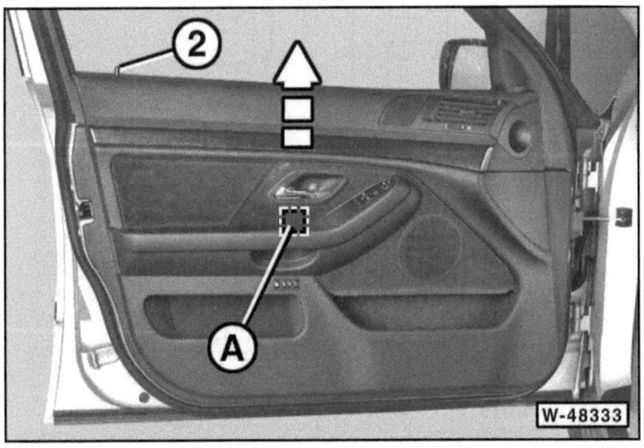

- Türverkleidung nach oben schieben und dadurch aus dem mittleren Clip und aus den oberen Federklammern aushängen. Der Clip befindet auf der Innenseite der Türverkleidung im Bereich –A–.
- Türinnenbetätigung durch die Öffnung in der Verkleidung schieben.
- Türverkleidung über den Türverriegelungsknopf –2– heben und abnehmen.

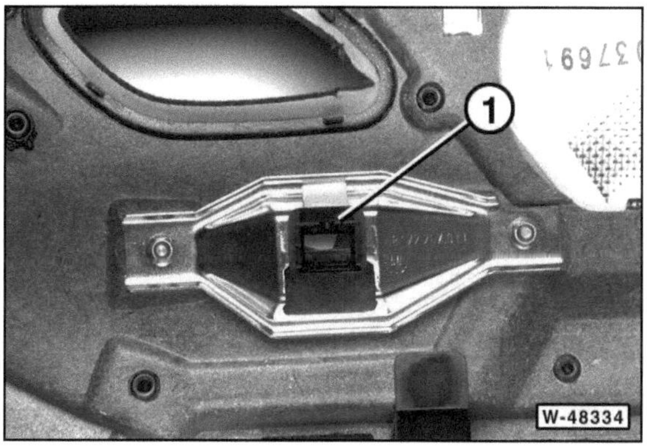

● Wenn der mittlere Clip –1– auf der Tür steckengeblieben ist, Clip abziehen und, wie in der Abbildung gezeigt, auf die Verkleidung aufstecken.

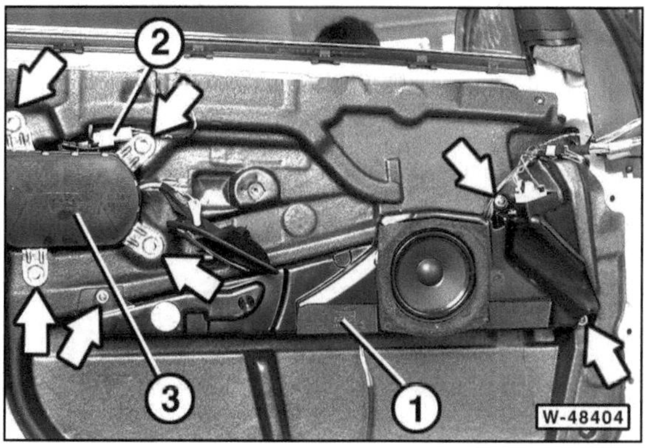

● Lautsprecherkabel abziehen, Lautsprecherbox –1– abschrauben und herausnehmen.

Achtung: Sicherheitsmaßnahmen für Airbag-System beachten, siehe Seite 137.

● Steckverbindung (orange) –2– für Seitenairbag trennen. Seitenairbag –3– abschrauben und mit Abdeckplatte nach oben ablegen, zum Beispiel im Kofferraum.

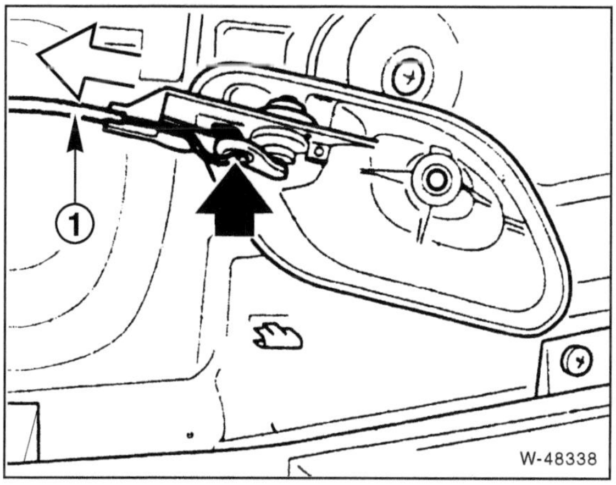

● Bowdenzug –1– nach hinten ausfädeln, am Türinnengriff aushaken und abnehmen.

● Falls erforderlich, Schaumstoffverkleidung vom Türausschnitt vorsichtig abziehen. **Hinweis:** Die Klebeabdichtung bleibt besser an der Schaumstoffverkleidung haften, wenn sie bei niedriger Temperatur ruckweise abgezogen wird.

Einbau

● Schaumstoffverkleidung sorgfältig auf Türausschnitt aufkleben.

Achtung: Die Verkleidung darf nicht beschädigt sein, sonst zieht es im Fahrzeug. Die Klebemasse muß umlaufend aufgetragen sein, gegebenenfalls Butylschnur bei BMW kaufen und Klebedichtung ausbessern.

● Bowdenzug am Türinnengriff einhängen.

● Seitenairbag am Türrahmen anschrauben. Stecker (orange) für Seitenairbag verbinden.

● Lautsprecherbox anschrauben, Stecker aufschieben.

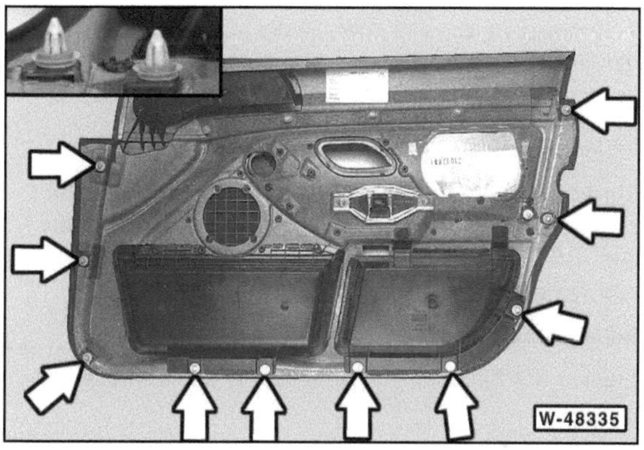

● Kontrollieren, ob alle Clips für die Türinnenverkleidung vorhanden sind, defekte Clips erneuern.

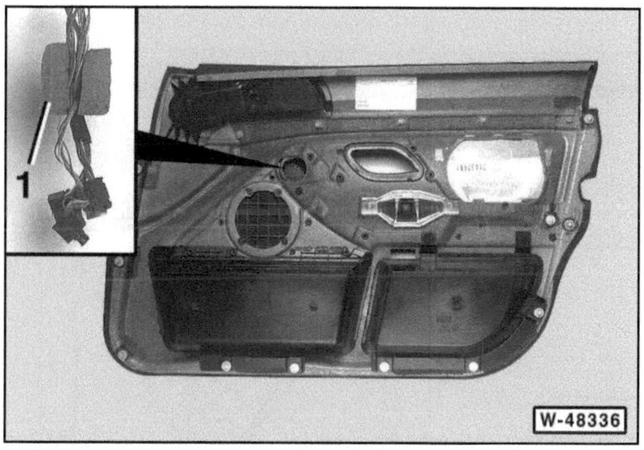

● Türverkleidung ansetzen, Türinnengriff und elektrische Leitungen durch die Öffnungen schieben. Schallisolierung –1– um die Kabel für Fensterheber legen und etwas in die Öffnung der Verkleidung einkleben. Darauf achten, daß der Seilzug für die Türinnenbetätigung im Kunststoffwiderlager sitzt.

- Türverkleidung von oben über den Verriegelungsknopf schieben. Auf Höhe der Türschachtleiste ansetzen, unten etwas wegziehen und oben mit den Fingerspitzen schräg nach unten, zur Tür hin in die oberen 5 Federklammern einclipsen.
- Türverkleidung ringsum sowie in der Mitte andrücken und einclipsen.
- Türverkleidung im Luftkanal anschrauben.
- Türinnengriffschale anschrauben, Blende aufdrücken.
- Stecker aufstecken beziehungsweise an den Schaltern ansetzen und durch Andrücken beziehungsweise Umlegen des Verriegelungshebels auf die Schalter aufziehen und verriegeln.
- Schalter in die Verkleidung eindrücken und einrasten.
- Stecker auf Fußraumleuchte schieben und Leuchte einclipsen.
- Tür schließen und mit Türinnenbetätigung öffnen. Prüfen, ob der Griff in die Ausgangsposition zurückkehrt. Gegebenenfalls Türverkleidung ausbauen und Verlegung des Seilzugs prüfen.
- Batterie-Massekabel (–) anklemmen. Zeituhr einstellen.

Abweichende Arbeitsgänge für hintere Türverkleidung

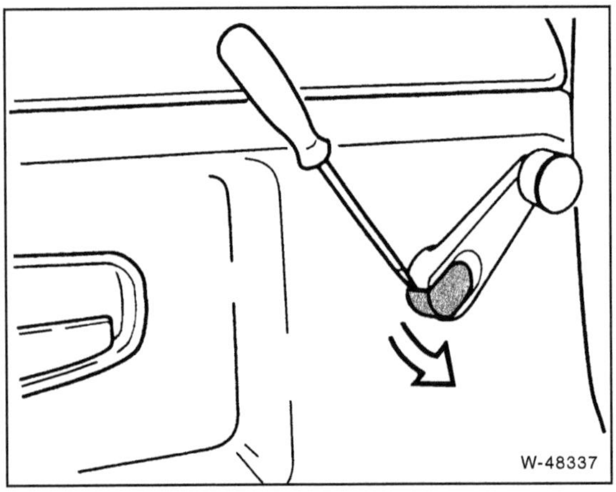

- Fensterkurbel abbauen:
  - Blende mit Schraubendreher ausheben.
  - Darunterliegende Schraube herausdrehen.
  - Fensterkurbel von der Achse abziehen und mit Scheibe abnehmen.

Türschloß aus- und einbauen

Ausbau

- Fensterscheibe der Vordertür schließen, sonstige Fenster öffnen.
- Batterie-Massekabel (–) abklemmen. Die Batterie befindet sich im Kofferraum hinter der rechten Seitenverkleidung. **Achtung:** Dadurch können elektronische Speicher gelöscht werden. Hinweise im Kapitel »Batterie aus- und einbauen« beachten.
- Minuspol an der Batterie isolieren, um versehentlichen elektrischen Kontakt zu vermeiden.
- Türinnenverkleidung ausbauen.

Achtung: Sicherheitsmaßnahmen für Airbag-System beachten, siehe Seite 137.

- Steckverbindung (orange) für Seitenairbag trennen. Seitenairbag abschrauben und mit Abdeckplatte nach oben ablegen, zum Beispiel im Kofferraum.
- Türaußengriff ausbauen.

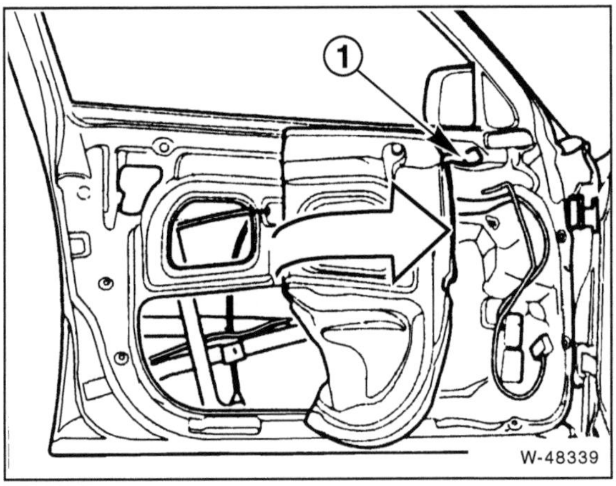

- Schaumstoffverkleidung im hinteren Bereich des Türausschnitts vorsichtig abziehen, nach vorn schwenken und in dieser Stellung mit Klebeband –1– fixieren.
- Stecker für das Stellelement der Zentralverriegelung entriegeln und abnehmen, siehe auch Abbildung W-48341 auf Seite 198.

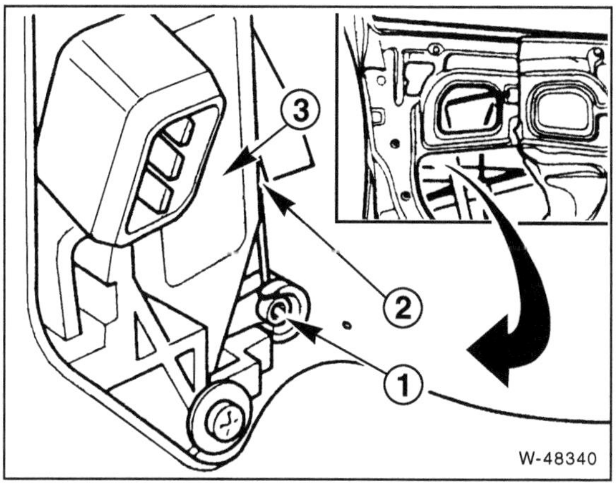

- Bowdenzugnippel –1– und Bowdenzugseele –2– am Türschloß –3– aushängen.
- Steckverbindung für den Mikroschalter der Zentralverriegelung trennen.
- Bowdenzug für Türinnengriff am Türrahmen ausclipsen.

- Türschloß abschrauben und nach unten herausnehmen.

Einbau

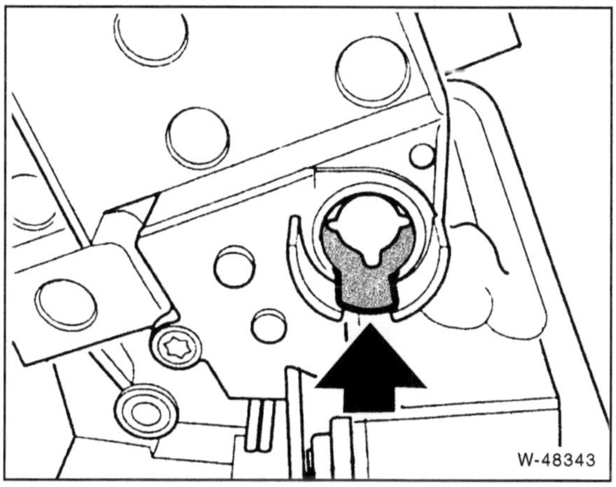

- Prüfen, ob die Nase der Aufnahme (für Paddel) unten mittig steht.

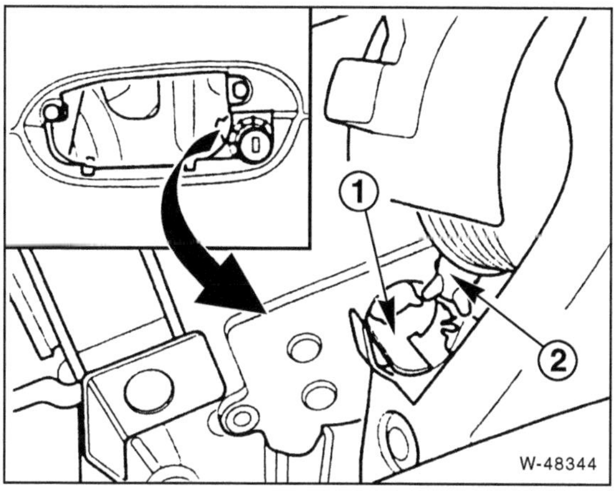

- Schloß in Tür einsetzen. Dabei Aufnahme –1– (für Paddel) des Türschlosses nach oben in das Paddel –2– des Schließzylinders einführen.
- Schloß mit 3 Schrauben an Tür befestigen.
- Stecker am Stellmotor für Zentralverriegelung aufschieben und verriegeln.
- Stecker für Mikroschalter verbinden.
- Bowdenzugnippel und Bowdenzugseele am Türschloß einhängen.
- Bowdenzug für Türinnengriff am Türrahmen einclipsen.
- Schaumstoffverkleidung sorgfältig auf Türausschnitt aufkleben.

Achtung: Die Verkleidung darf nicht beschädigt sein, sonst zieht es im Fahrzeug. Die Klebemasse muß umlaufend aufgetragen sein, gegebenenfalls Butylschnur bei BMW kaufen und Klebedichtung ausbessern.

- Türaußengriff einbauen.
- Seitenairbag am Türrahmen anschrauben. Stecker (orange) für Seitenairbag verbinden.
- Türinnenverkleidung einbauen.
- Batterie-Massekabel (–) anklemmen. Zeituhr einstellen. Radiosender programmieren.
- Funktion von Türschloß, Betätigung und Zentralverriegelung prüfen.

Türaußengriff aus- und einbauen

Ausbau

Achtung: Die Zeichnungen zeigen den Ausbau bei eingebauter Türverkleidung. Zum Ausbau sind 2 BMW-Spezialwerkzeuge und etwas Erfahrung erforderlich. Andernfalls empfiehlt es sich, die Türverkleidung auszubauen.

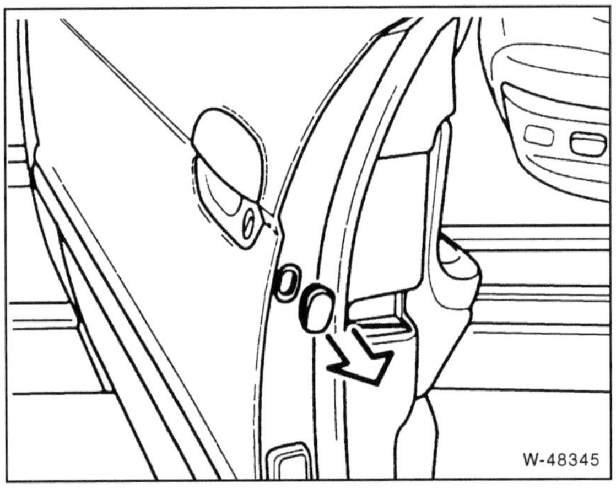

● Blende an der Türstirnseite ausbauen. Achtung: Blende ist 2teilig. Zuerst mittleren Teil mit Schraubendreher heraushebeln, dann äußeren Teil ausclipsen und herausziehen.

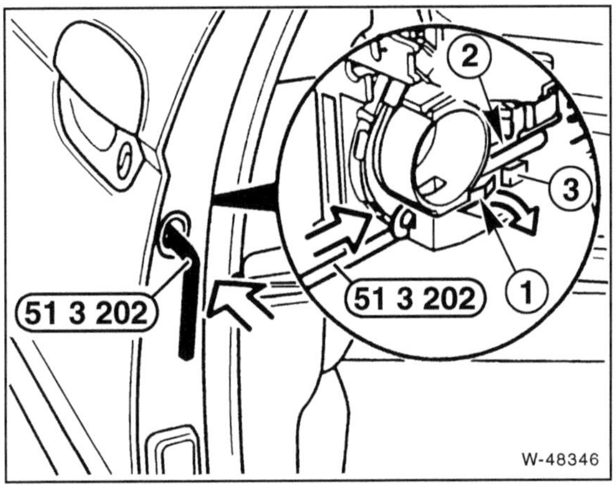

● Werkzeug BMW-513202 durch die Montageöffnung einführen und die Sicherungslasche –1– der Verriegelungsplatte –2– über die Sicherungsnase –3– heben.

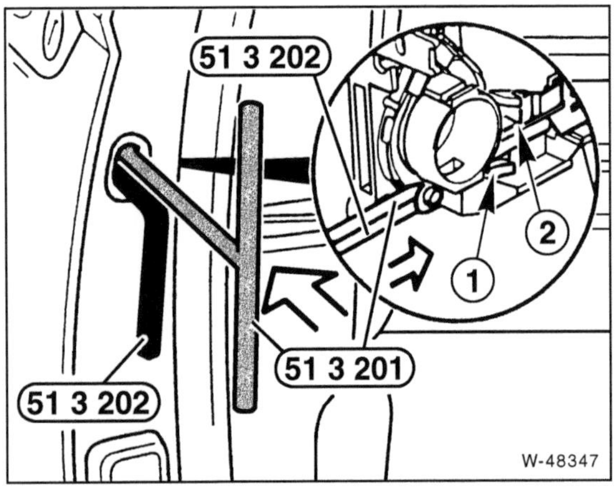

● Werkzeug BMW-513201 in die Verschiebebohrung der Verriegelungsplatte –2– einführen und diese bei angehobener Sicherungslasche –1– nach vorn drücken.

● Werkzeug BMW-513202 herausnehmen.

Ausbau ohne Spezialwerkzeuge

● Türverkleidung ausbauen.

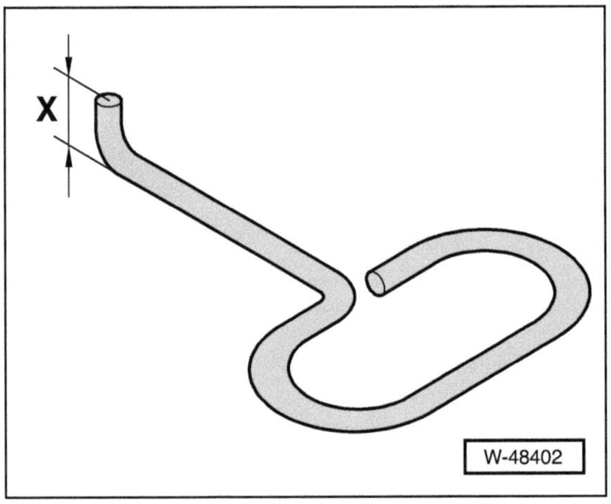

● Geeigneten Drahthaken selbst anfertigen. Dazu Draht (∅ 2 mm) um X = 5 mm rechtwinklig abbiegen.

● Haken anstelle von Werkzeug 513201 durch die Montageöffnung an der Stirnseite der Tür in die Öse der Verriegelungsplatte einsetzen.

● Verriegelungsplatte mit Haken bis zum Anschlag nach vorn schieben.

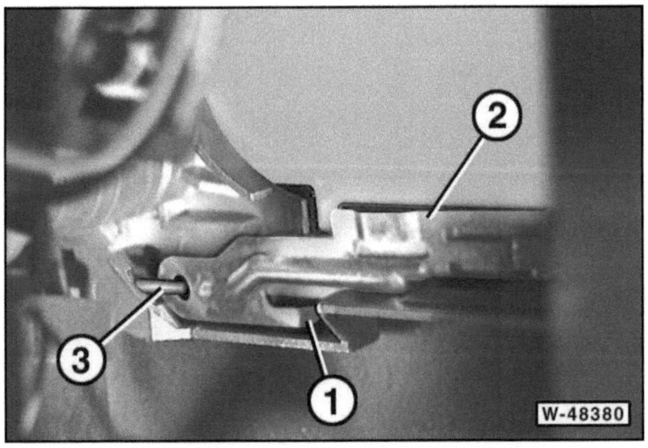

● Sicherungslasche –1– der Verriegelungsplatte –2– mit Schraubendreher über die Sicherungsnase heben. In dieser Stellung Verriegelungsplatte mit Haken –3– nach vorn schieben, bis die Ausschnitte in der Verriegelungsplatte den Türaußengriff freigeben. Die Abbildung zeigt die Stellung der Verriegelungsplatte bei abgenommenem Türaußengriff. 3 = Drahthaken in Öse der Verriegelungsplatte eingehängt.

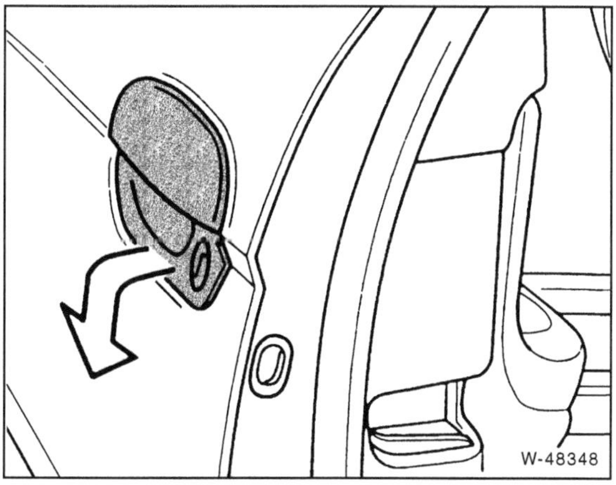

- Türaußengriff unten ausheben und schräg nach unten herausziehen.

Einbau

- Türaußengriff einsetzen und andrücken.

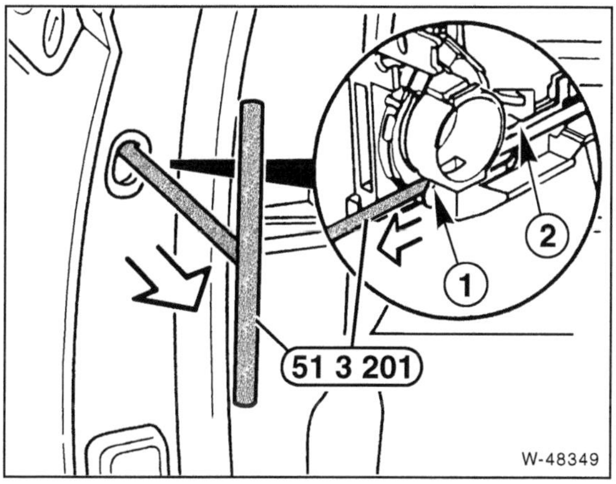

- Verriegelungsplatte –2– mit Werkzeug BMW-513201 oder Drahthaken nach hinten ziehen, bis die Sicherungslasche einrastet. 1 – Verschiebebohrung der Verriegelungsplatte.
- Türaußengriff betätigen und einwandfreie Funktion prüfen.
- Falls ausgebaut, Türverkleidung einbauen.
- Blende an Türstirnseite einsetzen. Dabei zuerst äußeren Teil einclipsen, dann mittleren Teil reindrücken.

Türschließzylinder aus- und einbauen

Ausbau

- Türschloß ausbauen.

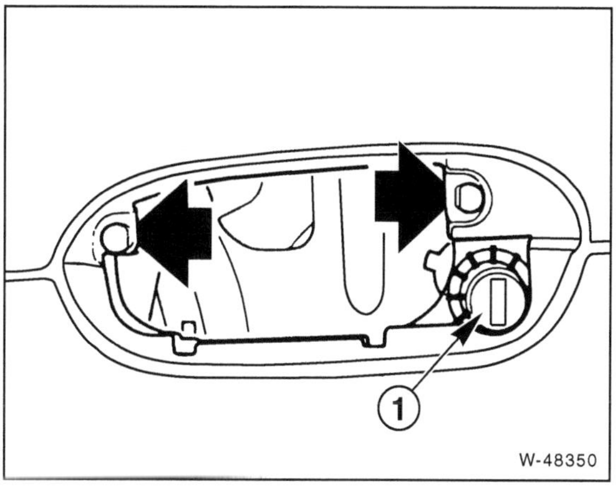

- Schrauben mit Torxschraubendreher T25 herausdrehen und Halterung für Türaußengriff mit Schließzylinder –1– abnehmen.

Einbau

- Halterung für Türaußengriff mit Schließzylinder anschrauben.
- Türschloß einbauen.

Stellmotor/Mikroschalter für Zentralverriegelung aus- und einbauen

Ausbau

- Türschloß ausbauen.

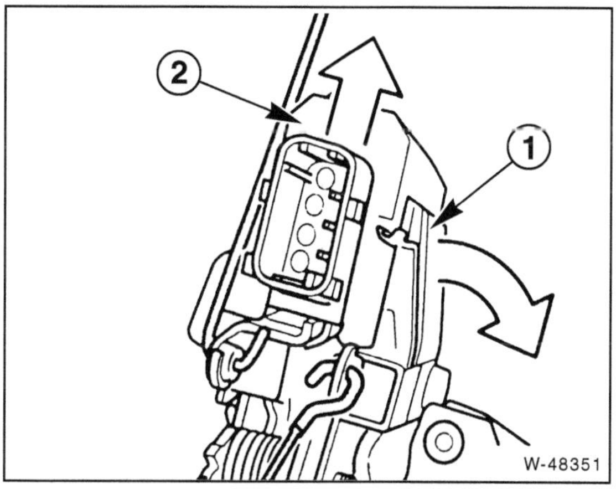

- Verriegelung –1– mit Schraubendreher abheben und Stellmotor –2– nach oben vom Türschloß abziehen.

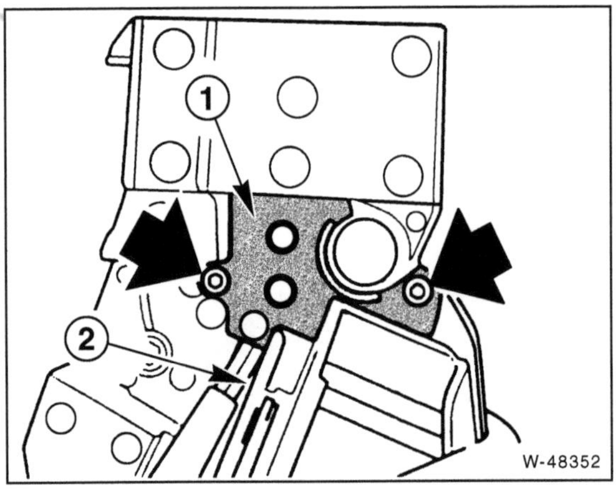

- Schrauben –Pfeile– herausdrehen.
- Halteplatte –1– und Mikroschalter –2– abnehmen.

Einbau

- Halteplatte und Mikroschalter anschrauben.
- Stellmotor am Türschloß aufschieben und einrasten.
- Türschloß einbauen.

Türfensterscheibe aus- und einbauen/einstellen

Ausbau

- Äußere Fensterschacht-Abdeckleiste nach oben abziehen, dabei hinten beginnen.
- Türverkleidung ausbauen.

Achtung: Bei Fahrzeugen mit Seitenairbag, Batterie-Massekabel abklemmen und Seitenairbag ausbauen, siehe Kapitel »Türschloß aus- und einbauen«. Sicherheitshinweise für Airbag beachten, siehe Seite 137.

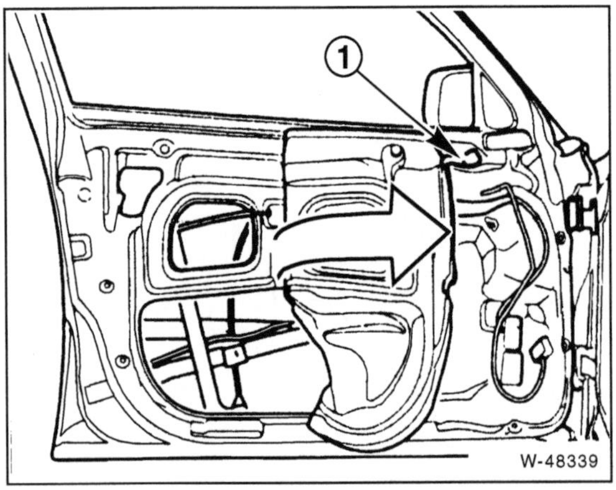

- Schaumstoffverkleidung im hinteren Bereich des Türausschnitts vorsichtig abziehen, nach vorn schwenken so daß die unteren Einstellschrauben (Abbildung W-48353) freigelegt sind und in dieser Stellung mit Klebeband –1– fixieren.

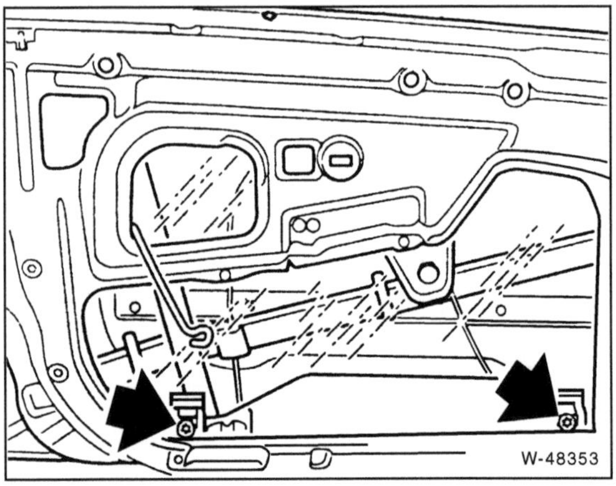

- Schrauben der Klemmbacken –Pfeile– lockern.

- Fensterscheibe etwas nach vorn kippen und nach hinten oben herausnehmen.

Einbau

- Fensterscheibe in die Klemmbacken einsetzen.
- Wippschalter für Fensterheber anstecken. Falls erforderlich, Batterie-Massekabel anklemmen.
- Fensterscheibe mit Wippschalter bis auf 10 mm schließen.

- Fensterscheibe auf folgende Spaltmaße einstellen: A = 5,4 mm, B = 10 mm. Dazu Fensterscheibe bei geöffneten Klemmbacken in Längsrichtung verschieben beziehungsweise hinteren Klemmbacken soweit anheben, bis die Scheibe parallel zum Türrahmen ist. In dieser Position Klemmschrauben mit 10 Nm festziehen.
- Stecker vom Wippschalter für Fensterheber abziehen. Falls erforderlich, Batterie-Massekabel abklemmen.
- Türverkleidung einbauen. Falls erforderlich, Seitenairbag einbauen, siehe Seite 198.
- Äußere Fensterschacht-Abdeckleiste so einsetzen, daß sie hinten bündig mit der Türkante abschließt.

Elektrischen Fensterheber aus- und einbauen

Ausbau

- Türfensterscheibe ausbauen.

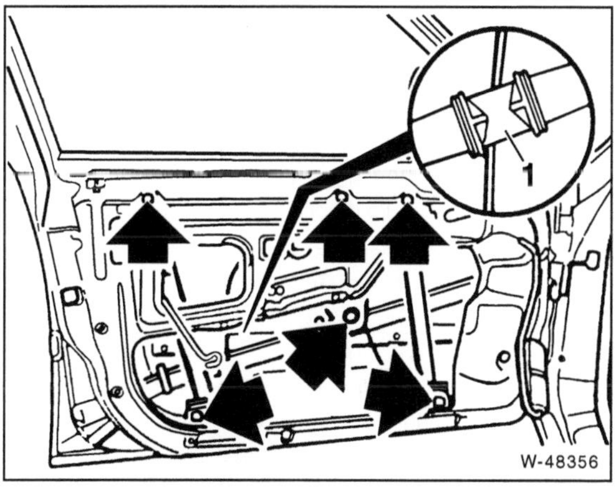

- Stecker vom Fensterheber-Antrieb abziehen.
- Führung –1– abziehen.
- Einbaulage der Schrauben –Pfeile– markieren. Dazu Schraubenköpfe mit Filzstift umkreisen.
- Die unteren 3 Schrauben –Pfeile– lockern.
- Die oberen 3 Schrauben –Pfeile– herausdrehen.

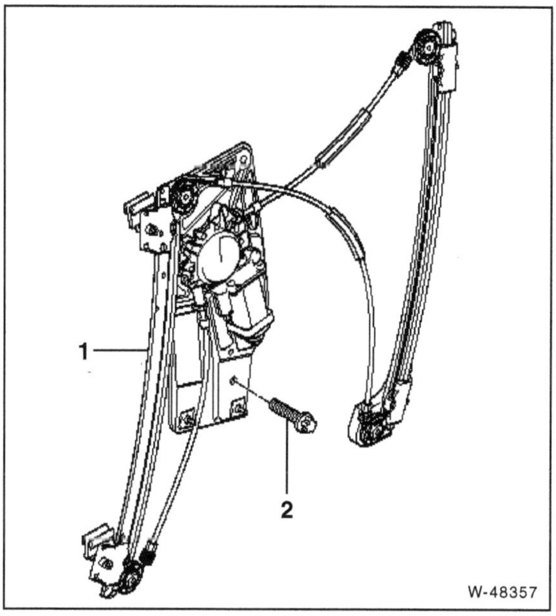

- Fensterheber –1– komplett herausnehmen.

Einbau

- Fensterheber in die Aufnahmewinkel einsetzen und alle Schrauben –2– lose beiziehen.

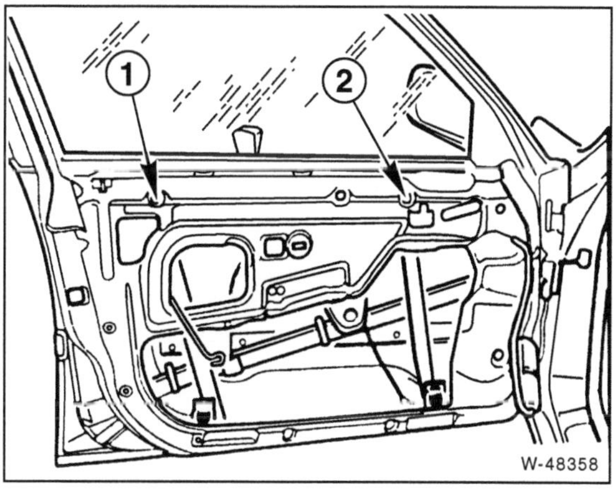

- Schrauben –1– und –2– mit **10 Nm** festziehen.

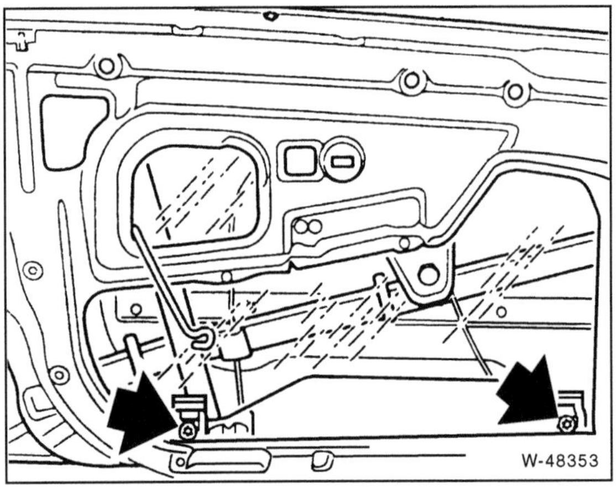

- Türfensterscheibe in die Klemmbacken –Pfeile– des Fensterhebers einsetzen und Fenster einstellen.

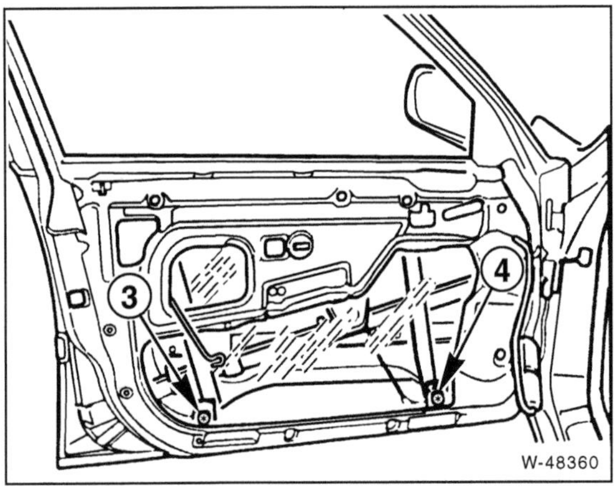

- Türfensterscheibe bis zum Anschlag absenken.
- Schrauben –3– und –4– mit **10 Nm** festziehen.

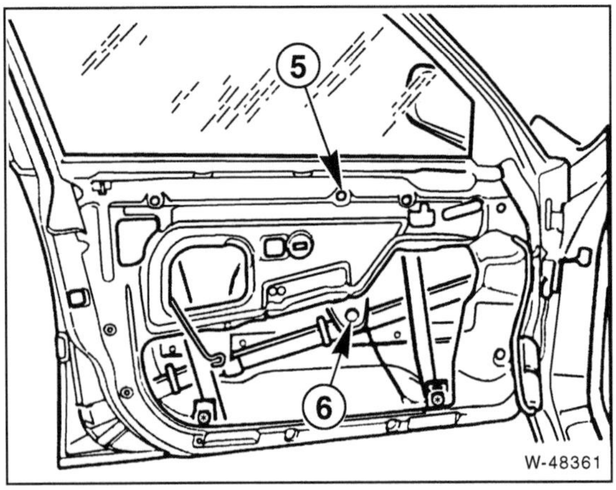

- Türfensterscheibe bis zum Anschlag schließen.
- Schrauben –5– und –6– mit **10 Nm** festziehen.
- Führung aufschieben.
- Türverkleidung einbauen.

Außenspiegel aus- und einbauen

Ausbau

- Türverkleidung ausbauen.
- Abdeckung für Hochtöner abziehen. Fensterinnenverkleidung (Einklemmschutzleiste) im vorderen Bereich abziehen, muß nicht ganz abgebaut werden. Schaumgummidämmung (dreieckig) vom Hochtöner abziehen.

- Hochtöner –1– abschrauben, nach oben schieben und abnehmen.

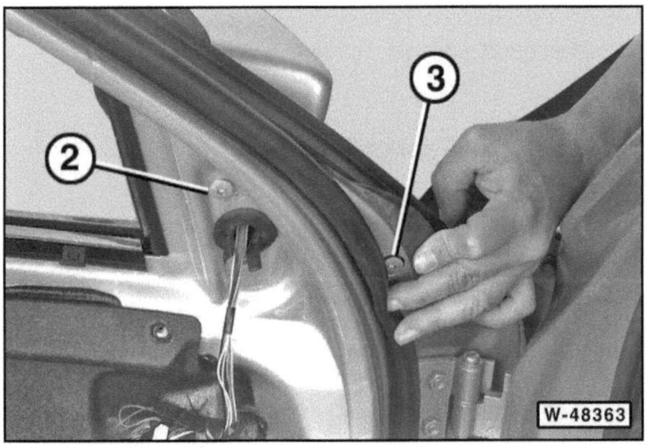

- Obere Schraube –2– abschrauben.
- Vordere Schraube –3– herausdrehen, dazu Gummiabdeckung etwas zur Seite drücken.
- Außenspiegel abnehmen, dabei Kabel mit Stecker und Tülle durch die Öffnung der Tür drücken.

Einbau

- Elektrische Leitungen für Außenspiegelbetätigung mit Tülle durch die Öffnung in der Tür einführen.
- Außenspiegel ansetzen und mit 2 Schrauben und **5 Nm** anschrauben.
- Hochtöner von oben über die Führung schieben und mit **5 Nm** anschrauben.
- Schaumgummidämmung (dreieckig) für Hochtöner aufstecken.
- Fensterinnenverkleidung im vorderen Bereich aufstecken, Abdeckung für Hochtöner andrücken.
- Türverkleidung einbauen.

Spiegelglas aus- und einbauen

Ausbau

Achtung: Vor dem Ausbau des Spiegelglases Fahrzeug auf Raumtemperatur (ca. +20° C) bringen. Bei niedrigeren Temperaturen können die Clips leicht abbrechen.

- Spiegelglas nach oben klappen.

Spiegel ohne Abblendautomatik

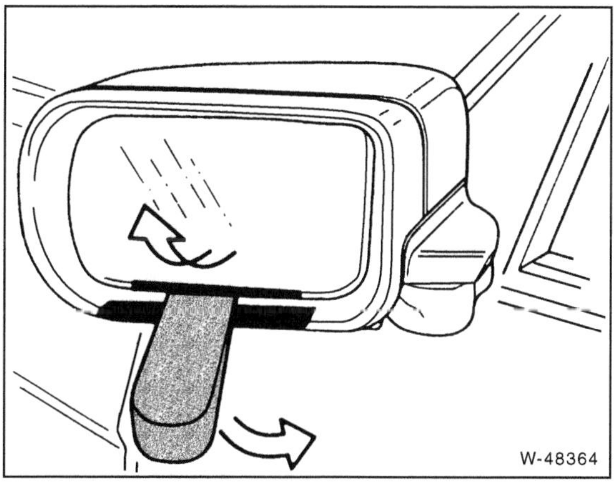

- Spiegelkante und Spiegelgehäusekante zum Schutz vor Beschädigung mit Tesaband abkleben.
- Spiegelglas unten mit Holzkeil heraushebeln. Das Glas kann auch unten mit den Fingern herausgezogen und ausgeclipst werden.

Spiegel mit Abblendautomatik

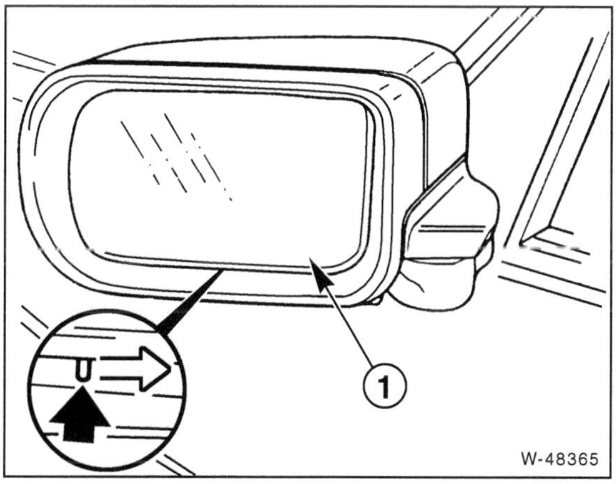

- Zapfen –Pfeil– mit kleinem Schraubendreher nach rechts schieben, dadurch Bajonettverschluß öffnen und Spiegelglas vorsichtig abheben.

- Stecker für Spiegelheizung abziehen und Stecker für Abblendautomatik entriegeln und abnehmen.
- Spiegelglas abnehmen.

Einbau

- Stecker für Spiegelheizung aufstecken, Stecker für Abblendautomatik ansetzen und verriegeln.

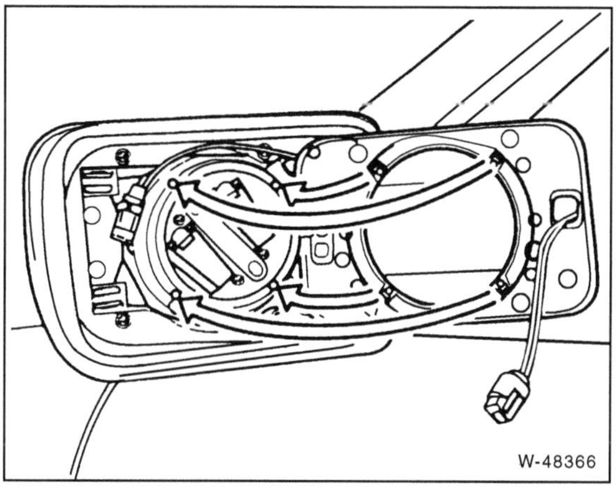

- Spiegelglas so ansetzen, daß sich die Halteklammern über den Nasen befinden.

Spiegel ohne Abblendautomatik

- Spiegelglas direkt über den Clips andrücken und einrasten. Lappen unterlegen, um Fingerabdrücke zu vermeiden.

Spiegel mit Abblendautomatik

- Spiegelglas andrücken. Lappen unterlegen, um Fingerabdrücke zu vermeiden. Zapfen mit kleinem Schraubendreher nach links schieben, bis der Zapfen senkrecht steht.
- Funktion des Außenspiegels prüfen.

Außenspiegelgehäuse aus- und einbauen

Ausbau

- Spiegelglas ausbauen.

Spiegel mit Abblendautomatik

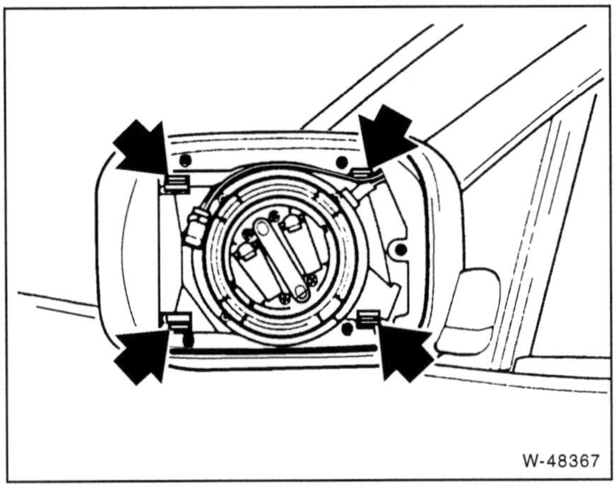

- Spiegel nach vorn klappen.
- Halteklammern aushaken und Abdeckung abnehmen.

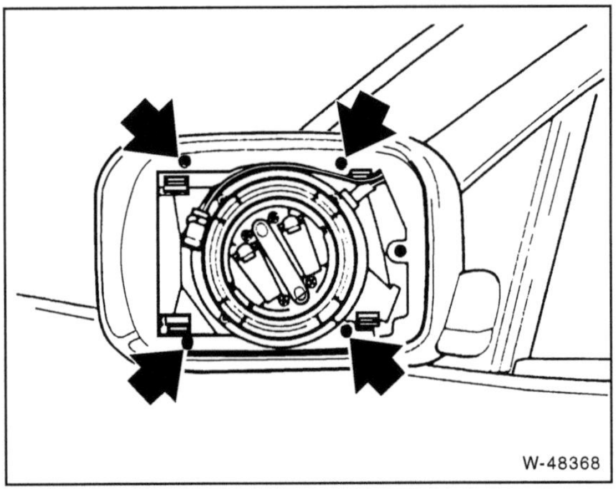

- Spiegel nochmals ganz nach vorn klappen.
- Schrauben herausdrehen und »Gehäusebrille« abnehmen.

Spiegel ohne Abblendautomatik

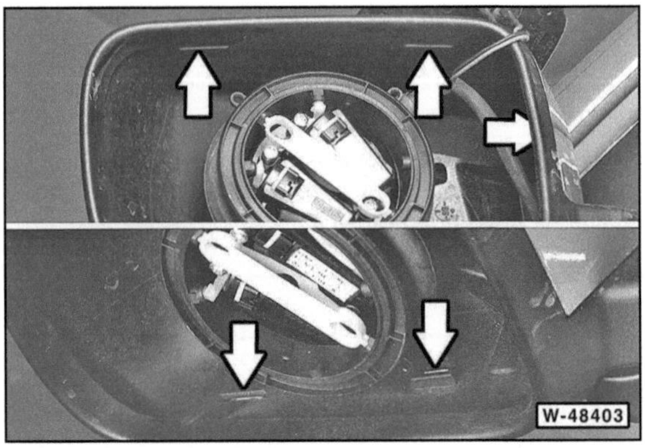

- Spiegel nach vorn klappen.
- Halteklammern aushaken und Abdeckung abnehmen.

Einbau

- »Gehäusebrille« anschrauben.
- Abdeckung einhaken.
- Spiegelglas einbauen.

Innenspiegel aus- und einbauen

Ausbau

- Abblendautomatik: Blende am Spiegelfuß ausheben und Stecker trennen.

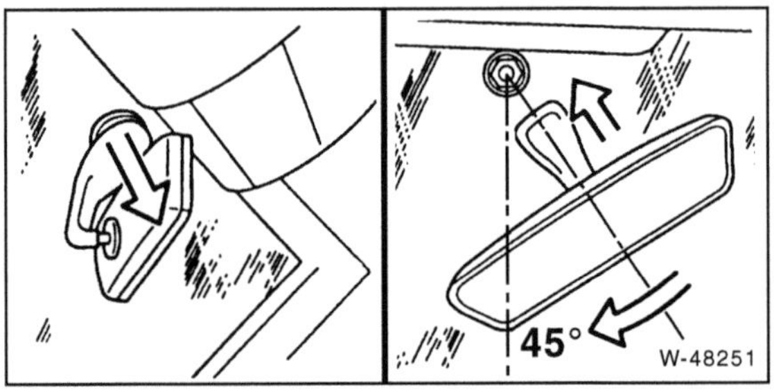

- Spiegel nach hinten vom Spiegelsockel abziehen – linke Abbildung.

Einbau

- Spiegelfuß um ca. 45° gedreht auf den Spiegelsockel aufstecken.
- Spiegelfuß drehen bis dieser auf dem Spiegelsockel einrastet.
- Abblendautomatik: Stecker verbinden und Blende am Spiegelfuß eindrücken.

Mittelkonsole aus- und einbauen

Ausbau

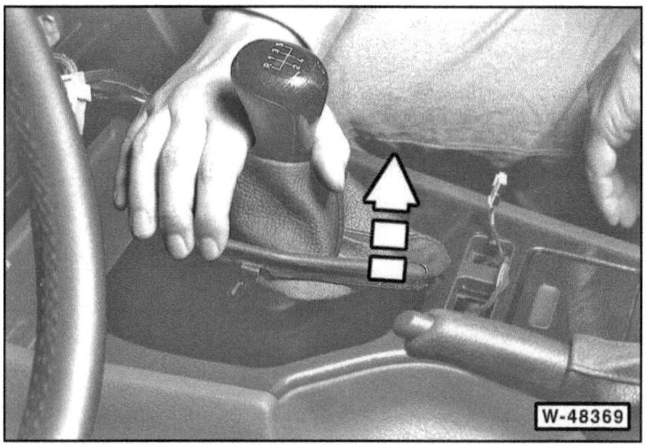

- Abdeckung für Schalthebel ausclipsen und nach oben stülpen.
- Schalter für Warnblinkanlage und Zentralverriegelung ausbauen. Dazu durch die Schalthebelöffnung greifen, Schaumstoffdämmung zur Seite drücken und Schalter von unten herausdrücken. Stecker abziehen.
- In der Schalthebelöffnung Stecker für Zigarettenanzünder trennen.
- Bedieneinheit für Heizung beziehungsweise Klimaautomatik ausbauen, siehe Seite 223.

Hinweis: Die Bedieneinheit sitzt mitunter sehr fest. In diesem Fall zuerst Mittelkonsole ausbauen und anschließend Bedieneinheit von der Rückseite her herausdrücken.

- Schalter unterhalb der Bedieneinheit herausdrücken. Dazu durch die Öffnung für die Bedieneinheit greifen und die Schalter herausdrücken. Stecker abziehen.

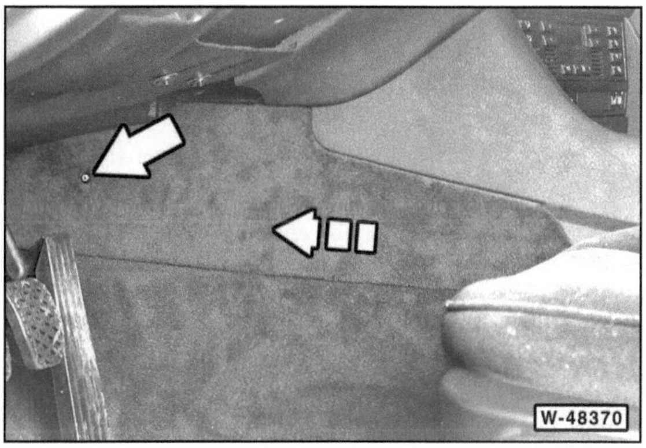

- Seitenteppich links und rechts ausbauen. Dazu Schraube –Pfeil– herausdrehen, Seitenteppich nach vorn schieben und aus den Halteklammern aushängen.

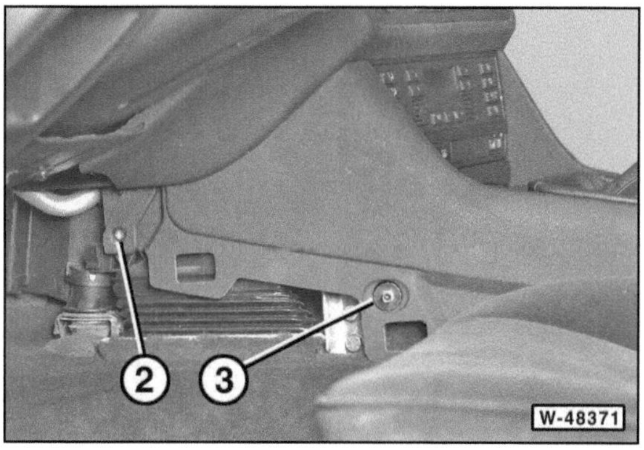

- Schrauben –2– und –3– herausdrehen.

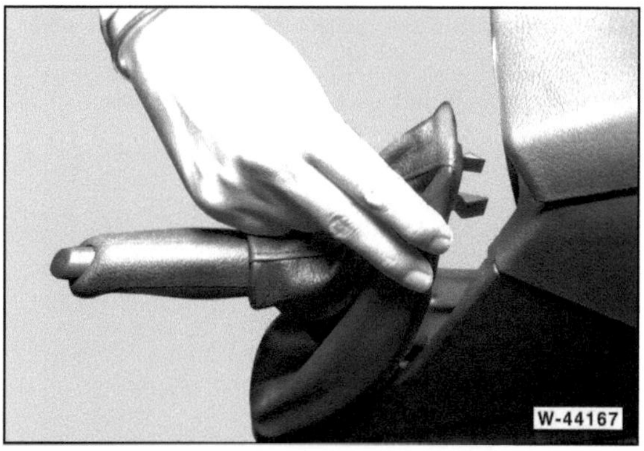

- Abdeckung für Handbremse oben von der Konsole abziehen, nach vorn schwenken und unten aushängen.

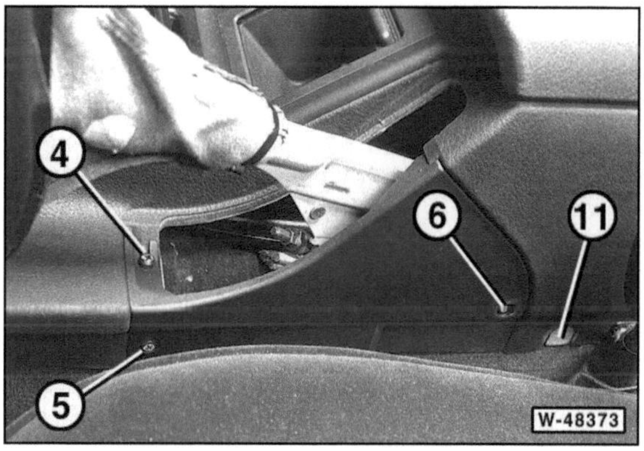

- Schraube –4– lockern.
- Schrauben –5– und –6– herausdrehen, vorher Abdeckkappen abheben.
- Seitliche Abdeckung für Handbremshebel ausclipsen, dazu Abdeckung hinten oben seitlich, zum Fahrersitz hin wegziehen und herausnehmen.

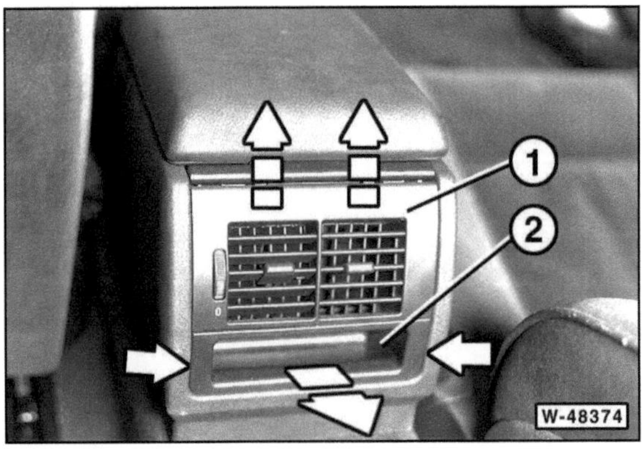

- Hinteres Lüftungsgitter –1– etwas nach oben drücken und Dosenhalter beziehungsweise Ablagefach –2– seitlich mit Schraubendreher seitlich ausheben –Pfeile– und herausnehmen.
- Lüftungsgitter nach unten schieben und abnehmen.

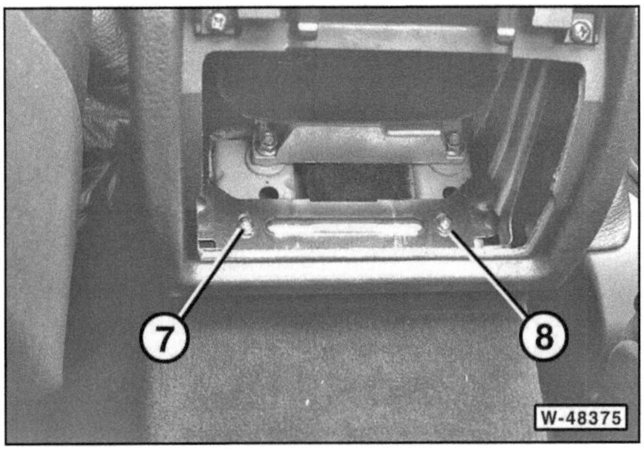

- 2 Schrauben –7– und –8– herausdrehen.
- Sitz ganz nach hinten fahren und am hinteren Seitenteil links und rechts unten je 2 Schrauben herausdrehen, vorher Abdeckkappen –11– (Abbildung W-48373) mit kleinem Schraubendreher abheben.

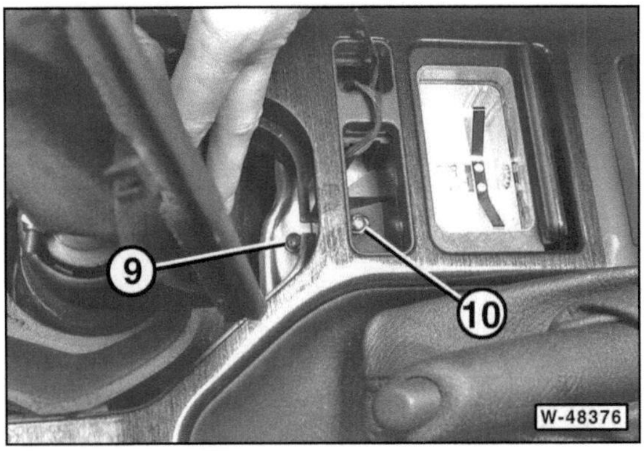

- Schaltgehäusedämmung zur Seite drücken und Schraube –9– herausdrehen.
- Schraube –10– herausdrehen.
- Mittelkonsole hinten etwas anheben und unter der Konsole die Steckverbindung für die Ascherbeleuchtung trennen. Vorher Stecker mit Tesaband markieren.
- Beide Vordersitze, Rückenlehnen und Schalt- beziehungsweise Wählhebel so weit es geht nach hinten verstellen.

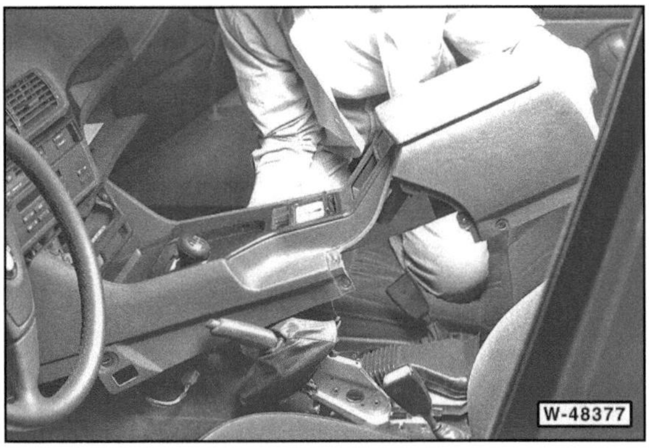

- Mittelkonsole hinten anheben, nach hinten ziehen, zur Beifahrerseite hin schwenken und herausnehmen.

Einbau

- Mittelkonsole von Beifahrerseite aus vorn ansetzen.
- Unter der Konsole Stecker für Handbremsschalter verbinden.
- In der Schalthebelöffnung Stecker für Zigarettenanzünder verbinden.
- Mittelkonsole grob ausrichten und mit 10 Schrauben locker anschrauben:
  - ◆ Zuerst 2 Schrauben links und rechts vorn, vorher Blechmuttern ausrichten
  - ◆ 1 Schraube unter Schalthebeldämmung
  - ◆ 1 Schraube unter Warnblinkschalter
  - ◆ 2 Schrauben links und rechts hinten an der Konsole in Höhe Gurtschloß
  - ◆ 2 Schrauben hinten in der Öffnung für Lüftungsgitter
- Mittelkonsole ausrichten und Schrauben festziehen.
- Abdeckung neben Handbremshebel oben einclipsen und unten andrücken. 3 Schrauben ansetzen und festziehen.
  - ◆ 1 Schraube unter Handbremshebel
  - ◆ 2 Schrauben seitlich vorn und hinten, Abdeckkappen aufdrücken.
- Stecker auf die Schalter für Warnblinkanlage und Zentralverriegelung aufstecken und Schalter in die Öffnungen drücken.
- Schalthebeldämmung einsetzen.
- Hinteres Lüftungsgitter in das Luft-Verbindungsrohr einsetzen und nach oben schieben.
- Ablagefach beziehungsweise Dosenhalter einclipsen.
- Abdeckung für Handbremshebel unten einhängen, oben andrücken und einclipsen.

- Seitenteppich links so ansetzen, daß die beiden Blechklammern in die zugehörigen Öffnungen eingreifen, Abdeckung nach vorn schieben, andrücken und anschrauben. Rechte Seitenteppich auf dieselbe Weise einbauen.
- Stecker für die Schalter unter der Heizbedieneinheit durch die Öffnungen schieben und auf die Schalter aufschieben.
- Schalter in die Öffnungen eindrücken.
- Bedieneinheit für Heizung beziehungsweise Klimaautomatik einbauen, siehe Seite 223.
- Abdeckung für Schalthebel einclipsen.

Motor für Schiebedach aus- und einbauen

Ausbau

- Innenleuchte samt Lampenträger mit schmalem Schraubendreher heraushebeln, Stecker abziehen.

W-48378

- Blende mit Schraubendreher ausheben. Steckverbindung für Betätigungsschalter trennen, dazu Verriegelung durch Zusammendrücken lösen.

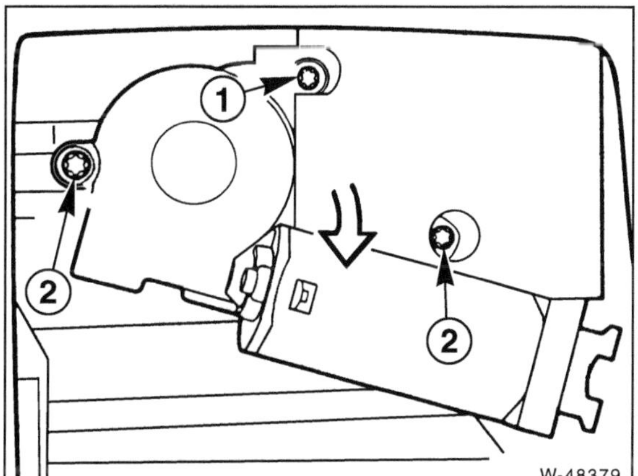

W-48379

- Schrauben mit Torxschlüssel T25 herausdrehen.
- Motor-Getriebeeinheit ausheben und Stecker trennen.

Einbau

- Motor-Getriebeeinheit einsetzen anschließen, und mit 2 kurzen Schrauben –2–, sowie einer langen Schraube –1– ganz leicht mit **3 Nm** anschrauben. Grundsätzlich **neue Schrauben verwenden.** Falls das nicht möglich ist, Schrauben vorher mit Schraubensicherungsmittel, zum Beispiel Loctite 270, bestreichen.
- Stecker am Betätigungsschalter aufschieben, Abdeckung einclipsen.
- Stecker für Innenleuchte aufschieben und Innenleuchte einclipsen.

Schiebedach initialisieren

- Schiebedach in Hebestellung bringen und anschließend Schalter für Schiebedach in Richtung »Hebestellung« weiter gedrückt halten.
- Schalter 5 Sekunden in Hebestellung halten:
  - Nach jeder Stromunterbrechung oder
  - nach Einstellen des Deckels.
- Schalter 20 Sekunden in Hebestellung halten:
  - Nach Funktionsstörungen,
  - Lösen des Antriebs oder
  - Arbeiten an den Seilzügen.
- Die Initialisierung ist beendet, wenn das Schiebedach nochmals kurz in Richtung »Hebestellung« drückt (klickt).

Vordersitz aus- und einbauen

Achtung: Bei elektrischer Sitzverstellung und defektem Antrieb für Sitz-Längsverstellung, siehe Abschnitt am Ende des Kapitels.

Ausbau

- Sitz durch Sitzhöhenverstellung ganz nach oben stellen. Sitz ganz nach vorn fahren.

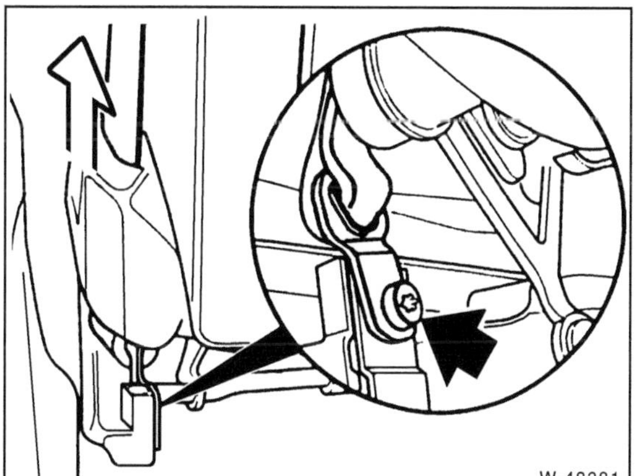
W-48381

- Gurtschraube herausdrehen.

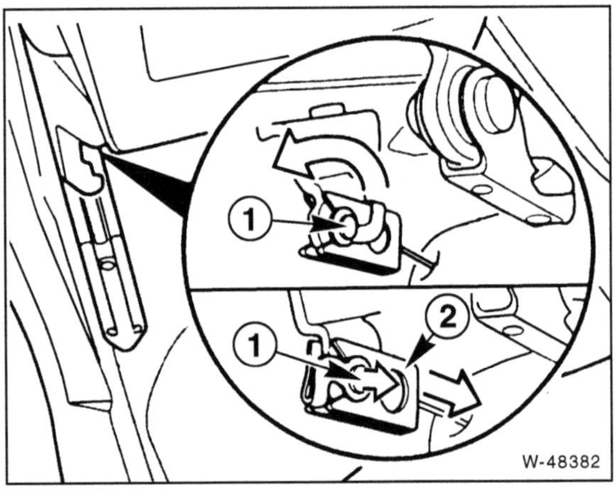

- Sicherung –1– nach hinten entriegeln und nach innen herausziehen. Bowdenzug –2– für Gurthöhenverstellung nach vorn herausheben.

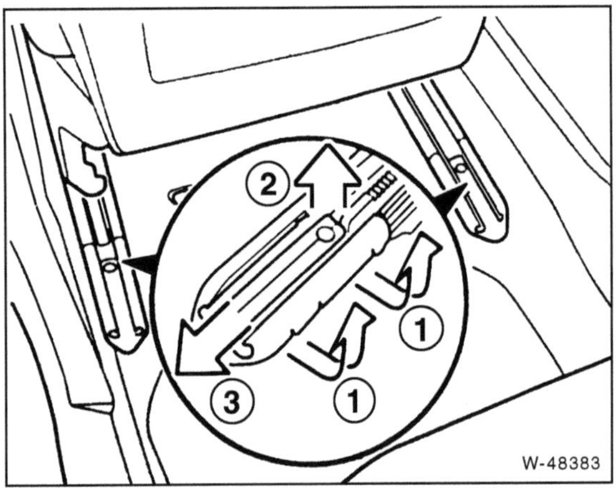

- Blenden innen nach oben herausdrehen –1–, dazu Clipzungen entriegeln, in der Mitte –2– nach oben ausheben und nach hinten –3– abziehen.

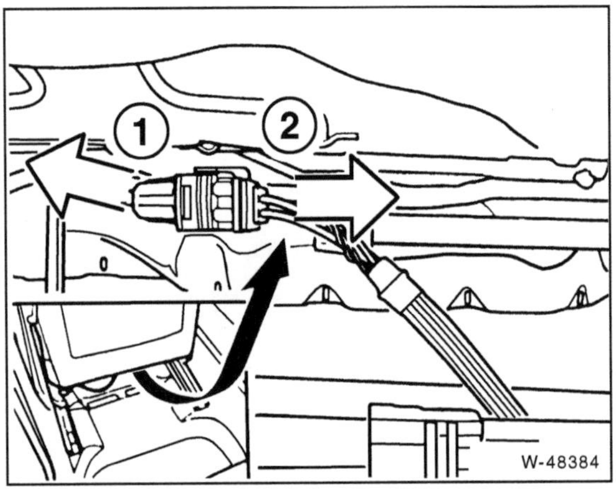

- Stecker entriegeln –1– und abziehen –2–.

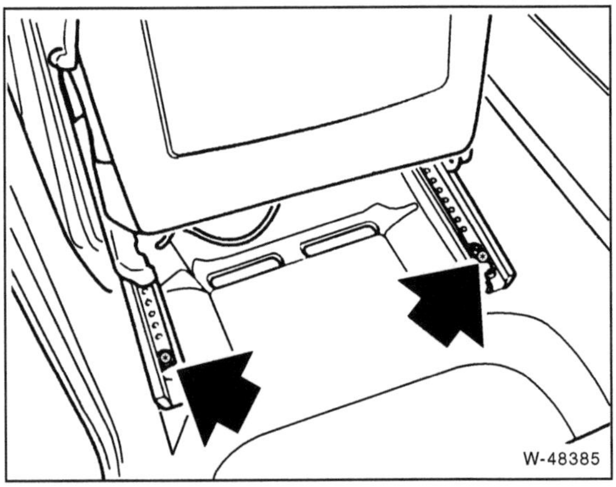

- Hintere Schrauben herausdrehen.
- Sitz ganz nach hinten verstellen.

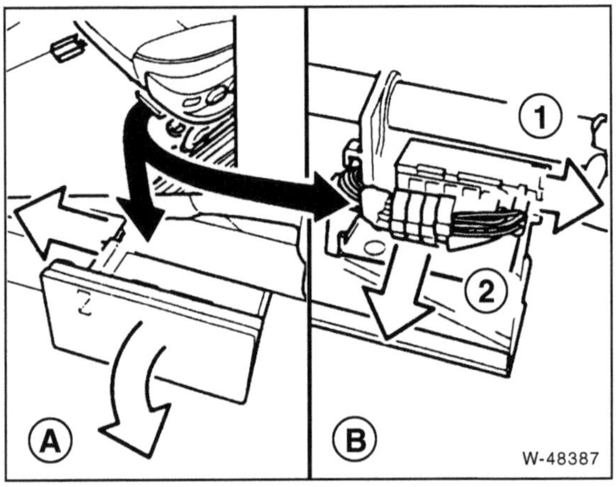

- Elektrische Sitzbetätigung: Abdeckung –A– entriegeln und nach vorn klappen, Stecker –B– entriegeln –1– und abziehen –2–.

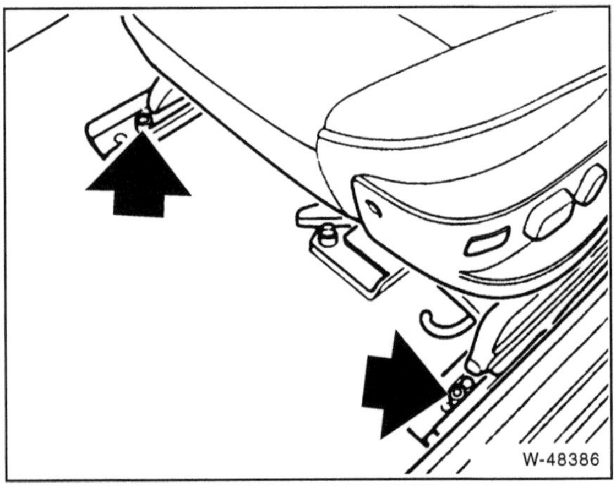

- Vordere Schrauben herausdrehen.
- Vordersitz herausnehmen.

Achtung: Wird der Sitz transportiert, demontiert oder bleibt länger ausgebaut, Gurtschloßstrammer sichern, siehe Seite 214.

Einbau

- Sitz einsetzen und ausrichten. **Achtung:** Der Fußbodenteppich darf im Bereich der Anschraubpunkte nicht zwischen Sitzschienen und Bodenblech geraten, sonst können später Knarzgeräusche auftreten.
- Sitz mit neuen Schrauben anschrauben, zuerst hinten, dann vorn. Schrauben nicht festziehen. **Achtung:** Werden die bisherigen Schrauben wiederverwendet, Schrauben vorher mit Sicherungsmittel Loctite 270 bestreichen.
- Sitz in der Reihenfolge vorn innen, vorn außen, hinten innen, hinten außen mit **40 Nm** festziehen.
- Elektrische Sitzbetätigung: Sitz ganz nach hinten stellen. Stecker aufschieben und verriegeln. Abdeckung einsetzen.
- Mehrfachstecker verbinden und einrasten.
- Blenden einclipsen.
- Bowdenzug für Gurthöhenverstellung einhängen und sichern.
- Gurt unten mit **50 Nm** anschrauben.

Nur bei defekter elektrischer Sitz-Längsverstellung:

- Blende für Sitzschiene innen abbauen.
- Sitzneigungsverstellung nach oben verstellen.
- Falls vorhanden, Schlauch von der Lordosenpumpe abziehen.
- 2 Schrauben an der Sitzschiene vorne lösen und Vordersitz nach hinten kippen.
- 2 Schrauben am Stellantrieb der Sitz-Längsverstellung herausdrehen und Stellantrieb abziehen.
- Bedienschalter für Sitz-Längsverstellung betätigen.
  - Keine Funktion: Neuen Stellantrieb anstecken und betätigen. Wenn jetzt die Verstellung funktioniert ist das Getriebe in Ordnung, nur Stellantrieb ersetzen.
  - Stellantrieb läuft, Sitz bewegt sich nicht: Getriebe für Sitzverstellung defekt, ersetzen.
- Stecker für Sitz-Längsverstellung abziehen.
- Mit großem Bolzenschneider die Verbindungswelle durchtrennen.
- 2 Muttern rausdrehen und Getriebe links und rechts ausbauen. Anschließend kann der Sitz von Hand verschoben werden.
- Sitzschienen vorn am Sitzrahmen anschrauben (nur zum Ausbau).
- Sitz ausbauen und Sitzschienen ersetzen.

Gurtschloßstrammer

Der Gurtschloßstrammer ist in den Vordersitzen eingebaut. Er sorgt bei einem Frontalaufprall für einen eng am Körper anliegenden Sicherheitsgurt und verhindert, daß der Insasse unter dem Sicherheitsgurt wegrutscht. Ausgelöst wird der Gurtschloßstrammer bei einem starken Frontalaufprall durch das elektronische Steuergerät für Airbag/Gurtstrammer. Je nach Unfallschwere löst das Steuergerät entweder nur die Gurtstrammer oder zusätzlich auch die Airbags aus.

Über das Steuergerät wird eine kleine Sprengladung im Gurtschloßstrammer gezündet. Die Gase der Explosion treiben einen Kolben im Rohr des Gurtschloßstrammers nach vorn, der mit dem Gurtschloß über ein Drahtseil verbunden ist. Das Gurtschloß wird nach unten gezogen, Dadurch verringert sich der Leerweg des Schulter- sowie des Beckengurtes.

Ein ausgelöster Gurtschloßstrammer ist erkennbar am Aufleuchten der Kontrolleuchte für Airbag/Gurtschloßstrammer. In ausgelöstem Zustand funktionieren die Sicherheitsgurte, als wäre kein Gurtschloßstrammer eingebaut.

Der Gurtschloßstrammer ist wartungsfrei. Nach Auslösen muß er komplett ersetzt werden. **Achtung:** Vor der Entsorgung eines nicht ausgelösten Gurtschloßstrammers muß dieser in eingebautem Zustand zwangsausgelöst werden (Werkstattarbeit).

Achtung: Um ein ungewolltes Auslösen des Gurtschloßstrammers und des Airbags zu vermeiden, Sicherheitsregeln beachten.

Sicherheitsmaßnahmen zum Gurtschloßstrammer

- Austausch- und Überprüfungsarbeiten am Gurtschloßstrammer/Airbag-System dürfen nur von der Fachwerkstatt durchgeführt werden. Grundsätzlich dürfen keinerlei Veränderungen vorgenommen werden.
- Wurden aufgrund eines Unfalls die Gurtschloßstrammer ausgelöst, müssen sie durch Neuteile ersetzt werden (Werkstattarbeit).
- Vor Arbeiten am Gurtschloßstrammer-System ist das Batterie-Massekabel abzuklemmen. Anschließend Minuspol an der Batterie isolieren, um versehentlichen elektrischen Kontakt zu vermeiden.
- Eine nicht ausgelöste, ausgebaute Gurtstrammer-Einheit muß bei länger andauernder Fahrzeug-Reparatur unter Verschluß gelagert werden.
- Die Gurtschloßstrammer-Einheit und das Steuergerät sind schlagempfindlich. Falls sie von einer größeren Höhe als 50 cm herunterfallen, dürfen diese nicht mehr eingebaut werden.
- Bei Schweißarbeiten muß die Polklemme des Schweißgerätes unmittelbar an der Schweißstelle angebracht werden. Auf jeden Fall ist das Steuergerät vom Kabelsatz zu trennen.

- Das Steuergerät für Airbag/Gurtschloßstrammer befindet sich unter der Mittelkonsole. Zur Vermeidung von Funktionsstörungen dürfen dort keine magnetischen Gegenstände abgelegt werden.
- Die Gurtschloßstrammer-Einheit sowie das Steuergerät dürfen auch kurzzeitig keiner Temperatur von mehr als 90° C ausgesetzt werden. Beschädigte bzw. defekte Einzelteile dürfen keinesfalls repariert werden. Die Komponenten des Airbag/Gurtschloßstrammer-Systems dürfen nicht gewaltsam geöffnet werden. Vor dem Einbau erneut überprüfen, ob das Batterie-Massekabel abgeklemmt und der Minuspol abgedeckt sind.
- Auf keinen Fall darf der Gurtschloßstrammer ausgebaut und selbst entsorgt werden. Explosionsgefahr!

Systemkontrolle

- Die Kontrolleuchte für Airbag/Gurtstrammersystem muß beim Einschalten der Zündung aufleuchten und nach etwa 4 Sekunden erlöschen.
- Eine Systemstörung liegt vor, wenn die Kontrolleuchte beim Einschalten der Zündung nicht aufleuchtet.
- Erlischt die Leuchte nicht oder leuchtet sie während der Fahrt auf, liegt eine Störung im Airbag-System vor. Es muß davon ausgegangen werden, daß das Airbag/Gurtschloßstrammer-System dann nicht mehr funktionsfähig ist.

Gurtschloßstrammer sichern

- Vordersitz ausbauen.

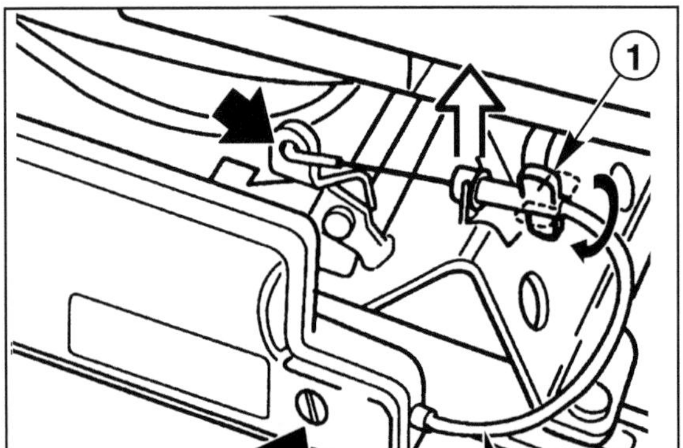

- Mechanische Sitzverstellung: Gurtschloß-Strammer entschärfen. Dazu Knebel –1– um 90° nach links drehen (senkrecht zur Sitzfläche stellen) und Bowdenzug –2– nach oben aus Widerlager und Betätigungshebel aushängen.

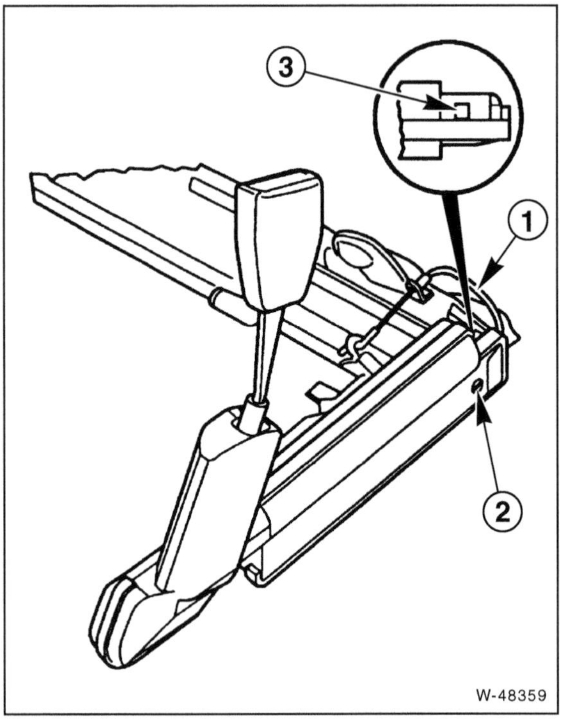

- Elektrische Sitzverstellung: Gurtschloß-Strammer entschärfen. Dazu Schlitzschraube –2– verdrehen, bis im Sichtfenster –3– die grüne Markierung auf rot wechselt. 1 – Bowdenzug.

Achtung: Das System ist scharf, wenn der Bowdenzug am Sitz eingehängt beziehungsweise die grüne Anzeige sichtbar ist.

Rücksitz aus- und einbauen

Ausbau

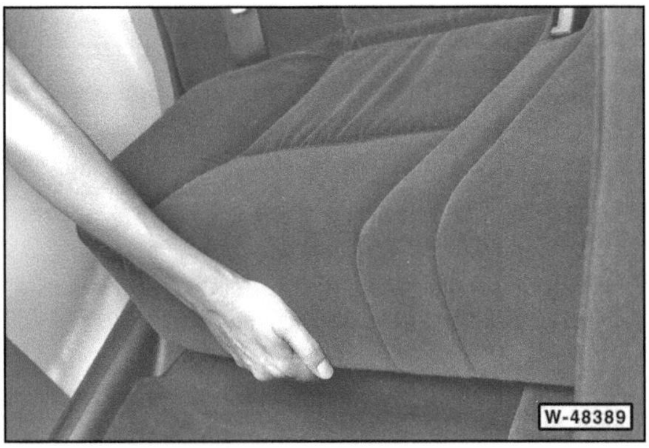

- Rücksitzbank auf beiden Seiten vorn kräftig nach oben ziehen und dadurch aus den Klammern herausziehen.
- Rücksitzbank etwas nach vorn unter der Rückenlehne herausziehen, Gurtschlösser ausfädeln, und Rücksitzbank aus dem Fahrzeug herausnehmen.

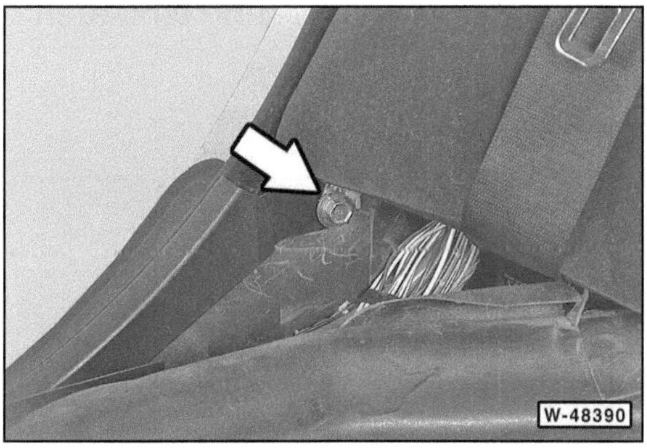

- Rückenlehne links und rechts abschrauben.
- Mittlere Kopfstütze maximal nach oben verstellen und dann kräftig nach oben herausziehen.
- Rückenlehne nach oben ziehen und aushängen.
- Rückenlehne aus dem mittleren Gurt ausfädeln und herausnehmen.

Einbau

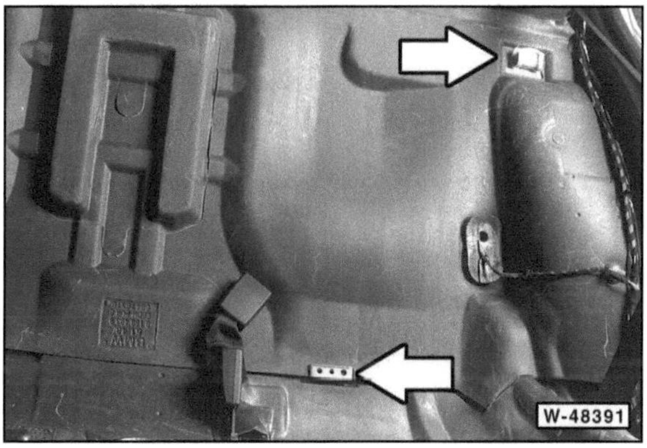

- Rücksitzlehne in mittleren Gurt einfädeln, über den Haltern ansetzen, nach unten schieben und einrasten. Dabei Gurtschlösser gegebenenfalls nach unten biegen.
- Rückenlehne seitlich anschrauben.
- Mittlere Kopfstütze einsetzen und nach unten schieben.
- Gurtschlösser durch die Öffnungen der Rücksitzbank einfädeln.
- Rücksitzbank so weit nach hinten unter die Lehne schieben, bis sich vorn die Klammern über den Nasen im Fahrzeugboden befinden. In dieser Stellung Rücksitzbank kräftig nach unten drücken und einrasten.

Hutablage aus- und einbauen

Ausbau

Hinweis: Es wird der Ausbau der Hutablage mit Heckscheibenrollo beschrieben.

- Beide Verkleidungen für C-Säule oben abdrücken, aus 2 Steckclips ausclipsen.
- Stecker für Innenleuchte abziehen und Abdeckung mit Innenleuchte beiseite legen.
- Sicherheitsgurte unten abschrauben.
- Rücksitzlehne ausbauen. Bei Rücksitzlehne mit Durchladevorrichtung, Lehne vorklappen.

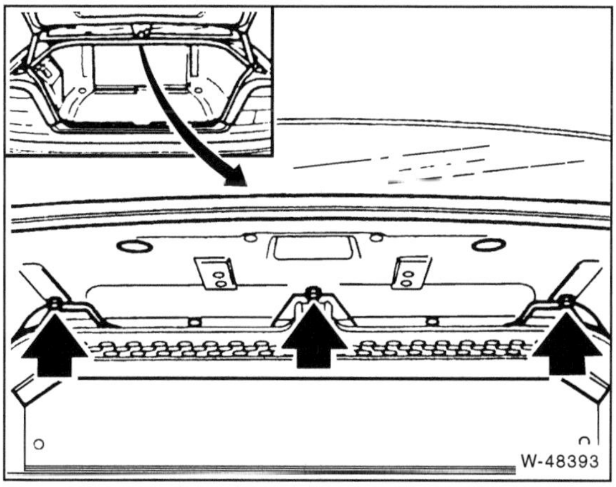

- Heckscheibenrollo vom Kofferraum her mit 3 Muttern abschrauben. Vorher Einbaulage der Muttern markieren, dazu mit Filzstift Unterlegscheiben umkreisen.
- Im Innenraum an der rechten Seite Steckverbindung für Heckscheibenrollo trennen.
- Äußere Kopfstützen ausbauen. Dazu Kopfstützen ganz nach oben ziehen, an den Führungen leicht nach vorn und hinten drücken und nach oben herausziehen.
  2. Möglichkeit:
  - ◆ Blende für Kopfstützen ausclipsen. Dazu Blende hinten hochziehen, schräg nach hinten oben ziehen und dadurch vorn herausziehen.
  - ◆ Kopfstütze ausrasten und nach oben herausschieben. Dazu mit dem Finger durch die Öffnung in der Hutablage Entriegelungshebel ertasten und gegen die Federkraft nach vorn schieben. Der Entriegelungshebel befindet sich an der inneren Seite des äußeren Führungsstabes.
- Aufnahme für mittlere Kopfstütze abschrauben.
- Gurtblenden aus der Hutablage aushebeln und mit Gurten ausfädeln.
- Hutablage mit 4 Spreizclips ausclipsen, vorher Kunststoffschraube mit Kreuzschlitzschraubendreher herausdrehen. **Hinweis:** Bei Durchladevorrichtung sind 6 Spreizclips vorhanden.

- Hutablage etwas nach vorn ziehen. Dabei von Helfer die Schrauben (Gewindebolzen) für das Heckscheibenrollo im Kofferraum durch die Bohrungen hochdrücken lassen. Vom Innenraum her in die seitlichen Öffnungen des Heckscheibenrollos reingreifen und hochheben, gleichzeitig Abdeckung nach vorn ziehen. Dadurch werden die Bolzen für Befestigung des Heckscheibenrollos über die Resonanzkästen der Lautsprecher gehoben. **Achtung:** Andernfalls haken die Gewindebolzen und die Hutablage kann nicht nach vorn gezogen werden.

Einbau

- Hutablage einsetzen und nach hinten schieben. Dabei müssen die 4 Zapfen der Hutablage im hinteren Bereich in die Führungen der Karosserie eingreifen.
- Hutablage vom Kofferraum her mit 3 Muttern und Unterlegscheiben entsprechend den angebrachten Markierungen anschrauben (6 Nm).
- 4 beziehungsweise 6 Spreizclips einsetzen, Kunststoffschrauben reindrehen.
- Gurte mit Blenden in die Hutablage einfädeln, Blenden einclipsen.
- Aufnahme für mittlere Kopfstütze anschrauben.
- Falls ausgebaut, Blende für Kopfstützen einclipsen.
- Äußere Kopfstützen einsetzen und einrasten.
- Stecker für Heckscheibenrollo verbinden.
- Rücksitzlehne einbauen beziehungsweise zurückklappen.

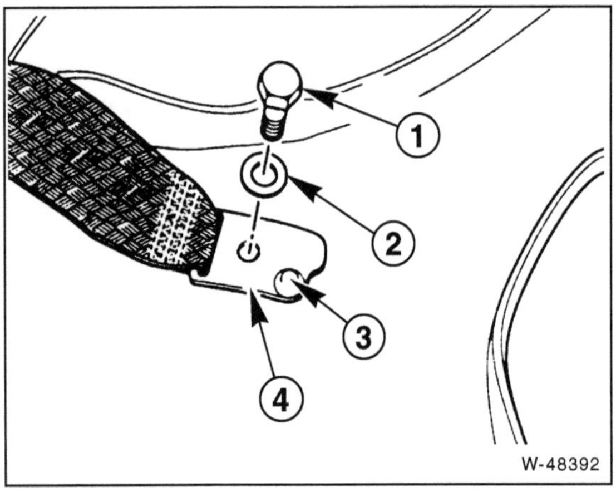

- Sicherheitsgurte –4– unten mit Sechskantschraube –1– und Scheibe –2– anschrauben und mit **50 Nm** festziehen. **Achtung:** Die Nase –3– muß beim Einbau oben liegen.
- Stecker für Innenleuchten verbinden und Verkleidungen für C-Säule einclipsen.

Heckscheibenrollo aus- und einbauen

Ausbau

- Hutablage ausbauen.

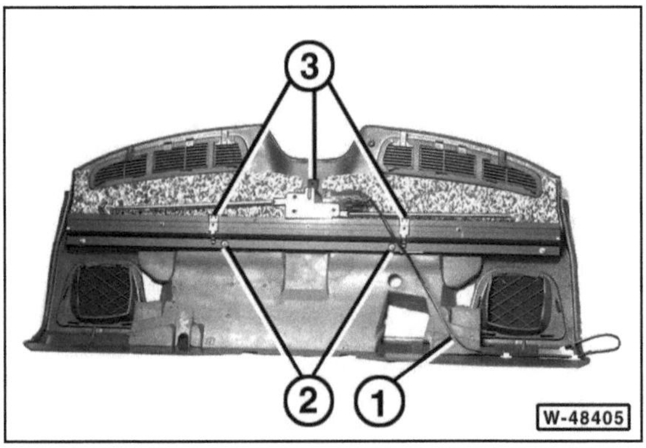

- Elektrische Leitungen –1– freilegen.
- Muttern –2– abschrauben.
- Klettverschlüsse –3– ausheben.
- Blenden links und rechts ausheben, dazu Zahnscheiben lösen.
- Heckscheibenrollo aus der Hutablage ausfädeln.

Einbau

- Heckscheibenrollo in Hutablage einfädeln und anschrauben (3 Nm).
- Klettverschlüsse und Blenden einsetzen.
- Elektrische Leitungen in die Führungen einlegen.
- Hutablage einbauen.

Lackierung

Ausbeul- und Lackierarbeiten an der Autokarosserie setzen Erfahrung über den Werkstoff und dessen Bearbeitung voraus. Derartige Fertigkeiten werden in der Regel erst durch eine langjährige Praxis vervollkommnet. Aus diesem Grund wird hier nur das Ausbessern von kleineren Karosserie- und Lackschäden erläutert.

Zum Nachlackieren wird unbedingt dieselbe Lackfarbe benötigt, denn selbst kleinste Farbunterschiede fallen nach Abschluß der Arbeiten sofort ins Auge. Der jeweilige Fahrzeug-Farbton wird vom Hersteller durch die Lack-Nummer auf einem Kennschild vermerkt, das sich neben dem Fahrzeug-Typenschild im Motorraum an der rechten Seitenwand befindet.

Treten dennoch Differenzen zwischen dem Originallack und dem Reparaturlack auf, dann liegt das daran, daß Fahrzeug-Lackierungen sich durch Alterung, ultraviolette Sonnenbestrahlung, extreme Temperaturdifferenzen, Witterungsbedingungen und chemische Einflüsse wie beispielsweise Industrieabgase mit der Zeit verändern. Außerdem können Oberflächenschäden, Farbveränderungen und Ausbleichen des Lackes eintreten, wenn Reinigung und Lackpflege mit ungeeigneten Mitteln durchgeführt wurden.

Die Metallic-Lackierung besteht aus 2 Schichten, dem Metallic-Grundlack und der farblosen Decklackierung. Beim Lackieren wird der Klarlack über den feuchten Grundlack gespritzt. Die Gefahr von Farbdifferenzen bei der nachträglichen Metallic-Lackierung ist besonders groß, da hier schon unterschiedliche Viskosität des Reparaturlackes gegenüber dem Originallack zu Farbverschiebungen führt.

Steinschlagschäden ausbessern

Es lohnt sich, regelmäßig auch kleinste Lackschäden zu beseitigen, da auf diese Weise Rostschäden und größere Reparaturen vermieden werden.

Für kleine Kratzer und Steinschläge, die lediglich den Decklack abgesplittert haben, also nicht bis aufs blanke Blech vorgedrungen sind, genügt im allgemeinen der Lackstift. Neben diesem Tupflack mit kleinem Pinsel hilft auch die im Zubehörhandel oft angebotene selbstklebende Lackfolie, wenn die Beschädigung sehr gering ist oder nur Grundierung aufgetragen wird.

- Tiefere Steinschlagschäden, die schon kleine Rostpickel gebildet haben, mit einem »Rostradierer« beziehungsweise einem Messer oder einem kleinen Schraubendreher auskratzen, bis das blanke Blech erscheint. Wichtig ist, daß keine auch noch so kleine Roststelle mehr sichtbar ist. Bei »Rostradierern« handelt es sich um kleine Kunststoffhülsen, die zum Auskratzen des Rostes kurze Drahtborsten besitzen.
- Die blanken Stellen müssen einwandfrei trocken und fettfrei sein. Dazu Reparaturstelle sowie umgebenden Lack mit Silikonentferner reinigen.
- Auf die blanke Metallfläche mit einem dünnen Pinsel etwas Lackgrundierung (»Primer«) auftragen. Da das Grundiermittel meist in Sprühdosen erhältlich ist, etwas Grundiermittel in den Deckel der Dose sprühen und Pinsel dort eintauchen.
- Nachdem die Grundierung trocken ist, Stelle mit Tupflack ausbessern. Bei den Tupflackdosen ist der Pinsel bereits im Deckel integriert. Falls nur eine Spraydose mit der entsprechenden Farbe zur Verfügung steht, etwas Farbe in den Deckel der Dose sprühen und anschließend Lack mit einem dünnen Wasserfarbenpinsel auftragen. Dabei in einem Arbeitsgang immer nur eine dünne Lackschicht anbringen, damit der Lack nicht herunterlaufen kann. Anschließend Farbe gut trocknen lassen. Vorgang so oft wiederholen, bis der Krater ausgefüllt ist und die ausgebesserte Stelle gegenüber der umgebenden Lackfläche keine Vertiefung mehr bildet.

Karosserie ausbeulen/Rostlöcher ausbessern

Kleine Dellen können mit einem Ausbeulhammer sowie einem passenden Handamboß ausgebeult werden. Bei Rostlöchern in der Karosserie empfiehlt es sich, das Teil je nach Schadensumfang komplett auszutauschen oder ein Blechstück einschweißen zu lassen.

Ausbeulen

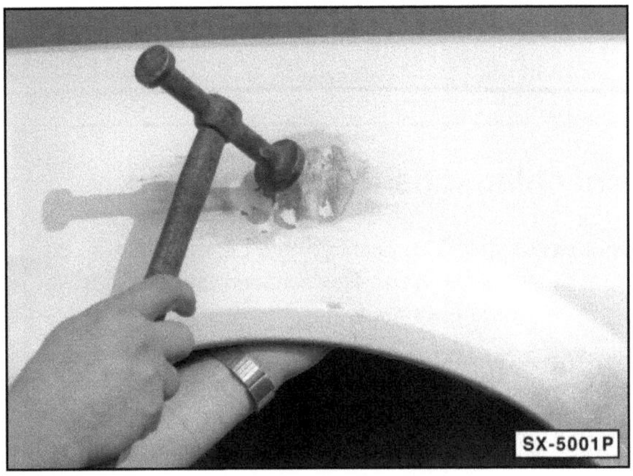

- Kleinere Dellen mit einem Ausbeulhammer zurückschlagen. Dabei auf der anderen Seite mit einem Handamboß gegenhalten. Nicht zu stark hämmern, sonst dehnt sich das Blech zu stark und man bekommt es nicht mehr glatt. Vom Rand ausgehend gleichmäßig zur Mitte hin arbeiten.
- Die ausgebeulte Fläche immer wieder mit der Hand prüfen, bis man die gewünschte Form gefunden hat. Kleinere Unebenheiten werden später ausgespachtelt.
- Roststellen und alte Lackreste sind nach dem Ausbeulen sorgsam von der Reparaturstelle zu entfernen. Entweder mit Sandpapier grober Körnung (120), das über einen Schleifblock gespannt wird, oder mit passenden Schleifblättern auf der Schwabbelscheibe. Naheliegende Zierleisten oder Kunststoffteile mit Abdeckband abkleben, damit sie bei einem Ausrutscher nicht versehentlich verkratzt werden.

Lackierung vorbereiten

- Vor jeder Lackreparatur das Auto waschen, damit Schleifkratzer und Schmutzeinschlüsse vermieden werden.
- Nur bei Temperaturen über +12° C, nicht in praller Sonne und nicht bei starkem Wind arbeiten.

Entrosten

- Reparaturstelle großzügig mit Abdeckband (Tesakrepp) abkleben, damit der umliegende Lack nicht versehentlich beschädigt wird.
- Jeden sichtbaren sowie unter Rostblasen versteckten Rost mit Dreikantschaber oder Schraubendreher sowie Schleifpapier der Körnung 120 entfernen.
- Die Kante rings um die Schadenstelle anschließend mit Schleifpapier Körnung 320 zum gesunden Lack hin etwa 1 bis 2 Zentimeter breit anschleifen.
- An verzinkten Karosserieteilen sollte möglichst nur bis auf die Grundierung, nicht bis auf das Zink durchgeschliffen werden.

Rostschutzgrundierung (»Primer«) aufsprühen

- Die Reparaturstelle mit Nitroverdünnung und einem sauberen Lappen fett- und staubfrei wischen und trocknen lassen.
- Damit keine Verträglichkeitsprobleme auftreten, sollte der »Primer« und der später aufzutragende Decklack vom gleichen Hersteller sein. Sonst kann der Lack später Blasen werfen oder schrumpfen.
- Der »Primer« wird auf das entrostete Blech aus einem Abstand von etwa 25 cm extrem dünn, aber deckend aufgesprüht. Um Spritznebel auf den umgebenden Teilen zu vermeiden, Umfeld zunächst einige Zentimeter neben der Reparaturstelle mit Abdeckband und Papier (Zeitungspapier) abdecken.
- Nach 10 bis 15 Minuten Ablüftzeit kann weiter überspritzt werden. Muß die Stelle gespachtelt werden, »Primer« vorher ganz trocknen lassen.

Spachteln

Man unterscheidet 2 Spachtelarten: Den Zweikomponentenspachtel und den Feinspachtel. Zweikomponentenspachtel wird kurz vor der Verarbeitung mit Härter vermischt. Er härtet schnell aus und muß rasch verarbeitet werden. Man benutzt ihn, um größere Unebenheiten im Blech auszugleichen. Feinspachtel ist ein Ziehspachtel, mit dem feinere Unebenheiten geglättet werden. Man kann ihn in mehreren Lagen auftragen. Beide Spachtelarten gibt es in Tuben und Dosen, Füllspachtel gibt es auch aus der Spraydose. **Achtung**: Obwohl auf der Dose oft noch direkter Spachtelauftrag auf das blanke Blech empfohlen wird, ist auf jeden Fall die Vorbehandlung mit dem »Primer« ratsam (Rostschutz).

- Auf die ausgebeulte oder mit Glasfasermatten ausgebesserte Stelle Zweikomponentenspachtel auftragen und aushärten lassen. Gebrauchsanleitung des Herstellers beachten.
- Nach dem Trocknen Unebenheiten von Hand oder mit Schwingschleifer abschleifen. Dabei sollte ein Schleifpapier mit der Körnung »180« verwendet werden. Es kann bereits Wasserschleifpapier verwendet werden. In diesem Fall die Reparaturstelle (mit Schwamm) und das Schleifpapier während des Schleifens von Zeit zu Zeit mit reichlich Wasser abspülen.
- Anschließend Reparaturstelle sauber abwischen und trocknen lassen.

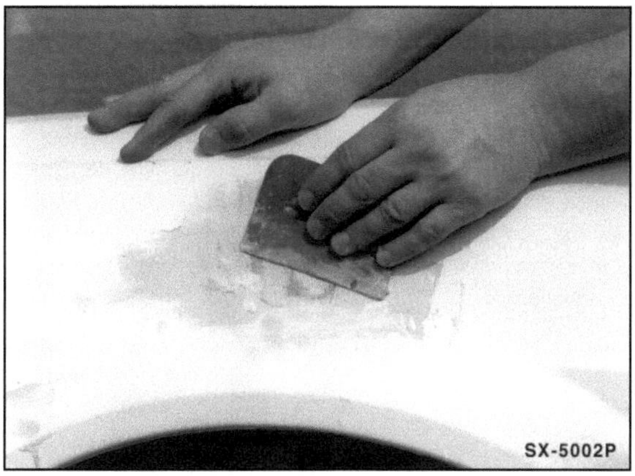

- Mit breitem, elastischem Kunststoffspachtel die Reparaturstelle mit Feinspachtel überziehen und mindestens 2 Stunden lang aushärten lassen. Auf starken Rundungen und Konturen empfiehlt sich ein Feinspachtel aus der Spraydose.
- Je nach Schichtdicke muß Feinspachtel gut 2 bis 3 Stunden durchtrocknen.

Schleifen

Schleifpapier ist in verschiedenen Körnungen erhältlich. Je kleiner die Zahl, um so grober der Schliff. Zum Schleifen von Zweikomponentenspachtel empfiehlt sich Körnung 180 bis 240; Füllspachtel und alter Lack werden mit Körnung 360 naß geschliffen. Für den letzten Naßschliff vor der Lackierung empfiehlt sich 600er Schleifpapier.

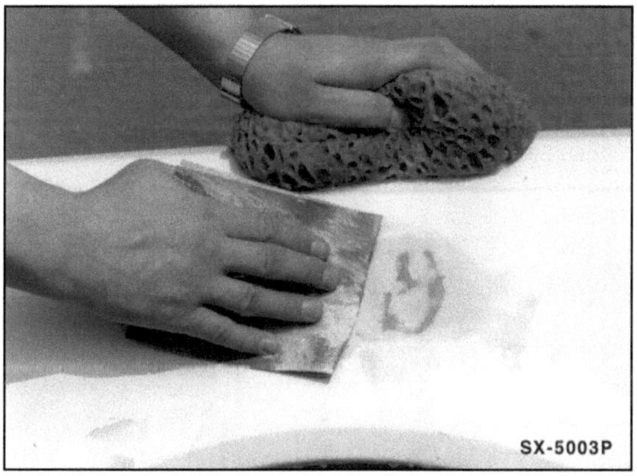

- Fertige Spachtelstelle mit 360er Papier naß überschleifen, dabei ständig einen Schwamm über der Reparaturstelle ausdrücken. Schwamm von Zeit zu Zeit in sauberes Wasser tauchen und wieder vollsaugen lassen.
- Für den folgenden nassen Feinschliff eignet sich am besten spezielles Naßschleifpapier mit 600er Körnung, dabei wird auch der angrenzende und zu überspritzende Lack mit angeschliffen. Dabei nur in Fahrzeuglängsrichtung schleifen; dann sind verbleibende kleine Schleifriefen hinterher im Decklack kaum sichtbar.

Reinigen

Vor dem Spritzen muß die geschliffene Lackoberfläche sowie ein bis zwei Handbreiten des umliegenden Lackes von Fett- und Silikonresten befreit werden. Am besten eignet sich dazu Silikonentferner.

- Nach dem Schleifen Reparaturstelle sorgfältig reinigen und alle angrenzenden Fahrzeugflächen mit Zeitungspapier und Klebeband ganz exakt abkleben. Bei Lackierungen an den Kotflügeln ebenfalls die Reifen und die Stoßdämpfer sorgfältig abkleben.

- Reparaturstelle möglichst immer so abkleben, daß die gespritzte Fläche bis zur nächsten Zierleiste oder Karosseriekante reicht, da am Rand der Abklebung ein Farbgrat entsteht. Falls ein annähernd fließender Übergang zum Originallack unumgänglich ist, etwa zwei Handbreit um die Reparaturstelle abkleben.
- Fußboden zur Staubbindung mit Wasser anfeuchten.

Lackieren

Damit beim Lackieren keine Probleme auftreten, sollte der zuvor aufgetragene »Primer« vom gleichen Hersteller stammen wie der Spraydosenlack. Der Lack wirft dann keine Blasen und schrumpft nicht.

Achtung: Es empfiehlt sich, den Lackiervorgang zunächst an einem geeigneten Blech, zum Beispiel einem alten Kotflügel, zu üben.

- Zum Lackieren muß das zu lackierende Teil trocken und staubfrei sein. Wenn möglich, mit Preßluft abblasen.
- Fußboden zur Staubbindung mit Wasser anfeuchten.
- Reparaturstelle über die zu lackierende Fläche hinaus mit Silikonentferner abreiben. Noch besseren Haftgrund für den Decklack erhält man durch Abreiben der gereinigten Fläche mit **silikonfreier** Polierpaste.
- Spraydose vor Gebrauch wenigstens 3 bis 5 Minuten lang intensiv schütteln, sonst bilden sich auf dem Blech Lacknasen.
- Bei **Metallic-Lack** anschließend etwas Farbe auf einen Karton sprühen, damit eventuell im Steigrohr abgesetzte Metallpartikel beseitigt werden.

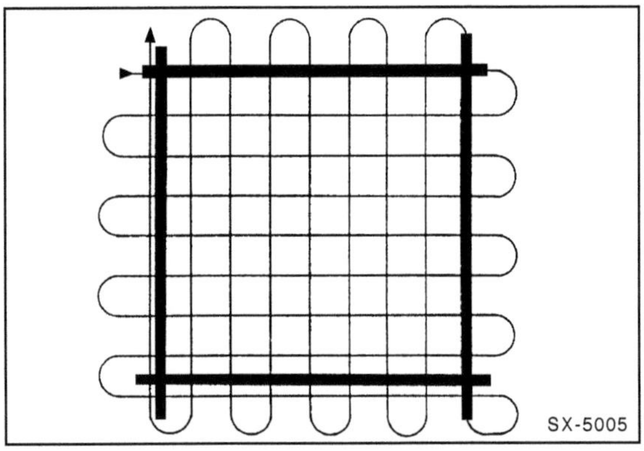

- Große Flächen, ob senkrecht oder waagerecht, werden im »Kreuzgang« gespritzt: Man beginnt außerhalb der Fläche und schwenkt den Spritzstrahl außerhalb in die andere Richtung.
- Kleine Stellen spiralförmig von außen nach innen besprühen, damit ein unnötig großes Sprühnebelfeld vermieden wird.
- Spraydose mit gleichbleibender Geschwindigkeit und gleichmäßigem Abstand über die Oberfläche führen. Der richtige Abstand liegt bei etwa 25 cm.
- Soll der Lacküberzug möglichst übergangslos zum gesunden Lack aufgetragen werden: Das gelingt am besten, wenn man ihn in mindestens vier sich überlappenden Spritzgängen aufträgt. Jeder einzelne Auftrag sollte den vorhergehenden Lackauftrag um zwei bis drei Zentimeter vergrößern.

Achtung: Wird aus nächster Nähe gesprüht oder ist die Sprühbewegung zu langsam beziehungsweise von wechselnder Geschwindigkeit, treten sogenannte Lacknasen auf. Das heißt, der Lack läuft an einigen Stellen herunter, weil dort zuviel Farbe auf einmal aufgespritzt wurde. Ebenso verhält es sich, wenn die Richtungsänderungen beim Sprühvorgang nicht über der abgedeckten Fläche durchgeführt werden.

Der Spritzvorgang ist mit ca. 5minütigen Pausen, zum Abdunsten des Lösungsmittels, so oft zu wiederholen, bis der Lack eine ausreichende Deckung erreicht hat. Besonders Metallic-Lack auch zwischen den einzelnen Spritzgängen aufschütteln, da sich die Metallic-Partikel schnell absetzen.

Achtung: Bei Metallic-Lack ist eine Farbübereinstimmung mit dem Original-Lack nur schwer möglich. Die Pigmentierung (Verteilung der Aluminium-Partikel) wird gleichmäßiger, wenn der letzte Spritzgang aus etwa 30 cm statt 25 cm erfolgt. Mit dieser Technik ist auch eine gewisse Farbtonangleichung möglich: Langsame Handbewegung und damit satter Auftrag macht dunkler, nach schnellerem Überspritzen scheint Metalliclack dagegen heller.

- Bei Metallic-Lackierungen den Basis-Metallic-Lack mit einem Klarlacküberzug versehen, erst danach bekommt der Metallic-Lack seinen Glanz. Gespritzt wird wieder mindestens drei– bis viermal dünn, wobei jedesmal dazwischen eine Ablüftpause von einigen Minuten eingehalten werden muß. Vor dem ersten Auftragen soll der Basislack mindestens 30 Minuten abgelüftet sein. Der Klarlack hat den neuen Basislack um etwa eine Handbreit zu überlappen, das Abdeckpapier ist vorher entsprechend zu erweitern.
- Düsen der Spraydosen freisprühen. Dazu Dose auf den Kopf stellen und so lange sprühen, bis keine Farbe mehr kommt.
- Sofort nach Abschluß der Lackierarbeiten alle Abdeckungen abziehen. Dadurch kann, falls bis zur Abdeckung gespritzt wurde, der nasse Lack am Übergang verlaufen.
- Gespritzte Fläche trocknen lassen. Der Trocknungsvorgang läßt sich mit einer Heizsonne oder einer starken Fotolampe beschleunigen. **Achtung:** Kein Gebläse-Heizgerät verwenden, dadurch würden aufgewirbelte Staubpartikel gegen den frischen Lack geblasen.
- Nach dem Aushärten der Farbe, nach mindestens 48 Stunden, Sprühnebel auf den angrenzenden Flächen mit einem milden Poliermittel und einem Wattebausch vorsichtig abtragen. Dabei nur in Fahrzeug-Längsrichtung polieren.

Heizung

Die Frischluft für die Heizung wird über die Lufteinlaßgitter der Reinluftfilter-Gehäuse unterhalb der Windschutzscheibe angesaugt und gelangt über das Gebläse in den Fahrzeuginnenraum. Dabei durchströmt die Luft den Heizungskasten und wird durch verschiedene über Bowdenzüge gesteuerte Klappen auf die einzelnen Lufteintrittsdüsen verteilt. Wird die Heizung auf »warm« gestellt, wird die kühle Luft über den Wärmetauscher geleitet. Der Wärmetauscher befindet sich im Heizungskasten und wird durch das heiße Kühlmittel aufgeheizt. Die vorbeistreichende Frischluft erwärmt sich an den heißen Lamellen des Wärmetauschers und gelangt dann in den Fahrzeuginnenraum. Die Heizleistung wird wasserseitig geregelt, das heißt, die Temperatur wird über den Wasserdurchsatz durch den Wärmetauscher gesteuert, und zwar über zwei elektromagnetische Kühlmittelventile im Kühlmittelzulauf.

Die Innenraumtemperatur kann mit je einem Drehregler für die linke und rechte Wagenhälfte vorgewählt werden. Ein elektronisches Steuergerät im Bedienteil der Heizungsanlage regelt dementsprechend die Öffnungszeiten der Heizungsventile in Abhängigkeit von der Innenraumtemperatur. Die Fühler für die Innenraumtemperatur sitzen hinten am Heizungskasten. Durch die elektronische Regelung wird die Temperatur nahezu konstant gehalten, unabhängig von Fahrzeuggeschwindigkeit oder Außentemperatur.

Zur Verstärkung der Heizleistung dient ein Heizgebläse, das stufenlos regulierbar ist.

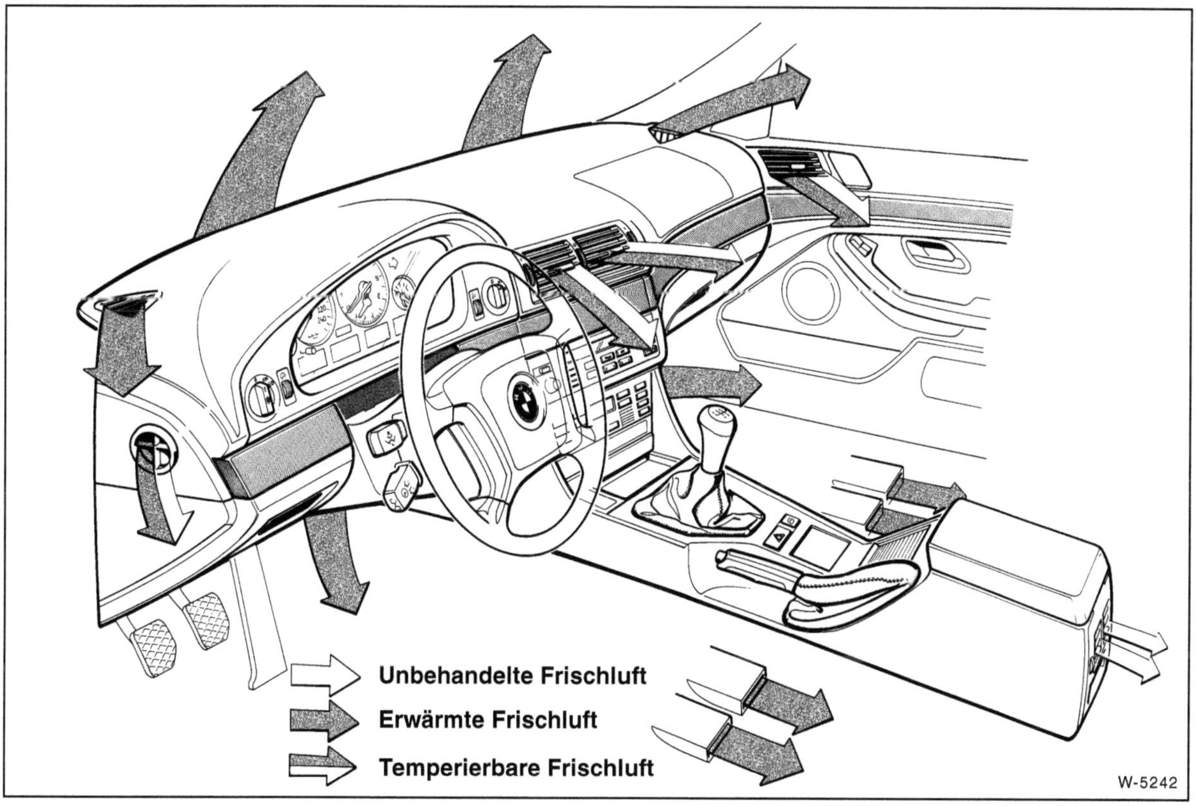

Bauteile der Heizung

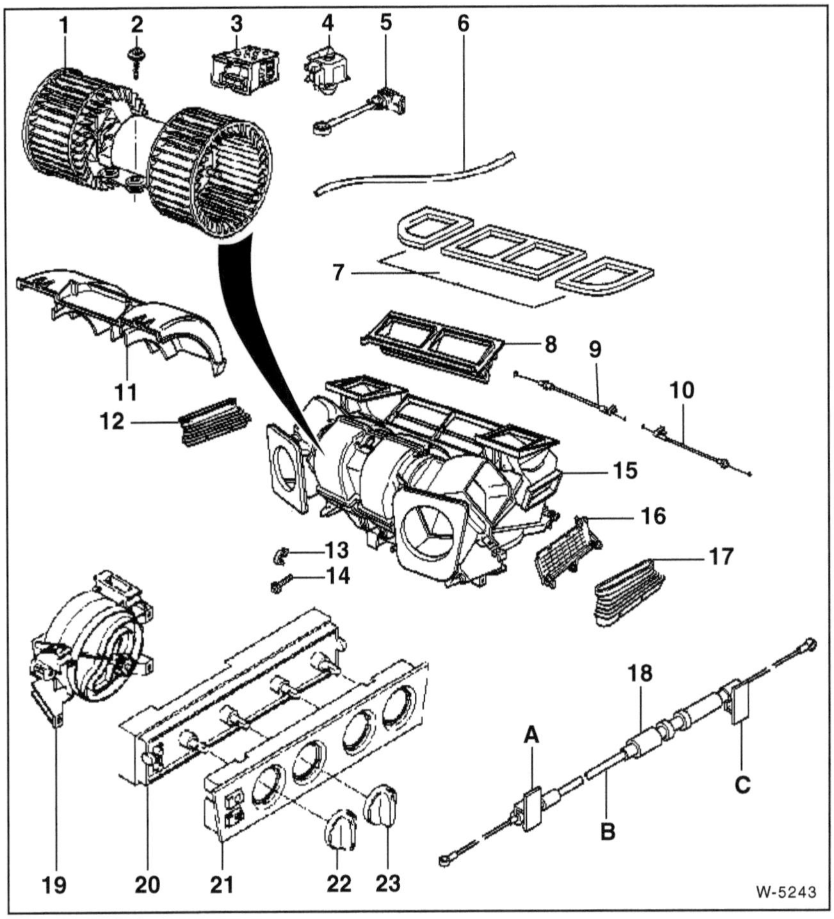

1 – **Heizgebläse**
2 – **Schraube**
3 – **Endstufe Gebläse**
4 – **Temperaturfühler Innenraum**
5 – **Temperaturfühler Heizgerät**
6 – **Unterdruckschlauch schwarz**
7 – **Dichtung für Frischluftanschluß**
8 – **Belüftungsstutzen**
9 – **Bowdenzug für Frischluftklappe**
10 – **Bowdenzug**
11 – **Gebläsedeckel**
12 – **Tülle für Heizkanal**
13 – **Klammer**
14 – **Schraube**
15 – **Heizgehäuse**
16 – **Heizkörperdeckel**
17 – **Tülle für Heizkanal**
18 – **Bowdenzug für**
Fußraum: A = grün, C = grün
Entfrostung: A = rot, C = rot
Belüftung: A = blau, C = blau
19 – **Getriebe für Klappenstellung**
20 – **Leiterplatte**
21 – **Frontblende**
22 – **Drehknopf für Luftverteilung**
23 – **Drehknopf für Temperatureinstellung**

Bedieneinheit für Heizung/ Klimaanlage aus- und einbauen

Ausbau

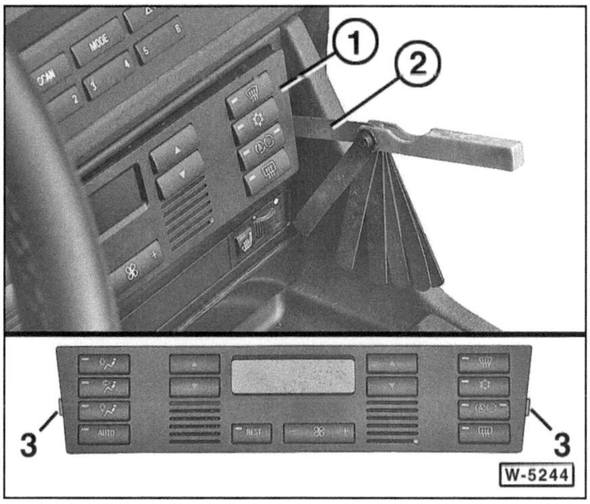

- Bedieneinheit –1– entriegeln. Dazu 2 Fühlerlehren –2– links und rechts an den gezeigten Stellen einschieben und dadurch die Federklammern –3– eindrücken.

Achtung: Die Fühlerlehren müssen exakt an den gezeigten Positionen –3– mit einiger Kraft hineingedrückt werden. Falls sich das Bediengerät auf diese Weise nicht ausbauen läßt, Mittelkonsole ausbauen und Bediengerät von hinten durchschieben.

- Bediengerät herausziehen.

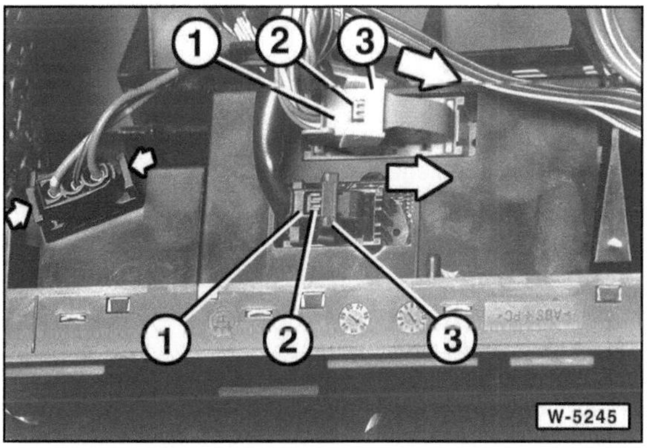

- Mehrfachstecker –1– entriegeln und abnehmen. Dazu Arretierhaken –2– nach unten drücken und Verriegelungsbügel –3– zur Seite schwenken, dadurch wird der Schalter nach oben gezogen.
- Die weiteren Stecker durch Zusammendrücken entriegeln und abziehen.

Einbau

- Stecker aufstecken und einrasten.

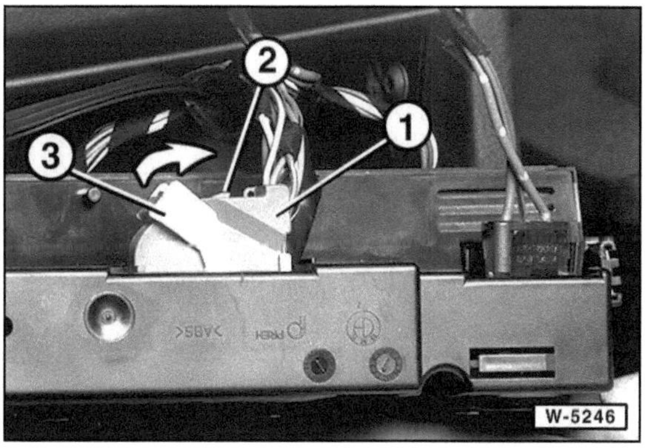

- Mehrfachstecker –1– ansetzen und durch Umlegen des Verriegelungshebels –3– aufziehen. Verriegelungshebel –3– einrasten –2– . Festen Sitz von Stecker und Verriegelungshebel prüfen.
- Bedieneinheit ansetzen, gleichmäßig eindrücken und einrasten.

Temperaturfühler für Heizgerät aus- und einbauen

Ausbau

- Bedieneinheit für Heizung ausbauen.

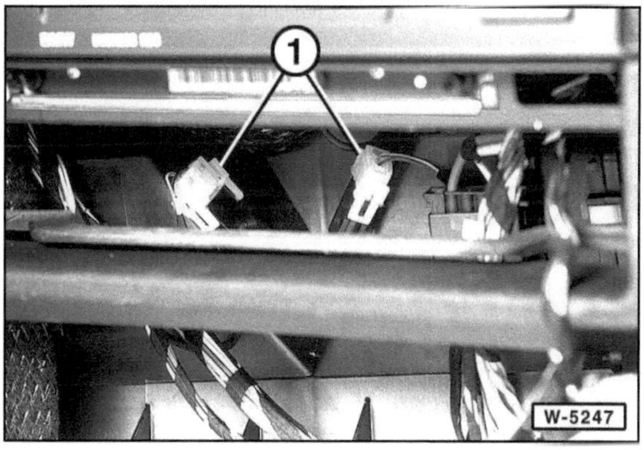

- Stecker –1– von den Temperaturfühlern abziehen.
- Temperaturfühler nach hinten schwenken und herausziehen.

Einbau

- Temperaturfühler einsetzen, Stecker aufschieben.
- Bedieneinheit für Heizung einbauen.

Die Klimaanlage

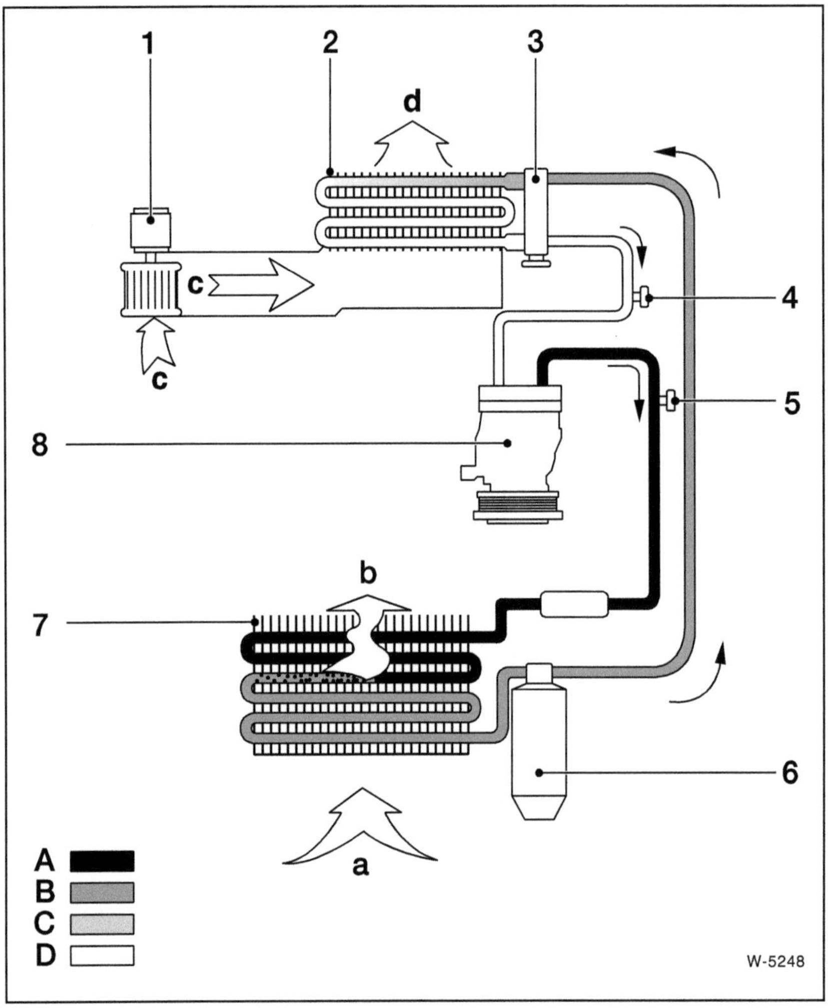

1 – Gebläse
2 – Verdampfer
3 – Drossel
4 – Niederdruck-Serviceanschluß
5 – Hochdruck-Serviceanschluß
6 – Trockner-Behälter
7 – Kondensator
8 – Kompressor

a – Fahrtwind zur Kondensatorkühlung.
b – Warmluft, wird an die Umgebung abgegeben.
c – Ungekühlte Luft strömt durch das Heizgebläse.
d – Gekühlte Luft strömt in den Innenraum.

A – Hochdruck (gasförmig)
B – Hochdruck (flüssig)
C – Niederdruck (flüssig)
D – Niederdruck (gasförmig)

Mit Hilfe der Klimaanlage kann die Innenraumtemperatur unter die Außentemperatur abgesenkt werden. Bei der vollautomatischen Anlage wird eine beliebig eingestellte Temperatur beibehalten, auch Luftverteilung und Luftmenge werden von einem elektronischen Steuergerät unabhängig von der Fahrzeuggeschwindigkeit geregelt: Verschiedene Temperaturfühler übermitteln dem Steuergerät die Außen- und Innenlufttemperatur. Nach vorprogrammierten Sollwerten werden unter anderem Stellmotoren an den Luftklappen sowie das Frischluftgebläse angesteuert und so das Klima im Innenraum geregelt. Auftretende Fehler im Steuergerät oder an Sensoren und Stellgliedern werden in einem Fehlerspeicher des Steuergerätes abgelegt. Zur Fehlersuche kann die BMW-Werkstatt den Fehler durch ein spezielles Prüfgerät abrufen.

Funktion der Klimaanlage

Der **Kältekompressor** wird von einen Keilrippenriemen über die Kurbelwelle angetrieben. Er erhöht den Druck im Kältemittelkreislauf auf maximal 30 bar, wodurch sich das Kältemittelgas erhitzt. Im **Kondensator** nimmt die vorbeiströmende Luft die Wärme auf (Kühlluft, bleibt im Außenbereich), dadurch kühlt das heiße Kältemittelgas ab und kondensiert. Das Kältemittel wird flüssig. Es durchfließt unter weiterhin hohem Druck eine **Drossel**, die den Druck reduziert. Daraufhin verdunstet das Kältemittel im Kreislauf und gleichzeitig kühlt es nochmals stark ab. Im **Verdampfer** nimmt das Kältemittel von der vorbeiströmenden Luft Wärme auf. Dadurch wird die Luft abgekühlt. Diese kühlere Luft wird nun in den Innenraum des Fahrzeuges geleitet. Durch die aufgenommene Wärme im Verdampfer wird das Kältemittel gasförmig und wird mit niedrigem Druck zum Kompressor geleitet. Dort beginnt der Kreislauf von vorn.

Achtung: Reparaturen an der **Klimaanlage** werden nicht beschrieben. Arbeiten an der Klimaanlage sollten von einer Fachwerkstatt durchgeführt werden. Insbesondere darf der **Kältemittelkreislauf nicht geöffnet** werden, da das Kältemittel bei Hautberührung Erfrierungen hervorrufen kann.

Störungsdiagnose Heizung

Störung	Ursache	Abhilfe
Heizgebläse läuft nicht.	Sicherung für Gebläsemotor defekt.	■ Sicherung für Gebläse prüfen, gegebenenfalls ersetzen.
	Gebläseschalter defekt.	■ Gebläseschalter ausbauen und prüfen.
	Elektromotor defekt.	■ Prüfen, ob bei eingeschalteter Zündung und betätigtem Gebläseschalter am Kontakt des Gebläsemotors Spannung anliegt. Wenn ja, Motor auswechseln.
Heizleistung zu gering.	Kühlmittelstand zu niedrig.	■ Kühlmittelstand prüfen, gegebenenfalls Kühlmittel auffüllen.
	Heizungsbetätigung schwergängig, defekt.	■ Heizungsbetätigung prüfen, gegebenenfalls Bowdenzug ersetzen.
	Heizventil öffnet nicht.	■ Elektromagnetische Heizventile im Motorraum am linken Federbeindom prüfen, gangbar machen.
	Wärmetauscher undicht oder verstopft.	■ Wärmetauscher ersetzen (Werkstattarbeit).
Heizung läßt sich nicht ausschalten.	Heizungsbetätigung schwergängig, defekt.	■ Heizungsbetätigung prüfen, gegebenenfalls Bowdenzug ersetzen.
Geräusche im Bereich des Heizgebläses.	Eingedrungener Schmutz, Laub.	■ Gebläse ausbauen, reinigen, Luftkanal säubern.
	Lüfterrad hat Unwucht, Lager defekt.	■ Gebläsemotor ausbauen und auf leichten Lauf prüfen.
Heizluft riecht süßlich, Scheiben beschlagen, wenn Heizung eingeschaltet wird.	Wärmetauscher undicht.	■ Kühlsystem abdrücken (Werkstattarbeit), wenn Kühlflüssigkeit aus dem Heizungskasten austritt, Wärmetauscher erneuern.

Elektrische Anlage

Bei der Überprüfung der elektrischen Anlage stößt der Heimwerker in den technischen Unterlagen immer wieder auf die Begriffe Spannung, Stromstärke und Widerstand.

Die Spannung wird in Volt (V) gemessen, die Stromstärke in Ampere (A) und der Widerstand in Ohm (Ω). Mit dem Begriff Spannung ist beim Auto in der Regel die Batteriespannung gemeint. Es handelt sich dabei um eine Gleichspannung von ca. 12 Volt. Die Höhe der Batteriespannung hängt vom Ladezustand der Batterie und von der Außentemperatur ab. Sie kann zwischen 10 bis 13 Volt betragen. Demgegenüber wird die Bordspannung vom Generator (Lichtmaschine) erzeugt, die bei mittleren Drehzahlen ca. 14 Volt beträgt.

Der Begriff Stromstärke taucht im Bereich der Automobil-Elektrik relativ selten auf. Die Stromstärke ist beispielsweise auf der Rückseite von Sicherungen angegeben und weist auf den maximalen Strom hin, der fließen kann, ohne daß die Sicherung durchbrennt und damit den Stromkreis unterbricht.

Überall wo Strom fließt, muß er einen Widerstand überbrücken. Der Widerstand ist unter anderem von folgenden Faktoren abhängig: Leitungsquerschnitt, Leitungsmaterial, Stromaufnahme usw. Ist der Widerstand zu groß, treten Funktionsstörungen auf. Beispielsweise darf der Widerstand in den Zündleitungen nicht zu hoch sein, sonst fehlt ein ausreichend starker Zündfunke an den Zündkerzen, der das Kraftstoff-Luftgemisch entzündet und damit den Motor zum Laufen bringt.

Meßgeräte

Zum Messen der Bord-Elektrik gibt es im Handel sogenannte Mehrfach-Meßgeräte. Sie vereinen in einem Gerät das Voltmeter, um Spannungen zu messen, das Amperemeter, um die Stromstärke zu messen und das Ohmmeter, um den Widerstand zu messen. Die im Handel befindlichen Meßgeräte unterscheiden sich hauptsächlich im Meßbereich und in der Meßgenauigkeit. Durch den Meßbereich wird festgelegt, in welchem Bereich Spannungen oder Widerstände liegen müssen, damit sie überhaupt vom Gerät erfaßt werden können.

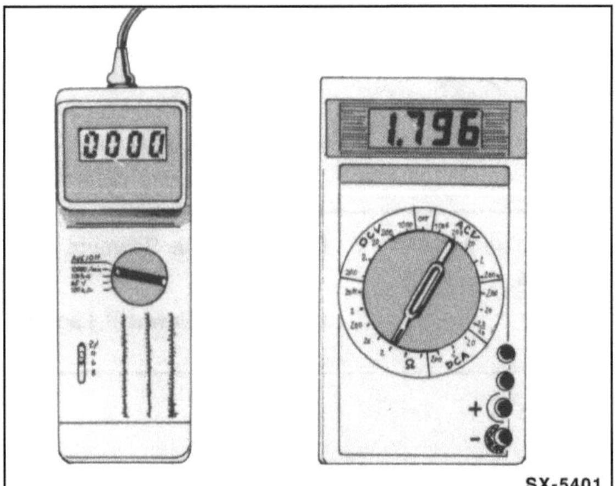

SX-5401

Für den Heimwerker gibt es Vielfach-Meßgeräte, die speziell für Prüfarbeiten am Auto abgestimmt sind. Mit solch einem Gerät können Motordrehzahl, Zünd-Schließwinkel und Spannungen bis zu 20 Volt gemessen werden. Bei Widerstandsmessungen beschränkt sich das Gerät in der Regel auf den Kilo-Ohm-Bereich, also etwa 1–1000 kΩ.

Darüber hinaus werden Meßgeräte zur Überprüfung von elektrischen und elektronischen Bauteilen angeboten. Sie erlauben eine umfassende Messung von kleinen Widerständen in Ohm (Ω) bis zu großen Widerständen im Mega-Ohm-Bereich (MΩ). Spannungen (in Volt) können sehr exakt gemessen werden, was vor allem bei elektronischen Bauteilen erforderlich ist.

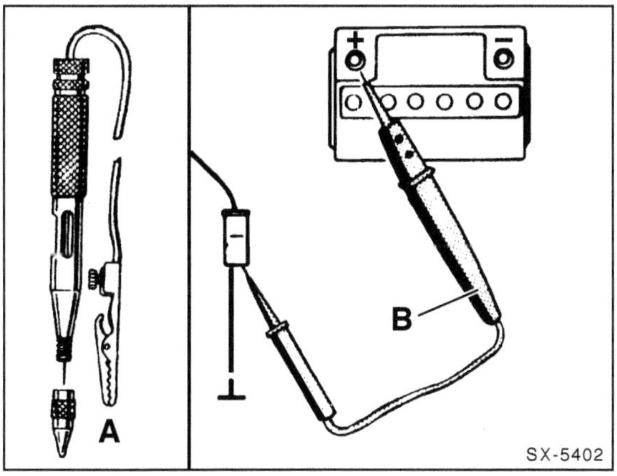

Wenn nur geprüft werden soll, ob überhaupt Spannung (V) anliegt, eignet sich hierzu eine einfache Prüflampe –A–. Dies gilt allerdings nur für Stromkreise, in denen sich keine elektronischen Bauteile befinden. Denn Elektronikteile reagieren äußerst empfindlich auf zu hohe Ströme. Unter Umständen können sie bereits durch Anschließen einer Prüflampe zerstört werden. **Achtung:** Bei der Prüfung elektronischer Bauteile (Transistoren, Dioden und Steuergeräte) ist ein hochohmiger Spannungsprüfer –B– erforderlich. Er arbeitet wie eine Prüflampe, jedoch ohne daß elektronische Bauteile geschädigt werden, und eignet sich für sämtliche Prüfarbeiten.

Meßtechnik

Spannung messen

Spannung kann schon mit einer einfachen Prüflampe oder einem Spannungsprüfer nachgewiesen werden. Allerdings erkennt man dann nur, ob überhaupt Spannung anliegt. Um die Höhe der anliegenden Spannung zu prüfen, muß ein Voltmeter (Spannungs-Meßgerät) angeschlossen werden.

Zunächst ist beim Voltmeter der Meßbereich einzustellen, in dem sich die zu messende Spannung voraussichtlich befindet. Spannungen am Fahrzeug sind in der Regel nicht höher als ca. 14 Volt. Eine Ausnahme bildet die Zündanlage; hier kann die Zündspannung bis zu 30.000 Volt betragen. Diese hohe Spannung ist nur mit einem speziellen Meßgerät oder einem Oszilloskop meßbar.

Während man bei Meßgeräten, die speziell auf das Auto abgestimmt sind, am Wählschalter nur das Voltmeter einschalten muß, sind bei einem allgemeinen Vielfachmeßgerät erst eine Reihe von Entscheidungen zu fällen. Zunächst wird mit dem Wählschalter der Bereich Gleichspannung (DCV im Gegensatz zu ACV=Wechselspannung) eingestellt. Dann wird der Meßbereich gewählt. Da beim Auto außer an der Zündanlage keine höheren Spannungen als ca. 14 Volt auftreten, sollte die Obergrenze des einzustellenden Meßbereiches etwas höher liegen (ca. 15 bis 20 Volt). Falls sicher ist, daß die gemessene Spannung wesentlich niedriger ist, zum Beispiel im Bereich von 2 Volt, kann der Meßbereich heruntergeschaltet werden, um eine größere Anzeigegenauigkeit zu erreichen. Liegen höhere Spannungen an, als sie vom Meßbereich des Gerätes erfaßt werden, kann das Meßgerät zerstört werden.

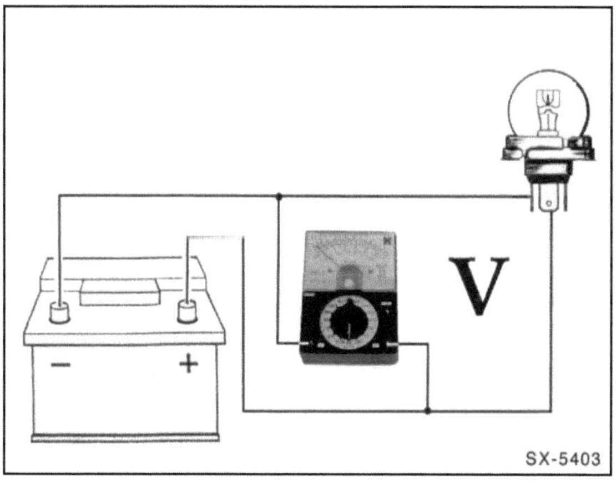

Die Kabel des Meßgerätes entsprechend der Zeichnung parallel zum Verbraucher anschließen. Dabei wird das rote Meßkabel an die vom Batterie-Pluspol kommende Leitung angelegt, das schwarze Meßkabel an die Masse-Leitung oder an Fahrzeugmasse, wie zum Beispiel den Motorblock.

Prüfbeispiel: Wenn der Motor nicht richtig anspringt, weil der Anlasser zu langsam dreht, ist es zweckmäßig, die Batteriespannung zu prüfen, während der Anlasser betätigt wird. Dazu das Voltmeter mit dem roten Kabel (+) an den Batterie-Pluspol und mit dem schwarzen Kabel an Fahrzeugmasse (–) anklemmen. Anschließend durch einen Helfer den Anlasser betätigen lassen und den Spannungswert ablesen. Liegt die Spannung unter ca. 10 Volt (bei einer Batterie-Temperatur von +20°C), muß die Batterie überprüft und eventuell vor den nächsten Startversuchen geladen werden.

Stromstärke messen

Am Auto ist es relativ selten erforderlich, die Stromstärke zu messen. Beispiel, siehe Kapitel »Batterie entlädt sich selbständig«. Benötigt wird hierzu ein Amperemeter, welches ebenfalls in einem Vielfachmeßgerät integriert ist.

Vor der Strommessung wird das Meßgerät auf den Meßbereich eingestellt, in dem sich die zu messende Stromstärke voraussichtlich befindet. Falls das nicht bekannt ist, höchsten Meßbereich einstellen und, falls keine Anzeige erfolgt, nacheinander in die nächstniedrigeren Meßbereiche schalten.

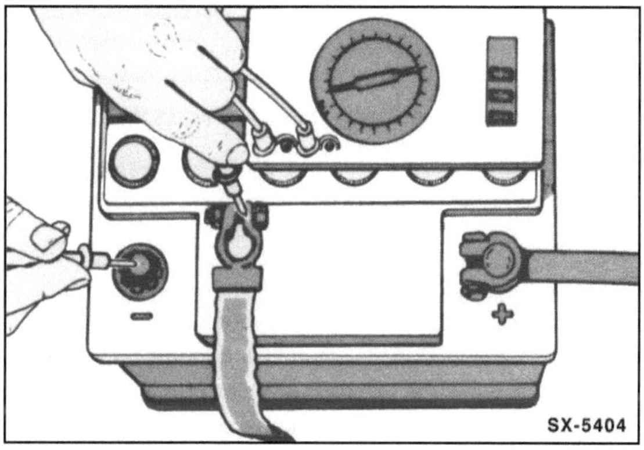

Für die Messung der Stromstärke muß der Stromkreis aufgetrennt werden, das Meßgerät (Amperemeter) wird dazwischengeschaltet. Dazu wird beispielsweise der Stecker abgezogen und das rote Kabel (+) des Amperemeters an die stromführende Leitung angeschlossen. Das schwarze Kabel (–) wird an den Kontakt angelegt, an dem normalerweise die unterbrochene Leitung angeschlossen ist. Die Massekontakte zwischen Verbraucher und Stecker müssen dann mit einem Hilfskabel verbunden werden.

Achtung: Keinesfalls sollte mit einem normalen Amperemeter die Stromstärke in der Leitung zum Anlasser (ca. 150 A) oder zu den Glühkerzen beim Dieselmotor (bis 60 A) gemessen werden. Durch die hierbei auftretenden hohen Ströme kann das Meßgerät zerstört werden. Die Werkstatt benutzt für diese Messungen ein Amperemeter mit Gleichstromzange. Dabei wird eine Stromzange über das isolierte Stromkabel geklemmt und der Stromwert durch Induktion gemessen.

Widerstand messen

Vor der Prüfung des Widerstandes mit dem Ohmmeter ist grundsätzlich sicherzustellen, daß am zu prüfenenden Bauteil keine Spannung anliegt. Also immer vorher Stecker abziehen, Zündung ausschalten, Leitung beziehungsweise Aggregat ausbauen oder Batterie abklemmen. Andernfalls kann das Meßgerät beschädigt werden.

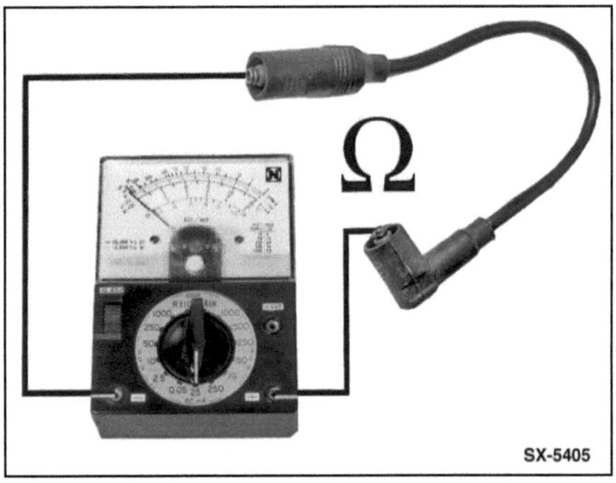

Das Ohmmeter wird an die 2 Anschlüsse eines Verbrauchers oder an die 2 Enden einer elektrischen Leitung angeschlossen. Dabei spielt es keine Rolle, welches Kabel (+/–) des Meßgerätes an welchen Kontakt angeklemmt wird.

Die Widerstandsmessung am Auto erstreckt sich weitgehend auf 2 Bereiche:

1. Kontrolle eines in den Stromkreis integrierten Widerstandes oder Bauteils.

2. »Durchgangsprüfung« einer elektrischen Leitung, eines Schalters oder einer Heizwendel. Dabei wird geprüft, ob eine elektrische Leitung im Fahrzeug unterbrochen ist und deshalb das angeschlossene elektrische Gerät nicht funktionieren kann. Zur Messung wird das Ohmmeter an die beiden Enden der betreffenden elektrischen Leitung angeschlossen. Beträgt der Widerstand 0 Ω, dann ist „Durchgang" vorhanden. Das heißt, die elektrische Leitung ist in Ordnung. Bei unterbrochener Leitung zeigt das Meßgerät ∞ (unendlich) Ω an.

Elektrisches Zubehör nachträglich einbauen

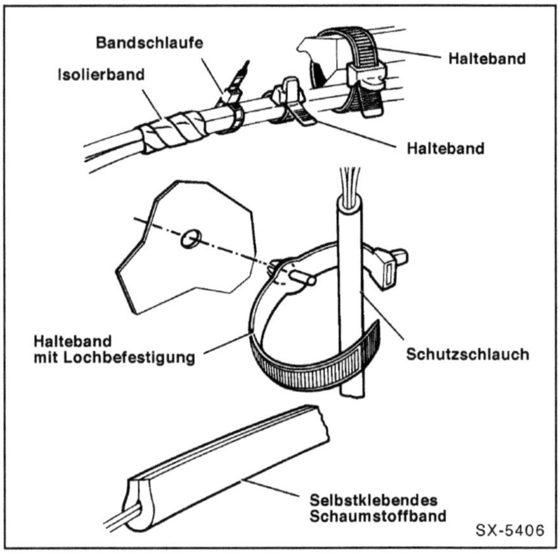

Kabel, die beim Einbau von Zubehör zusätzlich zu dem serienmäßig eingebauten Kabelsatz im Fahrzeug verlegt werden müssen, sind nach Möglichkeit immer entlang der einzelnen Kabelstränge unter Verwendung der vorhandenen Kabelschellen und Gummitüllen zu verlegen.

Falls erforderlich, sind die neu verlegten Kabel, um Geräuschen während der Fahrt vorzubeugen und das Scheuern von Kabeln zu vermeiden, mit Isolierband, plastischer Masse, Kabelbändern und dergleichen zusätzlich festzulegen. Hierbei ist besonders darauf zu achten, daß zwischen den Bremsleitungen und den festverlegten Kabeln ein Mindestabstand von 10 mm sowie zwischen den Bremsleitungen und den Kabeln, die mit dem Motor oder anderen Teilen des Fahrzeuges schwingen, ein Mindestabstand von 25 mm vorliegt.

Beim Bohren von Karosserie-Löchern müssen die Lochränder anschließend entgratet, grundiert und lackiert werden. Die beim Bohren zwangsläufig anfallenden Späne sind restlos aus der Karosserie zu entfernen.

Bei allen Einbauarbeiten, die das elektrische Leitungssystem berühren, ist, um der Gefahr von Kurzschlüssen im elektrischen Leitungssystem vorzubeugen, grundsätzlich das Massekabel (–) von der Fahrzeugbatterie abzuklemmen und zur Seite zu hängen.

Achtung: Wird die Batterie abgeklemmt, werden unter Umständen der Fehlerspeicher für Motor- und Getriebesteuerung, Antiblockiersystem sowie andere elektrische Geräte wie zum Beispiel das Radio und die Zeituhr stillgelegt, beziehungsweise Speicherwerte gelöscht. Spezielle Hinweise zu diesem Thema stehen im Kapitel »Batterie-Ausbau«.

Sofern zusätzliche elektrische Verbraucher eingebaut werden, ist in jedem Fall zu überprüfen, ob die erhöhte Belastung noch von dem vorhandenen Drehstromgenerator mit übernommen werden kann. Falls erforderlich, sollte ein Generator mit größerer Leistung vorgesehen werden.

Fehlersuche in der elektrischen Anlage

Beim Aufspüren eines Defekts in der elektrischen Anlage ist es wichtig, systematisch vorzugehen. Dies gilt sowohl beim Überprüfen von ausgefallenen Glühlampen wie auch bei nicht laufenden Elektromotoren.

Der **erste Schritt** ist immer die Überprüfung der Sicherung, sofern das elektrische Bauteil abgesichert ist. Die aktuelle Sicherungsbelegung befindet sich im Handschuhkasten unterhalb der Sicherungsleiste und auf der Rückseite der rechten Kofferraum-Seitenverkleidung, siehe auch unter »Sicherungen auswechseln«.

Defekte Sicherung gegebenenfalls auswechseln und nach Einschalten des elektrischen Verbrauchers kontrollieren, ob diese nicht unmittelbar wieder durchbrennt. In diesem Fall muß zuerst der Fehler aufgespürt und behoben werden, in der Regel handelt es sich um einen Kurzschluß. Das bedeutet, an irgend einer Stelle, mitunter auch intern im elektrischen Gerät, sind Masse- und Plusanschluß miteinander verbunden.

Zweiter Prüfschritt: Wenn bei intakter Sicherung die Glühlampe nicht leuchtet beziehungsweise der Elektromotor nicht anläuft, ist die Stromversorgung zu überprüfen.

Glühlampe prüfen

- Lampe ausbauen und sichtprüfen. Ist der Glühfaden durchgebrannt oder sitzt der Glaskolben locker im Sockel, Lampe erneuern.
- Um einwandfrei festzustellen, ob die Glühlampe intakt ist, geht man folgendermaßen vor: Eine Plusleitung (+) und eine Masseleitung (–) direkt an die Pole der Batterie beziehungsweise an die Plus- und Masseabgriffe im Motorraum anschließen und mit der Lampe verbinden. Dabei ist es unwichtig, wie die Kabel an die Lampe angeschlossen werden. Ein Kabel an den Stromanschluß, das andere an das Glühlampengehäuse. Wenn jetzt die Lampe nicht leuchtet, Lampe erneuern. Hinweis: Es muß sichergestellt sein, daß die Kontakte an der Lampe und in der Lampenfassung nicht korrodiert sind. Gegebenenfalls korrodierte oder verbogene Anschlüsse abschmirgeln und einwandfreien Kontakt herstellen.
- Ist die Lampe intakt, Lampe einsetzen und einschalten. Leuchtet die Lampe nicht, mit Prüflampe Stromzuführung überprüfen. Dazu Prüflampe an Masse anlegen. Das bedeutet: Das eine Kabel der Prüflampe muß an eine gute Massestelle am Motor (blankes Metall) oder direkt am Batterie-Minuspol angeschlossen werden. Die andere Prüflampen-Prüfspitze (+) entweder an den stromführenden Stecker halten oder mit der Prüfspitze in das stromführende Kabel einstechen. Wenn die Prüflampe jetzt aufleuchtet und die Lampe dennoch nicht brennt, ist die Massezuführung zur Lampe unterbrochen. Um dies zu überprüfen, Massehilfsleitung an die Lampenfassung anlegen. Die Lampe muß jetzt leuchten.
- Wenn das stromführende Kabel zur Lampe keine Spannung aufweist, die Prüflampe also nicht aufleuchtet, ist sehr wahrscheinlich der Schalter defekt. Schalter auf Durchgang prüfen.
- Andernfalls Lichtmodul prüfen lassen.

Elektromotoren prüfen

Im Auto werden immer mehr Komfortfunktionen von kleinen Elektromotoren übernommen. Dazu gehören bespielsweise der Fensterheber, das Schiebedach oder die elektrische Zentralverriegelung. Jeder Motor wird bei Bedarf über einen Schalter zugeschaltet, meist von Hand.

- Sicherung des betreffenden Elektromotors prüfen, gegebenenfalls ersetzen.

Hinweis: Elektromotoren vom elektrischen Fensterheber und dem Schiebedach besitzen in der Regel Sicherungsautomaten, die sich bei einer Überlastung ausschalten und nach einiger Zeit wieder zuschalten. Vor einer erneuten Betätigung sollte die Überlastungsursache beseitigt werden. Das können vereiste Scheiben oder verschmutzte Fenster-Führungsschienen sein.

- Brennt die Sicherung gleich wieder durch, liegt ein Kurzschluß vor.
- Um eindeutig zu klären, ob der Defekt im Motor liegt, 2 Hilfskabel (∅ ca. 2 mm) direkt von der Fahrzeugbatterie beziehungsweise von den Plus- und Masseabgriffen im Motorraum an den Elektromotor anlegen. Pluskabel an den Pluspol, Massekabel an Massepol des Motors. Die Pol-Belegung ergibt sich im Zweifelsfall aus dem Stromlaufplan. Dazu muß der Motor gegebenenfalls ausgebaut werden. Alle elektrischen Motoren im Fahrzeug werden mit Bordspannung (12 bis 14 Volt) versorgt. Funktioniert der Motor jetzt ordnungsgemäß, war die Stromversorgung defekt. Hinweis: Ein zu langsam laufender oder aussetzender Elektromotor kann auf abgenützte Schleifkohlen hinweisen. In diesem Fall Schleifkohlen (Bürsten) ersetzen.
- Funktioniert der Motor, anhand des Stromlaufplans feststellen, welche Zuleitung am Elektromotor Spannung führt, wenn der Schalter betätigt wird und zuvor die Zündung eingeschaltet wurde.
- Spannungsführendes Kabel am Elektromotor mit Prüflampe prüfen. Da bei Elektromotoren ein großer Strom fließt, kann eine herkömmliche Prüflampe mit Glühlampe genommen werden. Diese haben spitze Prüfnadeln, mit denen das Anschlußkabel durchstochen werden kann. So läßt sich auf einfache Weise die Spannung prüfen. Die Anschlußklemmen der Elektromotoren sind mit kleinen Zahlen gekennzeichnet, die normiert sind:
  - Klemme 32 ist der Masseanschluß
  - Klemme 33 der Plus (+)-Anschluß.

  Motoren, die links/rechtsherum drehen, zum Beispiel Fensterhebermotoren, haben zwei Plus-Anschlüsse. Hier ist:
  - Klemme 33L der Anschluß der Drehrichtung linksherum,
  - Klemme 33R für rechtsherum.

Achtung: Der Scheibenwischermotor hat besondere Klemmenbezeichnungen, siehe entsprechendes Kapitel.

- Liegt keine Spannung am Elektromotor an, ist die Stromversorgung defekt. Fehler in der Zuleitung nach Stromlaufplan suchen und beheben. Elektromotoren haben in der Regel aufgrund des hohen Strombedarfs zusätzliche Schaltrelais. Prüfung, siehe entsprechendes Kapitel.

- Wurde kein Fehler gefunden, Schalter prüfen.
- Ist ein Kabel defekt, ist es oft sinnvoller, man legt ein neues Kabel, da es schwierig ist, einen Defekt im Kabel zu lokalisieren.

Elektrischen Schalter auf Durchgang prüfen

Die meisten elektrischen Verbraucher werden über einen von Hand betätigten Schalter ein- und ausgeschaltet. Darüber hinaus gibt es auch Schalter, die automatisch betätigt werden. Zu diesen Schaltern zählen zum Beispiel der Öldruckschalter und der Geber für Bremsflüssigkeitsstand.

Grundsätzlich hat ein Schalter die Aufgabe, den Stromkreis zu schließen und zu unterbrechen. Es gibt Schalter, die die Masseleitung unterbrechen, und Schalter, die den Plusstrom unterbrechen.

Schalter für Lampen und Elektromotoren prüfen

- Betreffenden Schalter ausbauen.
- Einfache Schalter haben nur 2 Anschlüsse für die Kabel. In diesem Fall muß an einem Anschluß immer Spannung (+) anliegen und nach dem Einschalten an der anderen Klemme auch. Es gibt auch Schalter mit mehreren Klemmen. Bei diesen Schaltern anhand des Stromlaufplans klären, an welcher Klemme Spannung anliegen muß, gegebenenfalls vorher Zündung einschalten.
- Mit Prüflampe prüfen, ob am Schalter Spannung anliegt. Leuchtet die Prüflampe auf, Schalter betätigen und an der Ausgangsklemme prüfen, ob dort auch Spannung anliegt. Ist das der Fall, ist sichergestellt, daß der Schalter funktioniert.
- Wenn an der Eingangsklemme keine Spannung anliegt, liegt eine Unterbrechung in der Leitungs-Zuführung vor. Anhand des Stromlaufplans muß die Spannungszuführung kontrolliert und gegebenenfalls eine neue Leitung gelegt werden.

Geberschalter prüfen

Geberschalter sind beispielsweise: Öldruckschalter, Geber für Bremsflüssigkeits- und Kühlmittelstand.

- Durchgangsprüfer (Prüflampe oder Ohmmeter) an der Zu- und Ableitung des Schalters anschließen, dazu Kabel am Schalter abziehen. **Achtung:** Schalter, die im Motorblock eingeschraubt sind, haben in der Regel kein Massekabel, da das Schaltergehäuse über den Motorblock als Massepol dient.
- Bei geschlossenem Schalter muß der Durchgangsprüfer Durchgang anzeigen. Am besten ist ein Ohmmeter als Durchgangsprüfer: Bei geschlossenem Schalter muß es 0Ω, bei geöffnetem Schalter ∞Ω (unendlich) anzeigen.
- Die Funktionsfähigkeit etwa der Kühlmittel- oder Bremsflüssigkeitsstand-Warnschalter läßt sich am schnellsten prüfen, indem bei eingeschalteter Zündung die Zuleitung am Schalter abgezogen wird und an eine gute Massestelle, zum Beispiel gegen den Motorblock, gehalten wird. Spricht die Warnlampe im Schalttafeleinsatz jetzt an, liegt der Fehler am Schalter.
- Ein Sonderfall ist der Öldruckschalter: Bei stehendem Motor ist der Kontakt geschlossen (Warnlampe brennt), erst bei einem gewissen Öldruck öffnet der Schalter.

Relais prüfen

In vielen Stromkreisen ist ein Relais integriert. Ein Schaltrelais arbeitet wie ein Schalter. Wenn der Verbraucher über den Handschalter eingeschaltet wird, bekommt das Relais den Befehl, den Strom zum Verbraucher durchzuschalten. Man könnte natürlich den Strom auch direkt über den Schalter von der Batterie zum Verbraucher legen. Bei allen Verbrauchern mit hoher Stromaufnahme schaltet man jedoch ein Relais dazwischen, um den Schalter nicht zu überlasten beziehungsweise um kurze Stromwege sicherzustellen. Neben diesen Schaltrelais gibt es auch Funktionsrelais, zum Beispiel für die Wisch-Wasch-Anlage.

Schaltrelais prüfen

Beim Einschalten des betreffenden Verbrauchers wird das Relais angesteuert, das heißt durch den Schaltstrom zieht eine Magnetspule im Relaisinnern einen Kontakt an und schließt so den Stromkreis für den »Arbeitsstrom«. Der Arbeitsstrom läuft über das Relais zum Stromverbraucher weiter.

Am einfachsten läßt sich die Funktionsfähigkeit eines Relais prüfen, wenn man es gegen ein intaktes auswechselt. So macht man es auch in der Werkstatt. Da dem Heimwerker jedoch in den seltensten Fällen ein neues Relais sofort zur Verfügung steht, empfiehlt sich folgender Arbeitsschritt bei den sogenannten Schaltrelais. Die hier angegebenen Klemmenbezeichnungen können vor allem bei den serienmäßig eingebauten Relais auch anders lauten.

- Relais aus der Halterung herausziehen.
- Zündung und entsprechenden Schalter einschalten.
- Zuerst mit Spannungsprüfer feststellen, ob an Klemme 30 (+) im Relaishalter Spannung anliegt. Dazu Spannungsprüfer an Masse (–) anschließen und die andere Kontaktspitze vorsichtig in Klemme 30 einführen. Wenn die Leuchtdiode des Spannungsprüfers aufleuchtet, ist Spannung vorhanden. Zeigt der Spannungsprüfer keine Spannung an, Unterbrechung vom Batterie-Pluspol (+) zu Klemme 30 anhand des Schaltplanes aufspüren.
- Leitungsbrücke aus einem Stück isoliertem Draht herstellen, die Enden müssen blank sein.
- Mit dieser Brücke im Relaishalter die Klemme 30 (Batterie +, führt immer Spannung) mit dem Ausgang des Relais-Schließers Klemme 87 verbinden. Mit diesem Arbeitsschritt wird praktisch genau das getan, was ein intaktes Relais auch vornimmt. Wo sich die Klemmen im Relaishalter befinden, ist auf dem Relais beziehungsweise am Steckkontakt aufgeführt.
- Wenn bei eingesetzter Brücke der Verbraucher arbeitet, kann man davon ausgehen, daß das Relais defekt ist.

- Wenn Verbraucher nicht arbeitet, klären, ob die Masseverbindung zum Verbraucher intakt ist. Dann Unterbrechung in der Leitungsführung von Klemme 87 zum Verbraucher anhand des Schaltplanes aufspüren und beheben.
- Falls erforderlich, neues Relais einsetzen.

Achtung: Falls ein Fehler nur zeitweise in einem Stromkreis auftritt, der mit einem Relais bestückt ist, dann liegt der Defekt in der Regel im Relais. Und zwar bleibt dann ein Kontakt im Relais ab und zu kleben, während das Relais in der übrigen Zeit einwandfrei funktioniert. Bei Auftreten des Fehlers leicht gegen das Relaisgehäuse klopfen. Wenn das Relais daraufhin durchschaltet, Relais ersetzen.

Scheibenwischermotor prüfen

Der Scheibenwischermotor sitzt im Wasserkasten unterhalb der Windschutzscheibe. Zum Prüfen muß die jeweilige Abdeckung demontiert werden.

Klemmenbezeichnungen

Die Klemmen am Motor sind genormt:

- Klemme **31** ist der Masseanschluß (allgemein in der Fahrzeugelektrik).
- Klemme **53** erhält Spannung für die erste Wischergeschwindigkeit.
- Klemme **53 a** liefert Plusstrom (+) für die Wischer-Endabstellung: Der Motor erhält über einen Schleifkontakt so lange Spannung, bis die Wischer in Ruhestellung gelaufen sind, wenn der Fahrer den Scheibenwischer ausschaltet.
- Klemme **53 b** führt die Spannung für die zweite Wischergeschwindigkeit (Nebenschlußwicklung).
- Über Klemme **53 e** wird der Wischermotor beim Zurücklaufen nach dem Abschalten abgebremst, damit die Wischer nicht über ihre Parkstellung hinauslaufen.

Wischermotor prüfen

Zunächst klären, ob der Wischermotor oder die Stromversorgung defekt ist. Dazu folgendermaßen vorgehen:

- Mehrfachstecker am Wischermotor abziehen.
- Mit 2 Hilfskabeln Spannung (+) und Masse (–) von der Fahrzeugbatterie an den Wischermotor anlegen:
  - Ein Kabel vom Batterie-Pluspol zu Klemme **53** oder **53 b** verlegen.
  - Das zweite vom Batterie-Minuspol zu Motor-Klemme **31** führen.
- Der Scheibenwischermotor muß jetzt je nach benutzter Klemme auf Stufe I oder II laufen. Wenn nicht, ist der Motor oder die entsprechende Stufe defekt. Wischermotor ausbauen, siehe Seite 262.

Bremslicht prüfen

- Wenn das Bremslicht nicht aufleuchtet, zuerst Sicherung im Sicherungkasten überprüfen.
- Ist die Sicherung in Ordnung, Brems-Glühlampen überprüfen, gegebenenfalls erneuern.

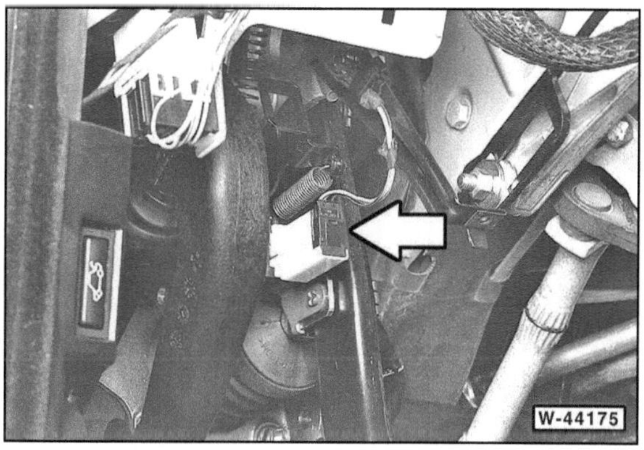

- Bremslichtschalter überprüfen. Dazu Abdeckung oberhalb der Pedale ausbauen. Kabelstecker vom Bremslichtschalter abziehen.
- Zündung einschalten.
- Beide Kontakte im Kabelstecker des Bremslichtschalters mit einer kurzen Hilfsleitung überbrücken. Wenn die Bremslichter jetzt aufleuchten, ist der Bremslichtschalter defekt, ersetzen.
- Anderfalls Lichtmodul prüfen lassen.

Heizbare Heckscheibe prüfen

Bei eingeschalteter Heckscheibenheizung muß das Feld mit den sichtbaren Leiterbahnen nach einiger Zeit frei von Beschlag oder Eis sein.

- Bei Störungen zuerst Sicherung im Sicherungskasten überprüfen.
- Ist die Sicherung in Ordnung, anschließend festen Sitz der Kabelstecker links und rechts an der Heckscheibe überprüfen, gegebenenfalls von Korrosion reinigen.
- Funktioniert die Heckscheibenheizung immer noch nicht, Zuleitungen und Schalter sowie Schaltrelais prüfen, siehe Seite 230.

Schalter aus- und einbauen

- Batterie-Massekabel (–) abklemmen. Die Batterie befindet sich im Kofferraum hinter der rechten Seitenverkleidung. **Achtung:** Dadurch werden elektronische Speicher gelöscht, zum Beispiel der Motor-Fehlerspeicher. Hinweise im Kapitel »Batterie aus- und einbauen« beachten.

Beispiel: Warnblinkschalter

- Schalthebelabdeckung nach oben ausclipsen und über den Schalthebelknopf stülpen.

- Schaumstoff-Dämmeinsatz zur Seite drücken. Durch die Öffnung in der Mittelkonsole greifen und Schalter von unten herausdrücken.
- Stecker abziehen.

Beispiel: Schalter für Sitzheizung

- Bedieneinheit für Heizung/Klimaanlage ausbauen, siehe Seite 223.
- Durch die Öffnung in der Mittelkonsole greifen und Schalter von hinten herausdrücken.

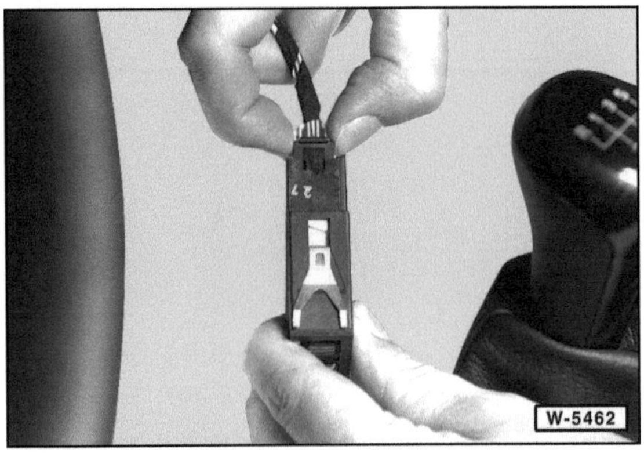

- Stecker abziehen. Dazu Verriegelung mit den Fingerspitzen eindrücken.

Beispiel: Lichtschalter

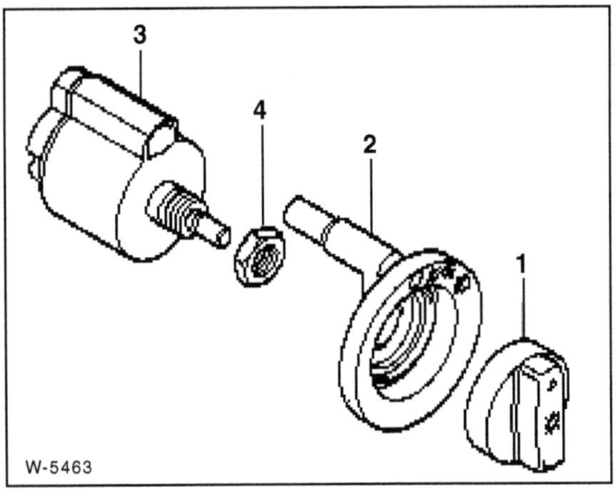

- Betätigungsknopf –1– vom Lichtschalter abziehen.
- Rahmen für Schalttafeleinsatz ausbauen, siehe Seite 253.
- Mutter –4– von der Schalterachse abschrauben.
- Schalterblende –2– abnehmen.
- Stecker abziehen.
- Lichtschalter –3– nach hinten aus dem Rahmen herausdrücken.

- Der Einbau erfolgt jeweils in umgekehrter Reihenfolge.
- Batterie-Massekabel (–) anklemmen. Zeituhr einstellen. Radiosender programmieren.

Antennen-Verstärker aus- und einbauen

Touring

Ausbau

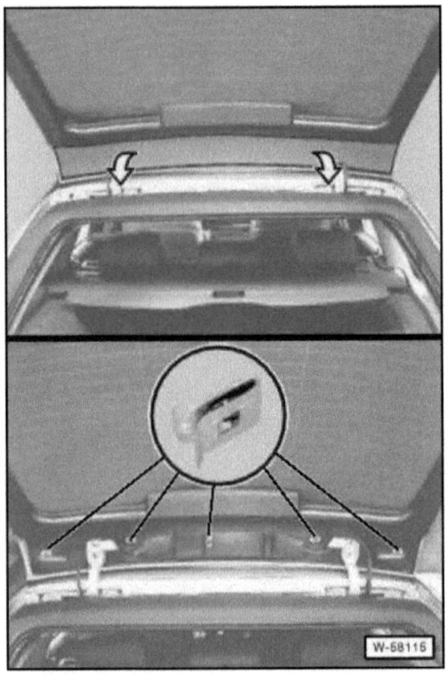

- Blende am oberen Dachrahmen ausclipsen. **Hinweis:** Die Klammern können an den Stiften der Blende hängen bleiben. Zweckmäßigerweise nach dem Ausbau sofort alle 5 Klammern in den Hülsen stecken.

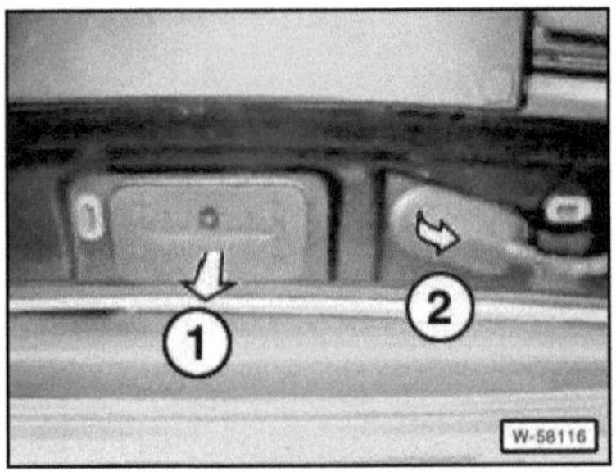

- Abdeckung –1– für Antennen-Verstärker nach hinten ausclipsen. 2 – Dichtmanschette, braucht nicht abgebaut zuwerden.
- Mutter lösen, Kabelschuhe abheben und Antennen-Verstärker herausziehen.
- Stecker abziehen und Antennen-Verstärker abnehmen.

Einbau

- Stecker am Antennen-Verstärker aufschieben.
- Zuerst den Antennen-Verstärker auf den Bolzen stecken, dann den Kabelschuh mit den beiden Masseleitungen aufschieben und schließlich die Mutter anschrauben.
- Prüfen, ob alle 5 Klammern in den Hülsen der Blende für den Dachrahmen stecken, gegebenenfalls einstecken. Blende andrücken und einclipsen.

Temperaturfühler aus- und einbauen

Ausbau

Der Temperaturfühler für Außentemperaturanzeige befindet sich in der Verkleidung rechts unter dem vorderen Stoßfänger.

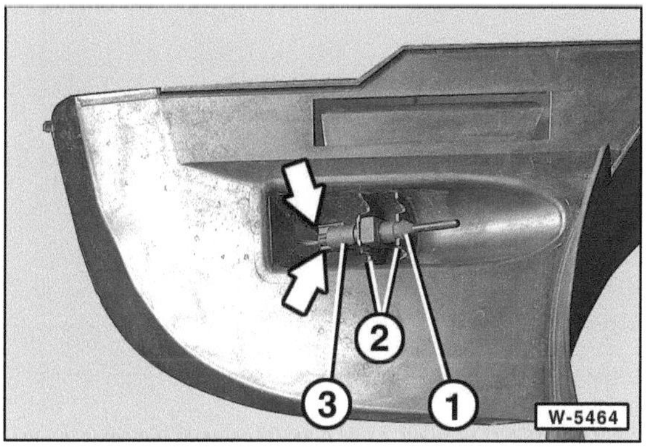

- Temperaturfühler –1– aus den beiden Kunststoffhaltern –2– nach unten herausziehen.
- Stecker –3– abziehen, dazu die Verriegelung mit den Fingern eindrücken.

Einbau

- Stecker aufschieben und einrasten.
- Temperaturfühler in die Halter einrasten.

Hupe aus- und einbauen/prüfen

Hinter dem vorderen Stoßfänger auf der rechten Seite je ein Hoch- und ein Tieftonhorn montiert. Zur Schonung der Hupkontakte ist zwischen Betätigungsknopf und Hupe ein Relais zwischengeschaltet. Beim Betätigen der Hupe wird der Steuerstromkreis des Relais geschlossen.

Ausbau

- Fahrzeug vorn aufbocken.
- Motor-Unterschutz vorn ausbauen, siehe Seite 14.

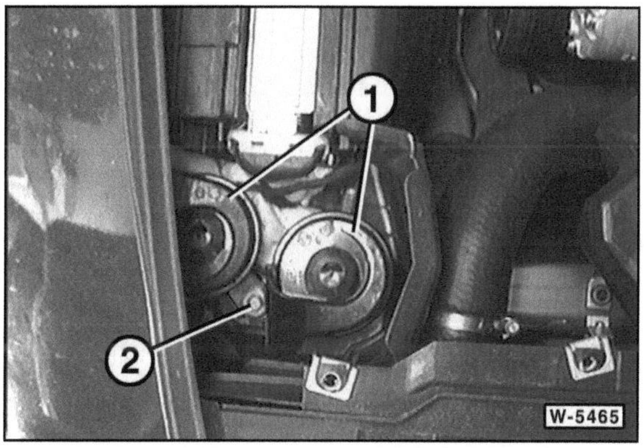

- Beide Hörner –1– mit Halter abschrauben –2–, Stecker abziehen und Hupe herausnehmen.

Prüfen

- Hupe mit Hilfsleitungen direkt an die Fahrzeugbatterie anschließen. Dabei Anschluß für violett/blaues Kabel mit Batterie-Plus (+) und Anschluß für braunes Kabel mit Batterie-Masse (–) verbinden. Die Hupe muß ertönen.

Achtung: Das Signalhorn ist ebenfalls zugänglich, wenn das rechte Luftführungsgitter aus dem Stoßfänger herausgezogen wird. Dazu Gitter an der rechten Lasche nach vorn ziehen.

Einbau

- Signalhorn einsetzen und anschrauben.
- Mehrfachstecker aufschieben.
- Untere Motorraumabdeckung einbauen.

Funk-Fernbedienung initialisieren

Die Funk-Fernbedienung der Zentralverriegelung muß initialisiert werden, wenn die Batterien im Schlüssel gewechselt wurden und der Wechsel länger als 1 Minute gedauert hat beziehungsweise wenn dabei eine Taste gedrückt wurde. Batteriewechsel, siehe Kapitel »Wartung«.

- Einsteigen und Fahrertür schließen.
- Zündschlüssel im Lenkradschloß kurz auf Position 1 drehen (max. 5 Sekunden) und wieder zurückdrehen.

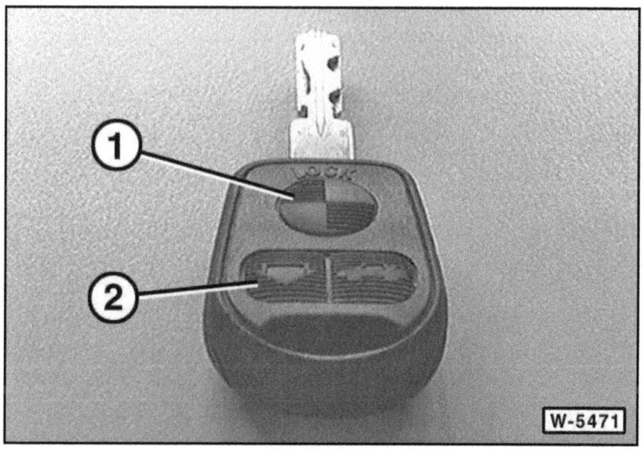

- Schlüssel abziehen und Taste –2– drücken und halten. Taste –1– kurz hintereinander 3mal drücken (max. 10 Sek.). Gleichzeitig Taste –2– weiter gedrückt halten.

- Taste –2– loslassen.
- Zur Bestätigung der erfolgten Initialisierung werden die Stellmotoren der Zentralverriegelung vom Steuergerät zweimal kurz betätigt.

Leuchtweitenregulierung

Die Leuchtweitenregulierung besteht aus dem Regulierschalter (Einstellrad) im Innenraum neben dem Nebellichtschalter und den beiden Stellmotoren an den Scheinwerfern. Bei eingeschaltetem Abblendlicht kann durch entsprechende Stellung des Einstellrades die Leuchtweite der Scheinwerfer der Fahrzeugbelastung angepaßt werden.

Stellung Einstellrad	Fahrzeugbelastung
0	Fahrersitz/Beifahrersitz besetzt
1	Alle Sitze besetzt
2	Fahrersitz besetzt, Gepäckraum beladen
3	Alle Sitze besetzt und Gepäckraum beladen

Motor für Leuchtweitenregulierung aus- und einbauen

Ausbau

- Scheinwerfer ausbauen, siehe Seite 251.

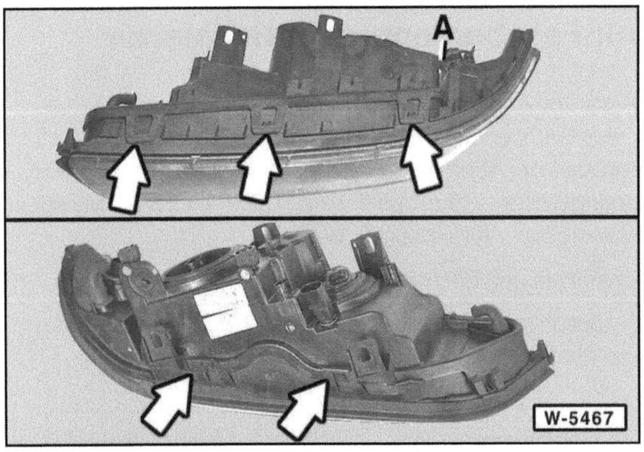

- Streu-Abdeckscheibe ausbauen. Dazu 5 Kunststoffklammern –Pfeile– etwas abdrücken.

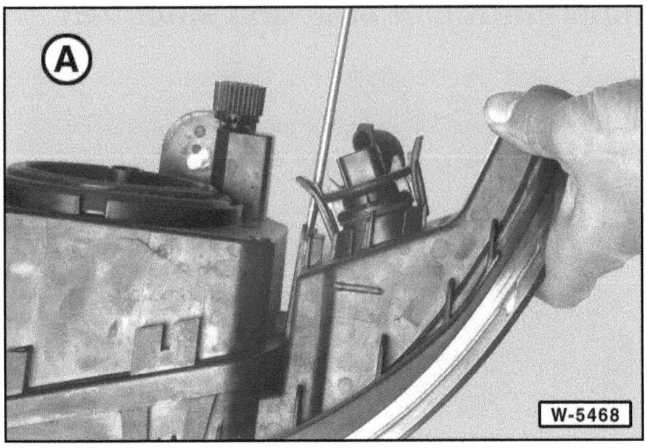

- Klammer zwischen Blinker und Scheinwerfer mit Schraubendreher etwas abdrücken, siehe auch Position –A– in Abbildung W-5467.

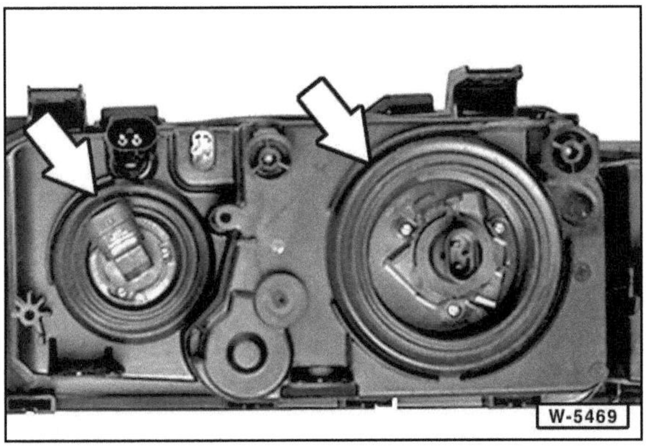

- Abdichtungen für Scheinwerfereinsatz abziehen.

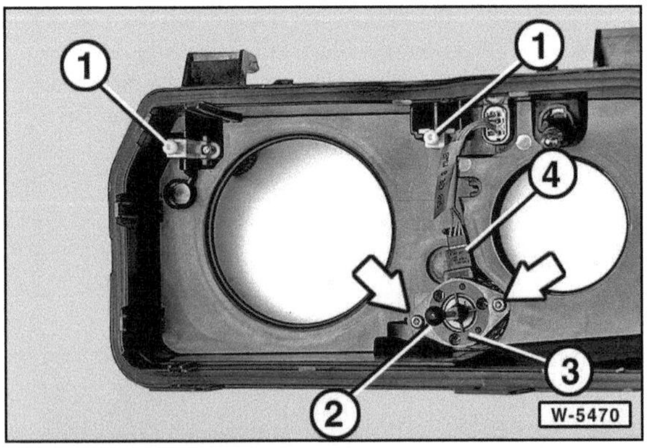

- Scheinwerfereinsatz von den 3 Kugelköpfen (2 für manuelle Scheinwerfereinstellung –1–, 1 für Leuchtweitenregulierung –2–) abdrücken und herausnehmen. Die Dichtungen werden dabei mit durchgeschoben.
- Stecker –4– abziehen.
- Motor für Leuchtweitenregulierung –3– abschrauben und herausnehmen.

Einbau

- Motor für Leuchtweitenregulierung einsetzen und anschrauben.
- Stecker aufschieben.
- Scheinwerfereinsatz ansetzen, Dichtungen durchziehen und Einsatz auf die 3 Kugelköpfe aufdrücken.
- Abdichtungen am Scheinwerfereinsatz aufschieben.
- Scheinwerfereinsatz in Streu-Abdeckscheibe einsetzen und einrasten.
- Scheinwerfer einbauen und einstellen, siehe Seite 251.

Sicherungen auswechseln

Um Kurzschluß- und Überlastungsschäden an den Leitungen und Verbrauchern der elektrischen Anlage zu verhindern, sind die einzelnen Stromkreise durch Schmelzsicherungen geschützt.

Die Sicherungen sind in einem Sicherungskasten untergebracht, der sich im Handschuhkasten befindet.

- Vor dem Auswechseln einer Sicherung immer zuerst den betroffenen Verbraucher ausschalten.
- Handschuhkasten öffnen und die beiden weißen Drehverschlüsse um 90° nach links drehen. Dadurch wird der Sicherungskasten entriegelt und klappt nach unten. Eine Übersicht der aktuellen Sicherungsbelegung befindet sich auf einem Einschub unterhalb der Sicherungsleiste. Dazu Lasche mit aufgedrucktem Pfeil herausziehen.

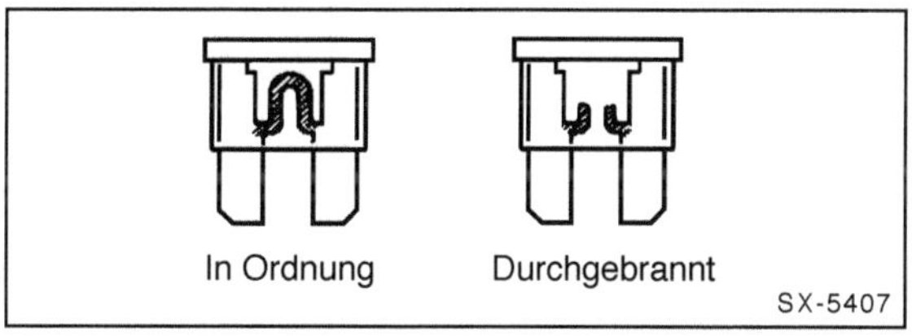

SX-5407

- Eine durchgebrannte Sicherung erkennt man am durchgeschmolzenen Metallstreifen.

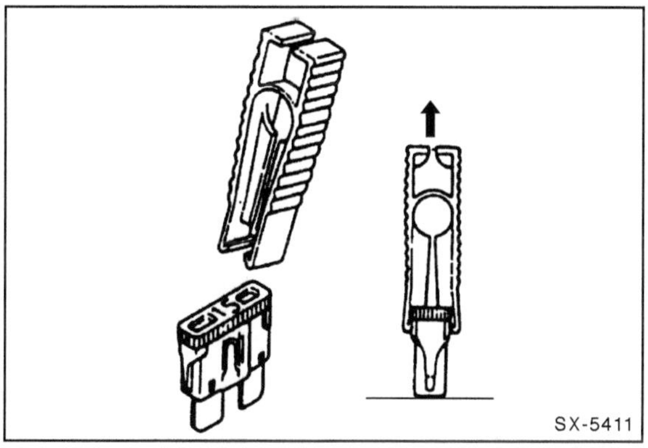
SX-5411

- Defekte Sicherung herausziehen. Eine Kunststoff-Klammer (rot) zum besseren Fassen der Sicherung befindet sich im Sicherungskasten. Klammer aufschieben, zusammendrücken und Sicherung herausziehen.
- Neue Sicherung gleicher Sicherungsstärke einsetzen.
- Brennt eine neu eingesetzte Sicherung nach kurzer Zeit wieder durch, muß der entsprechende Stromkreis überprüft werden.
- Auf keinen Fall Sicherung durch Draht oder ähnliche Hilfsmittel ersetzen, weil dadurch ernste Schäden an der elektrischen Anlage auftreten können.
- Es ist empfehlenswert, stets einige Ersatz-Sicherungen im Wagen mitzuführen. Zur Aufbewahrung befinden sich im Sicherungskasten entsprechende Freiplätze.

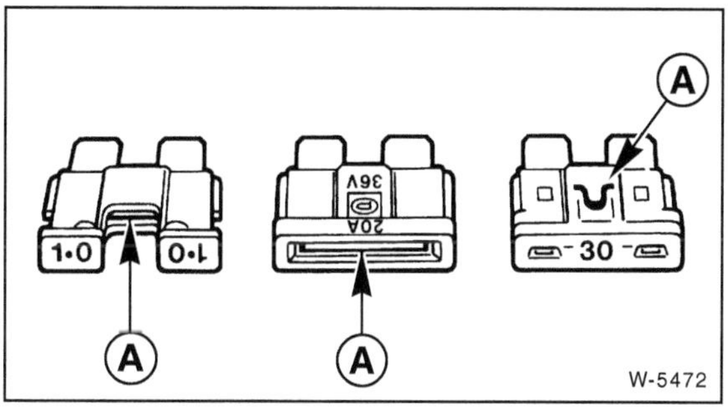

W-5472

- Die Nennstromstärke der Sicherung ist auf dem Kunststoffgehäuse der Sicherung aufgedruckt. Außerdem hat das Kunststoffgehäuse eine Kennfarbe, an der ebenfalls die Nennstromstärke zu erkennen ist. A = Schmelzdraht.

Nennstromstärke in Ampere	Kennfarbe
5	hellbraun
7,5	braun
10	rot
15	blau
20	gelb
30	grün
40	orange

- Sicherungskasten nach oben schwenken und weiße Drehverschlüsse nach rechts drehen.

Zusätzliche Sicherungen befinden sich im Kofferraum hinter der rechten Seitenverkleidung.

Die Sicherung für die Dauerplusleitung befindet sich über der Batterie in einem separaten Sicherungskasten.

Sicherungsbelegung

Die Sicherungsbelegung ist abhängig von Ausstattung und Baujahr des Fahrzeuges. Die aktuelle Sicherungsbelegung befindet sich im Handschuhkasten unterhalb der Sicherungsleiste und auf der Rückseite der rechten Kofferraum-Seitenverkleidung.

Nr.	Amp.	Verbraucher
1	30 A	Scheibenwischer.
2	30 A	Scheibenwaschanlage, Scheinwerferwaschanlage.
3	15 A	Fanfaren (Hupe).
4	20 A	Innenbeleuchtung, Gepäckraumbeleuchtung, Scheibenwaschanlage.
5	20 A	Schiebe-Hebedach.
6	30 A	Elektrische Fensterheber, Zentralverriegelung.
7	20 A	Zusatzlüfter.
8	25 A	ASC (Automatische Stabilitäts Control).
9	15 A	Heizbare Waschwasserdüsen, Klimaanlage.
10	30 A	Sitzverstellung Beifahrer.
11	8 A	Servotronic.
12	5 A	–
13	30 A	Lenksäulenverstellung, Sitzverstellung Fahrer.
14	5 A	Motorsteuerung, Wegfahrsicherung.
15	8 A	Diagnosestecker, Motorsteuerung, Wegfahrsicherung.
16	5 A	Lichtmodul.
17	10 A	ABS-Diesel, ASC (Automatische Stabilitäts Control), Kraftstoffpumpe.
18	5 A	Schalttafeleinsatz.
19	5 A	EDC (Elektr.-Dämpfer-Control), PDC (Park-Distance-Control).
20	8 A	Heizbare Heckscheibe, Heizung, Klimaanlage, Zusatzlüfter.
21	5 A	Sitzverstellung Fahrer, Abblendbarer Spiegel, Garagentoröffner.
22	30 A	Zusatzlüfter.
23	10 A	Heizung, Standheizung.
24	5 A	Beleuchtung für Schaltkulisse, Schalttafeleinsatz.
25	8 A	MID (Multi-Informations-Display), Radio.
26	5 A	Scheibenwischer.
27	30 A	Elektrische Fensterheber, Zentralverriegelung.
28	30 A	Heizgebläse, Klimaanlage.
29	30 A	Außenspiegelverstellung, Elektrische Fensterheber, Zentralverriegelung.
30	25 A	ABS-Diesel, ABS-Benziner.
31	10 A	ABS-Benziner, ASC (Automatische Stabilitäts Control), Kraftstoffpumpe.
32	15 A	Sitzheizung.
33	–	–
34	10 A	Lenkradheizung.
35	–	–
36	–	–
37	5 A	–
38	5 A	Beleuchtung für Schaltkulisse, Diagnosestecker, Fanfaren (Hupe).
39	8 A	Airbag, Make-Up-Spiegel-Beleuchtung.
40	5 A	Schalttafeleinsatz.
41	5 A	Airbag, Bremslicht, Geschwindigkeitsregler, Lichtmodul.
42	5 A	–
43	5 A	Bordmonitor, Radio, Telefon, Heckwaschpumpe, Heckwischer.
44	5 A	Multifunktionslenkrad, MID (Multi-Informations-Display), Radio, Telefon.
45	8 A	Heckscheibenrollo.

Die Sicherungen im Kofferraum haben die Nummern 46 bis 74.

Nr.	Amp.	Verbraucher
46	15 A	Standheizung, Standlüftung.
47	15 A	Standheizung.
48	5 A	Diebstahlwarnanlage.
49	30 A	Heizbare Heckscheibe.
50	8 A	Luftfederung.
51	30 A	Luftfederung.
52	30 A	Zigarettenanzünder.
53	8 A	Zentralverriegelung.
54	15 A	Kraftstoffpumpe.
55	20 A	Heckwaschpumpe, Heckwischer.
56	–	–
57	–	–
58	–	–
59	5 A	–
60	15 A	EDC (Elektr. Dämpfer Control).
61	5 A	PDC (Park-Distance-Control).
62	–	–
63	–	–
64	30 A	Bordmonitor, CD-Wechsler, Navigationssystem, Radio.
65	10 A	Telefon.
66	10 A	Bordmonitor, Navigationssystem, Radio, Telefon.
67	–	–
68	–	–
69	–	–
70	–	–
71	–	–
72	–	–
73	–	–
74	–	–

Batterie aus- und einbauen

Die Batterie befindet sich im Kofferraum hinter der rechten Seitenverkleidung.

Achtung: Durch das Abklemmen der Batterie können im Fahrzeug elektronische Speicher gelöscht werden:

- Die Fehlerspeicher einiger elektronischer Steuergeräte können gelöscht werden.
- Bei Radios mit Anti-Diebstahl-Codierung wird der Code gelöscht. Erkennbar sind diese Radios daran, daß nach Einschalten des Radios im Display zunächst für ein paar Sekunden das Wort »CODE« erscheint. Ist der Code nicht bekannt, kann das Radio später nicht wieder in Betrieb genommen werden. Der richtige Code steht auf der mit dem Radio ausgelieferten Radio-Codekarte beziehungsweise muß über den Hersteller erfragt werden.
- Die gespeicherten Radiosender werden ebenso gelöscht wie die Einstellung der Borduhr oder die Werte des Bordcomputers.
- Das Schiebedach muß nach dem Einbau der Batterie neu initialisiert werden.
- Der Fehlerspeicher im Motor-Steuergerät wird gelöscht.

Ausbau

- Zündung ausschalten.
- Kofferraum öffnen und rechte Seitenverkleidung am Griff herunterschwenken.
- Kunststoff-Ablageschale aus der Abdeckung herausnehmen.

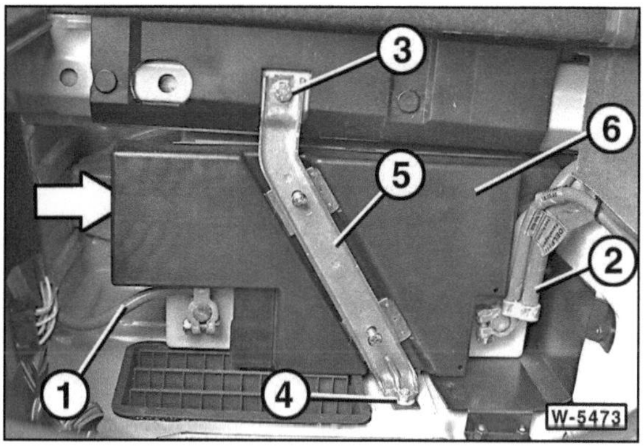

- Batteriekabel abklemmen, zuerst Massekabel (–) –1–, dann Pluskabel (+) –2–. Der Anschluß für das Pluskabel ist mit einer Lasche abgedeckt, diese herausziehen.
- Sechskantschraube –3– und Mutter –4– abschrauben.
- Haltebügel –5– und schwarze Batterieabdeckung –6– abnehmen.
- Kunststoff-Abstandhalter –Pfeil– herausziehen.
- Batterie etwas nach hinten schieben –in Fahrtrichtung gesehen– und vorn aus der Halterung aushängen.
- Entlüftungsschlauch an der vorderen Oberkante der Batterie abziehen.
- Tragegriffe hochklappen und Batterie herausheben.

Hinweis: Wird die Autobatterie ersetzt, unbedingt die Altbatterie zum Händler mitnehmen und zurückgeben. Sonst muß Pfand für die neue Batterie bezahlt werden.

Einbau

- Vor dem Einbau Batterie-Pole blank kratzen, geeignet ist dazu eine Messingdrahtbürste.
- Batterie so einsetzen, daß die Pole zum Kotflügel zeigen.
- Entlüftungsschlauch an der vorderen Oberkante aufstecken.
- Batterie bis zum Anschlag nach vorn schieben. Der Batteriefuß muß in der Halterung sitzen.
- Kunststoff-Abstandhalter einsetzen.
- Batterieabdeckung und Haltebügel auflegen.
- Haltebügel anschrauben.
- Pluskabel am Pluspol (+), dann Massekabel am Minuspol (–) anklemmen.
- Zur Verhinderung von Korrosion beide Pole mit speziellem Polfett bestreichen, zum Beispiel mit BOSCH-Polfett. **Achtung:** Das Fett erst nach dem Anschluß der Polklemmen auftragen. Andernfalls können, inbesondere beim Starten, hohe Übergangswiderstände auftreten, die elektronische Steuergeräte beschädigen können.
- Abdeckkappe für Pluspol einsetzen.
- Kunststoff-Ablageschale in die Seitenabdeckung einsetzen und Seitenverkleidung zurückklappen.
- Zeituhr einstellen. Radiosender programmieren.
- Schiebedach initialisieren, siehe Seite 211.
- Falls erforderlich, Diebstahlcode für Radio eingeben.
- Generatorspannung prüfen, siehe Seite 241.

Hinweis: Eine zu hohe Ladespannung des Generators kann die Ursache für den Ausfall der bisherigen Batterie gewesen sein und, falls der Fehler weiter besteht, die neue Batterie schädigen.

Hinweise zur wartungsarmen Batterie

Der 5er BMW ist serienmäßig mit einer wartungsarmen Batterie ausgestattet. Bei dieser Batterie muß nicht mehr im Rahmen der Wartung destilliertes Wasser nachgefüllt werden, dennoch sind einige Wartungspunkte zu beachten.

- Der Deckel hat eine Entlüftungsöffnung, über die die Batterie atmen kann. Damit keine Batteriesäure austreten kann, darf die Batterie nicht mehr als 45° geneigt werden.
- Zum Laden können die normalen Ladegeräte oder Schnelladegeräte verwendet werden. In diesem Fall Batterie zum Laden ausbauen.
- Wird zum Laden ein elektronisches Ladegerät verwendet, kann die Batterie eingebaut und angeschlossen bleiben. Die Elektronik des Ladegeräts verhindert schädliche Spannungsspitzen beim Laden.
- Tiefentladene Batterien nur mit einem elektronischen Ladegerät laden. Beim Laden mit Normal- oder Schnelladegeräten ist der Anfangsstrom zu hoch, so daß die Batterie geschädigt oder zerstört werden kann.
- Bei zu niedrigem Säurestand, zum Beispiel durch längeren Aufenthalt in heißen Regionen, destilliertes Wasser nachfüllen, siehe Kapitel »Wartung«.
- Ist das Fahrzeug nicht in Betrieb, Batterie alle 6 Wochen nachladen
- Wird das Fahrzeug länger als 6 Wochen stillgelegt, Batterie ausgebaut und geladen lagern. Die günstigste Lagertemperatur liegt zwischen 0° C und +27° C. Bei diesen Temperaturen hat die Batterie die günstigste Selbstentladungsrate. **Spätestens nach 3 Monaten Batterie erneut aufladen, da sie sonst unbrauchbar wird.**
- Batteriepole regelmäßig reinigen.
- Starthilfegeräte dürfen nur ausnahmsweise verwendet werden, da die Batterie hierdurch kurzfristig einer sehr hohen Stromstärke ausgesetzt wird.

Achtung: Starthilfegerät nicht einschalten, ohne gleichzeitig den Anlasser zu betätigen.

Batterie prüfen

Vor Beginn des Winters sollte die Batterie überprüft werden. Bei großer Kälte sinkt die Batteriespannung einer nur mäßig geladenen Batterie während des Anlassvorgangs stark ab.

Batterie mit »magischem Auge«

Falls die Batterie mit einem »magischen Auge« ausgestattet ist, kann durch diese optische Anzeige der Säurestand und der Ladezustand der Batterie geprüft werden. Dazu das magische Auge mit einer Taschenlampe von oben anleuchten.

- Bevor eine Sichtprüfung am magischen Auge vorgenommen wird, vorsichtig mit dem Griff eines Schraubendrehers auf das magische Auge klopfen. Luftblasen, die die Anzeige beeinträchtigen könnten, steigen hierdurch auf. Die Farbanzeige des magischen Auges wird dadurch genauer.
- Anzeige **grün**: Batterie ist in gutem Zustand. **Hinweis:** Bei manchen Ausführungen ist die Anzeige »grün« nicht vorgesehen.
- Anzeige **schwarz**: Batterie muss geladen werden.
- Anzeige **farblos** oder **gelb**: Kritischer Säurezustand. Die Batterie muss ausgetauscht werden.

Ruhespannung prüfen

Der Batterie-Zustand wird durch Messen der Spannung mit einem Voltmeter zwischen den Batteriepolen überprüft.

- Batteriepole abklemmen, siehe Seite 236.
- Vor der Prüfung muß die Batterie mindestens 2 Stunden abgeklemmt sein.

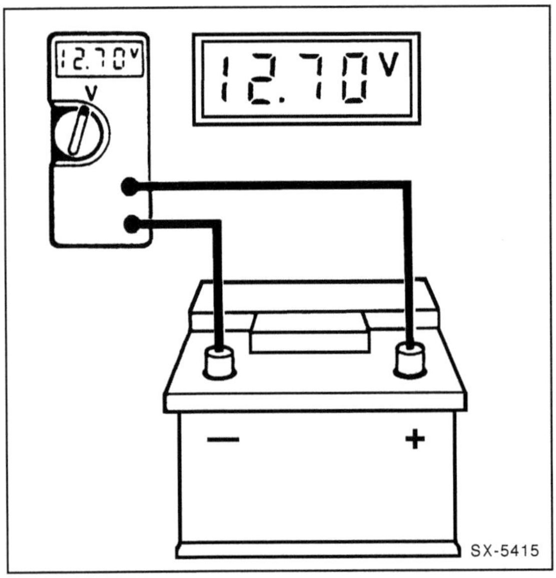

SX-5415

- Voltmeter an die Batteriepole anschließen und Spannung messen.
  Beurteilung:
  12,7 Volt oder darüber = Batterie in gutem Zustand
  12,5 Volt = normal
  12,3 Volt oder darunter = Batterie in schlechtem Zustand, Batterie laden oder ersetzen

- Batterie anklemmen, siehe Seite 236.

Batterie unter Belastung prüfen

- Voltmeter an den Polen der Batterie anschließen.
- Motor starten und Spannung ablesen.
- Während des Startvorganges darf bei einer vollen Batterie die Spannung nicht unter 10 Volt (bei einer Säuretemperatur von ca. +20° C) abfallen.
- Bricht die Spannung sofort zusammen so ist auf eine defekte Batterie zu schließen.

Batterie entlädt sich selbständig

Je nach Fahrzeugausstattung addiert sich zur natürlichen Selbstentladung der Batterie auch die Stromaufnahme der verschiedenen Steuergeräte im Ruhezustand. Daher sollte ein stehendes Fahrzeug spätestens alle 6 Wochen nachgeladen werden. Wenn der Verdacht auf Kriechströme besteht, Bordnetz nach folgender Anleitung prüfen:

- Zur Prüfung geladene Batterie verwenden.
- Alle Verbraucher ausschalten, vorhandene Zeituhr (Dauerverbraucher) abklemmen, Türen und Motorhaube schließen. Heckklappenschalter schließen.
- Batterie-Massekabel (–) von der Batterie abklemmen. **Achtung:** Dadurch können elektronische Speicher gelöscht werden, wie zum Beispiel der Motorfehlerspeicher. Vor dem Abklemmen der Batterie sollten auch die Hinweise im Kapitel »Batterie aus- und einbauen« durchgelesen werden.

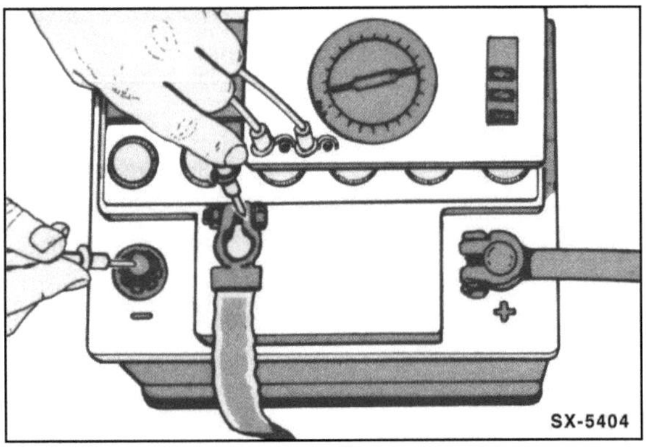

SX-5404

- Am Amperemeter (Meßbereich von 0–5 mA bis 5 A) den höchsten Meßbereich einstellen. Amperemeter zwischen Batterie-Minuspol und Massekabel schalten.

Achtung: Die Prüfung kann auch mit einer Prüflampe durchgeführt werden. Leuchtet die Lampe zwischen Masseband und Minuspol der Batterie jedoch nicht auf, ist auf jeden Fall ein Amperemeter zu verwenden.

- Vom Amperebereich solange auf den Milliamperebereich zurückschalten, bis eine ablesbare Anzeige erfolgt (1–3 mA sind zulässig).

- Durch Herausnehmen der Sicherungen nacheinander die verschiedenen Stromkreise unterbrechen. Wenn bei einem der unterbrochenen Stromkreise die Anzeige auf Null zurückgeht, ist hier die Fehlerquelle zu suchen. Fehler können sein: korrodierte und verschmutzte Kontakte, durchgescheuerte Leitungen, interner Schluß in Aggregaten.
- Wird in den abgesicherten Stromkreisen kein Fehler gefunden, so sind die Leitungen an den nicht abgesicherten Aggregaten abzuziehen. Diese sind: Zündanlage, Generator und Anlasser.
- Geht beim Abklemmen von einem der ungesicherten Aggregate die Anzeige auf Null zurück, betreffendes Bauteil überholen oder austauschen. Bei Stromverlust in Anlasser oder Zündanlage immer auch den Zündschalter nach Stromlaufplan prüfen.
- Batterie-Massekabel (–) anklemmen. Zeituhr einstellen. Radiosender programmieren.

Batterie laden

Die mit ■ gekennzeichneten Positionen entfallen bei der wartungsarmen Batterie. Serienmäßig besitzt der BMW eine wartungsarme Batterie. Hinweise zur wartungsarmen Batterie beachten.

Achtung: Batterie niemals kurzschließen, das heißt Plus- (+) und Minuspol (–) dürfen nicht verbunden werden. Bei Kurzschluß erhitzt sich die Batterie und kann platzen. Nicht mit offener Flamme in Batterie leuchten. Batteriesäure ist ätzend und darf nicht in die Augen, auf die Haut oder die Kleidung gelangen, gegebenenfalls mit viel Wasser abspülen.

- Vor dem Laden Plus- (+) und Massekabel (–) von Batterie abklemmen, Massekabel zuerst.
- Wenn das »magische Auge« der Batterie »farblos« oder »gelb« anzeigt, dann ist der Säurestand zu niedrig. In diesem Fall darf die Batterie nicht geladen werden, sondern muss ersetzt werden.
- Gefrorene Batterie vor dem Laden auftauen. Eine geladene Batterie friert bei ca. –65° C, eine halbentladene bei ca. –30° C und eine entladene bei ca. –12° C.
- Eine Batterie, die lange Zeit entladen war (Tiefentladung) kann mit einem Normalladegerät nicht mehr vollständig oder gar nicht mehr aufgeladen werden. In diesem Fall elektronisches Ladegerät verwenden, da durch den geringeren Ladestrom die Batterie nicht so stark erhitzt wird.
- Vor dem Laden Ruhespannung prüfen, siehe Seite 238.
- Batterie nur in gut belüftetem Raum laden. Beim Laden der eingebauten Batterie Heckklappe geöffnet lassen.
- Bei der Normalladung beträgt der Ladestrom ca. 10 % der Kapazität. (Bei einer 50-Ah-Batterie also etwa 5,0 A.) Als Richtwert für die Ladezeit kann dann 10 Stunden genommen werden.
- Pluspol (+) der Batterie mit Pluspol (+), Minuspol (–) der Batterie mit Minuspol (–) des Ladegerätes verbinden.
- Die Säuretemperatur darf während des Ladens +55° C nicht überschreiten, gegebenenfalls Ladung unterbrechen oder Ladestrom herabsetzen.

Achtung: Der Motor darf nicht bei abgeklemmter Batterie laufen, da sonst die elektrische Anlage beschädigt wird.

Störungsdiagnose Batterie

Störung	Ursache	Abhilfe
Abgegebene Leistung ist zu gering, Spannung fällt stark ab.	Batterie entladen.	■ Batterie nachladen.
	Ladespannung zu niedrig.	■ Spannungsregler prüfen, ggf. austauschen.
	Anschlußklemmen lose oder oxydiert.	■ Anschlußklemmen reinigen und besonders Unterseite mit Säureschutzfett leicht einfetten, Befestigungsschrauben anziehen.
	Masseverbindungen Batterie-Motor-Karosserie sind schlecht.	■ Masseverbindung überprüfen, ggf. metallische Verbindungen herstellen oder Schraubverbindungen festziehen. Korrodierte oder gelblich schimmernde Befestigungsschrauben durch verzinnte Schrauben ersetzen.
	Zu große Selbstentladung der Batterie durch Verunreinigung der Batteriesäure.	■ Batterie austauschen.
	Evtl. Batterie sulfatiert (grauweißer Belag auf den Plus- und Minusplatten).	■ Batterie mit kleinem Strom laden, damit sich der Belag langsam zurückbildet. Falls nach wiederholter Ladung und Entladung die abgegebene Leistung immer noch zu gering ist, Batterie austauschen.
	Batterie verbraucht, aktive Masse der Platten ausgefallen.	■ Batterie austauschen.
Nicht ausreichende Ladung der Batterie.	Fehler an Generator, Spannungsregler oder Leitungsanschlüssen.	■ Generator und Spannungsregler überprüfen, instand setzen bzw. austauschen.
	Keilrippenriemen locker, Spannvorrichtung defekt.	■ Spannvorrichtung prüfen, ggf. Keilrippenriemen ersetzen.
	Zu viele Verbraucher angeschlossen.	■ Größere Batterie einbauen; evtl. auch größeren Generator verwenden.

Der Generator

Der 5er BMW ist mit einem Drehstromgenerator ausgerüstet. Je nach Modell und Ausstattung kann ein Generator mit einer Nennstromstärke von 80 A oder 140 A eingebaut sein.

Der Generator wird von der Kurbelwelle über den Keilrippenriemen angetrieben. Dabei dreht sich der Läufer mit der Erregerwicklung innerhalb der feststehenden Ständerwicklung.

Über Kohlebürsten und Schleifringe fließt der Erregerstrom durch die Erregerwicklung. Dabei bildet sich ein Magnetfeld.

Die Lage des magnetischen Feldes zur Ständerwicklung ändert sich ständig, entsprechend der Umdrehung des Läufers. Dadurch wird in der Ständerwicklung ein Drehstrom erzeugt.

Da die Batterie aber nur mit Gleichstrom geladen werden kann, wird der Drehstrom durch Gleichrichter in der Diodenplatte in Gleichstrom umgewandelt. Der Spannungsregler verändert den Ladestrom durch Ein- und Ausschalten des Erregerstromes, entsprechend dem Ladezustand der Batterie. Gleichzeitig hält der Regler die Betriebsspannung konstant bei ca. 14 Volt, unabhängig von der Drehzahl.

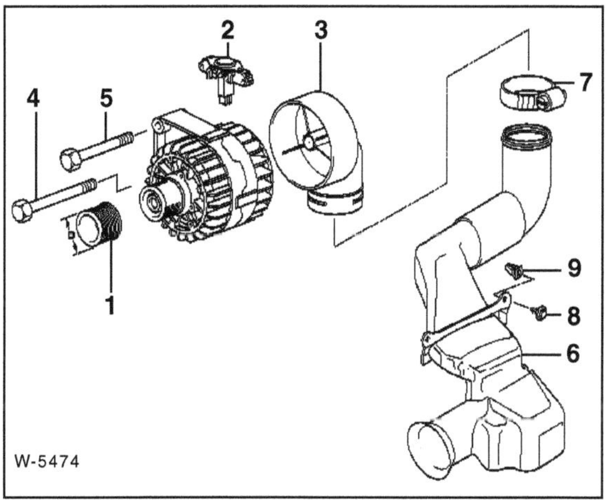

1 – Riemenscheibe
2 – Spannungsregler
3 – Ansaugstutzen
4 – Sechskantschraube
5 – Sechskantschraube mit Scheibe
6 – Luftkanal
7 – Schlauchschelle
8 – Blechschraube
9 – Spreizmutter

Sicherheitshinweise für den Drehstromgenerator

- Kabel an Spannungsregler und Generator **nicht** vertauschen. Kabel vor dem Abklemmen mit Tesaband kennzeichnen.
- Batterie oder Spannungsregler **nicht** bei laufendem Motor abklemmen.
- Generator **nicht** bei angeschlossener Batterie ausbauen.
- Beim Elektroschweißen Batterie grundsätzlich abklemmen.

Generatorspannung prüfen

- Voltmeter zwischen Plus- und Minuspol der Batterie anschließen.
- Motor starten. Die Spannung darf beim Startvorgang bis 8 Volt (bei +20° C Außentemperatur) absinken.
- Motordrehzahl auf 3000/min erhöhen. Die Spannung soll dann 13,5 bis 14,5 Volt betragen. Dies ist ein Beweis, daß Generator und Regler arbeiten. Die Generatorspannung (Bordspannung) muß höher als die Batteriespannung sein, damit die Batterie im Fahrbetrieb wiederaufgeladen wird.
- Regelstabilität prüfen. Dazu Fernlicht einschalten und Messung bei 3000/min wiederholen. Die gemessene Spannung darf nicht mehr als 0,4 Volt über dem vorher gemessenen Wert liegen.
- Liegen die gemessenen Werte außerhalb der Sollwerte, Generator von Fachwerkstatt überprüfen lassen.

Generator aus- und einbauen

Ausbau

- Batterie-Massekabel (–) abklemmen. Die Batterie befindet sich im Kofferraum hinter der rechten Seitenverkleidung. **Achtung:** Dadurch werden elektronische Speicher gelöscht, zum Beispiel der Motor-Fehlerspeicher. Hinweise im Kapitel »Batterie aus- und einbauen« beachten.
- Minuspol der Batterie abdecken, um versehentlichen elektrischen Kontakt zu vermeiden.
- Luftfilter ausbauen, siehe Seite 75.
- Lüfterkupplung ausbauen, siehe Seite 57.
- Keilrippenriemen ausbauen, siehe Seite 44.
- Belüftungsschlauch hinten am Generator abziehen.
- Auf der Rückseite des Generators Stecker für Klemme D+ abziehen, dazu Drahtsicherung eindrücken.
- Abdeckung für Anschluß B+ abnehmen. Mutter abschrauben und dickes Kabel abnehmen.

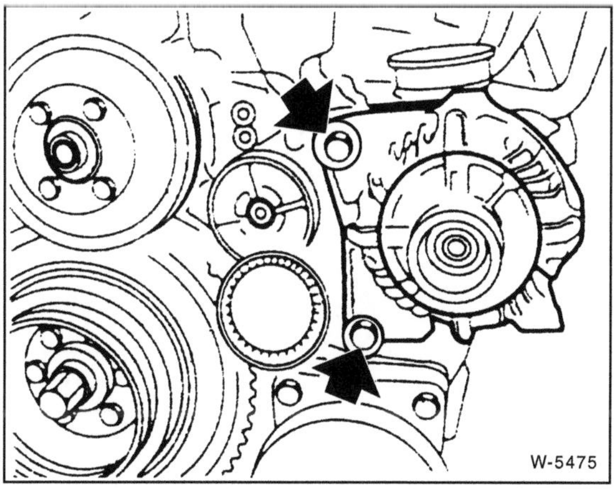

- Generator abschrauben und herausnehmen.

Einbau

- Generator anschrauben.
- Auf der Rückseite dickes Kabel mit **15 Nm** anschrauben.
- Stecker aufschieben und einrasten.
- Belüftungsschlauch hinten am Generator aufschieben.
- Keilrippenriemen einbauen, siehe Seite 44.
- Lüfterkupplung einbauen, siehe Seite 57.
- Luftfilter einbauen, siehe Seite 75.

Schleifkohlen für Generator/ Spannungsregler ersetzen/prüfen

Ausbau BOSCH-Generator

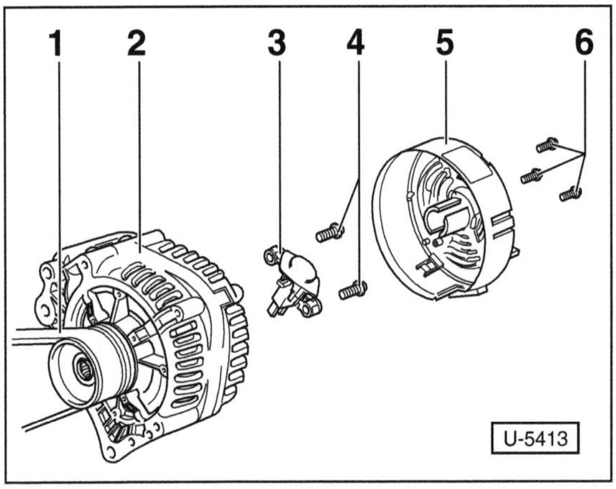

- Keilrippenriemen –1– und Generator –2– ausbauen.
- Generator-Schutzkappe –5– mit 3 Schrauben –6– abschrauben.
- Spannungsregler –3– an der Rückseite des Generators abschrauben (2 Schrauben –4–) und vorsichtig herausziehen.

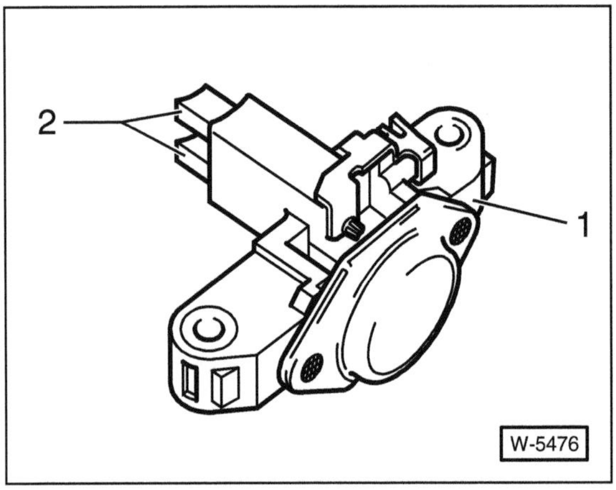

- Schleifkohlen –2– ersetzen, wenn die Länge 5 mm oder weniger beträgt. Dazu Anschlußlitze auslöten.
- Schleifringe auf Verschleiß prüfen, gegebenenfalls feinstüberdrehen und polieren.
- Kontaktfläche reinigen und Vorspannung der Kontaktfeder prüfen, gegebenenfalls erneuern.

Einbau

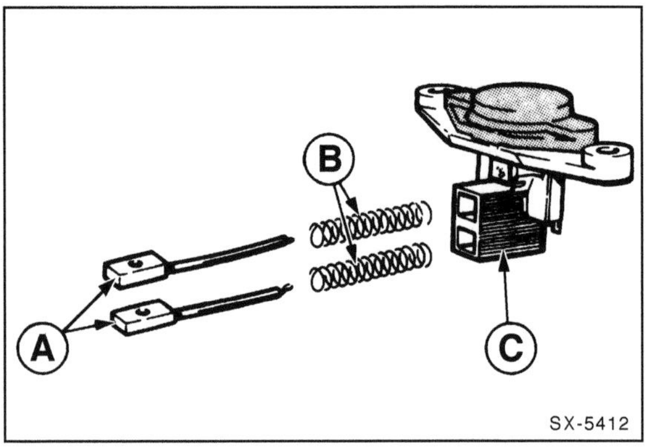

- Kohlebürsten –A– und Federn –B– in den Bürstenhalter –C– einsetzen und Anschlüsse verlöten.
- Damit beim Anlöten der neuen Bürsten kein Lötzinn in der Litze hochsteigen kann, Anschlußlitze der Bürsten mit einer Flachzange fassen. **Achtung:** Durch hochsteigendes Lötzinn würde die Litze steif und die Kohlebürste unbrauchbar werden.
- Der Isolierschlauch über der Litze muß neben der Lötstelle mit der vorhandenen Öse festgeklemmt werden.
- Nach dem Einbau neue Kohlebürsten auf leichten Lauf in den Bürstenhaltern prüfen.
- Spannungsregler erst mit einer Schraube von Hand befestigen, dann vorsichtig in endgültige Einbaulage drücken und festschrauben.
- Schutzkappe hinten am Generator anschrauben.
- Generator einbauen.

Ausbau VALEO-Generator

- Generator ausbauen.
- Generator-Schutzkappe mit 3 Schrauben abschrauben.
- Spannungsregler mit 2 Schrauben und 1 Mutter abschrauben und herausnehmen.

Einbau

- Neuen Spannungsregler mit Montagekappe aufsetzen und leicht anschrauben.
- Montagekappe nach oben abziehen.
- Beiliegende Abdeckkappe aufsetzen und M4-Befestigungsschrauben mit 2 Nm, M5-Schrauben mit 4 Nm festziehen.
- Schutzkappe anschrauben.
- Generator einbauen.

Störungsdiagnose Generator

Störung	Ursache	Abhilfe
Ladekontrollampe brennt nicht bei eingeschalteter Zündung.	Batterie leer.	■ Laden.
	Kabel an Generator locker oder korrodiert.	■ Kabel auf einwandfreien Kontakt prüfen, Schraube festziehen.
	Ladekontrollampe durchgebrannt.	■ Ersetzen.
	Regler defekt.	■ Regler prüfen, gegebenenfalls austauschen.
	Unterbrechung in der Leitungsführung zwischen Generator, Zündschloß und Kontrollampe.	■ Mit Ohmmeter Leitung auf Durchgang prüfen.
	Steckverbindungen zwischen Gleichrichterplatte und Spannungsregler nicht gesteckt.	■ Generator demontieren, gegebenenfalls Stecker ersetzen.
	Kohlebürsten liegen nicht auf dem Schleifring auf.	■ Freigängigkeit der Kohlebürsten und Mindestlänge (5 mm) prüfen.
	Erregerwicklung im Generator durchgebrannt.	■ Läufer austauschen.
Ladekontrollampe verlöscht nicht bei Drehzahlsteigerung.	Keilrippenriemen locker.	■ Keilrippenriemen spannen.
	Kohlebürsten abgenutzt.	■ Kohlebürsten sichtprüfen, gegebenenfalls austauschen.
	Regler defekt.	■ Regler prüfen, gegebenenfalls austauschen.
	Leitung zwischen Drehstromgenerator und Regler defekt.	■ Leitung und Kontakte prüfen, ggf. Leitungsstrang ersetzen.
Ladekontrollampe brennt bei ausgeschalteter Zündung.	Plusdiode hat Kurzschluß	■ Dioden prüfen, gegebenenfalls Diodenplatte austauschen.

Der Anlasser

Zum Starten des Verbrennungsmotors ist ein kleiner elektrischer Motor, der Anlasser, erforderlich. Damit der Motor überhaupt anspringen kann, muß der Anlasser den Verbrennungsmotor auf eine Drehzahl von mindestens 300 Umdrehungen in der Minute beschleunigen. Das funktioniert aber nur, wenn der Anlasser einwandfrei arbeitet und die Batterie hinreichend geladen ist.

Der Anlasser besteht aus einem Antriebs-, Pol- und Kollektorgehäuse. In dem Pol- und Kollektorgehäuse sind Anker und Kollektor gelagert sowie der Bürstenhalter. Im Bürstenhalter befinden sich Kohlebürsten, die sich zwar langsam, aber stetig abnutzen. Bei hoher Abnutzung der Kohlebürsten kann der Anlasser nicht mehr einwandfrei arbeiten.

In dem vorderen Antriebsgehäuse ist der Ritzelantrieb untergebracht. Wenn der Anlasser über den Zündanlaßschalter Spannung erhält, wird über den Magnetschalter, der auf dem Anlassergehäuse sitzt, das Ritzel auf einem Steilgewinde gegen den Zahnkranz des Motor-Schwungrades geschoben. Sobald das Ritzel bis zum Anschlag auf der Spindel vorgelaufen ist, ist es kraftschlüssig mit dem Schwungrad verbunden. Nun kann der Anlasser den Motor auf die erforderliche Anlaßdrehzahl bringen. Wenn der Verbrennungsmotor anläuft, wird das Ritzel vom Motor her beschleunigt, es läuft also kurzzeitig schneller als der Anlassermotor und spurt aus, wodurch die Verbindung zum Verbrennungsmotor aufgehoben ist.

Da zum Starten eine hohe Stromaufnahme erforderlich ist, ist im Rahmen der Wartung auf eine einwandfreie Kabelverbindung zu achten. Korrodierte Anschlüsse säubern und mit Polschutzfett einstreichen.

Achtung: Den Anlasser gibt es je nach Typ auch als Austauschteil. Das bedeutet, daß ein defekter Anlasser unter Umständen bei Kauf eines überholten oder neuen Anlassers vom Hersteller in Zahlung genommen wird, daher Altteil zum Händler mitnehmen.

BOSCH-Anlasser

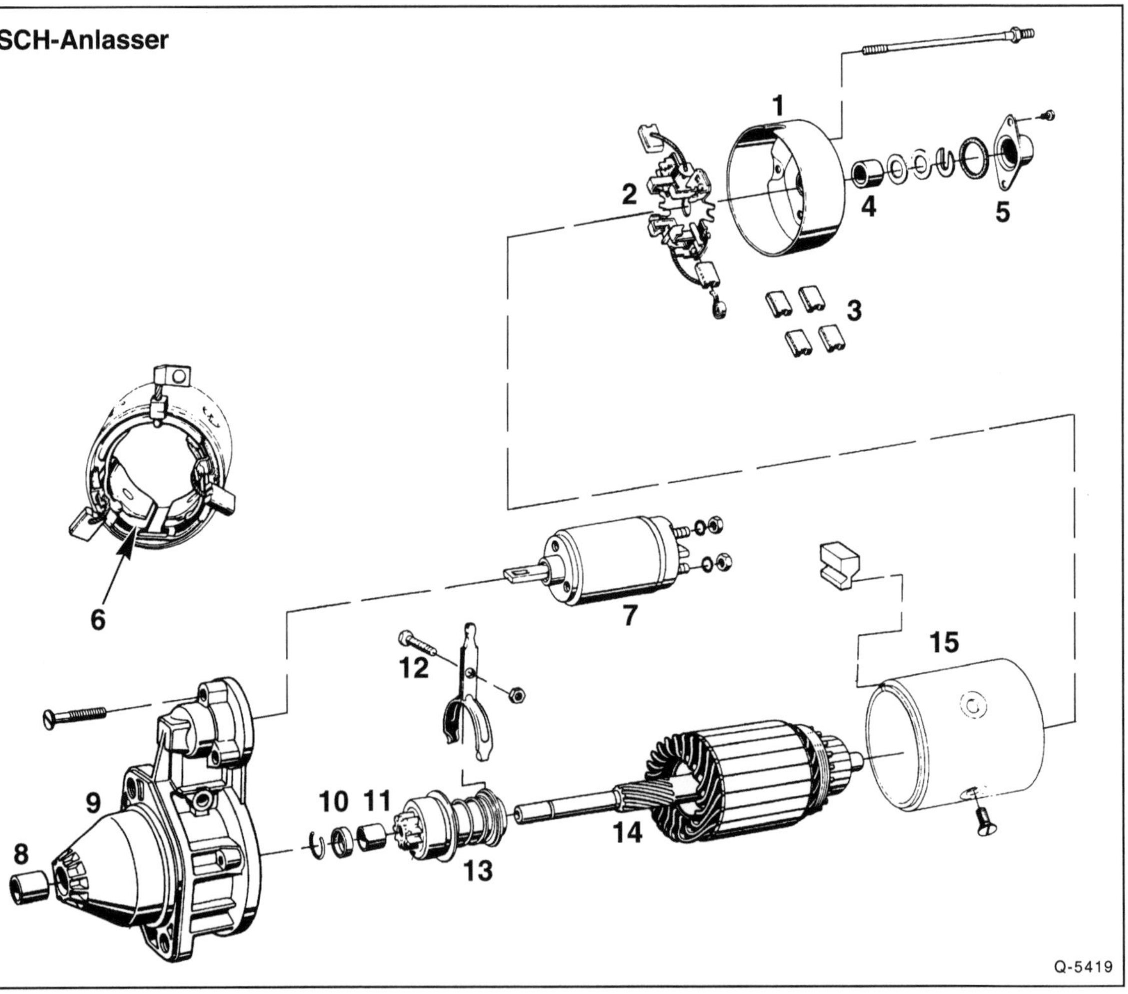

1 – Kollektorgehäuse
2 – Bürstenhalter
3 – Satz Kohlebürsten
4 – Sinterbuchse
5 – Kapsel
6 – Erregerwicklung
7 – Magnetschalter
8 – Sinterbuchse
9 – Antriebsgehäuse
10 – Anschlagring
11 – Sinterbuchse
12 – Gabelhebel
13 – Ritzel
14 – Anker
15 – Polgehäuse

Anlasser aus- und einbauen

Der Anlasser sitzt seitlich an der Trennstelle Motorblock/Getriebe und wird nach unten ausgebaut.

Ausbau

- Batterie-Massekabel (–) abklemmen. Die Batterie befindet sich im Kofferraum hinter der rechten Seitenverkleidung. **Achtung:** Dadurch werden elektronische Speicher gelöscht, zum Beispiel der Motor-Fehlerspeicher. Hinweise im Kapitel »Batterie aus- und einbauen« beachten.
- Minuspol der Batterie abdecken, um versehentlichen elektrischen Kontakt zu vermeiden.
- Hinteren Motor-Unterschutz ausbauen, siehe Seite 14.

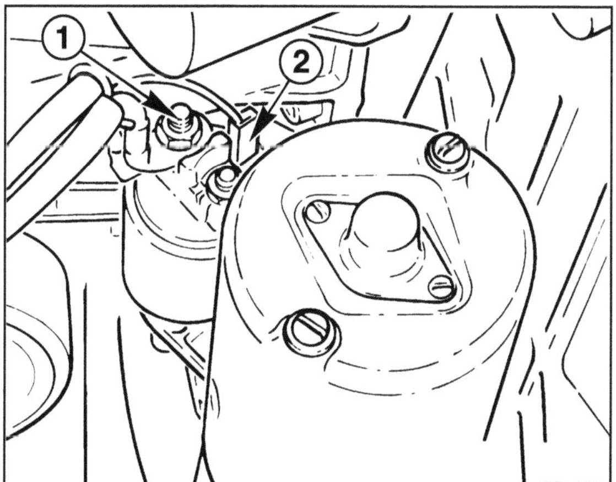

27-451

- Leitungen abklemmen: 1 – Klemme 30, direkt vom Batterie-Pluspol; 2 – Klemme 50, vom Zündanlaßschalter. **Achtung:** Leitungsverlegung markieren, damit die Leitungen beim Einbau genauso verlegt werden.
- Schrauben für Anlasser von der Getriebeseite aus mit geeigneter Verlängerung herausdrehen.
- Anlasser herausnehmen.

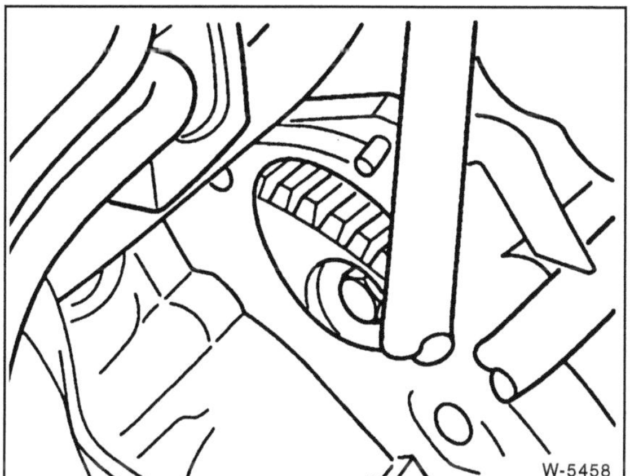
W-5458

- Ritzel am Anlasser und Anlasser-Zahnkranz auf Beschädigung prüfen.

Einbau

- Anlasser einsetzen und mit **50 Nm** anschrauben.
- Elektrische Leitungen aufschieben und Klemme 30 mit 10 Nm, Klemme 50 mit 5 Nm anschrauben. **Achtung:** Leitungen wie vor dem Ausbau verlegen. Darauf achten, daß sie nicht an umliegenden Bauteilen scheuern können.
- Hinteren Motor-Unterschutz einbauen, siehe Seite 14.
- Batterie-Massekabel (–) anklemmen. Zeituhr einstellen. Radiosender programmieren.

Magnetschalter prüfen/ aus- und einbauen

Bei einem Defekt des Magnetschalters wird das Ritzel im Anlasser nicht gegen den Zahnkranz des Schwungrades gezogen. Dadurch kann der Anlasser den Motor nicht durchdrehen. Dieser Defekt tritt häufiger auf als daß der Anlassermotor selbst schadhaft ist.

Prüfen in eingebautem Zustand

Prüfvoraussetzung: Batterie voll geladen.

- Gang herausnehmen, Schalthebel in Leerlaufstellung.

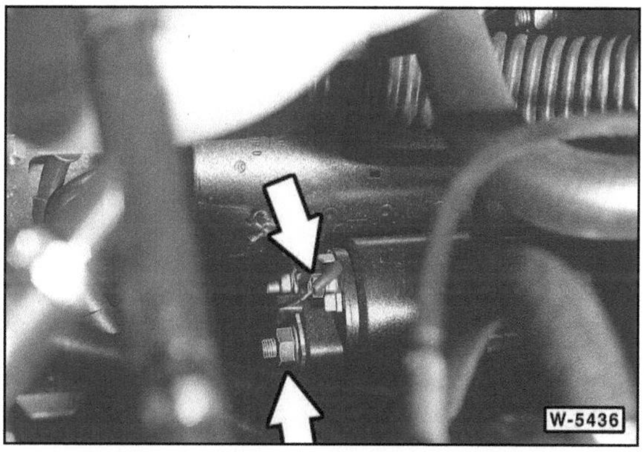
W-5436

- Mit Hilfskabel Klemme 30 (=dickes Pluskabel) und 50 (dünnes Kabel, zum Zündschloß) am Anlasser kurz überbrücken, das Anlasserritzel muß nach vorne schnellen (klicken) und der Anlasser anlaufen. Wenn nicht, Anlasser abschrauben und im ausgebauten Zustand überprüfen.

Ausbau

- Anlasser ausbauen und Prüfung bei ausgebautem Anlasser mit einer Autobatterie wiederholen. Als Zuleitung zu Klemme 50 des Anlassers eignet sich ein Starthilfekabel. Schnellt das Ritzel nach vorne, ohne daß der Anlasser anläuft, Anlassermotor von einer Werkstatt überholen lassen.
- Schnellt das Ritzel nicht nach vorn, Magnetschalter abschrauben und ersetzen.

Einbau

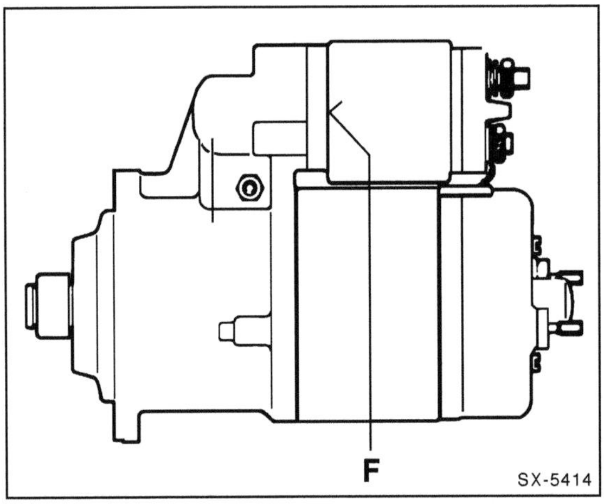

- Trennfuge –F– zum Anlasser mit geeignetem Dichtmittel abdichten.
- Magnetschalter an Gabelhebel im Anlasser einhängen, dann anschrauben.
- Leitung für Magnetschalter anschrauben.
- Anlasser erneut prüfen, wie oben beschrieben.
- Anlasser einbauen.

Störungsdiagnose Anlasser

Wenn ein Anlasser nicht durchdreht, ist zunächst zu prüfen, ob an der Klemme 50 des Magnetschalters die zum Einziehen benötigte Spannung von mindestens 10 Volt vorhanden ist. Liegt die Spannung unter dem genannten Wert, dann müssen die Leitungen, die zum Anlasserstromkreis gehören, nach dem Stromlaufplan überprüft werden. Ob der Anlasser bei voller Batteriespannung einzieht, kann folgendermaßen geprüft werden:

- Keinen Gang einlegen, Zündung eingeschaltet.
- Mit einer Leitung (Querschnitt mindestens 4 mm^2) die Klemmen 30 und 50 am Anlasser überbrücken, siehe auch Stromlaufplan.

Spurt der Anlasser dabei einwandfrei ein, so liegt der Fehler in der Leitungsführung zum Anlasser. Andernfalls Anlasser in ausgebautem Zustand überprüfen.

Prüfvoraussetzung: Leitungsanschlüsse müssen festsitzen und dürfen nicht oxydiert sein.

Störung	Ursache	Abhilfe
Anlasser dreht sich nicht beim Betätigen des Zündanlaßschalters.	Batterie entladen.	■ Batterie laden.
	Klemmen 30 und 50 am Anlasser überbrücken: Anlasser läuft an. Leitung 50 zum Zündanlaßschalter unterbrochen, Anlaßschalter defekt.	■ Unterbrechung beseitigen, defekte Teile ersetzen.
	Kabel oder Masseanschluss ist unterbrochen, oder die Batterie ist entladen.	■ Batteriekabel und Anschlüsse prüfen. Batteriespannung messen, ggf. laden.
	Ungenügender Stromdurchgang infolge lockerer oder oxydierter Anschlüsse.	■ Batteriepole und -klemmen reinigen. Stromsichere Verbindungen zwischen Batterie, Anlasser und Masse herstellen.
	Keine Spannung an Klemme 50 (Magnetschalter).	■ Leitung unterbrochen Zündanlaßschalter defekt.
Anlasser dreht sich zu langsam und zieht den Motor nicht durch.	Batterie entladen.	■ Batterie laden.
	Kein Winteröl bzw. Mehrbereichsöl im Motor.	■ Mehrbereichsöl einfüllen.
	Ungenügender Stromdurchgang infolge lockerer oder oxydierter Anschlüsse.	■ Batteriepole und -klemmen und Anschlüsse am Anlasser reinigen, Anschlüsse festziehen.
	Kohlebürsten liegen nicht auf dem Kollektor auf, klemmen in ihren Führungen, sind abgenutzt, gebrochen, verölt oder verschmutzt.	■ Kohlebürsten überprüfen, reinigen bzw. auswechseln. Führungen prüfen.
	Ungenügender Abstand zwischen Kohlebürsten und Kollektor.	■ Kohlebürsten ersetzen und Führungen für Kohlebürsten reinigen.
	Kollektor riefig oder verbrannt und verschmutzt.	■ Kollektor abdrehen oder Anker ersetzen.
	Spannung an Klemme 50 fehlt (mind. 10 Volt).	■ Zündanlaßschalter oder Magnetschalter überprüfen.
	Magnetschalter defekt.	■ Schalter auswechseln.
Anlasser spurt ein und zieht an, Motor dreht nicht oder nur ruckweise.	Ritzelgetriebe defekt.	■ Ritzelgetriebe ersetzen.
	Ritzel verschmutzt.	■ Ritzel reinigen.
	Zahnkranz am Schwungrad defekt.	■ Zahnkranz nacharbeiten, falls erforderlich, Schwungrad erneuern.
Ritzelgetriebe spurt nicht aus.	Ritzelgetriebe oder Steilgewinde verschmutzt bzw. beschädigt.	■ Ritzelgetriebe reinigen, ggf. ersetzen.
	Magnetschalter defekt.	■ Magnetschalter ersetzen.
	Rückzugfeder schwach oder gebrochen.	■ Rückzugfeder erneuern.
Anlasser läuft weiter, nachdem der Zündschlüssel losgelassen wurde.	Magnetschalter hängt, schaltet nicht ab.	■ Zündung sofort ausschalten, Magnetschalter ersetzen.
	Zündschloß schaltet nicht ab.	■ Sofort Batterie abklemmen, Zündschloß ersetzen.

Beleuchtungsanlage

Zur Beleuchtungsanlage zählen: Hauptscheinwerfer, Nebelscheinwerfer, Heckleuchten, Kennzeichenleuchten und Innenleuchten. Die Instrumentenbeleuchtung wird im Kapitel »Armaturen« beschrieben.

Pflege der Scheinwerfer

- Nicht trocken reiben und keine scheuernden oder ätzenden Reinigungsmittel verwenden.
- Verunreinigungen mit viel Wasser abwaschen.
- Vereisungen mit Enteisungsspray auftauen.

Vor dem Auswechseln einer Glühlampe den betreffenden Schalter ausschalten. **Achtung: Glaskolben nicht mit bloßen Fingern anfassen,** sondern einen sauberen Lappen zwischenlegen. Versehentlich entstandene Berührungsflecken auf dem Glaskolben mit sauberem, nicht faserndem Tuch und Spiritus entfernen.

Lampentabelle

Um jederzeit eine Lampe auswechseln zu können, sollte stets ein Kasten mit den wichtigsten Ersatzlampen im Fahrzeug mitgeführt werden.

12-V-Glühlampe für:	Typ	Leistung
Abblendlicht	H7	55 W
Fernlicht bis 8/00	HB3	60 W
ab 9/00	H7	55 W
Nebelscheinwerfer bis 8/00	H7	55 W
ab 9/00	H8	35 W
Standlicht bis 8/99	Glassockel	5 W
ab 9/99	H	10 W
Blinker vorn/hinten	Bajonett	21 W
Blinker seitlich	Bajonett	5 W
Schlußleuchte bis 8/00	Bajonett	5 W
ab 9/00	–	LED
Nebelschlußleuchte	Bajonett	21 W
Rückfahrscheinwerfer	Bajonett	21 W
Bremsleuchte	Bajonett	21 W
Hochgesetzte Bremsleuchte		
Limousine	Bajonett	21 W
Touring*	Leuchtenband	LED

*) Bei Ausfall einer LED (Leuchtdiode) wird das ganze Leuchtenband gewechselt.

Glühlampen auswechseln

- Schalter der betreffenden Lampe ausschalten.

Scheinwerfer:

Achtung: Die Halogenlampen für Fern-, Abblend- und Nebellicht stehen unter Druck, daher Augen- und Handschutz tragen. Bei Beschädigung der Lampe besteht sonst Verletzungsgefahr.

- Motorhaube öffnen.

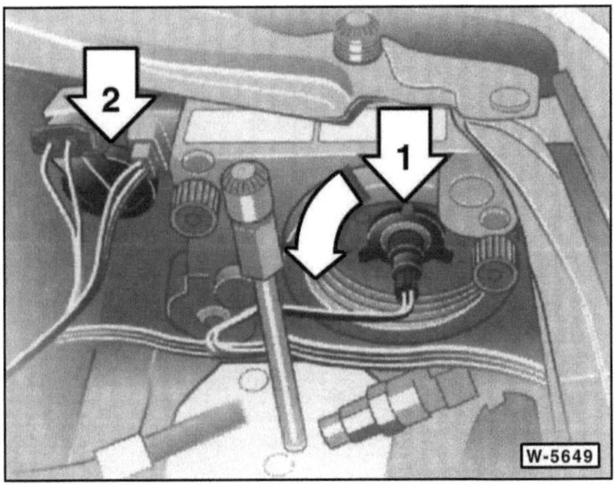

- Lampenhalter für Abblendlicht –1– bis zum Anschlag nach links drehen und herausnehmen.
- Lampe abziehen und wechseln.
- Lampenhalter für Abblendlicht ansetzen und bis zum Anschlag nach rechts drehen.
- Lampenhalter für Fernlicht –2– bis zum Anschlag nach links drehen und herausnehmen.
- Stecker abziehen.
- Neuen Lampenhalter mit Lampe auf den Steckverbinder stecken und einrasten.
- Lampenhalter für Fernlicht ansetzen und bis zum Anschlag nach rechts drehen.

Standlicht

- Lampenhalter für Standlicht –3– bis zum Anschlag nach links drehen und herausnehmen. **Hinweis:** Die Abbildung zeigt das Modell bis 8/00.
- Lampe abziehen und wechseln.
- Lampenhalter mit der großen Nase nach oben in das Gehäuse stecken und nach rechts drehen.

Blinker vorn

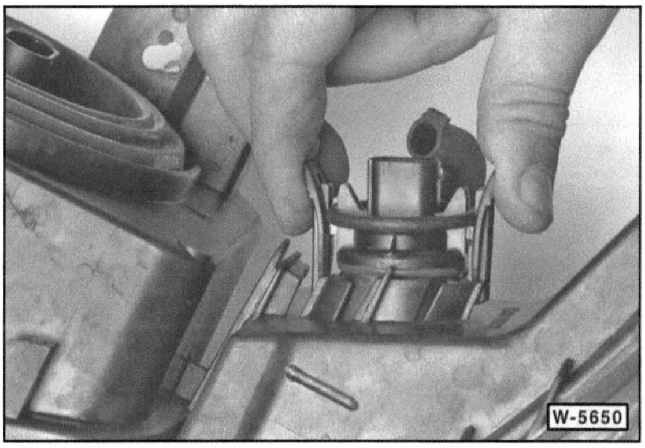

- Lampenhalter an den Nasen zusammendrücken und nach hinten herausziehen.
- Lampe leicht in den Halter drücken, nach links drehen und herausnehmen.
- Neue Lampe einsetzen, etwas in den Halter drücken, nach rechts drehen und einrasten.
- Lampenhalter andrücken und einrasten.

Seitlicher Blinker

- Leuchte mit den Fingern an der hinteren Kante nach vorn drücken und herausnehmen.
- Lampe unter leichtem Druck nach links drehen und herausnehmen.
- Neue Lampe unter leichtem Druck nach rechts drehen und einrasten.

Nebelscheinwerfer:

Achtung: Die Halogenlampen für Fern-, Abblend- und Nebellicht stehen unter Druck, daher Augen- und Handschutz tragen. Verletzungsgefahr bei Beschädigung der Lampe!

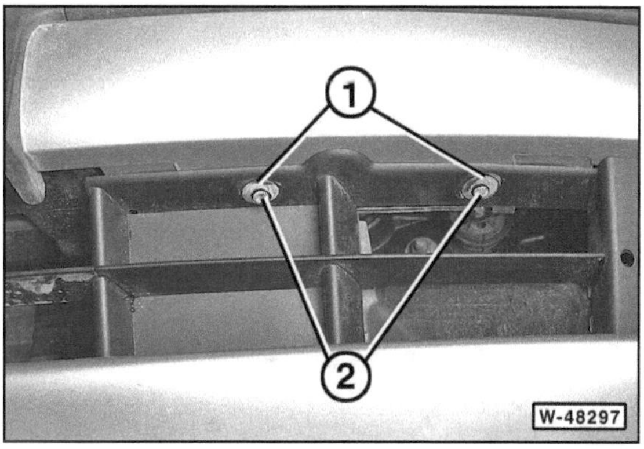

- Spreizclips für Ziergitter im Stoßfänger ausbauen, dazu Spreizstift –2– heraushebeln anschließend Clip –1– heraushebeln.
- Ziergitter oben aushebeln und herausnehmen.
- Abdeckung neben Nebelscheinwerfer am oberen Teil nach vorn herausziehen.

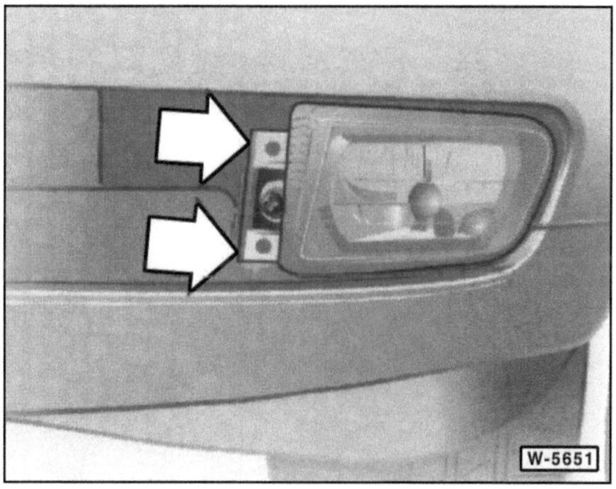

- 2 Schrauben herausdrehen und Nebelscheinwerfer herausschwenken.

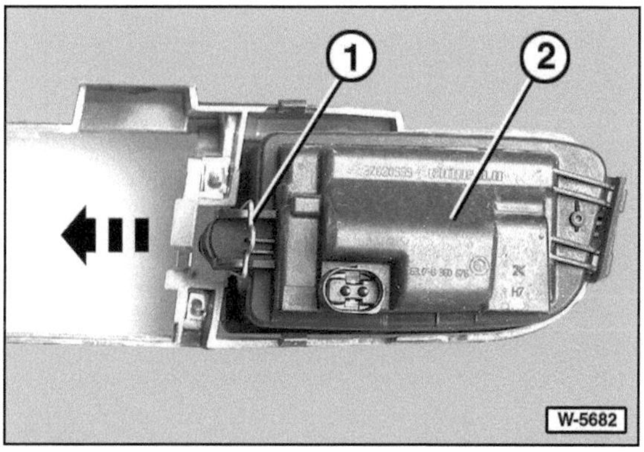

- Feder –1– auf der Rückseite in Pfeilrichtung drücken.
- Abdeckkappe –2– abheben und auf der gegenüberliegenden Seite aushängen.

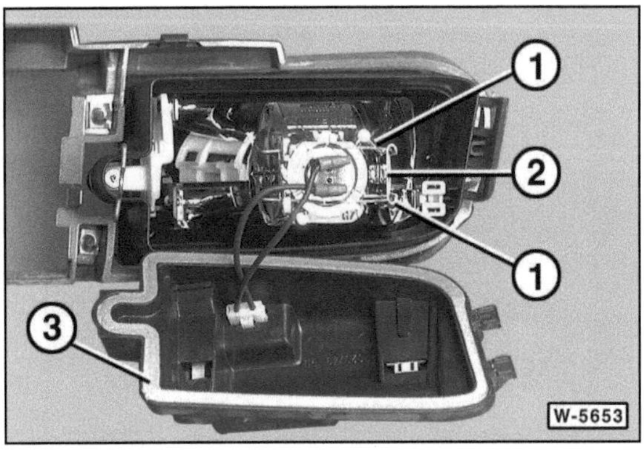

- Drahtbügel –1– aus Halter –2– aushängen.
- Kontaktkappen abziehen und Lampe wechseln.
- Neue Lampe mit Drahtbügel sichern.
- Kontaktkappen aufschieben.
- Dichtung –3– in der Abdeckkappe auf einwandfreien Zustand prüfen, gegebenenfalls ersetzen.
- Abdeckkappe einhängen, andrücken und mit Federdrahtbügel sichern.
- Nebelscheinwerfer einsetzen und anschrauben.
- Ziergitter einclipsen, Clips eindrücken und mit Spreizstiften sichern.

Heckleuchte:

- Heckklappe öffnen.
- Seitenverkleidung herunterklappen.

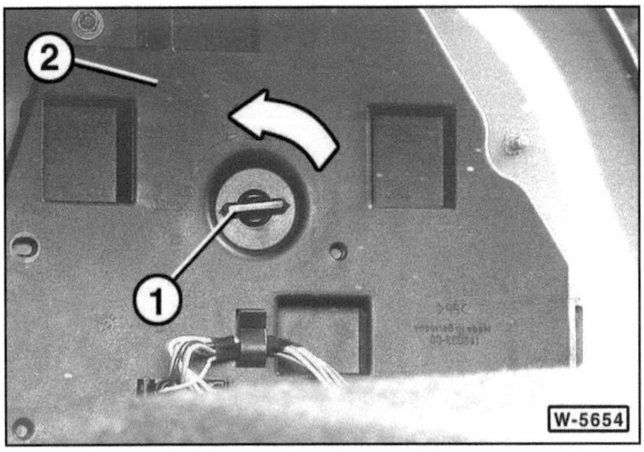

- Drehclip –1– um 90° nach links drehen und Lampenträger –2– abnehmen.

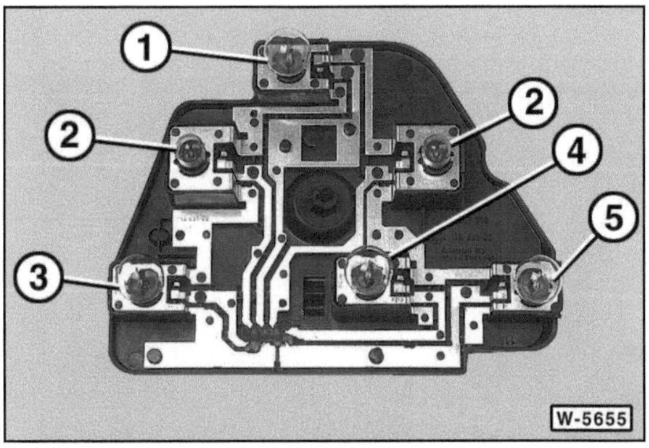

- Lampe leicht in den Lampenträger drücken, nach links drehen und herausnehmen. **Hinweis:** Die Abbildung zeigt den Lampenträger bis 8/00.
  1 – Blinker
  2 – Schlußleuchte
  3 – Nebelschlußleuchte
  4 – Rückfahrscheinwerfer
  5 – Bremsleuchte
- Neue Lampe einsetzen, etwas in den Lampenträger drücken, nach rechts drehen und einrasten.
- Lampenträger ansetzen und mit Drehclip sichern.

Mittlere Bremsleuchte:

- Heckklappe öffnen.
- Schwarze Kunststoffabdeckung an der Unterseite der Hutablage mit Schraubendreher herausclipsen.
- Lampenhalter nach links drehen und herausnehmen.
- Lampe leicht in den Halter drücken, nach links drehen und herausnehmen.
- Neue Lampe einsetzen, etwas in den Halter drücken, nach rechts drehen und einrasten.
- Lampenhalter ansetzen und durch Rechtsdrehen befestigen.
- Kunststoffabdeckung an der Unterseite der Hutablage einclipsen.

Scheinwerfer aus- und einbauen

Hinweis: Streu-Abdeckscheibe für Scheinwerfer beziehungsweise Scheinwerfereinsatz aus- und einbauen, siehe unter »Motor für Leuchtweitenregulierung aus- und einbauen«.

Ausbau

- Motorhaube öffnen.

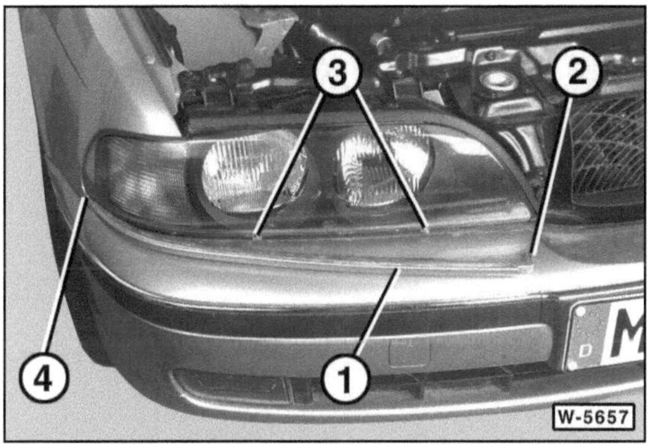

- Blende –1– innen ausclipsen –2– und mit Schraubendreher vorsichtig nach unten aus den Haltern –3– herausdrücken. Blende außen –4– aushängen.
- Sämtliche Stecker hinten am Scheinwerfer abziehen.

- Einbaulage des Scheinwerfers markieren, dazu Unterlegscheiben mit Filzstift umkreisen. Scheinwerfer abschrauben und nach vorn herausheben.

Einbau

- Scheinwerfer einsetzen und anschrauben.
- Stecker für Glühlampen aufschieben.
- Blende unter Scheinwerfer außen einhängen, nach innen schwenken und einclipsen.
- Scheinwerfereinstellung prüfen lassen.

Scheinwerfer einstellen

Für die Verkehrssicherheit ist die richtige Einstellung der Scheinwerfer von großer Bedeutung. Die exakte Einstellung der Scheinwerfer ist nur mit einem Spezialeinstellgerät möglich. Es wird deshalb nur gezeigt, wo der Scheinwerfer eingestellt werden kann und welche Bedingungen zum richtigen Einstellen der Scheinwerfer erfüllt sein müssen.

- Reifen müssen den vorgeschriebenen Reifenfülldruck haben.
- Das unbeladene Fahrzeug muß mit 75 kg (eine Person) auf dem Fahrersitz belastet sein.
- Kraftstofftank füllen, mindestens 90%.
- Fahrzeug auf ebene Fläche stellen.
- Vorderwagen mehrmals kräftig nach unten drücken, damit die Federung der Vorderradaufhängung sich setzt.
- Leuchtweitenregulierung auf »0« stellen.
- Die Scheinwerfer dürfen nur bei Abblendlicht eingestellt werden. Das Neigungsmaß beträgt für Normalscheinwerfer 10 cm auf 10 m Entfernung.

- Scheinwerfer durch Drehen der Einstellschrauben –1– und/oder –2– einstellen.
  1 – Einstellschraube für Höhenverstellung
  2 – Einstellschraube für Seitenverstellung
- Die Abbildung zeigt den rechten Hauptscheinwerfer, beim linken Scheinwerfer sind die Einstellschrauben spiegelbildlich angeordnet.

Nebelscheinwerfer:

- Neigung der Nebelscheinwerfer mit Schraubendreher durch die Öffnung im Ziergitter einstellen.
- Das Neigungsmaß beträgt für Nebelscheinwerfer 20 cm auf 10 m Entfernung.

Heckleuchte aus- und einbauen

Limousine

Ausbau

- Lampenträger ausbauen, siehe unter »Glühlampen wechseln«.

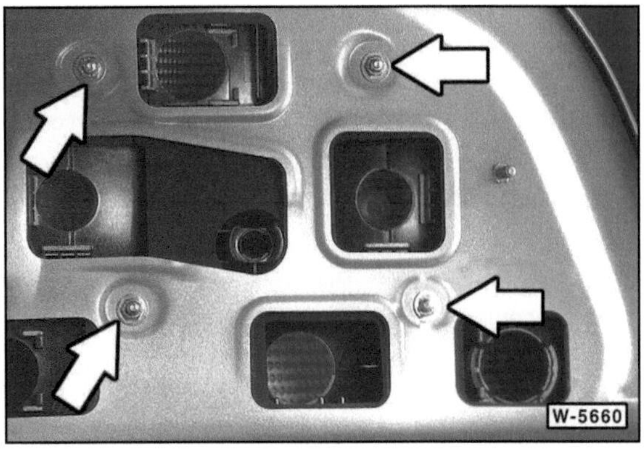

- 4 Muttern abschrauben und Leuchtenglas nach außen herausdrücken.
- Dichtung auf Beschädigung prüfen, gegebenenfalls ersetzen.

Einbau

- Leuchtenglas ansetzen und anschrauben.
- Lampenträger einbauen.

Touring: Heckleuchte in der Heckklappe

Ausbau

- Verkleidung für Heckklappe ausbauen, siehe Seite 191.

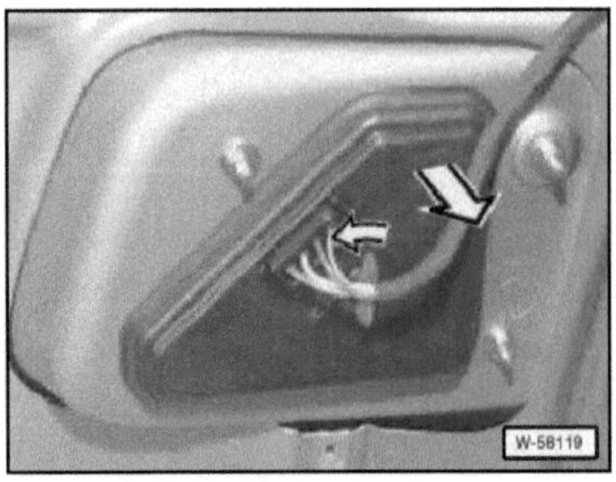

- Schnellverschluß um ca. 90 ° drehen und Lampenfassung herausziehen.

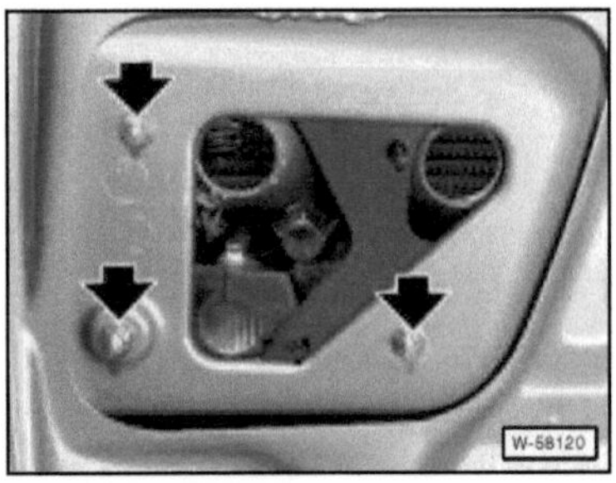

- Muttern –Pfeile– abschrauben und Heckleuchte nach außen herausdrücken.

Einbau

- Heckleuchte ansetzen und locker anschrauben.
- Heckleuchte so ausrichten, daß zwischen Heckleuchte und Heckklappe ein Spalt von ca. 2 mm vorhanden ist. Heckleuchte festschrauben.
- Der weitere Einbau erfolgt in umgekehrter Ausbaureihenfolge.

Touring: Heckleuchte in derSeitenwand

Ausbau

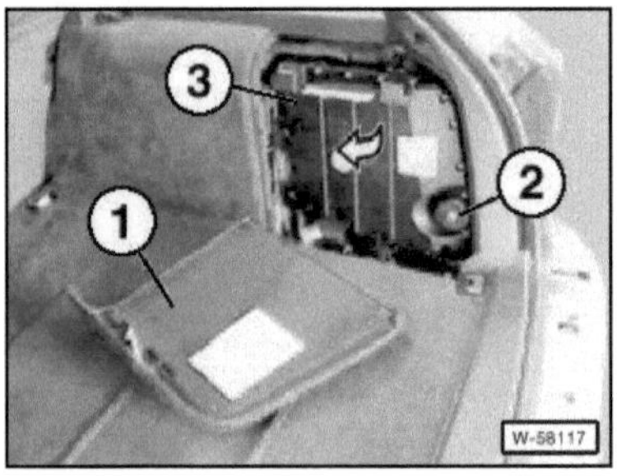

- Klappe –1– öffnen und aushängen.
- **Bei Ausführung mit Top-Hifi-System:** Schraube –2– lösen und Subwooferbox vorklappen.
- Schnellverschluß um ca. 90 ° drehen und Lampenfassung –3– herausziehen.

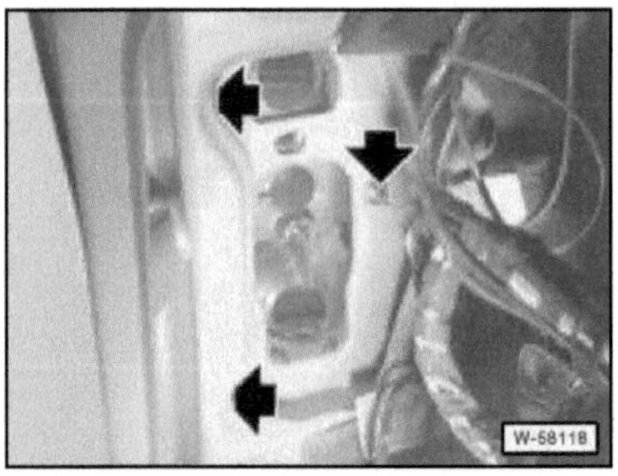

- Muttern –Pfeile– abschrauben und Heckleuchte nach außen herausdrücken.

Einbau

- Heckleuchte ansetzen und locker anschrauben.
- Heckleuchte so ausrichten, daß zwischen unterem Rand der Heckleuchte und Seitenteil ein Spalt von ca. 2 mm vorhanden ist. Heckleuchte festschrauben.
- Der weitere Einbau erfolgt in umgekehrter Ausbaureihenfolge.

Armaturen

Beim 5er BMW sind die Instrumente in einem Schalttafeleinsatz zusammengefaßt. Der Schalttafeleinsatz muß beispielsweise ausgebaut werden, wenn Glühlampen der Instrumentenbeleuchtung ersetzt werden sollen. Sind einzelne Instrumente defekt, muß der gesamte Schalttafeleinsatz ersetzt werden, da er nicht zerlegbar ist.

Schalttafeleinsatz aus- und einbauen

Ausbau

- Lenksäule ganz nach unten stellen und ganz herausfahren.
- Holzblenden links und rechts neben der Lenksäule ausclipsen.

- Abdeckrahmen ausbauen. Dazu 3 Schrauben unten herausdrehen.

- 3 Schrauben oben herausdrehen und Rahmen abnehmen. Stecker vom Nebellichtschalter abziehen und Abdeckrahmen herunterhängen lassen. Falls erforderlich, Stecker vom Abblendlicht-Schalter abziehen. In diesem Fall geht das Licht an und der Lichtwarnsummer ertönt. Um das zu vermeiden, entsprechende Sicherung herausziehen.

Hinweis: Je nach Ausführung kann der Abdeckrahmen auch mit je 2 Schrauben oben und unten angeschraubt sowie oben zusätzlich geclipst sein.

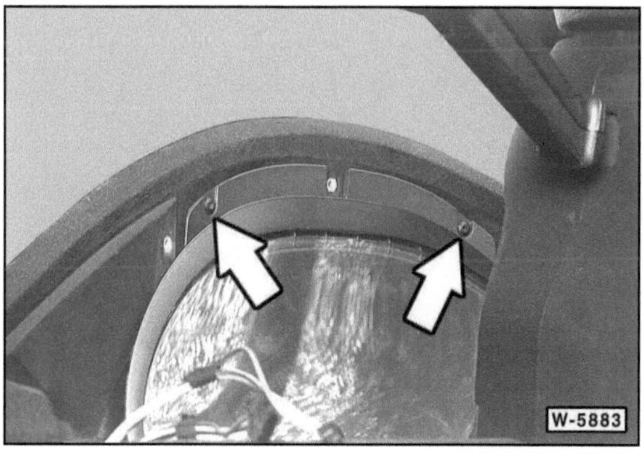

- 2 Schrauben herausdrehen und Schalttafeleinsatz vorklappen.

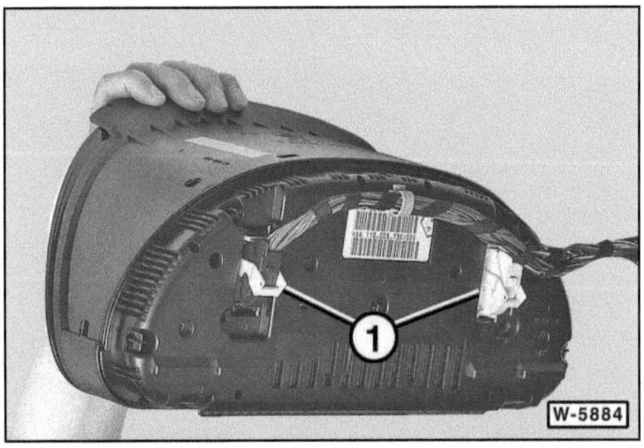

- Mehrfachstecker –1– entriegeln und abnehmen. Dazu Haltebügel ausclipsen und vom Kabel wegschwenken.

Einbau

- Stecker aufschieben und durch Zurückschwenken des Haltebügels sichern. Darauf achten, daß der Haltebügel einrastet.
- Schalttafeleinsatz in die Öffnung drücken und anschrauben.
- Stecker für Lichtschalter aufschieben.
- Abdeckrahmen ansetzen und anschrauben.
- Holzblenden aufdrücken.
- Lenksäule in Normalposition bringen.

Glühlampen für Schalttafeleinsatz ersetzen

- Schalttafeleinsatz ausbauen.

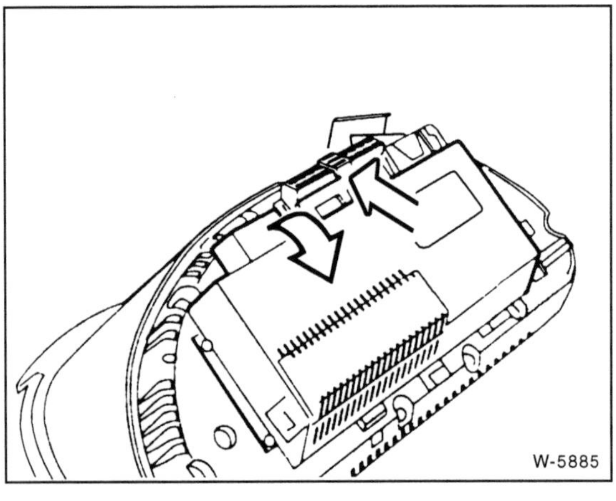

- Mehrfachstecker für Elektronikteil abziehen, vorher Haltebügel für Stecker ausclipsen und umklappen.

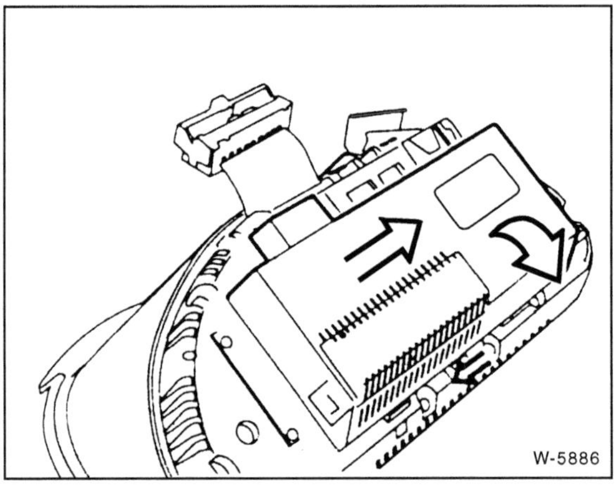

- Elektronik für Schalttafeleinsatz abbauen. Dazu Verrasterung entriegeln, Elektronik seitlich verschieben und ausheben.

Hinweis: Wenn die Elektronik ersetzt wird, muß sie in der Fachwerkstatt neu codiert werden.

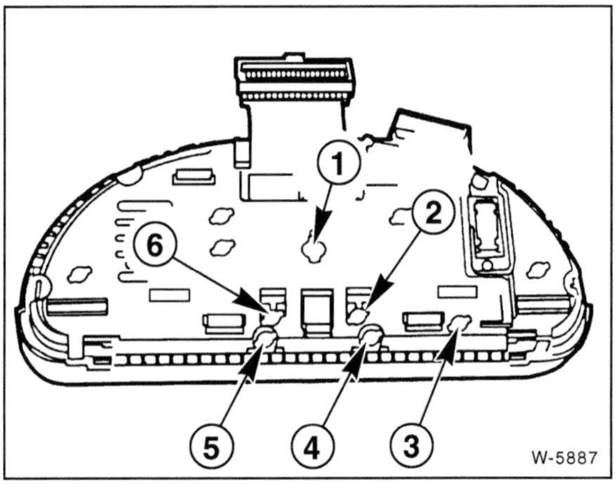

- Fassung mit defekter Glühlampe, –1– bis –6–, nach links drehen und herausnehmen. Glühlampe mit Fassung ersetzen.
- Elektronik und Schalttafeleinsatz einbauen.

Blinker-/Wischerschalter aus- und einbauen

Hinweis: Blinker- und Wischerschalter werden auf die gleiche Weise ausgebaut. Die Beschreibung erfolgt am Beispiel des Blinkerschalters.

Ausbau

- Lenksäule ganz nach unten stellen und ganz herausfahren.

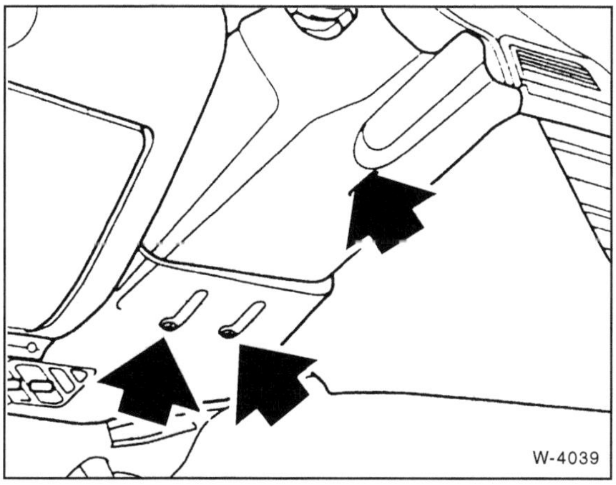

● 3 Schrauben für untere Lenksäulenverkleidung herausdrehen.

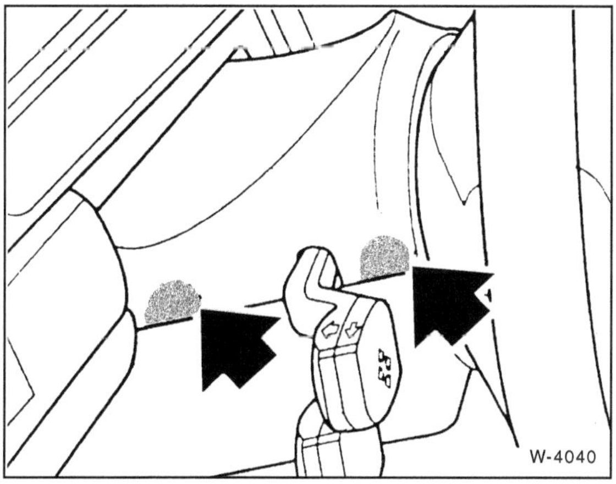

● Obere Lenksäulenverkleidung auf beiden Seiten im gezeigten Bereich nach innen drücken und untere Verkleidung nach unten ziehen.

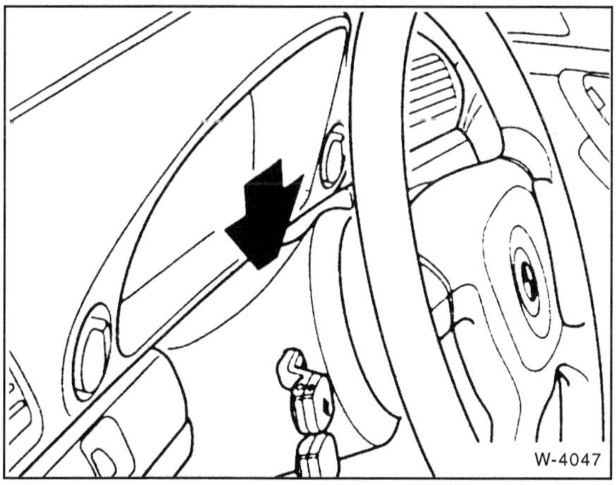

● Schraube –Pfeil– herausdrehen und obere Lenksäulenverkleidung abnehmen.

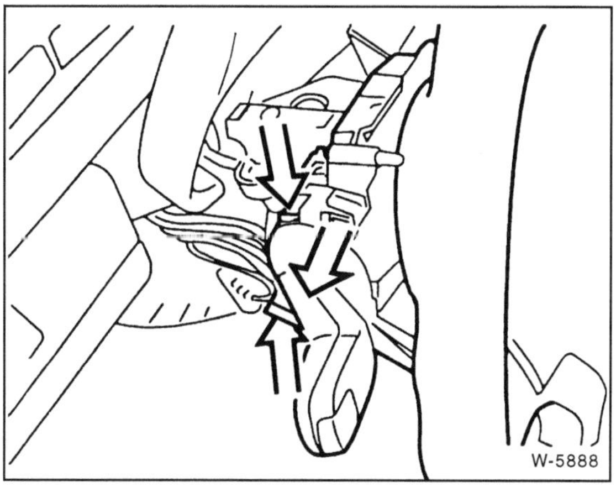

● Klammern oben und unten zusammendrücken und Schalter herausziehen.

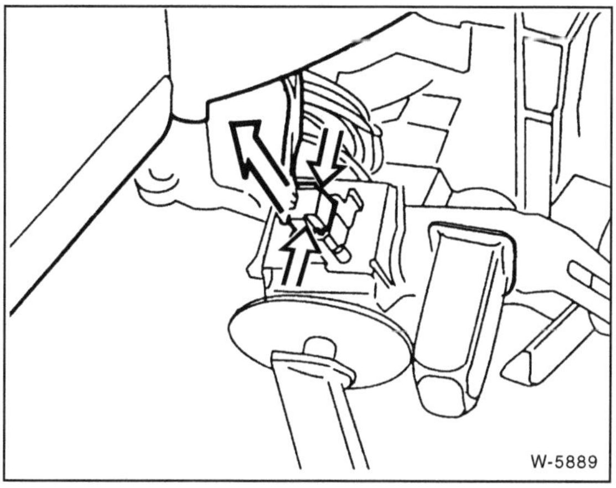

● Klammern zusammendrücken und Stecker abziehen.

Einbau

● Stecker aufschieben und einrasten.

● Schalter aufschieben und einrasten.

● Untere Lenksäulenverkleidung mit 3 Schrauben festschrauben.

● Falls erforderlich, Spreizmutter für die Befestigung der oberen Lenksäulenverkleidung erneuern.

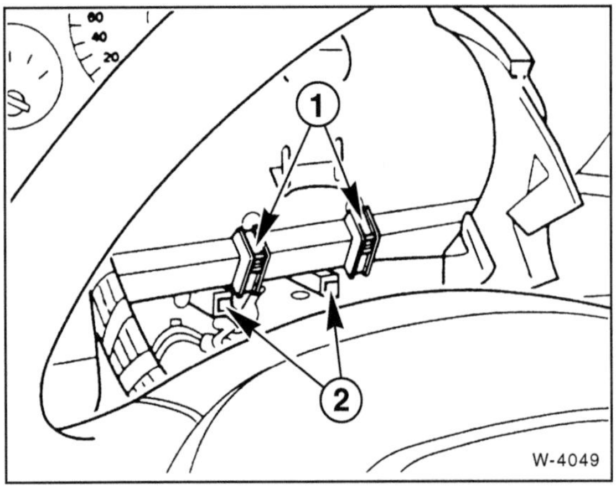

- Oberteil ansetzen und einclipsen. Dabei die Haken –1– in die Aufnahmen –2– einführen.
- Oberteil an der Lenkradseite nach unten drücken und seitlich in das Unterteil einrasten.
- Oberteil anschrauben.
- Lenksäule in Normalposition bringen.

Radio aus- und einbauen

Ausbau

Der Aus- und Einbau wird am Beispiel des BMW-Radios »Business« erläutert. Das Radio besteht aus 2 separaten Teilen: dem **Radio** mit Cassettenrecorder und Verstärker sowie dem **Radio-Bedienteil**, auch als IRIS oder Integriertes-Radio-Informations-System bezeichnet.

- Knopf für Lautstärkeregler abziehen.

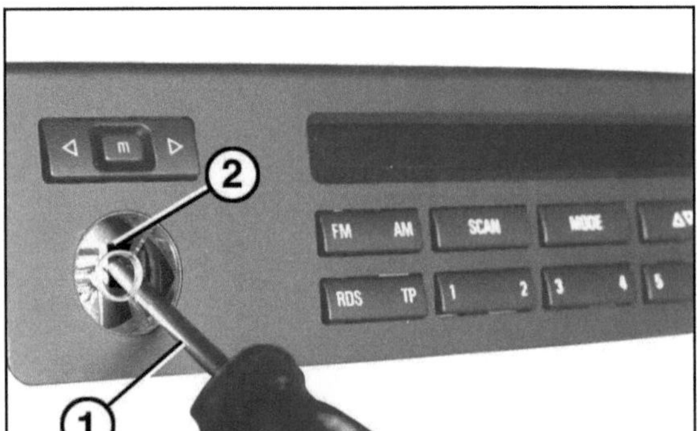

- Schraubendreher –1–, Größe 3, in den Schlitz –2– neben der Achse für Lautstärkenregulierung stecken und um 90° drehen. Schraubendreher und damit Radio-Bedienteil links herausziehen und rechts aushängen. **Hinweis:** Läßt sich der Schraubendreher nicht direkt in den Schlitz schieben, Schraubendreher ansetzen, um 90° drehen und dadurch den Verriegelungsschieber nach rechts schieben und gleichzeitig den Schlitz öffnen. Schraubendreher weiterdrehen und in den Schlitz stecken.
- Stecker abziehen. Dazu Haltebügel zur Seite schwenken.

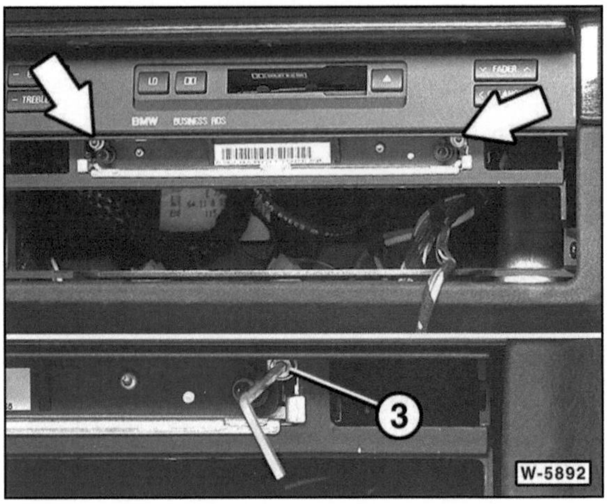

- Beide Innensechskantschrauben –3– für das Radio solange nach links drehen, bis sich das Gerät leicht herausnehmen läßt.

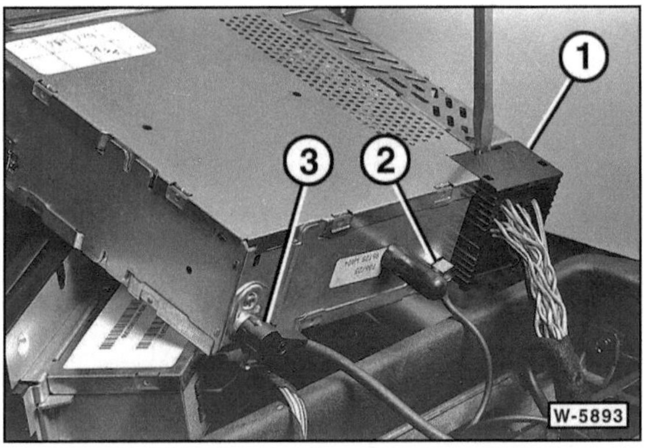

- Mehrfachstecker –1– mit Schraubendreher abhebeln. Massekabel –2– abschrauben. Antennenkabel –3– abziehen.

Einbau

- Mehrfachstecker und Antennenkabel an der Rückseite des Radios aufstecken, Massekabel anschrauben.
- Radio in die Öffnung der Armaturentafel schieben.
- Innensechskantschrauben festziehen.
- Mehrfachstecker an Radio-Bedienteil ansetzen, Haltebügel zurückklappen und einrasten.
- Radio-Bedienteil in die Öffnung der Armaturentafel eindrücken, bis die Haltefeder einrastet.
- Lautstärkeregelknopf aufstecken.

Scheibenwischanlage

Der Scheibenwischerantrieb befindet sich im Wasserkasten unterhalb der Windschutzscheibe. Die Scheibenwischeranlage sowie die Wisch-Wasch-Anlage werden von elektronischen Modulen in Abhängigkeit von der Fahrzeuggeschwindigkeit gesteuert.

- Bei Fahrzeugstillstand wird die Wischgeschwindigkeit zurückgenommen.
- Mit steigender Fahrzeuggeschwindigkeit werden die Intervalle der Stufe »Intervallwischen« verkürzt.
- Auf Wunsch ist eine vollautomatische Intervallsteuerung erhältlich. Die AIC (Automatische-Intervall-Control) besitzt einen Regensensor und steuert das Wischintervall abhängig von der Scheibenbenetzung stufenlos zwischen Dauerbetrieb und Stillstand. Dazu mißt der Regensensor anhand der Reflexion von Infrarotlicht aus der Leuchtdiode die Lichtdurchlässigkeit der Frontscheibe: Eine trockene Scheibe reflektiert das Infrarotlicht komplett, eine feuchte nur teilweise.

Scheibenwischergummi ersetzen

Die Scheibenwischergummis sind bei schlechtem Wischbild zu ersetzen. Im Handel werden sowohl komplette Scheibenwischerblätter (Wischergummi mit Träger) als auch einzelne Wischergummis angeboten. Wird nur das Wischergummi ersetzt, darauf achten, daß der Träger nicht verbogen wird. **Hinweis:** Für das längere Wischerblatt des Frontscheibenwischers ist ein Wischergummi einzeln nicht erhältlich.

Ausbau

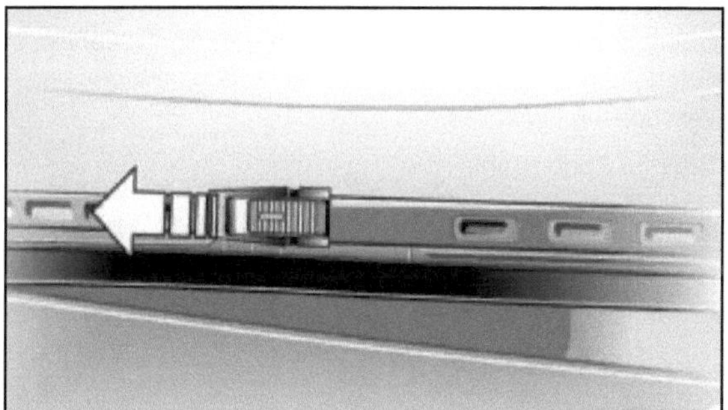

W-6098

- **Frontwischer:** Wischerarm etwas anheben und festhalten. Schieber in Pfeilrichtung verschieben und Wischerblatt zur Windschutzscheibe hin abnehmen.

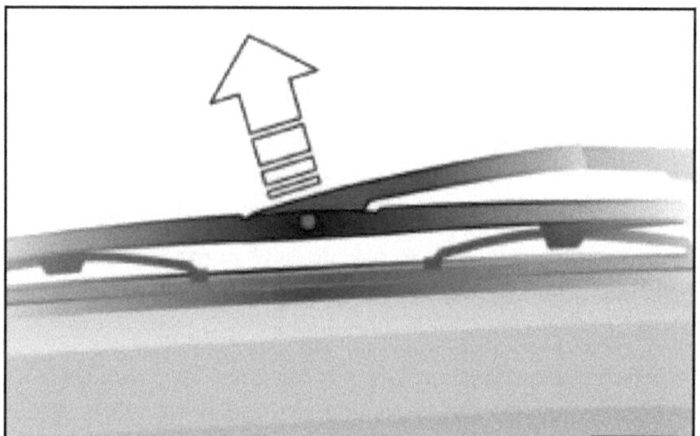

W-6099

- **Heckwischer (Touring):** Wischerblatt an der Scheibe festhalten. Wischerarm am Gelenk außen abziehen und ausclipsen –Pfeil–.

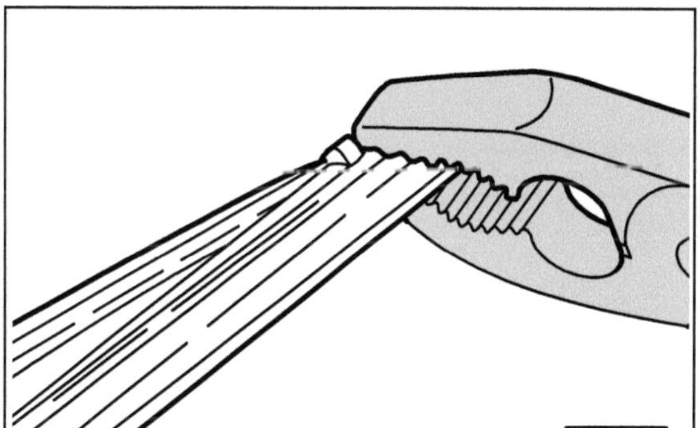

SX-6011

- An der geschlossenen Seite des Wischgummis beide Stahlschienen mit Kombizange zusammendrücken, seitlich aus der oberen Klammer herausnehmen und Gummi komplett mit Schienen aus den restlichen Klammern des Wischerblattes herausziehen.

Einbau

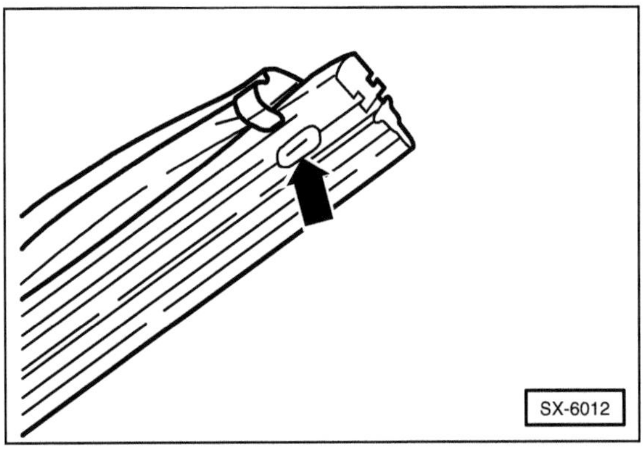

- Neues Wischgummi ohne Halteschienen in die unteren Klammern des Wischerblattes lose einlegen.
- Beide Schienen so in die erste Rille des Wischergummis einführen, dass die Aussparungen zum Gummi zeigen und in die Gumminasen der Rille einrasten. **Achtung:** Die Schienen sind leicht gebogen. Schienen so einsetzen, dass der Bauch des Bogens vom Wischerblatt weg gerichtet ist.
- Wischergummi an der geschlossenen Seite mit Seifenwasser bestreichen, damit es besser in die Haltebügel gleitet.
- Beide Stahlschienen und Gummi mit Kombizange zusammendrücken und so in die obere Klammer einsetzen, daß die Klammernasen beidseitig in die Haltenuten –Pfeil– des Wischgummis einrasten.
- **Frontwischer:** Wischerblatt am Wischerarm ansetzen, Sicherungsschieber zurückschieben und einclipsen. Wischerarm zurückklappen.
- **Heckwischer (Touring):** Wischerblatt ansetzen, am Wischerarm andrücken und einclipsen.

Frontscheibenwaschdüse aus- und einbauen/einstellen

Ausbau

- Motorhaube öffnen.

- Unteren Teil der Haubenverkleidung lösen und hochklappen. Dazu Kunststoffschrauben –1– aus den Clips –2– herausdrehen und anschließend Clips mit Schraubendreher heraushebeln.

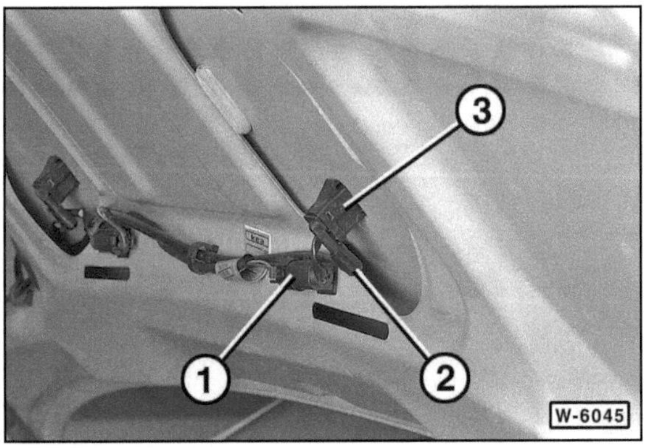

- Steckverbindung –1– trennen.
- Waschwasserschlauch –2– abziehen.
- Rastnase eindrücken und Waschdüse –3– durch die Öffnung in der Motorhaube schieben.

Einbau

- Waschdüse in die Öffnung der Motorhaube drücken und einrasten.
- Wasserschlauch aufschieben.
- Kabelstecker verbinden.
- Haubenabdeckung runterklappen, Clips eindrücken und Kunststoffschrauben reindrehen.

Einstellen

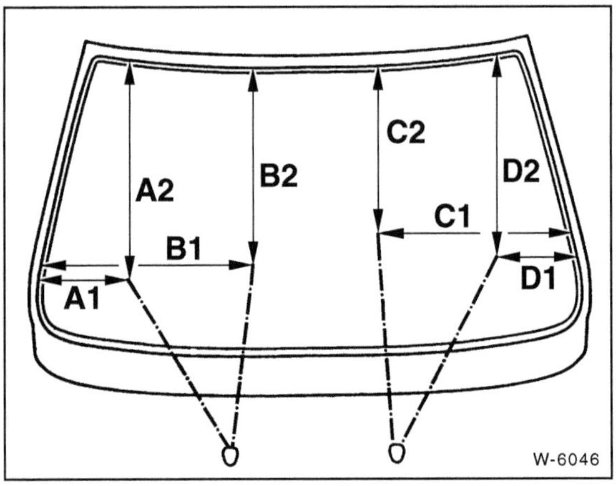

- Auftreffpunkte des Wasserstrahls entsprechend den angegebenen Maßen mit Kreppband oder Filzstift kennzeichnen und Waschanlage betätigen. Die Spritzstrahlen sollten in der Mitte des Feldes auftreffen, andernfalls Waschdüsen einstellen.
- Maße für Spritzstrahleinstellung in mm:

A1 = 226	C1 = 460
A2 = 540	C2 = 450
B1 = 530	D1 = 210
B2 = 506	D2 = 505

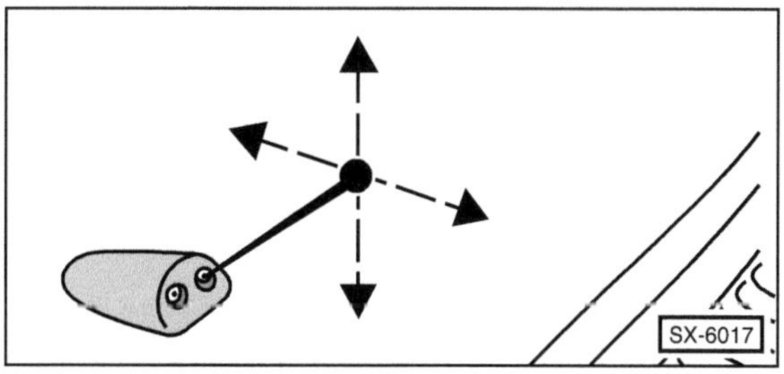
SX-6017

- Die Spritzrichtungen der Düsen können gegebenenfalls mit einem geeigneten Dorn oder einer Nadel korrigiert werden. Die Fachwerkstatt verwendet dazu das Spezialwerkzeug HAZET 4850-1. Das Werkzeug besteht aus einem Teleskopstab mit einer Einstecknadel. Der ausgezogene Teleskopstab zeigt die Spritzrichtung der Düse genauer an als beispielsweise eine Stecknadel.

Heckscheibenwaschdüse einstellen

Touring

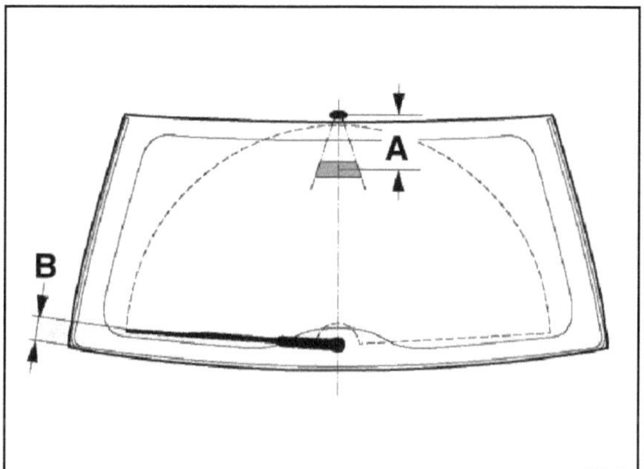

W-6078

Der Spritzstrahl sollte in der Mitte des Feldes auftreffen.

A – ca. 100 mm
B – ca. 55 bis 60 mm

Achtung: Zum Einstellen keinen spitzen Gegenstand in die Düse stecken. Dadurch kann die Einstellung des Spritzwinkels beschädigt werden.

- Auftreffpunkt ausmessen und mit Kreppband kennzeichnen.

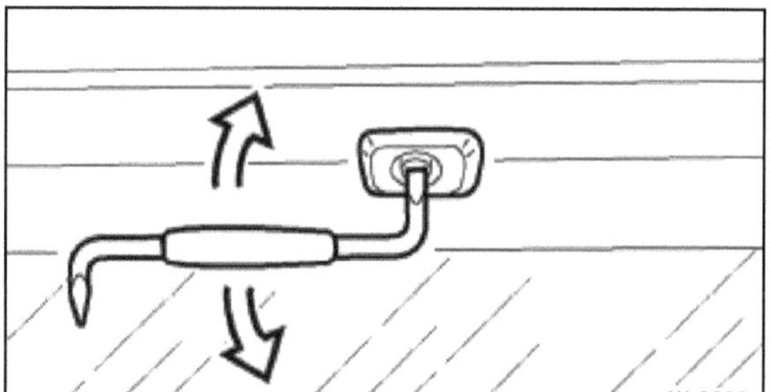
W-6086

- Spritzdüse mit Winkelschraubendreher, 3,5 mm, am Schlitz einstellen.

Heckscheibenwaschdüse aus- und einbauen

Touring

Ausbau

- Antennenverstärker ausbauen, siehe Seite 232.
- Gummitülle für Waschwasserleitung, rechts neben dem Antennenverstärker, ausheben.
- Waschwasser-Schlauch trennen.

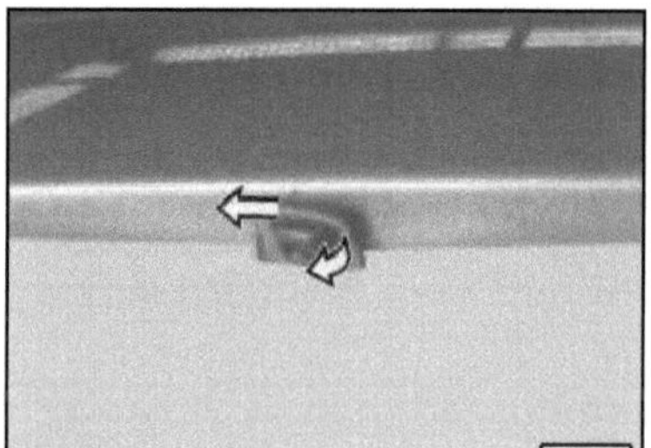
W-6080

- Spritzdüse nach links drücken und rechts aushebeln.
- Spritzdüse mit Schlauch ausfädeln.

Einbau

- Spritzdüse in den Schlauch stecken, dann in die Öffnung einsetzen und einrasten.
- Waschwasser-Schlauch verbinden.
- Gummitülle für Waschwasserleitung eindrücken.
- Antennenverstärker einbauen, siehe Seite 232.

Frontwischermotor/Gestänge

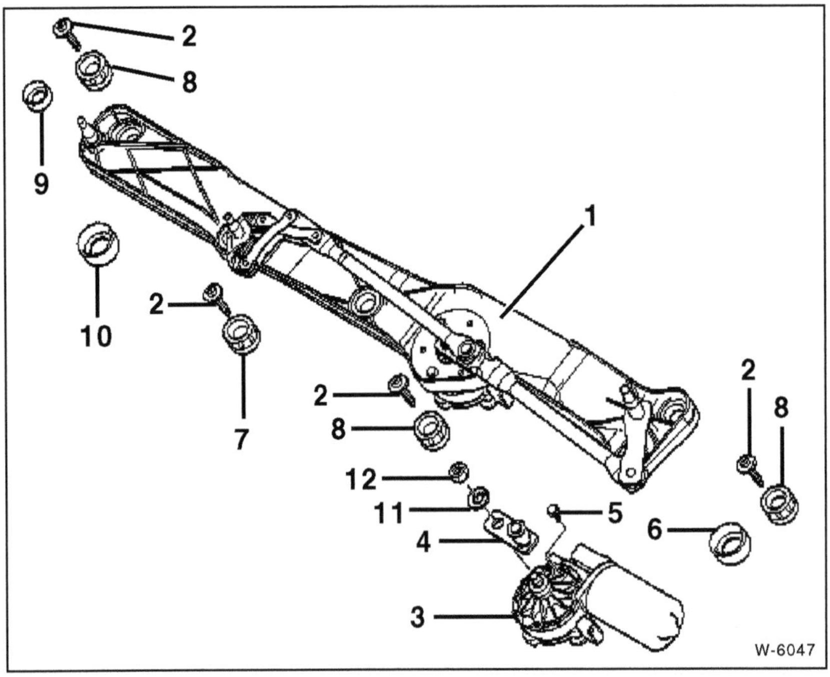

1 – Scheibenwischer-Konsole
2 – Schraube
3 – Wischermotor
4 – Motorkurbel
5 – Sechskantschraube
6 – Lagerhülse Langloch
7 – Lagerhülse Rundloch
8 – Lagerhülse Rundloch
9 – Dämpfungsring Oberteil
10 – Dämpfungsring Unterteil
11 – Federscheibe
12 – Sechskantmutter

Scheibenwischerantrieb vorn/ Windlaufabdeckung aus- und einbauen

Ausbau

- Position der Wischerarme auf der Windschutzscheibe markieren. Dazu Kreppband neben den Wischerarmen auf die Scheibe kleben.

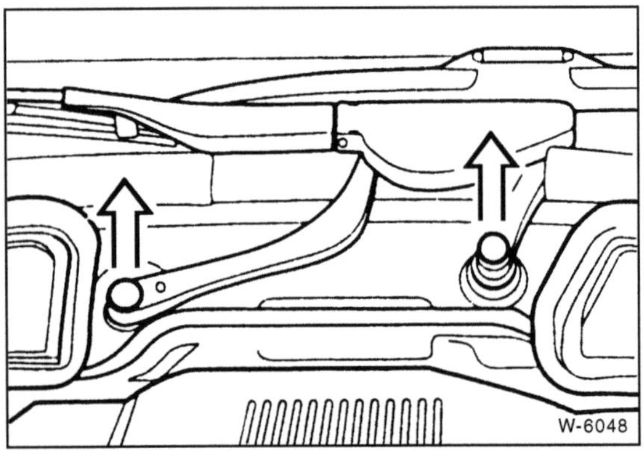

- Abdeckungen von den Befestigungsmuttern abziehen beziehungsweise mit kleinem Schraubendreher abhebeln.

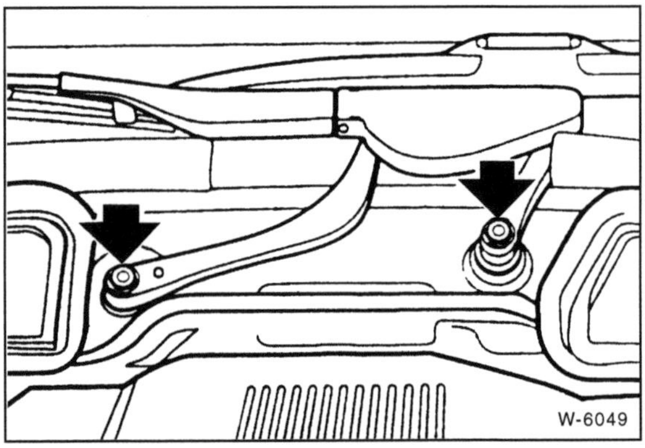

- Muttern abschrauben.

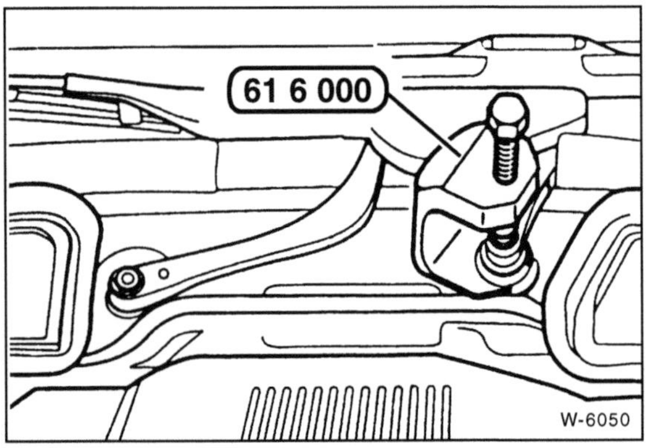

- Beide Hebel des Wischerarms auf der Beifahrerseite abziehen. **Achtung:** Dabei Hebel nicht verbiegen. Bruchgefahr! Hebel mit geeignetem Abzieher, zum Beispiel BMW-616000 vom Wischerlager abziehen.

- Abdeckung für linken Wischerarm nach oben ausclipsen.
- Mutter am Wischerlager abschrauben und Wischerarm nach oben abziehen.

- Einstellscheibe für Wischerarm vom Wischerlager abziehen. Die Einstellscheibe sitzt sehr fest, zum Abziehen wird ein geeigneter Abzieher benötigt, zum Beispiel BMW-616000, siehe auch Abbildung W-6050.
- Gummidichtung an der Spritzwand nach oben abziehen.

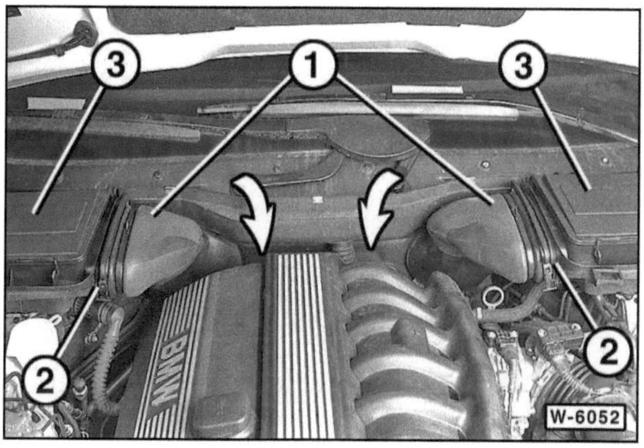

- Schellen –2– an den Luftkanälen –1– links und rechts ausclipsen. Luftkanäle zur Fahrzeugmitte hin drehen, dadurch aus der Bajonett-Befestigung lösen und herausnehmen.
- Einsatz für Reinluftfilter –3– links und rechts ausbauen, siehe Seite 291.

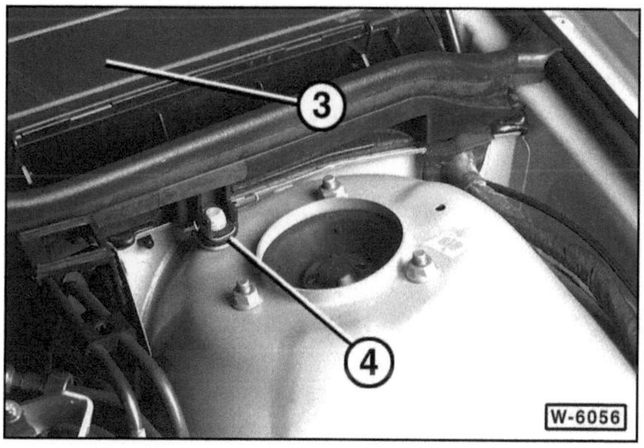

- Drahtklammer –4– seitlich herausziehen, Filtergehäuse –3– hinten aushängen und abnehmen.
- Abdeckung für Windlauf abnehmen. Dazu 8 Spreiznieten folgendermaßen lösen: Spreizstifte mit Schraubendreher herausdrehen, Clips abhebeln.
- Abdeckung für Wischergestänge abschrauben.

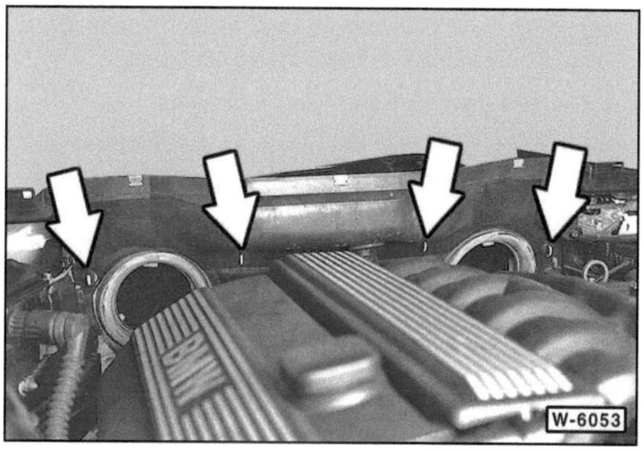

- Kabelabdeckung abnehmen, vorher alle Knebel um ca. 90° drehen.
- Mehrfachstecker entriegeln und abnehmen. Dazu Verriegelungsschieber nach unten schieben, dadurch wird der Stecker von den Kontakten abgehoben.
- Wischerantrieb (Wischerkonsole) mit 5 Schrauben abschrauben und herausnehmen.

Einbau

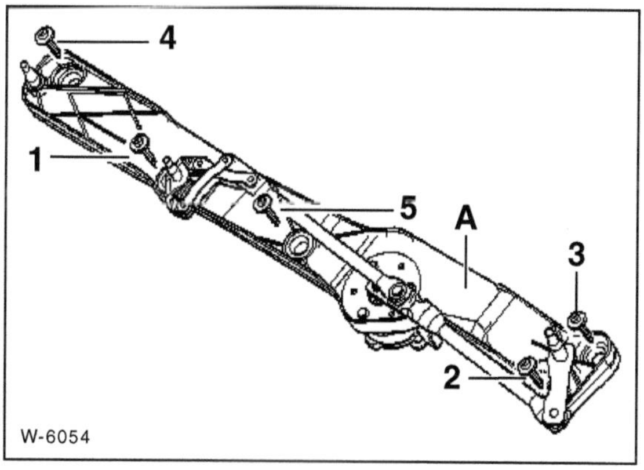

- Wischerantrieb einsetzen und handfest anschrauben. Dabei Wischerantrieb spannungsfrei ausrichten.
- Wischerantrieb –A– in der Reihenfolge von 1 bis 5 mit **10 Nm** festschrauben.
- Mehrfachstecker andrücken, Verriegelung seitlich verschieben und Stecker dadurch auf die Kontakte aufziehen.
- Kabelabdeckung ansetzen und durch Verdrehen der 4 Knebel befestigen.
- Abdeckung für Wischergestänge anschrauben.
- Abdeckung für Windlauf ansetzen, Spreizclips eindrücken und durch Reindrehen der Kunststoffschrauben sichern.
- Gehäuse für Reinluftfilter einhängen und vorn mit Drahtklammer sichern.

- Reinluftfilter links und rechts einbauen, siehe Seite 291.
- Luftkanal in die Bajonett-Befestigung einsetzen und durch Drehen nach außen verriegeln. Am Ende der Drehbewegung Luftkanal zuerst unten am Reinluftfilter einfädeln, dann andrücken und mit Kunststoffschelle sichern. Luftkanal hin- und herbewegen und dadurch festen Sitz prüfen. 2. Luftkanal auf dieselbe Weise einbauen.
- Gummidichtung an der Spritzwand aufstecken.
- Einstellscheibe für linken Wischerarm am Wischerlager aufschieben. Wischerarm aufschieben und nach der Markierung auf der Windschutzscheibe ausrichten. Darauf achten, daß der Anstellwinkel des Wischerblattes zur Windschutzscheibe ca. 90° beträgt, sonst Wischerarm auf der Einstellscheibe versetzen. Wischerarm und Einstellscheibe mit **40 Nm** festziehen.
- Abdeckung für linken Wischerarm einclipsen.
- Beide Hebel des rechten Wischerarms aufschieben.
- Muttern mit **25 Nm** anschrauben und nach ca. 15 Minuten nochmals mit **25 Nm** nachziehen.
- Abdeckungen für Befestigungsmuttern aufstecken.

Frontwischermotor aus- und einbauen

Ausbau

- Scheibenwischerantrieb ausbauen.

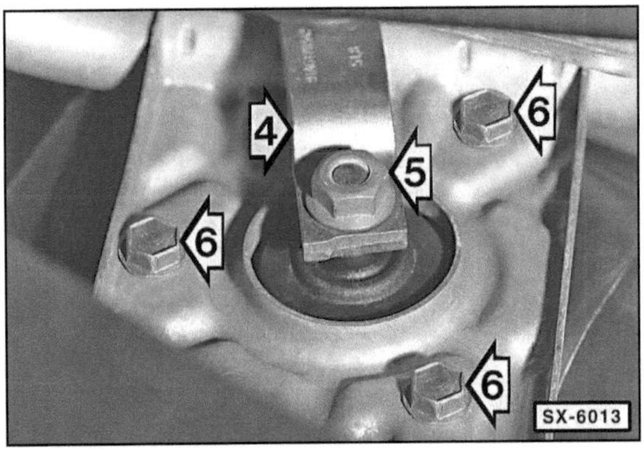

- Wischerachse von der Kurbel –4– abschrauben –5–.
- 3 Befestigungsschrauben –6– für Wischermotor herausdrehen und Wischermotor von der Konsole abnehmen.

Einbau

- Wischermotor vor dem Einbau in Parkstellung bringen. Dazu Mehrfachstecker anschließen und Motor laufen lassen. Anschließend Motor mit Wischerschalter ausschalten und in Endstellung laufen lassen. Stecker abziehen.
- Wischermotor an der Wischerkonsole anschrauben.
- Kurbel so aufsetzen, daß sie mit dem Gestänge fluchtet (auf einer Linie liegt). Mutter mit **25 Nm** festziehen.
- Scheibenwischerantrieb einbauen.

Heckwischermotor aus- und einbauen

Touring

Hinweis: Für den Einbau ist das BMW-Spezialwerkzeug 61 1 320 erforderlich.

Ausbau

- Verkleidung für Heckklappe ausbauen, siehe Seite 191.

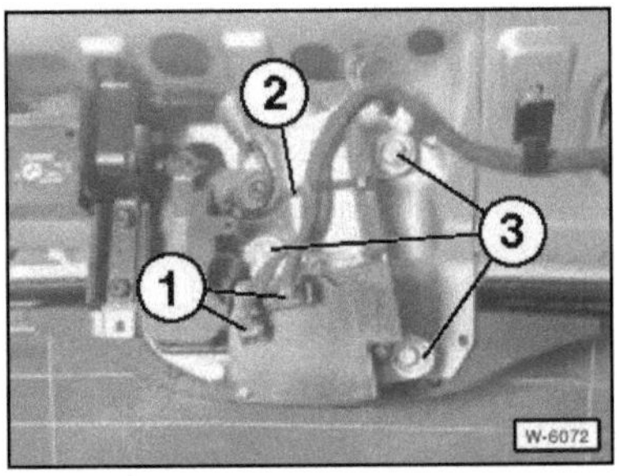

- 2 Stecker –1– für elektrische Leitungen vom Motor abziehen.
- Kabelbinder –2– für die beiden elektrischen Leitungen aufschneiden.
- 3 Schrauben –3– herausdrehen und Wischermotor abnehmen.

Einbau

- Wischermotor einsetzen und Schrauben –3– locker anziehen.
- Sicherstellen das der Endanschlag an dem Wischerachslager stimmt, siehe Kapitel »Achslager aus- und einbauen«.

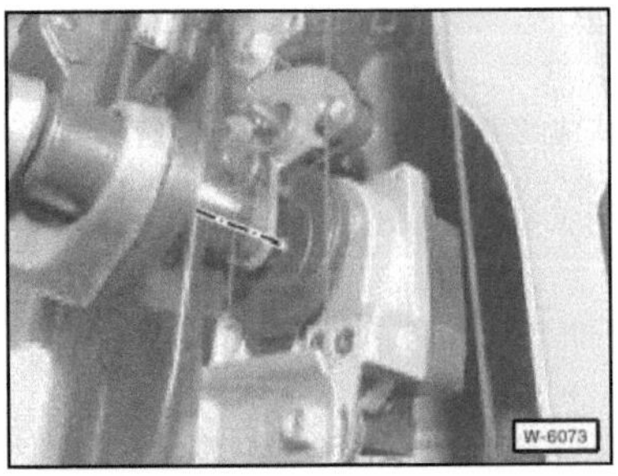

- Wischermotor so verdrehen, daß der Mittelpunkt der Antriebsscheibe mit dem Mittelpunkt der Wischerachse übereinstimmt. Dazu immer Spezialwerkzeug BMW-61 1 320 benutzen.
- Schrauben für Wischermotor mit **10 Nm** anziehen.

Achslager für Heckscheibenwischer aus- und einbauen

Touring

Hinweis: Für den Einbau ist das BMW-Spezialwerkzeug 61 1 320 erforderlich.

Ausbau

- Scheibenwischerarm für Heckwischer ausbauen, siehe entsprechendes Kapitel.
- Mutter an der Wischerachse abschrauben.

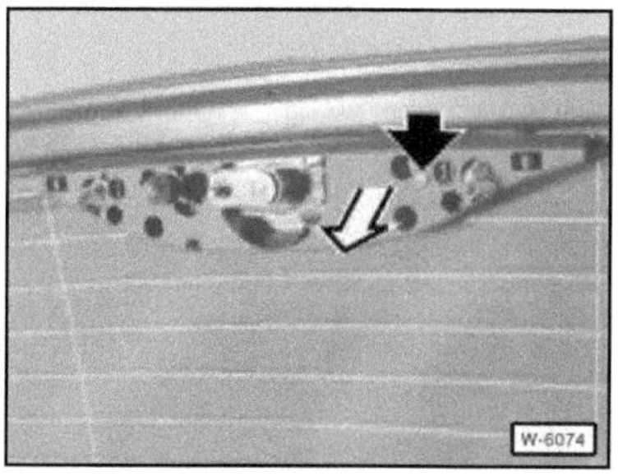

- Blende abziehen.
- Schraube für Abdeckung –schwarzer Pfeil– auf der rechten Seite herausdrehen und Abdeckung abnehmen.

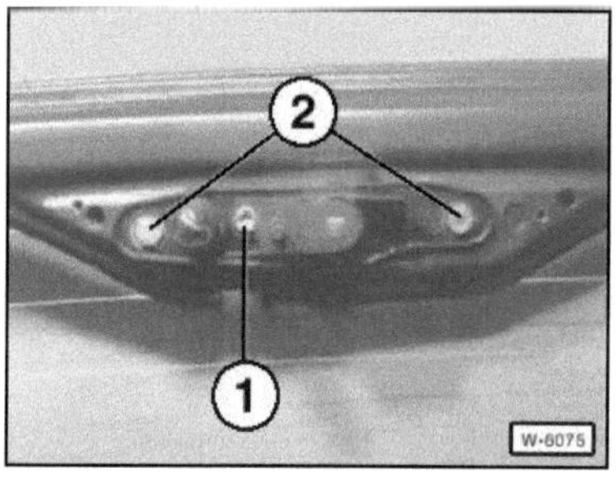

- 2 Schrauben –2– abschrauben und Achslager herausziehen.

Einbau

- 2 Schrauben –2– festziehen. Anschließend Schraube –1– lockern, bis sich der Endanschlag bewegen läßt.

Achslager zum Wischermotor einstellen

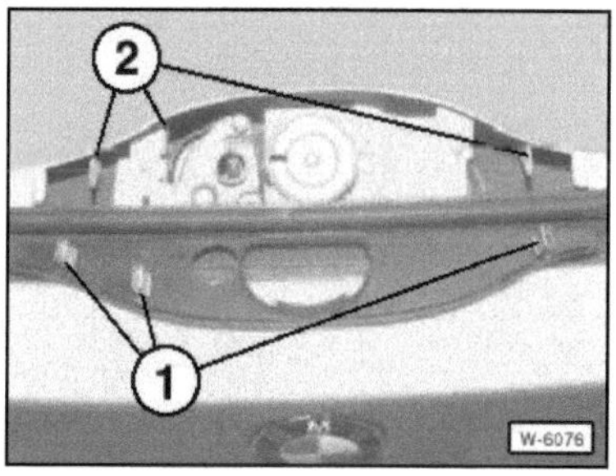

- Blende mit Halteklammern –1– auf die Stege –2– aufstecken.

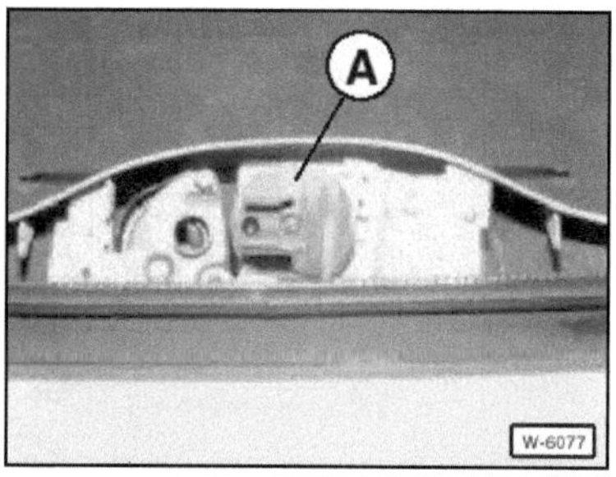

- Spezialwerkzeug 61 1 320 auf die Antriebsscheibe des Wischermotors aufsetzen.
- Heckscheibe vorsichtig schliessen, bis der Antriebshebel mit dem Endanschlag durch das Spezialwerkzeug fixiert wird.
- Anschließend Heckscheibe wieder öffnen und Schraube –1– mit **10 Nm** festziehen, siehe Abbildung W-6075.

Heckwischerarm aus- und einbauen

Touring

Ausbau

- Wischerarm in Endstellung bringen. Dazu Heckscheibe mit Wasser benetzen, Heckwischer kurze Zeit laufen lassen und mit dem Wischerschalter ausschalten.
- Ruhestellung des Wischerams markieren, dazu Kreppband neben dem Wischerblatt auf die Heckscheibe kleben.
- Heckscheibe öffnen und unten an der Wischerblende eine Schraube herausdrehen.
- Blende rechtwinklig zur Heckscheibe aus der Führung herausziehen.

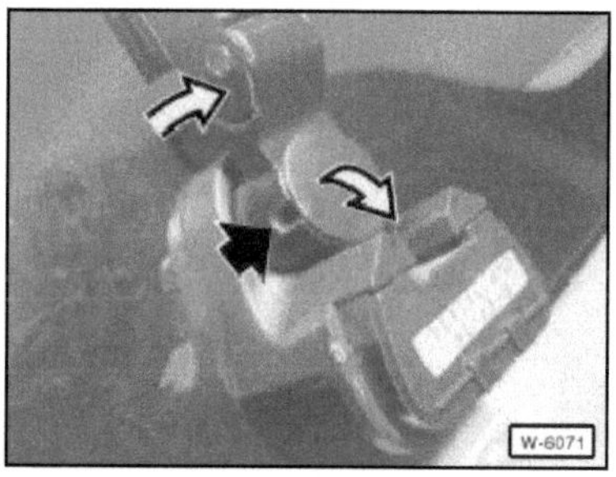

- Wischerarm bei geöffneter Heckscheibe senkrecht stellen. Abdeckkappe mit kleinem Schraubendreher durch den Schlitz –schwarzer Pfeil– ausclipsen.
- Mutter abschrauben und Wischerarm abziehen.

Einbau

- Wischerarm entsprechend der Kreppband-Markierung auf der Heckscheibe auf die Wischerachse aufschieben.
- Befestigungsmutter anschrauben und mit **13,5 Nm** festziehen.
- Der weitere Einbau erfolgt in umgekehrter Ausbaureihenfolge.

Scheibenwaschanlage

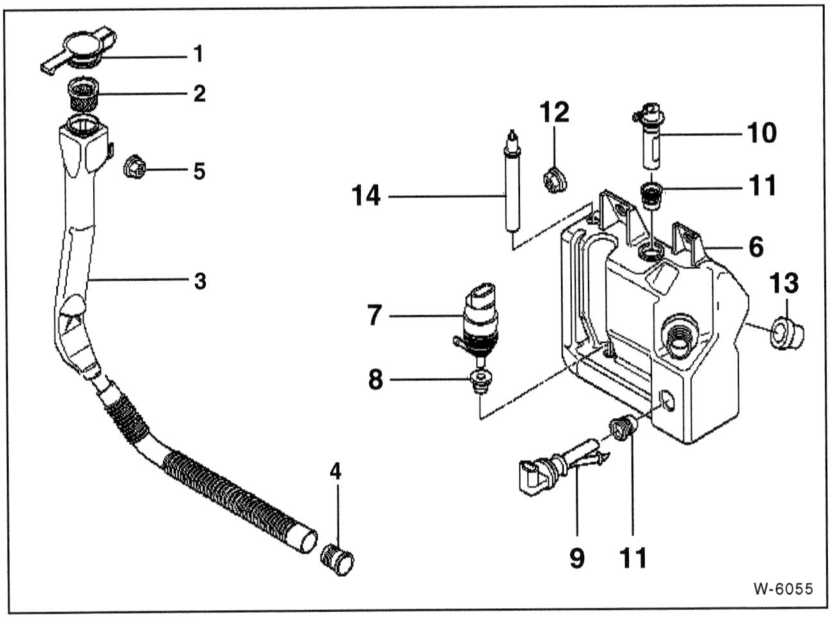

1 – Deckel für Einfüllstutzen
2 – Sieb
3 – Befüllkanal
4 – Tülle Flüssigkeitsbehälter
5 – Kunststoffmutter
6 – Flüssigkeitsbehälter
7 – Waschpumpe
8 – Dichtung
9 – Niveauschalter
10 – Ventil
11 – Gummimuffe
12 – Kunststoffmutter
13 – Tülle
14 – Niveauschalter

Scheibenwaschpumpe prüfen/ersetzen

Achtung: Elektromotor der Scheibenwaschpumpe prüfen, siehe Seite 229.

Ausbau

- Stecker abziehen.
- Scheibenwaschbehälter entleeren.
- Pumpe aus dem Vorratsbehälter herausziehen.
- Wasserschlauch abziehen.

Einbau

- Wasserschlauch auf neue Pumpe schieben.
- Neue Pumpe einsetzen.
- Stecker aufschieben.
- Funktion der Scheibenwaschpumpe prüfen.

Störungsdiagnose Scheibenwischergummi

Wischbild	Ursache	Abhilfe
Schlieren.	Wischgummi verschmutzt.	■ Wischgummi mit harter Nylonbürste und einer Waschmittellösung oder Spiritus reinigen.
	Ausgefranste Wischlippe, Gummi ausgerissen oder abgenutzt.	■ Wischgummi erneuern.
	Wischgummi gealtert, rissige Oberfläche.	■ Wischgummi erneuern.
Im Wischfeld verbleibende Wasserreste ziehen sich sofort zu Perlen zusammen.	Windschutzscheibe durch Lackpolitur oder Öl verschmutzt.	■ Windschutzscheibe mit sauberem Putzlappen und einem Fett-Öl-Silikonentferner reinigen.
Wischerblatt wischt einseitig gut - einseitig schlecht, rattert.	Wischgummi einseitig verformt, »kippt nicht mehr«.	■ Neues Wischgummi einbauen.
	Wischerarm verdreht, Blatt steht schief auf der Scheibe.	■ Wischerarm vorsichtig verdrehen, bis richtige, senkrechte Stellung erreicht ist.
Nicht gewischte Flächen.	Wischgummi aus der Fassung herausgerissen.	■ Wischgummi vorsichtig in die Fassung einsetzen.
	Wischerblatt liegt nicht mehr gleichmäßig an der Scheibe an, da Federschienen oder Bleche verbogen.	■ Wischerblatt ersetzen. Dieser Fehler tritt vor allem bei unsachgemäßem Montieren eines Ersatzblattes auf.
	Anpreßdruck durch Wischerarm zu gering.	■ Wischerarmgelenke und Feder leicht einölen oder neuen Arm einbauen.

Wagenpflege Werkzeug

Fahrzeug waschen

Aus Umweltschutzgründen ist in den meisten Gemeinden die Wagenwäsche auf öffentlichen Plätzen verboten. Inzwischen gibt es an vielen Tankstellen die Möglichkeit, dort seinen Wagen auch von Hand zu waschen. Da an diesen Tankstellen garantiert ist, daß das Schmutzwasser nicht in der Erde versickert, sollte die Wagenwäsche dort durchgeführt werden.

- Verschmutzten Wagen möglichst umgehend waschen.
- Tote Insekten **vor** der Wagenwäsche einweichen und abwaschen.
- Reichlich Wasser verwenden.
- Weichen Schwamm oder sehr weiche Waschbürste mit Schlauchanschluß benutzen.
- Lackierung nicht scharf abspritzen, sondern nur abbrausen und Schmutz aufweichen lassen.
- Aufgeweichten Schmutz von oben nach unten mit reichlich Wasser abwaschen.
- Schwamm oft ausspülen.
- Zum Abtrocknen sauberes Leder verwenden.
- Nur gute, rückfettende Markenwaschmittel verwenden (falls überhaupt). Mit klarem Wasser gründlich nachspülen, um die Reste des Waschmittels zu entfernen.
- Zum Schutz der Lackierung kann dem Waschwasser ein Waschkonservierer beigegeben werden.
- Bei regelmäßiger Benutzung von Waschmitteln muß öfter konserviert werden.
- Wagen niemals in der Sonne waschen oder trocknen. Wasserflecken auf der Lackierung sind sonst unvermeidlich.
- Durch Streusalze besonders gefährdet sind alle innenliegenden Falze, Flansche und Fugen an Türen und Hauben. Diese Stellen müssen deshalb bei jedem Wagenwaschen – auch nach der Wäsche in automatischen Waschstraßen – mit einem Schwamm gründlich gereinigt und anschließend abgespült und abgeledert werden.

Achtung: Nach der Wagenwäsche ergibt sich eine verringerte Bremswirkung durch Nässe. Deshalb Bremsscheiben kurz trockenbremsen.

Lackierung pflegen

Konservieren: So oft wie nötig soll die sauber gewaschene und getrocknete Lackierung mit einem Konservierungsmittel behandelt werden, um die Oberfläche durch eine porenschließende und wasserabweisende Wachsschicht gegen Witterungseinflüsse zu schützen.

Übergelaufenen Kraftstoff, übergelaufenes Öl oder Fett, beziehungsweise übergelaufene Bremsflüssigkeit **sofort entfernen,** sonst kommt es zu Lackverfärbungen.

Das Konservieren muß wiederholt werden, wenn Wasser nicht mehr vom Lack abperlt, sondern großflächig verläuft. Regelmäßiges Konservieren bewirkt, daß der ursprüngliche Glanz der Lackierung sehr lange erhalten bleibt.

Eine weitere Möglichkeit, den Lack zu konservieren, bieten Waschkonservierer. Waschkonservierer schützen die Lackierung jedoch nur ausreichend, wenn sie bei **jeder** Wagenwäsche verwendet werden und der zeitliche Abstand zwischen 2 Wäschen nicht mehr als 2 bis 3 Wochen beträgt. Nur Lackkonservierer verwenden, die Carnauba- oder synthetische Wachse enthalten.

Nach dem Anwenden von Waschmitteln (Schaumwäsche) ist eine Nachbehandlung mit einem Konservierungsmittel besonders zu empfehlen (Gebrauchsanweisung beachten).

Polieren: Das Polieren der Lackierung ist nur dann erforderlich, wenn der Lack infolge mangelhafter Pflege unter der Einwirkung von Straßenstaub, industriellen Abgasen, Sonne und Regen unansehnlich geworden ist und sich durch eine Behandlung mit Konservierungsmitteln kein Glanz mehr erzielen läßt. Zu warnen ist vor stark schleifenden oder chemisch stark angreifenden Poliermitteln, auch wenn der erste Versuch damit noch so sehr zu überzeugen scheint.

Vor jedem Polieren muß der Wagen sauber gewaschen und sorgfältig abgetrocknet werden. Im übrigen ist nach der Gebrauchsanweisung für das Poliermittel zu verfahren.

Die Bearbeitung soll in nicht zu großen Flächen erfolgen, um ein vorzeitiges Eintrocknen der Politur zu vermeiden. Bei manchen Poliermitteln muß anschließend noch konserviert werden. Nicht in der prallen Sonne polieren! Matt lackierte Teile dürfen nicht mit Konservierungs- oder Poliermitteln behandelt werden.

Teerflecke entfernen: Teerflecke fressen sich innerhalb kurzer Zeit in den Lack ein und können dann nicht mehr vollkommen entfernt werden. Frische Teerflecke können mit einem in Waschbenzin getränkten weichen Lappen entfernt werden. Notfalls kann auch Tankstellenbenzin, Petroleum oder Terpentinöl verwendet werden. Sehr gut gegen Teerflecke eignet sich auch ein Lackkonservierer. Bei Verwendung dieses Mittels kann auf ein Nachwaschen verzichtet werden.

Insekten entfernen: Die Reste von Insektenleichen tragen Stoffe in sich, die den Lackfilm beschädigen können, wenn sie nicht innerhalb kurzer Zeit entfernt werden. Einmal festgeklebt, lassen sie sich durch Wasser und Schwamm allein nicht entfernen, sondern müssen mit schwacher, lauwarmer Seifen- oder Waschmittel-Lösung abgewaschen werden. Es gibt auch spezielle Insekten-Entferner.

Baumaterial-Spritzer entfernen: Spritzer jeglichen Baumaterials mit einer lauwarmen Lösung neutraler Waschmittel abwaschen. Nur leicht reiben, da sonst die Lackierung zerkratzt werden kann. Nach dem Waschen sorgfältig mit klarem Wasser nachspülen.

Kunststoffteile pflegen: Kunststoffteile, Kunstledersitze, Himmel, Leuchtengläser sowie mattschwarz gespritzte Teile mit Wasser und eventuell einem Shampoo-Zusatz säubern, Himmel nicht durchfeuchten. Kunststoffteile gegebenenfalls mit Kunststoffreiniger behandeln. Keinesfalls Lösungsmittel wie Nitroverdünner, Kaltreiniger oder Kraftstoff verwenden.

Scheiben reinigen: Fensterscheiben innen und außen mit sauberem, weichem Lappen abreiben. Bei starker Verschmutzung helfen Spiritus oder Salmiakgeist und lauwarmes Wasser, oder auch ein spezieller Scheibenreiniger. Beim Reinigen der Windschutzscheibe Scheibenwischerarm nach vorn klappen.

Bei der Reinigung der Windschutzscheibe sind auch die Wischerblätter zu säubern.

Achtung: Bei Verwendung silikonhaltiger Mittel dürfen die zur Reinigung der Lackierung verwendeten Waschbürsten, Schwämme, Lederlappen und Tücher nicht für die Scheiben verwendet werden. Beim Einsprühen der Lackierung mit silikonhaltigen Pflegemitteln sollten die Scheiben mit Pappe oder anderem Material abgedeckt werden.

Gummidichtungen pflegen: Von Zeit zu Zeit Gummidichtungen durch Einpudern der Dicht- und Gleitflächen mit Talkum oder Besprühen mit Silikonspray geschmeidig halten. So werden auch quietschende oder knarrende Geräusche beim Türenschließen vermieden. Auch das Einreiben der betreffenden Flächen mit Schmierseife beseitigt die Geräusche.

Leichtmetall-Scheibenräder mit Felgenreiniger besonders während der kalten Jahreszeit pflegen, jedoch keine aggressiven, säurehaltigen, stark alkalischen und rauhen Reinigungsmittel oder Dampfstrahler über +60° C verwenden.

Sicherheitsgurte nur mit milder Seifenlauge in eingebautem Zustand säubern, nicht chemisch reinigen, da dadurch das Gewebe zerstört werden kann. Automatikgurte nur in trockenem Zustand aufrollen. Gurtband nicht bei einer Temperatur von über +80° C oder direkter Sonneneinstrahlung trocknen.

Unterbodenschutz/ Hohlraumkonservierung

Die gesamte Bodenanlage ist mit PVC-Unterbodenschutz beschichtet. Die besonders stark gefährdeten Bereiche in den Radläufen sind mit Kunststoffschalen gegen Steinschlag geschützt. Hohlräume sind mit Spezialwachs besprüht oder mit sogenannten Formteilen ausgefüllt. Die Formteile werden in die Hohlräume eingesetzt und durch Erwärmung auf ca. 180° C passen sie sich vollständig an Anlageflächen an. Darüber hinaus sind einige Karosserieteile aus verzinktem Blech hergestellt. Vor der kalten Jahreszeit und nach einer Unterbodenwäsche sollte der Unterbodenschutz kontrolliert und mit einem Unterbodenschutzwachs nachkonserviert werden.

Im Schleuderbereich des Unterbaues können sich Staub, Lehm und Sand ablagern. Das Entfernen des angesammelten Schmutzes, der während der Winterzeit auch noch mit Salz angereichert sein kann, ist besonders wichtig.

Motorraum konservieren: Zur Verhinderung von Korrosion am Vorderwagen (z. B. Seitenteile, Längsträger oder Abschlußblech) und des Antriebaggregates muß der Motorraum einschließlich der im Motorraum befindlichen Teile der Bremsanlage sowie der Vorderachselemente und der Lenkung mit einem hochwertigen Konservierungswachs eingesprüht werden. Vor allen Dingen natürlich nach einer Motorwäsche. **Achtung:** Vor der Motorwäsche, die zum Beispiel mit Kaltreiniger und einem Dampfstrahlgerät durchgeführt werden kann, ist der Generator mit einer Plastikhülle abzudecken.

Polsterbezüge pflegen

Textilbezüge: Polsterbezüge mit Staubsauger absaugen oder mit einer nicht zu weichen Bürste ausbürsten. Bei starker Verschmutzung Textilbezüge mit Trockenschaum reinigen.

Fett- und Ölflecke mit Reinigungsbenzin oder Fleckenwasser behandeln. Das Reinigungsmittel darf aber nicht unmittelbar auf den Stoff gegossen werden, da sich sonst unweigerlich Ränder bilden. Fleck durch kreisförmiges Reiben von außen nach innen bearbeiten. Andere Verschmutzungen lassen sich meistens mit lauwarmem Seifenwasser entfernen.

Lederbezüge: Bei starker Sonneneinstrahlung und längerer Standzeit Sitze abdecken, damit sie nicht ausbleichen.

Trikot- oder Wollappen mit Wasser leicht anfeuchten und Lederflächen säubern, ohne das Leder oder die Nahtstellen zu durchfeuchten. Anschließend das getrocknete Leder mit einem sauberen und weichen Tuch nachreiben.

Stärker verschmutzte Lederflächen können mit einem milden Feinwaschmittel ohne Aufheller (2 Eßlöffel auf 1 Liter Wasser) gereinigt werden. Fett- und Ölflecke vorsichtig ohne Reiben mit Reinigungsbenzin abtupfen.

Lackierte Lederpolster sollten nach dem Reinigen mit einem handelsüblichen Pflegemittel für Lederflächen behandelt werden. Solche Mittel sind bei den Fachwerkstätten und im Autofachhandel erhältlich. Das Mittel vor Gebrauch gut schütteln und mit einem weichen Lappen dünn auftragen. Nach dem Eintrocknen mit einem sauberen und weichen Tuch nachreiben. Diese Behandlung empfiehlt sich bei normaler Beanspruchung alle 6 Monate.

Werkzeugausrüstung

Langfristig zahlt es sich immer aus, wenn man qualitativ hochwertiges Werkzeug kauft. Neben einer Grundausstattung mit Maul- und Ringschlüsseln in den gängigen Größen und verschiedenen Torxschraubendrehern sowie einem Satz Steckschlüssel empfiehlt sich auch der Kauf eines Drehmomentschlüssels. Darüber hinaus ist bei manchen Arbeitsgängen der Einsatz von Spezialwerkzeug zwingend erforderlich.

Gutes und stabiles Werkzeug wird von der Firma HAZET (42804 Remscheid, Postfach 100461) angeboten. In den Tabellen sind die Werkzeuge mit der HAZET-Nummer aufgeführt. Vertrieben wird das Werkzeug über den Fachhandel.

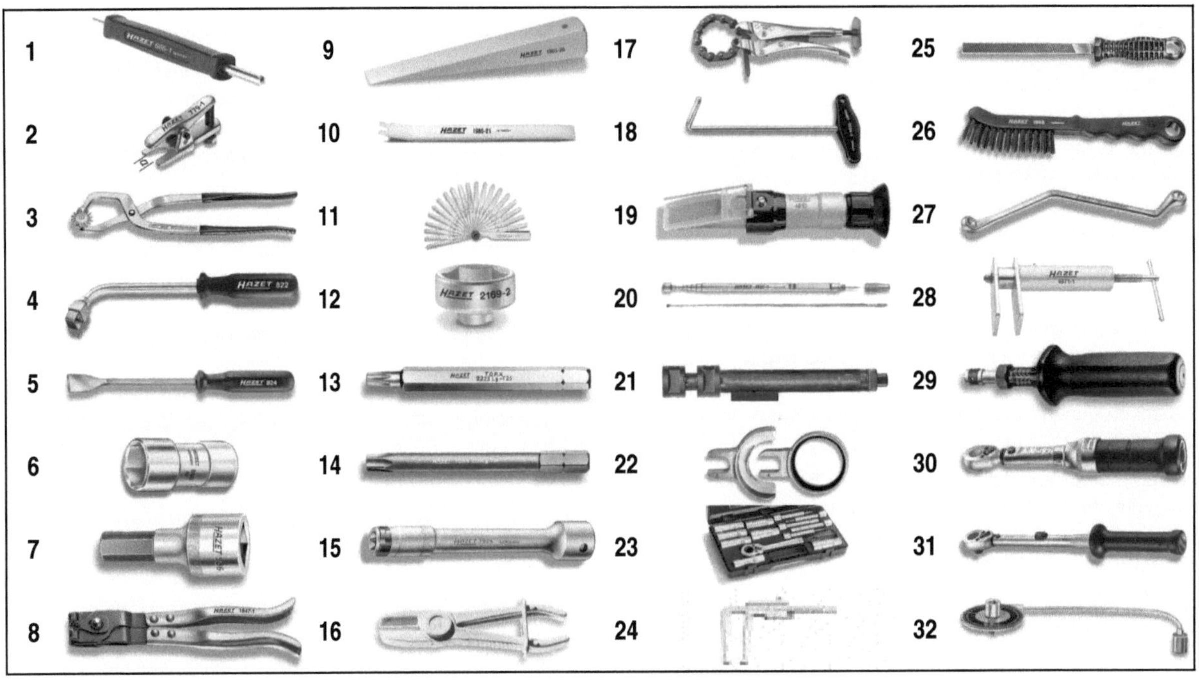

Abb.	Werkzeug	Hazet-Nr.
1	Ventildreher für Reifenventile	666-1
2	Kugelgelenk-Abzieher für Lenkung, Maulweite 20 – 22 mm, 2-stufig	1790-7
3	Bremsfedernzange	797
4	Ziehklinge zum Entfernen von Unterbodenschutz	822
5	Flachschaber zur Beseitigung von Dichtungsrückständen an Zylinderkopf sowie Motorblock	824
6	Zündkerzen-Schlüsseleinsatz	880 AKF
7	Innensechskanteinsatz für vorderen Bremssattel	986-7
8	Klemmzange für Haltebänder der Achswellenmanschetten	1847-1
9	Montagekeil	1965-20
10	Montagekeil	1965-21
11	Fühlerblattlehre 0,05 - 1,0 mm	2147
12	Schlüsseleinsatz für Ölfilterwechsel	2169-36
13	Innentorx-Einsatz für für Sitzblende bzw. Stahlschiebedach einstellen	2223Lg-T25
14	Innentorx-Einsatz für Airbag-Schraube	2223Lg-T30
15	Torx-Steckschlüsseleinsatz für Zylinderkopfschrauben	2925

Abb.	Werkzeug	Hazet-Nr.
16	Abklemmzangen-Satz	4590/2
17	Ketten-Abgasrohrschneider	4682
18	Hakenschlüssel für Abgasrohr-Haltegummis	4684-1
19	Messgerät für Säuredichte und Frostschutzanteil	4810 B
20	Spritzdüseneinsteller für Scheibenwaschanlage	4850-1
21	Spanngerät für Schraubenfedern der Federbeine	4900-2A
22	Federspanner-Spannplatten-Paar für 530i/540i	4900-23/4
23	Stoßdämpfer-Werkzeugsatz	4910/13
24	Bremsscheiben-Messschieber	4956-1
25	Bremssattelfeile	4968-1
26	Bremssatteldrahtbürste	4968-2/-3
27	Entlüftungsschlüssel Bremse	4968-7
28	Bremskolben-Rücksetzvorrichtung	4971-1
29	Drehmomentschlüssel 1 – 6 Nm	6003 CT
30	Drehmomentschlüssel 4 – 40 Nm	6109-2 CT
31	Drehmomentschlüssel 40 – 200 Nm	6122-1 CT
32	Winkelscheibe für drehwinkelgesteuerten Schraubenanzug	6690

Motorstarthilfe

Fahrzeug abschleppen

Starthilfe

Achtung: Werden die vorgeschriebenen Anschlußhinweise nicht genau eingehalten, besteht die Gefahr der Verätzung durch austretende Batteriesäure. Außerdem können Verletzungen oder Schäden durch eine Batterieexplosion entstehen oder Defekte an der Fahrzeugelektrik auftreten.

- Die Starthilfekabel sollten einen Leitungsquerschnitt von 25 mm^2 aufweisen und mit isolierten Kabelzangen ausgestattet sein. In der Regel ist der Leitungsquerschnitt auf der Packung der Starthilfekabel angegeben.
- Bei beiden Batterien muss die Spannung 12 Volt betragen. Die Kapazität der stromgebenden Batterie darf nicht wesentlich unter der der entladenen Batterie liegen.
- Eine entladene Batterie kann bereits bei –10° C gefrieren. Vor Anschluß der Starthilfekabel muß eine gefrorene Batterie unbedingt aufgetaut werden.
- Die entladene Batterie muß ordnungsgemäß am Bordnetz angeklemmt sein.
- Wenn möglich, Säurestand der entladenen Batterie prüfen, gegebenenfalls destilliertes Wasser auffüllen und Batterie verschließen.
- Fahrzeuge so weit auseinanderstellen, daß kein metallischer Kontakt besteht. Andernfalls könnte bereits beim Verbinden der Pluspole ein Strom fließen.
- Bei beiden Fahrzeugen Feststellbremse anziehen. Schaltgetriebe in Leerlaufstellung, automatisches Getriebe in Parkstellung »P« schalten.
- Alle Stromverbraucher ausschalten.
- Grundsätzlich Motor des Spenderfahrzeuges ca. 1 Minute vor dem Startvorgang und während des Startvorganges mit Leerlaufdrehzahl drehen lassen. Dadurch wird eine Beschädigung des Generators durch Spannungsspitzen beim Startvorgang vermieden.
- Während des Starthilfevorganges offene Flammen oder brennende Zigaretten in der Nähe der Batterie vermeiden, weil aus der Batterie brennbare Gase austreten können.
- Darauf achten, daß die Starthilfekabel nicht durch drehende Teile wie z. B. Kühlerventilator beschädigt werden.

- Starthilfekabel in folgender Reihenfolge anschließen:
  1. Rotes Kabel an den Plusabgriff (+) im Motorraum des Empfängerfahrzeuges anklemmen. Vorher Abdeckkappe zurückklappen. Falls das Empfängerfahrzeug kein 5er BMW ist, Kabel an den Pluspol (+) der Batterie anklemmen.
  2. Das andere Ende des roten Kabels an den Plusabgriff (bzw. Pluspol) der stromgebenden Batterie anklemmen.

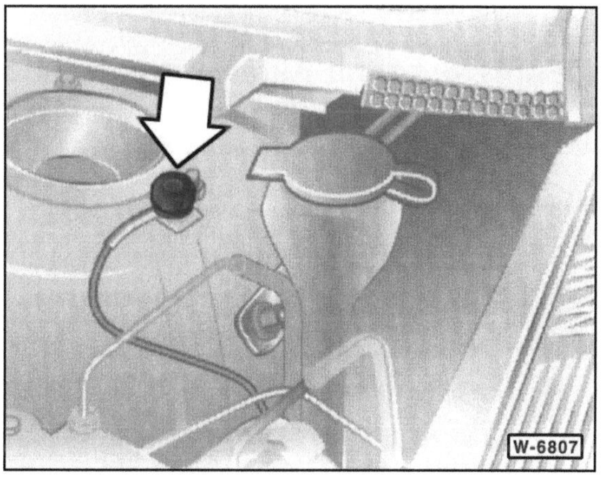

3. Schwarzes Kabel an den Massepunkt (–) am Federbeindom des stromgebenden Fahrzeugs anklemmen. Falls das stromgebende Fahrzeug kein 5er BMW ist, Kabel an den Minuspol (–) der Batterie anklemmen.

4. Das andere Ende des schwarzen Kabels an den Massepunkt am rechten Federbeindom des Empfängerfahrzeuges anschließen. Falls das Empfängerfahrzeug kein 5er BMW ist, Kabel an eine gute Massestelle anschließen. Am besten eignet sich ein mit dem Motorblock verschraubtes Metallteil. Unter ungünstigen Umständen könnte sonst beim Anschließen des Kabels an den Minuspol der leeren Batterie, durch Funkenbildung und Knallgasentwicklung, die Batterie explodieren.

Achtung: Die Klemmen der Starthilfekabel dürfen bei angeschlossenen Kabeln nicht in Kontakt miteinander kommen, beziehungsweise die Plusklemmen dürfen keine Massestellen (Karosserie oder Rahmen) berühren.

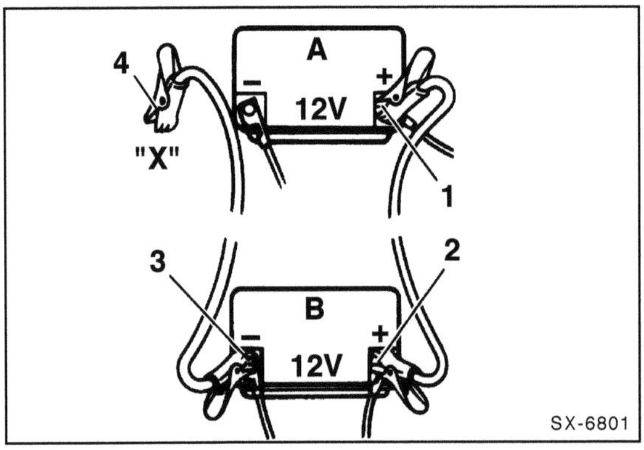

Anschlußpunkte für Fahrzeuge mit Batterie im Motorraum:
1 – Pluspol (+) Empfängerbatterie –A–
2 – Pluspol (+) Spenderbatterie –B–
3 – Minuspol (–) Spenderbatterie –B–
4 – Massestelle –X– am Empfängerfahrzeug

- Motor des Empfängerfahrzeuges (leere Batterie) starten und laufen lassen. Beim Starten Anlasser nicht länger als 10 Sekunden ununterbrochen betätigen, da sich durch die hohe Stromaufnahme Polzangen und Kabel erwärmen. Deshalb zwischendurch eine »Abkühlpause« von mindestens ½ Minute einlegen.
- Nicht über die Batterie beugen – Verätzungsgefahr!

Achtung: Am BMW vor Abklemmen der Starthilfekabel Beleuchtung, heizbare Heckscheibe und höchste Gebläsestufe einschalten, um schädliche Spannungsspitzen vom Spannungsregler zum Verbraucher zu vermeiden.

- **Nach der Starthilfe** Kabel in **umgekehrter** Reihenfolge abklemmen: Zuerst schwarzes Kabel (–) am Empfängerfahrzeug, dann am stromgebenden Fahrzeug abklemmen. Rotes Kabel zuerst am stromgebenden und dann am Empfängerfahrzeug abklemmen.

Abschleppen

Das Fahrzeug darf nur an den dafür vorgesehenen Abschleppösen abgeschleppt werden. Die Abschleppösen befinden sich beim Bordwerkzeug und müssen vor dem Abschleppen in die jeweiligen Gewindestücke der vorderen und hinteren Stoßfänger eingeschraubt werden.

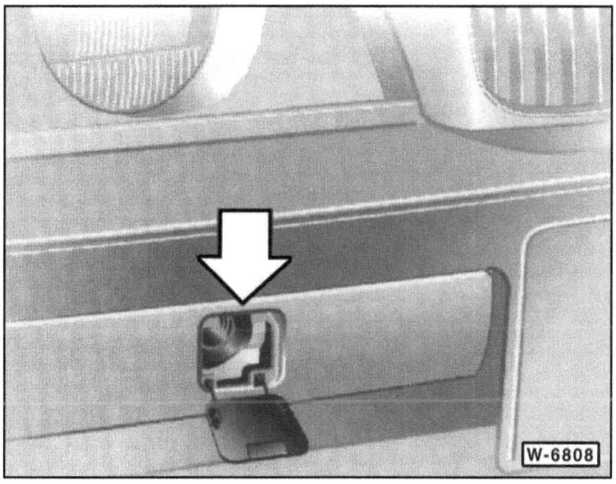

- Vorn: Schraubloch öffnen, dazu auf das Pfeilsymbol der Abdeckung drücken. Die Abdeckung befindet sich im vorderen Stoßfänger auf der rechten Seite.

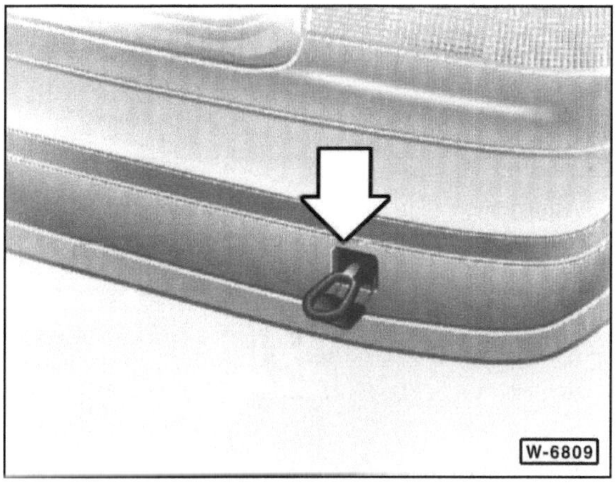

- Hinten: Schraubloch öffnen, dazu auf das Pfeilsymbol der Abdeckung drücken. Die Abdeckung befindet sich im hinteren Stoßfänger auf der rechten Seite.

Regeln beim Abschleppen

- Zündung einschalten, damit das Lenkrad nicht blockiert ist, die Bremsleuchten funktionieren und das Signalhorn und die Scheibenwischer betätigt werden können.
- Getriebe in Leerlaufstellung bringen, bei Fahrzeugen mit Automatikgetriebe den Wählhebel in Stellung »N«.
- Warnblinkanlage bei ziehendem und gezogenem Fahrzeug einschalten.
- Da der Bremskraftverstärker und die Servolenkung nur bei laufendem Motor arbeiten, müssen bei nicht laufendem Motor das Bremspedal und das Lenkrad entsprechend kräftiger betätigt werden!
- **Empfehlenswert ist die Verwendung einer Abschleppstange.** Die Gefahr des Auffahrens ist bei Verwendung eines Abschleppseils groß. Ein Abschleppseil soll elastisch sein, damit das schleppende und das gezogene Fahrzeug geschont werden. Nur Kunstfaserseile oder Seile mit elastischen Zwischengliedern verwenden.

Besonderheiten bei Fahrzeugen mit Getriebeautomatik

Wählhebelstellung: »**N**«
Maximale Schleppgeschwindigkeit: **70 km/h!**
Maximale Schleppentfernung: **150 Kilometer!**

- **Bei defektem Getriebe**, höherer Geschwindigkeit oder längerer Schleppstrecke Fahrzeug mit den Antriebsrädern anheben. Grund: Bei stehendem Motor arbeitet die Getriebeölpumpe nicht, das Getriebe wird für höhere Drehzahlen und längere Laufstrecken daher nicht ausreichend geschmiert.
- **Bei Einsatz eines Abschleppwagens:** Fahrzeug darf nur mit angehobenen Antriebsrädern abgeschleppt werden.

Fahrzeug anschleppen (Notstart)

Das Anschleppen (Starten des Motors durch das rollende Fahrzeug) ist bei Fahrzeugen mit Getriebeautomatik nicht möglich.

Achtung: Fahrzeug nur bei kaltem Motor anschleppen, da sonst die Gefahr von Katalysatorschäden besteht.

- Zündung einschalten.
- Gas geben.
- 3. Gang einlegen, Kupplung durchtreten und halten.
- Fahrzeug anschleppen oder anschieben lassen.
- Langsam einkuppeln.

Fahrzeug aufbocken

Bei Arbeiten unter dem Fahrzeug muß dieses, falls es nicht auf einer Hebebühne steht, auf zwei oder vier stabilen Unterstellböcken stehen. **Auf keinen Fall dürfen Arbeiten unter dem Fahrzeug ausgeführt werden, wenn dieses nicht ausreichend gesichert ist oder nur mit dem Wagenheber abgestützt wird. Lebensgefahr!**

- Das Fahrzeug nur in unbeladenem Zustand auf ebener, fester Fläche aufbocken.

- Die Räder, die beim Anheben auf dem Boden stehen bleiben, mit Keilen gegen Vor- oder Zurückrollen sichern. Nicht auf die Feststellbremse verlassen, diese muß bei einigen Reparaturen gelöst werden.
- Fahrzeug mit Unterstellböcken so abstützen, daß jeweils ein Bein seitlich nach außen zeigt.

Achtung: Durch eine geeignete Gummi- oder Holzzwischenlage werden beim Anheben Beschädigungen am Unterbau vermieden.

Anheb- und Aufbockpunkte:

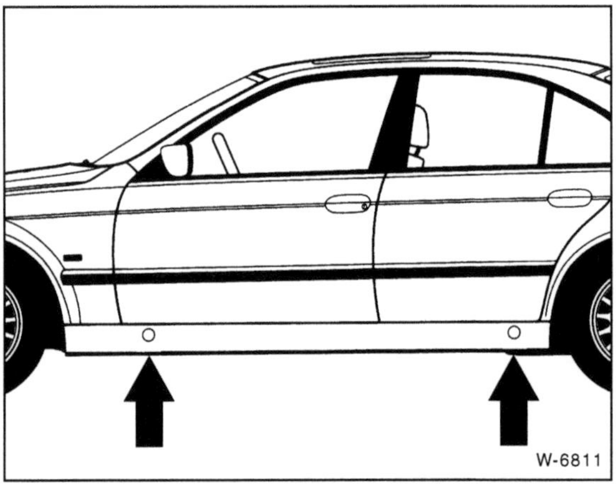

- Als Aufnahmepunkte für Wagenheber oder Hebebühne befinden Gummiblöcke –Pfeile– an den Unterholmen.

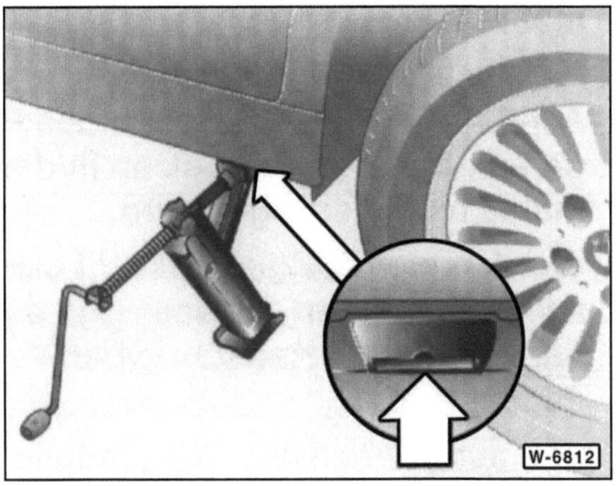

- Bordwagenheber so ansetzen, daß der Wagenheberfuß mit der gesamten Fläche aufliegt und der Wagenheberkopf beim Hochkurbeln in die rechteckige Vertiefung der Aufnahme eindringen kann.
- Wagenheber hochkurbeln, bis das Rad vom Boden abgehoben hat. Fahrzeug mit Unterstellböcken abstützen.

Wartungsplan 5er BMW

Die Wartungsintervalle sind beim 5er BMW abhängig von den Einsatzbedingungen. Sie werden dem Fahrer von der Service-Intervallanzeige angezeigt. Die Service-Intervallanzeige hat fünf grüne, eine gelbe und eine rote Leuchtdiode (LED). Zusätzlich können die Schriftzüge »Oilservice«, »Inspektion«, sowie ein Uhrensymbol (für den fälligen Bremsflüssigkeitswechsel) aufleuchten. Je weniger grüne LED nach Einschalten der Zündung aufleuchten, desto näher rückt die nächste Wartung. Leuchtet die **gelbe** LED in Verbindung mit einem der beiden Schriftzüge, sollte die fällige Wartung durchgeführt werden. Dabei ist zu unterscheiden zwischen dem Ölservice, der Inspektion I sowie der Inspektion II. Die Inspektion II ist jede zweite Inspektion I fällig. Bei Überschreitung des Wartungstermins leuchtet die **rote** LED auf.

Als Maßstab für die Berechnung der Wartungszyklen erfaßt ein Mikroprozessor neben den zurückgelegten Kilometern auch die Einsatzbedingungen, wie zum Beispiel Kurzstrecken- oder Langstreckenverkehr oder die Fahrweise des Fahrers. Der Arbeitsumfang der angezeigten Inspektionen ist im Serviceheft aufgeführt.

In der Werkstatt wird nach erfolgtem Ölwechsel beziehungsweise nach erfolgter Inspektion die Wartungsintervall-Anzeige gelöscht. Zum Löschen der Anzeige ist ein teures Elektronikwerkzeug erforderlich, das über die BMW-Werkstätten verkauft wird. Die autorisierten BMW-Werkstätten haben sich jedoch verpflichtet, auf Verlangen die Intervallanzeige kostenlos zurückzustellen, auch wenn die Wartung in Eigenregie durchgeführt wurde.

Wer sich **nicht** nach der BMW-Inspektionsanzeige richten will, kann den Pflegedienst beziehungsweise die Wartung nach den hier aufgeführten Intervallen durchführen. Dabei entspricht der hier aufgeführte **Pflegedienst** dem BMW-Motorölservice und die hier aufgeführte **Wartung** der BMW-Inspektion I. Am Ende des Wartungsplanes werden die seltener fälligen Wartungspunkte der BMW-Inspektion II aufgeführt.

Hinweis: Um eine optimale Funktionsweise des Motors zu gewährleisten, empfiehlt es sich, im Rahmen der Abgasuntersuchung eine BMW-Vertragswerkstatt aufzusuchen, um dort den Fehlerspeicher des Diagnosesystems abfragen zu lassen. Es können in der Motorsteuerung unbemerkt Fehler auftreten, die durch ein Notlaufprogramm automatisch überbrückt werden. Dies hat zur Folge, daß der Motor nicht mehr unter optimalen Bedingungen arbeiten kann (erhöhter Kraftstoffverbrauch). Im Fehlerspeicher wird dann ein solcher Fehler erkannt.

Pflegedienst mit Motorölwechsel

Der Pflegedienst mit Motorölwechsel ist für Fahrzeuge mit Benzinmotor alle 15.000 km, beziehungsweise **mindestens einmal im Jahr** (möglichst im Frühjahr) durchzuführen. Beim **Dieselmotor** ist der **Motorölwechsel alle 10.000 km, bei geringerer Jahresfahrleistung mindestens einmal jährlich** erforderlich. Bei erschwerten Betriebsbedingungen, wie überwiegend Stadt- und Kurzstreckenverkehr, häufigen Gebirgsfahrten, Anhängerbetrieb und staubigen Straßenverhältnissen, Pflegedienstintervall entsprechend bis auf die Hälfte verkürzen.

- Motor: Öl- und Filterwechsel.
- Dieselmotor: Kraftstoffilter entwässern.
- Ansaugluftfilter: Luftfiltereinsatz kontrollieren, bei Verschmutzung erneuern.
- Abgastest durchführen (Leerlaufdrehzahl, Abgasreinigung prüfen, Fehlerspeicher abfragen) – Werkstattarbeit.
- Heiz- und Klimaanlage: Mikrofiltereinsatz kontrollieren, bei Verschmutzung erneuern.
- Bremsen: Belagstärke der vorderen und hinteren Bremsbeläge prüfen. Feststellbremse prüfen.
- Fahrgestell und tragende Karosserieteile: Auf Beschädigung und Korrosion prüfen.
- Funktion aller elektrischen Verbraucher überprüfen.
- Kühl- und Heizsystem: Flüssigkeitsstand prüfen, gegebenenfalls auffüllen. Konzentration des Frostschutzmittels prüfen.

Wartung

Die Wartung entspricht der BMW-Inspektion I. Sie ist beim Aufleuchten des Schriftzugs »Inspektion« in Verbindung mit der gelben Leuchtdiode durchzuführen. Falls man sich nicht nach der Intervallanzeige richten will, ist die Wartung mindestens alle 20.000 km oder einmal in 2 Jahren durchzuführen. Wartungsarbeiten, die in größeren Abständen durchzuführen sind (entspricht BMW-Inspektion II), stehen am Ende des Wartungsplanes.

Motor und Abgasanlage

- Fehlerspeicher des Diagnosesystems abfragen.
- Motoröl und Ölfilter wechseln.
- Benzinmotor: Zündkerzen erneuern.
- Luftfiltereinsatz erneuern (bei großem Staubanfall früher wechseln, aber spätestens alle 2 Jahre).
- Keilrippenriemen: Zustand prüfen.
- Kühl- und Heizsystem: Konzentration des Frostschutzmittels prüfen. Sichtprüfung auf Undichtigkeiten und äußere Verschmutzung des Kühlers.
- Abgasanlage: Auf Beschädigungen prüfen.
- Motor: Sichtprüfung auf Ölundichtigkeiten.
- Kraftstoffanlage: Schläuche und Leitungen auf Verlegung, Zustand und Dichtheit prüfen.
- Dieselmotor: Kraftstoffilter entwässern.

Kupplung, Getriebe, Achsantrieb

- Kupplung: Schläuche, Leitungen und Anschlüsse auf Undichtigkeiten prüfen.
- Hinterachsgetriebe: Sichtprüfung auf Undichtigkeiten.
- Schalt- und Automatikgetriebe: Sichtprüfung auf Undichtigkeiten.
- Achswellen: Gelenkschutzhüllen auf Undichtigkeiten und Beschädigungen prüfen.

Vorderachse und Lenkung

- Spurstangenköpfe und Achsgelenke: Staubkappen prüfen.
- Lenkung: Spiel prüfen, Faltenbälge auf Undichtigkeiten und Beschädigungen prüfen. Gelenkscheibe der Lenksäule auf Beschädigung prüfen.
- Servolenkung: Flüssigkeitsstand im Ausgleichbehälter prüfen, gegebenenfalls Hydrauliköl auffüllen. Lenkgetriebe, Hydraulikpumpe sowie Leitungen und Anschlüsse auf Dichtigkeit kontrollieren.

Karosserie, Ausstattung

- Front- und Heckklappenscharniere, Türscharniere: Mit Mehrzweckfett fetten.
- Unterbodenschutz und Hohlraumkonservierung: Prüfen.
- Sicherheitsgurte: Auf Beschädigungen prüfen.
- Heiz- und Klimaanlage: Reinluftfiltereinsatz ersetzen.

Bremsen, Reifen, Räder

- Räder: Abschrauben, Zustand der Felgen (auch innen) prüfen, Radzentrierung reinigen und fetten und Räder mit vorgeschriebenem Drehmoment anschrauben.
- Bereifung: Profiltiefe und Reifenfülldruck prüfen; Reifen auf Verschleiß und Beschädigungen (einschließlich Reserverad) prüfen.
- Bremsanlage: Bremsflüssigkeitsstand und Dicke der Bremsbeläge kontrollieren. Den Oberflächenzustand der Bremsscheiben prüfen. Bei fälligem Belagwechsel der hinteren Bremsbeläge gleichzeitig Belagstärke der Feststellbremse prüfen.
- Handbremshebelweg prüfen, gegebenenfalls einstellen. Feststellbremse einbremsen.
- Bremsanlage: Leitungen, Schläuche, Bremszylinder und Anschlüsse auf Undichtigkeiten und Beschädigungen prüfen. Bremsflüssigkeitsstand ergänzen.

Elektrische Anlage

- Beleuchtungsanlage: Sämtliche Scheinwerfer, Schlußleuchten und Blinklampen prüfen, gegebenenfalls Scheinwerfer einstellen.
- Signalhorn, Heiz- und Lüftungsanlage: Prüfen.
- Scheibenwischer: Wischergummis auf Verschleiß prüfen.
- Scheiben- und Scheinwerferwaschanlage: Funktion prüfen, Düsenstellung kontrollieren, Flüssigkeit nachfüllen, Scheinwerfer-Waschanlage prüfen.
- Batterie: Säurestand und Ladezustand prüfen.
- Zentralverriegelung: Batterien der Fernbedienung wechseln.

Zusätzlich alle 40.000 km

- Dieselmotor: Kraftstoffilter erneuern.

Zusätzlich alle 80.000 km

- Schaltgetriebe: ATF wechseln.
- Hinterachsgetriebe: Hypoidöl wechseln.
  Achtung: Wenn sich auf dem Hinterachsgetriebe der Aufkleber „Life-Time-Oil" befindet, dann ist ein Ölwechsel nicht erforderlich.
- Benzinmotor: Kraftstoffhauptfilter erneuern.
- Kupplung: Dicke der Kupplungsscheibe prüfen.

Alle 2 Jahre (unabhängig von den gefahrenen Kilometern)

- Bremsanlage: Bremsflüssigkeit erneuern.

Alle 3 Jahre (unabhängig von den gefahrenen Kilometern)

- Kühl- und Heizsystem: Kühlmittel erneuern.

Wartungsarbeiten

Nach den verschiedenen Baugruppen des Fahrzeugs aufgeteilt werden hier alle Wartungsarbeiten beschrieben, die gemäß dem Wartungsplan durchgeführt werden müssen. Auf die erforderlichen Verschleißteile sowie das möglicherweise notwendige Sonderwerkzeug wird jeweils hingewiesen.

Es empfiehlt sich, Reifendruck, Motorölstand und Flüssigkeitsstände für Kühlung, Wisch-/Wasch-Anlage etc. alle 4 bis 6 Wochen zu prüfen und zu ergänzen. Flüssigkeitsmangel und Bremsbelagverschleiß werden dem Fahrer auch an der Schalttafel angezeigt.

Achtung: Beim **Einkauf von Ersatzteilen** ist zur Identifizierung des Fahrzeuges unbedingt der **KFZ-Schein** mitzunehmen. Sonst ist oftmals eine genaue Zuordnung der Ersatzteile nicht möglich.

Um ganz sicher zu sein, daß man die richtigen Ersatzteile erhält, empfiehlt es sich nach Möglichkeit, das Altteil auszubauen und zum Ersatzteilhändler mitzunehmen. Dort kann man es mit dem Neuteil vergleichen.

Motor und Abgasanlage

Folgende Wartungspunkte müssen nach dem Wartungsplan durchgeführt werden:

- Motor: Ölwechsel, Sichtprüfung auf Ölundichtigkeiten.
- Abgastest durchführen (Leerlaufdrehzahl, Abgasreinigung prüfen, Fehlerspeicher abfragen) – Werkstattarbeit.
- Kühl- und Heizsystem: Kühlmittel erneuern (alle 3 Jahre). Konzentration des Frostschutzmittels prüfen. Sichtprüfung auf Undichtigkeiten und äußere Verschmutzung des Kühlers.
- Zündkerzen: erneuern.
- Keilriemen: Zustand prüfen.
- Kraftstoffanlage: Schläuche und Leitungen auf Verlegung, Zustand und Dichtheit prüfen.
- Kraftstoffilter ersetzen beziehungsweise entwässern (Diesel).
- Abgasanlage: Auf Beschädigungen prüfen.

Motorölwechsel

Zum Motorölwechsel ist folgendes Werkzeug erforderlich:

- Eine Grube oder einen hydraulischen Wagenheber mit Unterstellböcken beziehungsweise ein Ölabsauggerät.
- Je nach Filterausführung, 13er oder 36er Stecknuß zum Lösen der Zentralschraube des Filtergehäuses.
- 17er oder 19er Stecknuß zum Lösen der Ölablaßschraube sowie eine Ölauffangschale, die etwa 8 Liter Öl faßt (nur wenn das Öl nicht abgesaugt wird).

Folgende Verschleißteile werden benötigt:

- Nur wenn das Öl nicht abgesaugt wird: Aluminium-Dichtring für die Ölablaßschraube. Die Ölablaßschraube hat ein Gewinde mit 12 mm Außendurchmesser, der Dichtring hat die Größe A12x15,5 und wird manchmal mit dem Ölfilter mitgeliefert.
- Öl-Filtereinsatz.
- Deckeldichtung (O-Ring) für Filtergehäuse und je nach Ausführung 1 oder 2 Dichtringe für die Zentralschraube. Es können bei gleicher Motorvariante 2 unterschiedliche Filterausführungen eingebaut sein, dies beim Ersatzteilkauf beachten.
- Je nach Motor 6,5 bis 7,5 Liter Motoröl. Nur von BMW freigegebenes Motoröl verwenden, siehe Seite 47.

Ölwechselmenge (mit Filterwechsel):

520i, 523i, 525i, 528i, 530i:	6,5 Liter
535i, 540i:	7,5 Liter
520d:	6,0 Liter
525tds:	6,75 Liter
525d/530d:	6,5 Liter

Die Mengendifferenz zwischen der Min.- und Max.-Markierung am Ölpeilstab beträgt: **ca. 1 Liter.**

Der Ölwechsel ist nach der BMW-Service-Intervallanzeige durchzuführen, beziehungsweise beim Benziner alle 15.000 km, beim Diesel alle 10.000 km. Falls wenig gefahren wird, Ölwechsel und Filterwechsel einmal im Jahr vornehmen.

Bei erschwerten Einsatzbedingungen wie Kurzstreckenverkehr und staubige Straßenverhältnisse Ölwechsel in kürzeren Abständen durchführen.

Das Motoröl darf auch mittels einer Sonde (an der Tankstelle) über das Ölmeßrohr abgesaugt werden. Allerdings muß das neue Öl dann meistens bei der betreffenden Tankstelle gekauft werden.

Achtung: Die Öl-Verkaufsstellen nehmen die entsprechende Menge Altöl kostenlos entgegen, daher beim Ölkauf Quittung und Ölkanister für spätere Altölrückgabe aufbewahren! Altöl kann unter Umständen auch bei den Altöl-Sammelstellen abgegeben werden. Gemeinde- und Stadtverwaltungen informieren darüber, wo sich die nächste Altöl-Sammelstelle befindet. **Keinesfalls darf Altöl einfach weggeschüttet oder dem Hausmüll mitgegeben werden.** Größere Umweltschäden wie beispielsweise Grundwasserverseuchung wären sonst unvermeidbar.

Motoröl ablassen

- Motor auf Betriebstemperatur bringen. Dazu Motor warmfahren, bis die Kühlmittel-Temperaturanzeige normale Betriebstemperatur des Kühlmittels signalisiert. Anschließend noch mindestens 5 km weiterfahren, damit auch eine ausreichende Motoröltemperatur sichergestellt ist.
- Fahrzeug waagerecht aufbocken.

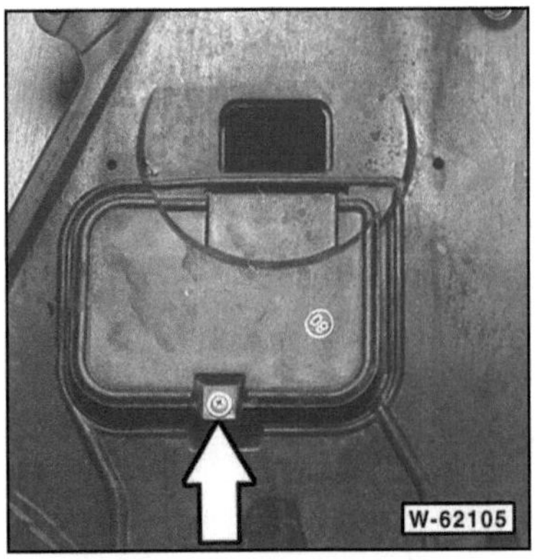

- Klappe im Motorraum-Unterschutz unterhalb der Ölwanne mit Kreuzschlitz-Schraubendreher öffnen.
- Gefäß zum Auffangen des Altöls unter die Ölwanne stellen.

- Ölablaßschraube seitlich an der Ölwanne herausdrehen und Altöl ganz ablassen. **Achtung:** Motoröl ist heiß! Verbrennungsgefahr!

Achtung: Werden im Motoröl Metallspäne und Abrieb in größeren Mengen festgestellt, deutet dies auf Freßschäden hin, zum Beispiel Kurbelwellen- oder Pleuellagerschäden. Um Folgeschäden zu vermeiden, müssen nach der Motorreparatur die Ölkanäle und Ölschläuche sorgfältig gereinigt werden. Zusätzlich muß der Ölkühler, falls vorhanden, erneuert werden.

Ölfilter wechseln, Ausführung mit Zentralschraube

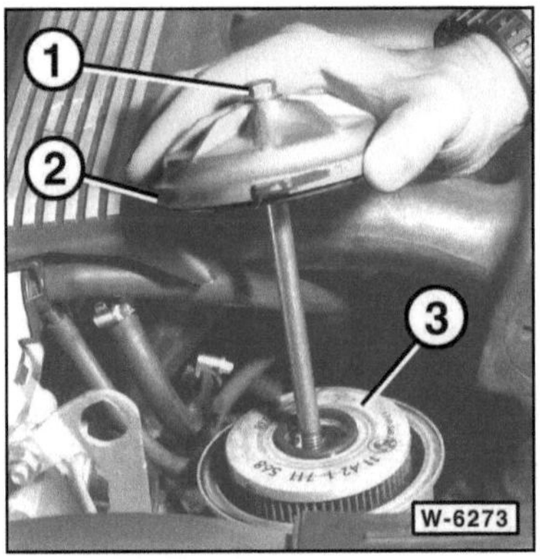

- Zentralschraube –1– in der Mitte des Ölfilterdeckels herausschrauben.
- Ölfilterdeckel –2– mit Zentralschraube –1– abziehen.
- Warten, bis das Öl aus dem Filtergehäuse abgelaufen ist. Dann Ölfiltereinsatz –3– herausziehen. Abtropfendes Öl mit Lappen auffangen.
- Neuen Filtereinsatz in das Ölfiltergehäuse einsetzen. **Achtung:** Hinweise auf dem Ölfilter beachten.

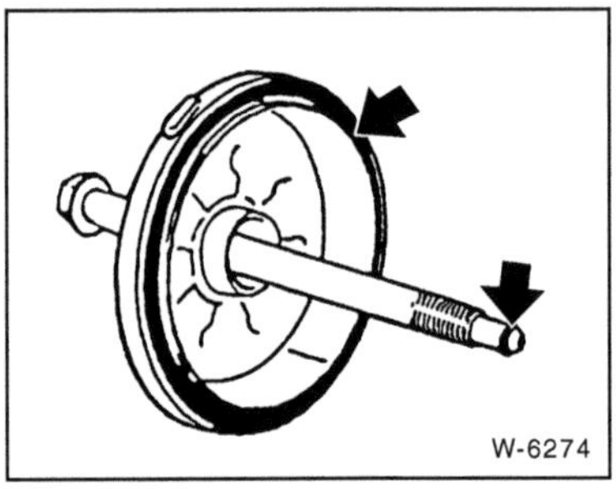

- Ölfilterdeckel reinigen, Gummidichtringe –Pfeile– an der Zentralschraube und am Deckel ersetzen und mit Motoröl einölen.
- Ölfilterdeckel mit Zentralschraube gerade von oben aufsetzen und aufdrücken. Dabei greift die Zentralschraube in die entsprechende Gewindebohrung am Filterboden.
- Zentralschraube festziehen. Anzugsdrehmoment: M8-Gewinde: **22 Nm**, M10-/M12-Gewinde: **33 Nm**.

Ölfilter wechseln, Ausführung mit Schraubdeckel

- Schraubdeckel mit 36 mm-Stecknuß, zum Beispiel HAZET 2169-36, abschrauben. Die BMW-Werkstatt benutzt zum Abschrauben ein Sonderwerkzeug, das am Schraubdeckel-Außendurchmesser angesetzt wird.
- Warten, bis das Öl aus dem Filtergehäuse abgelaufen ist. Dann Ölfiltereinsatz –1– herausziehen. Abtropfendes Öl mit Lappen auffangen.
- Neuen Filtereinsatz in das Ölfiltergehäuse einsetzen. **Achtung:** Hinweise auf dem Ölfilter beachten.
- Gummidichtringe –Pfeile– an der Ölleitung und am Deckel ersetzen und mit Motoröl einölen.
- Ölfilterdeckel mit Ölleitung gerade von oben aufsetzen und aufdrücken. Dabei greift die Ölleitung in die entsprechende Bohrung am Filterboden.
- Ölfilterdeckel mit **25 Nm** anziehen.

Ölfilter wechseln, 530d

- Fahrzeug waagrecht abstellen.

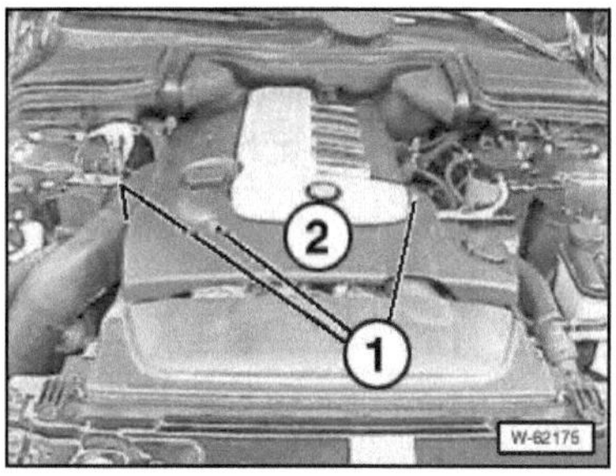

- Schrauben –1– herausdrehen.
- Motorabdeckung –2– vorn abnehmen.

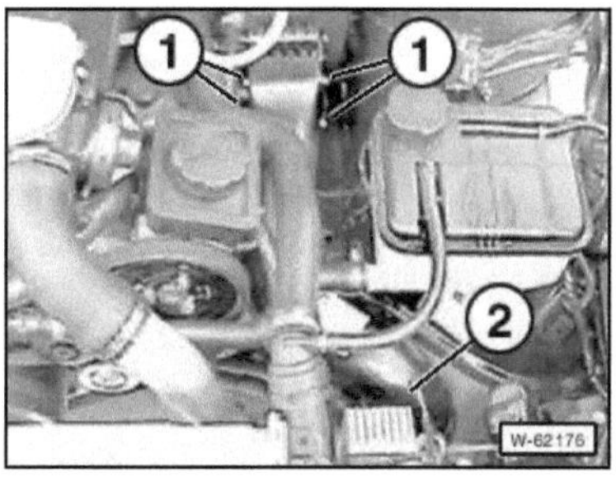

- Schrauben –1– herausdrehen.
- Luftführung –2– herausheben.

Achtung: Ölfilterdeckel nicht beschädigen, nur mit einer Stecknuß lösen und festziehen. Das Motoröl fließt beim Lösen des Ölfilterdeckels aus dem Öl-Wasser-Wärmetauscher in die Ölwanne zurück.

- Schraube –1– von Rücklaufrohr abschrauben.
- Deckel –2– mit 36 mm-Stecknuß, zum Beispiel HAZET 2169-36, abschrauben.
- Ölfiltereinsatz herausnehmen.
- Stecker –3– am Öldruckschalter abziehen.

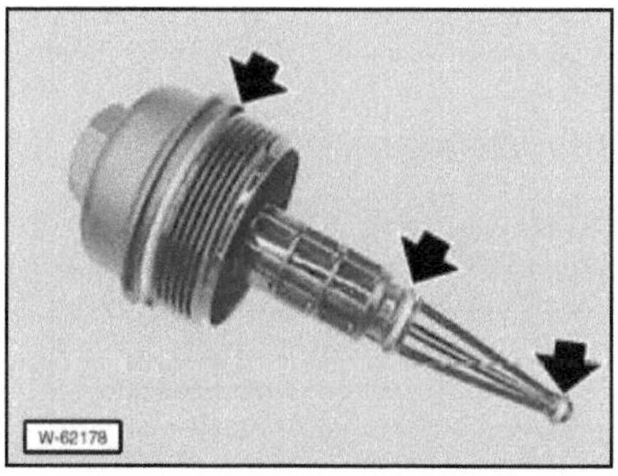

- Dichtringe –Pfeile– am Ölfilterdeckel ersetzen und einölen.
- Weiteren Einbau in umgekehrter Ausbaureihenfolge durchführen.

Auffüllen

- Ölablaßschraube mit neuem Dichtring einschrauben und fest, aber nicht mit zu großer Gewalt anziehen. Anzugsdrehmoment bei einer Schraube mit M12-Gewinde und Schlüsselweite 17 mm: **25 Nm**; bei M18-Gewinde: **30 Nm**; bei M22-Gewinde: **60 Nm**.
- Neues Öl am Einfüllstutzen des Zylinderkopfdeckels einfüllen. Einfüllmenge, siehe Tabelle auf Seite 275.
- Motor starten und im Leerlauf laufen lassen, bis die Ölkontrolleuchte erlischt.
- Motor abstellen, 10 Minuten warten und Motorölstand kontrollieren, gegebenenfalls Motoröl nachfüllen.
- Klappe im Motorraum-Unterschutz unterhalb der Ölwanne schließen und mit Kreuzschlitz-Schraubendreher den Befestigungsclip um ¼ Umdrehung drehen, dadurch Klappe verriegeln.
- Nach Probefahrt Dichtigkeit der Ablaßschraube und des Ölfilters überprüfen, gegebenenfalls vorsichtig nachziehen.
- Betriebswarmen Motor abstellen und Ölstand nach ca. 2 Minuten nochmals prüfen, gegebenenfalls korrigieren.
- Falls erforderlich, Service-Intervallanzeige zurückstellen. Dazu ist ein spezielles Gerät erforderlich, das von BMW verkauft wird (teuer). Auf Wunsch stellt die BMW-Werkstatt die Anzeige kostenlos zurück.
- Um die Betriebsverhältnisse des Motors besser überwachen zu können, soll beim Ölwechsel immer ein Öl gleichen Typs und möglichst auch gleicher Marke verwendet werden. Daher ist es zweckmäßig, bei jedem Ölwechsel ein Hinweisschild am Motor zu befestigen, auf dem Marke und Viskosität des Öles vermerkt sind.
- Wahllos abwechselnder Gebrauch verschiedener Öltypen ist ungünstig. Motorenöle gleichen Typs, aber verschiedener Marken sollen möglichst nicht gemischt werden. Motorenöle gleichen Typs und gleicher Marke, aber verschiedener Viskosität können im Bedarfsfall während jahreszeitlicher Überschneidung ohne weiteres nachgefüllt werden.

Sichtprüfung auf Ölverlust

Bei ölverschmiertem Motor und hohem Ölverbrauch überprüfen, wo das Öl austritt. Dazu folgende Stellen überprüfen:

- Öleinfülldeckel öffnen und Dichtung auf Porosität oder Beschädigung prüfen.
- Kurbelgehäuse-Entlüftung: Zum Beispiel Belüftungsschläuche vom Kurbelgehäuse zum Nockenwellengehäuse und vom Nockenwellengehäuse zum Luftsammelgehäuse.
- Zylinderkopfdeckel-Dichtung.
- Zylinderkopf-Dichtung.
- Ölfilterdichtung: Ölfilter am Ölfilterflansch.
- Ölablaßschraube (Dichtring).
- Öldruckschalter (Dichtring).
- Ölwannendichtungen.
- Wellendichtringe vorn und hinten für Nockenwelle und Kurbelwelle.

Da sich bei Undichtigkeiten das Öl meistens über eine größere Motorfläche verteilt, ist der Austritt des Öls nicht auf den ersten Blick zu erkennen. Bei der Suche geht man zweckmäßigerweise wie folgt vor:

- Motorwäsche durchführen. Motor mit handelsüblichem Kaltreiniger einsprühen und nach einer kurzen Einwirkungszeit mit Wasser abspritzen. Vorher Generator mit Plastiktüte abdecken.

Achtung: Aus Umweltschutzgründen ist in den meisten Gemeinden die Wagenwäsche auf öffentlichen Plätzen verboten. Inzwischen gibt es an vielen Tankstellen die Möglichkeit, dort seinen Wagen dampfzustrahlen. Da an diesen Tankstellen garantiert ist, daß das Schmutzwasser nicht in der Erde versickert, sollte die Wäsche dort durchgeführt werden.

- Trennstellen und Dichtungen am Motor von außen mit Kalk oder Talkumpuder bestäuben.
- Ölstand kontrollieren, gegebenenfalls auffüllen.

- Probefahrt durchführen. Da das Öl bei heißem Motor dünnflüssig wird und dadurch schneller an den Leckstellen austreten kann, sollte die Probefahrt über eine Strecke von ca. 30 km auf einer Schnellstraße durchgeführt werden.
- Anschließend Motor mit Lampe absuchen, undichte Stelle lokalisieren und Fehler beheben.

Motorölstand prüfen

Etwa alle 1000 km sollte der Ölstand des Motors überprüft, gegebenenfalls ergänzt werden. Dabei sollte der Motor nicht mehr als 1 Liter Öl auf 1000 Kilometer verbrauchen. Mehrverbrauch ist ein Anzeichen für verschlissene Ventilschaftabdichtungen und/oder Kolbenringe beziehungsweise Öldichtungen.

- Das Fahrzeug muß beim Messen auf einer waagerechten Fläche stehen.
- Nach Abstellen des Motors mindestens 3 Minuten lang warten, damit sich das Öl in der Ölwanne sammelt.
- Ölpeilstab am Führungsrohr herausziehen und mit sauberem Lappen abwischen.

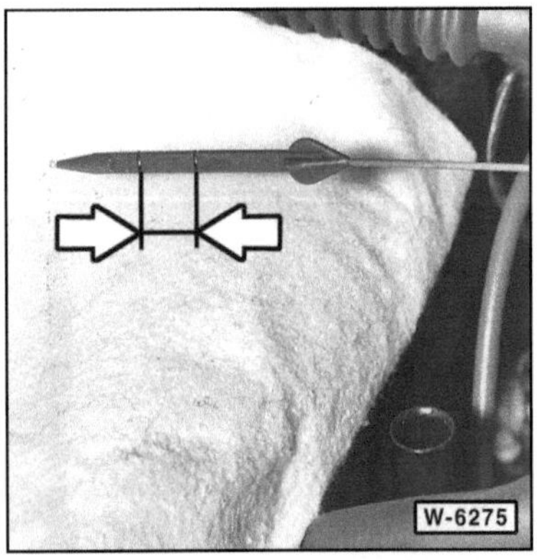

- Anschließend Meßstab bis zum Anschlag in das Führungsrohr einführen und wieder herausziehen. Der Ölstand muß zwischen den beiden Markierungen liegen.
- Neues Öl erst nachfüllen, wenn sich der Ölstand der unteren Marke nähert. Die Ölmenge von der Min.- bis zur Max.-Markierung beträgt **1 Liter**.
- Nachgefüllt wird am Verschluß des Zylinderkopfdeckels. Beim Nachfüllen richtige Ölsorte verwenden, siehe Kapitel »Motor-Schmierung«.

Achtung: Nicht Öl über die obere Markierung einfüllen. Es wird sonst vermehrt Öl verbraucht, außerdem können Schäden an Motor und Katalysator auftreten.

Kühlmittelstand prüfen

Der Kühlmittelstand sollte in regelmäßigen Abständen geprüft werden, zumindest aber vor jeder größeren Fahrt. Zum Nachfüllen, auch in der warmen Jahreszeit, nur eine Mischung aus Kühlerfrostschutzmittel und Wasser verwenden.

Achtung: Um die Weiterfahrt zu ermöglichen, kann auch, insbesondere im Sommer, reines Wasser nachgefüllt werden. Der Kühlerfrostschutz muß dann jedoch baldmöglichst korrigiert werden.

Benzinmotor:

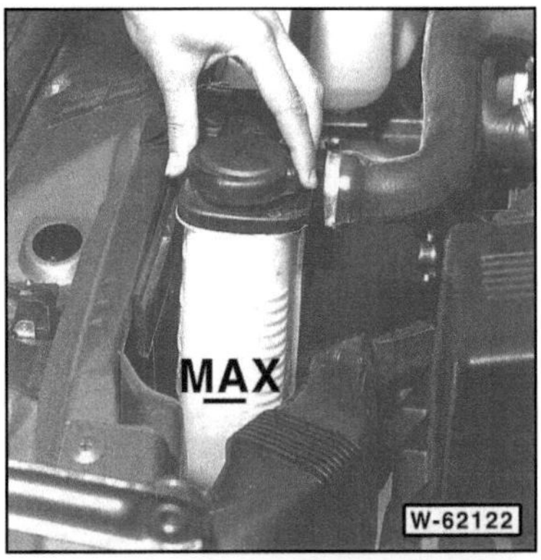

Dieselmotor:

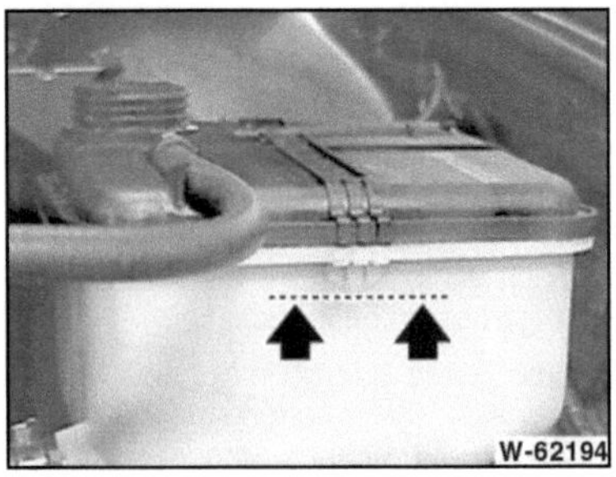

- Der Kühlmittelstand soll bei kaltem Motor (ca. +20° C) zwischen der MIN- und der MAX-Markierung liegen. **Hinweis:** Bei maximaler Füllmenge liegt das Ende der roten Schwimmerstange –Pfeil– (W-62168) auf gleicher Höhe mit der Oberkante des Einfüllstutzens.
- **Kaltes** Kühlmittel nur bei **kaltem Motor** nachfüllen, um Motorschäden zu vermeiden.

Achtung: Verschlußdeckel nicht bei heißem Motor öffnen. Verbrühungsgefahr! Das Kühlsystem steht unter Druck! Verschlußdeckel nur bei einer Kühlmittel-Temperatur unter +60° C öffnen. Zum Öffnen Lappen über den Verschlußdeckel legen.

- Verschlußdeckel beim Öffnen zuerst etwas aufdrehen und Überdruck entweichen lassen. Danach Deckel vorsichtig weiterdrehen und abnehmen.
- Prüfung auf Dichtheit durchführen, wenn der Kühlmittelstand in kurzer Zeit absinkt, siehe Seite 55.

Kühlmittel wechseln

Das Kühlmittel ist im Rahmen der Wartung alle 3 Jahre zu erneuern. Dazu sind folgende Werkzeuge erforderlich:

- Wagenheber und Unterstellböcke.
- Großer Schlitz-Schraubendreher.
- Sechskant-Ringschlüsselsatz oder Stecknußkasten.
- Auffanggefäß für das Kühlmittel.

Folgende Verschleißteile werden benötigt:

- Zum **Nachfüllen** – auch in der warmen Jahreszeit – nur eine Mischung aus Kühlerfrostschutzmittel und kalkarmem, sauberem Wasser verwenden. Nur von BMW freigegebenes **nitrit- und aminofreies** Frostschutzmittel verwenden (Freigabe steht auf dem Gebinde). **Achtung:** Um die Weiterfahrt zu ermöglichen, kann auch, insbesondere im Sommer, reines Wasser nachgefüllt werden. Der Kühlerfrostschutz muß dann jedoch baldmöglichst korrigiert werden.
- Für die Ablaßschraube am Motorblock wird ein Aluminium-Dichtring der Größe A 14x18 benötigt.

Inhalt des Kühlsystems:

520i, 523i, 525i, 528i, 530i: . . 10,5 Liter
535i, 540i: . . . . 12,0 Liter
520d: . . . . 8,4 Liter
525tds: . . . . 10,0 Liter
525d/530d: . . . . 9,2 Liter

Hinweis: Kühlmittel ist leicht giftig. Gemeinde- und Stadtverwaltungen informieren darüber, wie das alte Kühlmittel entsorgt werden soll.

Ablassen

Achtung: Die Arbeitsschritte gelten nur für Fahrzeugen ohne Latentwärmespeicher beziehungsweise ohne Standheizung.

Achtung: Bei Arbeiten am Kühlsystem unbedingt darauf achten, daß **kein Kühlmittel auf den Keilrippenriemen** gelangt. Der Glykolanteil des Kühlmittels schädigt das Gewebe des Riemens so, daß er nach einiger Betriebszeit reißen kann.

- **Dieselmotor:** Generator mit einer Plastiktüte abdecken, damit er gegen versehentlich eindringendes Kühlmittel geschützt ist.
- Verschlußdeckel des Kühlsystems etwas nach links drehen und Überdruck aus dem Kühlsystem entweichen lassen. Dann Deckel weiterdrehen und ganz abnehmen.

Achtung: Bei heißem Motor Kühlerdeckel nicht öffnen. **Verbrühungsgefahr!** Das Kühlsystem steht unter Druck. Deckel nur bei Kühlmitteltemperaturen unter +60° C abnehmen. Beim Abnehmen des Deckels zum Schutz einen dicken Lappen auflegen.

- **Motor M54/M62:** Entlüftungsschraube neben dem Verschlußdeckel lockern.
- Fahrzeug aufbocken. Motorraum-Unterschutz ausbauen, siehe Seite 14.

- Sauberes Auffanggefäß unter den Kühler stellen. Ablaßschraube –Pfeil– unten am Kühler mit großem Schlitzschraubenzieher oder mit einer Münze öffnen.

- Auffanggefäß unter den Motor stellen und Ablaßschraube –Pfeil– am Motorblock herausdrehen. Die Schraube sitzt unterhalb vom Abgaskrümmer. **Motor M62:** Ablaßschraube links und rechts am Motorblock herausdrehen.
- Kühlmittel ganz ablaufen lassen.
- Ablaßschraube mit neuem Dichtring am Motorblock einschrauben und mit **25 Nm** festziehen.
- Ablaßschraube am Kühler ganz leicht festziehen. Dazu eine Münze in den Schlitz der Schraube stecken und Ablaßschraube handfest anziehen.

Auffüllen und Entlüften

Benzinmotor

- Heizung im Innenraum auf maximale Heizleistung stellen. Gebläseschalter auf niedrige Stufe einstellen und Zündung einschalten. Dadurch werden die Heizungsventile geöffnet und beim **Motor M62** läuft die Zusatz-Kühlmittelpumpe.

- Entlüftungsschraube –Pfeil– oben am Kühler neben dem Ausgleichbehälter öffnen.

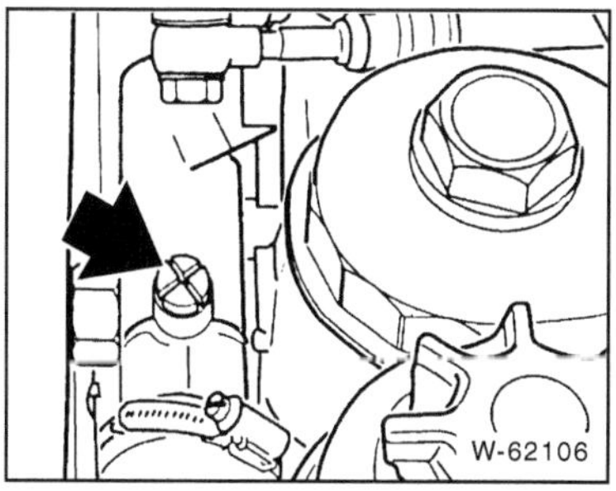

- **Motor M52:** Entlüftungsschraube –Pfeil– am Kühlmittelrohr im Bereich des Ölfilters öffnen.
- Ausgleichbehälter langsam mit neuer Kühlflüssigkeit auffüllen, bis Kühlflüssigkeit an den Entlüftungsventilen blasenfrei austritt.
- Entlüftungsschrauben verschließen und Kühlmittel im Ausgleichbehälter bis zum maximalen Füllstand auffüllen, siehe »Kühlmittelstand prüfen«.
- Verschlußdeckel vom Ausgleichbehälter öffnen, aber nicht abnehmen. Dadurch wird übermäßiger Kühlmittelaustritt aus dem Ausgleichbehälter verhindert.
- Motor laufen lassen und mit drei bis vier kurzen Gasstößen von ca. 4500 bis 5000/min den Motorkühlkreislauf durchspülen. **Achtung:** Hierbei den Motor nicht länger als ca. 30 Sekunden laufen lassen, damit sich das Kühlmittel nicht erwärmt und dadurch ausdehnt. Sinkt dabei der Kühlmittelstand im Ausgleichbehälter, dann Ausgleichbehälter mit Kühlmittel bis zum maximalen Füllstand auffüllen.
- Ausgleichbehälter verschließen.
- Motor warmlaufen lassen, bis der Thermostat öffnet. Der Kühlmittelschlauch zum Kühler wird dann warm.
- Zur Kontrolle des Kühlmittelstandes den Motor auf eine Kühlmitteltemperatur von +30 °C oder darunter abkühlen lassen. Liegt die Umgebungstemperatur über +30 °C, dann Motor mindestens auf Umgebungstemperatur abkühlen lassen.
- **Transparenter Ausgleichbehälter:** Der Kühlmittelstand muß an der Markierung »KALT/COLD« liegen, gegebenenfalls Kühlmittel nachfüllen.
- **Schwarzer Ausgleichbehälter:** Verschlußdeckel vorsichtig öffnen und Kühlmittelstand prüfen. Die Kugel am oberen Ende des roten Schwimmers muß sich auf einer Ebene mit der Oberkante des Ausgleichbehälters befinden, gegebenenfalls Kühlmittel nachfüllen.

Auffüllen und Entlüften

Dieselmotor

Achtung: Beim **Motor M51 (525tds)** erfolgt die Entlüftung automatisch durch die obere Leitung zum separaten Ausgleichbehälter, es sind keine Entlüftungsschrauben vorhanden.

- Entlüftungsschraube –1– am Kühlmittelrohr lockern.
- Reinluftfilter ausbauen, siehe Seite 291.

- Entlüftungsschraube am Zuheizer –Pfeil– lockern.
- Ausgleichbehälter langsam mit neuer Kühlflüssigkeit auffüllen, bis Kühlflüssigkeit an den Entlüftungsventilen blasenfrei austritt.
- Entlüftungsschrauben verschließen und Kühlmittel im Ausgleichbehälter bis zum maximalen Füllstand auffüllen, siehe »Kühlmittelstand prüfen«.
- **Dieselmotor:** Plastiktüte vom Generator abnehmen
- Ausgleichbehälter öffnen.
- Motor starten und im Leerlauf drehen lassen.
- Heizung im Innenraum auf maximale Heizleistung stellen. Gebläseschalter auf niedrige Stufe einstellen. Dadurch werden die Heizungsventile geöffnet und die Zusatz-Kühlmittelpumpe läuft.
- Kühlmittel im Ausgleichbehälter bis auf maximalen Füllstand auffüllen. Motor so lange im Leerlauf laufen lassen, bis kein Kühlmittel mehr nachgefüllt werden muss.
- Ausgleichbehälter schließen.
- Mit zwei Gasstößen von ca. 2500/min den Kühlkreislauf spülen.
- Entlüftungsschraube am Zuheizer nochmals so lange öffnen, bis das Kühlmittel blasenfrei austritt.
- Motor abstellen, Heizung auf minimale Temperatur stellen.
- Etwa 3 Minuten Wartezeit einhalten, bis die Zusatz-Kühlmittelpumpe im Zuheizer nicht mehr läuft.
- Motor ohne Heizung starten und im Leerlauf laufen lassen.
- Ausgleichbehälter vorsichtig öffnen und Kühlmittel im Leerlauf auf maximalen Füllstand nachfüllen, siehe »Kühlmittelstand prüfen«.
- Motor abstellen und Ausgleichbehälter verschließen.
- Zur Kontrolle des Kühlmittelstandes den Motor auf eine Kühlmitteltemperatur von +30 °C oder darunter abkühlen lassen. Liegt die Umgebungstemperatur über +30 °C, dann Motor mindestens auf Umgebungstemperatur abkühlen lassen.
- Verschlußdeckel vorsichtig öffnen und Kühlmittelstand prüfen, siehe auch Kapitel »Kühlmittelstand prüfen«.
- Reinluftfilter einbauen, siehe Seite 291.

Frostschutz prüfen

Folgendes Prüfwerkzeug wird benötigt:

- Eine Prüfspindel zum Messen des Frostschutzanteils beziehungsweise HAZET-Prüfgerät 4810-B für Säuredichte und Frostschutzanteil. Eine Frostschutz-Prüfspindel liegt auch oft an Tankstellen zur Benutzung aus.

Regelmäßig vor Winterbeginn sollte sicherheitshalber die Konzentration des Frostschutzmittels geprüft werden, insbesondere wenn zwischendurch reines Wasser nachgefüllt wurde.

- Motor warmfahren, bis der obere Kühlmittelschlauch zum Kühler ca. handwarm ist.
- Verschlußdeckel am Ausgleichbehälter vorsichtig öffnen. **Achtung:** Nicht bei heißem Motor öffnen, siehe unter »Kühlmittelstand prüfen«.

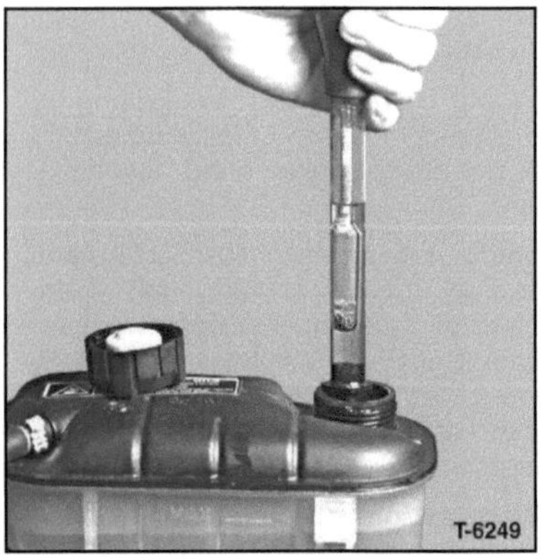

- Mit Meßspindel Kühlflüssigkeit ansaugen und am Schwimmer Kühlmitteldichte ablesen. Der Frostschutz soll in unseren Breiten bis –35° C reichen. Dies entspricht einer Mischung von Frostschutzmittel und Wasser im Volumenverhältnis 1 : 1.

BMW-Kühlkonzentrat ergänzen

Achtung: Da Kühler und Wärmetauscher aus Aluminium gefertigt sind, darf nur ein dafür geeignetes und von BMW freigegebenes Frost- und Korrosionsschutzmittel verwendet werden.

Beispiel: Die Frostschutz-Messung mit der Spindel ergibt beim 530d einen Frostschutz bis – 10° C. In diesem Fall aus dem Kühlsystem 3,4 l Kühlflüssigkeit ablassen und dafür 3,4 l reines Frostschutzkonzentrat auffüllen. Dadurch wird ein Frostschutz bis –35° C erreicht.

Gemess. Wert in °C	0	–10	–20	–30
Modell	**Differenzmenge in l**			
520i, 523i, 525i, 528i, 530i	5,3	3,8	2,4	1,0
535i, 540i	6,0	4,4	2,8	1,1
520d	4,2	3,6	1,9	0,8
525tds	5,0	3,7	2,3	1,0
525d/530d	4,6	3,4	2,1	0,9

Achtung: Die in der Tabelle angegebenen Werte gelten bei einer Kühlflüssigkeitstemperatur von ca. +20° C.

- Verschlußdeckel am Kühler verschließen und nach Probefahrt Frostschutz erneut überprüfen.

Kühlsystem auf Dichtheit sichtprüfen

- Kühlmittelschläuche durch Zusammendrücken und Verbiegen auf poröse Stellen untersuchen, hartgewordene Schläuche ersetzen.

- Die Schläuche dürfen nicht zu kurz auf den Anschlußstutzen sitzen. Festen Sitz der Schlauchschellen kontrollieren. Gegebenenfalls neue Schraubschellen einbauen.
- Dichtung des Verschlußdeckels für den Ausgleichbehälter auf Beschädigungen überprüfen. **Achtung:** Ein zu niedriger Kühlmittelstand kann auch von einem nicht richtig aufgeschraubten Verschlußdeckel herrühren.
- Wenn der Kühlmittelstand häufig absinkt, ohne daß eine undichte Stelle lokalisiert werden kann, Kühlsystem bei warmem Motor prüfen. Wenn bei warmem Motor Kühlmittel aus einer Bohrung unten an der Kühlmittelpumpe läuft, ist der Wellendichtring defekt. Kühlmittelpumpe ersetzen.
- Deutlicher Kühlmittelverlust und/oder Öl im Kühlmittel sowie weiße Abgaswolken bei warmem Motor deuten auf eine defekte Zylinderkopfdichtung hin.

Achtung: Mitunter ist es schwierig, die Leckstelle ausfindig zu machen. Dann empfiehlt sich eine Druckprüfung. Hierbei kann ebenfalls das Überdruckventil des Verschlußdeckels geprüft werden, siehe Seite 55.

Zündkerzen ersetzen

Benzinmotoren

Als Spezialwerkzeug wird benötigt:

- Ein 16mm-Zündkerzenschlüssel, der dem Bordwerkzeug beiliegt und auch im Zubehörhandel zu kaufen ist.
- 10er Stecknuß.

Folgende Verschleißteile müssen gekauft werden:

- Die richtigen Zündkerzen, siehe Seite 69.

Ausbau

- Motor muß mindestens auf Handwärme abgekühlt sein.
- Zündspulen ausbauen, siehe Seite 64.
- Zündkerzen mit Zündkerzenschlüssel herausschrauben und den Zustand der Kerze (sogenanntes »Kerzengesicht«) prüfen. Mit einiger Erfahrung lassen sich daraus Rückschlüsse auf den Betriebszustand des Motors ziehen. Es gelten folgende Regeln:

Einbau

- Gewinde an den Kerzen mit sauberem Lappen reinigen.
- Zündkerzen von Hand bis zur Anlage am Zylinderkopf einschrauben. **Achtung:** Dabei Kerzen nicht verkantet ansetzen.
- Zündkerzen mit **25 Nm** festziehen. **Achtung:** Steht kein Drehmomentschlüssel zur Verfügung, neue Zündkerzen mit Kerzenschlüssel um ca. ¼ Umdrehung) anziehen. Gebrauchte Zündkerzen nur ca. 15° anziehen. Zu fest angezogene Zündkerzen können beim Herausschrauben abreißen oder das Gewinde im Zylinderkopf beschädigen. In diesem Fall Kerzengewinde mit UTC- oder Heli-Coil-Einsätzen reparieren.
- Zündspulen und Motorabdeckung einbauen, dabei auf richtigen Sitz der Kabelstecker und Massebänder achten, siehe Seite 64.

Luftfiltereinsatz wechseln

Es wird kein Sonderwerkzeug benötigt.

Folgendes Verschleißteil muß gekauft werden:

- Luftfiltereinsatz. Beim Ersatzteilkauf beachten, daß je nach Motor unterschiedliche Luftfiltereinsätze benötigt werden.

Ausbau

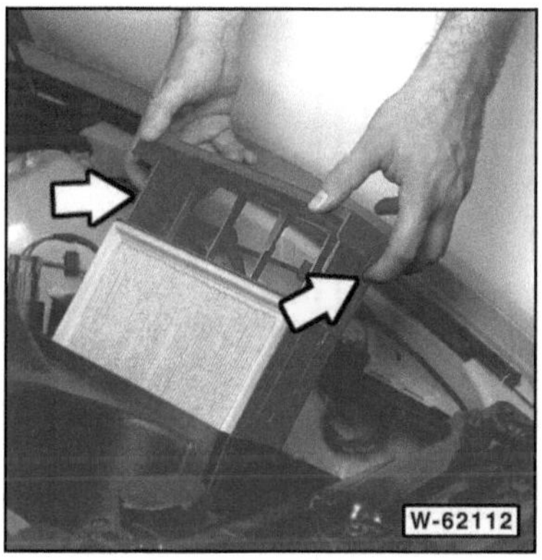

- **Benzinotor:** Haltezungen rechts und links am Luftfiltereinsatzschieber eindrücken und Schieber herausziehen.

- **525tds:** Ansaugrohr am Motor ausclipsen. Schrauben lösen und Deckel am Zylinderkopf abheben.
- Luftfiltereinsatz entnehmen.
- Filtergehäuse mit einem Lappen auswischen.
- Filtereinsatz bei geringer Verschmutzung vorsichtig mit der Schmutzseite nach unten ausklopfen. Verölten Filter auf jeden Fall ersetzen.

Achtung: Filtereinsatz weder mit Benzin reinigen, noch mit Öl benetzen. Filter nicht mit Preßluft ausblasen.

Einbau

- Neuen Filtereinsatz in das Luftfiltergehäuse einlegen. Die Dichtung muß in der umlaufenden Nut anliegen.
- **Benzinmotor:** Schieber einschieben und die beiden Haltenasen einschnappen lassen.
- **525tds:** Deckel am Zylinderkopf gleichmäßig anschrauben. Ansaugrohr am Motor anclipsen.

Speziell 530d

Ausbau

- Halteclips –1– lösen, dann Luftkanal in Pfeilrichtung drehen und herausnehmen.
- Haltebügel –2– lösen.
- Deckel für Reinluftfilter –3– abnehmen.
- Feder –4– öffnen und das Filtergehäuse nach oben ziehen.

- Reinluftfiltergehäuse in Pfeilrichtung schieben und nach oben herausnehmen.

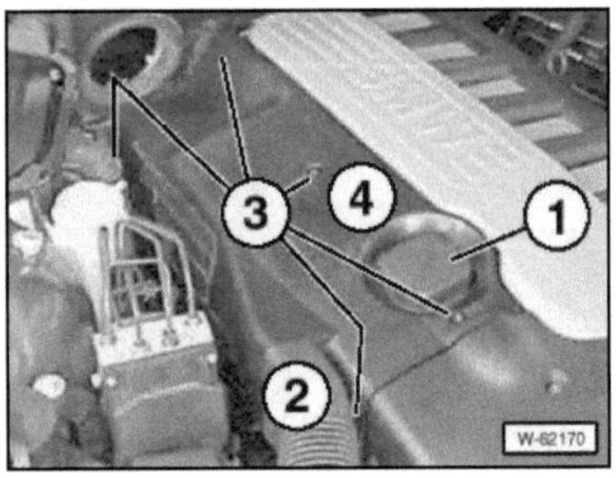

- Verschlußdeckel –1– öffnen.
- Faltenbalg –2– abziehen.
- Schrauben –3– herausdrehen.
- Deckel für Luftfilter –4– abnehmen.

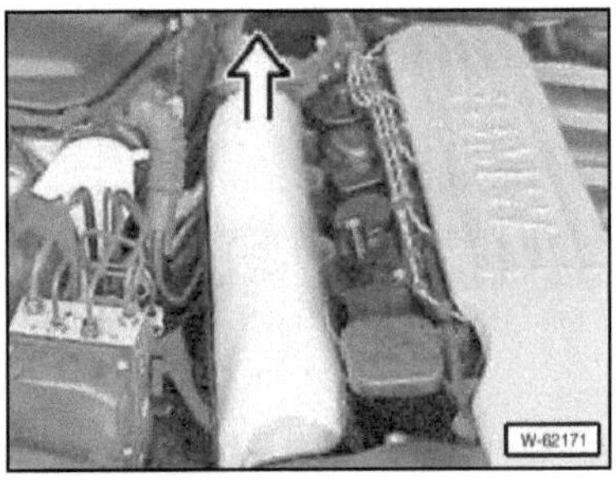

- Luftfilter-Einsatz herausziehen.

Einbau

- Luftfilter-Einsatz mit der Abstützung –1– nach unten in die Führung einsetzen.
- Der weitere Einbau erfolgt in umgekehrter Ausbaureihenfolge.

Keilrippenriemen prüfen

Der Keilrippenriemen wird durch eine automatische Spannvorrichtung gespannt. Die Riemenspannung muß daher nicht geprüft werden.

Für die Zustandsprüfung werden weder Sonderwerkzeug noch Verschleißteile benötigt.

Zustand prüfen

- Zündung ausschalten.
- Riemen an gut sichtbarer Stelle mit einem Kreidestrich markieren.
- Motor stückweise langsam durchdrehen und dabei Zustand des Keilrippenriemens sichtprüfen. Motor durchdrehen, siehe Seite 18.
- Keilrippenriemen auf folgende Beschädigungen prüfen:
- Öl- und Fettspuren.
- Versprödung des Riemenmaterials.

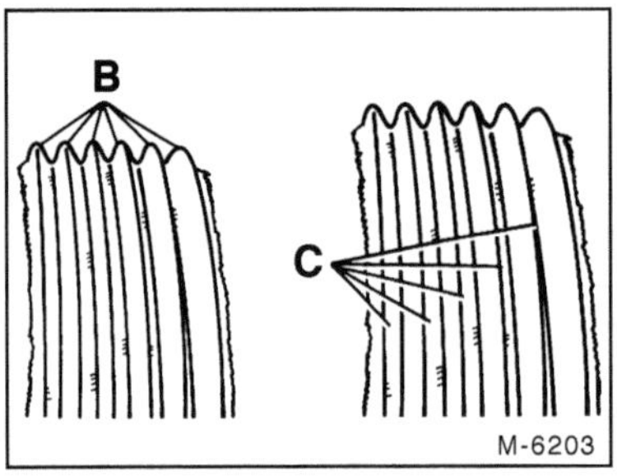

- Flankenverschleiß: Rippen laufen spitz zu –B–, neu sind sie trapezförmig.
- Der Zugstrang ist im Rippengrund sichtbar, erkenntlich an den helleren Stellen –C–.

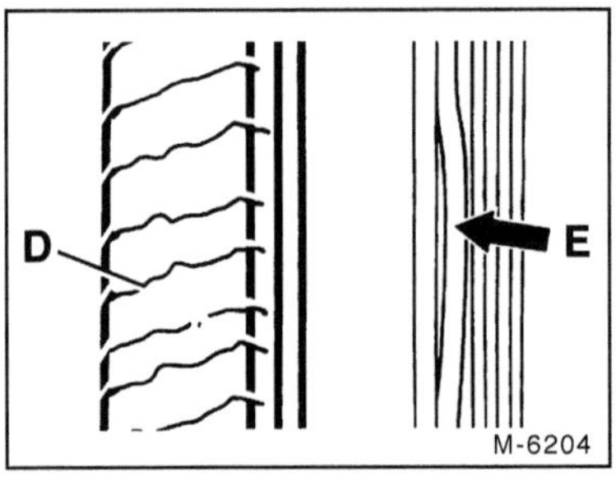

- Querrisse –D– auf der Rückseite des Riemens.
- Einzelne Rippen lösen sich ab –E–.

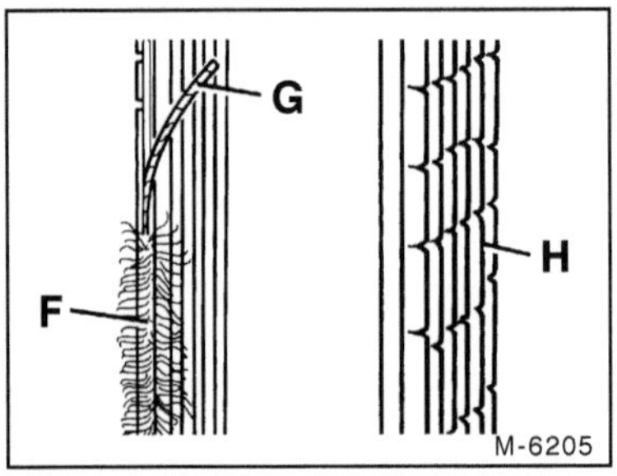

- Ausfransungen der äußeren Zugstränge –F–.
- Zugstrang seitlich herausgerissen –G–.
- Querrisse –H– in mehreren Rippen.

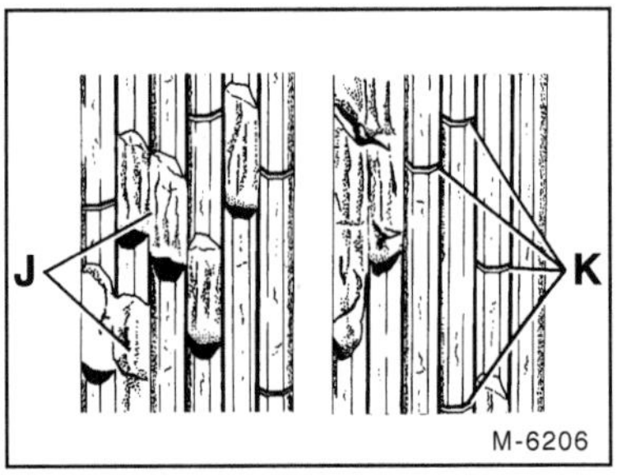

- Rippenbrüche –J–.
- Einzelne Rippenquerrisse –K–.
- Einlagerung von Schmutz und Steinen zwischen den Rippen.
- Gummiknollen im Rippengrund.
- Wenn eine oder mehrere dieser Beschädigungen vorhanden sind, Keilrippenriemen ersetzen, siehe Seite 44.

■ Keilrippenriemen auf Versprödung und Rißbildung prüfen. Ansonsten ist der Keilrippenriemen wartungsfrei. Er muß nicht nachgespannt werden.

Kraftstoffilter entwässern/ ersetzen

Der Kraftstoffilter ist bei Benzinmotoren alle 80.000 km, bei Dieselmotoren alle 40.000 km zu ersetzen. **Beim Dieselmotor ist der Kraftstoffilter im Rahmen der Wartung zusätzlich regelmäßig zu entwässern.**

Benzinmotor:

Kraftstoffilter ersetzen

Folgendes Werkzeug wird benötigt:

- Wagenheber und Unterstellböcke.
- 2 kleine Schraubzwingen zum Abklemmen der Kraftstoffschläuche.
- Auffangefäß, um auslaufendes Benzin aufzufangen.

Folgende Verschleißteile müssen gekauft werden:

- Kraftstoffilter für den jeweiligen Motor.
- Eventuell 2 Schlauchschellen, um die Kraftstoffleitungen zu befestigen.

Der Kraftstoffilter sitzt am linken Längsträger, unterhalb des Fahrers. Er ist nur von unten zugänglich.

Ausbau

Achtung: Kein offenes Feuer, Brandgefahr! Stets für gute Belüftung des Arbeitsplatzes sorgen. Benzindämpfe sind gesundheitsschädlich!

- Fahrzeug aufbocken, Motorraum-Unterschutz ausbauen, siehe Seite 14.
- Verkleidung im Bereich des Filters lösen.

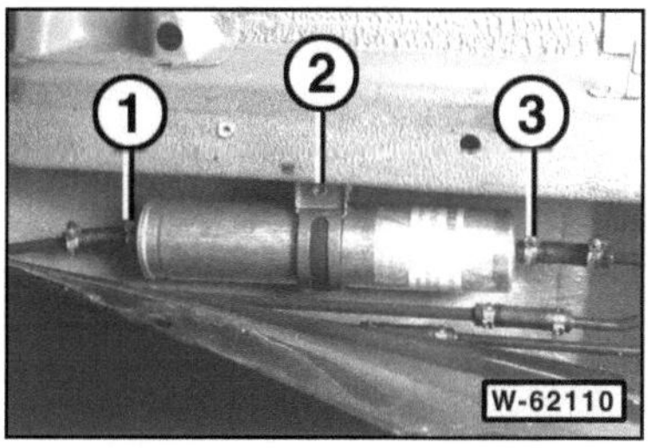

- Kraftstoffschläuche vor und hinter dem Filter mit Schraubzwinge abklemmen.
- Klemmschellen –1– und –3– lösen und Kraftstoffleitungen am Filter abziehen.
- Spannband –2– am Filter lösen, etwas auseinanderdrücken und Filter herausziehen. **Achtung:** Auslaufendes Benzin mit geeignetem Gefäß auffangen, umweltgerecht entsorgen. Kein offenes Feuer, nicht rauchen, **Brandgefahr!** Feuerlöscher bereitstellen.

Einbau

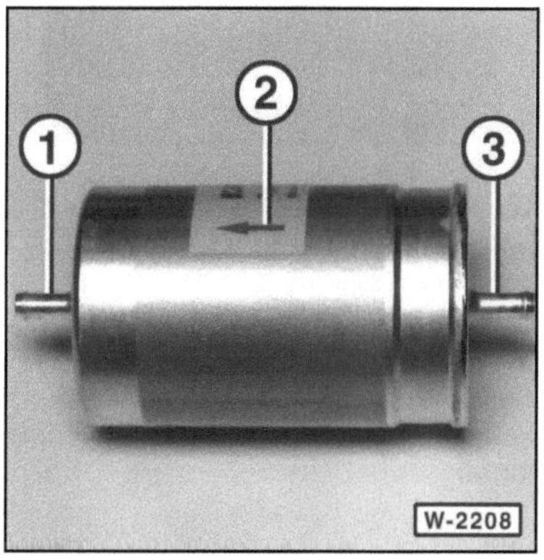

- Kraftstoffilter einsetzen und Halter anschrauben. Dabei auf richtige Einbaulage des Filters achten. Der Pfeil –2– auf dem Filtergehäuse zeigt in Durchflußrichtung, also zum Motor.
- Kraftstoffschläuche an Stutzen –1– und –3– des Kraftstoffilters aufschieben und mit Schellen sichern.
- Klemmwerkzeuge abnehmen.
- Leerlauf einlegen und Fahrzeug mit Handbremse sichern, Motor starten und Dichtheit der Kraftstoffanschlüsse kontrollieren.
- Abdeckungen einbauen und Fahrzeug ablassen.

Dieselmotor 525tds:

Der Kraftstoffilter muß alle 10.000 km oder spätestens einmal jährlich entwässert und alle 40.000 km ersetzt werden. Er sitzt im Motorraum an der linken Seite. Zum Auffangen des Wassersatzes ist ein geeignetes Auffanggefäß erforderlich. **Achtung:** Auslaufender Dieselkraftstoff muß besonders auf Gummiteilen (Kühlmittelschläuchen) sofort naß abgewischt werden, da er sonst diese Teile im Lauf der Zeit zersetzen kann.

Kraftstoffilter entwässern

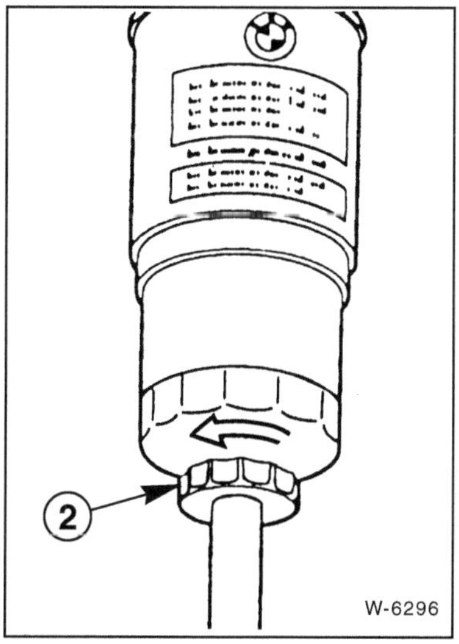

- Passenden Schlauch auf den Ablaufnippel, ∅ 8 mm, aufschieben. Geeignetes Gefäß unterstellen.
- Schraube –2– unten am Filter mit der Hand einige Umdrehungen lösen. Läßt sich die Schraube nicht lösen, Rohrzange mit Leder- oder Pappzwischenlage verwenden.
- Etwa 200 cm^3 Wassersatz ablaufen lassen, bis reiner Dieselkraftstoff austritt. Entwässerungsventil von Hand festziehen.

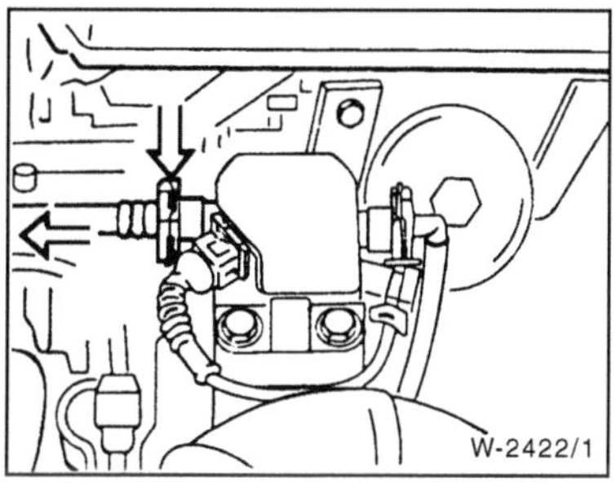

- Kraftstoffleitung zur Einspritzpumpe am Filteroberteil abziehen, dabei Drahtsicherung drücken.
- Motor von Helfer starten lassen, bis Kraftstoff am Filter austritt, dann abstellen. Auf diese Weise wird der Filter schnell entlüftet. **Achtung:** Auslaufendes Dieselöl mit geeignetem Gefäß auffangen.
- Kraftstoffleitung aufschieben, beschädigte Dichtung erneuern, zur Montageerleichterung mit Vaseline bestreichen. Motor starten. Nach mehrmaligem Gasgeben muß der Kraftstoff blasenfrei durch die durchsichtige Leitung zur Einspritzpumpe fließen, außerdem darf keine Undichtigkeit auftreten.

Kraftstoffilter ersetzen

- Flüssigkeit aus dem Filter wie beim Entwässern ablassen.

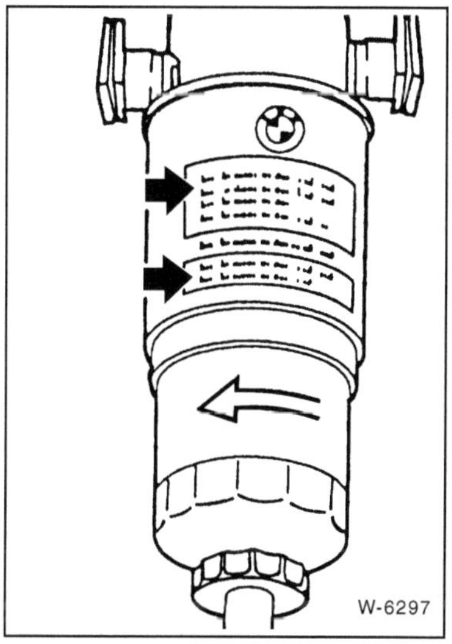

- Kraftstoffilter mit der Hand vom Filterflansch abschrauben. Falls er zu fest sitzt, Filter mit handelsüblichem Spannbandschlüssel, zum Beispiel HAZET 2170, abschrauben.
- Wenn kein Spannbandschlüssel zur Hand ist, 2 Schrauben am Filteroberteil herausdrehen und Filter mit Flansch ausbauen. Vorher die Kraftstoffzuleitung und -ableitung abziehen, dabei Klammern zusammendrücken. Außerdem Kabelstecker für Filterflanschheizung trennen. Flansch in Schraubstock spannen.
- Neuen Filter randvoll mit Diesel füllen und mit der Hand am Filterflansch anschrauben. **Achtung:** Filter nicht zu fest anschrauben. Wenn die Dichtung am Filterflansch aufliegt, nur noch ½ Umdrehung weiterdrehen. Hinweise auf dem Filter beachten.
- Gegebenenfalls Filterflansch mit Filter einbauen und Kabelstecker sowie Kraftstoffzulaufschlauch anschließen. Beschädigte Dichtung erneuern, zur Montageerleichterung mit Vaseline bestreichen.

- Motor von Helfer starten lassen, bis Kraftstoff am Filter austritt. Motor abstellen. Auf diese Weise wird der Filter schnell entlüftet. **Achtung:** Auslaufendes Dieselöl auffangen.
- Kraftstoffleitung zur Einspritzpumpe am Filter aufschieben. Beschädigte Dichtung erneuern, zur Montageerleichterung mit Vaseline bestreichen.
- Motor starten. Nach mehrmaligem Gasgeben muß der Kraftstoff blasenfrei durch die durchsichtige Leitung zur Einspritzpumpe fließen, außerdem darf keine Undichtigkeit auftreten.

Dieselmotor 520d, 530d:

Kraftstoffilter ersetzen

Ausbau

- Zündung ausschalten.

Achtung: Eventuell austretenden Kraftstoff mit dickem Lappen auffangen und entsorgen.

Bei Arbeiten am Öl-, Kühlmittel- oder Kraftstoffkreislauf muß der Generator vor Verschmutzung geschützt werden, dazu Generator abdecken. Wenn Flüssigkeiten in den Generator eindringen, kann dies zum späteren Ausfall des Generators führen.

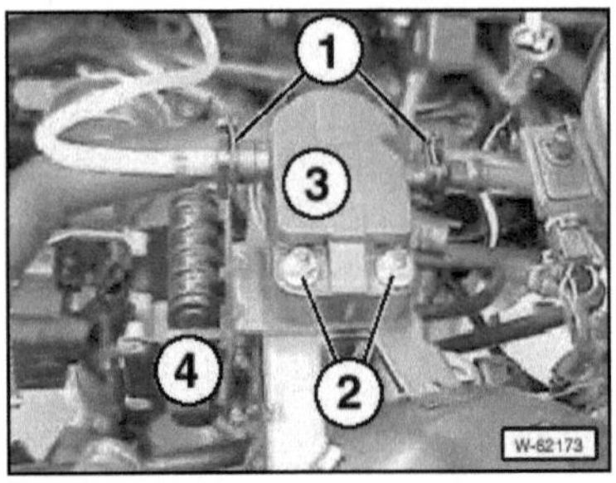

- Verriegelungsfedern –1– niederdrücken.
- Kraftstoffleitungen abziehen.
- Muttern –2– abschrauben.
- Kraftstoff-Filtereinheit –3– abnehmen. **Hinweis:** Der Kraftstoffkühler –4– bleibt im Fahrzeug.

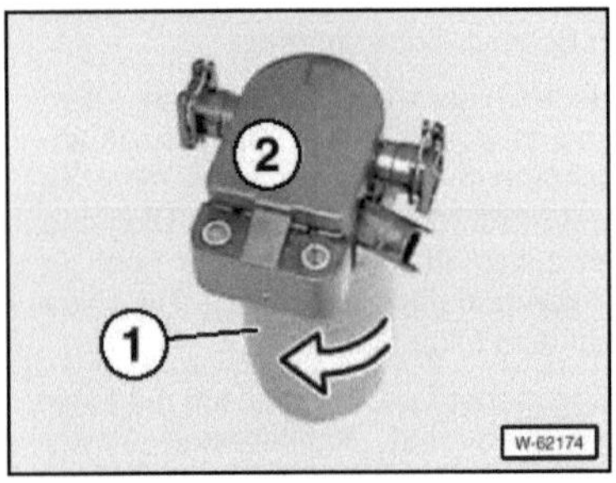

- Kraftstoff-Filter –1– von der Filtereinheit –2– abschrauben.

Hinweis: Wenn der Kraftstoff-Filter –1– sehr fest sitzt, kann zum Abschrauben ein handelsüblicher Spannbandschlüssel oder das BMW-Spezialwerkzeug 11 4 650 verwendet werden.

Einbau

- Kraftstoff-Filter an die Filtereinheit anschrauben. Anziehdrehmoment, siehe Aufdruck auf dem Kraftstoff-Filter.
- Kraftstoff-Filtereinheit einsetzen und anschrauben.
- Kraftstoffleitungen aufstecken, dazu Verriegelungsfedern niederdrücken.

Kraftstoff-Filter entlüften

- Zündung einschalten und ca. 1 Minute eingeschaltet lassen. In diesem Zeitraum wird die Kraftstoff-Vorförderpumpe angesteuert und der Kraftstoff-Filter mit Kraftstoff gefüllt und entlüftet.

Abgasanlage sichtprüfen

- Fahrzeug aufbocken.
- Befestigungsschellen auf festen Sitz prüfen.
- Stark gequetschte Abgasrohre ersetzen.
- Abgasanlage mit Lampe auf Löcher, durchgerostete Teile sowie Scheuerstellen absuchen.
- Katalysator auf äußere Beschädigung, wie Dellen oder Risse, untersuchen. Mit der Hand dagegen klopfen, bei schepperndem Geräusch ist der Keramikträger des Katalysators gebrochen. Der Katalysator muß dann erneuert werden. **Achtung:** Der Katalysator kann heiß sein.

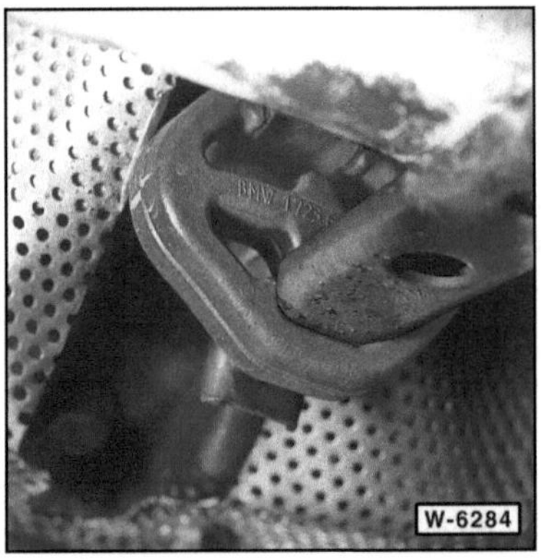

- Gummihalterungen durch Drehen und Dehnen auf Porosität überprüfen und gegebenenfalls austauschen.
- An kompletter Auspuffanlage rütteln und prüfen, ob sie nirgendwo anstößt. Wenn doch, alle Schrauben lösen, dadurch Auspuffanlage entspannen, und wieder anziehen.

Kupplung/Getriebe/Achsantrieb

- Kupplung: Schläuche, Leitungen und Anschlüsse auf Undichtigkeiten prüfen, Bremsflüssigkeitsstand prüfen.
- Schaltgetriebe: Sichtprüfung auf Undichtigkeiten. Alle 80.000 km Getriebeöl wechseln.
- Hinterachsgetriebe: Sichtprüfung auf Undichtigkeiten. Alle 80.000 km Getriebeöl wechseln.
- Achswellen: Gelenkschutzhüllen auf Undichtigkeiten und Beschädigungen prüfen.

Achtung: Altöl muß auf jeden Fall bei den Altöl-Sammelstellen abgegeben werden. In der Regel nehmen die Verkaufsstellen für neues Getriebeöl das Altöl kostenlos entgegen. Außerdem informieren Gemeinde- und Stadtverwaltungen darüber, wo sich die nächste Altöl-Sammelstelle befindet. **Keinesfalls darf Altöl einfach weggeschüttet oder dem Hausmüll mitgegeben werden.** Größere Umweltschäden wie beispielsweise Grundwasserverseuchung wären sonst unvermeidbar.

Kupplungsscheibe: Dicke prüfen

Erforderliches Sonderwerkzeug:

- Eine BMW-Prüflehre.

Erforderliches Verschleißteil:

- Nur wenn die Prüfung eine abgenutzte Kupplung ergab: Kupplungs-Mitnehmerscheibe.

Die Kupplung ist selbstnachstellend und wartungsfrei. Der Verschleiß der Kupplungsscheibe ist daher nicht am Spiel des Kupplungspedales erkennbar. Die Dicke der Kupplungsscheibe wird mit einer speziellen Kontroll-Lehre in eingebautem Zustand gemessen. **Hinweis:** Steht das Sonderwerkzeug nicht zur Verfügung, kann die Funktionstüchtigkeit der Kupplung auch folgendermaßen geprüft werden: 5. Gang einlegen, Motor bei durchgetretenem Kupplungspedal starten. Einkuppeln, dabei Gas geben. Stirbt der Motor nicht ab, ist die Kupplung abgenützt. Diese Prüfung sollte nur selten durchgeführt werden, da die Kupplung stark belastet wird.

Die Dicke der Kupplungsscheibe ist laut Wartungsplan alle 80.000 km zu prüfen.

- Fahrzeug aufbocken und Motorunterschutz ausbauen, siehe Seite 14.

W-6285

- Kupplungsnehmerzylinder an Getriebeglocke ausbauen, dazu 2 Schrauben –Pfeil– lösen. Hydraulikleitung bleibt angeschlossen.

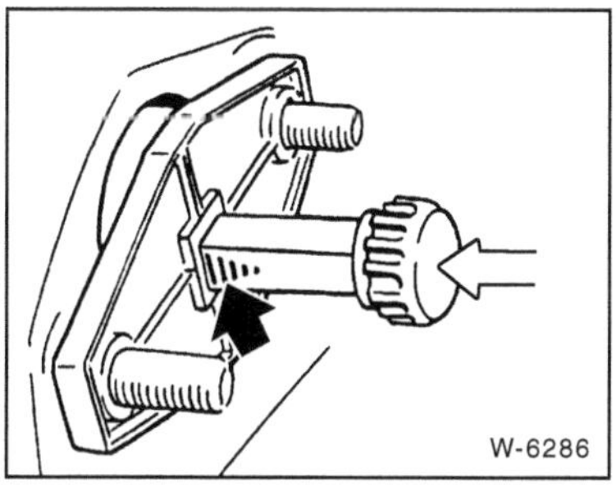
W-6286

- BMW-Prüflehre in die Öffnung des Nehmerzylinders einsetzen und in Pfeilrichtung –weißer Pfeil– drücken, siehe Abbildung. Nun die Skala –schwarzer Pfeil– an der mit »B+C« beschrifteten Seite ablesen. Der Kupplungsbelag muß erneuert werden, wenn der rote Bereich sichtbar ist.

Schaltgetriebe: Öl wechseln

Es ist kein Sonderwerkzeug erforderlich.

Erforderliches Verschleißteil:

- ATF-Öl, zum Beispiel:
  Esso ATF Dexron D-21065
  Shell ATF Dexron II D-21666
  Mobil ATF 220 D-20104
  Total Dexron II D-20356
  Freigabe von weiteren ATF-Ölen beim BMW-Händler erfragen.
- Das Getriebeöl ist alle 80.000 km im Rahmen der Wartung zu wechseln. Zwischendurch sollte das Getriebe bei jeder Wartung auf Undichtigkeiten sichtgeprüft, gegebenenfalls der Ölstand kontrolliert werden. Er muß bis zur Unterkante der Einfüllöffnung reichen.
- Das Getriebe muß vor dem Ölwechsel etwa handwarm sein, ggf. 15minütige Probefahrt durchführen.
- Fahrzeug aufbocken und Motorunterschutz ausbauen, siehe Seite 14.

W-62113

- Einfüllschraube –1– am Getriebe herausdrehen.
- Geeignetes Gefäß unterstellen und Ölablaßschraube –2– unten am Getriebe herausdrehen. **Achtung:** Getriebeöl bei der Kaufstelle abgeben, keinesfalls einfach wegschütten oder dem Hausmüll mitgeben.
- Ölablaßschraube mit **50 Nm** einschrauben.

Schaltgetriebe-Ölfüllmenge:

520i: . . . . .1,1 Liter;
523i, 528i, 535i, 525tds: . . .1,2 Liter;
540i: . . . . .1,75 Liter

Achtung: Grundsätzlich darauf achten, daß nicht mehr Öl eingefüllt wird als bis zur Unterkante der Öleinfüllbohrung.

- Einfüllschraube mit **50 Nm** festziehen.
- Fahrzeug ablassen. Motorunterschutz einbauen.

Hinterachsgetriebe: Öl wechseln

Achtung: Wenn sich auf dem Hinterachsgetriebe der Aufkleber „Life-Time-Oil“ befindet, dann ist ein Ölwechsel im Rahmen der Wartung nicht erforderlich.

Erforderliches Sonderwerkzeug:

- Je nach Ausführung 10er-, 12er- oder 16er-Innensechskantschlüssel für die Einfüll- und Ablaßschrauben.

Erforderliche Verschleißteile:

- Fahrzeuge **ohne** Differenzialsperre: Hypoid-Getriebeöl gemäß BMW-Spezifikation: SAE 75W-90, zum Beispiel Castrol SAF-XO.

- Fahrzeuge **mit** Differenzialsperre (M5): Hypoid-Getriebeöl gemäß BMW-Spezifikation, SAE 75W-140, zum Beispiel Castrol SAF-XJ.
- Je nach Ausführung der Schrauben: 2 Alu-Dichtringe, Größe A22x27 oder 2 O-Ringe (Rundprofil).
- Das Getriebe muß vor dem Ölwechsel etwa handwarm sein, ggf. 15minütige Probefahrt durchführen.
- Fahrzeug waagerecht aufbocken.

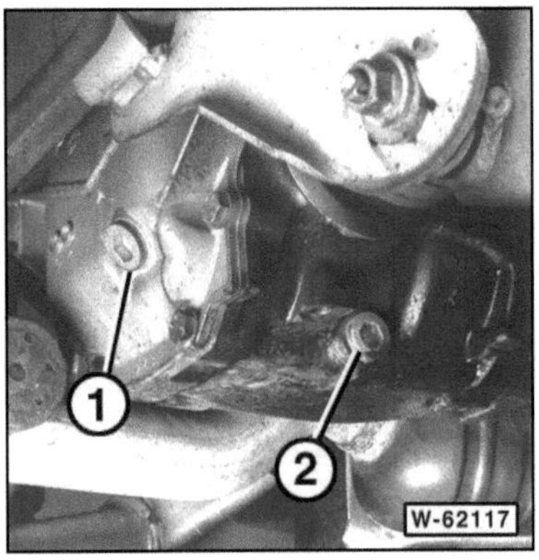

- Öleinfüllschraube –1– mit Innensechskantschlüssel herausdrehen.
- Wenn geringfügig Öl austritt, ist der Ölstand in Ordnung und das Getriebe dicht. Andernfalls mit Finger prüfen, ob der Ölstand bis zur Unterkante der Öffnung reicht.

Achtung: Bei größerem Ölverlust Ursache ermitteln und beseitigen.

- Ölablaßschraube –2– herausdrehen und Getriebeöl auffangen. **Achtung:** Falls keine Ablaßschraube vorhanden ist, muß das Getriebeöl über die Einfüllöffnung abgesaugt werden.
- Altöl umweltgerecht entsorgen!
- Die Ölablaßschraube ist magnetisch, damit die Metallspäne im Getriebe daran haften bleiben. Metallspäne von der Schraube abwischen. Anschließend Ablaßschraube mit neuem Dichtring/O-Ring einschrauben.
  Anzugsdrehmoment:
  Schraube mit Alu-Dichtring: . **65 Nm**;
  Schraube mit O-Ring: . . . . **60 Nm**.
- Mit Spritzkanne Öl einfüllen. **Öl-Spezifikation** siehe Seite 285.

Ölfüllmenge:
Hinterachsgetriebe 188K: . . . . . . .1,0 l;
Hinterachsgetriebe 220K: . . . . . . .1,4 l.

Achtung: Getriebeöl ist zähflüssig, deshalb nicht zuviel Öl auf einmal einfüllen. Jeweils Wartepausen einlegen und Gefäß unterstellen, um überlaufendes Öl aufzufangen. Der Getriebeölstand ist korrekt, wenn er an der Unterkante der Einfüllbohrung liegt.

- Öleinfüllschraube festschrauben. Anzugsdrehmoment wie Ablaßschraube.

Gummimanschetten der Achswellen prüfen

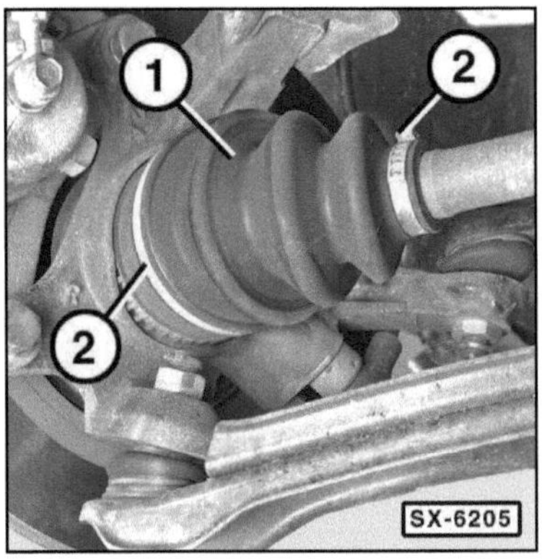

- Fahrzeug aufbocken.
- Auf sichtbare Fettspuren an den Manschetten –1– und in deren Umgebung achten.
- Sollte die Manschette durch Unterdruck im Gelenk nach innen gezogen oder defekt sein, so ist sie umgehend auszutauschen.
- Festen Sitz der Manschettenbänder –2– prüfen.
- Gummi der Manschette mit Lampe anstrahlen und auf Porosität und Risse untersuchen. Eingerissene Gelenkschutzhüllen umgehend erneuern.

Bremsen/Reifen/Räder

- Bremsanlage: Leitungen, Schläuche, Bremszylinder und Anschlüsse auf Undichtigkeiten und Beschädigungen prüfen.
- Bremsanlage: Bremsflüssigkeitsstand und Dicke der Bremsbeläge prüfen. Sichtprüfung aller Bremsteile auf Undichtigkeit und Verschleiß.
- Räder zur Radnabe mit Farbe kennzeichnen, damit das ausgewuchtete Rad wieder an gleicher Stelle montiert werden kann. Radschrauben lösen. Zustand der Felgen (auch innen) prüfen. Räder reinigen und an der Radmittenzentrierung fetten. Radschrauben nicht ölen oder fetten. Räder so ansetzen, daß die beim Ausbau angebrachten Markierungen übereinstimmen. Fahrzeug ablassen, Radschrauben über Kreuz mit **100 Nm** festziehen.
- Bereifung: Profiltiefe und Reifenfülldruck prüfen; Reifen auf Verschleiß und Beschädigungen (einschließlich Reserverad) prüfen.

Bremsflüssigkeitsstand/ Warnleuchte prüfen

Der Vorratsbehälter für die Bremsflüssigkeit/Kupplungshydraulik befindet sich im Motorraum. Er hat zwei Kammern, je eine für jeden Bremskreis. Der Schraubverschluß hat eine Belüftungsbohrung, die nicht verstopft sein darf.

Der Vorratsbehälter ist durchscheinend, so daß der Bremsflüssigkeitsstand jederzeit von außen überwacht werden kann. Ein Absinken der Bremsflüssigkeit unter den MIN.-Stand wird dem Fahrer am Schalttafeleinsatz angezeigt. Dennoch ist es ratsam, regelmäßig einen Blick auf den Vorratsbehälter zu werfen.

- Reinluftfilterkasten auf der Fahrerseite ausbauen, siehe Seite 260.

- Der Flüssigkeitsstand soll, bei geschlossenem Deckel, nicht höher als die MAX.-Markierung und nicht unterhalb der MIN.-Marke liegen.
- Nur Bremsflüssigkeit der Spezifikation **DOT 4** einfüllen.
- Durch Abnutzung der Scheibenbremsen entsteht ein geringfügiges Absinken der Bremsflüssigkeit. Das ist normal.

- Sinkt die Bremsflüssigkeit jedoch innerhalb kurzer Zeit stark ab, ist das ein Zeichen für Bremsflüssigkeitsverlust.
- Die Leckstelle muß dann sofort ausfindig gemacht werden. Sicherheitshalber sollte die Überprüfung der Anlage von einer Fachwerkstatt durchgeführt werden.

Warnleuchte prüfen

- Zündung einschalten, Feststellbremse lösen.
- Kontakt im Verschlußdeckel mit dem Daumen nach unten drücken, siehe –Pfeil– in der Abbildung.
- Ein Helfer kontrolliert, ob die Warnleuchte im Schalttafeleinsatz jeweils aufleuchtet. Falls nicht, elektrische Zuleitung prüfen.
- Luftfilterkasten einbauen, siehe Seite 260.

Bremsbelagdicke prüfen

Bei abgefahrenen **vorderen oder hinteren** Scheibenbremsbelägen leuchtet in der Armaturentafel eine Warnleuchte auf. In diesem Fall die Bremsbeläge umgehend ersetzen.

- Scheibenrad zur Radnabe mit Farbe kennzeichnen, damit das ausgewuchtete Rad wieder an gleicher Stelle montiert werden kann. Radschrauben lösen.
- Fahrzeug aufbocken, Räder abnehmen.

Scheibenbremse

W-6238

- Belagdicke – also ohne die metallische Rückenplatte – von oben durch den Bremssattel sichtprüfen.

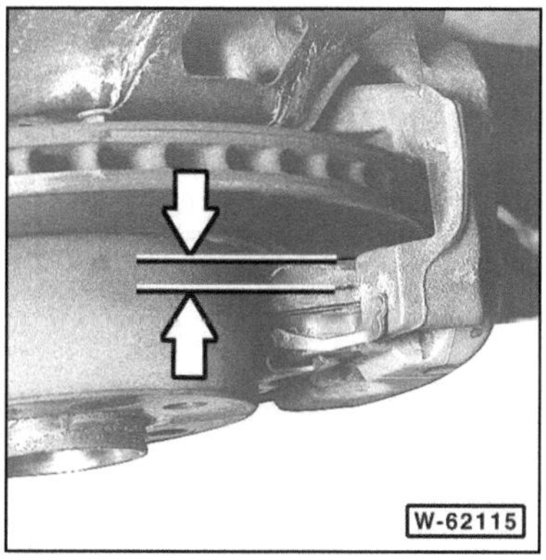
W-62115

- Die Dicke des äußeren Belags von der Seite her kontrollieren. Nähert sich die Belagdicke der Verschleißgrenze, Bremsbeläge ausbauen und Belagdicke mit Schieblehre messen.
- Die Verschleißgrenze der **Scheibenbremsbeläge** an der Vorder- und Hinterachse ist erreicht, wenn der Belag nur noch eine Dicke von **2 mm** aufweist.

Hinweis: Nach einer Faustregel entspricht 1 mm Bremsbelag bei der Scheibenbremse einer Fahrleistung von mindestens 1000 km. Diese Faustregel gilt unter ungünstigen Bedingungen. Im Normalfall halten die Beläge viel länger. Bei einer Belagdicke der Scheibenbremsbeläge von 5,0 mm (ohne Rückenplatte) beträgt die Restnutzbarkeit der Bremsbeläge also noch mindestens 3000 km.

- Bremssättel auf Bremsflüssigkeitsverlust untersuchen. Bei Undichtigkeiten umgehend Bremssattel instandsetzen lassen.
- Bremsscheiben an der Innen- und Außenseite auf Rillen, Rostfraß und Risse sichtprüfen, gegebenenfalls auswechseln.

Feststellbremse

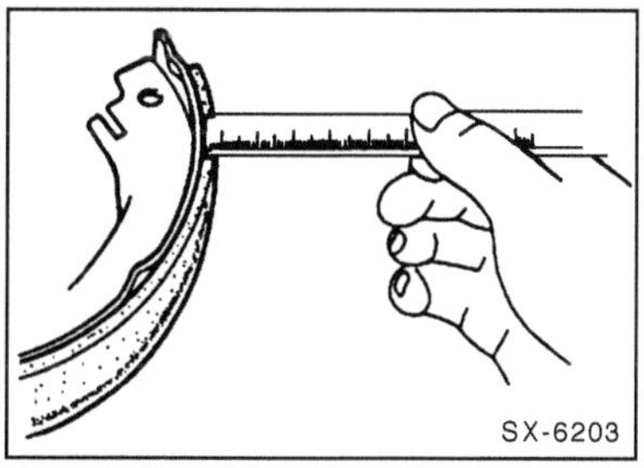
SX-6203

- Bei abgenommener Hinterrad-Bremsscheibe können die Bremsbacken sichtgeprüft werden. Die Verschleißgrenze ist erreicht, wenn ein Belag an der dünnsten Stelle eine Stärke von **1,5 mm** hat.

- Ist die Verschleißgrenze erreicht, Bremsbeläge auswechseln. Grundsätzlich alle Beläge einer Achse erneuern, siehe Kapitel »Bremsanlage«.
- Räder entsprechend Markierung ansetzen und anschrauben. Radschrauben nicht ölen oder fetten. Räder so ansetzen, daß die beim Ausbau angebrachten Markierungen übereinstimmen. Fahrzeug ablassen, Radschrauben über Kreuz mit **100 Nm** festziehen.

Feststellbremse (Handbremse) prüfen

Die Feststellbremse befindet sich in den hinteren Scheibenbremsen. Da sich der Bremsbelag der Feststellbremse kaum abnutzt, kann es vorkommen, daß die Bremstrommel korrodiert oder die Bremsbeläge verschmutzen. Vor einer Prüfung der Feststellbremse empfiehlt es sich deshalb, die Feststellbremse wie folgt einzubremsen:

- Auf leerer Straße oder Parkplatz mit ca. 40 km/h fahren und Handbremse **vorsichtig** anziehen, bis eine leichte Bremswirkung festgestellt wird. Unter Beibehaltung der Geschwindigkeit Handbremse 1 Raste weiter anziehen und ca. 400 m weiter fahren. Handbremse lösen und abkühlen lassen.
- Fahrzeug hinten aufbocken und durch Unterstellböcke sichern. Die Räder sollen sich mindestens 2 cm über dem Boden befinden.
- Handbremshebel um 1 Zahn anziehen und einrasten lassen. Hinterräder drehen. Die Räder müssen frei drehbar sein, die Bremsen dürfen nicht schleifen. Zündung einschalten, die Kontrolleuchte kann brennen.
- Handbremshebel um 2 Zähne anziehen und einrasten lassen. Beide Hinterräder von Hand durchdrehen. An den Hinterrädern muß eine Bremswirkung spürbar sein. Bei eingeschalteter Zündung muß die Kontrolleuchte brennen.
- Handbremshebel anziehen. Der Handbremshebel darf sich nicht weiter als 10 Zähne anziehen lassen.
- Andernfalls Handbremse einstellen, siehe Kapitel »Bremsanlage«.
- Fahrzeug ablassen.

Bremsleitungen sichtprüfen

- Fahrzeug aufbocken.
- Bremsleitungen mit Kaltreiniger reinigen.

Achtung: Die Bremsleitungen sind zum Schutz gegen Korrosion mit einer Kunststoffschicht überzogen. Wird diese Schutzschicht beschädigt, kann es zur Korrosion der Leitungen kommen. Aus diesem Grund dürfen Bremsleitungen nicht mit Drahtbürste, Schmirgelleinen oder Schraubendreher gereinigt werden.

- Bremsleitungen vom Hauptbremszylinder zur ABS-Einheit und vorn dort zu den einzelnen Radbremszylindern mit Lampe anstrahlen und überprüfen. Der Hauptbremszylinder sitzt unter dem Vorratsbehälter für Bremsflüssigkeit.
- Bremsleitungen dürfen weder geknickt noch gequetscht sein. Auch dürfen sie keine Rostnarben oder Scheuerstellen aufweisen. Andernfalls Leitung bis zur nächsten Trennstelle ersetzen.
- Bremsschläuche verbinden die Bremsleitungen an den beweglichen Teilen des Fahrzeugs. Sie bestehen aus hochdruckfestem Material, können aber mit der Zeit porös werden, aufquellen oder durch scharfe Gegenstände angeschnitten werden. In einem solchen Fall sind sie sofort zu ersetzen.

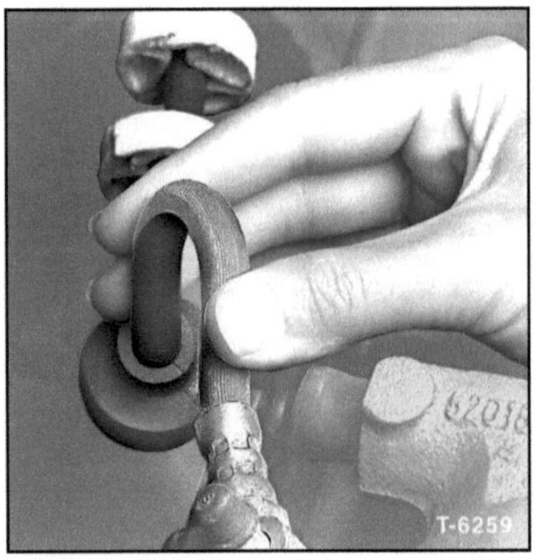

- Bremsschläuche mit der Hand hin- und herbiegen, um Beschädigungen festzustellen. Schläuche dürfen nicht verdreht sein, farbige Kennlinie beachten, falls vorhanden!
- Lenkrad nach links und rechts bis zum Anschlag drehen. Die Bremsschläuche dürfen dabei in keiner Stellung Fahrzeugteile berühren.
- Anschlußstellen von Bremsleitungen und -schläuchen dürfen nicht durch ausgetretene Flüssigkeit feucht sein.
- Fahrzeug ablassen.

Bremsflüssigkeit wechseln

Erforderliches Sonderwerkzeug:

- Ringschlüssel 10 mm für Entlüfterschrauben.

Erforderliche Verschleißteile:

- Bremsflüssigkeit der Spezifikation DOT 4.

Die Bremsflüssigkeit nimmt durch die Poren der Bremsschläuche sowie durch die Entlüftungsöffnung des Vorratsbehälters Luftfeuchtigkeit auf. Dadurch sinkt im Laufe der Betriebszeit der Siedepunkt der Bremsflüssigkeit. Bei starker Beanspruchung der Bremse kann es deshalb zu Dampfblasenbildung in den Bremsleitungen kommen, wodurch die Funktion der Bremsanlage stark beeinträchtigt wird.

Die Bremsflüssigkeit soll alle 2 Jahre, möglichst im Frühjahr, erneuert werden.

- Vorsichtsmaßregeln beim Umgang mit Bremsflüssigkeit beachten, siehe Seite 158.
- Mit einer Absaugflasche aus dem Bremsflüssigkeitsbehälter Bremsflüssigkeit bis zu einem Stand von ca. 10 mm absaugen.

Achtung: Vorratsbehälter nicht ganz entleeren, damit keine Luft in das Bremssystem gelangt.

- Vorratsbehälter bis zur Max-Marke mit **neuer** Bremsflüssigkeit füllen.
- Am rechten hinteren Bremssattel sauberen Schlauch auf Entlüfterventil aufschieben, geeignetes Gefäß unterstellen.

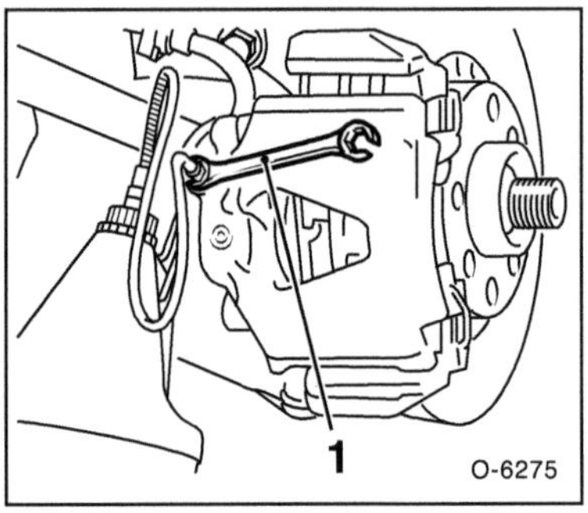

- Von Helfer das Bremspedal mehrmals durchtreten lassen, bis sich ein Gegendruck aufgebaut hat. Bremspedal getreten lassen, gleichzeitig Entlüfterventil mit Ringschlüssel –1– öffnen und Bremsflüssigkeit durch den durchsichtigen Schlauch herausströmen lassen. Entlüfterventil schließen, wenn das Pedal am Bodenblech anstößt, Fuß vom Pedal nehmen lassen. Dieser Vorgang ist solange zu wiederholen (ca. 10 mal), bis nur noch neue Bremsflüssigkeit heraustritt. Neue Bremsflüssigkeit ist an der helleren Farbe zu erkennen.
- Entlüfterventil schließen, Vorratsbehälter mit **neuer** Bremsflüssigkeit auffüllen.
- Auf die gleiche Weise alte Bremsflüssigkeit aus den anderen Bremssätteln herauspumpen. Reihenfolge beachten: 1.) hinten rechts, 2.) hinten links, 3.) vorne rechts, 4.) vorne links.

Achtung: Die abfließende Bremsflüssigkeit muß in jedem Fall klar und blasenfrei sein.

- **Achtung:** Anschließend Bremsflüssigkeit im Hydrauliksystem der Kupplung auf die gleiche Weise ersetzen. Kupplung entlüften, siehe Seite 107.
- Alte Bremsflüssigkeit bei der örtlichen Deponie für Sondermüll abgeben. **Achtung:** Alte Bremsflüssigkeit niemals in Trinkgefäßen und für Kinder erreichbar aufbewahren. **Vergiftungsgefahr**.

Reifenfülldruck prüfen

- Reifenfülldruck nur am kalten Reifen prüfen. Muß der Fülldruck oft ergänzt werden, Reifenventil prüfen beziehungsweise Reifen prüfen lassen.

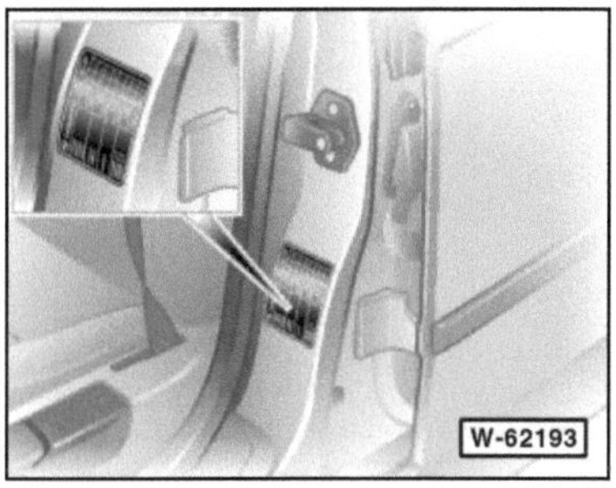

- Reifenfülldruck einmal im Monat sowie im Rahmen der Wartung prüfen. Der richtige Reifenfülldruck steht auf einem Aufkleber an der Türsäule der Fahrertür. Eine Auswahl von Fülldruckwerten steht auf Seite 170.
- Zusätzlich sollte der Fülldruck vor längeren Autobahnfahrten kontrolliert werden, da hierbei die Temperaturbelastung für den Reifen am größten ist.

Reifenventil prüfen

- Staubschutzkappe vom Ventil abschrauben.

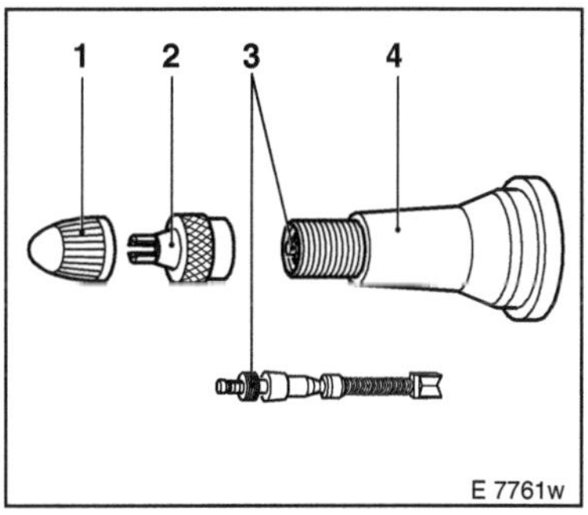

- Etwas Spucke auf das Ventil geben. Wenn sich eine Blase bildet, Ventileinsatz –3– mit umgedrehter Schutzkappe –2– festdrehen.

Achtung: Zum Anziehen des Ventileinsatzes kann nur eine Metallschutzkappe –2– verwendet werden. Metallschutzkappen sind an der Tankstelle erhältlich. 1 – Gummischutzkappe, 4 – Ventil.

- Ventil erneut prüfen. Falls sich wieder Blasen bilden oder sich das Ventil nicht weiter anziehen läßt, Ventil erneuern (Werkstattarbeit).
- Grundsätzlich Schutzkappe wieder befestigen.

Reifenprofil/Radbefestigung prüfen

Die Reifen ausgewuchteter Räder nutzen sich bei gewissenhaftem Einhalten des vorgeschriebenen Fülldrucks und bei fehlerfreier Radeinstellung und Stoßdämpferfunktion auf der gesamten Lauffläche annähernd gleichmäßig ab. Bei ungleichmäßiger Abnutzung, siehe Störungsdiagnose im Kapitel »Reifen«. Im übrigen läßt sich keine generelle Aussage über die Lebensdauer bestimmter Reifenfabrikate machen, denn die Lebensdauer hängt von unterschiedlichen Faktoren ab:

- Fahrbahnoberfläche
- Reifenfülldruck
- Fahrweise
- Witterung

Vor allem sportliche Fahrweise, scharfes Anfahren und starkes Bremsen fördern den schnellen Reifenverschleiß.

Achtung: Die Rechtsprechung verlangt, daß Reifen lediglich bis zu einer Profiltiefe von 1,6 mm abgefahren werden dürfen, und zwar müssen die Profilrillen auf der gesamten Lauffläche noch mindestens 1,6 mm Tiefe aufweisen. Es empfiehlt sich jedoch, sicherheitshalber die Reifen bereits bei einer Mindestprofiltiefe von 2 mm auszutauschen.

Nähert sich die Profiltiefe der gesetzlich zulässigen Mindestprofiltiefe, das heißt, weist der mehrmals am Reifenumfang angeordnete 1,6 mm hohe Verschleißanzeiger kein Profil mehr auf, müssen die Reifen gewechselt werden. Die Verschleißanzeiger sind über den gesamten Umfang des Reifens verteilt. Die jeweilige Position ist mit der seitlichen Aufschrift »TWI« und »▲« gekennzeichnet. TWI = Tread wear indicator.

Achtung: M + S-Reifen (Winterreifen) haben auf Matsch und Schnee nur ausreichende Wirkung, wenn ihr Profil noch mindestens 4 mm tief ist.

Achtung: Reifen auf Schnittstellen untersuchen und mit kleinem Schraubendreher Tiefe der Schnitte feststellen. Wenn die Schnitte bis zur Karkasse reichen, korrodiert durch eindringendes Wasser der Stahlgürtel. Dadurch löst sich unter Umständen die Lauffläche von der Karkasse, der Reifen platzt. Deshalb: Bei tiefen Einschnitten im Profil aus Sicherheitsgründen Reifen austauschen.

- Sämtliche Radschrauben über Kreuz mit **100 Nm** nachziehen. Radschrauben nicht ölen oder fetten.

Lenkung/Vorderachse

- Spurstangenköpfe: Spiel und Befestigung prüfen, Staubkappen prüfen.
- Achsgelenke: Staubkappen prüfen.
- Lenkung: Spiel prüfen, Faltenbälge auf Undichtigkeiten und Beschädigungen prüfen.
- Servolenkung: Flüssigkeitsstand prüfen, gegebenenfalls Hydrauliköl auffüllen. Lenkgetriebe, Hydraulikpumpe und alle Leitungen und Anschlüsse auf Dichtigkeit kontrollieren.

Staubkappen für Spurstangen-/Achsgelenke prüfen

- Fahrzeug vorn aufbocken.

- Staubkappen links und rechts auf Beschädigungen überprüfen, dabei auf Fettspuren an den Manschetten und in deren Umgebung achten.
- Bei beschädigter Staubkappe, entsprechendes Gelenk auswechseln. Eingedrungener Schmutz zerstört mit Sicherheit das Gelenk.

Lenkungsspiel prüfen

- Lenkrad in Mittelstellung bringen.

- Durch das geöffnete Fenster Lenkrad hin- und herbewegen. Am Lenkrad darf dabei maximal ein Spiel von etwa 25 mm am äußeren Umfang vorhanden sein, ohne daß die Räder sich bewegen.
- Bei größerem Spiel am Lenkrad sind Spurstangen, Lenkgetriebe und die Lagerspiele der Vorderachse zu prüfen.
- Spurstangen kräftig von Hand hin- und herbewegen. Die Kugelgelenke dürfen kein Spiel aufweisen, andernfalls Gelenke oder Spurstange ersetzen.

Ölstand für Servolenkung prüfen

Erforderliches Sonderwerkzeug: Keines.

Erforderliche Verschleißteile:

- ATF-Öl, zum Beispiel:
  Shell ATF Dexron II D-21-631
  Mobil ATF 220 D-20104
  Total Dexron II D-21298
  Freigabe von weiteren ATF-Ölen beim BMW-Händler erfragen.
- Der Ölstand kann bei kaltem oder betriebswarmem Öl geprüft werden. Betriebswarmes Öl hat eine Temperatur von ca. +80° C, die Temperatur von kaltem Hydrauliköl entspricht der Umgebungstemperatur.
- Bei abgestelltem Motor Verschlußdeckel für Vorratsbehälter abschrauben. Meßstab am Deckel mit sauberem, fusselfreiem Lappen abwischen.

- Deckel wieder aufsetzen (nicht einschrauben) und abnehmen. Der Ölstand soll nun zwischen den Markierungen am Meßstab liegen, gegebenenfalls Ölstand berichtigen. Nachgefüllt werden darf ein Automatic-Transmission Fluid (ATF) mit der Bezeichnung Dexron II. Das Öl muß von BMW freigegeben sein (steht auf der Öldose). Grundsätzlich nur **neues Öl** nachfüllen, da bereits kleinste Verunreinigungen zu Störungen an der hydraulischen Anlage führen können.
- Motor laufen lassen und gegebenenfalls Öl nachfüllen, bis der Ölstand zwischen den Markierungen liegt.
- Anschließend bei laufendem Motor das Lenkrad mehrmals von Anschlag zu Anschlag bewegen, dadurch entlüftet sich die Anlage.
- Motor abstellen. Der Ölstand darf jetzt ca. 5 mm über die Max.-Markierung ansteigen. Dichtringe am Deckel auf Porosität oder Beschädigung prüfen, gegebenenfalls erneuern.
- Vorratsbehälter verschließen.

- Beleuchtungsanlage: Scheinwerfer, Schlußleuchten und Blinklampen prüfen, gegebenenfalls Scheinwerfer einstellen.
- Signalhorn: Prüfen.
- Scheibenwischer: Wischergummis auf Verschleiß prüfen.
- Scheiben- und Scheinwerferwaschanlage: Funktion prüfen, Düsenstellung kontrollieren, Flüssigkeit nachfüllen, Scheinwerfer-Waschanlage prüfen.
- Fahrzeugbatterie: Säurestand und Säuredichte (Ladezustand) prüfen.
- Funk-Fernbedienung der Zentralverriegelung/Diebstahlwarnanlage: Batterien wechseln, wenn in der Check-Control-Anzeige die Meldung »Funkschlüssel-Batt.« erscheint.

Achtung: Altbatterien nicht dem Hausmüll mitgeben, sondern bei einer Batterie-Sammelstelle entsorgen.

Batterie prüfen

Erforderliches Sonderwerkzeug:

- Spannungsmessgerät.

Batterie sichtprüfen

Die Batterie befindet sich zur besseren Gewichtsverteilung im Kofferraum unter der rechten Seitenverkleidung.

- Verkleidung am Griff nach unten schwenken.
- Abdeckung oberhalb der Batterie entfernen, dazu Haltebügel abschrauben.
- Gehäuse der Batterie auf Beschädigungen sichtprüfen. Bei beschädigtem Gehäuse kann Batteriesäure auslaufen und die umliegenden Bauteile beschädigen. Bei beschädigtem Gehäuse Batterie schnellstmöglich ersetzen.

Batterie/Batterieklemmen auf festen Sitz prüfen

Eine lockere Batterie hat eine verkürzte Lebensdauer durch Rüttelschäden. Lockere Batterieanschlüsse können einen Kabelbrand oder Funktionsstörungen in der elektrischen Anlage nach sich ziehen.

- Batterie kräftig hin- und herbewegen.
- Sitzt die Batterie lose, Batterie-Halteplatte festziehen.
- Falls vorhanden, Abdeckungen über Batterie-Minus- und Plus-Pol öffnen.
- Batterie-Minusklemme (–) hin- und herbewegen und festen Sitz prüfen, gegebenenfalls Befestigungsmutter nachziehen.
  Anzugsdrehmoment: **6 Nm.**
- Batterie-Plusklemme (+) hin- und herbewegen und festen Sitz prüfen.

Achtung: Falls die Batterie-Plusklemme (+) locker ist, muss vor dem Festziehen der Plusklemme wegen Kurzschlussgefahr die Masseklemme (–) an der Batterie abgeklemmt werden. Nachdem die Plusklemme festgezogen ist, Massekabel wieder anklemmen.

- Falls erforderlich Batterie-Massekabel abklemmen und Befestigungsmutter der Plusklemme nachziehen. Anzugsdrehmoment: **6 Nm.**
- Batterie-Massekabel wieder anklemmen.
- Falls vorhanden, Abdeckungen über den Batteriepolen zurückklappen.

Ruhespannung prüfen

- Spannung prüfen, siehe Seite 238.
- Batterieabdeckung aufsetzen und Haltebügel anschrauben.

Funk-Fernbedienung: Batterien wechseln

Hinweis: Seit 9/99 befindet sich in jedem Zentralschlüssel anstelle der Batterie ein Akku, der während der Fahrt automatisch über das Zündschloss aufgeladen wird. Es muß daher keine Batterie mehr gewechselt werden. Es empfiehlt sich allerdings die normalerweise nicht verwendeten Zentralschlüssel etwa einmal im Jahr für eine längere Fahrt zu benutzen, damit der Akku aufgeladen wird.

Bis 8/99

Wenn in der Check-Control-Anzeige die Meldung »FUNKSCHLÜSSEL-BATT.« erscheint, dann müssen die Batterien für den Funkschlüssel gewechselt werden.

Achtung: Wenn der Batteriewechsel länger als 1 Minute dauert, muß die Fernbedienung neu initialisiert werden, siehe Seite 233.

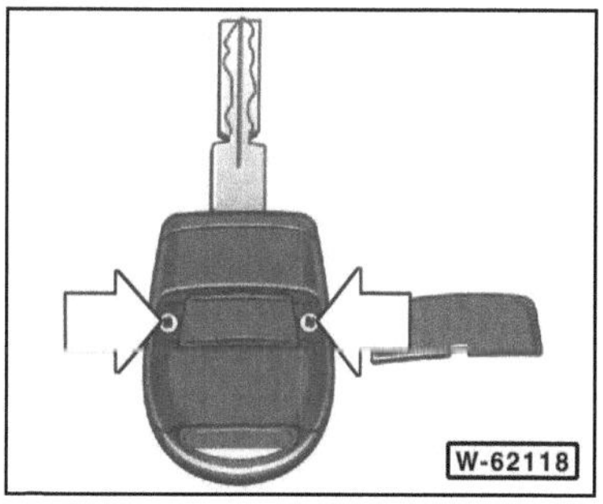
W-62118

- Abdeckung mit kleinem Schraubendreher ausclipsen.
- 2 Schrauben herausdrehen und Deckel abnehmen.
- Batterien durch neue gleicher Ausführung (Typ CR1220) ersetzen, dabei auf »+/–«-Lage achten. Batterien in gleicher Lage wie die ausgebauten einsetzen.
- Batterieabdeckung anschrauben, Deckel hörbar einrasten.
- Fernbedienung gegebenenfalls neu initialisieren.

Karosserie/Innenausstattung

- Sicherheitsgurte: Auf Beschädigungen prüfen.
- Türfeststeller, Türscharniere, Motorhaubenschloß: Mit Mehrzweckfett fetten.
- Unterbodenschutz und Hohlraumkonservierung: Sichtprüfen, Beschädigungen ausbessern.
- Reinluftfilter für Heizung/Klimaanlage ersetzen.

Sicherheitsgurte sichtprüfen

Da es sich bei den Sicherheitsgurten um sicherheitsrelevante Teile handelt, müssen sie bei fehlerhafter Funktion oder Beschädigung umgehend erneuert werden.

Achtung: Geräusche, die beim Aufrollen des Gurtbandes entstehen, sind funktionsbedingt. Bei störenden Geräuschen kann nur der Sicherheitsgurt ausgetauscht werden. Auf keinen Fall darf zur Behebung von Geräuschen Öl oder Fett verwendet werden. Der Aufrollautomat darf nicht zerlegt werden, da hierbei die vorgespannte Feder herausspringen kann. Unfallgefahr!

- Sicherheitsgurt ganz herausziehen und Gurtband auf durchtrennte Fasern prüfen. Beschädigungen können zum Beispiel durch Einklemmen des Gurtes oder durch brennende Zigaretten entstehen. In diesem Fall Gurt austauschen.
- Sind Scheuerstellen vorhanden, ohne daß Fasern durchtrennt sind, braucht der Gurt nicht ausgewechselt zu werden.

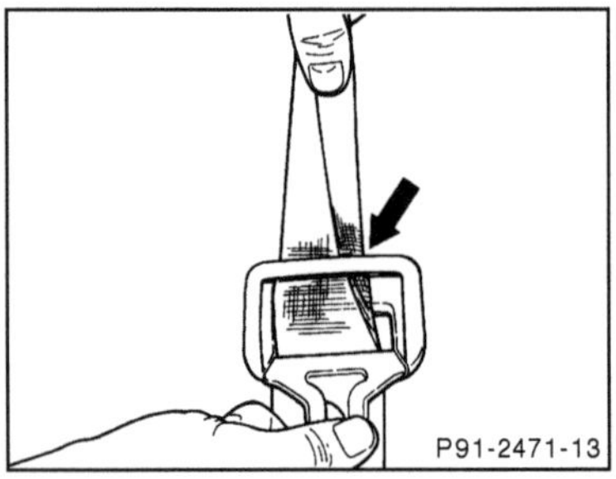

- Schwergängigen Gurt auf Verdrehungen prüfen, gegebenenfalls Verkleidung an der Mittelsäule ausbauen.
- Wenn die Aufrollautomatik nicht mehr funktioniert, Gurt auswechseln.
- Gurtbänder nur mit Seife und Wasser reinigen, keinesfalls Lösungsmittel oder chemische Reinigungsmittel verwenden.

Schließeinrichtungen schmieren

- Türschlösser an den Schließzapfen, Schließösen und Anlageflächen der Drehfallen mit Mehrzweckfett fetten, zum Beispiel mit »Optimol-Optitemp TT 1«.

Sichtkontrolle Unterboden/ Karosserie

Bei der regelmäßigen Pflege Augenmerk auf Lackbeschädigungen legen und auch Unterboden öfters reinigen, dabei auch auf Beschädigung des Unterbodenschutzes achten, siehe Seite 266.

Reinluftfilter ersetzen

Es ist kein Sonderwerkzeug erforderlich.

Erforderliches Verschleißteil: Filtereinsatz.

Hinweis: Geringerer Luftdurchsatz als normal deutet auf die Notwendigkeit eines vorzeitigen Filterwechsels hin, sonst Filter im Wartungszyklus wechseln.

Die beiden Filter sitzen links und rechts im Motorraum.

Ausbau

- Motorhaube öffnen.

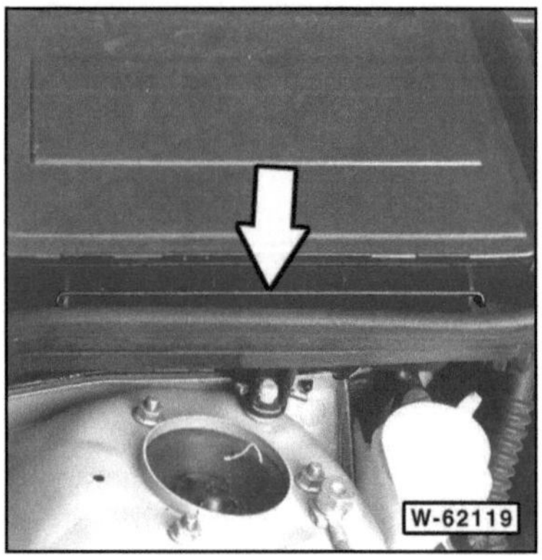

- Klammer nach vorn klappen. Deckel für Reinluftfilter öffnen.

- Filtereinsatz herausnehmen.

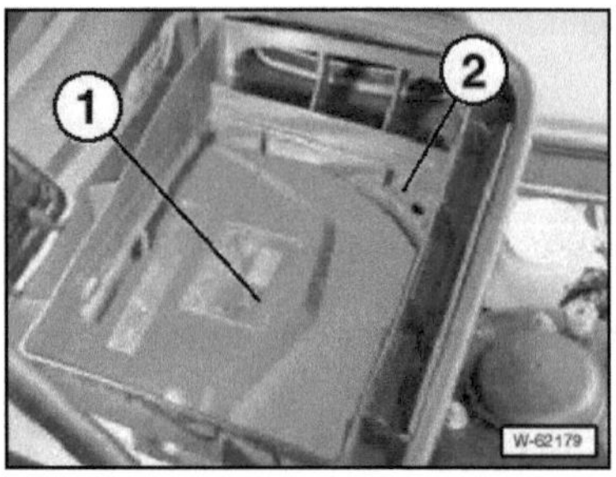

- Reinluftfiltergehäuse –1– und Ablaufbohrung –2– reinigen.

Einbau

- Neuen Filtereinsatz einsetzen.
- Deckel aufsetzen, Halteklammer einrasten.
- Filter an anderer Seite auf gleiche Weise erneuern.
- Motorhaube schließen.

Schaltpläne

Der Umgang mit dem Schaltplan

Will man einen Fehler in der elektrischen Anlage aufspüren oder nachträglich ein elektrisches Zubehör montieren, kommt man nicht ohne Schaltplan aus; anhand dessen der Stromverlauf und damit die Kabelverbindungen aufgezeigt werden. Grundsätzlich muß der betreffende Stromkreis geschlossen sein, sonst kann der elektrische Strom nicht fließen. Es reicht beispielsweise nicht aus, wenn an der Plusklemme (+) eines Scheinwerfers Spannung anliegt, wenn nicht gleichzeitig über den Masseanschluß (–) der Stromkreis geschlossen ist.

Deshalb ist auch das Massekabel (–) der Batterie mit der Karosserie verbunden. Mitunter reicht diese Masseverbindung jedoch nicht aus, und der betreffende Verbraucher bekommt eine direkte Masseleitung, deren Isolierung in der Regel braun eingefärbt ist. In den einzelnen Stromkreisen können Schalter, Relais, Sicherungen, Meßgeräte, elektrische Motoren oder andere elektrische Bauteile integriert sein. Damit diese Bauteile richtig angeschlossen werden können, haben die einzelnen Anschlußkabel verschiedene Farben und die einzelnen Kontakte haben Klemmennummern.

Um das Kabelgewirr zumindest auf dem Schaltplan übersichtlich zu ordnen, ist das gesamte elektrische System des Fahrzeugs in einzelne Schaltkreise aufgeteilt. Elektrische Bauteile, die zusammenwirken, sind auf einem gemeinsamen Plan dargestellt.

In der Regel sind oben die plusseitigen Anschlüsse (+) des Stromkreises aufgeführt, während unten die Masseanschlüsse (–) gezeichnet sind. Die Masseverbindung wird normalerweise direkt über die Karosserie hergestellt oder aber über eine zusätzliche Leitung von einem an der Karosserie angebrachten Massepunkt.

Achtung: Die Darstellung der Bauteile und Kabel erfolgt nicht maßstabsgerecht. So erscheint zum Beispiel ein Kabel von über 1m Länge nicht anders, als ein Kabel, das nur wenige cm lang ist.

Die wichtigsten Klemmenbezeichnungen sind:

Klemme 15 wird über das Zündschloß gespeist. Die Leitungen führen nur bei eingeschalteter Zündung Strom. Die Kabel sind meist schwarz oder schwarz mit farbigem Streifen.

Klemme 30. An dieser Klemme liegt immer Batteriespannung an. Die Kabel sind meist rot oder rot mit farbigem Streifen.

Klemme 31 führt zur Masse. Die Masse-Leitungen sind in der Regel braun.

Im Stromlaufplan sind alle Verbraucher und Schalter in Ruhestellung gezeichnet. Der geänderte Stromverlauf nach Betätigung eines Schalters wird hier am Beispiel eines Zweistufen-Schalters erläutert:

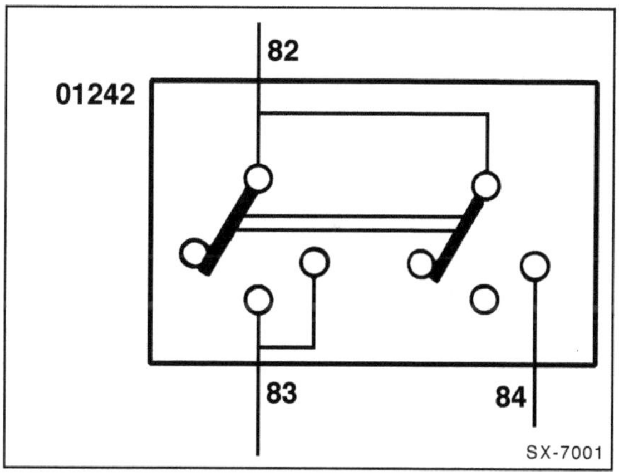

Wird am Schalter die erste Stufe gedrückt, fließt der Strom von der Klemme 82 kommend über die Klemme 83. Die Brücke der zweiten Schalterstufe rückt in Mittelstellung, jedoch ohne eine Verbindung herzustellen. Erst beim Drücken der zweiten Schalterstufe rückt die Brücke der zweiten Schalterstufe von der internen Leitung 82 auf 84 und gibt den Strom über 84 weiter. Dabei bleibt über die interne Verbindung im Schalter, also über die rechts abgewinkelte Leitung von 83 der Stromfluß der ersten Schalterstufe bestehen.

Das folgende Beispiel erklärt, wie ein Schaltplan zu lesen ist:

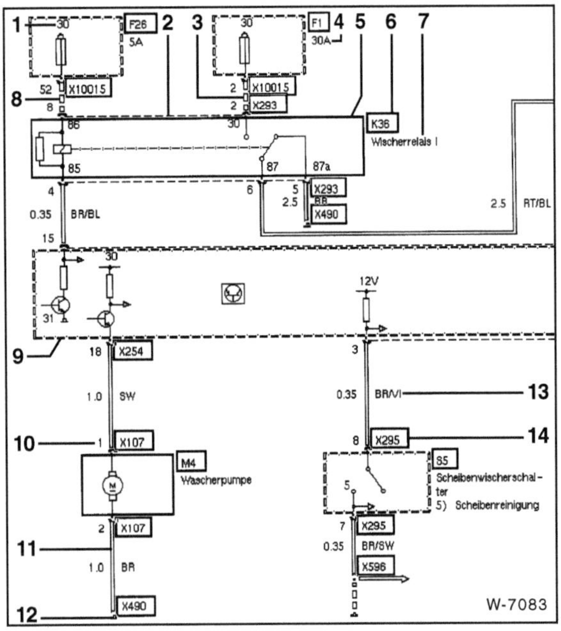

1) Klemmenbezeichnung, hier: Klemme 30.
2) Die gestrichelte Linie zwischen Pin 8 und Pin 2 an Stecker X293 weist darauf hin, daß beide Pins zu Stecker X293 gehören.
3) Die gestrichelte Linie von Sicherung F1 zu Pin 2 des Steckers X293 zeigt die Arbeits-Plusversorgung von Relais K36.
4) Sicherungsstärke, hier: 30 Ampere.
5) Schalter und Relais sind immer in Ruhestellung dargestellt. Bauteil mit durchgehender Linie eingerahmt bedeutet, daß es vollständig dargestellt ist, hier: K36.
6) Bauteilbezeichnung, hier K36.
7) Bauteilbenennung, hier Wischerrelais I.
8) Die gestrichelte Linie von Sicherung F26 zu Pin 8 des Steckers X293 zeigt die Steuer-Plusversorgung von Relais K36.
9) Bauteil mit gestrichelter Linie eingerahmt bedeutet, daß es nicht vollständig dargestellt ist, hier: Grundmodul A1.
10) Pin-Bezeichnung.
11) Die Doppellinie von Pin 2 des Steckers X107 zum Massepunkt X490 zeigt die Masseversorgung des Elektromotors der Scheibenwaschpumpe M4.
12) Massepunkt X490.
13) Kabelfarbe, hier: BR/VI = braun/violett.
14) Steckerbezeichnung, hier: X295

Die Kennbuchstaben der wichtigsten Bauteile sind:

A – Sicherungsträger/Steuergerät/Modul
B – Temperaturfühler
E – Lampen
F – Sicherung
H – Signalhorn/Blinker/Bremslicht
K – Relais
M – Elektromotor
N – Radio
R – Potentiometer
S – Schalter
V – Ventil
X – Stecker oder Massepunkt
Y – Außenspiegel

Schlüssel für Leitungsfarben:

BL – Blau
BR – Braun
GE – Gelb
GN – Grün
GR – Grau
RT – Rot
SW – Schwarz
VI – Violett
WS – Weiß

Schaltpläne

Da die Original-Schaltpläne für den 5er BMW mehr als 100 Seiten umfassen, beschränkt sich die hier getroffene Auswahl vorwiegend auf den 520i, 525tds und auf Pläne, die für alle Modelle gelten.

Glühkerzen, Glühkerzenrelais

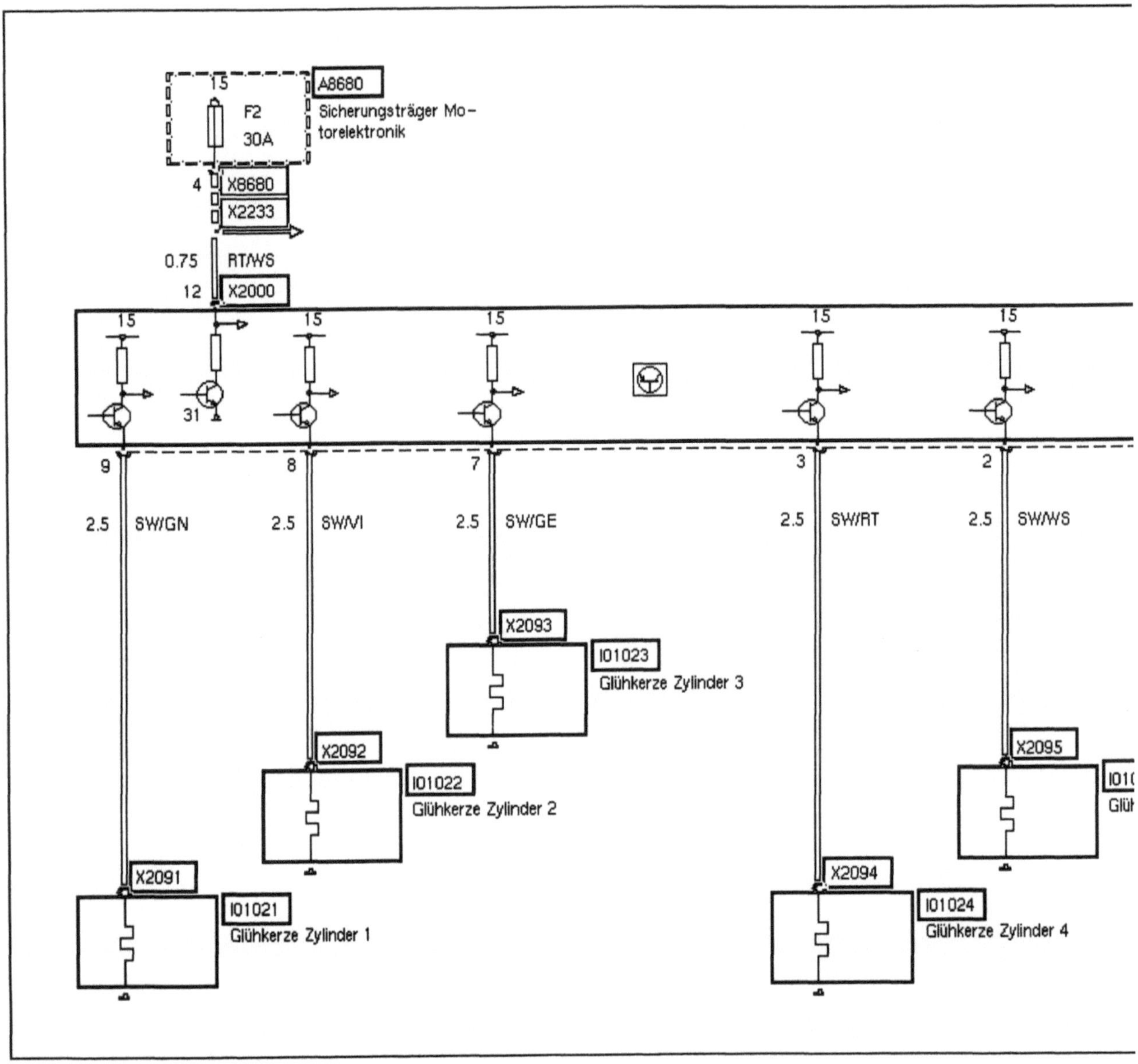

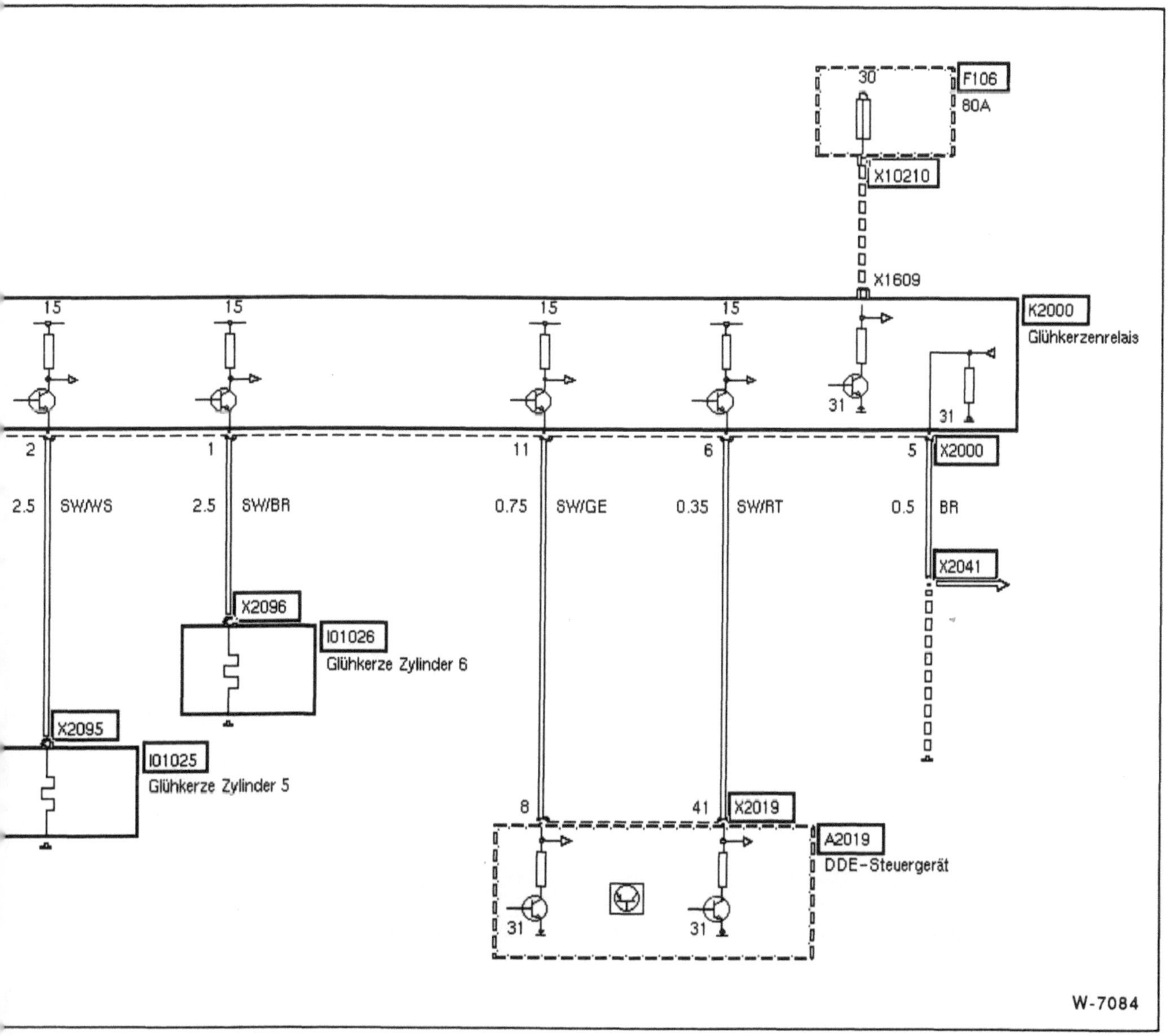
30
F106
80A
X10210
X1609
15
15
15
15
K2000
Glühkerzenrelais
31
31
2
1
11
6
5
X2000
2.5 SW/WS
2.5 SW/BR
0.75 SW/GE
0.35 SW/RT
0.5 BR
X2041
X2096
I01026
Glühkerze Zylinder 6
X2095
I01025
Glühkerze Zylinder 5
8
41
X2019
A2019
DDE-Steuergerät
31
31

W-7084

Einspritzventil 5+6 (520i)

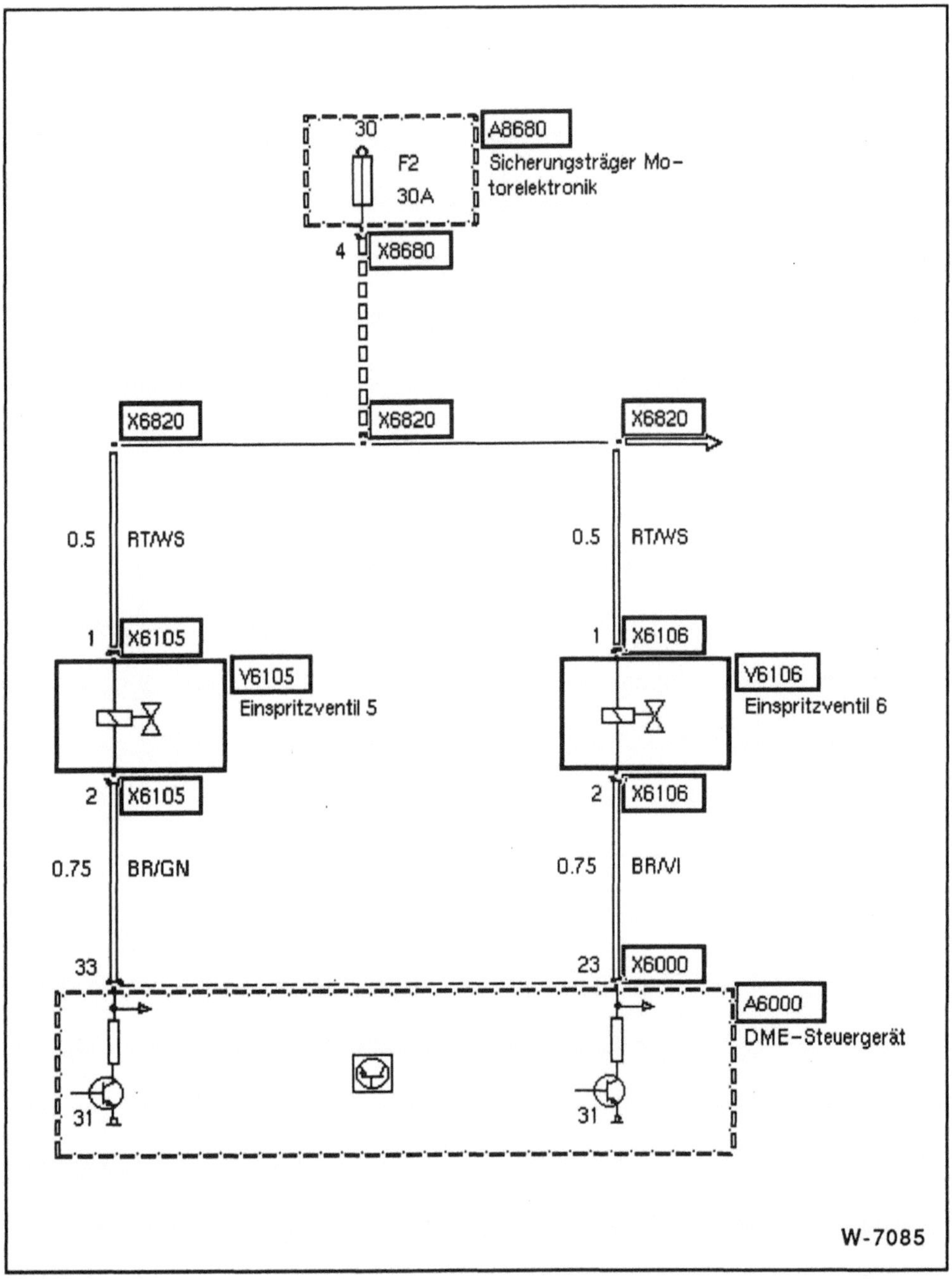

Temperaturfühler Ansaugluft

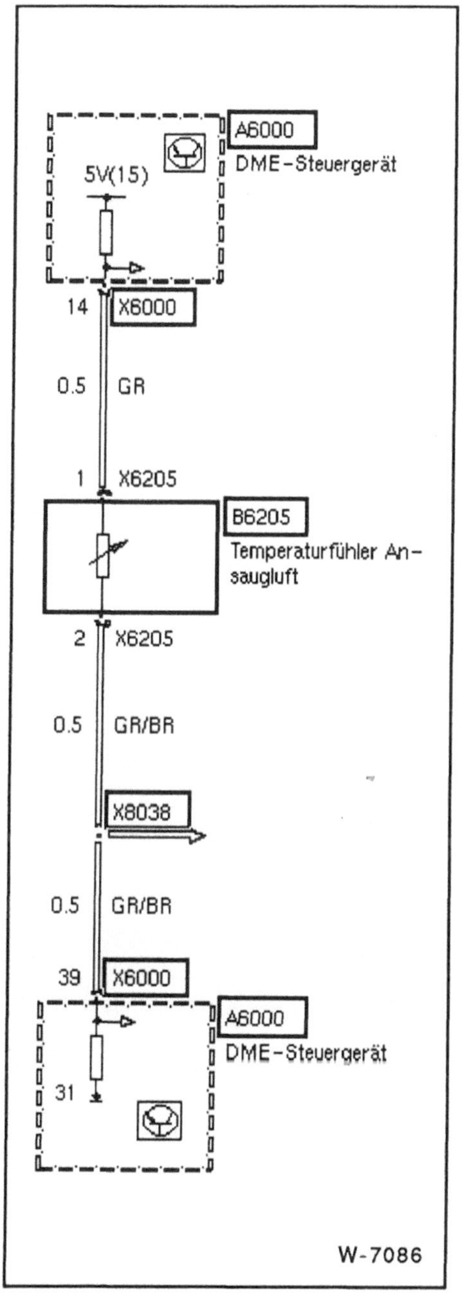

Kraftstoffpumpe

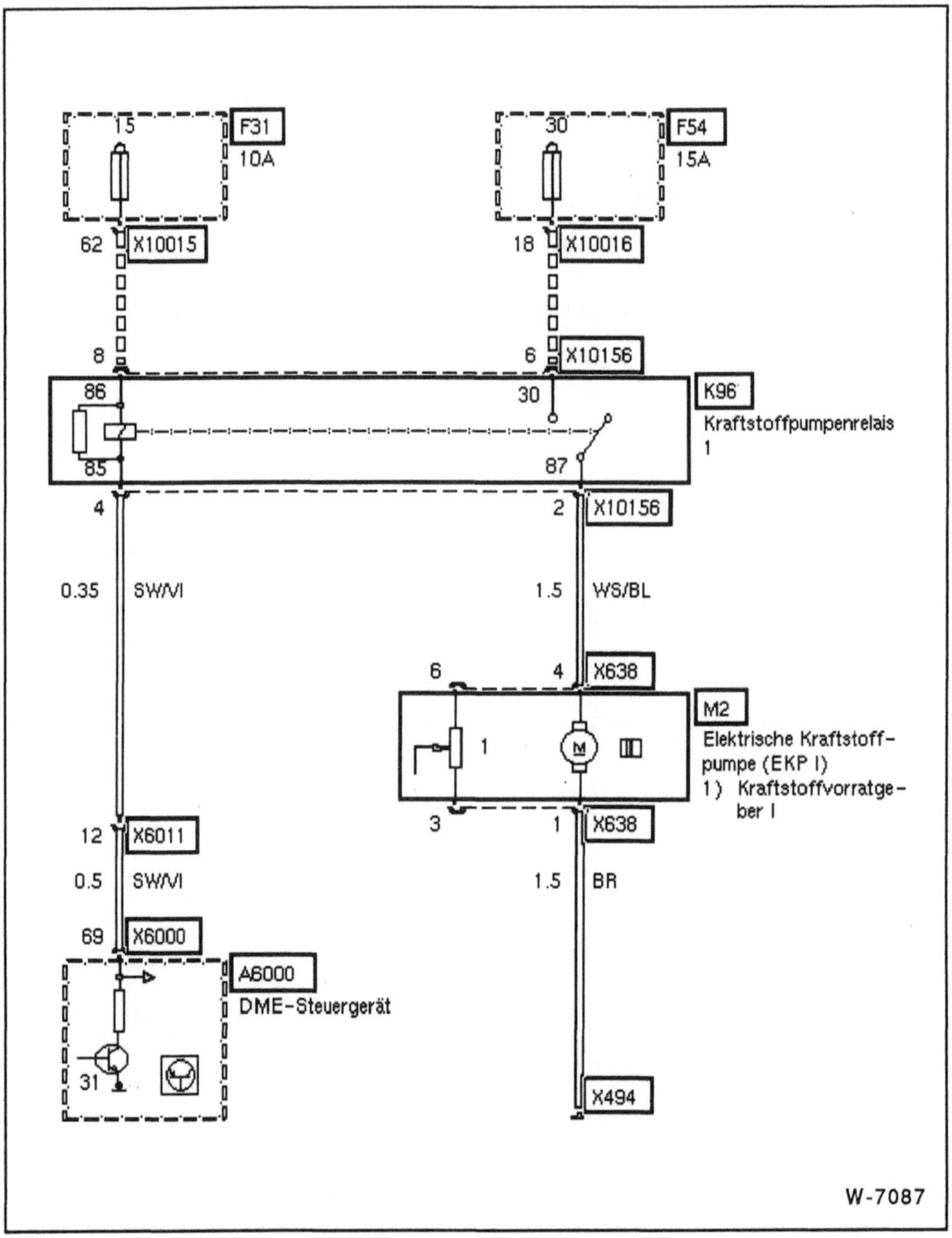

Servotronik

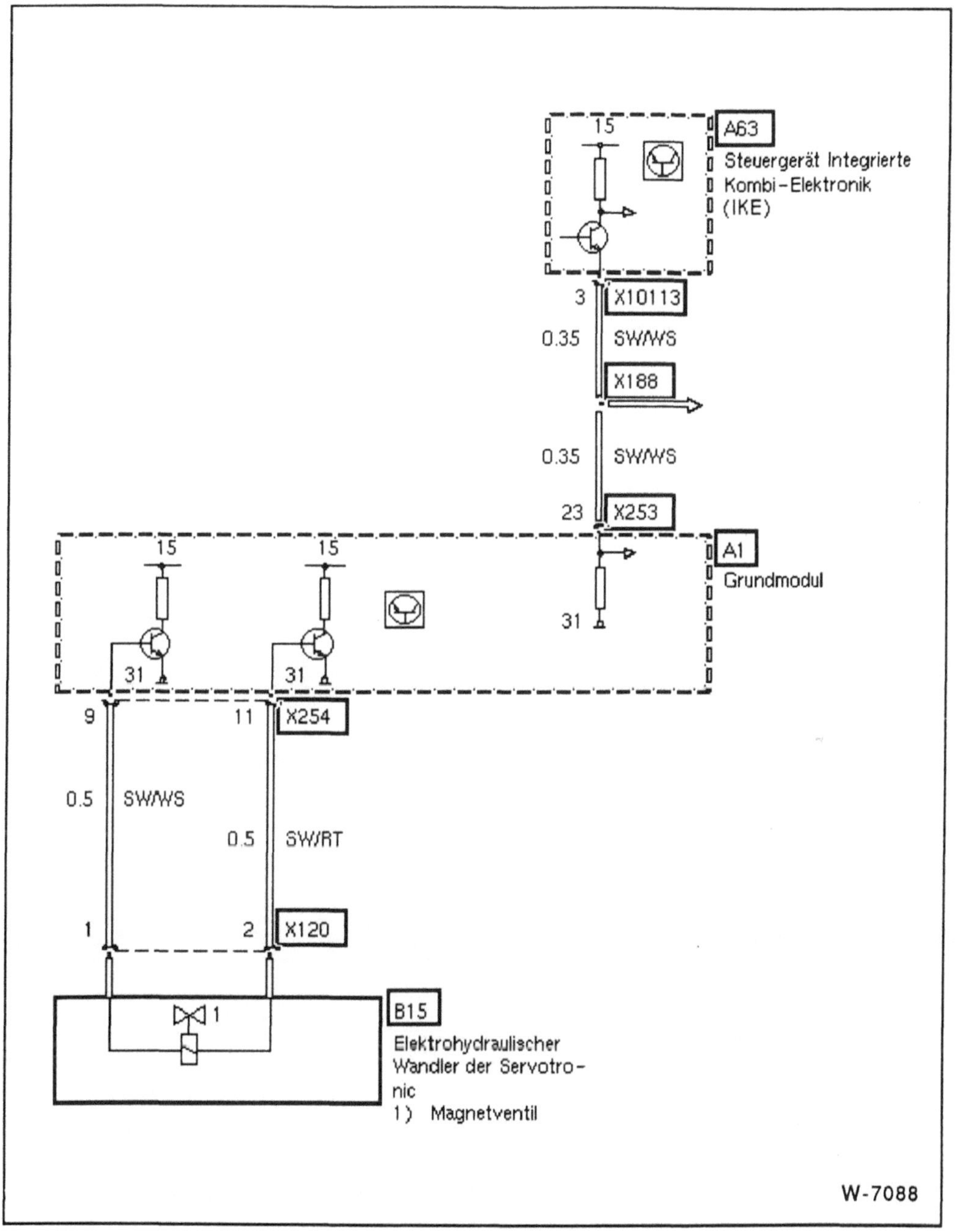

Fanfaren

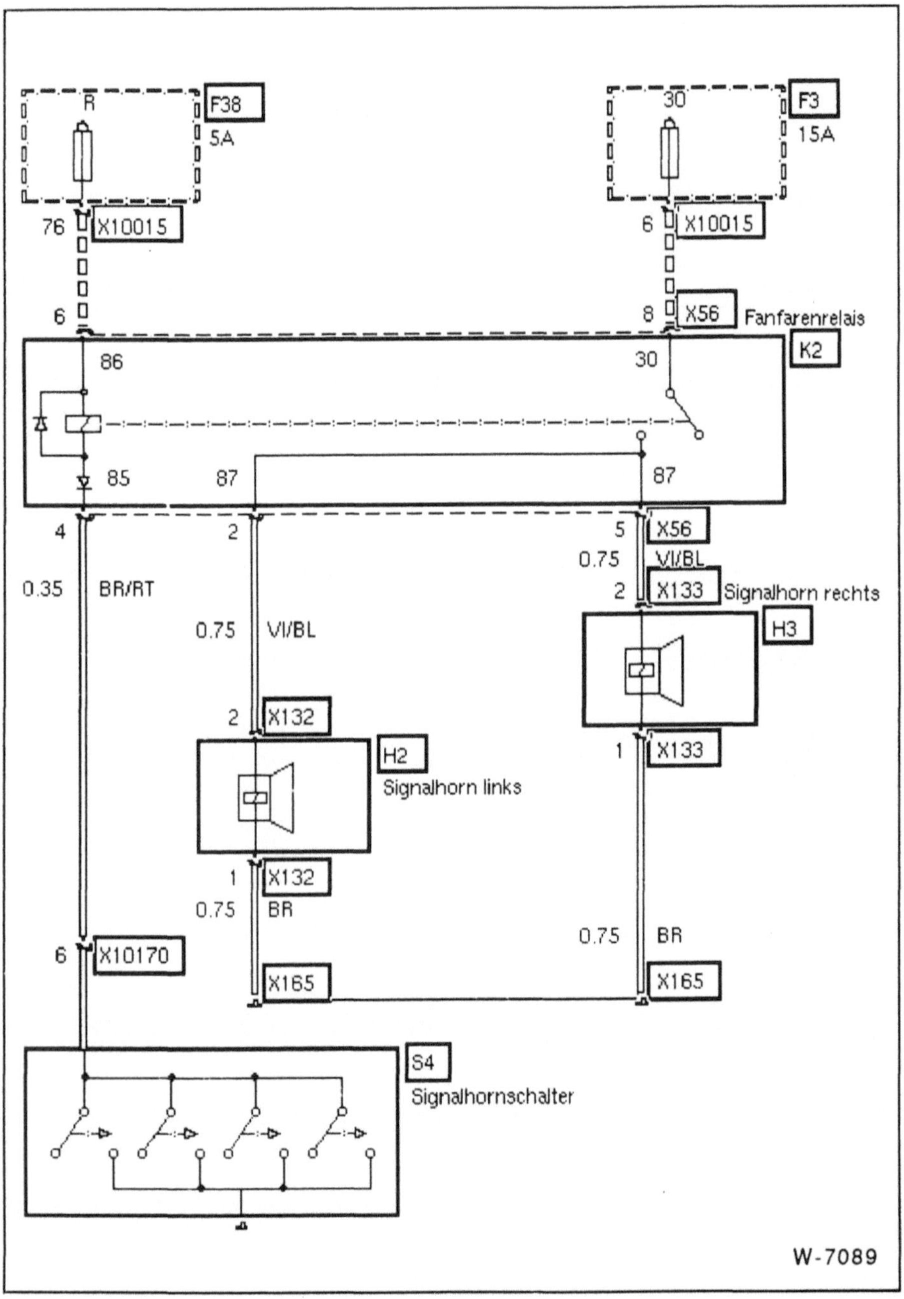

R
F38
5A
30
F3
15A
76
X10015
6
X10015
6
8
X56
Fanfarenrelais
K2
86
30
85
87
87
4
2
5
X56
0.75
VI/BL
2
X133
Signalhorn rechts
0.35
BR/RT
0.75
VI/BL
H3
2
X132
H2
Signalhorn links
1
X133
1
X132
0.75
BR
0.75
BR
6
X10170
X165
X165
S4
Signalhornschalter
W-7089

Wischerschalter

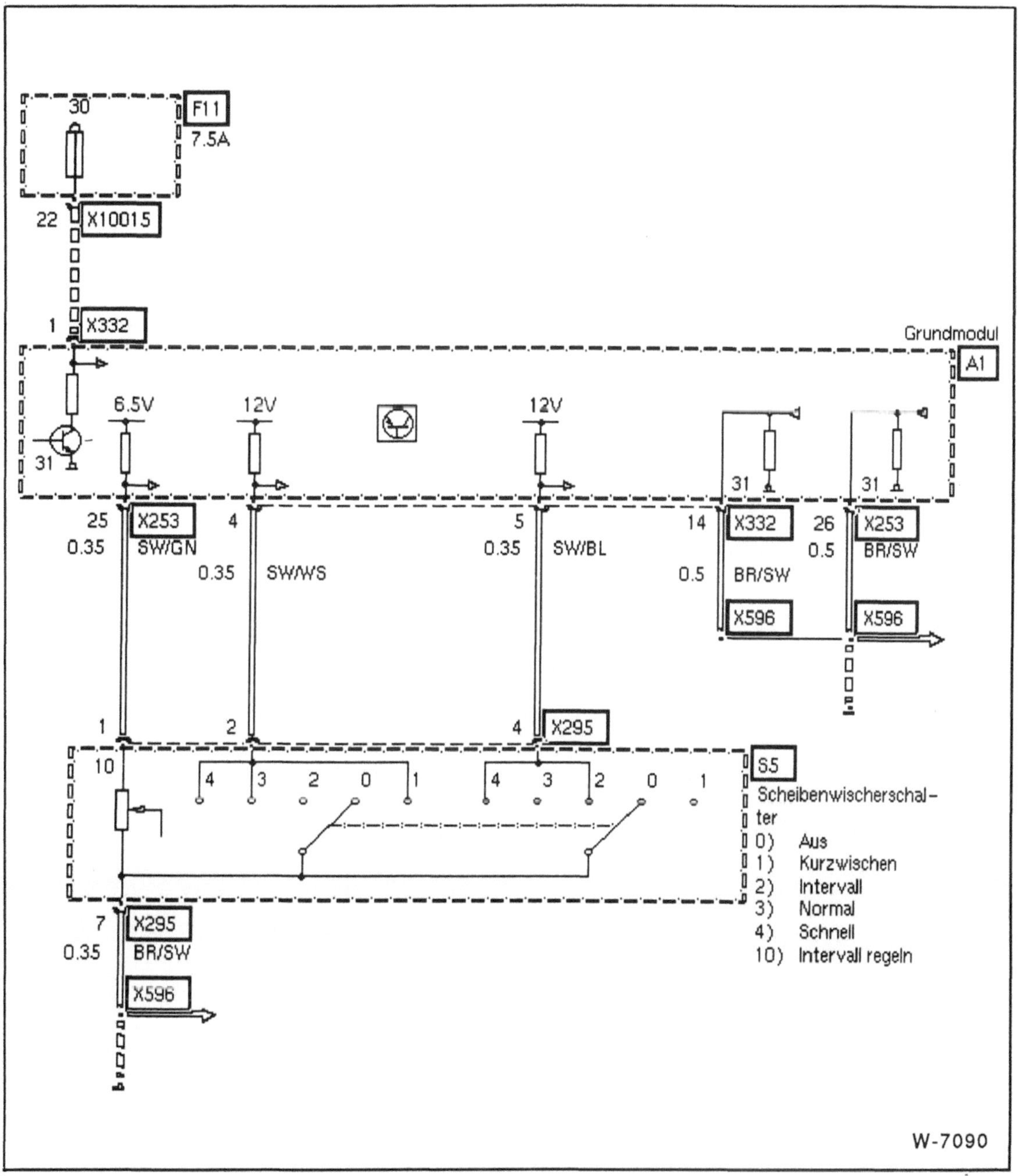

Wisch-Wasch-Steuerung

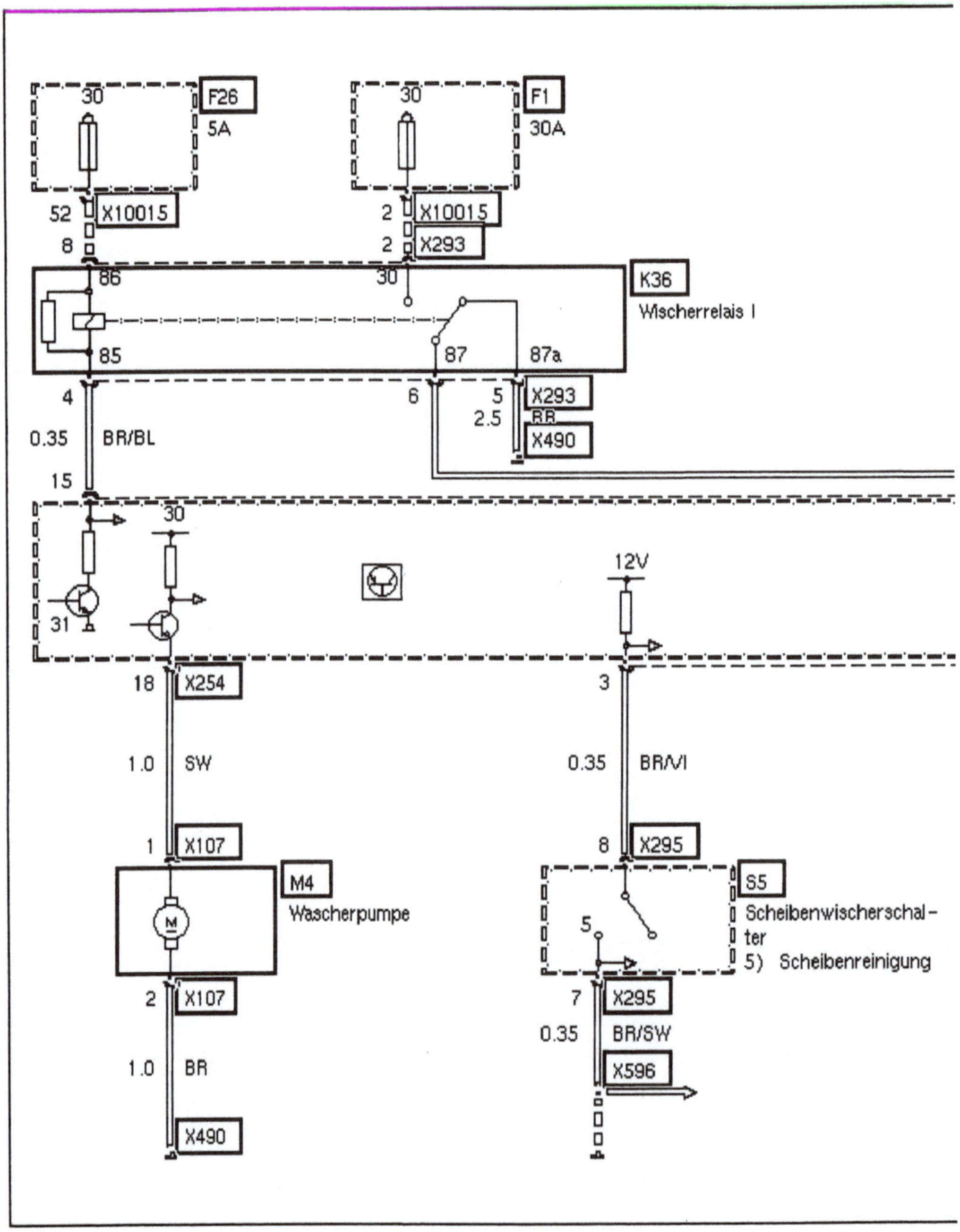

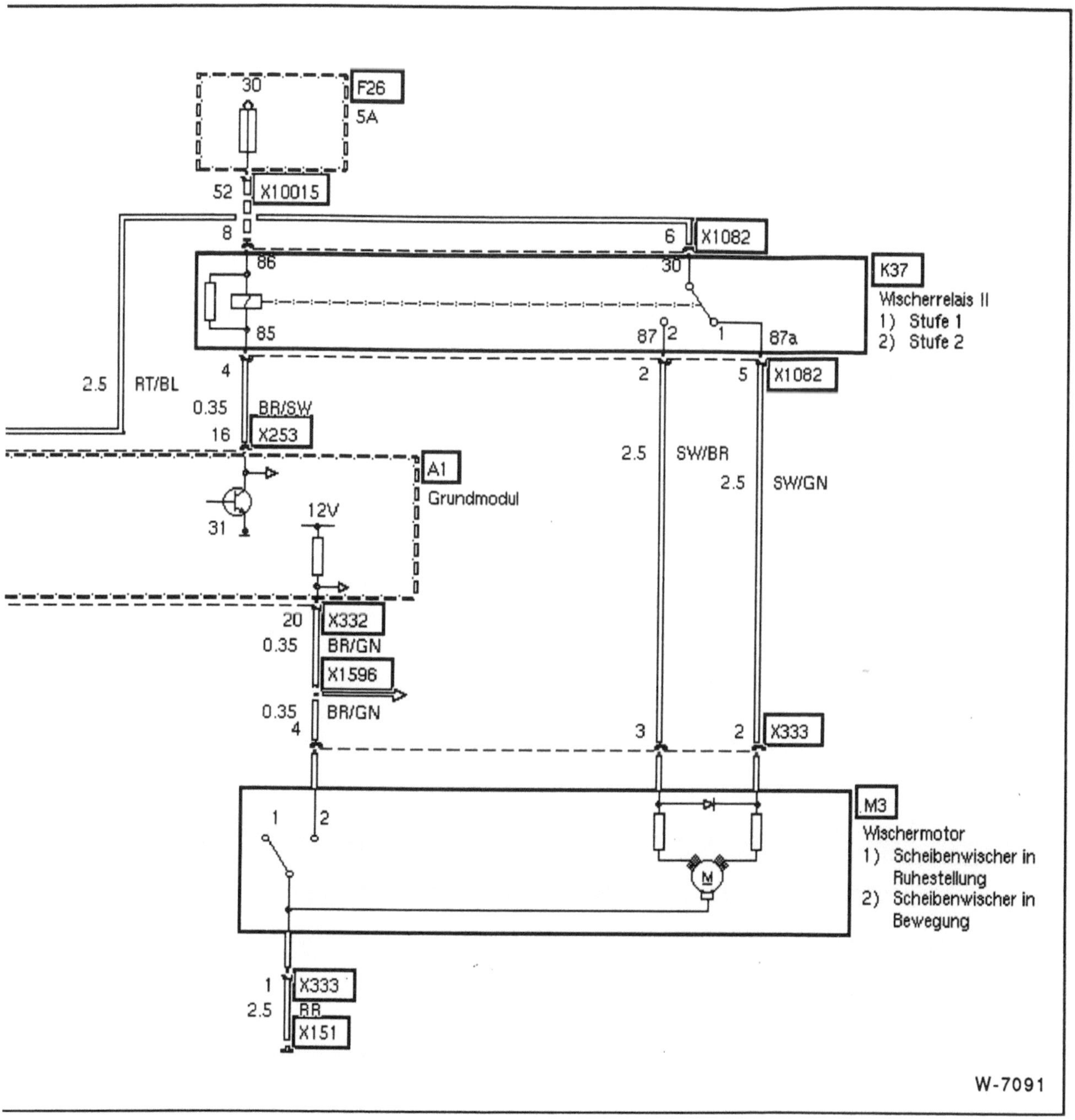

30
F26
5A
52
X10015
8
6
X1082
86
30
K37
Wischerrelais II
1) Stufe 1
2) Stufe 2
85
87
2
1
87a
4
2
5
X1082
2.5
RT/BL
0.35
BR/SW
16
X253
2.5
SW/BR
2.5
SW/GN
A1
Grundmodul
31
12V
20
X332
0.35
BR/GN
X1596
0.35
BR/GN
4
3
2
X333
M3
Wischermotor
1) Scheibenwischer in Ruhestellung
2) Scheibenwischer in Bewegung
1
2
M
1
X333
2.5
BR
X151
W-7091

Außenspiegel ohne Memory (Fahrerseite)

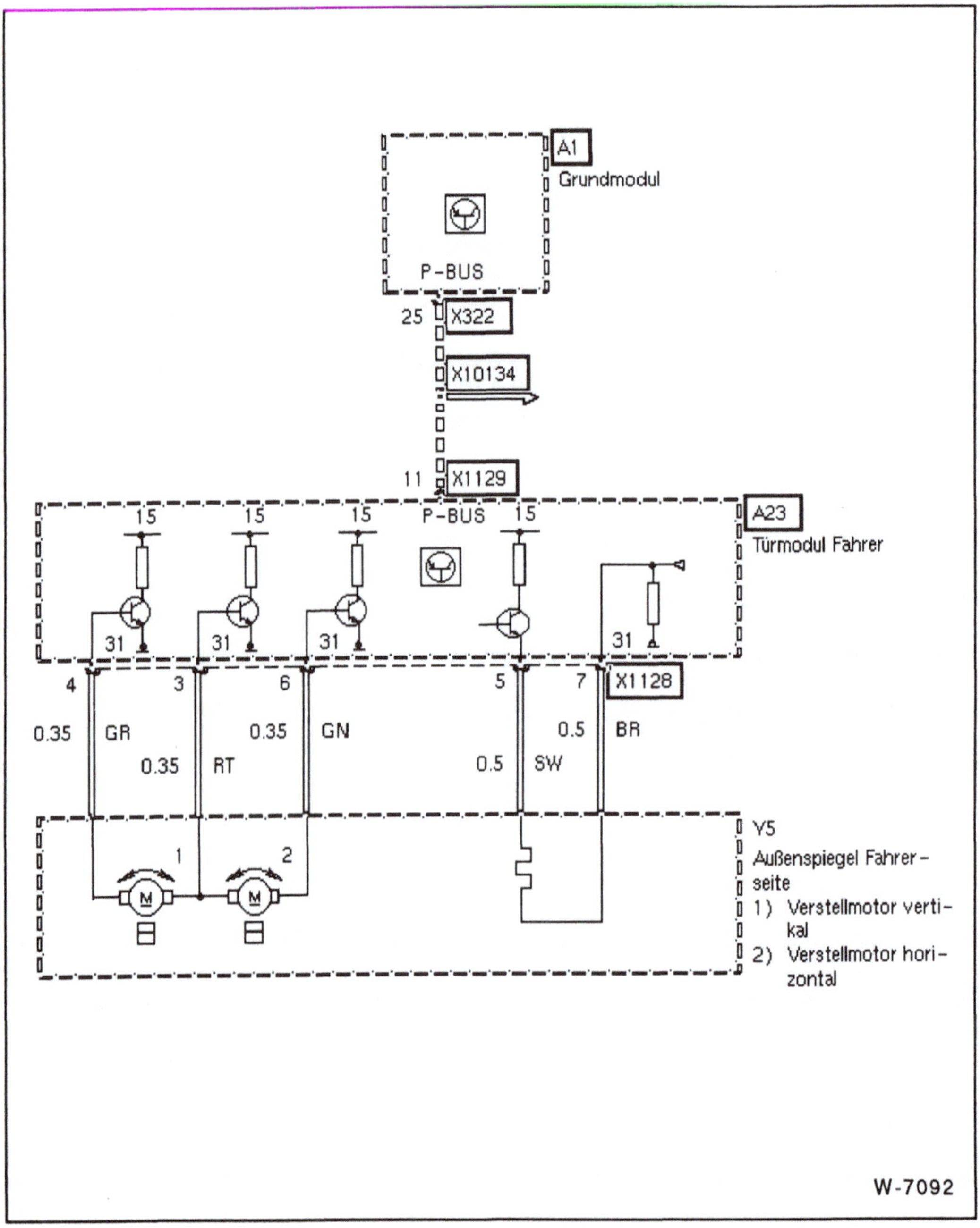

Außenspiegel ohne Memory (Beifahrerseite)

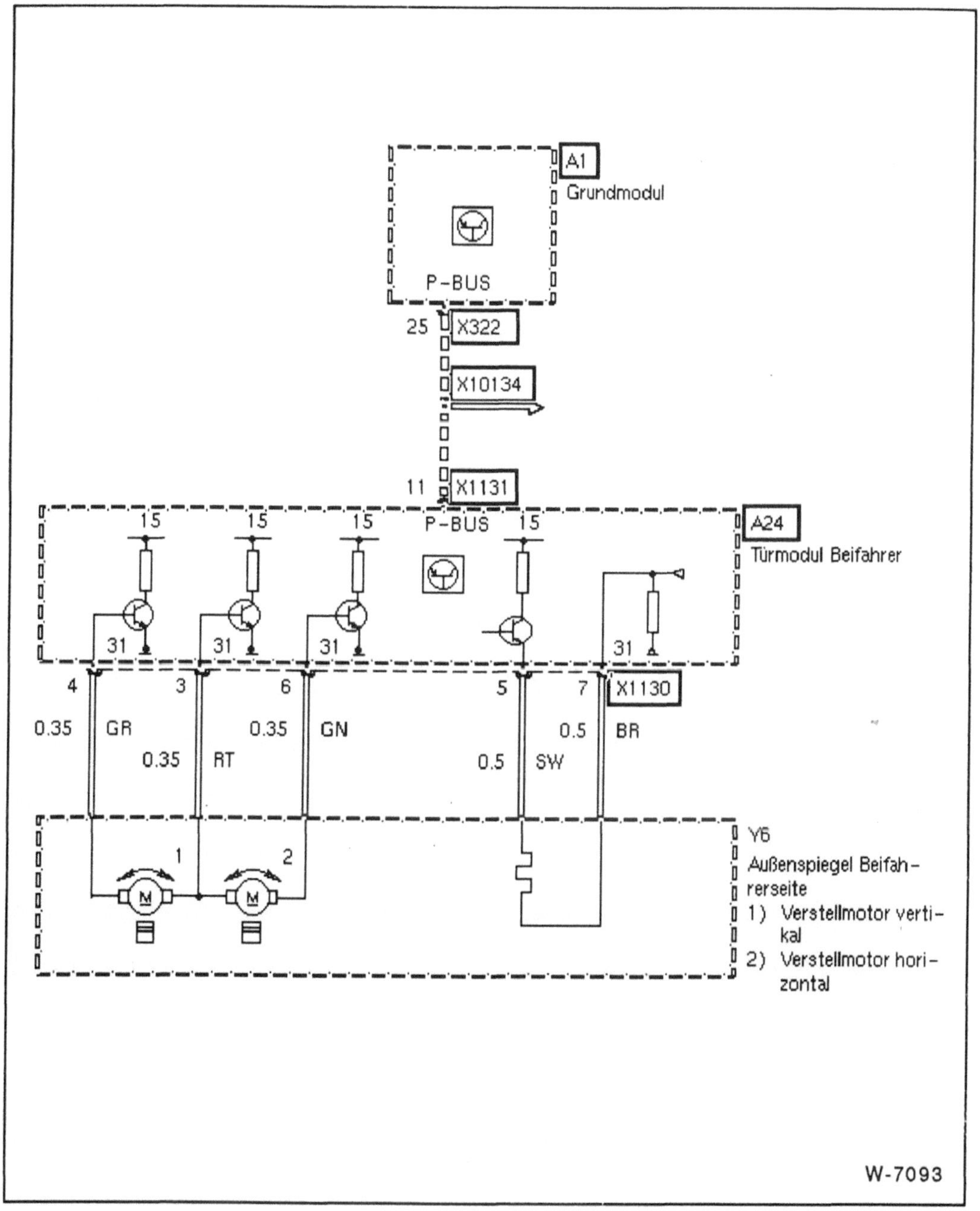

Elektrochrom-Außenspiegel

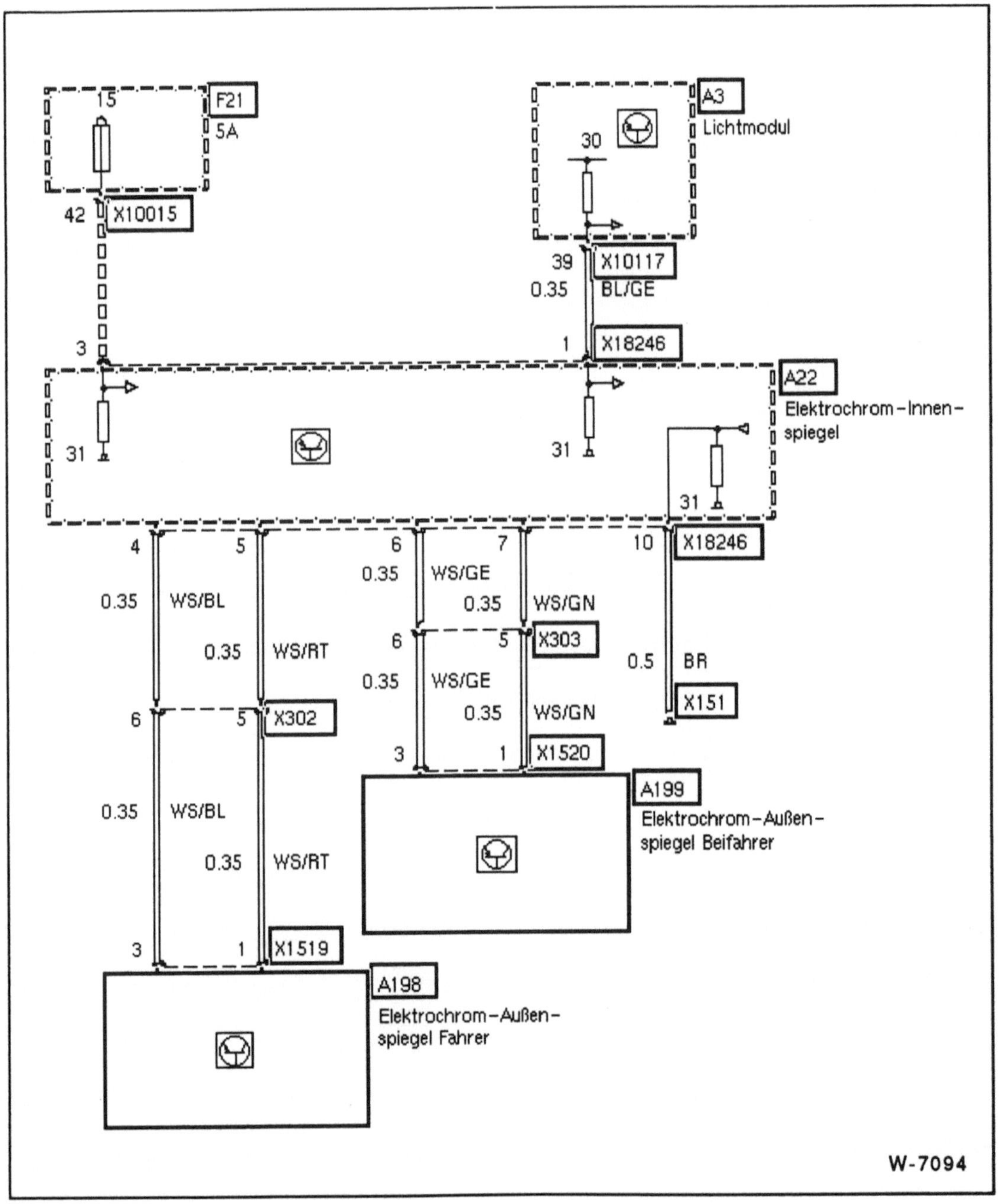

Versorgung K-Bus, Elektrochrom-Innenspiegel

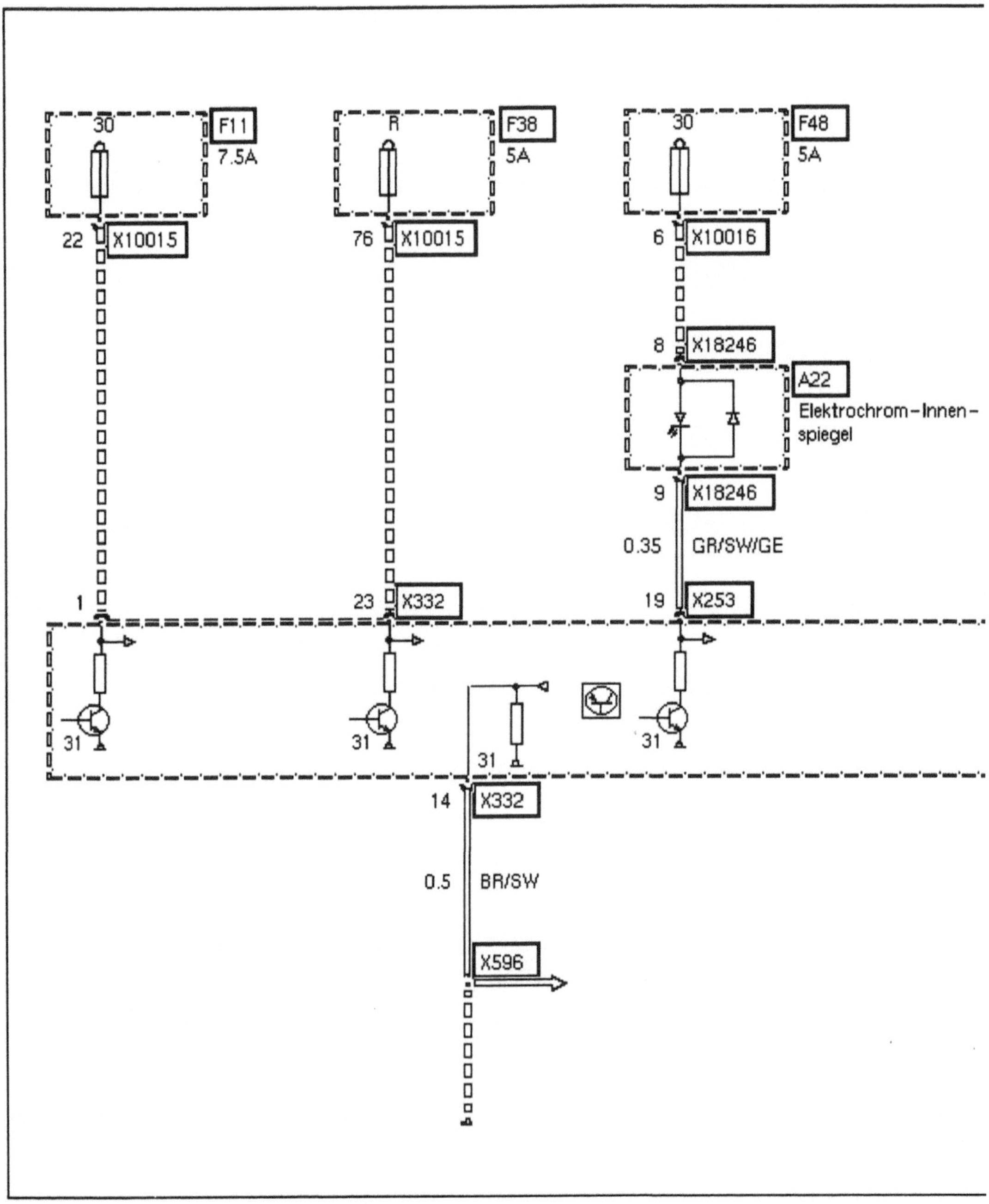

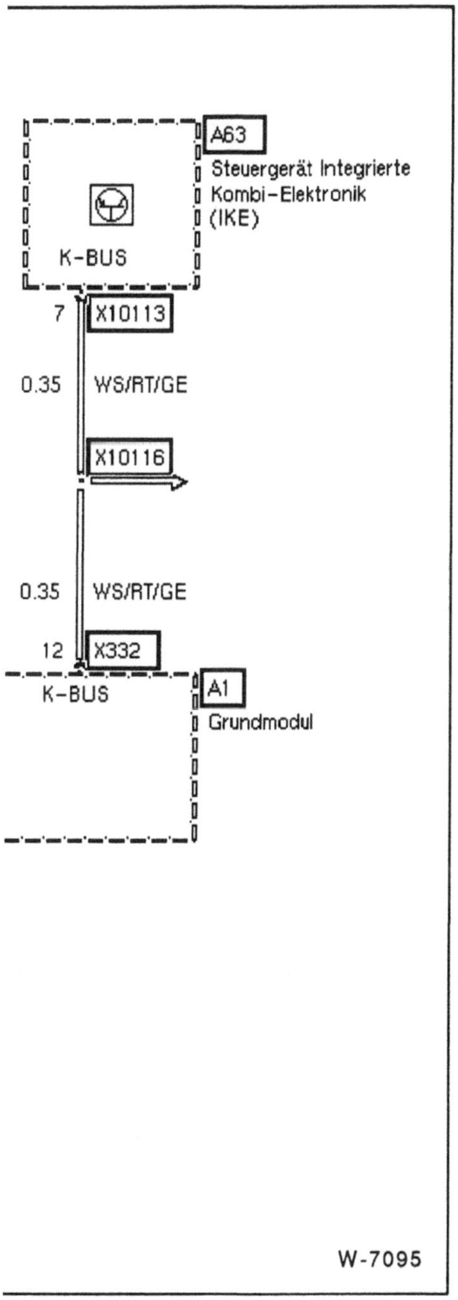
A63
Steuergerät Integrierte
Kombi-Elektronik
(IKE)
K-BUS
7
X10113
0.35
WS/RT/GE
X10116
0.35
WS/RT/GE
12
X332
K-BUS
A1
Grundmodul
W-7095

Blinkerschalter

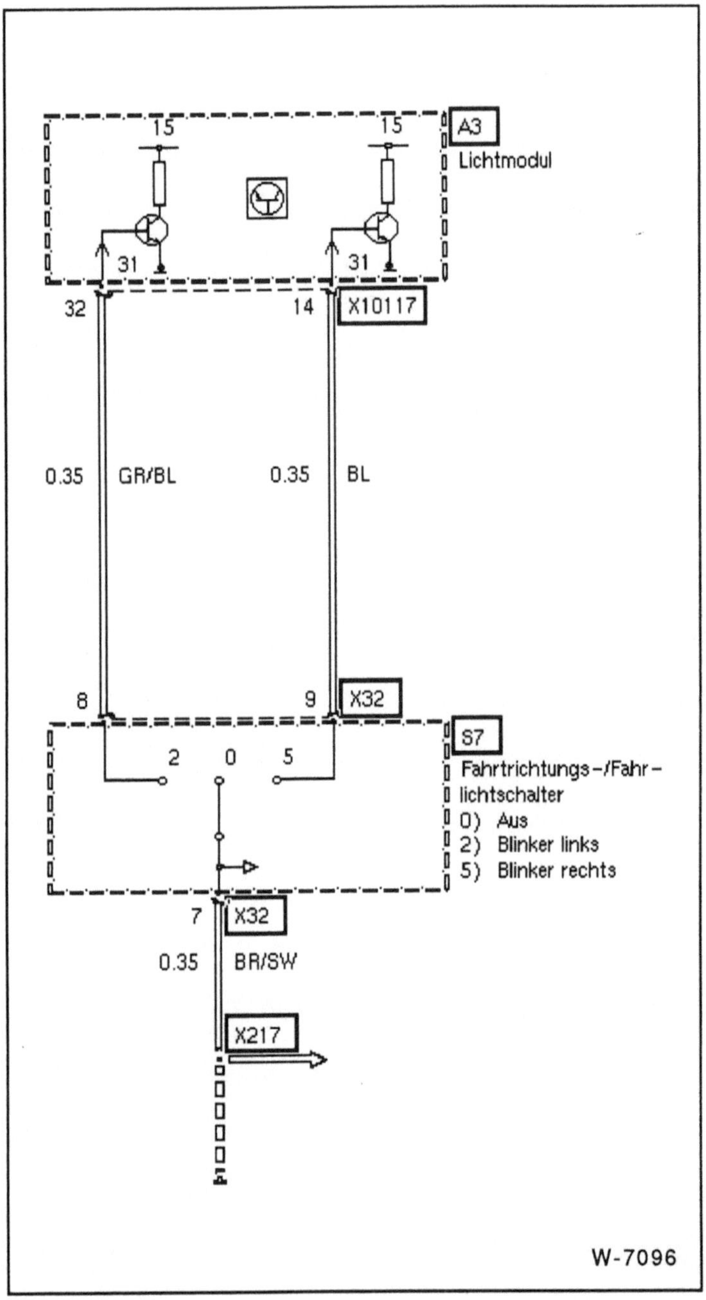

Warnblinkschalter

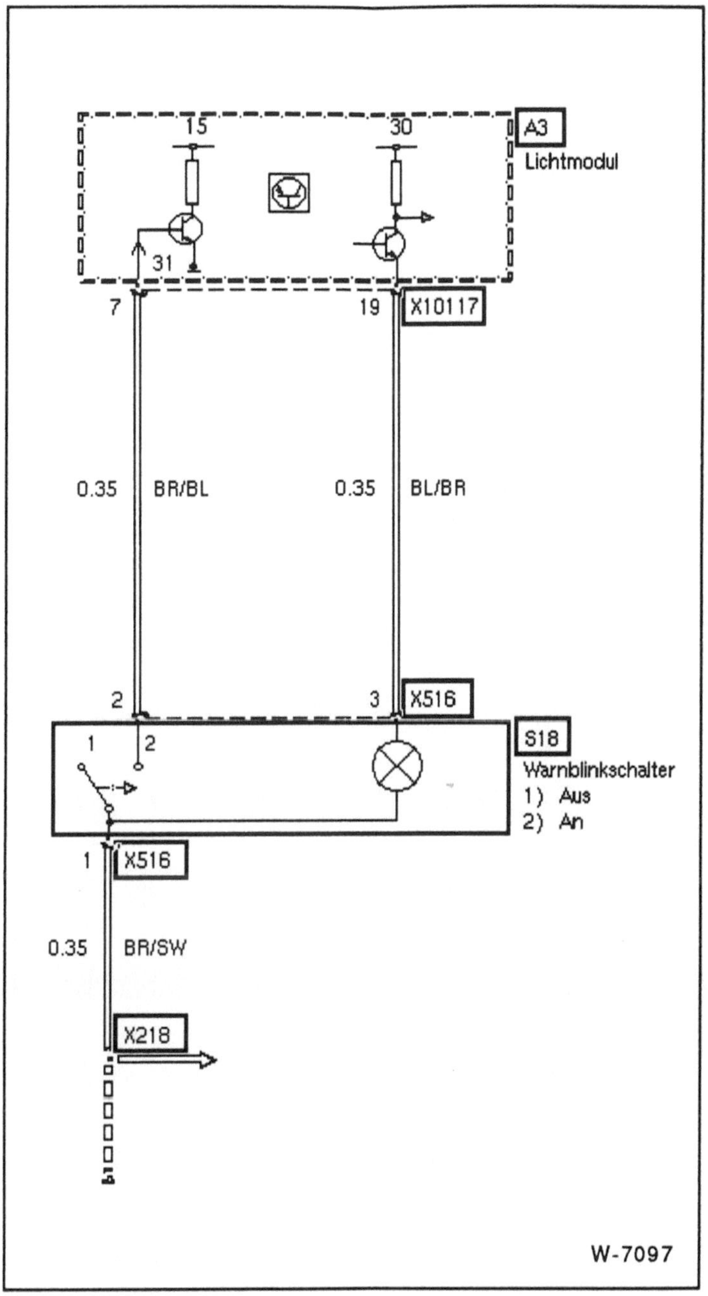

Beleuchtung vorn

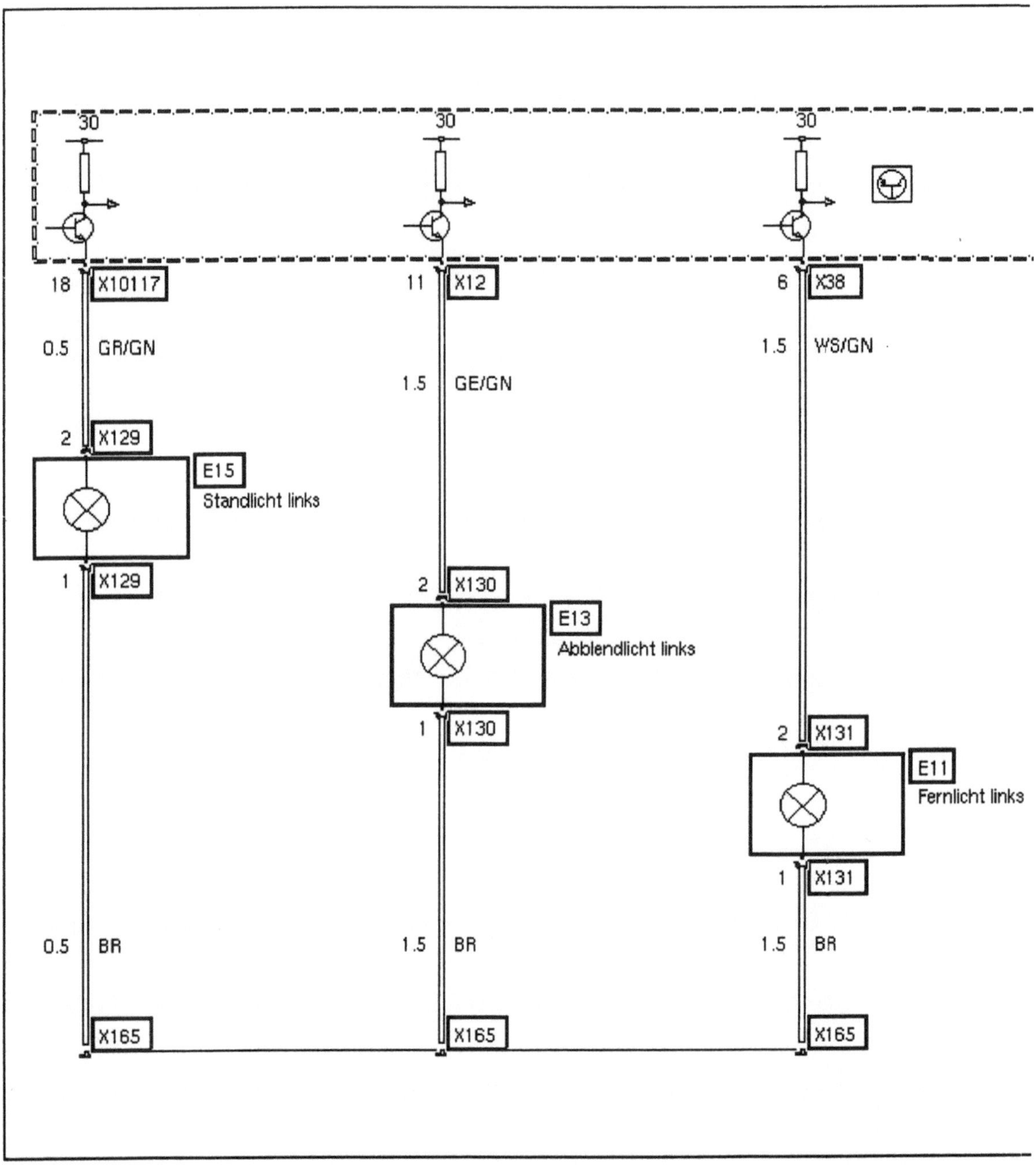

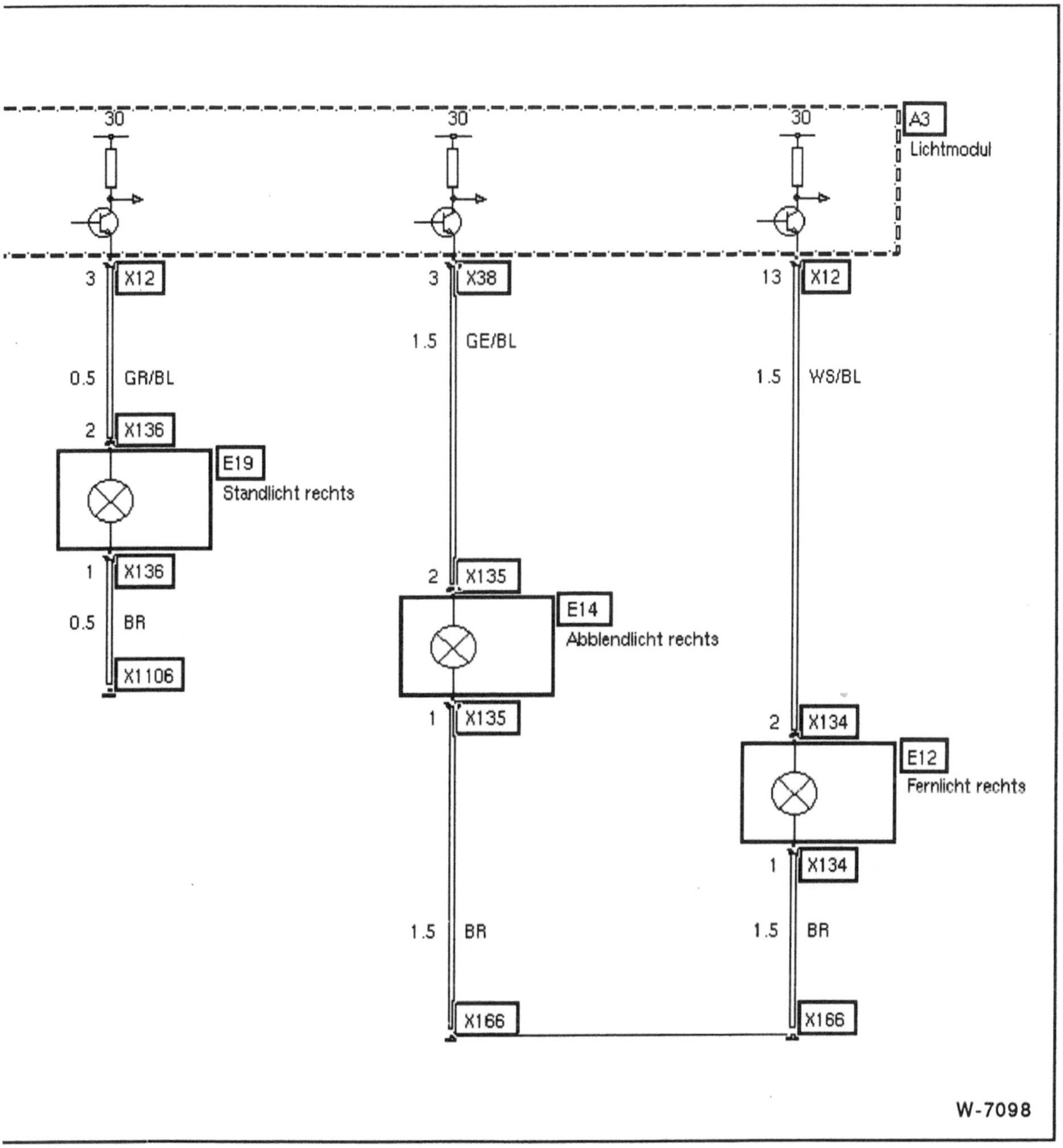

30
30
30
A3
Lichtmodul
3
X12
3
X38
13
X12
1.5
GE/BL
0.5
GR/BL
1.5
WS/BL
2
X136
E19
Standlicht rechts
1
X136
2
X135
E14
Abblendlicht rechts
0.5
BR
X1106
1
X135
2
X134
E12
Fernlicht rechts
1
X134
1.5
BR
1.5
BR
X166
X166
W-7098

Nebelleuchten

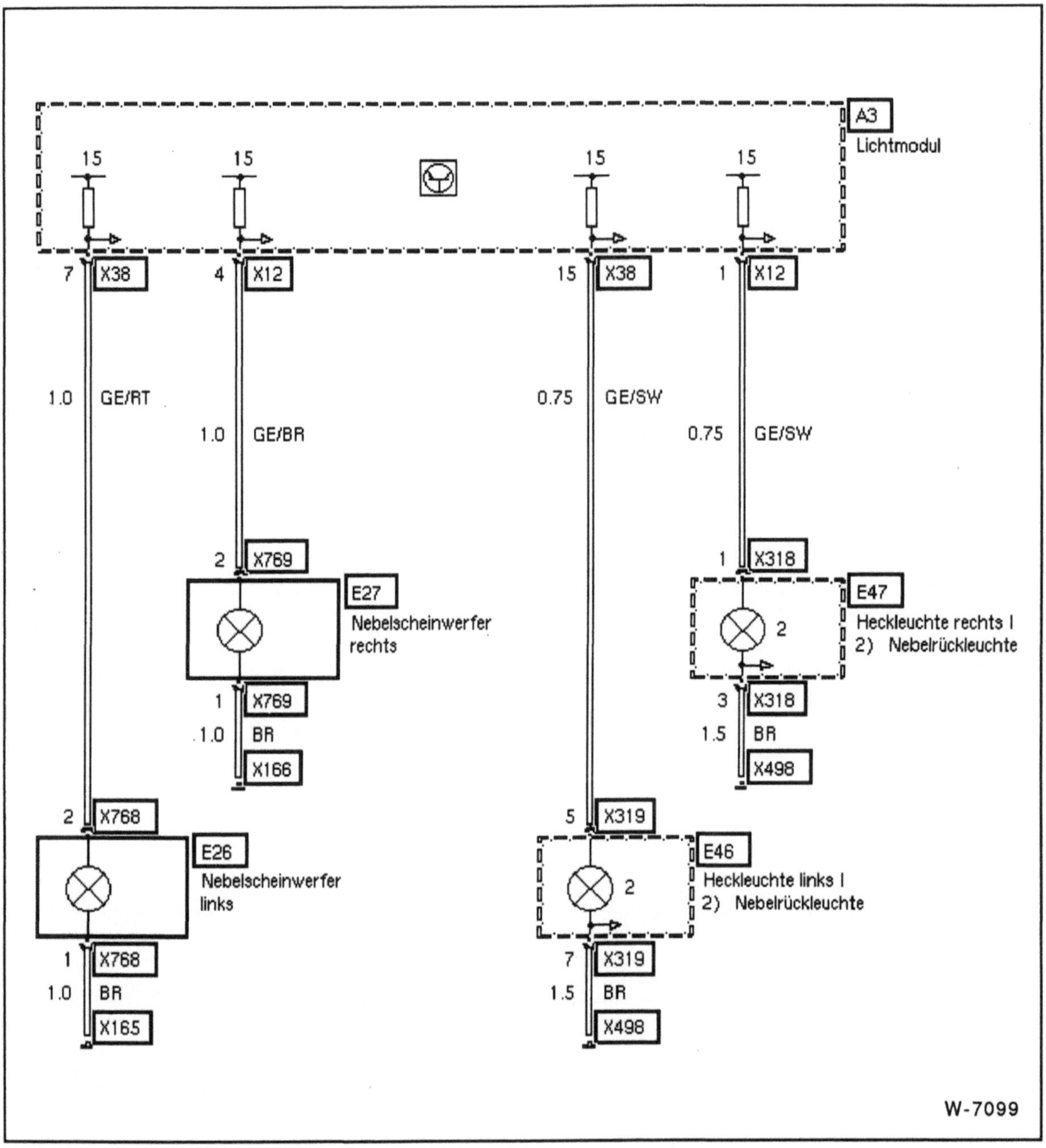

Leuchtweitenregulierung (manuell)

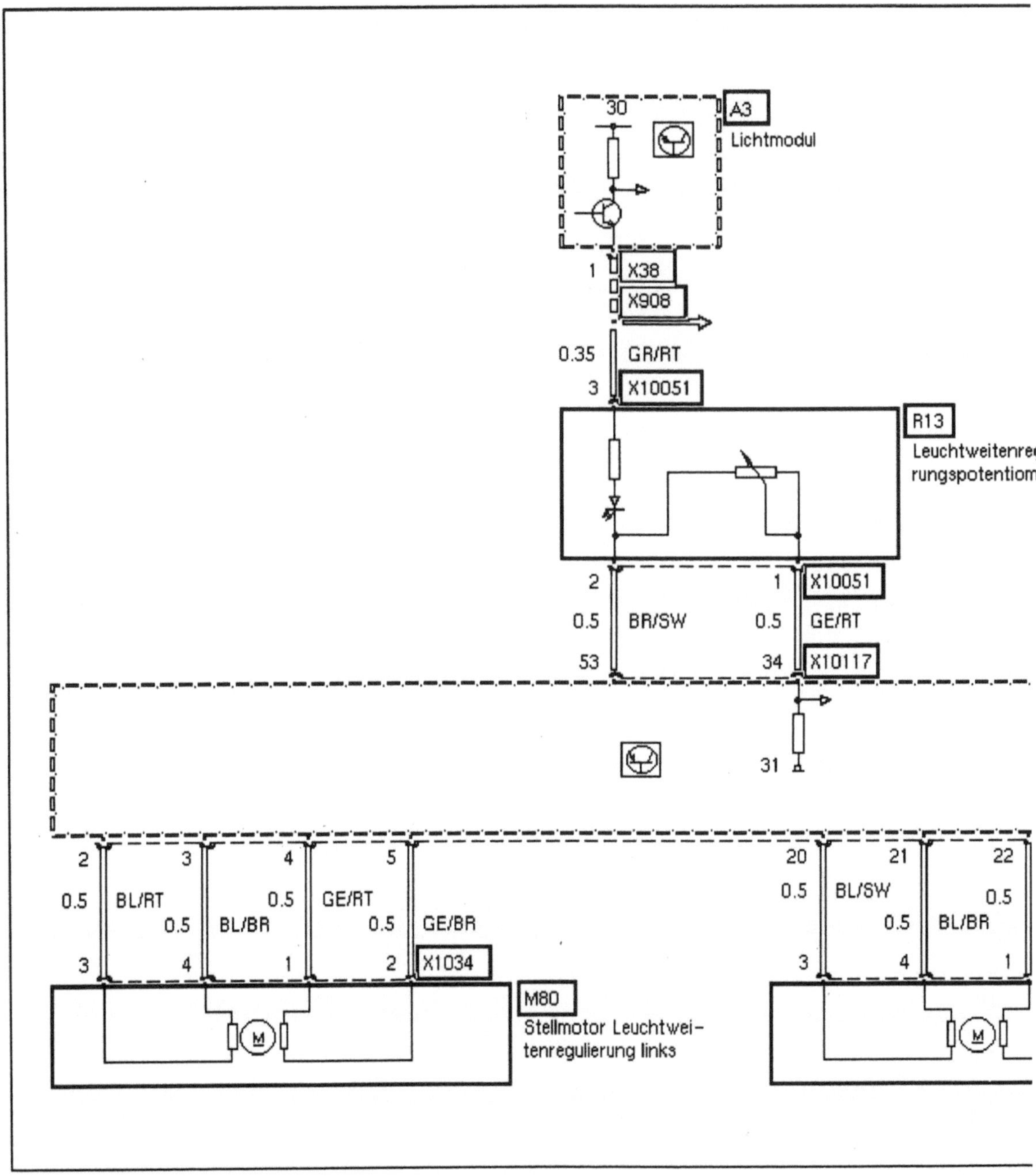

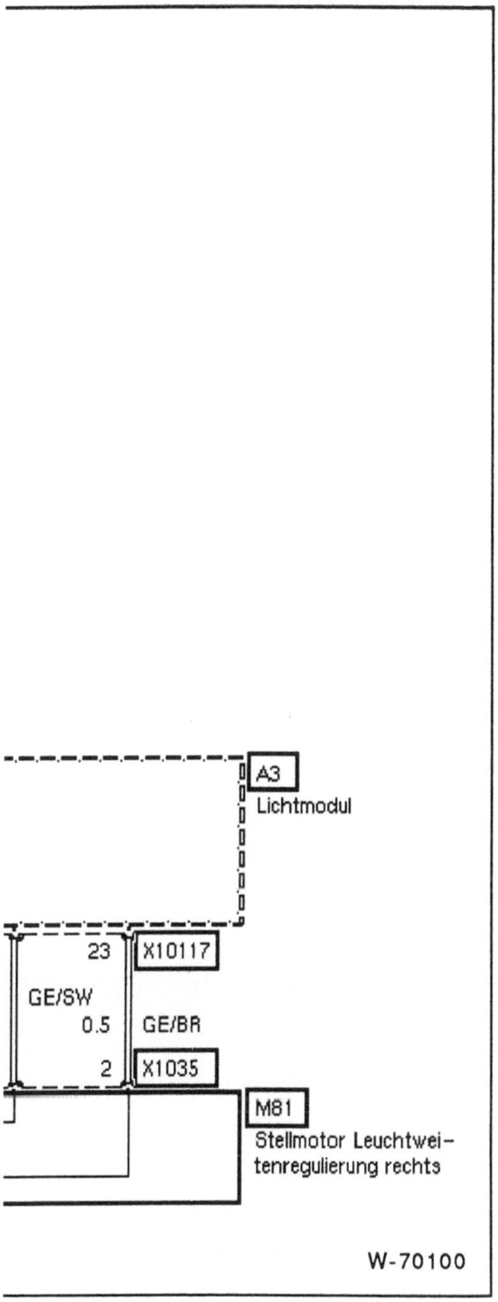
A3
Lichtmodul
23
X10117
GE/SW
0.5
GE/BR
2
X1035
M81
Stellmotor Leuchtwei-
tenregulierung rechts
W-70100

Blinker links

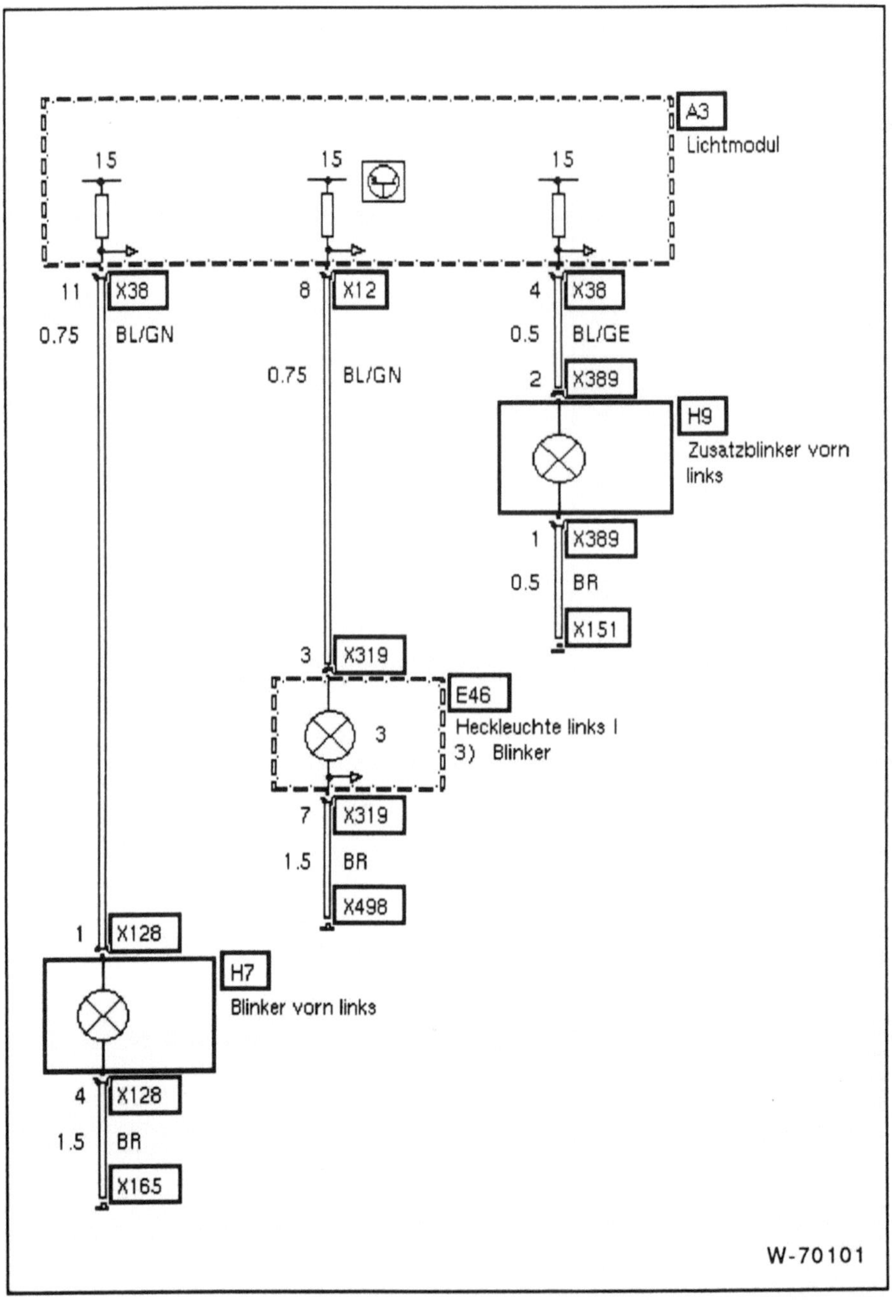

Rückleuchten

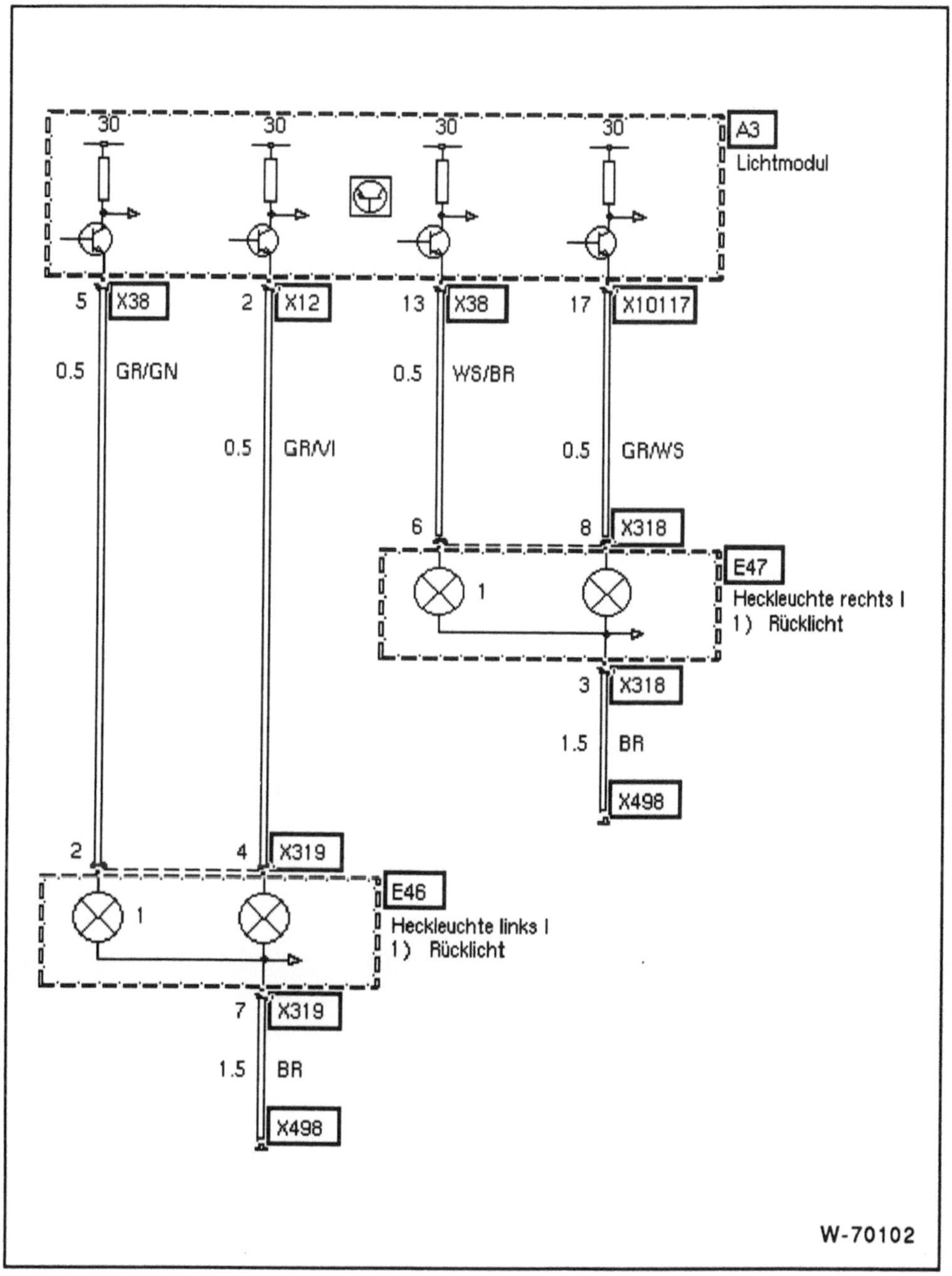

Bremsleuchten

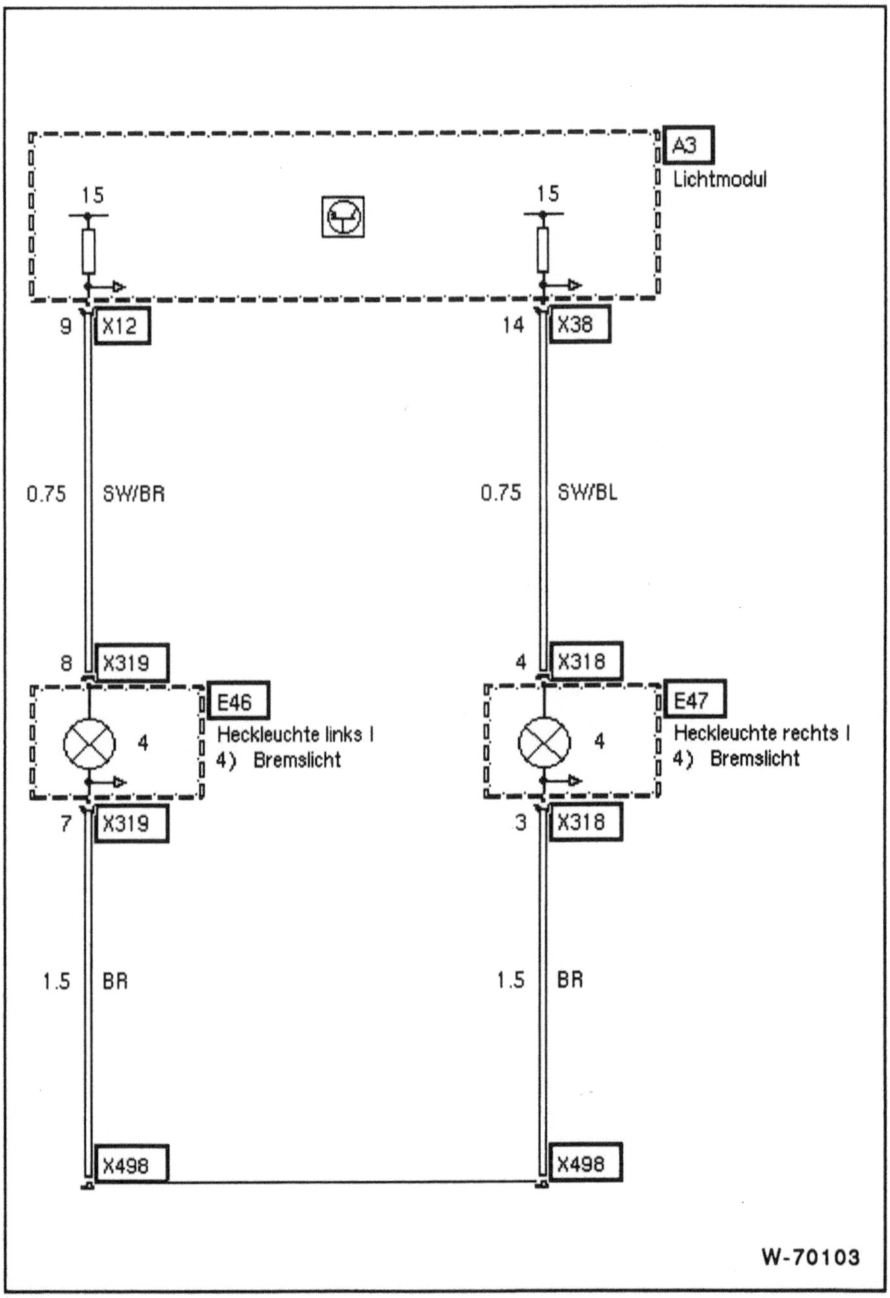

Bremsleuchte (hochgesetzt)

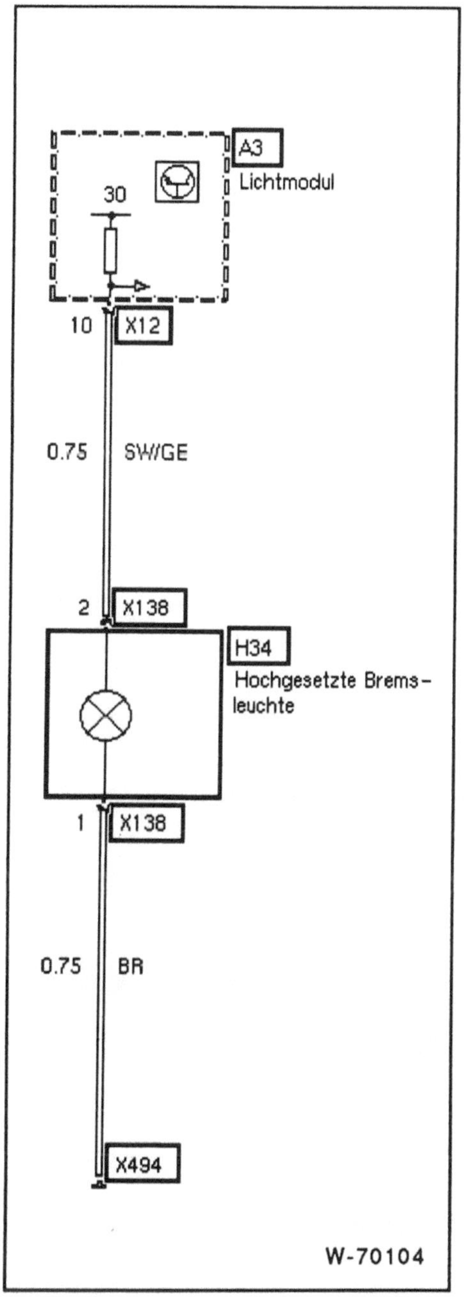

Bremslichtschalter

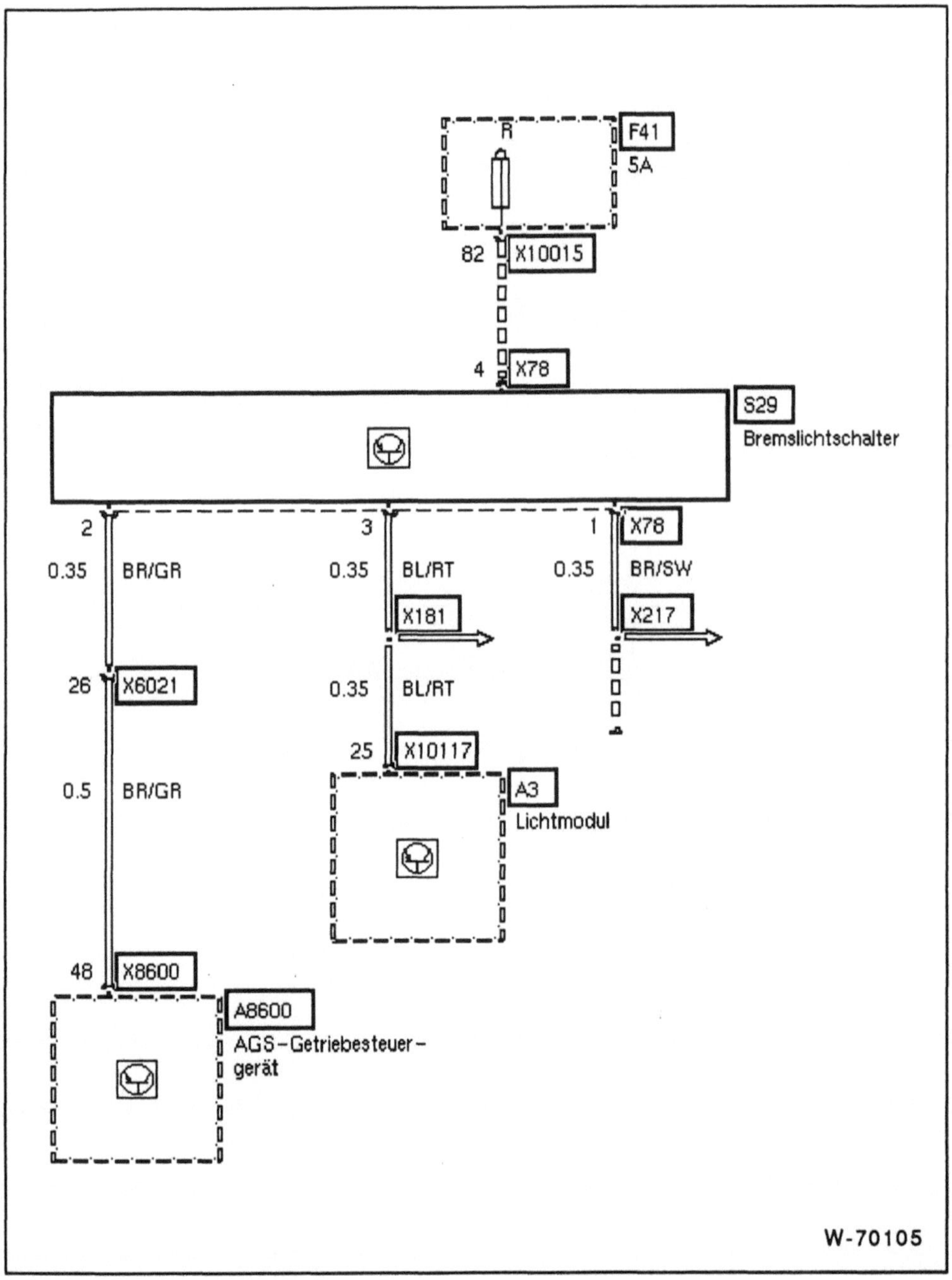

Kennzeichenleuchten

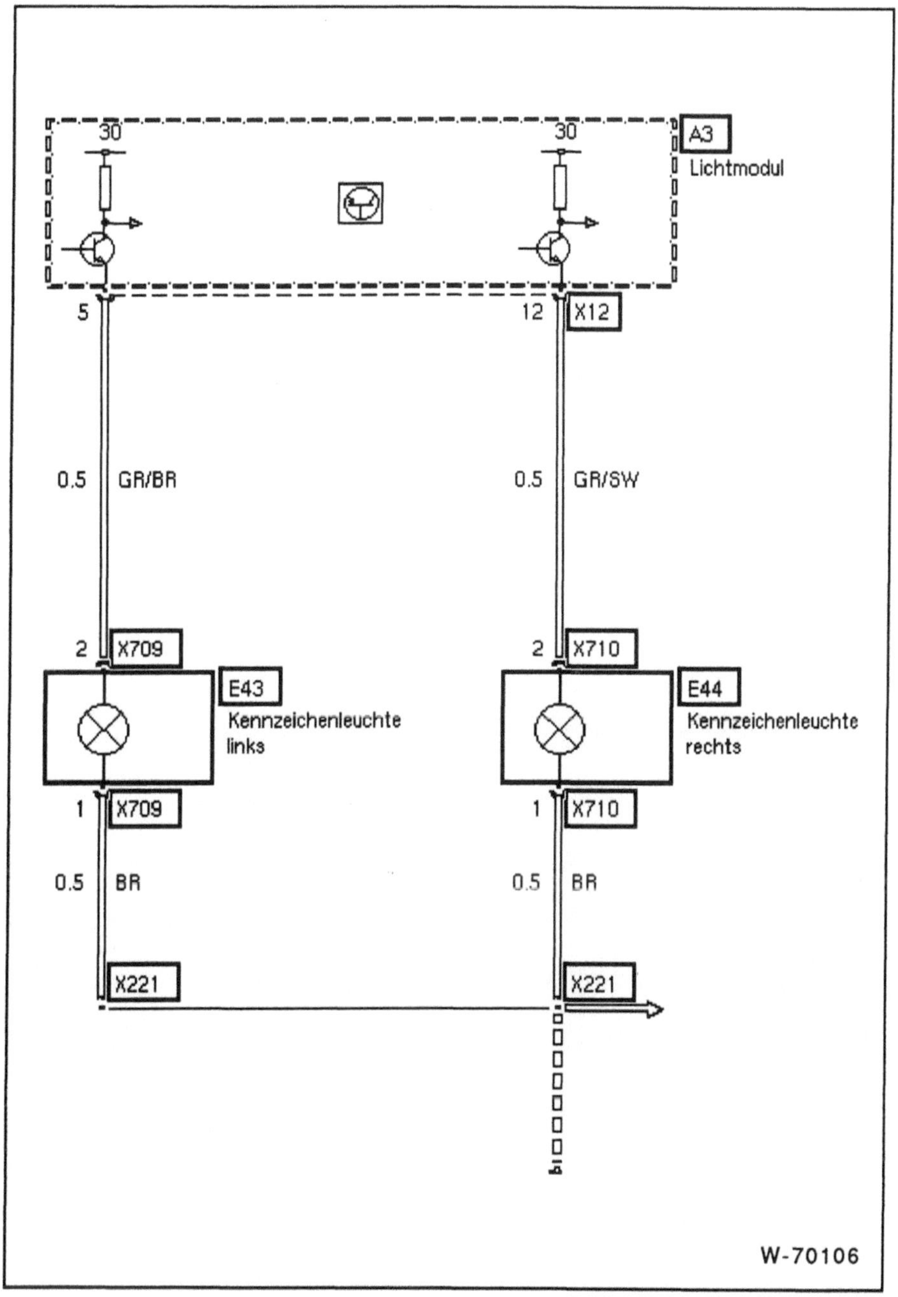

Fond-Innenleuchte links

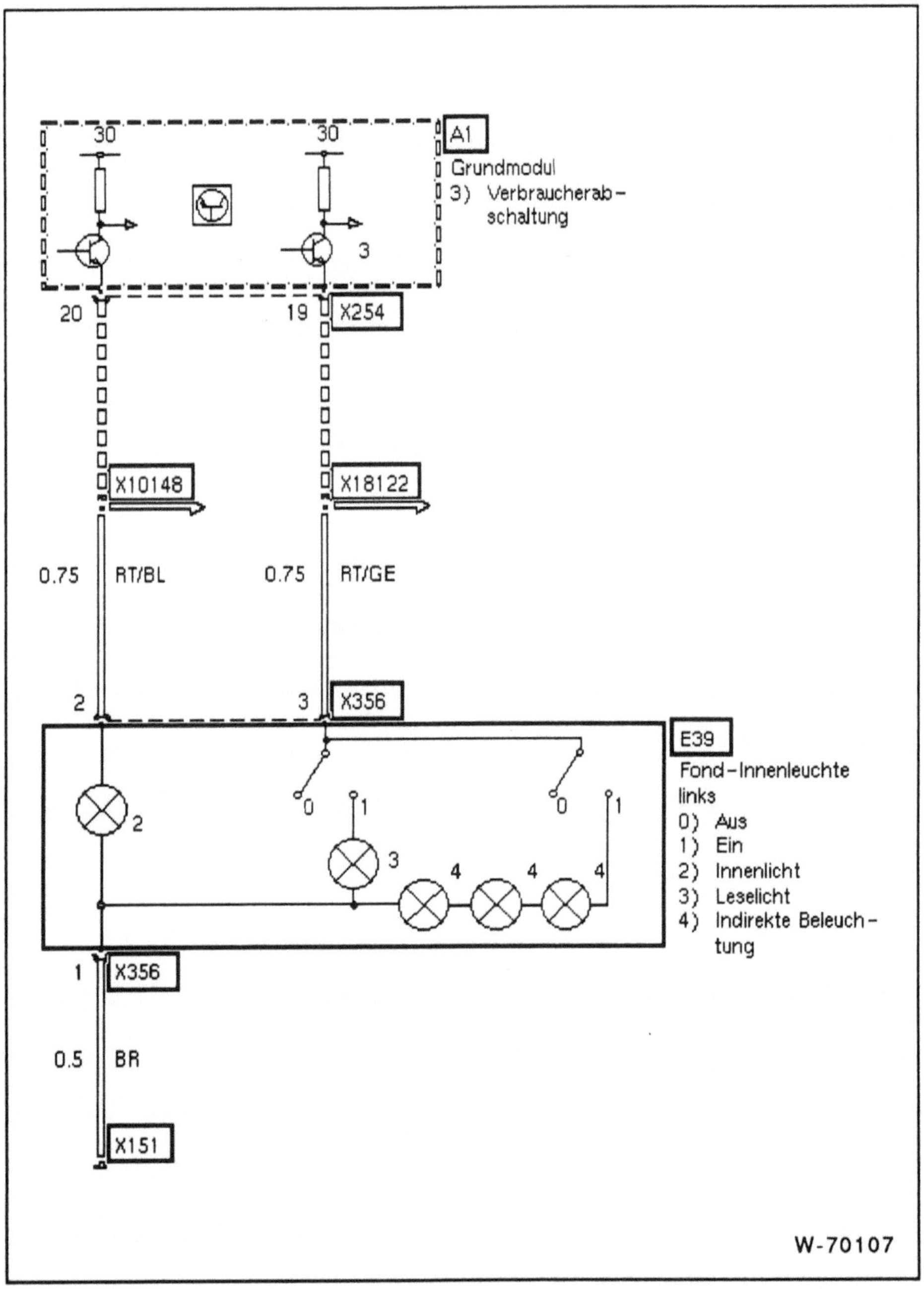

Make-Up-Spiegelbeleuchtung

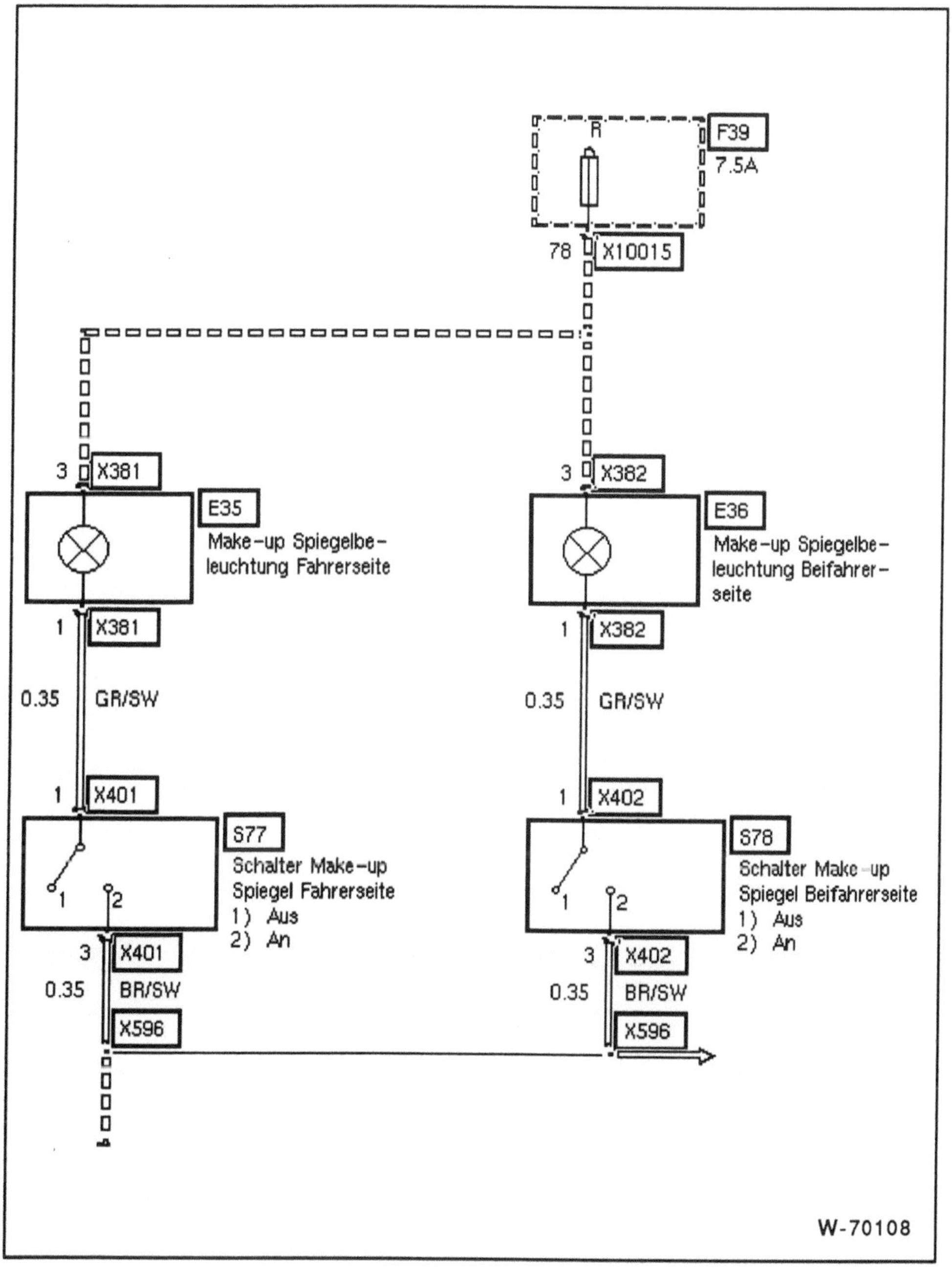

Ladesteckdose, Cassettenbox-Beleuchtung

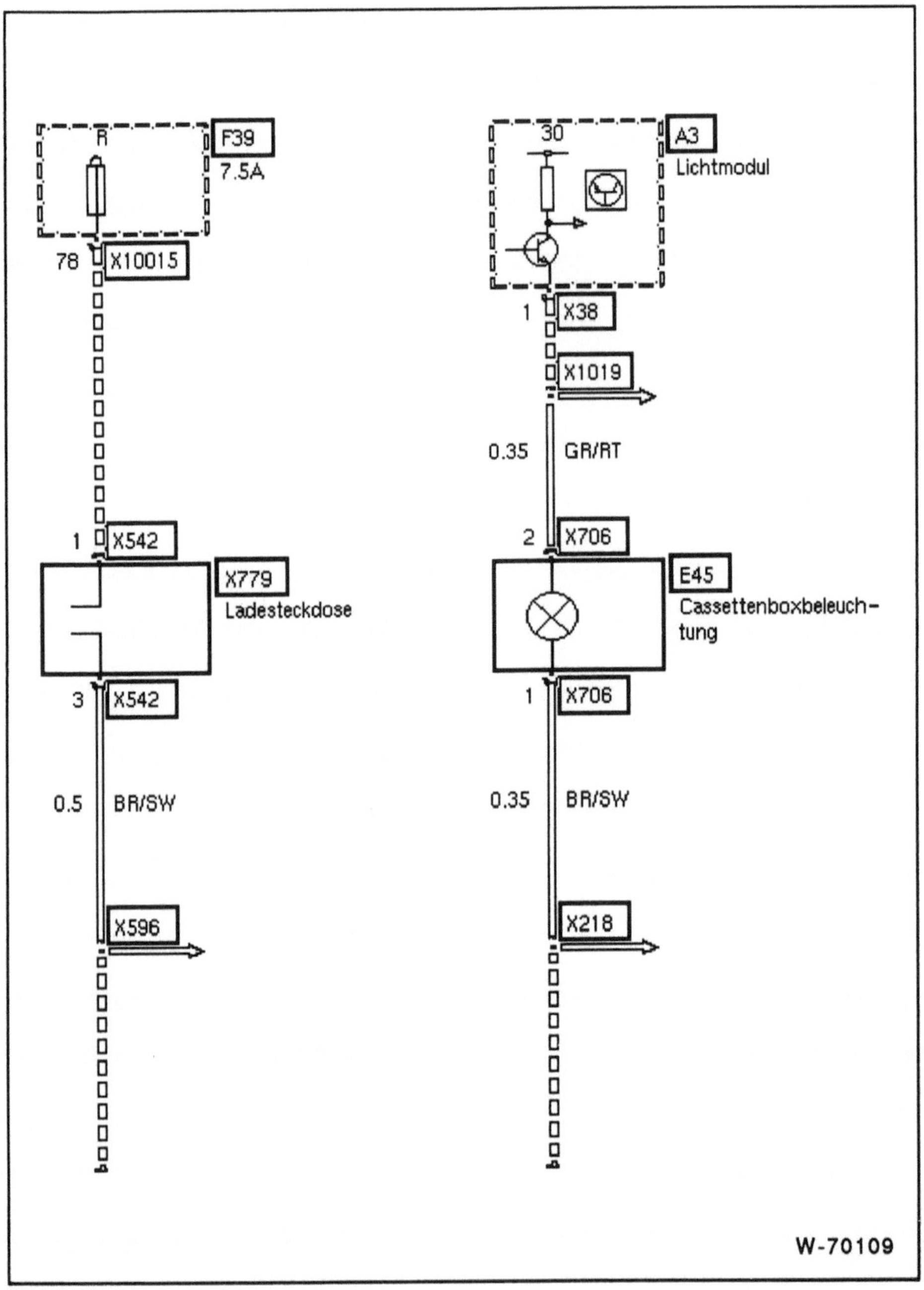

CD-Wechsler-Versorgung

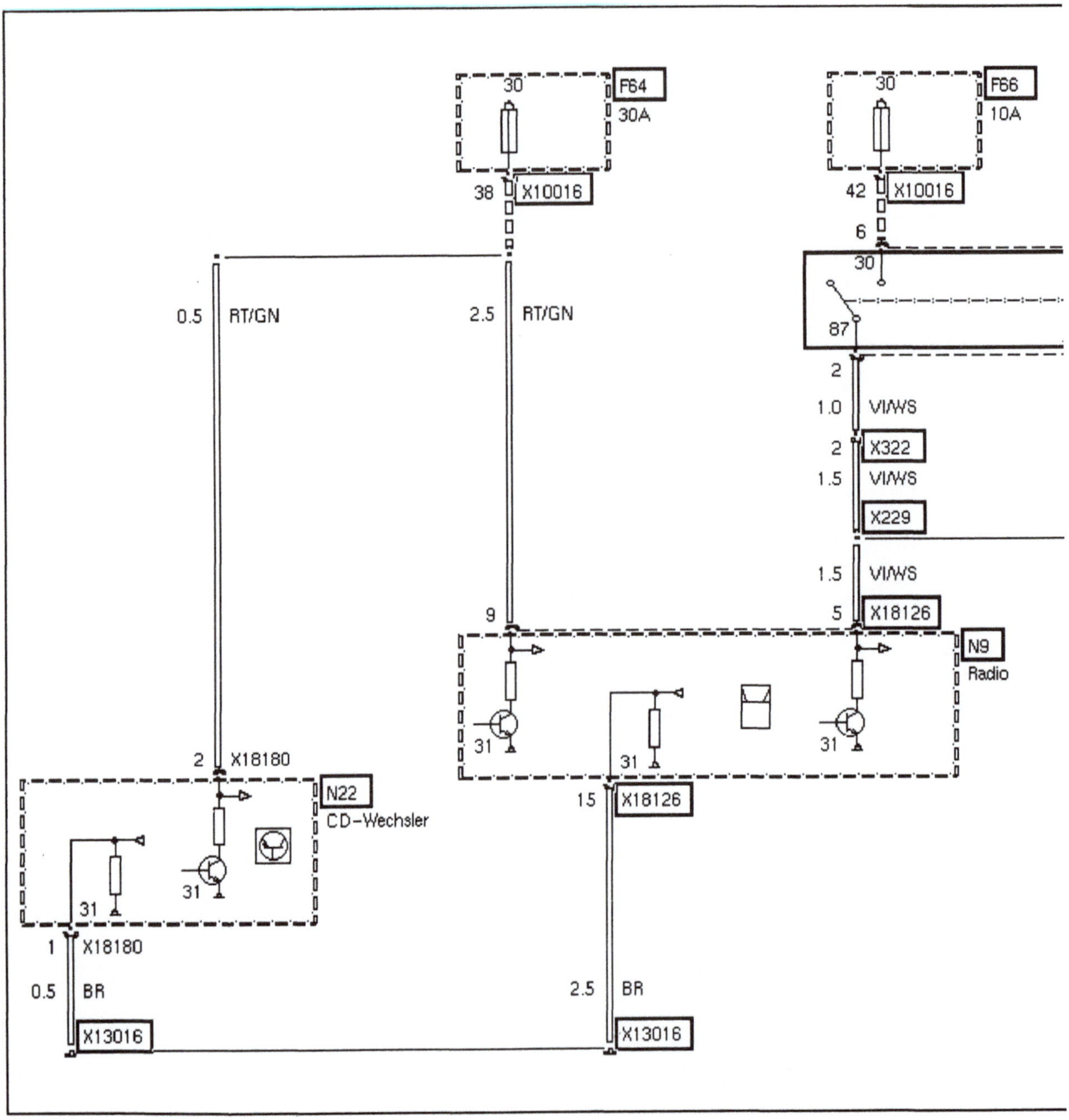

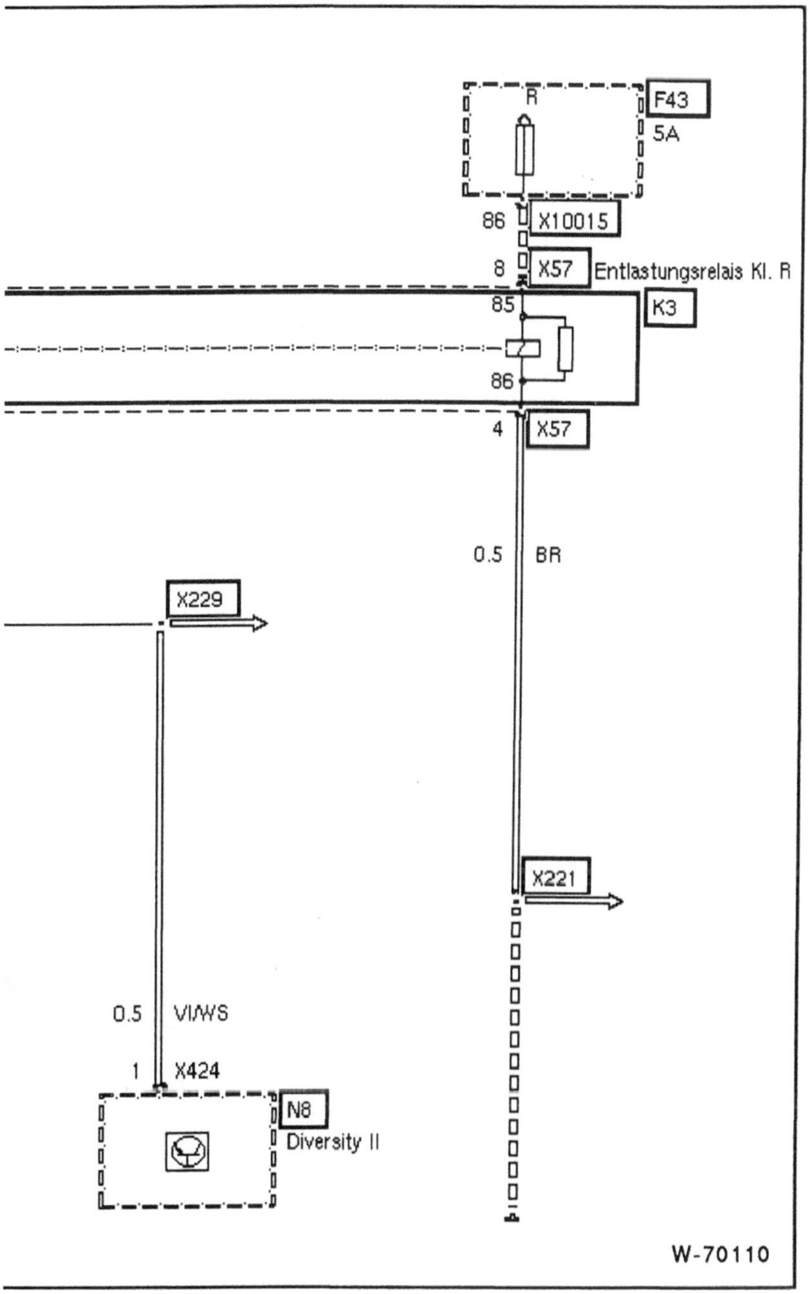
F43
R
5A
86
X10015
8
X57
Entlastungsrelais Kl. R
85
K3
86
4
X57
0.5
BR
X229
X221
0.5
VI/WS
1
X424
N8
Diversity II
W-70110

Heckscheibenantenne

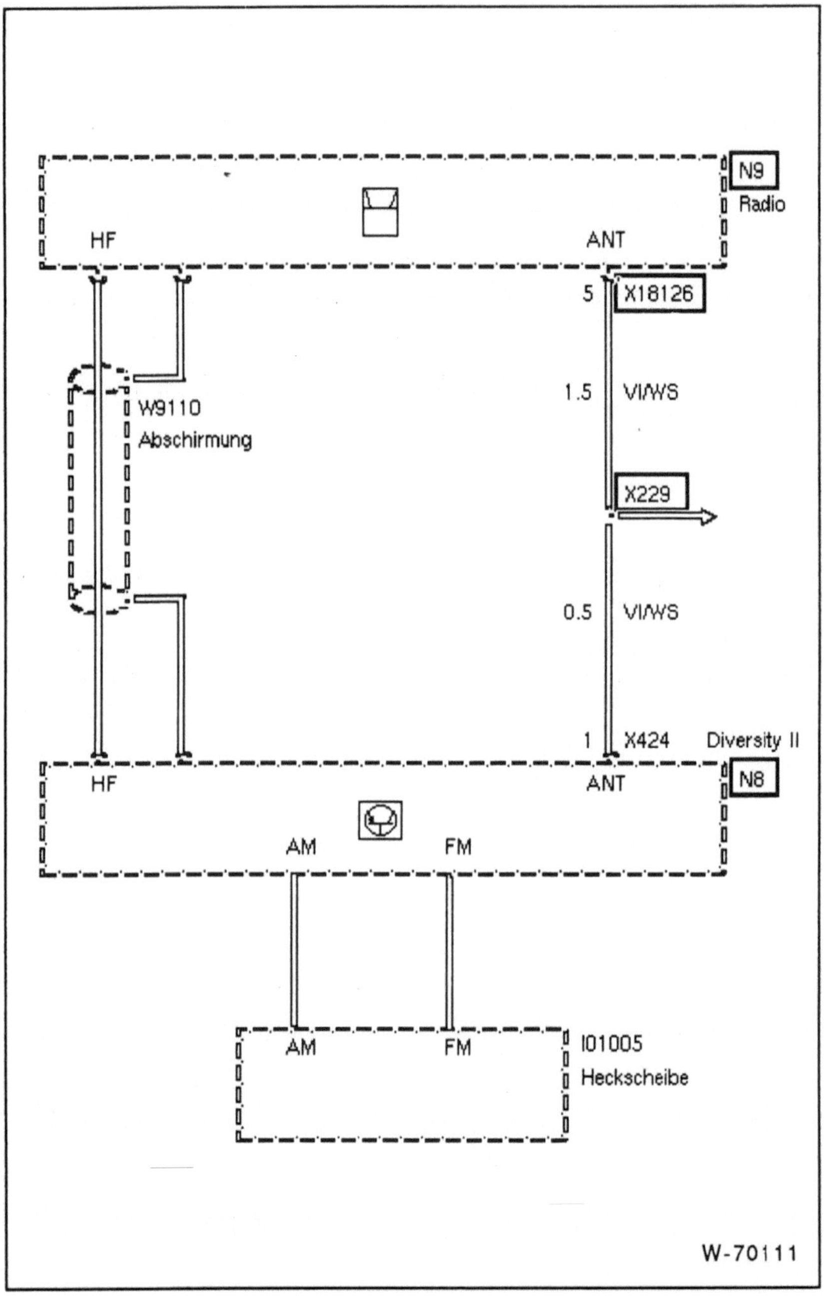